Dietrich Gleich · Richard Weyl

Apparateelemente

Dietrich Gleich · Richard Weyl

Apparateelemente

Praxis der sicheren Auslegung

Mit 280 Abbildungen

Dr.-Ing. Dietrich Gleich
TTG Ingenieurbüro für Tanklagertechnik
Hockenheimer Str. 12
67117 Limburgerhof

Dr. -Ing. Richard Weyl
BASF AG
Technische Anlagenüberwachung
Bau L443, WLE - AB
67056 Ludwigshafen

Bibliografische Information der Deutschen Bibliothek
Die Deutsche Bibliothek verzeichnet diese Publikation in der Deutschen Nationalbibliografie;
detaillierte bibliografische Daten sind im Internet unter <http://dnb.ddb.de> abrufbar.

ISBN-10   3-540-21407-0 Springer Berlin Heidelberg New York
ISBN-13   978-3-540-21407-6 Springer Berlin Heidelberg New York

Dieses Werk ist urheberrechtlich geschützt. Die dadurch begründeten Rechte, insbesondere die der Übersetzung, des Nachdrucks, des Vortrags, der Entnahme von Abbildungen und Tabellen, der Funksendung, der Mikroverfilmung oder Vervielfältigung auf anderen Wegen und der Speicherung in Datenverarbeitungsanlagen, bleiben, auch bei nur auszugsweiser Verwertung, vorbehalten. Eine Vervielfältigung dieses Werkes oder von Teilen dieses Werkes ist auch im Einzelfall nur in den Grenzen der gesetzlichen Bestimmungen des Urheberrechtsgesetzes der Bundesrepublik Deutschland vom 9. September 1965 in der jeweils geltenden Fassung zulässig. Sie ist grundsätzlich vergütungspflichtig. Zuwiderhandlungen unterliegen den Strafbestimmungen des Urheberrechtsgesetzes.

Springer ist ein Unternehmen von Springer Science+Business Media
springer.de
© Springer-Verlag Berlin Heidelberg 2006
Printed in Germany

Die Wiedergabe von Gebrauchsnamen, Handelsnamen, Warenbezeichnungen usw. in diesem Buch berechtigt auch ohne besondere Kennzeichnung nicht zu der Annahme, dass solche Namen im Sinne der Warenzeichen- und Markenschutz-Gesetzgebung als frei zu betrachten wären und daher von jedermann benutzt werden dürfen. Sollte in diesem Werk direkt oder indirekt auf Gesetze, Vorschriften oder Richtlinien (z.B. DIN, VDI, VDE) Bezug genommen oder aus ihnen zitiert worden sein, so kann der Verlag keine Gewähr für die Richtigkeit, Vollständigkeit oder Aktualität übernehmen. Es empfiehlt sich, gegebenenfalls für die eigenen Arbeiten die vollständigen Vorschriften oder Richtlinien in der jeweils gültigen Fassung hinzuzuziehen.

Satz: Digitale Druckvorlage der Autoren
Einbandgestaltung: Struve & Partner, Heidelberg
Herstellung: PTP-Berlin Protago-T$_E$X-Production GmbH
Gedruckt auf säurefreiem Papier   68/3020/Yu - 5 4 3 2 1 0

Vorwort

Das vorliegende Buch befasst sich mit kompletten Druckbehältern und – im Detail – mit den vielfältigen Komponenten oder Elementen, aus denen diese zusammengesetzt sind. Druckbehälter werden sehr zahlreich in der chemischen Industrie, in Raffinerien oder in Lagerbereichen eingesetzt und zwar für ganz unterschiedliche Zwecke, so zum Beispiel in verfahrenstechnischen Anlagen als

- Wärmetauscher
- Reaktoren für chemische Prozesse
- Lagerbehälter für unter Druck verflüssigte Gase.

Die ebenfalls in großem Umfang verwendeten drucklosen Lagerbehälter werden nur dann herangezogen, wenn von der Beanspruchung her Ähnlichkeiten zu Druckbehältern bestehen.

Die Verfasser waren – bzw. sind noch – langjährige Mitarbeiter in technischen Bereichen der BASF Aktiengesellschaft, Ludwigshafen/Rhein. Da Letztere inzwischen das umsatzgrößte chemische Unternehmen der Welt ist, bestehen auch durch diese Tatsache sehr vielfältige – und nicht nur auf das Stammwerk Ludwigshafen beschränkte – verfahrenstechnische Aktivitäten. Daraus entstanden in der Vergangenheit viele, oft sehr spezifische Probleme, die im eigenen Hause behandelt und gelöst werden mussten. Erinnert sei hier beispielsweise an die großtechnische Entwicklung der Ammoniaksynthese zu Beginn des zwanzigsten Jahrhunderts, die unter sehr hohen Drücken und Temperaturen abläuft. Zur Beherrschung fehlten derzeit sowohl die entsprechenden Werkstoffe als auch die für die Durchführung des Verfahrens notwendigen Hochdruckapparate. Von außen her war hier wenig Hilfe zu erwarten, so dass im eigenen Werk der BASF Werkstoffforschung und spezielle Konstruktions- und Herstelltätigkeiten gefragt waren. So entstanden neben eigenen Werkstoffnormen z.B. Fabrikationsstätten für Hochdruckbehälter und -armaturen, die auch von anderen Firmen genutzt werden konnten.

Letztlich führte diese Entwicklung in der ganzen deutschen Großchemie zur Schaffung von eigenen Überwachungsgremien, die parallel zu den öffentlichen Technischen Überwachungsvereinen (TÜV) arbeiten. Naturgemäß haben diese sog. Eigenüberwachungen durch ihren ständigen Kontakt mit den Produktionsbetrieben viel bessere Einsichten in spezielle Problematiken als es außenstehende Überwachungsorganisationen haben können.

Weiterhin führte die verfahrenstechnische Weiterentwicklung auch zur Schaffung von Spezialabteilungen, in denen Experten Forschungsarbeiten leisten oder für Schadensaufklärung sorgen.

Es ist eine – leider in der Öffentlichkeit oft vergessene – „Binsenweisheit", dass nur sichere und ständig verfügbare Anlagen gewinnorientiert arbeiten können. Damit kommt der aus der „Eigenüberwachung" hervorgegangenen Gruppierung „Anlagensicherheit" eine ganz große Bedeutung zu.

In Deutschland gibt es ein sehr bewährtes Regelwerk für Druckbehälter, die sog. und weithin bekannten „AD-Merkblätter". Auf dies wird in dem vorliegenden Werk immer wieder Bezug genommen. Doch – nichts ist vollkommen – muss ab und zu auch Kritik an Systematik oder an der Behandlung einzelner Teilbereiche geübt werden. Diese Kritik ergibt sich vorwiegend aus der Erfahrung der Verfasser.

Sie hoffen, dass die gegebenen Anregungen vor allem für diejenigen Leser von Nutzen sind, die sich in irgendeiner Art mit Druckbehältern zu befassen haben, sei es während des Studiums oder aber in Planung, Betrieb oder Überwachung. Begrüßenswert wäre es, wenn die eine oder andere Diskussion zwischen Fachleuten initiiert werden würde. Die Verfasser sind aber auch dankbar für Kritik oder weitere Anregungen.

Die Autoren hatten – teils als Sachverständiger für Druckbehälter, teils tätig in peripheren Bereichen wie Materialprüfung, Schadensuntersuchung und Tanklagertechnik – direkten Zugriff zum Bereich „Druckbehälter". Die langjährigen Erfahrungen führten zur Konzeption des vorliegenden Buches. Sie danken der BASF Aktiengesellschaft, Ludwigshafen und den dort tätigen Kollegen für die entgegenkommende und vertrauensvolle Zusammenarbeit.

Ludwigshafen, Frühjahr 2005 *Dietrich Gleich* *Richard Weyl*

Inhaltsverzeichnis

		Seite
	Formelzeichen	IX
1.	**Einleitung**	1
2.	**Zusammenstellung aller AD-Merkblätter**	5
3.	**Theoretische Grundlagen**	9
4.	**Unterschiedliche Berechnungsstile**	17
5.	**Zylindrische und kugelförmige Mantelelemente**	23
	5.1 Behälter unter innerem Überdruck	28
	5.2 Behälter unter äußerem Überdruck	44
	5.3 Dickwandige Behälter	90
6.	**Abschlusselemente**	117
	6.1 Kegelförmige Mäntel	119
	6.2 Gewölbte Böden und Zwischenwände	128
	6.3 Ebene Böden und Platten	156
7.	**Anschlusselemente**	191
	7.1 Ausschnitte und Stutzen	193
	7.2 Flansche	223
	7.3 Schrauben und Dichtungen	244
8.	**Tragelemente**	267
	8.1 Füße	269
	8.2 Pratzen	275
	8.3 Zargen	278
	8.4 Tragringe	285
	8.5 Tragleisten und Sättel	288

9.	**Sonderelemente**	299
	9.1 Rohre und Rohrleitungen	300
	9.2 Kompensatoren	315
	9.3 Plattierungen	325
10.	**Absicherungselemente**	329
	10.1 Grundlagen und Peripheriebetrachtungen	331
	10.2 Sicherheitsventile	364
	10.3 Berstscheiben	387
	Schlussbemerkung	405
	Literaturverzeichnis	407
	Sachverzeichnis	415

Formelzeichen

Wichtige Formelzeichen (in allen Kapiteln gültig)

a	mm	Hebelarm
A	mm², m²	Fläche
b	mm	Breite
c	mm	Wanddickenzuschlag, $c = c_1 + c_2 + c_{...}$
c_1	mm	Zuschlag zur Berücksichtigung einer Wanddickenunterschreitung
c_2	mm	Abnutzungszuschlag (Korrosionszuschlag)
d	mm	Stutzendurchmesser (Indices: i = innen, a = außen)
D	mm, m	Durchmesser (Indices: i = innen, m = mittel, a = außen), D_G Durchmesser Grundkörper
E	N/mm²	Elastizitätsmodul bei Berechnungstemperatur
F	N, kN	Kraft
H	mm, m	Behälterhöhe (stehende Behälter)
I	mm⁴	Flächenträgheitsmoment
K	N/mm²	Festigkeitskennwert bei Berechnungstemperatur, z.B. Streckgrenze / 0,2%-Dehngrenze für C-Stahl / 1%-Dehngrenze für Austenit
L	mm, m	Behälterlänge (liegende Behälter), L_{ges} Länge über alles, L_Z Länge Zylinderteil
M	Nmm, Nm	Biegemoment, Torsionsmoment, Drehmoment
p	bar	Berechnungsdruck (Indices: a = außen, i = innen), p´ Prüfdruck (meist 1,3 · p als Wasserdruck)
n	–	Anzahl
r	mm	Übergangsradius / Krummungsradius / Krempenradius
R	mm, m	Radius einer Wölbung
s	mm	Wanddicke (ohne Zuschläge)
s_e	mm	effektive Wanddicke (= s + c)
S	–	Sicherheitsbeiwert gegen Verformen (z.B. S = 1,5 bei Betriebsdruck), S_k Sicherheitsbeiwert gegen Einbeulen / Knicken
U	mm, m	Umfang
V	mm³, m³	Volumen
W	mm³	Widerstandsmoment gegen Biegung
α	1/K	linearer Wärmeausdehnungskoeffizient
ε	–, %	Dehnung (Indices: u = Umfang, a = axial, r = radial) **

ϑ	°C, K	Temperatur *)
κ	–	Schlankheitsgrad (H/D, L/D)
μ	–	Querkontraktionszahl (= 0,3 für Stahl)
ν	–	Faktor zur Berücksichtigung der Ausnutzung der zulässigen Berechnungsspannung in Fügeverbindungen oder Faktor zur Berücksichtigung von Verschwächungen (Kurzform „Verschwächungsfaktor")
ρ	kg/m³	Dichte
σ	N/mm²	Spannung (Indices: u = Umfang, a = axial, r = radial) **)
σ_v	N/mm²	Vergleichsspannung
σ_{zul}	N/mm²	zulässige Spannung

*) In anderen Publikationen wird für die Temperatur häufig auch der Buchstabe T verwendet.
**) Die Umfangsrichtung wird oft auch als tangentiale Richtung mit dem Index t, die axiale als Längsrichtung mit dem Index l bezeichnet.
Auf die Liste der Formelzeichen im AD-Merkblatt B0 wird hingewiesen.

Zusätzliche, kapitelbezogene Formelzeichen
(Weitere, selten verwendete Formelzeichen werden im Text der einzelnen Kapitel angegeben)

Kapitel 5 „Zylindrische und kugelförmige Mantelelemente"

Zu **5.1**:

C_1	–	Berechnungsbeiwert von Platten mit zusätzlichem Randmoment, AD-B5 / Bild 5
d_D	mm	mittlerer Dichtungsdurchmesser
p_0	bar	Ausgangsdruck
p''	bar	Dampfdruck der Flüssigphase
z	–	Faktor zur Berücksichtigung zweiachsiger Dehnung bzw. Spannung
α_G	1/K	Wärmeausdehnungskoeffizient des Grundkörperwerkstoffs
β	–	Berechnungsbeiwert für Böden, Spannungserhöhungsfaktor
γ	1/K	Wärmeausdehnungskoeffizient der gelagerten Flüssigkeit
φ	–	Füllungsgrad
χ	1/bar	Kompressibilität
ψ	–	p''/p_i Sättigungsgrad

Zu **5.2**:

A	mm²	Querschnittsfläche von Versteifungsringen
b	mm	Breite von Versteifungsringen mit Rechteckquerschnitt
F_K	N	Knickkraft für Stabbeanspruchung
h	mm	Höhe eines Versteifungsrings

l	mm	Zylinderlänge zwischen Versteifungsringen
n	–	Anzahl von Einbeulwellen bei elastischem Beulen
p_a	bar	Zulässiger äußerer Überdruck, p_{el} bei elastischer Beulung, p_{pl} bei plastischer Verformung
S_K	–	Sicherheitsbeiwert gegen Knickung bei elastischem Einbeulen
u	%	Unrundheit

Zu 5.3:

c_S	$\frac{kJ}{kg \cdot °C}$	spezifische Wärme der Behälterwand
$\dot{q}_a$	$\frac{kJ}{m^2 \cdot h}$	Wärmestromdichte bezogen auf Außenfläche
Q	–	bezogene Wärmestromdichte
G	–	bezogene Temperaturdifferenz
V_N	m³	im Normzustand gespeichertes Gasvolumen (p = 1 bar$_{abs}$, ϑ = 20 °C)
V_{max}	m³	maximal speicherbares Gasvolumen unter Druck
W	–	bezogener Spannungsverlauf
Y	–	bezogene Spannungsdifferenz
Z	–	Verhältnis der Speicherfähigkeit Kugel / Zylinder
$\Delta\vartheta$	°C	Temperaturdifferenz
η	–	Durchmesserverhältnis D_a / D_i
λ	$\frac{kJ}{m \cdot h \cdot °C}$	Wärmeleitfähigkeit
ρ_G	kg/m³	Dichte des Wandwerkstoffs

Kapitel 6 „Abschlusselemente"

Zu 6.1:

D_{a1}	mm	Außendurchmesser des zylindrischen Bordteils am gewölbten Boden (Anschluss an den Behältermantel)
D_K	mm	Berechnungsdurchmesser eines Kegelmantels außerhalb des Abklingbereichs der Krempenstörspannungen
s_1	mm	Wanddicke innerhalb des Abklingbereichs (bei ≈ D_{a1}), s_G außerhalb des Abklingbereichs (bei ≈ D_K)
x	mm	Ortskoordinate, x_2 Abklingbereich für Störspannungen
X	–	bezogene Wanddicke s/D_a, Abszisse
Y	–	Beanspruchungsgruppe $\frac{p \cdot S}{15 \cdot K \cdot \nu}$, Ordinate
β	–	Berechnungsfaktor für Krempe, Spannungserhöhungsfaktor
σ_b	N/mm²	Biegespannung
σ_m	N/mm²	Membranspannung
φ	°	Kegelwinkel zwischen Wand und Mittelachse, d.h. Öffnungswinkel des Kegels

Zu 6.2:

b_k	mm	mittragende Breite in der Kugelkalotte außerhalb der Krempe
b_z	mm	mittragende Breite im Zylinder außerhalb der Krempe
G	kg	Behältergewicht
m	–	Beanspruchungsgruppe
v_k	–	Verschwächungsfaktor durch Krempe
x	–	bezogene Wanddicke s/D_a, Abszisse
β	–	Berechnungsbeiwert, Spannungserhöhungsfaktor für Krempe

Zu 6.3:

a_D	mm	Hebelarm zwischen Schrauben und Dichtung
A_M	mm	Mantelquerschnittsfläche
A_R	mm	Querschnittsfläche Randrohre
b	mm	Breite eines Tragarms
b_D	mm	Dichtungsbreite
B_a	–	Rohrbogenbeiwert für Krümmer außen
C_A	–	Ausschnittsbeiwert nach Bild 21/AD-B5
C_{A1}	–	Ausschnittsbeiwert nach Bild 22/AD-B5 mit zusätzlichem Randmoment
C_E	–	Berechnungsbeiwert rechteckiger Platten nach Bild 2/AD-B5
C_1	–	Berechnungsbeiwert von Platten mit zusätzlichem, gleichsinnigen Randmoment nach Bild 5/AD-B5
C_3	–	Berechnungsbeiwert ebener, durch Stehbolzen versteifter Platten nach Tafel 4/AD-B5
C_5	–	Berechnungsbeiwert für Rohrplatten mit einer frei beweglichen Gegenplatte nach Bild 16/AD-B5
d_D	mm	mittlerer Dichtungsdurchmesser
d_t	mm	Teilkreisdurchmesser der Schrauben
e	mm	Länge einer Rechteckplatte
E_M	N/mm²	Elastizitätsmodul des Mantels
E_R	N/mm²	Elastizitätsmodul der Randrohre
f	mm	Breite einer Rechteckplatte
f_S	–	Traglastfaktor für Rohrbodendicke
F_p	N	Druckkraft
F_{SB}	N	Mindestschraubenkraft im Betriebszustand
k_1	mm	Dichtungskennwert für Betriebszustand (Tafel 1/AD-B7)
l	mm	Abstand von Plattenmittelpunkt bis Rohrzentrum (AD-B5, Abschnitt 6.7.3.2)
M_D	Nm	zusätzliches Randmoment durch Dichtung
M_1	Nm	Biegemoment für innen eingeschweißte Platte
s_1	mm	Wanddicke einer innen eingeschweißten Platte
t	mm	Rohrteilung, d.h. Mittenabstand; t_1, t_2 spezielle Teilungen
u	mm	verformter Randbereich eines Rohrbodens
x	mm	Richtung von Plattenmitte zur Plattenoberfläche, bezieht sich auf die Plattendicke

x	–	Funktion, x´ = 1. Ableitung dieser Funktion
y	–	Funktion, y´ = 1. Ableitung dieser Funktion
α_M	1/K	thermischer Längenausdehnungskoeffizient des Mantels
α_R	1/K	thermischer Längenausdehnungskoeffizient des Randrohre
δ	–	Verhältnis der erforderlichen Schraubenkraft zur Innendruckkraft; Gl. (5)/AD-B5
$\Delta\vartheta$	–	Temperaturdifferenz ϑ_M-ϑ_R

Kapitel 7 „Anschlusselemente"

Zu 7.1:

A_p	mm²	Druckfläche
A_σ	mm²	Spannungsfläche, tragende Querschnittsfläche an einem Ausschnitt
b	mm	Breite einer scheibenförmigen Verstärkung, bzw. mittragende Breite im Grundkörper neben dem Ausschnitt
f_G	–	Faktor zur Berücksichtigung der geringeren Lastspielzahlen bei schwellender Beanspruchung einiger für ruhende Beanspruchung zugelassener Ausführungen (siehe z.B. Bild 2 in AD-S1)
h	mm	Höhe bzw. Dicke einer scheibenförmigen Verstärkung
k	mm	Breite einer scheibenförmigen Verstärkung
l_s	mm	mittragende Stutzenlänge außerhalb des Grundkörpers
l_s'	mm	mittragende Stutzenlänge innerhalb des Grundkörpers
$l_{s\,zul}$	mm	zulässiger Wert der mittragenden Stutzenlänge
N_{100}	–	zulässige Lastspielzahl bei Druckschwankungen zwischen Zustand „drucklos" und „Betriebsdruck" und bei Berechnungstemperaturen $\vartheta \leq 100\,^0C$ (siehe z.B. Bild 2 in AD-S1)
s_A	mm	erforderliche Wanddicke am Ausschnittsrand
s_S	mm	Stutzenwanddicke
S'	–	Sicherheitsbeiwert gegen Prüfdruck
v_A	–	Faktor zur Berücksichtigung der Verschwächung des Grundkörpers durch Ausschnitte
v_{Ak}	–	dito für Kugel als Grundkörper,
v_{Az}	–	dito für Zylinder als Grundkörper
α	°	Winkel zwischen Grundkörper und Stutzenachse
δ	–	bezogener Ausschnittsdurchmesser, Abszissenquotient von z.B. Abb. 7-7

Zu 7.2:

a_D	mm	Hebelarm um den Dichtungsdurchmesser d_D
b	mm	Breite; rechnerische, doppelte Flanschbreite
b_D	mm	wirksame Dichtungsbreite
B	–	Hilfswert nach Gl. (10)/AD-B8, Abminderungsfaktor B < 1
B_1	–	Verhältnis $(h_A/h_F) - 1$
B_2	–	Verhältnis $(s_1 + s_F)/b$

XIV Formelzeichen

d_a	mm	Außendurchmesser eines Flansches
d_i	mm	Innendurchmesser eines Flansches, lichte Weite
d_D	mm	mittlerer Dichtungsdurchmesser
d_L	mm	Lochdurchmesser für Schrauben oder Bolzen, $d_L{'}$ reduzierter Schraubenlochdurchmesser
d_t	mm	Teilkreisdurchmesser für Schrauben oder Bolzen
F_S	N	Schraubenkraft, F_{SB} Schraubenkraft im Betriebszustand
F_{DV}	N	Dichtkraft im Vorverformungszustand
F_v	N	Vorspannkraft für Vorverformung
$F_{0,2}$	N	Schraubenkraft bei $\varepsilon = 0{,}2\%$ bleibender Dehnung (0,2%-Dehngrenze)
h	mm	Höhe; h_A Gesamthöhe eines Flansches, h_F Höhe des Flanschblattes
K_F	N/mm²	Festigkeitskennwert für den Flansch
K_S	N/mm²	Festigkeitskennwert für die Schrauben
m_k	–	kritischer Druckbeiwert (= k_1/b_D) im Betriebszustand
M_v	Nmm	Anzugsdrehmoment der Schrauben / Muttern für den Vorverformungszustand der Dichtung
k_1	mm	Dichtungskennwert für den Betriebszustand
n	–	Anzahl der Flanschschrauben
s_1	mm	Wanddicke eines Flansches im Anschweißbereich
s_F	mm	Flanschdicke am Übergang von Flanschblatt zu Ansatzkonus
S_D	–	Sicherheitsbeiwert für die Dichtung
W_h	mm³	Widerstandsmoment des Flanschblatts mit Höhe h_F
Z	mm³	zentrales Widerstandsmoment, Hilfswert mit s_F gebildet; Hilfswert Z_1 mit s_1 gebildet
δ	–	Verhältnis der erforderlichen Schraubenkraft zur Innendruckkraft; Gl. (5)/AD-B5 bzw. Faktor in v_F
η	–	Ausnutzungsgrad einer Schraube oder eines Bolzens
p_{vo}	N/mm²	Flächenpressung, oberer Wert für Vorverformung der Dichtung
p_{vu}	N/mm²	dito, unterer Wert für Vorverformung der Dichtung

Zu **7.3**:

A_D	mm²	Dichtungsfläche
b_D	mm	Dichtungsbreite
d_D	mm	mittlerer Dichtungsdurchmesser
d_G	mm	Gewindedurchmesser
d_K	mm	Kerndurchmesser der Schraube
$F_{0,2}$	N	Kraft bei $\varepsilon = 0{,}2\%$ bleibender Dehnung
F_{DV}	N	Dichtkraft im Vorverformungszustand
F_{SB}	N	Schraubenkraft im Betriebszustand
F_m	N	Bruchkraft bei Zugfestigkeit
h_D	mm	Dicke bzw. Höhe einer Dichtung im unbelasteten Zustand
k_1	mm	Dichtungskennwert für den Betriebszustand
$k_0 \cdot K_D$	N/mm	Dichtungskennwert für den Vorverformungszustand, $= p_{vu} \cdot b_D$

m	–	Druckbeiwert, m = k_1/b_D
$\dot{m}$	mg/m·h	Leckstrom, Massenstrom pro m Dichtungsumfang
M	Nmm, Nm	Drehmoment, Anzugsmoment einer Schraube
n	–	Anzahl der Schrauben in einem Flansch
S_D	–	Sicherheitsbeiwert der Dichtung (AD-B7)
w	μm	Porenspaltweite des Dichtungswerkstoffs
W_p	mm³	polares Widerstandsmoment $W_p = \dfrac{\pi}{16} \cdot d_k^3$
Z	–	Hilfswert
β	°	Steigungswinkel des Schraubengewindes
ε	–, %	Porosität einer Dichtung
η	kg/m·s	dynamische Viskosität
μ	–	Reibungskoeffizient, μ_G des Gewindes, μ_K der Mutter bzw. des Schraubenkopfes, μ_{ges} der gesamten Verbindung
$\overline{\rho}$	kg/m³	mittlere Dichte des Mediums
p_F	N/mm²	Flächenpressung einer Dichtung
		p_{bu} unterer Wert für den Betriebszustand
		p_{bo} oberer Wert für den Betriebszustand
		p_{vu} unterer Wert für die Vorverformung
		p_{vo} oberer Wert für die Vorverformung
p_{kr}	N/mm²	kritische Flächenpressung einer Dichtung vor Bruch
τ	N/mm²	Schubspannung aufgrund des Torsionsmoments M
φ	–, %	Ausnutzungsgrad des Kernquerschnitts einer Schraube

Kapitel 8 „Tragelemente"

b	mm	Pratzenbreite, Sattelbreite, jeweils einschl. Verstärkungsblech
f	–	Traglastfaktor (siehe AD-S3/0, Anhang 1)
F	N	Ersatz-Fußlast auf Einzelfuß, Kraft auf Einzelpratze, Gewichtskraft auf einzelnen Sattel
h	mm	Pratzenhöhe, Höhe des Verstärkungsblechs unter der Pratze
M	Nmm	Pratzenmoment
M_x	Nmm	Schnittmoment in x-Richtung, M_y in y-Richtung
N_x	N	Schnittkraft in x-Richtung, N_y in y-Richtung
C	–	Berechnungsbeiwert, siehe auch Ausführungen zu AD/B5 (Zargen-, Fuß- und Pratzenkennzahl)
q	–	Hilfswert
r_0	mm	Ersatzradius eines Behälterfußes
R_m	mm	mittlerer Radius des Kalottenteils eines gewölbten Bodens
t	mm	Pratzentiefe, d.h. Ausragung
U	–	Hilfswert, bezogener Fußradius, bezogene Pratzenhöhe
β	–	Beiwert, bezogene Pratzenhöhe
γ	–	Beiwert, Radiusverhältnis $\gamma = R_m/s$
Θ	°	(Theta, griechischer Großbuchstabe) Umschlingungswinkel eines Sattellagers einschließlich Verstärkungsblech

ρ_f	kg/m³	Flüssigkeitsdichte
ρ_s	kg/m³	Dichte des Wandwerkstoffs
σ	N/mm²	Spannung, σ_b Biegeanteil, σ_m Membrananteil
σ_v	N/mm²	Vergleichsspannung, Index x → x-Richtung, Index y → y-Richtung
σ_{pu}	N/mm²	innendruckbedingte Membranspannungen in Umfangsrichtung
σ_h	N/mm²	Zusatzspannungen an einem Sattelhorn
φ	–	Füllungsgrad eines Behälters

Kapitel 9 „Sonderelemente"

Zu 9.1:

A_M	mm²	Mantelquerschnittsfläche, A_R Querschnittsfläche der Randrohre
b	mm	Durchbiegung des unberohrten Randbereichs eines Rohrbodens in einem Wärmetauscher
b	mm	Belagdicke einer Verschmutzung (z.B. Kesselstein)
e	–	Basis des nat. Logarithmus (= 2,71828)
E_B	N/mm²	Elastizitätsmodul des Rohrbodens
E_M	N/mm²	Elastizitätsmodul des Mantels, E_R der Randrohre
h	mm	Hebelarm
k	W/m²·K	Wärmedurchgangszahl
L	mm	Rohrbodenabstand in einem Wärmetauscher
m	–	Membranspannungsfaktor
p	bar	Druck, p_a im Außenraum um die Rohre, d.h. im Mantelraum, p_i in den Rohren und im Innenraum der Hauben
$\dot{Q}$	W	Wärmestrom
u	mm	Abstand vom Behältermantel zu den Randrohren an einem Rohrboden
X	–	bezogene Membranspannung, hervorgerufen durch p
α_a	W/m²·K	Wärmeübergangszahl außen, α_i dito innen
α_M	1/K	Längenausdehnungskoeffizient des Mantels, α_R dito der Rohre
δ	–	bezogene Abklinglänge einer Spannungsstörung, Parameter in den Abb. 9-5 und 9-6 a,b
ΔL	mm	Längenänderung durch Temperatur
ϑ_i	°C	Temperatur des Mediums in den Rohren
ϑ_M	°C	Manteltemperatur, ϑ_R mittlere Rohrtemperatur (= $\overline{\vartheta}$)
λ_a	W/m·K	Wärmeleitfähigkeit außen, λ_i dito innen, gilt für Medium
λ_s	W/m·K	Wärmeleitfähigkeit des Wandwerkstoffs
λ_b	W/m·K	Wärmeleitfähigkeit der Belagdicke b
σ_b	N/mm²	Biegespannung im äußeren Rohrbodenbereich

σ_M	N/mm²	Axialspannung aufgrund ΔL im Mantel, σ_R in den Randrohren
σ_{zul}	N/mm²	Zulässige Zusatzspannung aufgrund von ΔL

Zu **9.2**:

C	–	Beiwert für Axialverschiebung bzw. Biegung
c_w	N/mm	Axialfederkonstante einer Balgwelle
d	mm	mittlerer Innendurchmesser eines Kompensators
F	N	Federkraft eines Kompensators
f_1	–	Wechselfestigkeitsbeiwert für Rundnähte am Balg
f_2	–	Kennwert für teilplastische Verformung
h	mm	Höhe eines Kompensators, d.h. Radiusdifferenz zwischen Außen- und Innenwelle
l	mm	Wellenlänge in gezogenem Zustand
m	–	Balgzahl = $w_{ges.}/w$
n	–	Stützziffer, $n_1 = 1{,}55$ bei Verwendung der 1%-Dehngrenze
N	–	Lastspielzahl, $N_{zul.}$ zulässige Lastspielzahl
r	mm	Krempenradius einer Welle
R_{cw}	–	Rechenstützwert für Axialfederkonstante
R_p	–	Rechenstützwert für Druckbeanspruchung
R_w	–	Rechenstützwert für Axialbeanspruchung
s	mm	Wanddicke des Kompensators
S_L	–	Sicherheitsbeiwert für Lebensdauer/Lastspielzahl
S_{um}	–	Sicherheitsbeiwert für Umfangsspannung
S_{vp}	–	Sicherheitsbeiwert für Vergleichsspannung
w	mm	Axialverschiebung einer Balgwelle
X	div.	Variable, X_0 Standardwert einer Variablen
ν	–	Verschwächungsfaktor für Schweißnähte
$\Delta\sigma_{vges}$	N/mm²	Gesamtvergleichsschwingspannung
$2 \cdot \varepsilon_{ages}$	%	effektive Gesamtdehnungsschwingbreite
σ_{um}	N/mm²	mittlere Umfangsspannung im Kompensator
σ_{vp}	N/mm²	größte Vergleichsspannung durch inneren Überdruck p
σ_{vges}	N/mm²	Gesamtvergleichsspannung, siehe auch $\Delta\sigma_{vges}$

Zu **9.3**:

E_a	N/mm²	Elastizitätsmodul der austenitischen Plattierung
E_f	N/mm²	Elastizitätsmodul des ferritischen Grundwerkstoffs
K_a	N/mm²	Festigkeitskennwert für Austenit (1%-Dehngrenze)
K_f	N/mm²	dito für Ferrit (0,2%-Dehngrenze / Streckgrenze)
s_a	mm	Plattierungswanddicke des Austenits
s_f	mm	Wanddicke des ferritischen Grundwerkstoffs
α_a	1/K	thermischer Längenausdehnungskoeffizient für Austenit
α_f	1/K	thermischer Längenausdehnungskoeffizient für Ferrit
$\Delta\vartheta$	°C	Temperaturdifferenz nach Erwärmung

δ	–	Spannungsgruppe, bezogene Thermospannung
σ_a	N/mm²	Spannung in austenitischer Plattierung
σ_f	N/mm²	*dito* in ferritischem Grundwerkstoff
σ_{pa}	N/mm²	Spannung durch Innendruck im Austenit,
σ_{pf}	N/mm²	*dito* im Ferrit
$\sigma_{\vartheta a}$	N/mm²	Spannung durch $\Delta\vartheta$ im Austenit
$\sigma_{\vartheta f}$	N/mm²	*dito* im Ferrit

Kapitel 10 „Absicherungselemente"

a	–	Verdampfungsparameter
A	m², mm²	Querschnittsfläche, Oberfläche
b	mm	Blendendurchmesser
ln b	–	Beschleunigungsterm
c	kmol/m³	Konzentration ($\hat{=}$ n)
c	–	Öffnungsdruckdifferenz, Konstante
c	kJ/kg·K	spezifische Wärme
c	N/m	Federkonstante
C	ppm	Konzentration, volumetrisch
d	mm	Rohrdurchmesser
e	–	bezogener Zulaufdruckverlust, Eulersche Zahl e = 2,718
f	m	Federweg
f	–	Flächenverhältnis
h	mm	Ventilhub
h_V	kJ/kg	Verdampfungswärme
i	–	laufender Index, Ausblaseleitung i = 1
k	kJ/m²·h·K	Wärmedurchgangszahl
l	mm	Länge
L	mm	Leitungslänge
m	kg	Masse
M	kg/kmol	Molmasse
M	–	Machzahl
n	–	Polytropenexponent; Exponent
n	kmol/m³	molare Dichte ($\hat{=}$ c)
q	–	Dichteverhältnis
q_m	kg/h	Massenstrom (früher $\dot{m}$)
q_r	kJ/kmol	Reaktionswärme
$\dot{q}$	W/m²	Wärmestromdichte, Strahlungswärme
$\dot{Q}$	kJ/h	Wärmestrom
r	mm	Rauigkeit
r	kmol/h·m³	Reaktionsrate
R	kJ/kmol·K	Gaskonstante (= 8,315)
R	kp	Reaktionskraft
Re	–	Reynoldszahl

s	–	Schließdruckdifferenz
t	s	Zeit
v	m/s	Geschwindigkeit
$\dot{V}$	m³/h	Volumenstrom
W	m³	Widerstandsmoment
x	m	Wegvariable
X	–	Rohrleitungsparameter
y	–	Volumenanteil, molarer Anteil
z	–	Gewichtsanteil an Gas
Z	–	Realgasfaktor
ZF	–	Zeitfaktor
α	–	Ausflussziffer, $\alpha = 1{,}1 \cdot \alpha_w$
β	°	Winkel
γ	1/K	kubischer Ausdehnungskoeffizient
ε	–	Absorptionskoeffizient
η	–	Wirkungsgrad
ζ	–	Druckverlustbeiwert
$\Sigma\zeta$	–	Summe der Druckverlustbeiwerte
λ	–	Rohrreibungszahl
λ	W/m·K	Wärmeleitfähigkeit
ν	m²/s	kinematische Viskosität
φ	–	Füllungsgrad
τ	N/mm²	Schubspannung
ψ	–	Ausflussfunktion
ω	–	Enthalpieparameter

Indices und andere verwendete **Bezeichnungen:**

* zündfähig, bersten
'' im Dampfzustand
¯ Mittelwert

• zeitbezogen
a hinter Armatur
b im Bogen
d im Durchmesser
D Wasserdampf
e vor der Armatur, Einstellung

e elastisch
f flüssig
g gasförmig

i laufender Index
k kritisch, Kulmination
n in Endöffnung
o im engsten Querschnitt bei l = t = 0, im Behälter bei v = 0
p druckkonstant
s statisch, Schall, an den Schrauben, im Werkstoff

t thermisch
u Umgebung
v Verdampfung, volumenkonstant
w zuerkannt
x örtlich
y Sicherheitsventil
z zweiphasig

1. Einleitung

Als kleine Eingangs-Illustration soll eine Briefmarke aus der Serie „Industrie und Technik" (1975): „Chemieanlage" dienen; sie zeigt den Teil einer Styrolanlage der BASF Aktiengesellschaft in Ludwigshafen am Rhein:

Während es über Maschinenelemente eine Vielzahl von Veröffentlichungen gibt, ist über Apparateelemente relativ wenig zu finden; dieses Thema wurde aus unbekannten Gründen offensichtlich recht stiefmütterlich behandelt. Mit dem vorliegenden Buch soll hier ein wenig Abhilfe geschaffen werden.

Zuerst soll jedoch die Frage gestellt und beantwortet werden „Wozu dienen denn im Allgemeinen Druckbehälter?" Die Antwort muss lauten:
1. Zur Lagerung von Flüssigkeiten, unter Druck verflüssigten Gasen und – seltener – gasförmigen Medien
2. Zur Wahrnehmung von Aufgaben im Produktionsprozess, z.B. zum Wärmetausch oder zu chemischen Reaktionsabläufen

Im Gegensatz dazu werden drucklose – und meist großvolumige – Behälter so gut wie ausschließlich zur Lagerung von flüssigen Produkten benutzt. Hier gelten andere Kriterien – Baurecht, Stabilitätsfragen etc. – die nur in Sonderfällen Gegenstand des vorliegenden Buches sein sollen.

Druckbehälter setzen sich aus verschiedenen Elementen bzw. Komponenten zusammen, die im Folgenden behandelt werden sollen.

Dazu existiert in Deutschland nun eine umfassende und bewährte Sammlung von Merkblättern der Arbeitsgemeinschaft Druckbehälter (AD-Merkblätter), in denen neben den „Grundkörpern" (Zylinder, Kugel, Kegel) auch viele Apparateelemente (z.B. Böden, Stutzen, Flansche, Dichtungen) abgehandelt werden. Es bot sich daher an, auf diese Sammlung Bezug zu nehmen, durch praxisnahe Lese- und Berechnungsbeispiele Verständnis zu wecken, jedoch bei Ungereimtheiten auch durchaus einige Male Kritik zu üben.

Heute können bekanntermaßen mit Computerprogrammen schnelle und genaue Ergebnisse erzielt werden. Das Hilfsmittel „Computer" sollte daher in hohem Maße genutzt werden, zumal beispielsweise im Rahmen des AD-Regelwerks etliche Berechnungsprogramme zur Verfügung stehen, die wegen ihrer umfassenden Dokumentationsfähigkeit und erprobten Zuverlässigkeit gerade bei einer Vielzahl nachzuprüfender Druckbehälter – z.B. in der Großchemie – von nicht zu unterschätzendem Vorteil sind.

Rein schematische Berechnungen allein verführen jedoch vor allem Anfänger leicht dazu, Denken oder Nachdenken zu früh auszuschalten und blindlings den schnell zu ermittelnden Rechenergebnissen zu trauen. Deshalb kann nicht darauf verzichtet werden, die so gewonnenen Berechnungsresultate kritisch zu betrachten, da beispielsweise Eingabefehler nie ganz ausgeschlossen werden können.

Bei dieser kritischen Beurteilung kommt es nach Meinung und Erfahrung der Verfasser darauf an, die Grundlagen der benutzten Berechnungsverfahren zu kennen. Deshalb wurde im Rahmen des vorliegenden Buches weitgehend darauf verzichtet, häufig verwendete EDV-Berechnungen zu wiederholen, vielmehr werden mit grafischen Darstellungen und Nomogrammen wichtige Tendenzen und Zusammenhänge aufgezeigt. EDV-Ausdrucke werden daher allenfalls zu Demonstrationszwecken aufgenommen.

Andere Normen, Vorschriften oder Technische Regeln, wie z.B. Europanormen, ASME-Codes in USA etc., werden stellenweise zitiert. Vergleichende Betrachtungen würden jedoch den selbst gesteckten Rahmen dieses Buches sprengen. Da auch die physikalischen – sprich mechanisch-technologischen – Grundlagen in allen Ländern dieser Erde gleich sind, konnte „leichten Herzens" darauf verzichtet werden.

Nach dieser pauschalen Betrachtung soll nun etwas detaillierter Sinn und Ziel des vorliegenden Buches erläutert werden:

Aufwändige Berechnungsverfahren, manche in Form von umfangreichen Gleichungssystemen, sollen im Folgenden so aufbereitet werden, dass durch erklärbare Zusammenfassung der entscheidenden Einflussgrößen zu dimensionslosen Gruppen die wichtigsten Tendenzen erkennbar werden.

Auf diese Weise werden Gleichungsabfolgen bezüglich ihrer Auswirkung auf die Apparatefestigkeit verständlicher. Musterrechnungen können mit Diagrammwerten von Linientafeln verglichen werden, sodass sich u.U. schwerwiegende Berechnungsfehler vermeiden lassen. Oft genug sind wichtige Einflusstendenzen wegen der vielfältigen Wechselbeziehung gekoppelter Gleichungssysteme bezüglich ihres Ausmaßes nur schwer erkennbar. Auf diese Art und Weise soll daher auch ein Gefühl für wichtige oder aber weniger bedeutende Abhängigkeiten und für die Auswirkung von Konstruktionsänderungen geweckt werden.

Aus diesen vorausgestellten Betrachtungen darf jedoch nicht der Schluss gezogen werden, es gäbe bei der Apparategestaltung und -auslegung keine offenen Fragen mehr. In Sonderfällen müssen zur Bestätigung von Annahmen Berechnungen mit der Methode der finiten Elemente (FEM) oder aber Spannungsermittlungen mit Hilfe von Dehnungsmessungen am Bauteil vorgenommen werden. Die Entscheidung darüber, was zur Gewährleistung der einwandfreien Funktion – und damit der Sicherheit – eines Apparates notwendig ist, gehört zu den Kernkompetenzen eines Ingenieurteams; dies auch im Hinblick darauf, dass mit dem neuen Europa-Regelwerk manch seltsamer Kompromiss eingegangen wurde, der näherer Abstimmung und Modifizierung bedarf.

Die dem Kapitel 2 beigefügte Übersicht zeigt die verschiedenen Apparateelemente, die bei Bau und Betrieb eines Druckbehälters Verwendung finden. Da diese in den oben erwähnten AD-Merkblättern im Einzelnen abgehandelt werden, empfiehlt es sich, diese nicht nur als Erstes zu lesen, sondern auch unbedingt zum parallelen Studium bereitzulegen. Dadurch kann – von wenigen Ausnahmen zur besseren Übersicht einmal abgesehen – auf die nochmalige Angabe der dort enthaltenen Gleichungen verzichtet werden. Entsprechende Hinweise im vorliegenden Buch sollen jedoch die Zuordnung und das Auffinden erleichtern. Die gültigen AD-Merkblätter sind deswegen im Kapitel 2 aufgelistet.

Es wird weiterhin empfohlen, die vertiefende Literatur – zusammengefasst im Literaturverzeichnis – heranzuziehen, um in Ergänzung zu diesem Buch weiteres Verständnis der mechanisch-technologischen Herkunft der Berechnungsverfahren zu bewirken. Bei diesem zentralen Verzeichnis handelt es sich um Veröffentlichungen, die für alle Kapitel von Bedeutung sind. Darüber hinaus werden in dieser Zusammenstellung aber auch spezielle, kapitelzugeordnete Literaturangaben gemacht, die dann nur dort von Interesse sind.

Die Lese- und Berechnungsbeispiele des Buches sollten am Besten mit einer parallelen Rechnung und eigenen Anwendungen des Lesers nachvollzogen werden.

Während die Kapitel 1 bis 4 gewissermaßen als Vorspann anzusehen sind, befassen sich die Kapitel 5 bis 10 detailliert mit dem Buchthema „Apparateelemente". Der grundsätzliche Aufbau dieser letztgenannten Kapitel wird weitgehend wie folgt vorgenommen:
- Einführung
- Beispiele (Bild-, Lese- und Rechenbeispiele)
- Anwendungsempfehlungen, falls erforderlich und möglich
- Tabellen und Abbildungen, im Text integriert

Tabellen und Abbildungen werden unter der Kapitelnummer mit Ziffernfolge geführt, bei Tabellen erfolgt die Trennung durch einen Punkt, bei Abbildungen durch einen Gedankenstrich (Beispiel: erste Tabelle im Kapitel 5: 5.1., zweite Abbildung im Kapitel 5: 5-2).

Die behandelten Beispiele werden in den Hauptkapiteln, jeweils mit 1 beginnend, durchnummeriert, jedoch im Allgemeinen am Schluss der entsprechenden Unterkapitel angefügt.

Das Literatur- und Sachverzeichnis findet sich am Schluss des vorliegenden Buches, die verwendeten Formelzeichen am Anfang. Letztere werden untergliedert in allgemeingültige und in kapitelzugeordnete Angaben.

2. Zusammenstellung aller AD-Merkblätter
(Ausgabe 2000/2001 [1])

AD-Merkblätter, auf die im vorliegenden Buch vertieft eingegangen wird, sind fett gedruckt

Ausrüstung
- A 1   Sicherheitseinrichtungen gegen Drucküberschreitung; Berstsicherungen
- A 2   Sicherheitseinrichtungen gegen Drucküberschreitung; Sicherheitsventile
- A 5   Öffnungen, Verschlüsse und Verschlusselemente
- A 5 Anl.1   Hinweise für die Anordnung von Mannlöchern und Besichtigungsöffnungen
- A 5 Anl.2   Richtlinien für die Bauteilprüfung von Klammerschrauben
- A 6   Sicherheitseinrichtungen gegen Drucküberschreitung; MSR-Sicherheitseinrichtungen

Berechnung
- **B 0**   Berechnung von Druckbehältern
- **B 1**   Zylinder- und Kugelschalen unter innerem Überdruck
- **B 2**   Kegelförmige Mäntel unter innerem und äußerem Überdruck
- **B 3**   Gewölbte Böden unter innerem und äußerem Überdruck
- B 4   Tellerböden
- **B 5**   Ebene Böden und Platten nebst Verankerungen
- **B 6**   Zylinderschalen unter äußerem Überdruck
- **B 7**   Schrauben
- **B 8**   Flansche
- **B 9**   Ausschnitte in Zylindern, Kegeln und Kugeln
- **B 10**   Dickwandige zylindrische Mäntel unter innerem Überdruck
- **B 13**   Einwandige Balgkompensatoren

Grundsätze
- G 1   AD-Regelwerk; Aufbau, Anwendung, Verfahrensrichtlinien
- G 2   Zusammenstellung aller im AD-Regelwerk zitierten DIN-Normen
- G 3   Übersicht über das AD-Regelwerk

Herstellung und Prüfung

HP 0	Allgemeine Grundsätze für Auslegung, Herstellung und damit verbundene Prüfungen
HP 1	Auslegung und Gestaltung
HP 2/1	Verfahrensprüfung für Fügeverfahren; Verfahrensprüfung von Schweißverbindungen
HP 3	Schweißaufsicht, Schweißer
HP 4	Prüfaufsicht und Prüfer für zerstörungsfreie Prüfungen
HP 5/1	Herstellung und Prüfung der Verbindungen; Arbeitstechnische Grundsätze
HP 5/2	Herstellung und Prüfung der Verbindungen; Arbeitsprüfung an Schweißnähten, Prüfung des Grundwerkstoffes nach Wärmebehandlung nach dem Schweißen
HP 5/3	Herstellung und Prüfung der Verbindungen; Zerstörungsfreie Prüfung der Schweißverbindungen
HP 5/3 Anl.1	Verfahrenstechnische Mindestanforderungen für die zerstörungsfreien Prüfverfahren
HP 7/1	Wärmebehandlung; Allgemeine Grundsätze
HP 7/2	Wärmebehandlung; Ferritische Stähle
HP 7/3	Wärmebehandlung; Austenitische Stähle
HP 7/4	Wärmebehandlung; Aluminium und Aluminiumlegierungen
HP 8/1	Prüfung von Pressteilen aus Stahl sowie Aluminium und Aluminiumlegierungen
HP 8/2	Prüfung von Schüssen aus Stahl
HP 30	Durchführung von Druckprüfungen

Nichtmetallische Werkstoffe

N 1	Druckbehälter aus textilglasverstärkten duroplastischen Kunststoffen (GFK)
N 2	Druckbehälter aus Elektrographit und Hartbrandkohle
N 2 Anl.1	Anlage 1 zum AD-Merkblatt N2; Prüfbestimmungen
N 4	Druckbehälter aus Glas
N 4 Anl.1	Beurteilung von Fehlern in Wandungen von Druckbehältern aus Glas

Sonderfälle

S 1	Vereinfachte Berechnung auf Wechselbeanspruchung
S 2	Berechnung auf Wechselbeanspruchung
	Allgemeiner Standsicherheitsnachweis für Druckbehälter:
S 3/0	–; Grundsätze
S 3/1	–; Behälter auf Standzargen
S 3/2	–; Nachweis für liegende Behälter auf Sätteln
S 3/3	–; Behälter mit gewölbten Böden und Füßen
S 3/4	–; Behälter mit Tragpratzen

S 3/5	–; Behälter mit Ringlagerung
S 3/6	–; Behälter mit Stutzen und Zusatzbelastung
S 3/7	–; Berücksichtigung von Wärmespannungen bei Wärmeaustauschern mit festen Rohrplatten
S 4	Bewertung von Spannungen bei rechnerischen und experimentellen Spannungsanalysen

Werkstoffe

W 0	Allgemeine Grundsätze für Werkstoffe
W 1	Flacherzeugnisse aus unlegierten und legierten Stählen
W 2	Austenitische Stähle
W 3/1	Gusseisenwerkstoffe; Gusseisen mit Lamellengraphit (Grauguss), unlegiert und niedriglegiert
W 3/2	Gusseisenwerkstoffe; Gusseisen mit Kugelgraphit, unlegiert und niedriglegiert
W 3/3	Gusseisenwerkstoffe; Austenitisches Gusseisen mit Lamellengraphit
W 4	Rohre aus unlegierten und legierten Stählen
W 5	Stahlguss
W 6/1	Aluminium und Aluminiumlegierungen; Knetwerkstoffe
W 6/2	Kupfer und Kupfer-Knetlegierungen
W 7	Schrauben und Muttern aus ferritischen Stählen
W 8	Plattierte Stähle
W 9	Flansche aus Stahl
W 10	Werkstoffe für tiefe Temperaturen; Eisenwerkstoffe
W 12	Nahtlose Hohlkörper aus unlegierten und legierten Stählen für Druckbehältermäntel
W 13	Schmiedestücke und gewalzte Teile aus unlegierten und legierten Stählen

---

Besonders hingewiesen wird auf:
  TRB Technische Regeln Druckbehälter [23]
  TRR 100 Technische Regeln Rohrleitungen; Bauvorschriften – Rohrleitungen aus metallischen Werkstoffen [24]
  Festigkeitsberechnung im Dampfkessel-, Behälter- und Rohrleitungsbau von S. Schwaigerer [2]
  Festigkeitsberechnung verfahrenstechnischer Apparate von E. Wegener [16]

Die folgende Darstellung zeigt in anschaulicher Weise die Zuordnung der einzelnen Apparateelemente zu den entsprechenden AD-Merkblättern:

2. Zusammenstellung aller AD-Merkblätter

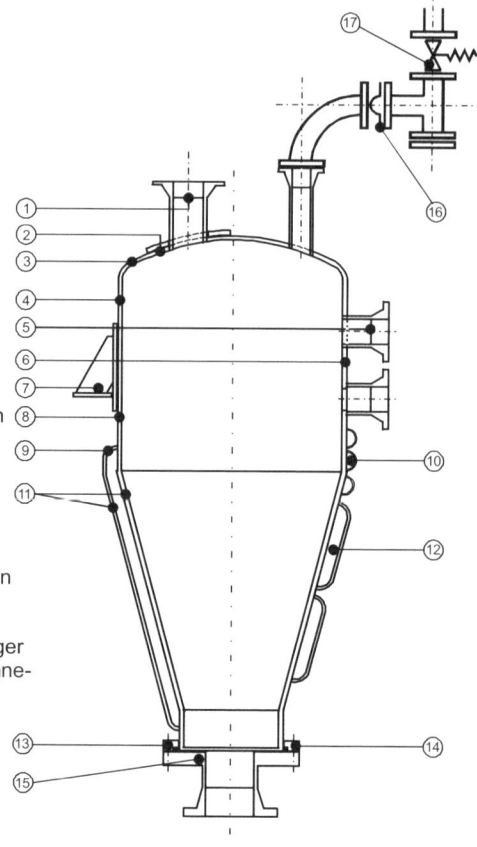

① Stutzen in Kugelschalen unter Berücksichtigung von Zusatzkräften und -momenten
AD-B9, -S3/6

② Gewölbte Böden mit Stutzen im Bereich der Kugelkalotte unter innerem Überdruck
AD-B3, -B9

③ Gewölbter Boden mit und ohne Ausschnitt im Krempenbereich unter innerem und äußerem Überdruck
AD-B3

④ Mantel: Festlegung des zulässigen Verschwächungsfaktors und Bestimmung des max. unverstärkten Ausschnittdurchmessers
AD-B1, -B9

⑤ Stutzen in Zylinderschalen unter Berücksichtigung von Zusatzkräften
AD-B9, -S3/6

⑥ Mantel mit Stutzen und gegenseitiger Beeinflussung von Stutzen unter innerem Überdruck
AD-B9

⑦ Pratzen
AD-S3/4

⑧ Mantel unter äußerem Überdruck
AD-B6

⑨ Krempe (Übergang von Außenmantel auf Innenmantel)
AD-B3

⑩ Boden, Mantel und Kegel unter Beanspruchung durch aufgeschweißte Halbschalen unter Innendruck
AD-B3

⑪ Kegel unter innerem und äußerem Überdruck
AD-B2

⑫ Warzenmäntel unter Innendruck
AD-B5

⑬ Schrauben
AD-B7

⑭ Flansche
AD-B8

⑮ Ebene Deckel mit und ohne Ausschnitt
AD-B5

⑯ Berstsicherungen
AD-A1

⑰ Sicherheitsventile
AD-A2

3. Theoretische Grundlagen

In diesem Kapitel sollen nur die wichtigsten Grundlagen ins Gedächtnis zurückgerufen werden, die zum Verständnis des vorliegenden Buches nützlich scheinen. So werden die Gebiete „Festigkeit", „Werkstoff" und „Korrosion" behandelt, ohne dabei in die Tiefe zu gehen. Zu Details wird auf einschlägige Bücher verwiesen, die weitgehend bekannt oder auch im Literaturverzeichnis aufgeführt sind.

Spannungen in der Wand eines geschlossenen zylindrischen Druckbehälters:

1. <u>Umfangsspannungen (Tangentialspannungen)</u>

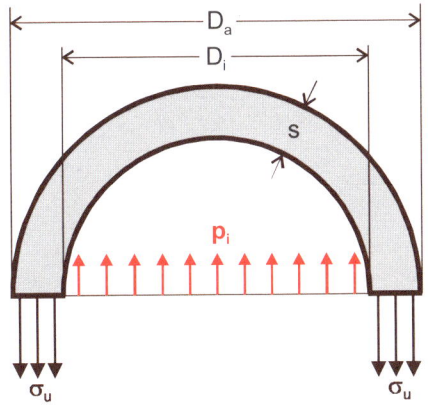

Gleichgewichtsbedingung:

Äußere Kraftwirkung: $F_a = D_i \cdot p_i \cdot l$

Innere Kraftwirkung: $F_i = 2s \cdot \sigma_u \cdot l$

Bei gefordertem Kräftegleichgewicht folglich

$F_a = F_i$

$D_i \cdot p_i = 2s \cdot \sigma_u$

$$\boxed{\sigma_u = \frac{p_i \cdot D_i}{2s}} \qquad (3.1)$$

2. <u>Längsspannungen (Axialspannungen)</u>

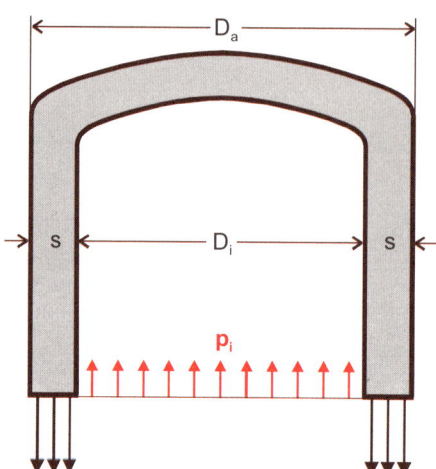

Gleichgewichtsbedingung:

Äußere Kraftwirkung: $F_a = \dfrac{\pi \cdot D_i^2}{4} \cdot p_i$

Innere Kraftwirkung: $F_i = \pi \cdot (D_i + s) \cdot s \cdot \sigma_a$

Bei gefordertem Kräftegleichgewicht folglich

$$F_a = F_i$$
$$\frac{\pi \cdot D_i^2}{4} \cdot p_i = \pi \cdot (D_i + s) \cdot s \cdot \sigma_a$$

Für einen dünnwandigen Behälter (s << D_i) wird mit genügender Genauigkeit $D_i + s = D_i$ Dann ergibt sich für die Längsspannung:

$$\sigma_a = \frac{\pi \cdot D_i^2 \cdot p_i}{4 \cdot \pi \cdot D_i \cdot s}$$

$$\boxed{\sigma_a = \frac{p_i \cdot D_i}{4s}} \quad (3.2)$$

Die Längsspannung in einem zylindrischen Behälter ist halb so groß wie die Umfangsspannung. Sie entspricht gleichzeitig den zwei Hauptspannungen in einer Kugel.

3. Radialspannungen
Bei einem Durchmesserverhältnis $D_a/D_i \leq 1{,}2$ gilt ein Behälter als dünnwandig. Diese Bedingung wird sicherlich von der überwiegenden Anzahl der Druckbehälter erfüllt. Es gilt:

$$\boxed{\sigma_r = -\frac{p_i}{2}} \tag{3.3}$$

Im Folgenden seien die drei gebräuchlichsten **Festigkeitshypothesen** angegeben:
- **Normalspannungshypothese** (NH):
$\sigma_v = \sigma_{max}$ (3.4)
- **Schubspannungshypothese** (SH):
$\sigma_v = \sigma_{max} - \sigma_{min}$ (3.5)
- **Gestaltänderungs-Energie-Hypothese** (GEH):
dreiachsiger Spannungszustand:

$$\sigma_v = \frac{1}{\sqrt{2}} \cdot \sqrt{(\sigma_1 - \sigma_2)^2 + (\sigma_2 - \sigma_3)^2 + (\sigma_3 - \sigma_1)^2} \tag{3.6 a}$$

zweiachsiger Spannungszustand:

$$\sigma_v = \sqrt{\sigma_1^2 + \sigma_2^2 - \sigma_1 \cdot \sigma_2} \tag{3.6 b}$$

Die Vergleichsspannung σ_v, ermittelt aus den Einzelspannungen in den Hauptspannungsrichtungen und damit abhängig von den geometrischen Behälterabmessungen sowie den aufgebrachten Innendrücken, stellt den Spannungswert dar, der mit genügender Sicherheit S unter dem Werkstoffkennwert K liegen muss.

Für die Wandung eines zylindrischen Druckbehälters gilt somit
nach NH:

$$\sigma_v = \sigma_u \qquad \sigma_v = \frac{p_i \cdot D_i}{2s} \tag{3.7}$$

nach SH:

$$\sigma_v = \sigma_u - \sigma_r = \frac{p_i \cdot D_i}{2s} + \frac{p_i}{2} \qquad \sigma_v = \frac{p_i \cdot (D_i + s)}{2s} \tag{3.8 a}$$

oder, da $D_i + s = D_m$ ist (D_m = mittlerer Durchmesser):

$$\sigma_v = \frac{p_i \cdot D_m}{2s} \tag{3.8 b}$$

nach GEH (abgeleitet unter Zuhilfenahme des mittleren Durchmessers D_m):
$D_i = D_m - s$

$$\sigma_v = \frac{1}{\sqrt{2}} \cdot \sqrt{(\sigma_u - \sigma_a)^2 + (\sigma_a - \sigma_r)^2 + (\sigma_r - \sigma_u)^2} =$$

$$\frac{1}{\sqrt{2}} \cdot \sqrt{\left[\frac{p_i \cdot (D_m - s)}{2s} - \frac{p_i \cdot (D_m - s)}{4s}\right]^2 + \left[\frac{p_i \cdot (D_m - s)}{4s} + \frac{p_i}{2}\right]^2 + \left[-\frac{p_i}{2} - \frac{p_i \cdot (D_m - s)}{2s}\right]^2}$$

und damit am Schluss der Ableitung:

$$\sigma_v = \frac{1}{\sqrt{2}} \cdot \sqrt{\frac{p_i^2}{8} \cdot \left(3 \cdot \frac{D_m^2}{s^2} + 1\right)} = \frac{1}{\sqrt{2} \cdot \sqrt{8}} \cdot \frac{p_i}{s} \cdot \sqrt{3D_m^2 + s^2} = 0{,}5 \cdot \frac{p_i}{2s} \cdot \sqrt{3D_m^2 + s^2}$$

Da nun unter der Wurzel der Wert $s^2 \ll 3D_m^2$ ist, kann dieser Term entfallen. Es ergibt sich

$$\sigma_v = \frac{\sqrt{3}}{4} \cdot \frac{p_i \cdot D_m}{s} = \frac{\sqrt{3}}{2} \frac{p_i \cdot D_m}{2s} \tag{3.9}$$

Diese Analogie zu σ_v aus SH führt schließlich zu:

$$\sigma_v = 0{,}866 \cdot \frac{p_i \cdot D_m}{2s}$$

Wird nun die Gleichung für σ_v aus SH nach der Wanddicke s aufgelöst und p_i in [bar] sowie σ_v in [N/mm²] eingesetzt, ergibt sich

$$s = \frac{p_i \cdot D_m}{20 \cdot \sigma_v}$$

Für σ_v wird nun K/S eingesetzt und der Schweißnahtfaktor v (im Allgemeinen 0,85) eingeführt:

$$s = \frac{p_i \cdot D_m}{20 \cdot \frac{K}{S} \cdot v}$$

Mit $D_a - s$ anstelle von D_m wird der Kreis geschlossen, es entsteht die bekannte und oft verwendete „Kesselformel":

$$s = \frac{p_i \cdot (D_a - s)}{20 \cdot \frac{K}{S} \cdot v} = \frac{p_i \cdot D_a}{20 \cdot \frac{K}{S} \cdot v} - \frac{p_i \cdot s}{20 \cdot \frac{K}{S} \cdot v}$$

woraus dann schließlich wird:

$$s = \frac{p_i \cdot D_a}{20 \cdot \dfrac{K}{S} \cdot v + p_i}$$

(3.10 a)

Dieser so ermittelten Wanddicke sind noch die verschiedenen Zuschläge $c = c_1 + c_2 + \ldots$ (c_1 z.B. Korrosionszuschlag) hinzuzufügen, so dass sich die auszuführende Mindestwanddicke ergibt zu:

$$s_{(min)} = \frac{p_i \cdot D_a}{20 \cdot \dfrac{K}{S} \cdot v + p_i} + c$$

(3.10 b)

Werkstoffkennwerte und Sicherheiten

Auf den Term K/S in der Übersicht 2 auf Seite 14 wird später noch genauer eingegangen, in den meisten Fällen wird jedoch für K als Werkstoffkennwert die entsprechende, temperaturabhängige Streckgrenze/Fließgrenze oder 0,2%-Dehngrenze für Ferrite bzw. 1%-Dehngrenze für Austenite verwendet. Die folgende Darstellung enthält typische Spannungs-Dehnungs-Schaubilder für Druckbehälterwerkstoffe:

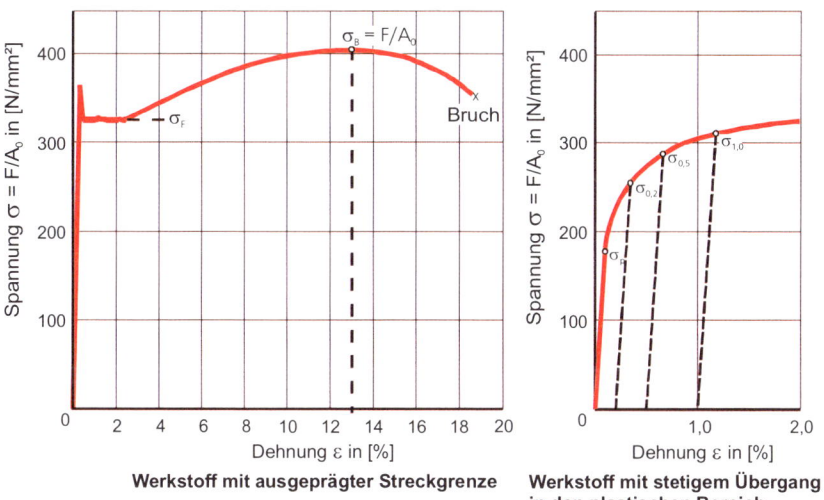

Werkstoff mit ausgeprägter Streckgrenze **Werkstoff mit stetigem Übergang in den plastischen Bereich**

A_0 = Probenquerschnitt bei Belastungsbeginn

Der Sicherheitsbeiwert S ist für den Betriebszustand im Allgemeinen mit 1,5 anzusetzen, für die erforderliche Wasserdruckprüfung gilt ein Sicherheitsbeiwert von 1,1.

Vernünftiger wäre es, für K/S den einfacheren Ausdruck σ_{zul} einzuführen. Dies wurde auch neuerdings in AD-S3/0 unter der Bezeichnung „f" berücksichtigt.

Vereinbarung für die nachfolgenden Kapitel:
s = Wanddicke ohne Zuschläge c, jedoch unter Berücksichtigung des Schweißnahtfaktors v

---

Werkstoffkunde:
Grundsätzlich kann das Versagen von Druckbehältern entweder durch plastisches Verformen von unzulässiger Größe (Fließen) oder aber durch Bruch eintreten. Ersteres gilt fast immer für verformungsfähige Werkstoffe, Letzteres für spröde Werkstoffe oder bei Verformungsbehinderungen. Verantwortlich dafür können nicht nur unzulässige Druck- und Temperaturüberschreitungen oder hohe Wechselbeanspruchungen sein, sondern auch Korrosionsangriffe unterschiedlicher Art und damit verbundene Wanddickenschwächungen oder Werkstoffschädigungen.

Da im Druckapparatebau vorzugsweise Stähle verwendet werden, sollen nur diese im Folgenden beschrieben werden, obwohl für andere Werkstoffe natürlich Ähnliches gilt. Unterschieden werden muss aufgrund der oben genannten Versagensarten zwischen verformungsfähigen und spröden Werkstoffen sowie zwischen ferritischen (Kristallgittertyp „kubisch raumzentriert") und austenitischen (Kristallgittertyp „kubisch flächenzentriert") Stählen. In Abhängigkeit von der Betriebs- bzw. Berechnungstemperatur kommen folgende Festigkeitskennwerte K und Sicherheitsbeiwerte S zur Anwendung:

Werkstoff	Umgebungstemperatur (bis +50°C)	Erhöhte Temperatur
ferritischer Stahl spröde	σ_B / S = 2,0	$\sigma_{B\,[\vartheta]}$ / S = 2,0
verformungsfähig	σ_S bzw. $\sigma_{0,2}$ / S = 1,5 *)	$\sigma_{0,2\,[\vartheta]}$ / S = 1,5 *)
austenitischer Stahl	σ_1 / S = 1,5 *)	$\sigma_{1[\vartheta]}$ / S = 1,5 *)

*) S = 1,5 ist gültig für den Betriebszustand, bei der Wasserdruckprobe (mit einem Prüfdruck von 1,3 mal dem zulässigen Betriebsdruck; in der neuen Druckgeräterichtlinie, Anhang I, 7.4, neuerdings modifiziert zu $1,43 \cdot p$, bzw. $1,25 \cdot p(20°C)$, z.B. $1,25 \cdot p \cdot K(20°C)/K(\vartheta)$, wobei der Sinn dieses höheren Prüfdrucks nicht recht einzusehen ist) reicht ein Sicherheitsbeiwert von S = 1,1 aus.
Die Spannungs-Indices haben folgende Bedeutung:
B = Bruch, S = Streckgrenze, 0,2 = 0,2%-Dehngrenze, 1 = 1%-Dehngrenze

Bei den Angaben in der vorstehenden Zusammenstellung handelt es sich um Kurzzeitfestigkeitskennwerte, die an Proben im Zugversuch ermittelt werden.

Erwähnt werden muss, dass bei tiefen Temperaturen – bedingt durch den Steilabfall der Kerbschlagzähigkeit – auch bei sonst gut verformbaren, niedriglegierten ferritischen Werkstoffen eine Versprödung einsetzt. In solchen Fällen sollten kaltzähe ferritische Stähle, Austenite oder Aluminiumwerkstoffe verwendet werden.

Jeder verformte Werkstoff erfährt aufgrund der kristallinen Struktur eine Kristallerholung bzw. Rekristallisation. Diese setzt oberhalb der sogenannten, für jeden Werkstoff spezifischen, Kristallerholungstemperatur ϑ_K ein. Der Werkstoff kann sich in diesem Temperaturbereich während der Verformung nicht mehr verfestigen, d.h. einmal zum Fließen gebracht, fließt er bei gleichbleibender Belastung mehr oder weniger stark weiter (bei Kunststoffen z.B. läuft dieser Vorgang bereits bei Raumtemperatur ab). Damit stellt die Kristallerholungstemperatur eine Grenze dar, unterhalb derer die Kurzzeitfestigkeit maßgebend ist, während bei Temperaturen oberhalb ϑ_K die Langzeitfestigkeit den zu verwendenden Werkstoffkennwert darstellt.

ϑ_K -Richtwerte sind für:
  unlegierte Stähle $\sim 400°C$
  niedriglegierte Stähle $\sim 450°C$
  hochlegierte Stähle $\sim 550°C$

Analog zur Kurzzeitfestigkeit $\sigma_{0,2}$ bzw. σ_S und σ_1 werden Langzeit-Festigkeitskennwerte im Dauerstandversuch ermittelt, und zwar in Abhängigkeit von der Temperatur. Typische Kennwerte sind: $\sigma_{1/100000}$ bzw. $\sigma_{B/100000}$.

$\sigma_{1/100000}$ bedeutet, dass bei einer bestimmten Temperatur nach 100000 Stunden eine Dehnung von 1% eintritt. Die zugehörige Spannung wird als Zeit-Dehngrenze bezeichnet. Die Zeitbruchgrenze, besser bekannt als Zeitstandfestigkeit, gibt analog dazu die Spannung an, bei der nach Ablauf einer bestimmten Zeit (z.B. 100000 h) der Bruch eintritt.

Korrosion:

In den folgenden Kapiteln wird öfter auf Korrosionsphänomene hingewiesen, so dass hier ein kurzer Überblick gegeben werden soll:

Unter Korrosion versteht man die Zerstörung von Werkstoff durch chemische oder elektrochemische Reaktion mit seiner Umgebung. Dadurch werden Bauteile so geschädigt, dass es zu vorzeitigem Versagen kommt. Man unterscheidet hauptsächlich folgende Korrosionserscheinungen:
- Gleichmäßige Korrosion:
    o Abtragung des Werkstoffs parallel zur Oberfläche
- Ungleichmäßige Korrosion ohne mechanische Belastung:
    o Lochfraß
    o Korrosionsnarbenbildung (örtlich begrenzte, flache Anfressung)

- o Spaltkorrosion
- o Kontaktkorrosion
- o Selektive Korrosion
- o Interkristalline Korrosion
- Ungleichmäßige Korrosion unter mechanischen Belastungen:
  - o Spannungsrisskorrosion
  - o Schwingungsrisskorrosion

Die in Chemieanlagen wichtige und öfter zu beobachtende Spannungsrisskorrosion soll ein klein wenig genauer betrachtet werden:

Das Auftreten von Spannungsrisskorrosion – vor allem bei hochfesten, spröderen Werkstoffen wie Federstählen oder Feinkornbaustählen – setzt das Vorhandensein höherer Spannungen und eines aggressiven Mediums (z.B. Wasserstoff, Ammoniak) voraus. Höhere Spannungen entstehen meist durch Schweißeigenspannungen und deren Überlagerung mit Betriebsspannungen. Es gilt daher, die Eigenspannungen zu reduzieren, was durch Spannungsarmglühen der Schweißnähte und ihrer Umgebung geschehen kann. Auch Kugelstrahlen kann einen gewissen – jedoch meist unsicheren – Erfolg bringen.

Unterschieden wird zwischen interkristalliner (Korrosion entlang der Korngrenzen) und transkristalliner Spannungsrisskorrosion (durch die Körner verlaufende Korrosion).

Abschließend sei nochmals auf die umfangreiche Fachliteratur zu Werkstoffen, Schweißverfahren und Korrosionsproblemen verwiesen.

4. Unterschiedliche Berechnungsstile

An der Erstellung umfangreicher Regelwerke sind meist viele Gremien beteiligt, die unterschiedliche Kompetenzen aufweisen, bestimmte Berechnungsstile favorisieren und damit auch zu unterschiedlichen Ergebnissen bei ähnlichen Themenkreisen kommen. In Abwandlung eines Sprichworts aus der Umgangssprache gilt:

„Wenn mehrere das Gleiche tun sollen, dann führt das nicht immer zum gleichen Ergebnis!"

Dies kann in erweitertem Sinn beispielsweise auch auf den Stil und die Methodik der eingangs zitierten AD-Merkblätter übertragen werden, bei denen einem ja alsbald auffallen muss, dass ähnliche Fragestellungen im Laufe der älteren und neueren Technikgeschichte von verschiedenen Ingenieurgenerationen recht unterschiedlich abgehandelt wurden (siehe dazu auch „Auflistung von Grundformeln und Kenngrößen für einige AD-Merkblätter" im vorliegenden Kapitel). Diese AD-Merkblätter können daher als Beweis für die eingangs aufgestellte Bemerkung dienen. Sicherlich würde sich Ähnliches auch bei der kritischen Betrachtung ausländischer Regelwerke oder Vorschriften ergeben, an denen ebenfalls verschiedene Personenkreise mitgewirkt haben.

Das Kräftegleichgewicht der sogenannten „Kesselformel" aus AD-B1 zur Ermittlung der Membranspannungen an innendruckbeanspruchten Zylindern oder Kugeln ist sicherlich schon von Ingenieuren und Physikern der Renaissance-Zeit bedacht worden, basiert jedoch auf physikalisch eindeutigen Gleichgewichtsbedingungen, wie die Ableitung im Kapitel 3, Abschnitt „Spannungen" zeigt. Während bei dünnwandigen Druckbehältern zur Spannungsermittlung noch die Schubspannungshypothese (SH) herangezogen wurde, wird bei dickwandigen Behältern nach AD-B10 die oftmals bestätigte Gestaltänderungs-Energie-Hypothese nach von Mises (GEH) verwendet. In beiden Fällen wird aber ein dreiachsiger Spannungszustand zugrunde gelegt. Auf die Festigkeitshypothesen wird ebenfalls im Kapitel 3 Bezug genommen.

Zum Ausgleich von Spannungserhöhungen um einen Stutzen (AD-B9) ist mit dem Kräftegleichgewicht des sogenannten Flächenvergleichsverfahrens der alte Schiffbauer-Grundsatz „Wegschnitt tragender Fläche muss durch Verstärkung in Kragen oder Stutzen ausgeglichen werden" erweitert worden. Der Kehrwert des Verschwächungsfaktors $1/v_A$ entspricht dabei annähernd einer mittleren Spannungserhöhung um den die Mittelspannung im Grundkörper störenden Stutzen. An dieser Stelle ist darauf hinzuweisen, dass ein verformungsfähiger Druckbehälterwerkstoff in der Lage ist, auftretende Spannungsspitzen durch örtliches Fließen abzubauen. Neuere Spannungserhöhungsfaktoren – initiiert durch Zusatzkräfte nach AD-S3/6 – können in manchen Fällen zu deutlich anderen Stutzenbeurteilungen führen.

Bei Störung des ebenen Membranspannungszustands im Krempenbereich eines Kegelbodens durch Überlagerung mit einem Biegespannungsprofil wird in AD-B2 die deswegen erforderliche Wanddicke über eine Linientafelserie bestimmt und im Anhang zu sehr umfangreichen Polynomen aufbereitet, die nur noch unter Zuhilfenahme der EDV zumutbar anzuwenden sind.

Eine ähnliche Fragestellung war bezüglich gewölbter Böden Jahre vorher in AD-B3 mit Linientafeln für Berechnungsbeiwerte β, dem Verhältnis aus Spannungserhöhungsfaktor α zu einer Formzahl δ – dem erlaubbaren Maß für plastische Verformung an den Bodenoberflächen – völlig anders beantwortet worden. Während nun aber das „altertümliche" Flächenvergleichsverfahren sämtliche Geometriegrößen in die Stutzenbewertung einbezieht (siehe AD-B9), wird diese Niveauvorgabe für β-Werte in Abhängigkeit von den die Krempe durchdringenden Stutzen unerklärlicherweise nicht umfassend genug eingehalten.

Die Kompensatorbeurteilung nach AD-B13 erfolgt nun weder durch Linientafeln noch durch Polynome für diverse Berechnungsbeiwerte (hier Rechenstützwerte R genannt), sondern mittels einer schier endlosen Auflistung dieser Stützwerte in Tabellen.

Die Berechnungsbeiwerte C zur Wanddickenermittlung für ebene Platten (AD-B5) können auch als Wurzel eines β-Wertes für das druckbedingte Biegespannungsprofil gedeutet werden. Anhebungen des C-Wertes wegen Stutzen in den Platten wurden mit Spannungsermittlungen aus Dehnungsmessungen oder bereits durch Berechnung nach der Finite-Elemente-Methode (FEM) bestimmt. In der Flanschbeurteilung nach AD-B8 erkennt man noch die Herkunft aus dem klassischen Ansatz „Spannung gleich Biegemoment durch Druck- und Schraubenkräfte zu Widerstandsmoment des Flanschringquerschnittes, $\sigma = M/W$". Der Schraubenquerschnitt A nach AD-B7 wird proportional den Zugkräften F festgelegt, d.h. $\sigma = F/A$.

Notwendigerweise anders wird die elastische Beulung durch Außendruck in AD-B6 auch als Vakuum bezeichnet erklärt. In Ausweitung der Knickspannungen eines Stabes zu Schalenbeulen durch Lösung gekoppelter Differenzialgleichungen für Verschiebungen – ausgedrückt durch Kräfte, Momente und Verformungen – erfolgt die Berechnung durch Variation der möglichen Beulwellenzahl und anschließender Suche nach dem kleinsten Versagensdruck. Gegen plastische Verformung zulässige Beulspannungen wiederum werden durch Ausweitung der weiter vorn erwähnten „Kesselformel" bestimmt.

Das AD-Merkblatt S4 dient der Bewertung von Spannungen bei rechnerischen und experimentellen Spannungsanalysen; es erläutert die Unterschiede von z.B. innendruckbedingten Primärspannungen und temperaturbedingten Sekundärspannungen, die sich durch plastische Verformung abbauen. Gleiches gilt für druckbedingte Membranspannungen mit überlagerten Biegespannungen.

Als neueste Berechnungsmethode ist daher vorzusehen, Membran- und Biegespannungen um Kraft- und Momenteneinleitung in die Behälterschale durch Füße, Pratzen, Zargen, Ringe oder Sättel gewichtet zu überlagern (S-Reihe der AD-Merkblätter). Der logische Fluss von folgerichtiger Fuß- oder Pratzenberechnung wird in den neuesten AD-Merkblättern noch nicht einmal ansatzweise fortgesetzt. Jedes Team „kocht seinen eigenen Brei", Vorveröffentlichungen mit ausführlicher mechanisch-technologischer Begründung oder Ergebnissen von Dehnungsmessungen und FE-Analysen sind bedauerlicherweise unüblich geworden. Nicht einmal krasse Unterschiede zwischen altem und neuem Regelwerk werden herausgestellt, was z.B. für Stutzen- oder Sattelhornspannungen sowie für Kegelwanddicken und Versteifungsringflächen dringend notwendig gewesen wäre.

Auch hieraus leitet sich ein weiteres Mal die Notwendigkeit der Beibehaltung von hellwacher Kernkompetenz bezüglich der Apparatebeurteilung innerhalb eines Ingenieurteams ab.

Auch für die angegebene Literatur gelten die vorstehend gemachten Aussagen.

4. Unterschiedliche Berechnungsstile

Im Folgenden soll eine Auflistung von Grundformeln und Kenngrößen zur Festigkeitsbewertung für einige AD-Merkblätter die vorliegenden Unterschiede darlegen:

AD-Nummer und Kurzbezeichnung	Mechanische Methodik	Kurzformel	Kenngröße	Tendenz
B 1 Zylinder / Kugel	Kräftebilanz / Flächenvergleich	$\sigma \sim F/A$	v_{Sn} (Schweißnähte)	$s \sim p$
B 2 Kegel	Stufenkörper-Verfahren (FEM)		β (Krempe)	$s \sim p^e$
B 3 Gewölbte Böden	Kräftebilanz / Flächenvergleich	$\sigma \sim F/A$	β (Krempe)	$s \sim p^e$
B 5 Ebene Platten	Momentenbilanz / FE - Auswertung	$\sigma \sim M/W$	C	$s \sim p^{1/2}$
B 6 Beulung	Elastisches Gleichgewicht, Plastische Verformungen		V/s^3 (V = Volumen)	$s \sim p^e$
B 7 Schrauben / Dichtungen	Kräftebilanz	$\sigma \sim F/A$		
B 8 Flansche	Momentenbilanz	$\sigma \sim M/W$	v_F	$s \sim p^{1/2}$
B 9 Ausschnitte	Kräftebilanz / Flächenvergleich	$\sigma \sim F/A$	v_A	$s \sim p$
B 10 Dickwandige Zylinder	Spannungsüberlagerung (GEH)			$s \sim p$
B 13 Kompensatoren	Übertragungsmatrizen		N	
S 3/2 Sättel	Momentenbilanz		β	$s \sim F^{1/2}$
S 3/3 Füße	FEM	$\sigma \sim F^e$		$s \sim F^e$
S 3/4 Pratzen	FEM	$\sigma \sim M^e$		$s \sim M^e$

Nomenklatur:
A   Fläche (area)
F   Kraft (force)
M   Moment [N mm]
N   Lastspielzahl
W   Widerstandsmoment [mm³]
s   Wanddicke (-stärke)
p   Druck (pressure)
e   Exponent

v_A Verschwächungsfaktor für Ausschnitte
v_F dito für Flanschausschnitte
v_S Dito für Schweißnähte
C   Berechnungsbeiwert
β Berechnungsbeiwert
σ Spannung

Verwendete Abkürzungen:
NH   Normalspannungshypothese
SH   Schubspannungshypothese
FEM   Finite-Elemente-Methode (-Rechnung)

GEH Gestaltänderungs-Energie-Hypothese bei mehrachsigen Spannungszuständen nach von Mises

Als Analogie gilt: $\beta \triangleq \frac{1}{v} \triangleq C^2$

Abschließend sei zur scherzhaften Einführung die Absicht dieses Buches mit der Darstellung auf der folgenden Seite erläutert:

Ein Hundetier schwimmt durch einen Fluss immer mit Nase in Richtung auf das am anderen Ufer befindliche Herrchen zu.

Dieser allgemeine Ansatz, die beschreibenden Differentialgleichungen der Ortskurven bei Durchquerung des Stromes oder die Lösung, eventuell auch die punktuelle Berechnung, haben im Vergleich zum nomogrammmäßig dargestellten Lösungsfeld nur eine geringe Aussagekraft. Der Gutbereich (v/u > 1,5) und der Schlechtbereich (v/u < 1,25) können deutlich voneinander abgegrenzt werden. Mögliche Berechnungsfehler werden im Vergleich von punktueller Nachrechnung mit Nomogrammwerten leicht erkannt. Auch die Zeitersparnis ist zusammen mit der Fehlererkennung ein beachtenswerter Aspekt.

Differentialgleichungen:

$\dot{r} = u \cdot \cos\varphi - v_0$

$r\dot{\varphi} = u \cdot \sin\varphi$

Lösung:

$r(\varphi) = \frac{c}{\sin\varphi} \cdot tg^{(v/u)}(\varphi/2)$

mit $c = \frac{r_0 \cdot \sin\varphi_0}{tg^{(v/u)}(\varphi_0/2)}$

Linienschar der Ortskurven bei Flußquerung mit Schwimmgeschwindigkeit v des Hundetiers bei Fließgeschwindigkeit u des Flusses, ständige Ausrichtung des Hundes auf Ursprung 0/0; nach J.Hinrichs/BASF.

Frage: Wie entgeht das Tierchen den Strudeln des Fallwehrs ?

Antwort: v/u ≥ 1, 25

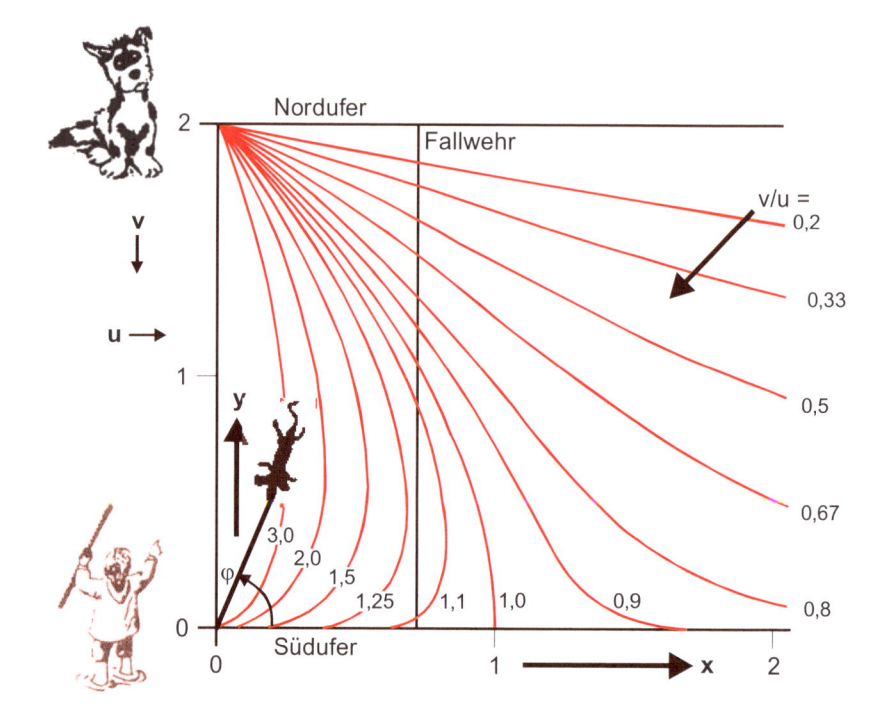

22   4. Unterschiedliche Berechnungsstile

Nordufer

Fallwehr

$v/u =$
0,2
0,33
0,5
0,67
0,8

3,0 2,0 1,5 1,25 1,1 1,0 0,9

Südufer

5. Zylindrische und kugelförmige Mantelelemente

In diesem Kapitel werden die wohl am häufigsten benötigten Fälle
„**Behälter unter innerem Überdruck**, Kapitel **5.1**",
„**Behälter unter äußerem Überdruck**, Kapitel **5.2**" und
„**Dickwandige Behälter**, Kapitel **5.3**"
behandelt.

Im deutschen Regelwerk gelten dafür die AD-Merkblätter B1, B6 und B10 [1].

Die mechanischen Grundlagen für dieses Kapitel sind bereits in den Kap. 3, „Theoretische Grundlagen" und Kap. 4, „Unterschiedliche Berechnungsstile" abgehandelt.

Im Unterkapitel 5.1, „Behälter unter innerem Überdruck", wird die Druckänderung durch thermische Einflüsse behandelt. Dies ist ein wichtiger Aspekt vor allem für im Freien aufgestellte Druckbehälter und für Transportfahrzeuge wie Eisenbahnkesselwagen oder Straßentankzüge. Weiterhin wird ein Überblick über große Druckbehälter gegeben, wie sie vorzugsweise zur Lagerung von unter Druck verflüssigten Gasen verwendet werden.

Das Unterkapitel 5.2, „Behälter unter äußerem Überdruck", beschäftigt sich mit Stabilitätsfragen anstelle von Festigkeitsüberlegungen wie in den anderen beiden Unterkapiteln. Auf die völlig anderen Zusammenhänge wird ausführlich eingegangen, die Theorie wird mit praktischen Versuchsergebnissen verglichen.

Schließlich wird im Unterkapitel 5.3, „Dickwandige Behälter", in der Einführung auf die speziellen Grundlagen der Berechnung eingegangen. Auch wird dort den Wärmespannungen, die durch ein Temperaturgefälle in der Behälterwand hervorgerufen werden, und deren Überlagerung mit den mechanischen Spannungen besonderes Augenmerk gewidmet.

Da der Umgang mit den oben genannten AD-Merkblättern zu den Standardtätigkeiten zählt, kann an dieser Stelle auf eine weitergehende Einführung verzichtet werden. Dem Werkstoffverhalten sollte jedoch noch ein wenig Aufmerksamkeit gewidmet werden, da in diesem und in allen folgenden Kapiteln die Werkstoffkennwerte eine große Rolle spielen:

In der Tabelle 5.1. sind Werkstoffkennwerte K für verschiedene, im Druckbehälterbau häufig verwendete Stähle in Abhängigkeit von der

5. Zylindrische und kugelförmige Mantelelemente

Temperatur ϑ aufgelistet, in der Abb. 5-1 sind wichtige Stoffwerte für Ferrite und Austenite, ebenfalls in Abhängigkeit von der Temperatur, dargestellt. Es werden nur erhöhte Temperaturen betrachtet. Als Beispiel für die

Tabelle 5.1. Festigkeitskennwerte $\underline{K}$ von häufig verwendeten Druckbehälterwerkstoffen in Abhängigkeit von der Temperatur ϑ
Noch höhere Temperaturen: → Fortsetzung der Tabelle mit entsprechenden Zeitstandfestigkeitswerten! Erläuterungen dazu finden sich im Kap. 3, „Werkstoffkennwerte und Sicherheiten"

ϑ in °C	K in N/mm²				
	Ferrite (0,2%-Dehngrenze)			Austenite (1%-Dehngrenze)	
	RSt 37-2 (1.0038)	H II (1.0425)		V2A (1.4541)	V4A (1.4571)
		s ≤ 16 mm	s ≤ 40 mm		
50	235	265	255	222	234
100	186	239	233	208	218
150	172	222	219	195	206
200	157	205		185	196
250	147	185		175	186
300	118	155		167	175
350		140		161	169
400		130		156	164
450		125		152	160
500				149	158
550				147	157
	↑ $\sigma_{0,2\%}$ ↑			↑ $\sigma_{1\%}$ ↑	

Ferrite wurde der Werkstoff Kesselblech H II (1.0425) im Wanddickenbereich zwischen >16 mm und ≤ 40 mm ausgewählt, als Beispiel für die Austenite der Werkstoff V4A (1.4571). Man sieht sehr deutlich den Abfall der Festigkeit mit steigender Temperatur, der jedoch nicht linear verläuft. Neben den Festigkeitskennwerten sind auch die temperaturabhängigen Elastizitätsmoduln, die Wärmeausdehnungskoeffizienten und die Wärmeleitfähigkeiten dargestellt. Ein wenig Historie kann der Abb. 5-2 entnommen werden. Sie zeigt einen genieteten Druckbehälter mit nach innen gewölbten Böden und Bügelverschluss, Baujahr 1915, Badische Anilin- & Sodafabrik/Ludwigshafen am Rhein, Innendruck 10 atü, 2400 l Inhalt, zuletzt eingesetzt als Luftpuffer hinter einem Kompressor. Man sieht sehr deutlich, dass entsprechend den Spannungen für die Rundnaht (Längsspannung maßgebend!) zwei Nietreihen und für die Längsnaht (Umfangsspannung maßgebend!) vier Nietreihen benötigt wurden; für die Stutzen zur Aufhebung der Mantelverschwächung (Spannungserhöhung!) war jedoch nur eine Reihe erforderlich.

Als kleine Worterklärung: Naht heißt Stich neben Stich, hier Niete neben Niete; diese Wortwahl wurde auch auf Schweiß<u>nähte</u> übertragen. Und noch mehr, der „Schweiß" war die Flüssigstahlperle auf der in der Schmiede erhitzten Eisenflanke, die man auf dem Amboss zusammenhämmerte (z.B. Feuerverschweißung von Kettengliedern).

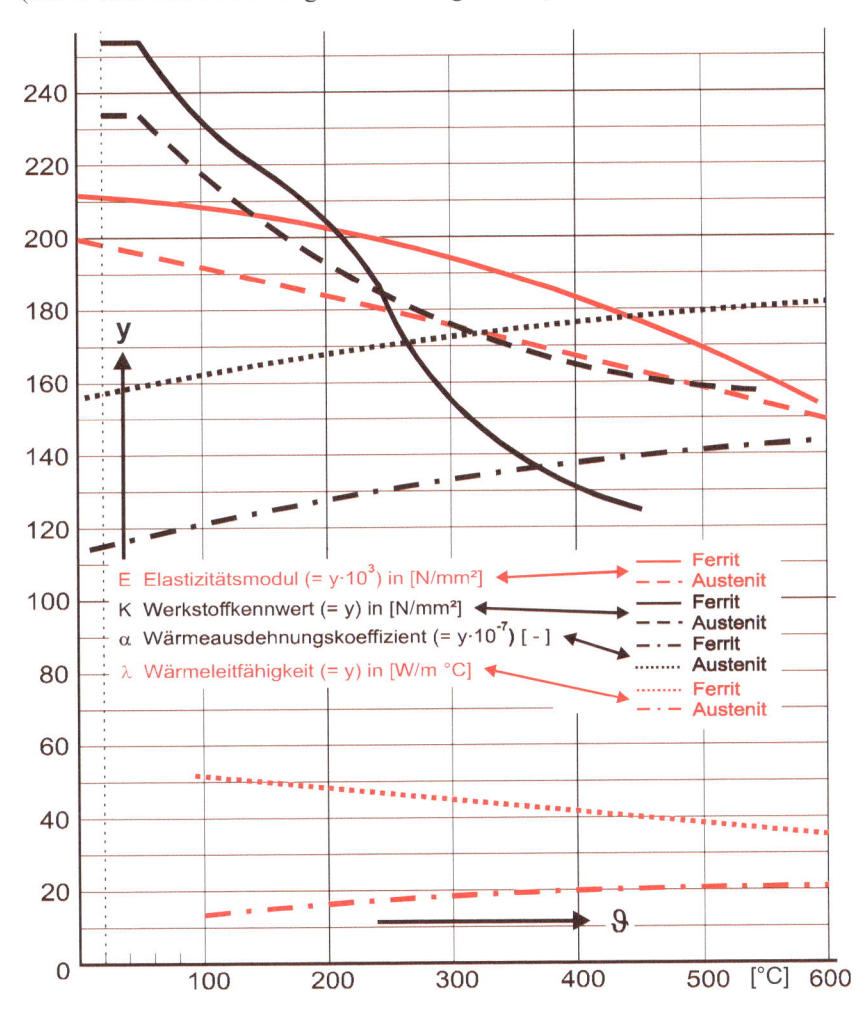

Abb. 5-1: Wichtige Stoffwerte für Ferrit und Austenit in Abhängigkeit von der Temperatur

5. Zylindrische und kugelförmige Mantelelemente

Heute werden Verbindungen im Druckbehälterbau zum überwiegenden Teil durch Schweißen hergestellt. Auf die Beschreibung von Schweißverfahren kann verzichtet werden, da es zu diesem Thema genügend viele Publikationen gibt. Hingewiesen sei z.B. auf das Buch „Schweißtechnik, Werkstoffe – Konstruieren – Prüfen", herausgegeben von G. Schulze, VDI-Verlag, Düsseldorf, 1992.

Hingegen scheint es nützlich, auf die in Abb. 5-3 zusammengestellten häufigen Schweißnahtfehler hinzuweisen. Vor allem die Fehler, die scharfe Kerben initiieren, wie z.B. „nicht durchgeschweißte Wurzel" oder „in-

Abb. 5-2: Genieteter Druckbehälter für einen Innendruck von 10 atü, Baujahr 1915

nere Wurzelkerbe" sind bei Wechselbeanspruchungen Ausgangspunkte für Risse. In den Berechnungsbeispielen werden zum Teil bereits AD-Merkblätter [1] herangezogen, die erst in späteren Kapiteln detailliert behandelt werden (Hinweise darauf werden in den einzelnen Beispielen gegeben).

Flankenbindefehler

Lagenbindefehler

Wurzelfurche durch Versatz des Grundwerkstoffs

Nicht durchgeschweißte Wurzel

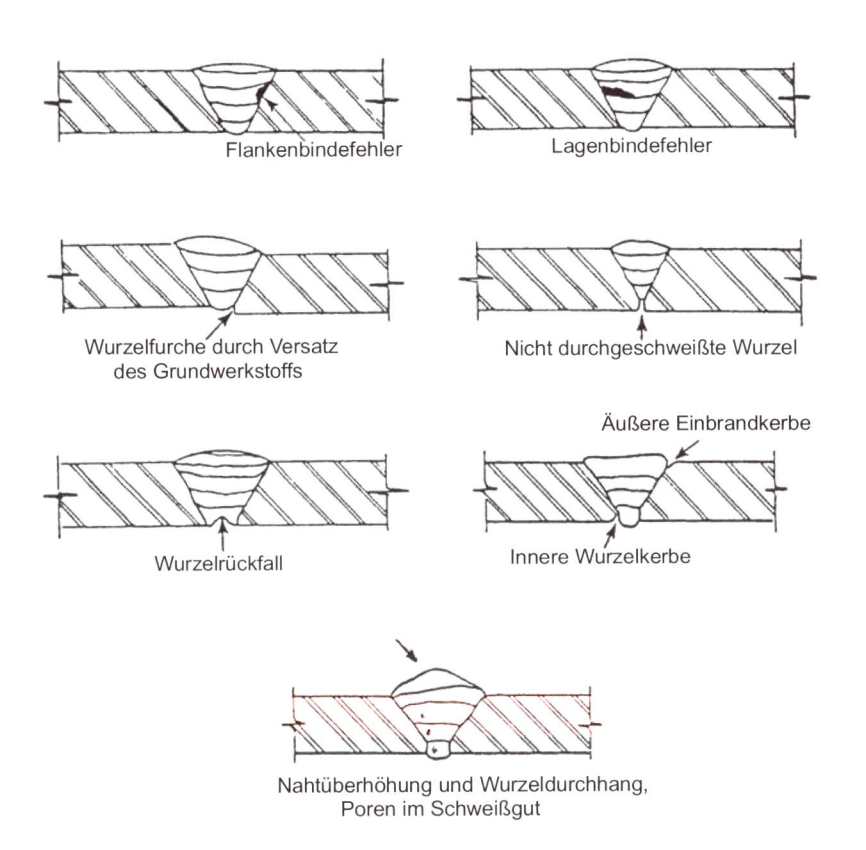

Wurzelrückfall

Äußere Einbrandkerbe

Innere Wurzelkerbe

Nahtüberhöhung und Wurzeldurchhang, Poren im Schweißgut

Abb. 5-3: Typische Schweißnahtfehler im Druckbehälterbau

5. Zylindrische und kugelförmige Mantelelemente

5.1 Behälter unter innerem Überdruck

Einleitung

Die Höhe des auftretenden Innendrucks wird bei Reaktionsbehältern meist durch den Anlagendruck, bei Lagerbehältern durch den Dampfdruck des Lagerguts bestimmt. Letzteres gilt vor allem für die Speicherung von unter Druck verflüssigten Gasen.

Für im Freien aufgestellte Behälter sowie für Transportfahrzeuge sind die Spannungsüberlagerungen zu berücksichtigen, die durch thermische Einflüsse hervorgerufen werden. Hierbei kann es sich um normalen, tages- oder jahreszeitbedingten Temperaturwechsel handeln, oder aber um Sonneneinstrahlung, die auch noch immer einseitig erfolgt, was vor allem bei stützengelagerten, großen Kugelbehältern zu erheblichen örtlichen Zusatzspannungen führen kann.

Eine Minderung dieser Zusatzspannungen kann z.B. gegen Sonneneinstrahlung schon durch einen weißen Anstrich, ein Sonnenschutzdach oder eine Wärmeschutzdämmung erfolgen. Gegen einen Brand in der Umgebung kann eine aufgespritzte Brandschutzdämmung – zumindest temporär – helfen

Im Folgenden wird auf diese Problematik näher eingegangen:

Temperatureinflüsse auf den Innendruck:

Bei Temperaturerhöhung eines gefüllten Lagerbehälters dehnt sich die Flüssigkeit aus und erzeugt einen zusätzlichen Druck im Behälter. Entlastend hingegen wirkt die Ausdehnung des Behälters selbst.

Zuerst soll untersucht werden, wie sich ein vollständig mit Flüssigkeit gefüllter Hohlraum verhält. Dieser Fall kommt zwar bei Druckbehältern recht selten vor, da sich meist ein Gaspolster im oberen Teil befindet, ist hingegen bei abgesperrten Rohrleitungsabschnitten durchaus denkbar.

Näherungsweise, aber sehr genau für kleinere Volumen- bzw. Durchmesseränderungen, beträgt die Volumenänderung eines Druckbehälters für die Kugelform:

$$\frac{\Delta V}{V} = \frac{\frac{\pi}{6} \cdot 3 \cdot D^2 \cdot \Delta D}{\frac{\pi}{6} \cdot D^3} = 3 \cdot \frac{\Delta D}{D} \qquad (5.1)$$

und für die zylindrische Form:

$$\frac{\Delta V}{V} = \frac{\frac{\pi}{4} \cdot L \cdot 2 \cdot D \cdot \Delta D + \frac{\pi}{4} \cdot D^2 \cdot \Delta L}{\frac{\pi}{4} \cdot L \cdot D^2} = 2 \cdot \frac{\Delta D}{D} + \frac{\Delta L}{L} \quad (5.2)$$

Die temperaturbedingte Volumenänderung eines Druckbehälters ist mit $\Delta V/V = 3 \cdot \alpha_s \cdot \Delta \vartheta$ klein gegenüber der innendruckbedingten Änderung.

Andererseits lassen sich aus berechneten oder gemessenen Dehnungen beim zweiachsigen Spannungszustand die Spannungen wie folgt ermitteln:

$$\sigma_u = \frac{E}{1-\mu^2} \cdot (\varepsilon_u + \mu \cdot \varepsilon_l) \quad (5.3)$$

$$\sigma_l = \frac{E}{1-\mu^2} \cdot (\varepsilon_l + \mu \cdot \varepsilon_u) \quad (5.4)$$

Da für die Kugel $\sigma_u = \sigma_a$ und $\varepsilon_u = \varepsilon_a$ gilt, wird hieraus

$$\frac{\Delta D}{D} = \varepsilon_u = \frac{1-\mu^2}{1+\mu} \cdot \frac{\sigma_u}{E} = 0{,}7 \cdot \frac{\sigma_u}{E} \quad (5.5)$$

Mit $\sigma_u = 2 \cdot \sigma_l$ gilt für den Zylinder:

$$\frac{\Delta D}{D} = \varepsilon_u = \left(1 - \frac{\mu}{2}\right) \cdot \frac{\sigma_u}{E} = 0{,}85 \cdot \frac{\sigma_u}{E} \quad (5.6)$$

$$\frac{\Delta L}{L} = \varepsilon_l = \left[\frac{1-\mu^2}{2} - \mu \cdot \left(1 - \frac{\mu}{2}\right)\right] = 0{,}2 \cdot \frac{\sigma_u}{E} \quad (5.7)$$

Für die Querkontraktionszahl μ wurde in beiden Fällen der Wert für Stahl ($\mu = 0{,}3$) eingesetzt.

Mit $\gamma_f = \frac{-d\rho}{dT \cdot \rho}$ und $\chi = \frac{d\rho}{dp \cdot \rho}$ für die Flüssigkeit und dem Ansatz für Kugel und Zylinder

$$\frac{\Delta V}{V} = z \cdot \frac{\sigma_u}{E} = z \cdot \frac{\Delta p \cdot D_m}{20 \cdot s \cdot E} = (\gamma_f - 3\alpha_s) \cdot \Delta \vartheta - \chi \cdot \Delta p$$

ergibt dann die Auflösung nach Δp

$$\Delta p = \frac{(\gamma_f - 3\alpha_s) \cdot \Delta \vartheta}{\chi + \frac{z \cdot D_m}{20 \cdot E \cdot s}} \cong \frac{\gamma_f}{\chi} \cdot \Delta \vartheta \quad (5.8)$$

Die Faktoren z der zweiachsigen Spannungszustände werden dann mit Hilfe der vorgenannten Gleichungen für die Kugel zu $z = 3 \cdot 0,7 = 2,1$ und für den Zylinder zu $z = 2 \cdot 0,85 + 0,2 = 1,9$ bestimmt.

Wie später das Beispiel 5 zeigen wird, ergeben sich schon bei geringfügigen Temperaturerhöhungen recht stattliche Spannungssteigerungen für den vorstehend abgehandelten Füllungsgrad $\varphi = 1,0$. Es ist daher erforderlich, Behälter nur bis zu einer bestimmten Höhe zu füllen, oder – anders ausgedrückt – im oberen Innenraum für ein ausreichendes Gaspolster zu sorgen.

Dieses Luft- oder Gaspolster im oberen Bereich des Behälters übt eine dämpfende Wirkung aus. Die Abb. 5-4 zeigt die Druckänderung im Innern eines Behälters über der Temperatur und zwar in Abhängigkeit vom Anfangsfüllungsgrad φ. Der entstehende Dampfdruck wurde dabei nicht berücksichtigt, da er je nach Lagermedium variiert. Man sieht deutlich, dass die Drucksteigerung bei gleicher Temperaturdifferenz mit abnehmendem Füllungsgrad entsprechend kleiner wird.

Um die thermischen Effekte näher zu beleuchten, werden folgende Betrachtungen angestellt:

Durch die Ausdehnung des Füllguts kann der Gasraum so weit komprimiert werden, dass der zulässige Überdruck p_{zul}^+ erreicht wird und damit eine Druckentlastung durch ein Sicherheitsventil oder eine ähnliche Einrichtung erforderlich wird. Die dabei zu beherrschenden Volumenströme sind jedoch klein gegenüber den Pumpenvolumenströmen, für welche das Sicherheitsventil üblicherweise ausgelegt wird.

Zu erwähnen ist aber auch, dass die mit Abkühlung der Flüssigkeit in einem Behälter verbundene Vergrößerung des Gasraums u.U. so weit gehen kann, dass der zulässige Unterdruck p_{zul}^- erreicht wird. Nicht genügend unterdruckfeste Behälter sind daher entweder mit einem Sicherheitsventil gegen Unterdruck auszustatten oder durch andere Maßnahmen ist dafür zu sorgen, dass unzulässig hoher Unterdruck nicht auftreten kann. Hierauf soll in diesem Kapitel jedoch nicht näher eingegangen werden, verwiesen wird zu dieser Thematik auf Kap. 10, „Absicherungselemente".

Drucksteigerung bei thermischer Flüssigkeitsausdehnung und unterschiedlichen Füllungsgraden:

Als eine Beziehung für den Druck p, der durch die Temperaturänderung $\Delta\vartheta$ der Flüssigkeit im Gasraum entsteht, soll die Erweiterung der aus der Gefahrgutverordnung (GGV Straße/Schiene/Seeverkehr) bekannten Beziehung verwendet werden:

$$\frac{p(\Delta\vartheta_f)}{p_0} = \frac{1-\varphi}{1-\varphi \cdot (1+\gamma_f \cdot \Delta\vartheta_f)} \cdot \left(1 + \frac{\Delta\vartheta_g}{\vartheta_0}\right) \cdot \left[1 - \psi_g(\vartheta_0)\right] + \psi_g(\vartheta_0 + \Delta\vartheta_f) \quad (5.9)$$

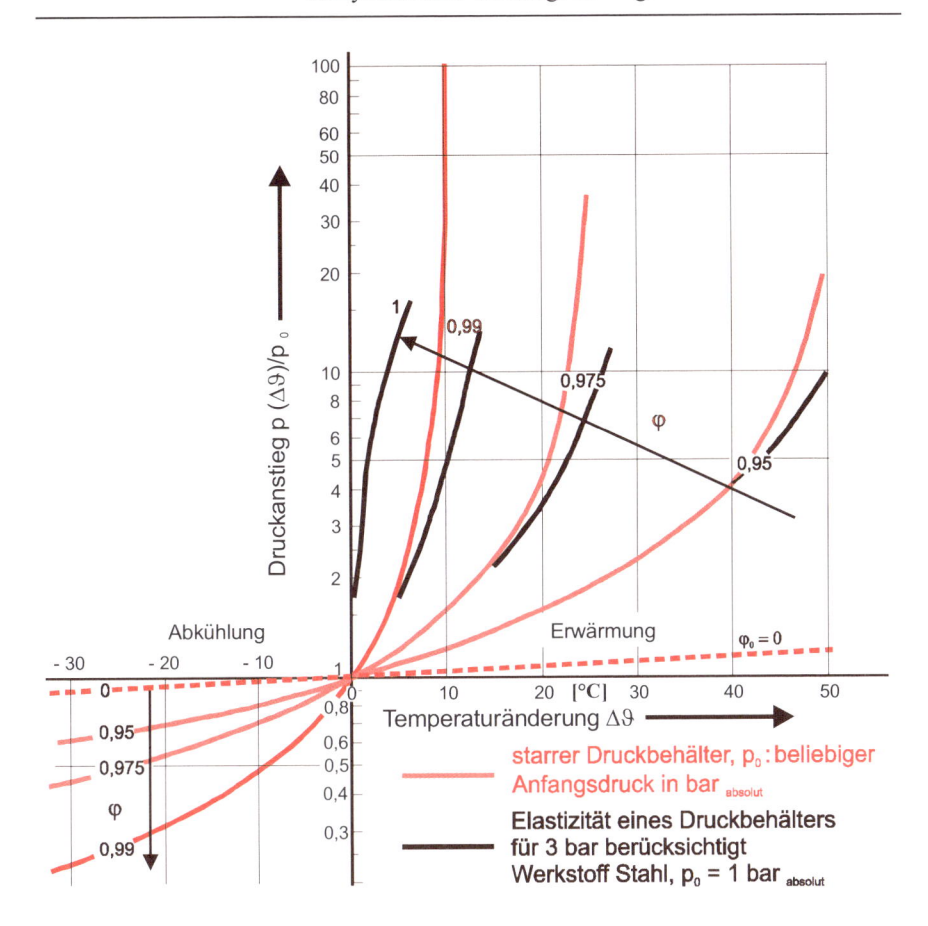

Abb. 5-4: Druckänderung im Innern eines Behälters in Abhängigkeit vom Anfangsfüllungsgrad φ einer Flüssigkeit über der Temperaturänderung (ohne Gaseinfluss). Grundlage: Thermischer Raumausdehnungskoeffizient für Wasser $\gamma_f = 0{,}208 \cdot 10^{-3}/°C$ (angegebener Wert gilt für 20 °C)

Der Quotient auf der rechten Seite ist in hohem Maße vom Füllungsgrad $\varphi = V_f/V$ des Behälters abhängig, sowie vom Ausdehnungskoeffizienten γ_f der gelagerten Flüssigkeit. Der Faktor, der die Temperatur beinhaltet, kennzeichnet entsprechend der allgemeinen Gasgleichung den füllstandsunabhängigen Druckanstieg, der für Druckbehälter jedoch meist ohne Bedeutung ist.

Die Abb. 5-4 zeigt die mit einer Temperaturänderung $\Delta\vartheta$ verbundene Druckänderung $p(\Delta\vartheta)/p_0$, wobei der Dampfanteil $\psi_g \ll 0{,}1$ ist, d.h. Verdampfung und Kondensation werden vernachlässigt. Die Drücke sind in bar$_{absolut}$ angegeben. Als Grundlage dient der thermische Raumausdehnungskoeffizient $\gamma_f = 0{,}208 \cdot 10^{-3}/°C$ für Wasser bei 20 °C.

Der starke Einfluss des Füllungsgrades φ verdeutlicht die notwendige Begrenzung der Befüllung auf z.B. $\varphi \leq 0{,}95 = 95\%$ des Behältervolumens V. Neben dem Verlauf für den starren Behälter ist auch die geringere Drucksteigerung eines für 3 bar ausgelegten Stahlbehälters angegeben, wobei jedoch nur die druckproportionale Elastizität der Behälterwandung, sowie eine mittlere Kompressibilität χ der Flüssigkeit berücksichtigt wurden. Um die Lösung einer kubischen Gleichung zu umgehen, kann man hierzu einfach die Drucksteigerung nach der ersten angegebenen, vollständigen Gleichung abszissenparallel um den Wert $\Delta\vartheta_k$ verschieben:

$$\Delta\vartheta_k = \left(\frac{1{,}7 \cdot K_s \cdot p_0}{E \cdot S \cdot \alpha \cdot \left(p_{zul}^+ - 1\right)} + \frac{\chi \cdot p_0}{\gamma_f} \right) \cdot \left(\frac{p(\Delta\vartheta)}{p_0} - 1 \right) \quad \text{p in bar}_{abs.} \quad (5.10)$$

Für einen liegenden Behälter lässt sich die produktfreie Höhe h des Gasraums iterativ aus Geometriefunktionen berechnen oder für einen Füllungsgrad 0,9 mit den folgenden Faustformeln abschätzen (der Gasraumanteil der gewölbten Böden von zylindrischen Druckbehältern spielt bei den in Frage stehenden Füllungsgraden praktisch keine Rolle):

Liegender zylindrischer Behälter:

$$\frac{h}{D} = 0{,}72 \cdot (1-\varphi)^{0{,}67} \quad \text{gilt für } \varphi \geq 0{,}9$$

Kugel:

$$\frac{h}{D} = 0{,}77 \cdot (1-\varphi)^{0{,}61}$$

Stehender zylindrischer Behälter:

$$\frac{h}{H} = 1 - \varphi$$

Das später angeführte Beispiel 6 bezieht sich auf die oben bereits beschriebene Abb. 5-4.

Große Druckbehälter:

Zum Abschluss des Kapitels 5.1 soll eine kurze Beschreibung großer Druckbehälter, wie sie zum Beispiel zur Lagerung unter Druck verflüssigter Gase verwendet werden, erfolgen. Derartige Behälter unterliegen dem jeweiligen Baurecht, d.h. neben der Festigkeitsberechnung ist der Genehmigungsbehörde auch eine prüffähige Statik einzureichen.

5. Zylindrische und kugelförmige Mantelelemente

Flächenlagerung
(Rot: Pufferschicht aus Elastomer)

Stützenlagerung

Kugelbehälter

Tanklager mit flächengelagertem Kugelbehälter

Schnitt A - A   Schnitt B - B

Versteifungsringe 1 und 5

Versteifungsringe 2, 3 und 4

Erdgedeckter Druckbehälter, auf durchgehendem Betonsattel gelagert, 850 m³
(Rot: Pufferschicht aus Elastomer)

Erdgedeckte Behälterbatterie, Fassungsvolumen je 2100 m³

Versteifungs-ringe

Erdverlegte Druckbehälter

Standortgefertigte zylindrische Behälter auf der Baustelle

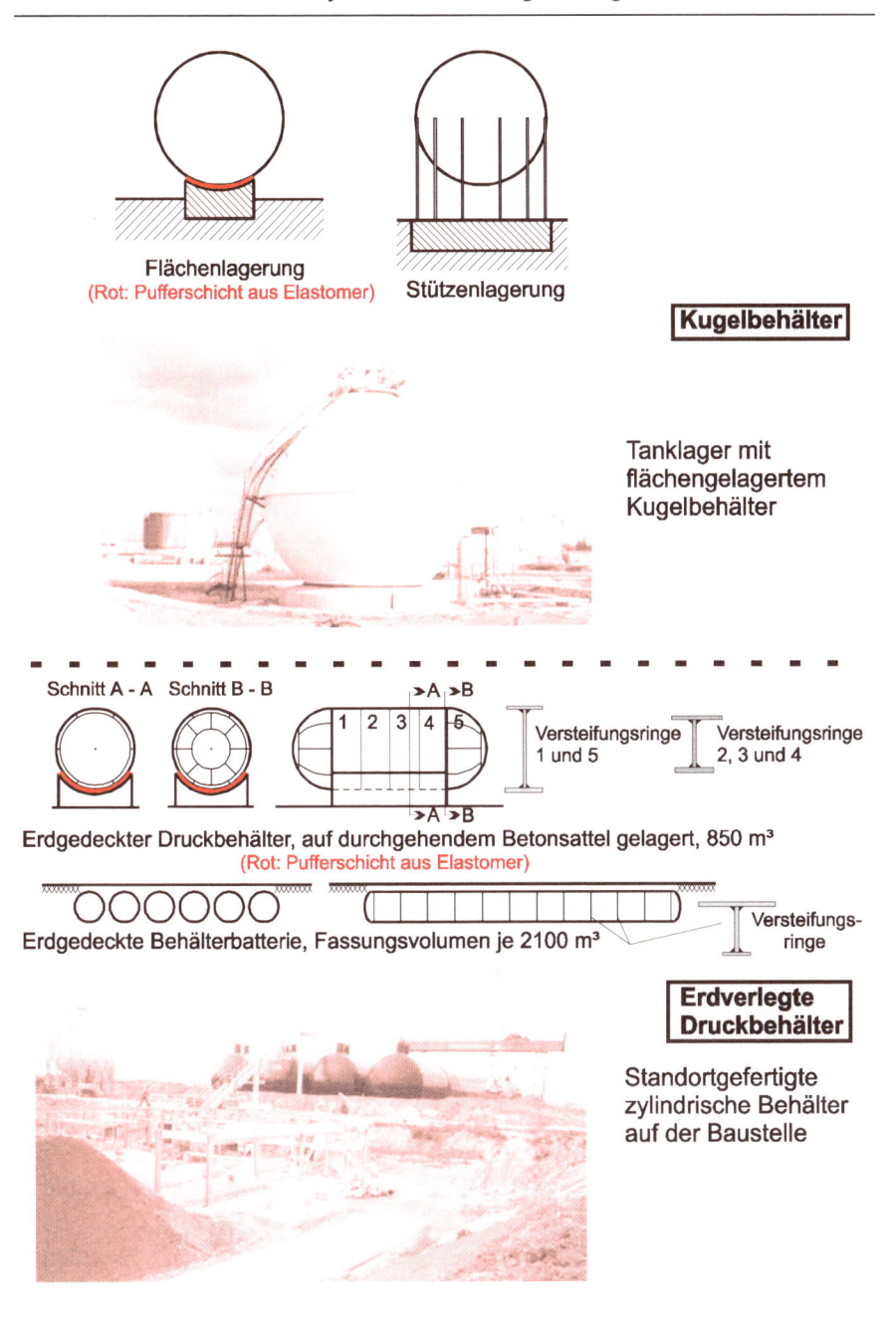

Abb. 5-5: Große Behälter für unter Druck verflüssigte Gase.
Oben Kugelbehälter, unten erdgedeckte zylindrische Druckbehälter

Für die Drucklagerung – gleichgültig, ob bei Umgebungstemperatur oder bei abgesenkter Temperatur – bieten sich zwei Möglichkeiten, nämlich
- Lagerung oberirdisch in Kugelbehältern und
- Lagerung oberirdisch oder erdverlegt in liegenden zylindrischen Behältern mit gewölbten Böden

Einen kleinen Überblick dazu kann die Abb. 5-5 geben.

Etwas abseits von „reiner" Berechnung, aber vielleicht doch nützlich, führt ein Vergleich der beiden Möglichkeiten zu folgender Rückschau bzw. Überlegung:

In der Vergangenheit wurden vorzugsweise Kugelbehälter für die Drucklagerung von Flüssiggasen eingesetzt, während sich heute speziell in Deutschland in zunehmendem Maße eingeerdete zylindrische Behälter durchgesetzt haben. Bei gutem und – noch wichtiger – gleichmäßigem Untergrund und bei der gemeinsamen Errichtung von mehreren Behältern stellt letztere Bauart durchaus eine wirtschaftliche Alternative zu Kugelbehältern dar. Natürlich muss bei Behälterlängen um die 80 m ausreichend Platz zur Verfügung stehen.

Die Entscheidung zwischen Kugel und erdverlegtem Zylinder kann nur fallweise getroffen werden, Gesichtspunkte dazu werden im Folgenden aufgelistet:
- Eine einzelne Kugel hat gegenüber einem einzelnen liegenden Zylinder gleichen Volumens einen geringeren Platzbedarf
- In der Kugelwand treten nur halb so große Hauptspannungen auf wie im Zylinder (darauf wurde schon mehrfach hingewiesen), die Kugel ist im Hinblick auf Festigkeit und Verformung der ideale Körper schlechthin
- Bei Brand im Umfeld verhält sich ein erdverlegter Zylinder „gutmütiger" als eine freistehende Kugel. Durch Flächenlagerung und funktionsfähige Berieselung bzw. Brandschutzisolierung wird jedoch dieser Nachteil der Kugel weitgehend kompensiert
- Gegen etwaige terroristische Anschläge oder umherfliegende Anlagenteile bei einer Explosion in der Nachbarschaft ist der erdverlegte Zylinder besser geschützt
- Der erdverlegte Zylinder setzt einen über die Länge gleichmäßigen – nicht unbedingt sehr guten – Untergrund voraus
- Der erdverlegte Zylinder kann – trotz aller Schutzmaßnahmen – unbemerkt einem Korrosionsangriff von außen unterliegen

Die Überleitung zu dem folgenden Unterkapitel 5.2 „Behälter unter äußerem Überdruck" mag folgende Betrachtung herstellen: Ein erdgedeckter zylindrischer Druckbehälter erfordert verschiedene Nachweise, auf die de-

5. Zylindrische und kugelförmige Mantelelemente

tailliert nicht eingegangen werden soll. Die Auslegung erfolgt üblicherweise nach dem produktabhängigen Innendruck. Der Behälter muss jedoch im leeren Zustand dem äußeren Erddruck widerstehen, was so gut wie immer zu Ringversteifungen führt (siehe Abb. 5-5, „Erdverlegte Druckbehälter". Das Beispiel 4 im folgenden Unterkapitel 5.2 gibt entsprechende Hinweise dazu.

Beispiele

Beispiel 1 (Bildbeispiel, siehe Abb. 5-6):

Abb. 5-6: Nachweis der Explosionsdruckfestigkeit.
Oberes Bild: Versuchsanordnung, unteres Bild: Aufgerissener Behälter

36 5. Zylindrische und kugelförmige Mantelelemente

An den Kammern eines Straßentankers sollte zur Abschätzung der Explosionsstoßfestigkeit der Berstdruck durch Versuch ermittelt werden. Die Kammern sind für einen Innendruck von p = 3 bar ausgelegt. Bei p = 16,8 bar (dieser Wert stellt den Berstdruck dar) entstand ein Längsriss von Sattelhorn zu Sattelhorn. Für die Höhe des Berstdrucks sind auch die Zusatzspannungen durch Dehnungsbehinderung (Pflastereffekt) von Einfluss.

Der Tankbereich bestand aus drei Kammern mit jeweils gewölbten End- und Zwischenböden. Das System nähert sich bei höheren Drücken erwartungsgemäß der Kugelform, welche festigkeitsmäßig die günstigste Form darstellt.

Der Riss trat natürlich in Längsrichtung auf, hervorgerufen durch die maßgebenden Umfangsspannungen σ_u.

Beispiel 2 (Rechenbeispiel):

Aufgabenstellung:
Ein Wärmetauscher soll mit Sattdampf um die Rohre beaufschlagt werden. Welcher Dampfdruck p(ϑ) bzw. welche Temperatur ist nach AD-B1 für den Mantelraum zulässig?

Behälterdaten:
Werkstoff Kesselblech H II (1.0425), D_a = 1000 mm s = 5 mm, Schweißnahtfaktor ν = 0,85, Sicherheit gegen Verformen S = 1,5

Lösungsweg:
Anwendung von Gleichung (2) / AD-B1 mit den gegebenen Abmessungen für verschiedene Temperaturen und Drücke, sowie 0,2%-Dehngrenze K(ϑ) nach Tabelle 5.1, p(ϑ) aus Dampfdrucktabelle für Wasserdampf.

$$\frac{s}{D_a} = \frac{5}{1000} = 0,005$$

$$\frac{s}{D_a} = \frac{p}{20 \cdot \frac{K}{S} \cdot \nu + p} \quad \text{(„Kesselformel")}$$

Damit ergibt sich für

ϑ = 150 °C:

$$\frac{s}{D_a} = \frac{3,760}{20 \cdot \frac{222}{1,5} \cdot 0,85 + 3,760} = 0,00149$$

$\vartheta = 180\ °C$:

$$\frac{s}{D_a} = \frac{9{,}027}{20 \cdot \dfrac{212}{1{,}5} \cdot 0{,}85 + 9{,}027} = 0{,}00347$$

$\vartheta = 190\ °C$:

$$\frac{s}{D_a} = \frac{11{,}551}{20 \cdot \dfrac{209}{1{,}5} \cdot 0{,}85 + 11{,}551} = 0{,}00485$$

$\vartheta = 200\ °C$:

$$\frac{s}{D_a} = \frac{14{,}549}{20 \cdot \dfrac{205}{1{,}5} \cdot 0{,}85 + 14{,}549} = 0{,}00622$$

Eine grafische Interpolation dieser Stützwerte ergibt für $s/D_a = 0{,}005$ $\to \vartheta = 191\ °C$ mit $p''(\vartheta) = 11{,}7$ bar Sattdampfdruck.

Anmerkung: Durch wiederkehrende Prüfungen des Mantelzustands kann oft bestätigt werden, dass bei geeigneten Inhibitoren kein Korrosionsabtrag zu befürchten ist. Lediglich im Prallbereich der Dampfzuführung auf die dünnwandigen Rohre muss eventuelle Tropfenschlagerosion durch ein Prallblech verhindert werden.

Erweiterung der Aufgabenstellung:

Im Innenraum Methanolreste und Luft unter Umgebungsdruck, Erwärmung des verschlossenen Wärmetauschers auf $\vartheta = 191\ °C$. Dann Druckerhöhung innen als Summe der Partialdrücke auf

$$p = p_0 \cdot \frac{\vartheta}{\vartheta_0} + p'' = 1 \cdot \frac{273 + 191}{295} + 26 = 28\ \text{bar}$$

Für diesen Innendruck müssten die Rohre und die Wärmetauscherhauben ausgelegt sein, damit eine Druckabsicherung für Wärmeübergang vom Dampf außen auf siedendes Methanol innen entfallen kann. Damit ist die Auslegung anderer Apparateelemente (z. B. Rohrboden) jedoch nicht beendet. Dazu wird auf die folgenden Kapitel verwiesen.

Ergänzende Überlegung:

Für gute Erkennbarkeit, z.B. undichter Rohreinschweißungen im Rohrboden, kann es sinnvoll sein, den Außenraum unter größtmöglichen Wasserprüfdruck p' zu setzen. Für seine Bestimmung löst man Gl. (2)/AD-B1 nach p auf:

$$p = p' = \frac{s}{D_a - s} \cdot 20 \cdot K_{(20^0 C)} \cdot \frac{v}{S'} = \frac{6}{994} \cdot 20 \cdot \frac{265}{1{,}1} \cdot 0{,}85 = 24{,}7\ \text{bar}$$

Nach AD-B9: $v_A \hat{=} v = 0{,}85$ für Mantelstutzen; S' = 1,1 nach Tafel 2/AD-B0; Ausschluss von Korrosion und Bestätigung von s durch Ultraschall-Wanddickenmessung, d.h. s = 6 mm. Nachrechnung des Rohrbodens (AD-B5) und der Rohre gegen Einbeulung (AD-B6) kann diesen Prüfdruck ebenfalls gestatten.

Weiterhin sei schon hier vermerkt, dass zur Vermeidung von Rohrknickung das kalte Medium durch die Rohre geführt wird, die dann sicher auf Zug beansprucht sind (siehe auch Kap. 6).

Beispiel 3 (Rechenbeispiel):
In diesem Beispiel wird im Vorgriff bereits das Kap. 6 herangezogen.

Aufgabenstellung:
In der Einführung zum Kap. 6 (behandelt die AD-Merkblätter B2 und B3) sind Spannungsverläufe über die Krempen von Kegelbehältern und gewölbten Böden bis hin zum ungestörten Membranspannungsverlauf des Zylindermantels dargestellt. Die wiedergegebenen Spannungswerte sind nachzurechnen. In der Abb. 5-7 sind die entsprechenden Kurvenverläufe dargestellt. Als Ordinate wurde das Wanddicken-Durchmesser-Verhältnis s/D, als Abszisse der Behälterinnendruck p gewählt.

Lösungsweg:
Eine Umformung ergibt aus Gleichung (2)/AD-B1:

$$\frac{K \cdot v}{S} = \frac{1}{20} \cdot \frac{D_a - s}{s} \cdot p \hat{=} \sigma_{(zul)}$$

Spannungsverlauf in Bild A1/AD-B2:

$$\sigma = \frac{1}{20} \cdot \frac{998}{2} \cdot 1{,}9 = 47 \text{ N/mm}^2\text{, wie auch dargestellt.}$$

Spannungsverlauf in Bild 1/AD-B3:

$$\sigma = \frac{1}{20} \cdot \frac{993}{7} \cdot 5{,}9 = 42 \text{ N/mm}^2\text{, wie auch dargestellt.}$$

Nach diesem Bild 1/AD-B3 berechnet man für den Kugelbereich des Zentrums eines gewölbten Bodens mit umgeformter Gleichung (3)/AD-B1:

$$\sigma = \frac{1}{40} \cdot \frac{2007}{7} \cdot 5{,}9 = 42 \text{ N/mm}^2\text{, wie für diesen Kugelbereich dargestellt.}$$

Zur Vorbereitung der folgenden Rechenbeispiele soll für den Zylinder eine Vergleichsspannung nach GEH bestimmt werden. Hierzu für den zweiachsigen Spannungszustand mit $\sigma_\alpha = \sigma_u/2$:

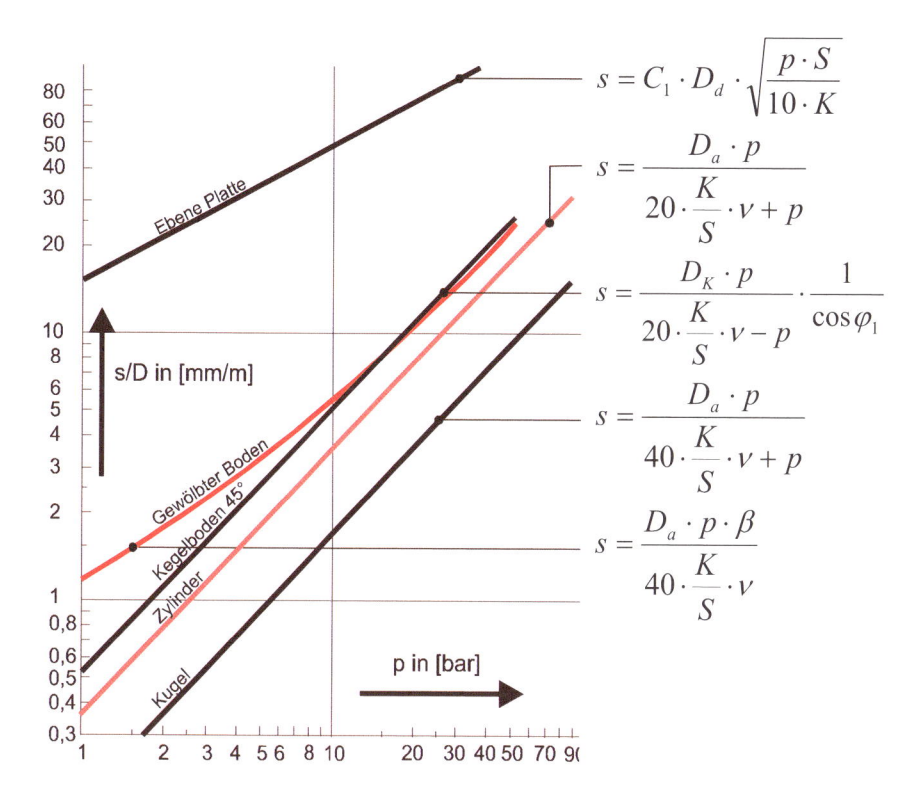

5. Zylindrische und kugelförmige Mantelelemente

$$s = C_1 \cdot D_d \cdot \sqrt{\frac{p \cdot S}{10 \cdot K}}$$

$$s = \frac{D_a \cdot p}{20 \cdot \frac{K}{S} \cdot v + p}$$

$$s = \frac{D_K \cdot p}{20 \cdot \frac{K}{S} \cdot v - p} \cdot \frac{1}{\cos\varphi_1}$$

$$s = \frac{D_a \cdot p}{40 \cdot \frac{K}{S} \cdot v + p}$$

$$s = \frac{D_a \cdot p \cdot \beta}{40 \cdot \frac{K}{S} \cdot v}$$

Abb. 5-7: Wanddicken-Durchmesser-Verhältnis s/D in Abhängigkeit vom Behälterinnendruck p für verschiedene Apparateelemente.
Grundlage: Transportbehälter aus Kesselblech H II bei 50 °C
Die Darstellung soll vor allem die Tendenz zeigen, sie ist aber auch durchaus für eine erste Abschätzung geeignet!

$$\sigma_v = \sqrt{\sigma_u^2 + \sigma_a^2 - \sigma_u \cdot \sigma_a} = \sqrt{\sigma_u^2 + \left(\frac{\sigma_u}{2}\right)^2 - \sigma_u \cdot \frac{\sigma_u}{2}}$$

$$\sigma_v = \sigma_u \cdot \sqrt{1 + 0{,}25 - 0{,}5} = \sigma_u \cdot \sqrt{0{,}75} = 0{,}866 \cdot \sigma_u$$

Die Vergleichsspannung liegt demnach um etwa 13% unter der Umfangsspannung σ_u. Die Axialspannung $\sigma_a = \sigma_u/2$ bewirkt demnach eine Abminderung der Spannungsauswirkung (z.B. $\sigma_u = 47$ N/mm^2 ergibt $\sigma_v = 41$ N/mm^2).

5. Zylindrische und kugelförmige Mantelelemente

Beispiel 4 (Rechenbeispiel):

In diesem Beispiel werden neben AD-B1 auch wieder – wie schon beim Beispiel 3 – die AD-Merkblätter
- B2 Kegelförmige Mäntel unter innerem und äußerem Überdruck
- B3 Gewölbte Böden unter innerem und äußerem Überdruck
- B5 Ebene Böden und Platten nebst Verankerungen

herangezogen. Verwiesen wird auch hier wieder auf die Abb. 5-7, welche die Tendenz bei den einzelnen Apparateelementen zeigt.

Aufgabenstellung:
Erstellen eines qualitativen Schaubilds für die erforderliche Wanddicke s der o.g. Apparateelemente; dieses soll für eine Vor-Auswahl einen überschlägigen Vergleich der unterschiedlichen Anforderungen ermöglichen.

Lösungsweg:
Auswertung der in den Merkblättern unmittelbar angegebenen Gleichungen ($D_m = D_a - s$).

> Nochmaliger Hinweis: Aus Gründen der Übersichtlichkeit wird hier und fernerhin die Wanddicke s grundsätzlich ohne Zuschläge c für Korrosion, Walztoleranz o.ä. verwendet (siehe auch Zusammenstellung der verwendeten Formelzeichen)

$$s = \frac{D_a \cdot p}{20 \cdot \frac{K}{S} \cdot v + p} = \frac{D_m \cdot p}{20 \cdot \frac{K}{S} \cdot v} \quad \text{AD-B1, Gl. (2), Zylinder}$$

$$s = \frac{D_a \cdot p}{40 \cdot \frac{K}{S} \cdot v + p} = \frac{D_m \cdot p}{40 \cdot \frac{K}{S} \cdot v} \quad \text{AD-B1, Gleichung (3), Kugel}$$

$$s = \frac{D_K \cdot p}{20 \cdot \frac{K}{S} \cdot v - p} \cdot \frac{1}{\cos\varphi} = \frac{(D_K + s) \cdot p}{20 \cdot \frac{K}{S} \cdot v} \cdot \frac{1}{\cos\varphi} \quad \text{AD-B2, Gleichung (6)}$$

und (7), Kegel

$$s = \frac{D_a \cdot p}{40 \cdot \frac{K}{S} \cdot v} \cdot \beta \quad \text{AD-B3, Gleichung (15), Krempe gewölbter Boden}$$

$$s = C_1 \cdot d_D \cdot \sqrt{\frac{p \cdot S}{10 \cdot K}} \quad \text{AD-B5, Gleichung (4), ebene Platte}$$

Die Anwendungsgrenzen der einzelnen Gleichungen sind den angegebenen AD-Merkblättern zu entnehmen. Der Berechnungsbeiwert β wurde für gewölbte Böden in Klöpperform gewählt (Bild 7 in AD-B3), der Berechnungsbeiwert C_1 = 0,55 wurde für gleichsinniges Randmoment bestimmt (Bild 5 in AD-B5). Der Faktor $1/\cos\varphi = \sqrt{2}$ ergibt sich für einen Kegelwinkel φ = 45° gegen die Behälterachse. Für die Kegelkrempe bestimmt man aus den Bildern 3.4 und 3.5 in AD-B2 durch Interpolation, dass die Wanddicke s des Kegelmantels auch für die Krempe bei kleinem Radius r ausreichend ist.

Die Abb. 5-7 verdeutlicht die geringere Wanddicke s bei Kugelform im Vergleich zur Zylinderform; als Unterschied ergibt sich ein Faktor 2. Dies ist gleichzeitig – wie bekannt – der Unterschied zwischen Umfangs- und Längsspannung im Zylinder. Der Berechnungsbeiwert β > 2 erhöht die Wanddicke eines gewölbten Bodens. Die größten Wanddicken bestimmt man für die ebene Platte, z.B. für die Abdeckung eines Mannlochs. Das ist physikalisch erklärbar, da die Gewölbewirkung entfällt.

Zur Einübung auch etwas komplexerer Denkweisen das
Beispiel 5 (Rechenbeispiel):

Aufgabenstellung:
Ein vollständig gefüllter Rohrleitungsabschnitt (= Druckbehälter), φ = 1,0 in Abb. 5-4, wird – z.B. durch Sonneneinstrahlung oder gar einen Brand in der Nähe – erwärmt. Wie hoch ist die Drucksteigerung bei einer angenommenen Temperaturerhöhung um 20°C, mittlere Temperatur 300 K (siehe dazu Abb. 5-8).

Daten:
Füllmedium Toluol, Rohrwerkstoff Ferrit, Rohrleitung DN 100/PN 40, Wanddicke s = 3,6 mm.

Lösungsweg:
Die Berechnung erfolgt nach der vorstehend angegebenen Gleichung für Δp:

$$\Delta p = \frac{\left(9{,}3 \cdot 10^{-4} - 3 \cdot 12 \cdot 10^{-6}\right) \cdot 20}{7{,}7 \cdot 10^{-5} + \dfrac{1{,}9 \cdot 110{,}7}{20 \cdot 212000 \cdot 3{,}6}} = 226 \text{ bar}$$

Die physikalischen Kennwerte γ_f und χ wurden der Abb. 5-8 entnommen.

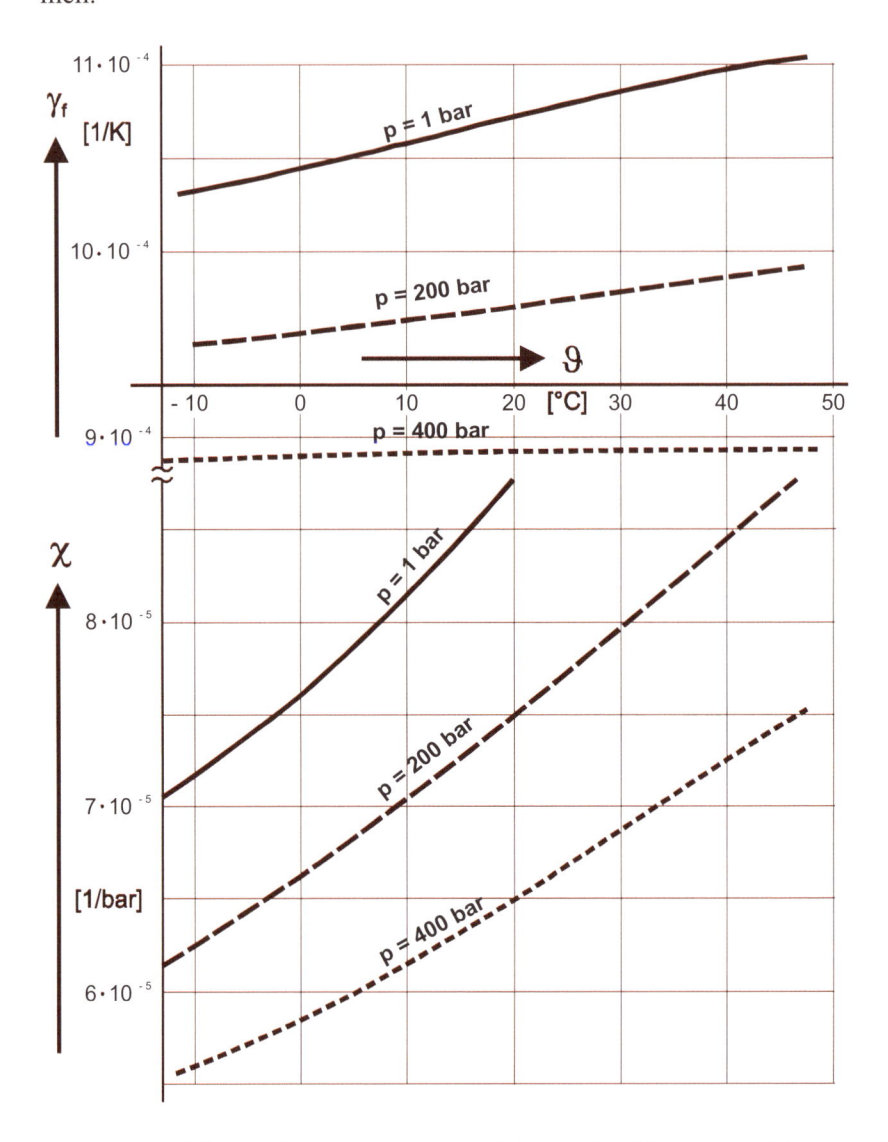

Abb. 5-8: Differentieller thermischer Ausdehnungskoeffizient γ_f und kompressiver Schrumpfungskoeffizient χ über der Flüssigkeitstemperatur ϑ für p = 1 bar, 200 bar und 400 bar

$$\gamma_f = -\frac{d\rho}{d\vartheta} \cdot \frac{1}{\rho} \qquad \chi = -\frac{d\rho}{dp} \cdot \frac{1}{\rho}$$

Eine derartige Temperatur- und Druckerhöhung kann sehr wohl schon durch die eingangs angenommene Sonneneinstrahlung hervorgerufen werden. Der Werkstoff wird dann plastisch verformt, das Rohrstück kann u.U. durch Rissbildung versagen. Wegen der plastischen Verformung wird der Innendruck vermutlich etwas kleiner sein als oben errechnet (ca. 160 bar bei Erreichen der Fließgrenze).

Als Richtwert kann man für viele Flüssigkeiten die Beziehung $\Delta p/\Delta \vartheta$ = 8 bis 10 bar/K verwenden.

Beispiel 6 (Lesebeispiel):

Der Fall, dass ein Druckbehälter oder eine Rohrleitung vollständig gefüllt ist, wird recht selten vorkommen. Vielmehr wird fast immer ein Luft- oder Gaspolster im oberen Bereich des Behälters vorhanden sein, das eine dämpfende Wirkung ausübt. Die schon mehrfach genannte Abb. 5-4 zeigt die Druckänderung im Innern eines Behälters über der Temperatur und zwar in Abhängigkeit vom Anfangsfüllungsgrad φ.

Der entstehende Dampfdruck wurde dabei nicht berücksichtigt, da er je nach Lagermedium variiert. Man sieht deutlich, dass die Drucksteigerung bei gleicher Temperaturdifferenz mit abnehmendem Füllungsgrad entsprechend kleiner wird.

Bei einem zulässigen Füllungsgrad $\varphi_0 = 95\% = 0{,}95$ und einer Temperaturerhöhung um $\Delta \vartheta = 40\,°C$ steigt ein Anfangsdruck $p_0 = 1$ bar $_{abs.}$ um die Drucksteigerung $p(\Delta\vartheta)/p_0 = 4$ an, d.h. auf $p = 4$ bar $_{abs.}$ = 3 bar $_{Überdruck}$

5.2 Behälter unter äußerem Überdruck

Einleitung

Während bei Beanspruchung eines Druckbehälters durch inneren Überdruck die Festigkeit des Werkstoffs bzw. des Bauteils maßgebend ist, wird es bei Außendruck – oder Vakuum im Innern – vorzugsweise die Stabilität des Behälters sein, was zu folgender Grundsatzbetrachtung führt, die diese Aussage verdeutlichen soll:

In den Grundlagen der Technischen Mechanik ist immer die Ableitung der elastischen Knickung eines Stabes aufgeführt. Zwar im Ansatz ähnliche, aber erheblich umfangreichere Differenzialgleichungen erhält man für die Beulung eines Zylinders unter Außendruck [25], was ja gleichermaßen eine Art „Flächenknickung" der Wandung darstellt. Im Gegensatz zum Knickstab, gibt es nicht nur eine Beziehung für die „elastische Linie", sondern gleich drei Differenzialgleichungen zweiter Ordnung für auftretende Kräfte und Momente, ausgedrückt durch Dehnungen bzw. Verschiebungen. Eine bereits vereinfachte Lösung stellt Gl. (1)/AD-B6 für den beidseitig fest eingespannten Zylinder dar, welche bis ca. −15% von der aufwändigen Lösung in [25] in Randbereichen der Anwendung abweichen kann, z.B. bei $D_a/s \leq 100$, wo meist schon plastisches Versagen eintritt (siehe dazu folgende Übersicht 5.1. und Abb. 5-9).

Übersicht 5.1.: Zusammenstellung der Gleichungen zur Ermittlung des niedrigsten Beuldrucks durch Variation der Beulwellenzahl sowie der arbeitserleichternden Faustformeln nach von Mises und AD-B6 für Zylinder und Kugeln:
Mit Beulwellenzahl $n \geq 2$ und den Hilfsgrößen

$$x = \frac{1}{3} \cdot \left(\frac{s}{D_i}\right)^2, \quad y = \frac{z^2}{z^2 + n^2} \quad \text{und} \quad z = \pi \cdot \frac{D_i}{2 \cdot L} \quad \text{nach [25]}$$

Zylindermantel, elastisches Einbeulen:

$$\bar{p}_{el} = \frac{\dfrac{20}{1-\mu^2} \cdot \dfrac{E}{S_k} \cdot \dfrac{s}{D_i}}{1 + x \cdot (1-\mu \cdot y) \cdot \left(1 + \dfrac{\mu}{1-\mu} \cdot y\right)} \cdot \left\langle \frac{1-\mu^2}{n^2-1} \cdot y^2 + \frac{x}{n^2-1} \cdot \left\{\frac{n^4}{1-y^2} - 2 \cdot n^2 \cdot [1+(1+\mu) \cdot y] \cdot \left(1 + \frac{1-\mu}{2} \cdot y\right) + (1-\mu \cdot y) \cdot [1+(1+2\cdot\mu) \cdot y]\right\}\right\rangle$$

(5.11a)

$$\lim_{l \to \infty} \overline{p}_{el} = \frac{20}{1-\mu^2} \cdot \frac{E}{S_k} \cdot \left(\frac{s}{D_i}\right)^3 \quad \text{als Grenzwert für sehr lange Rohre.}$$

Die vorstehende sehr lange Gleichung wurde vereinfacht zu Gl. (1) in AD-B6:

$$\overline{p}_{el} \cong \frac{E}{S_k} \cdot \left\{ \frac{20 \cdot \frac{s}{D_a}}{(n^2-1) \cdot \left[1+\left(\frac{n}{z}\right)^2\right]^2} + \frac{6{,}67}{1-\mu^2} \cdot \left[n^2-1+\frac{2 \cdot n^2-1-\mu}{1+\left(\frac{n}{z}\right)^2}\right] \cdot \left(\frac{s}{D_a}\right)^3 \right\} \quad +0 \text{ bis } -15\%$$

(5.11b)

$$\overline{p}_{el} \cong \frac{25}{1-\mu^2} \cdot \frac{E}{S_k} \cdot \left(\frac{s}{D_a}\right)^{2{,}5} \cdot \frac{D_a}{L} \quad (5.12)$$

± 20% maximale Abweichung zu [25] mit Werkstoff Stahl, p ≤ 10 bar, 0,25 ≤ L/D$_a$ = κ ≤ 8

Eine andere Faustformel ergibt sich aus Messergebnissen in [26]:

$$\overline{p}_{el} \cong \frac{12}{1-\mu^2} \cdot \frac{E}{S_k} \cdot \left(\frac{s^3}{V}\right)^{0{,}8} \quad \pm 20\% \quad (5.13)$$

Die letzten beiden Beziehungen zeigen gut die Tendenzen der wichtigsten Einflussgrößen, was so aus den ursprünglichen „Bandwurm"-Gleichungen nicht zu ersehen ist.

Bemerkenswert ist, dass in den Gleichungen der AD-Merkblätter für den Behälterdurchmesser einmal D$_i$ und dann wieder D$_a$ verwendet wird.

<u>Zylindermantel, plastische Verformung</u> nach Gl. (4)/AD-B6:

$$\overline{p}_{pl} = 20 \cdot \frac{K}{S} \cdot \frac{s}{D_a} \cdot \frac{1}{1+\frac{1{,}5}{100} \cdot u \cdot \left(1-0{,}2 \cdot \frac{D_a}{L}\right) \cdot \frac{D_a}{s}} \quad \text{für } \kappa = \frac{L}{D_a} \geq 0{,}2 \quad (5.14)$$

Term   1 ↑   2 ↑

Term 1: Kesselformel nach AD-B1
Term 2: Verschwächungsfaktor ν$_u$ wegen Unrundheit u

<u>Kugel, elastisches Einbeulen</u> nach [27]:

$$\overline{p}_{e1} = \frac{40 \cdot E}{S_k} \cdot \left[\frac{s}{D_a \cdot N} + \frac{N}{3 \cdot (1-\mu^2)} \left(\frac{s}{D_a}\right)^3 \right]; \quad N = 4 \cdot n^2 + 2 \cdot n - 1 \quad (5.15)$$

Beulwellen $\quad n \cong 0{,}64 \cdot \sqrt{\dfrac{D_a}{s}}$

Damit lässt sich vereinfachen:

$$\overline{p}_{el} \cong \frac{13,4}{1-\mu^2} \cdot \frac{E}{S_k} \cdot \left(\frac{s}{D_a}\right)^2 \tag{5.16}$$

maximale Abweichung ± 5% für übliche Bereiche.

Zur Vermeidung einer plastischen Verformung der Kugel ist in Gl. (3)/AD-B1 ein Sicherheitsbeiwert von S = 2,4 einzusetzen (siehe auch AD-B3)

Nicht mehr der Werkstoffkennwert K als Maß für Zug- und Biegefestigkeit bestimmt zur Vermeidung einer Einbeulung die Apparategestaltung, sondern hauptsächlich – insbesondere bei dünnwandigen Behältern – der Elastizitätsmodul E.

Zur Erklärung der Versagensmechanismen sei die schlichte Analogie mit dem Knickstab noch einmal aufgegriffen:

Elastisches Knicken findet bei großen Schlankheitsgraden κ eines Stabes statt. Zur Erinnerung sei die diesbezügliche Gleichung für ein auf beiden Seiten – wie zwischen Rohrböden eines Wärmetauschers – beidseitig fest eingespanntes Rohr wiedergegeben (4. Eulerfall: Knicklänge l_x = L/2):

$$F_k = \frac{4 \cdot \pi^2 \cdot E \cdot I}{L^2} = \frac{\pi^3}{2} \cdot E \cdot \frac{s \cdot d_m}{\kappa^2}; \quad \kappa = L/D,\ s \ll D\ (bzw.\ d_m) \tag{5.17}$$

$$\sigma_k \cong \frac{F_k}{\pi \cdot s \cdot D} \tag{5.18}$$

als Knickspannung

Wie bekannt sind die Knicklasten bei Stäben sehr stark von den Einspannbedingungen abhängig, beim Zylinderbeulen findet dies jedoch noch keine Berücksichtigung. Letzteres ist im Allgemeinen auch nicht notwendig, da der Anschluss der gewölbten Böden eines Druckbehälters einer festen Einspannung quasi gleichzusetzen ist. Allenfalls bei Kegelanschlüssen ist die Knicklänge l (= Behälterlänge L bei Behältern ohne Versteifungen) entsprechend zu vergrößern, was dann einer Änderung der Einspannbedingungen gleichkäme (siehe dazu auch AD-B2). In der Gl. (1) ist auch kein Einfluss der Unrundheit u – wie später für plastische Verformung – berücksichtigt. Durch FE-Analyse ergibt sich jedoch auch für die elastische Beulung ein deutlicher Einfluss der Unrundheit (siehe dazu Abb. 5-10). Bei der Apparatefertigung ist daher auf größtmögliche Rundheit zu achten. Eventuell noch vorhandene Unrundheiten können durch sinnvoll erhöhte Prüfdrücke abgemindert werden.

Das schlagartige Knicken eines Stabes oder das Einbeulen einer Schale darf man – wie bereits oben angedeutet – nicht entsprechend dem Behälterverformen durch Innendruck betrachten. Bei Letzterem strebt nach Erreichen der Streckgrenze K = R_p im Bereich der Gleichspannungsdehnung zäher Werkstoffe (siehe dazu Kap. 3) ein zwischen vergleichsweise unnachgiebigen Böden eingespannter Zylinder die spannungsgünstigere Form eines Ellipsoids an (siehe auch Vergleich Kugel – Zylinder im Beispiel 3 des Unterkapitels 5.1).

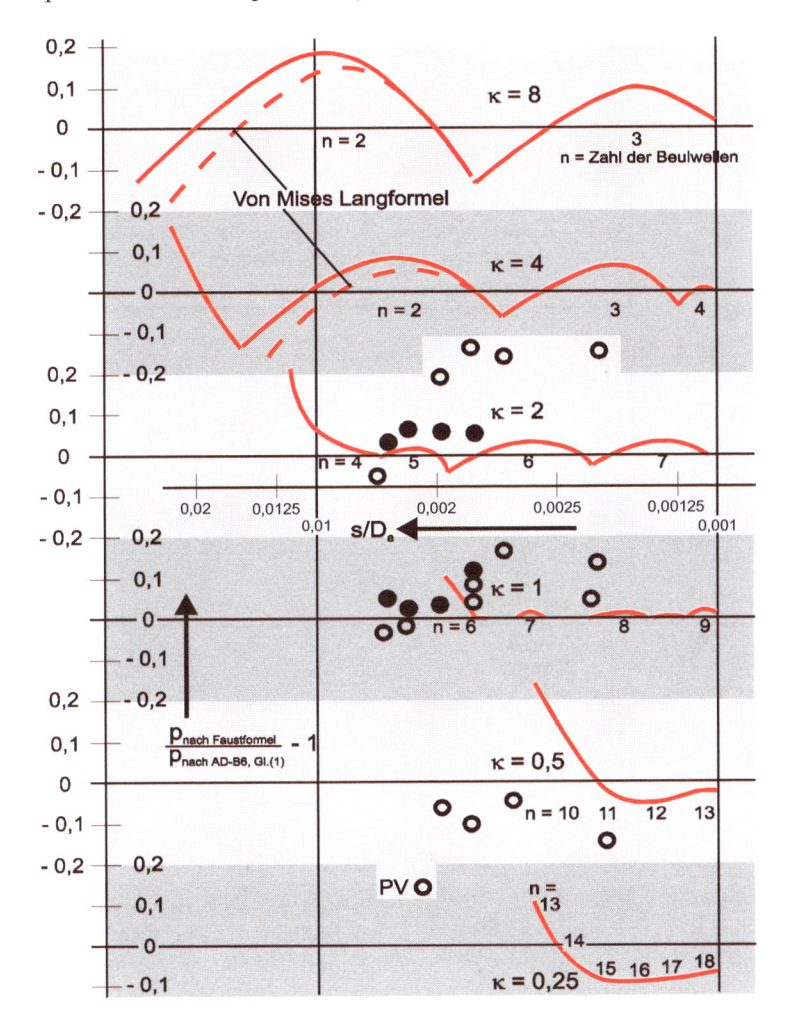

Abb. 5-9: Abweichung der Faustformel $p = \dfrac{27}{S_k} \cdot \dfrac{E}{\kappa} \cdot \left(\dfrac{s}{D_a}\right)^{2,5}$ von Gl. (1) in AD-B6 über dem Wanddicken-Durchmesser-Verhältnis s/D_a für verschiedene Schlankheitsgrade $\kappa = L/D_a$.

Mit eingetragen sind die Messungen aus [2] (●) und die Untersuchungen der US-Marine vor 1934 (o). PV bedeutet Versagen durch bereits plastische Verformung

5. Zylindrische und kugelförmige Mantelelemente

Beim Knicken und Beulen gilt das Gegenteil: Durch Dehnungen werden Biegemomente und Membranspannungen schlagartig stark erhöht, was zum Einknicken oder Implodieren in Bruchteilen einer Sekunde führt. Der Vorgang wird erst durch großen Druckaufbau im sich verkleinernden Wrackvolumen beendet. Diese Betrachtungen konnten zusätzlich durch eine FE-Analyse des Eisenbahnkesselwagens in Abb. 5-28 bestätigt werden, für welche der Außendruck bei stark ansteigenden Verformungen nicht mehr zunimmt.

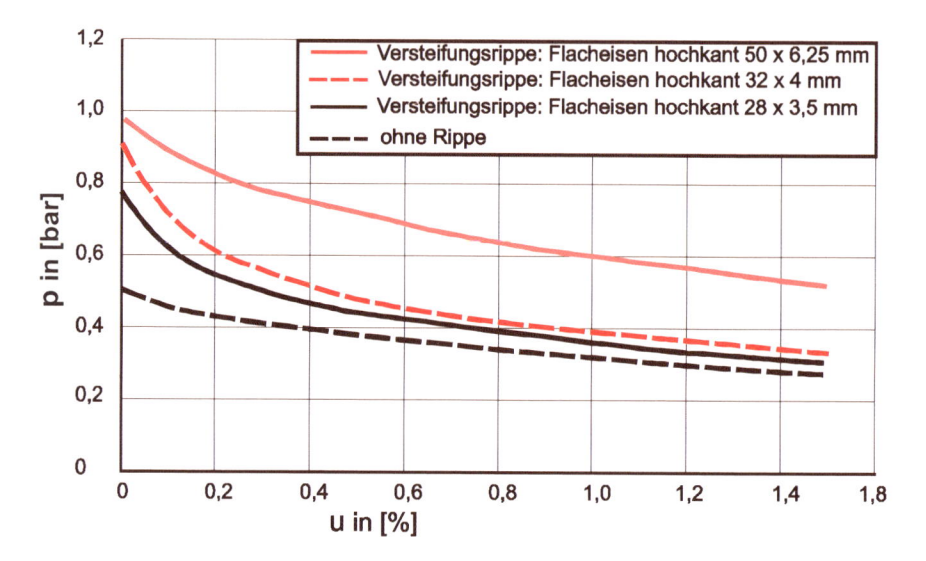

Abb. 5-10: Versagensdruck p in Abhängigkeit von der Unrundheit eines Druckbehälters – elastische Beulung, qualitative Tendenzdarstellung.
FE-Rechnung mit s = 5 mm, L = 5000 mm, l = 2500 mm (eine Rippe in der Mitte), Werkstoff: Kesselblech H I, K = 185 N/mm², E = 210000 N/mm²

Im Gegensatz dazu kommt eine durch Gasüberdruck bedingte Behälterzerlegung mit z.B. Abriss und Abflachung des Mantels durch Reaktionskräfte des mit Schallgeschwindigkeit austretenden Gases zustande. Dies geschieht aber erst bei örtlicher Überschreitung der Zugfestigkeit R_m.

Bei kleinen Schlankheitsgraden κ findet aber dann unelastisches Knicken statt, wenn eine kritische Druckspannung σ_k über der Streckgrenze K liegt. Deswegen wird unelastisches Ausknicken auch „plastische Verformung" genannt; dieser Begriff wird so auch bei der Flächenbeulung verwendet.

5. Zylindrische und kugelförmige Mantelelemente   49

Druckbehälter ohne Versteifungen:
Die Abb. 5-11 zeigt in grafischer Darstellung typische Beulbilder und zwar oben die Formänderungen eines Kreisquerschnittes für verschiedene Beulwellenzahlen (auf die Ermittlung wird gleich im Anschluss eingegangen), in der Mitte die Beulung eines Zylinders nach FE-Berechnung und schließlich unten die Beulung eines halbellipsoiden Bodens.

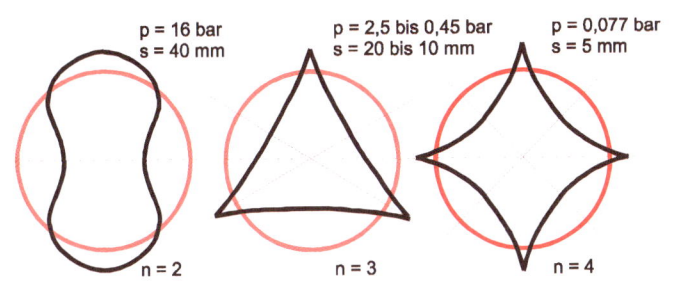

Formänderung eines Kreisquerschnitts für n = 2, 3 und 4 Beulwellen. Die Druckangaben beruhen auf folgenden Daten:
$E = 200000$ N/mm², $D_a = 2500$ mm, $k = 4$ und $S_k = 3$

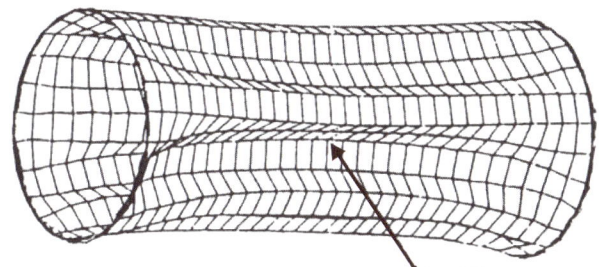

Zylinderbeulung, FE-Analyse. Die feste beidseitige Einspannung führt zu einer Krümmung der Längskurven

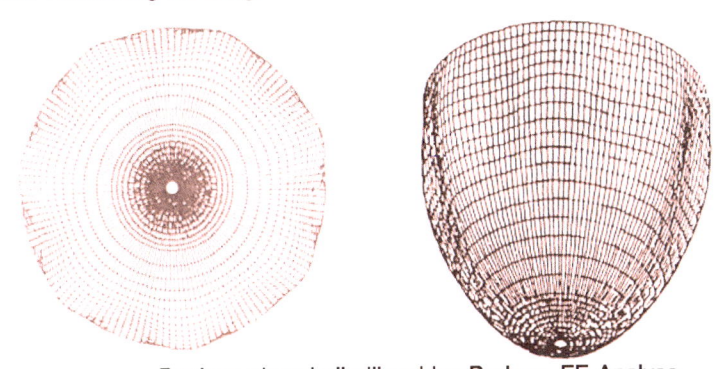

Beulung eines halbellipsoiden Bodens, FE-Analyse

Abb. 5-11: Grafische Darstellung von typischen Beulbildern bei Beanspruchung von Apparateelementen durch Außendruck

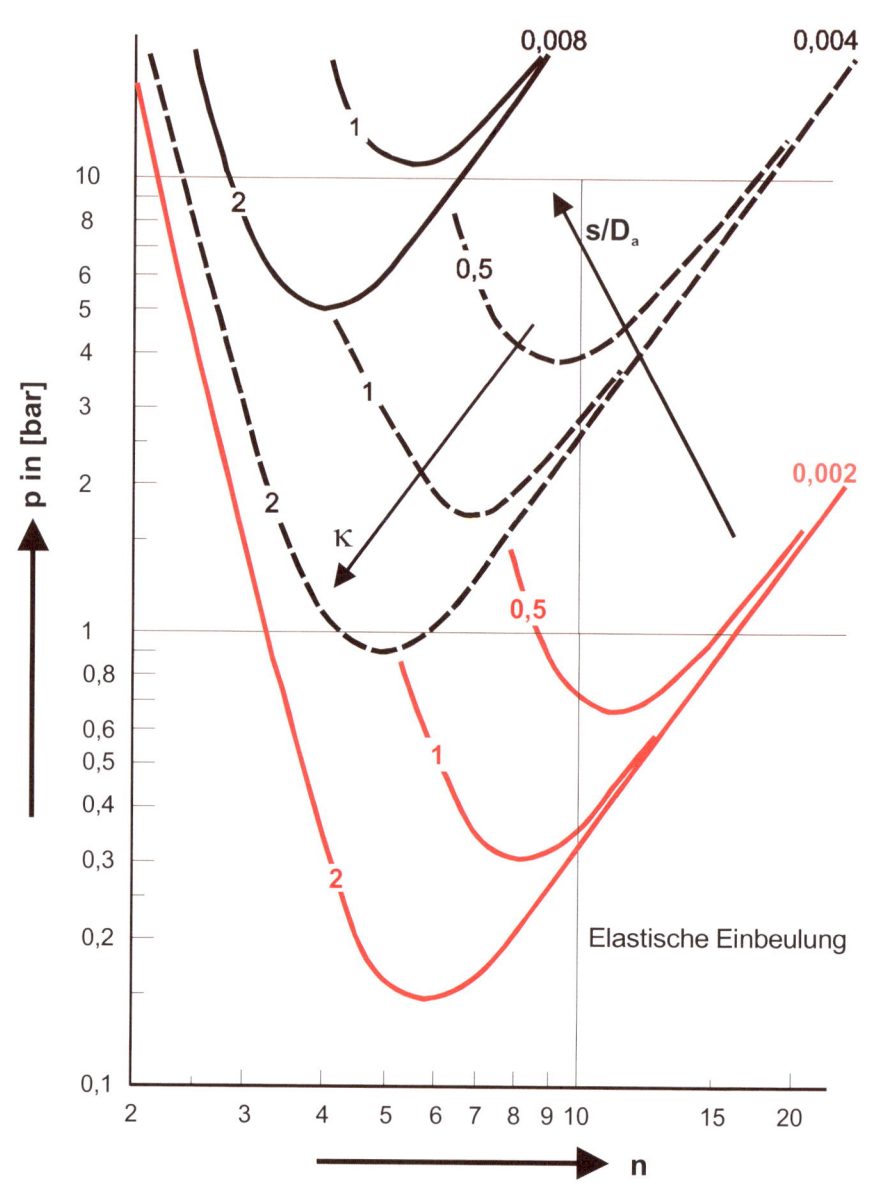

Abb. 5-12: Zulässiger äußerer Überdruck p über der Beulwellenzahl n für verschiedene Wanddicken-Durchmesser-Verhältnisse s/D_a und Schlankheitsgrade $\kappa = L/D_a$ nach Gl. (1) in AD-B6. Der Versagensfall entspricht dem Minimum der Kurvenzüge. Mit abnehmendem s/D_a ändert sich die Beulwellenzahl nur wenig, der Versagensdruck jedoch beträchtlich.
Basiswerte: $E = 200000$ N/mm², $\mu = 0{,}3$, $S_k = 3$

In [25] werden die gekoppelten Differenzialgleichungen durch einen trigonometrischen Sinus-Cosinus-Ansatz gelöst, weswegen n beliebige Lösungen des elastischen Zylinderversagens bei Variation der Beulwellenanzahl n existieren. Hierdurch muss der niedrigste zugehörige Beuldruck ermittelt werden, wie es in der Übersicht 5.1. formelmäßig erfasst ist.

Aus den Abb. 5-12 und 5-13 erkennt man, wie für den Versagensfall mit zunehmendem Schlankheitsgrad κ = L/D_a die Anzahl der Beulwellen abnimmt. Auch die Abhängigkeiten in den dort angegebenen Faustformeln werden bestätigt, wobei für das Bestimmen des Druckminimums die Näherungsformel

$$n \cong 1{,}63 \cdot \sqrt[4]{\frac{D_a}{s \cdot \kappa^2}} \tag{5.19}$$

dienen kann. Diese Näherungsgleichung ist auch als Gl. (2) in etwas abgewandelter Form im AD-Merkblatt B6 angegeben.

Im Abschnitt 7.2 des gleichen AD-Merkblatts fehlt der Hinweis, dass das Druckminimum p(n) nach Gl. (1) signifikant von dem Wert abweicht, welchen man für den Schätzwert n der Beulwellenzahl, ganzzahlig nach Gl. (2) erhalten kann.

Bisher ist keine geschlossene Lösung für real existierende ganze Beulwellenzahlen n möglich. Hilfestellung soll die Abb. 5-13 bieten, aus welcher man die zu erwartende Beulwellenzahl n abhängig von s/D_a und κ = L/D_a entnehmen kann. Damit ist eine zügige Anwendung von Gl. (1) in AD-B6 ohne Änderung der Beulwellenzahl möglich. Durch die Möglichkeiten, welche die Berechnung von n mit Hilfe der EDV bietet (ein Rechenprogramm hierfür ist leicht aufzustellen und existiert als BASIC-Programm bei *TTG*), ist diese Frage jedoch heute von keiner großen Wichtigkeit mehr.

Die Abb. 5-14 und 5-15 zeigen durch Beulen geschädigte Zylinder. Für den Zylinder in Abb. 5-14 trat das Versagen bei 0,9 bar äußerem Überdruck ein, wobei 9 Beulwellen zu beobachten waren. In der Nachbeurteilung von Beulschäden ist immer wieder beeindruckend, wie gut die hiermit ermittelte Beulwellenzahl mit den Schadensbildern übereinstimmt.

Die Abb. 5-16 schließlich verdeutlicht die Genauigkeit der einfachen Faustformeln und die Übereinstimmung mit Messungen in [2] und [26].

Die dargestellten Untersuchungsergebnisse der US-Marine vor 1934 für überwiegend elastisches Beulversagen, lassen sich nach dimensionsanalytischer Betrachtung zu einer erstaunlich einfachen Formel zusammenfassen:

$$p_1 \cdot S_k \cong 13 \cdot E \cdot \left(\frac{s^3}{V}\right)^{0{,}8} \cdot m \quad \text{für} \quad 0{,}25 \leq \kappa = \frac{L}{D_a} \leq 4 \tag{5.20}$$

Das Zylindervolumen V = $\frac{\pi}{4} \cdot D_a^2 \cdot L$ deckt den Längeneinfluss ab, so dass aus den Messpunkten keine weitere Längenabhängigkeit mehr erkennbar ist. Im Vergleich zu Gleichung (1) in AD-B6 ergeben sich für große κ und kleine Wanddicken höhere Werte für den gemessenen Beuldruck für kleine κ und größere Wanddicken kleinere Messwerte. Ein Vergleich ist in Abb. 5-9 dargestellt, die Messpunkte sind mit eingetragen. Der Einfluss der Unrundheit wurde jedoch nicht untersucht, weswegen für geringe Werte unter 1% im Bereich der Versagensdrücke die nachstehend genannte Formel für m genutzt werden sollte. Die Messergebnisse sind veröffentlicht in [26].

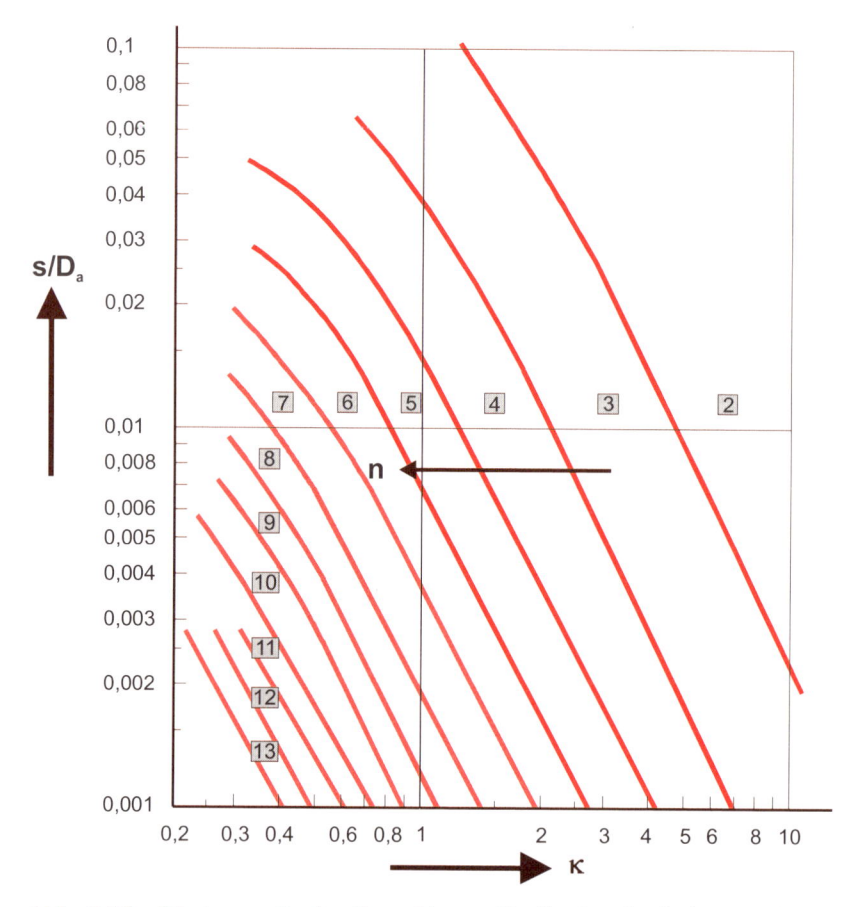

Abb. 5-13: Werte von Beulwellenzahlen n, für die der elastische Beuldruck zum Minimum wird. Im Diagramm ist das Wanddicken-Durchmesser-Verhältnis s/D_a aufgetragen über dem Schlankheitsgrad $\kappa = L/D_a$

5. Zylindrische und kugelförmige Mantelelemente

Abb. 5-14: Schadensbild eines gebeulten Zylinders mit n = 9 Beulwellen. Versagen im Beispiel bei p = 0,7 bar äußerem Überdruck.
Abmessungen: D_a = 2400 mm, s = 4 mm, κ = 0,8

Ein derartiger Vergleich war von Mises für Gleichung (1) in AD-B6 vor 1914 nicht möglich. Die systematischen Untersuchungsergebnisse der US-Marine sollten Aufnahme in AD-B6 finden, wobei der Einfluss der Unrundheit u.a. wie auch für Gleichung (1)/AD-B6 im Sicherheitsfaktor S_k enthalten ist oder mit dem nachgestellten Bruch für m abgeschätzt werden kann, der durch eine erste FE-Analyse erstellt wurde (siehe Abb. 5-10).

$$m = \frac{1,2}{1 + 0,6 \cdot u} \quad (= 1 \text{ für u} = 0,33\%) \tag{5.21}$$

Der Vorfaktor 1,2 bewirkt eine günstigere Beurteilung gut runder Zylinder, was aber auch durch eine Modifikation des Sicherheitsfaktors S_k = 3 möglich wäre.

Weitere FE-Analysen wären sinnvoll, auch für den Einfluss der „Einspannung" des Zylindermantels – ob z.B. durch vergleichsweise weichen, dünneren Kugelboden, durch meistens dickeren gewölbten Boden oder durch eine dicke und daher sehr steife ebene Platte – das Beulversagen signifikant beeinflusst wird.

Die Berechnung gegen plastisches Versagen beruht auf einer weiteren Nutzung der klassischen „Kesselformel" (siehe Abschnitt 5.1), welche mit

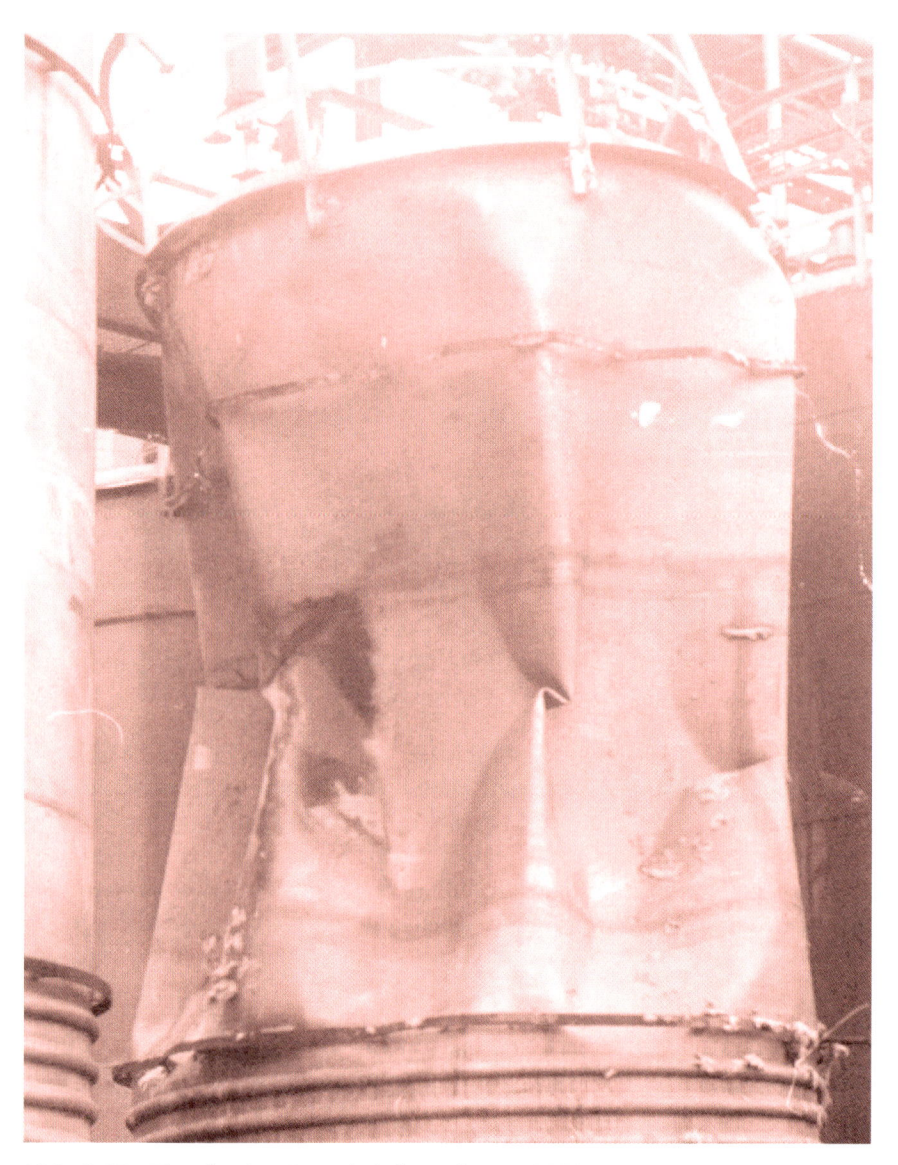

Abb. 5-15: Eingebeulter Lagerbehälter mit D_a = 3000 mm, s = 4 mm, Zahl der Beulwellen n = 7, geschätzter Unterdruck 0,2 bar

einem äußerst konservativen Verschwächungsfaktor v_u modifiziert wird (siehe dazu die Übersicht 5.1. und die Parameterstudie der Abb. 5-17).

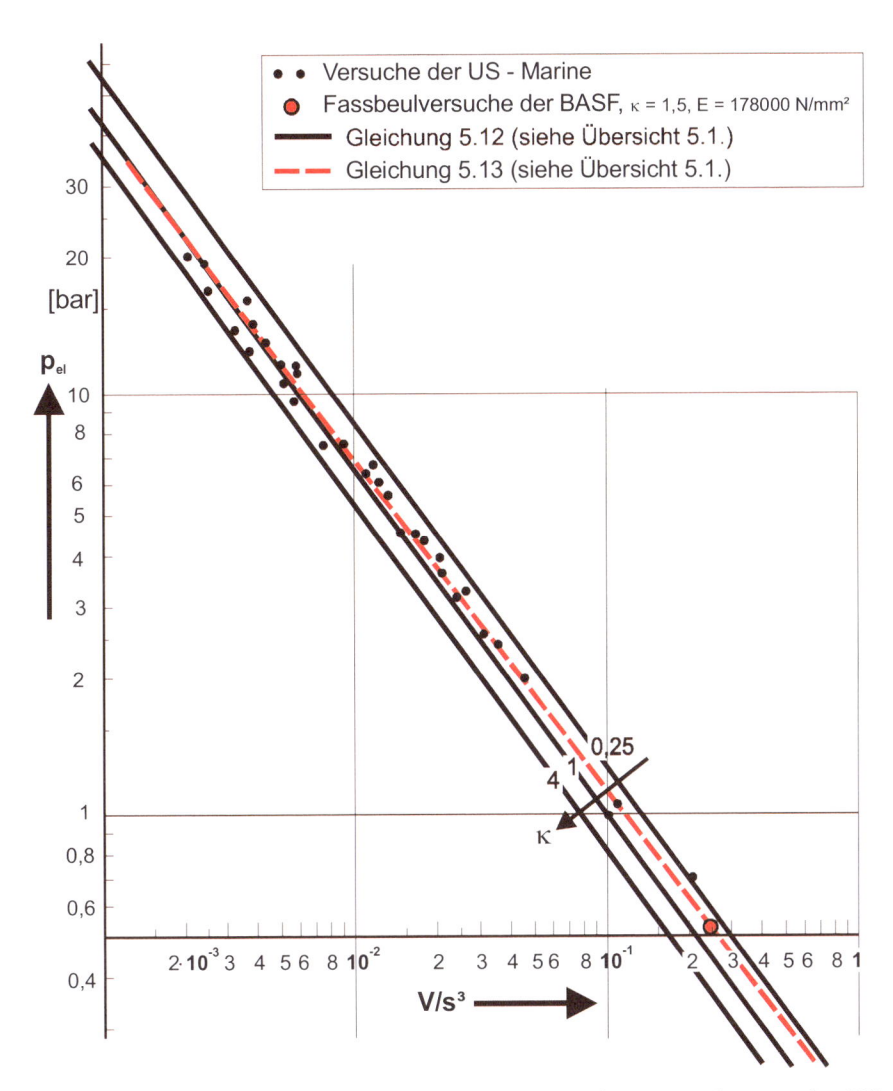

5. Zylindrische und kugelförmige Mantelelemente 55

Abb. 5-16: Elastischer Versagensbeuldruck p_{el} nach Untersuchungen der US-Marine für Schlankheitsgrade $0{,}25 < \kappa < 2$ über dem Behältervolumen V bezogen auf die 3. Potenz der Wanddicke s.
Basisdaten: V in m³, s in mm, $E = 210000$ N/mm², $S_k = 1$.
Mit aufgenommen wurden die in der Übersicht 5.1. angeführten Faustformeln
→ Gln. 5.12 und 5.13

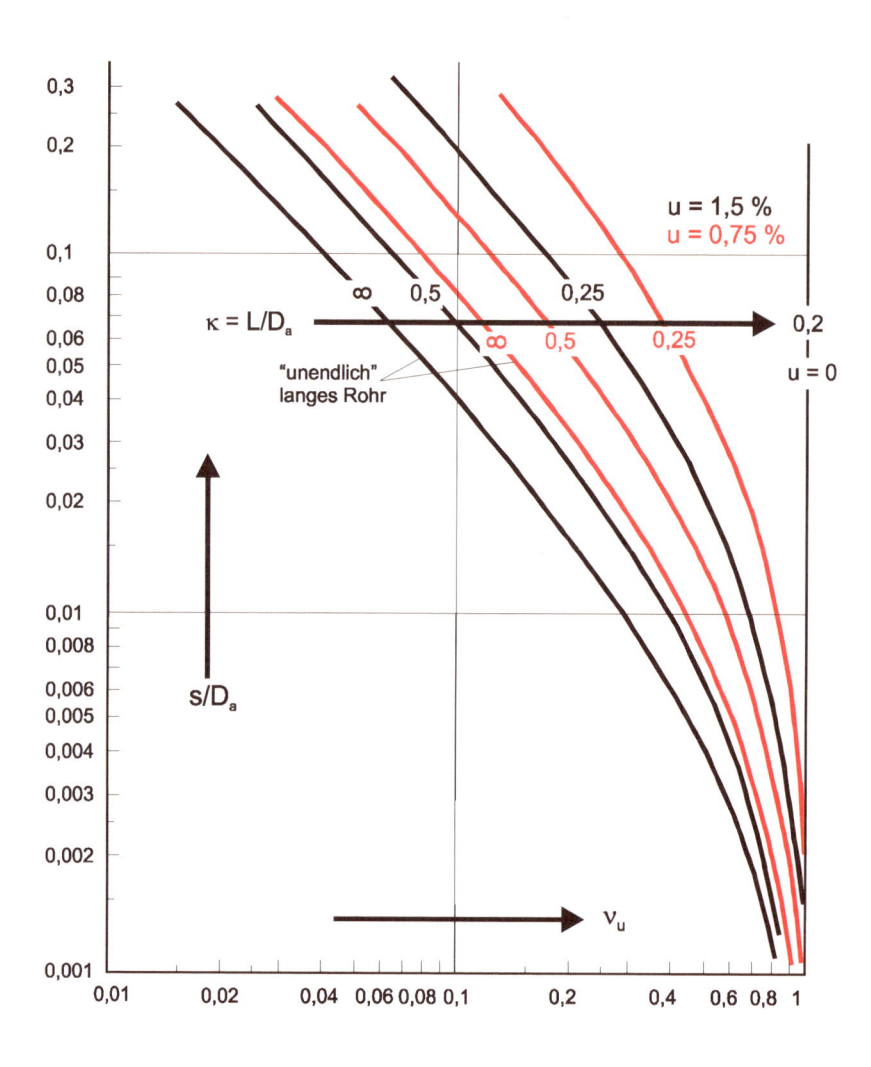

Abb. 5-17: Verschwächungsfaktor v_u aufgrund von Unrundheiten des Zylinders unter dem Wanddicken-Durchmesser-Verhältnis s/D_a und Unrundheiten u. Der Term v_u ist in Gl. (4)/AD-B6 enthalten.

$$v_u = \left[1 + 1{,}5 \cdot \frac{u}{100} \cdot \left(1 - \frac{1}{5 \cdot \kappa}\right) \cdot \frac{D_a}{s}\right]^{-1} \tag{5.22}$$

Unrundheit $u = 100 \cdot \left(\dfrac{D_{i\,max}}{D_{i\,min}} - 1\right)$ in % (5.23)

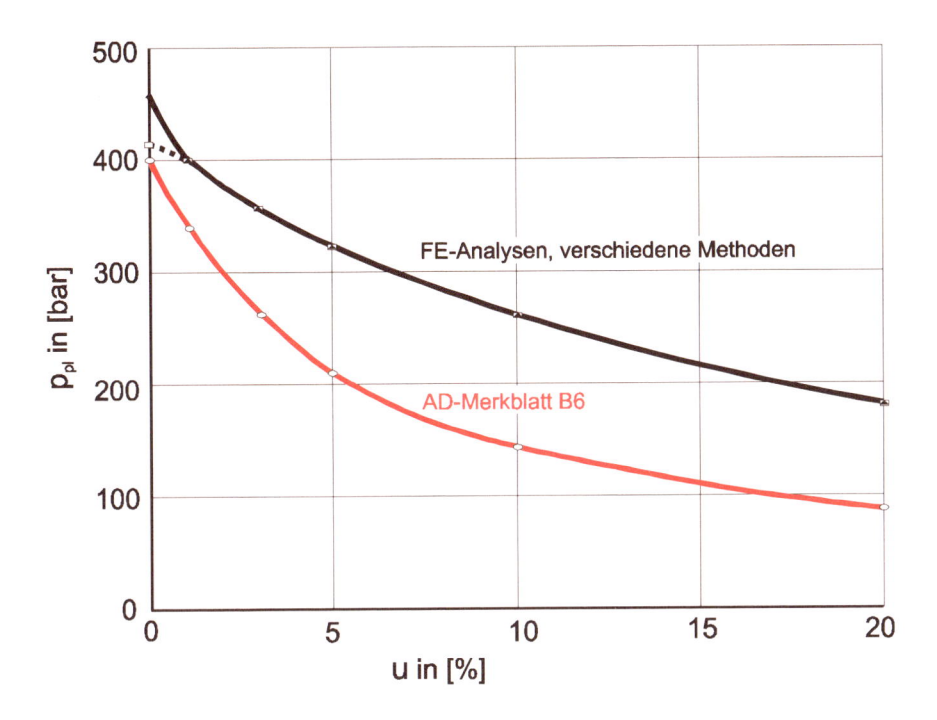

5. Zylindrische und kugelförmige Mantelelemente

Abb. 5-18: Plastischer Versagensdruck (S = 1) eines langen Rohres über der Unrundheit u; schwarz: nach Finit-Element-Analysen (FEA), rot: nach AD-B6, Gl. (4)

$$p_{pl} = 20 \cdot K \cdot \frac{s}{D_a} \cdot \frac{1}{1 + 0,01 \cdot x \cdot u \cdot D_a / s} \qquad (5.24)$$

AD-B6: x = 1,5 → [1]   FEA: x ≤ 0,5 → [36]
Basisdaten: E = 200000 N/mm², $R_{p\,0,2}$ = 200 N/mm², $R_{p\,1,0}$ = 235 N/mm²,
D_a = 21,2 mm, s = 1,8 mm

Diese Berechnung ist zu konservativ, wie die Abb. 5-18 zeigt, weswegen der Faktor 1,5 in Gl. (4)/AD-B6 geändert werden könnte. Eine FE-Analyse des langen Rohres ergibt anstelle der 1,5 in etwa den Wert von 0,5! Ob dieser Faktor auch für gedrungene Bauformen gilt, ist mittels FEM noch zu klären. Die Darstellung in Abb. 5-19 mit dem Wanddicken-Durchmesser-Verhältnis s/D_a als Ordinate und dem äußeren Überdruck p als Abszisse sowie dem Verhältnis κ = L/D_a als Parameter zeigt, wie ein „zungenförmiges" Gebiet der plastische Verformung in das Gebiet der elastischen Beulung hineinragt. Die Tendenz eines Knickstabversagens findet sich bei der Beulung von Zylinderschalen wieder. Bei großen κ-Werten wird ein überbeanspruchter Behälter eher durch elastisches Einbeulen versagen, was ebenso bei kleinen Werten der Ordinate s/D$_a$, d.h. für dünnwandige Behälter, gilt.

Unterhalb der „Zunge" der plastischen Verformung in Abb. 5-19 versagen auch dickwandige, schlanke Behälter durch den Mechanismus der elastischen Einbeulung. Rechts neben der „Zunge" der plastischen Verformung befindet sich ein „Zwickel" von wiederum elastischer Einbeulung. Dies ist ein Widerspruch zur Folgerichtigkeit eines möglichen Schadensablaufs. Als Erklärung dieses Widerspruchs könnte die Grenze der Modellgenauigkeit dienen. Auch die Stützwirkung der Behälterböden bei gedrungener Bauweise, z.B. L/D$_a$ < 4 kann von Einfluss sein (siehe [25]). Bei plastischer Verformung ist die Funktion für den Verschwächungsbeiwert v$_a$ der Unrundheit u (Gl. 4 in AD-B6) nicht mit allen Feinheiten im Stande diesen Einfluss auf das Behälterversagen wiederzugeben, [2] bzw. Abb. 5-17. Ähnliches folgt auch aus der Abb. 5-20, in welcher über dem Schlank-

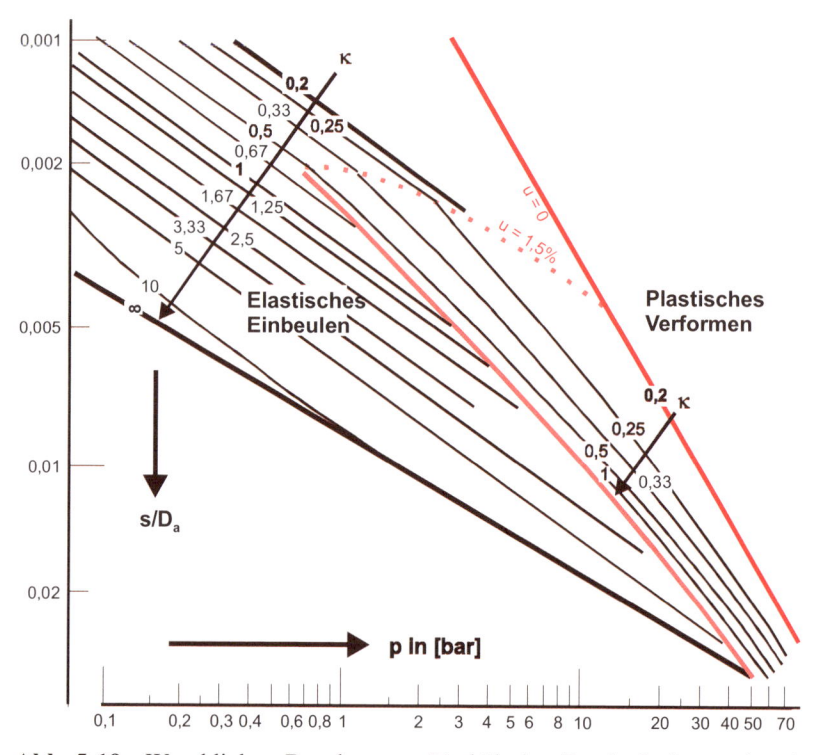

Abb. 5-19: Wanddicken-Durchmesser-Verhältnis s/D$_a$ als Ordinate über dem zulässigen äußeren Überdruck p als Abszisse für verschiedene Verhältnisse κ = L/D$_a$ mit Bereichen der elastischen Beulung und der plastischen Verformung (grau unterlegt). Zusammenfassung der Bilder 6 und 7 aus AD-B6 für E = 213000 N/mm² und K = 235 N/mm²

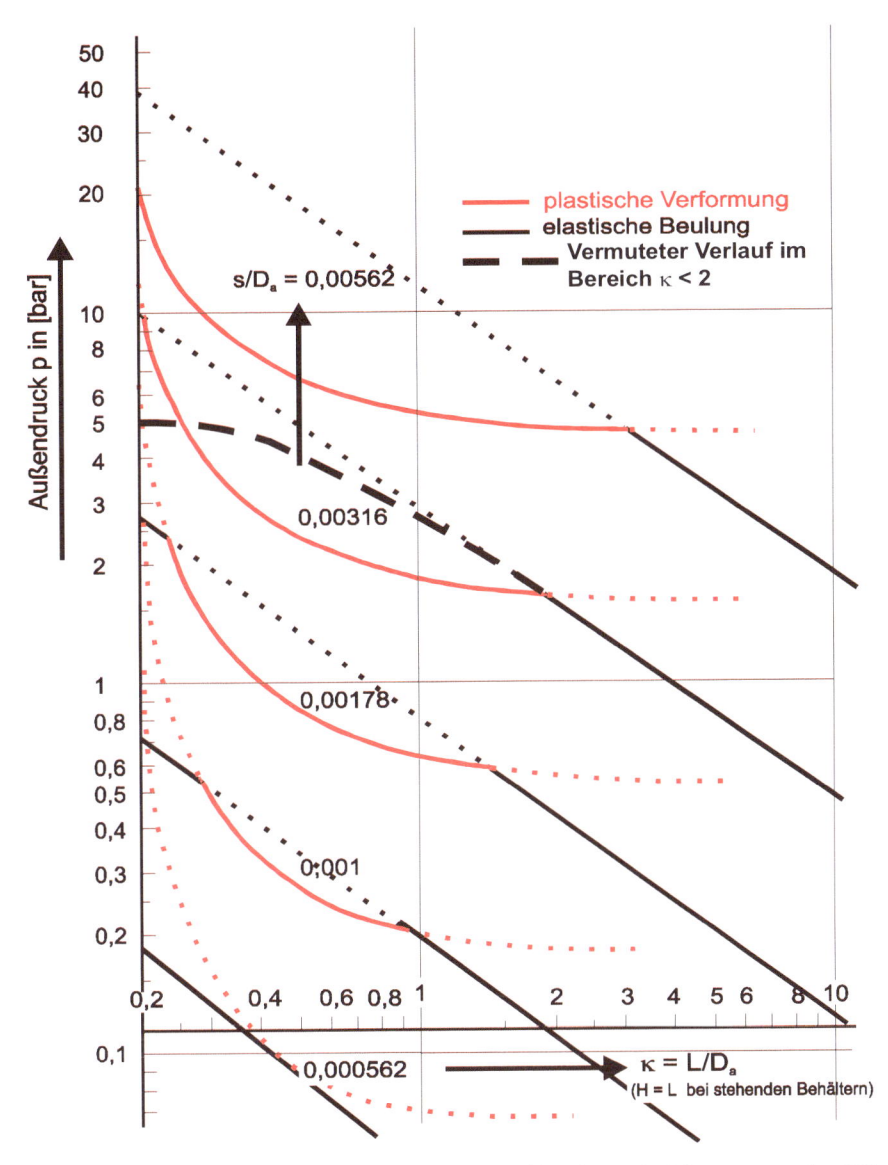

Abb. 5-20: Vergleich von elastischem Beuldruck nach Messungen der US-Marine mit plastischem Versagen nach AD-Merkblatt B6.
Basisdaten: K = 200 N/mm², E = 200000 N/mm², u = 1,5%

heitsgrad κ für verschiedene Wanddickenverhältnisse der Versagensdruck aufgetragen ist. Nach den vorstehend bereits erwähnten Untersuchungen der US-Marine [26] ergibt sich für große Schlankheitsgrade elastisches

Beulen (siehe auch Übersicht 5.1.). Für kleinere Schlankheitsgrade erfolgt dann plastisches Versagen, absurderweise jedoch für sehr kleine Schlankheitsgrade wieder unmögliche elastische Beulung. Würde man plastisches Versagen nach FE-Analyse bewerten, gäbe es diese Diskrepanz nicht. In diese Abbildung wurde auch für $s/D_a = 0{,}00316$ – schwarz gestrichelt – der vermutete Kurvenverlauf aufgrund der Navy-Yard-Messungen eingetragen. Für die anderen s/D_a-Verhältnisse gilt in dem fraglichen Bereich Ähnliches.

Abb. 5-21: Aufgrund eines zu hohen äußeren Überdrucks p eingebeulter Eisenbahnkesselwagen ohne Versteifungsringe. Die Ursachen dafür können beispielsweise Abpumpen ohne Beatmung oder Dampfkondensation nach Reinigung sein. Die gewölbten Böden sind ausreichend steif zur Beulbegrenzung, wie das Bild deutlich zeigt

Die Abb. 5-15 und 5-21 zeigen weitere Schadensfälle. Man beachte die Zahl der ausgebildeten Beulwellen, die in guter Übereinstimmung mit [25] stehen.

Die Abb. 5-22 schließlich soll für Flachbodentanks die zulässigen Drücke aufzeigen. Gering sind die Drücke für elastisches Einbeulen, schon größer für plastisches Versagen. Sehr hoch sind die durch die Füllung bedingten Drücke in der Bodenecke, für welche das Biegemoment durch die Bodensteifigkeit nicht mit berücksichtigt wurde, gerechnet wurde also nach einfacher „Kesselformel"!

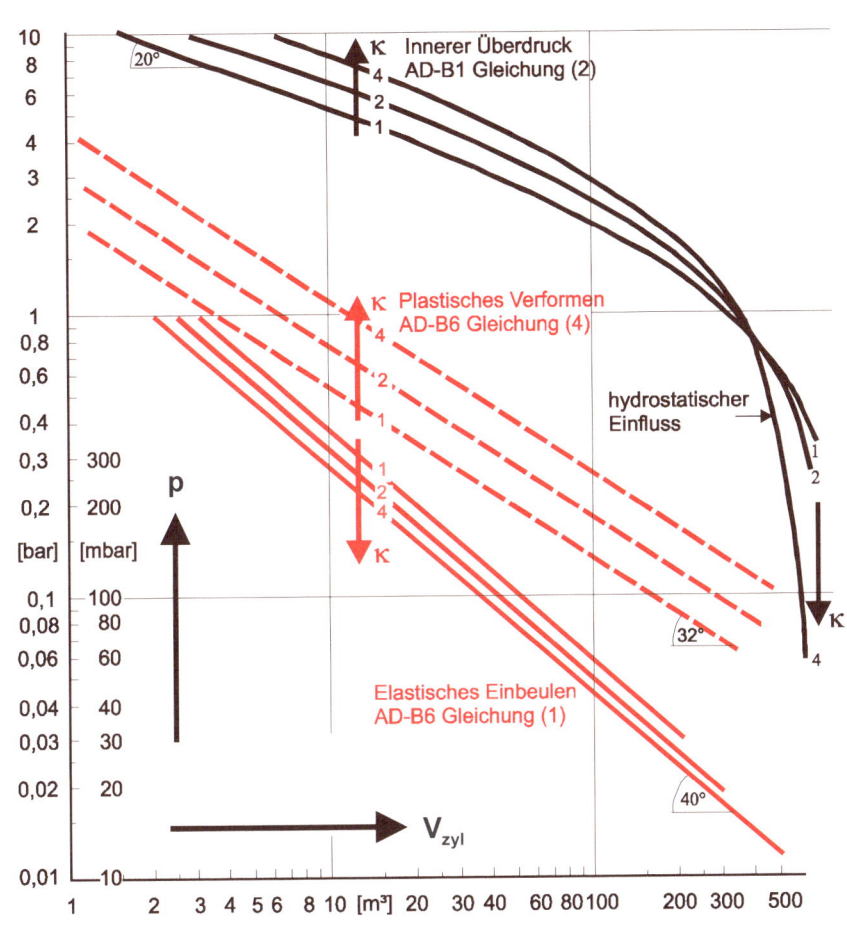

Abb. 5-22: Zulässiger äußerer Überdruck an einem stehenden Lagertank und zulässiger innerer Überdruck p in der Gasphase des vollen Tanks über dem Behältervolumen V des zylindrischen Behälterteils für verschiedene Schlankheitsgrade κ.

$$V_{zyl.} = \frac{D_i^2 \cdot \pi}{4} \cdot \kappa \cdot D_a \quad \text{(mit } \kappa = L/D_a\text{)} \qquad (5.25)$$

Basisdaten: s = 5 mm, u = 1,5%, K = 200 N/mm², E = 200000 N/mm²
Gewölbte Böden nach AD-B3, unterer Boden zusätzlich nach AD-S3/3

Druckbehälter mit Versteifungen:

In den vorangegangenen Betrachtungen und Beispielen wurden bereits mehrfach Versteifungen (oder auch als Verstärkungen bezeichnet) erwähnt und die Auswirkung – vor allem in Abbildungen – geschildert oder dargestellt. Im Folgenden soll nun detaillierter auf die Ausführung und Anwen-

Ringe mit Rechteckquerschnitt:

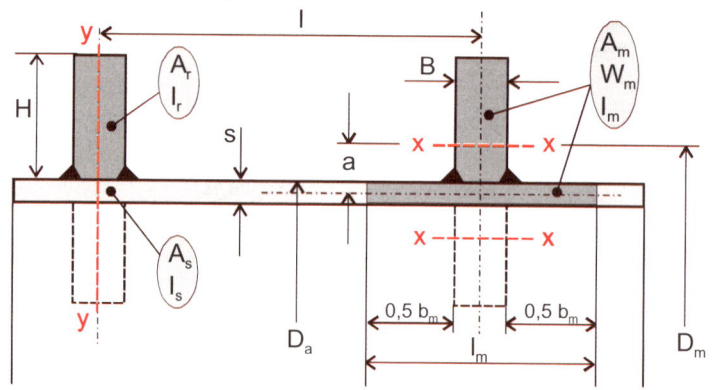

$$I_m = I_s + a^2 \cdot A_s + I_r + \left(e + \frac{s}{2} - a\right)^2 \cdot A_r \qquad \frac{D_m}{2} - \left(\frac{D_a}{2} - \frac{s}{2}\right) = \frac{e + \dfrac{s}{2}}{1 + \dfrac{A_s}{A_r}} = a$$

$$H = 2 \cdot e \qquad A_s = l_m \cdot s \qquad A_r = B \cdot H$$

$$W_m = \frac{I_m}{H + \dfrac{s}{2} - a} \qquad I_r = \frac{B}{12} \cdot H^3 \qquad I_s = \frac{l_m}{12} \cdot s^3$$

Profilringe:

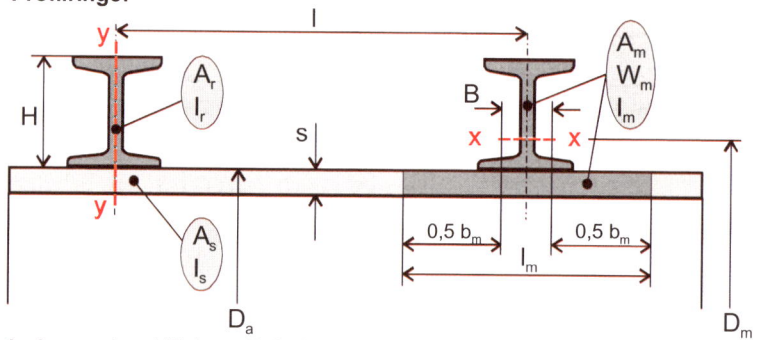

A_r, I_r aus einschlägigen Tabellenbüchern; A_s, I_s wie bei Rechteckquerschnitten
$H = 2 \cdot e$

Abb. 5-23 a: Übliche Behälterverstärkungen aus AD-Merkblatt B6 mit den zugehörigen Hauptabmessungen und Statikdaten, sowie Hinweise zur Ermittlung der für die Berechnung notwendigen Trägheits- und Widerstandsmomente. Aus Stabilitätsgründen ist H/B ≤ 8 zu wählen. Rechteckprofile müssen – anders als oben dargestellt – durchgeschweißt werden. **Teil I**

Halbrunde Heizkanäle (Halbrohrschlangen):

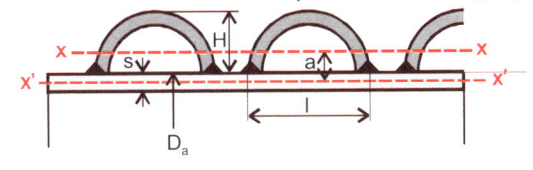

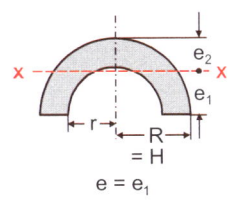

$$e = e_1 = \frac{4}{3 \cdot \pi} \cdot \frac{R^2 + R \cdot r + r^2}{R + r} \qquad e_2 = R - e_1 \qquad H = R$$

$$I_r = 0{,}1098 \cdot (R^4 - r^4) - 0{,}283 \cdot R^2 \cdot r^2 \cdot \frac{R - r}{R + r}$$

Eckige Heizkanäle:

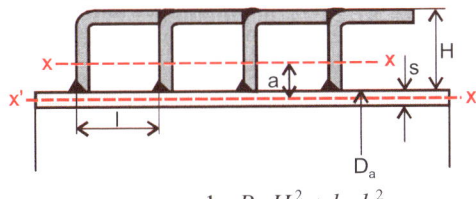

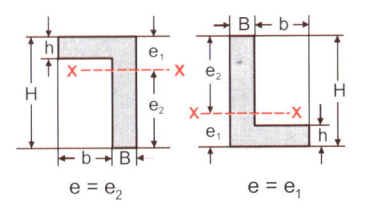

$$e = e_{1,2} = \frac{1}{2} \cdot \frac{B \cdot H^2 + b \cdot h^2}{B \cdot H + b \cdot h} \qquad e_{2,1} = H - e_{1,2}$$

$$I_r = \frac{1}{3} \cdot (B \cdot H^3 + b \cdot h^3) - (B \cdot H + b \cdot h) \cdot e_{1,2}^2$$

Doppelmantel (U-Profil):

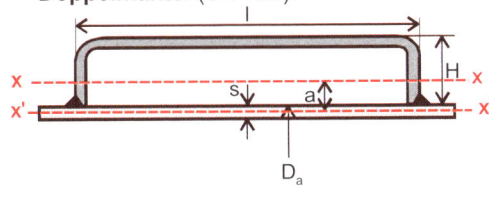

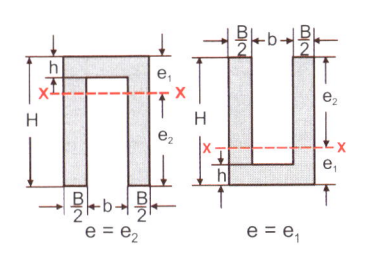

e, e_1, e_2, I_r wie bei eckigen Heizkanälen

Abb. 5-23 b: Übliche Behälterverstärkungen aus AD-Merkblatt B6 mit den zugehörigen Hauptabmessungen und Statikdaten, sowie Hinweise zur Ermittlung der für die Berechnung notwendigen Trägheits- und Widerstandsmomente. **Teil II**

dung von Versteifungsringen eingegangen werden. Vorab dazu folgende Betrachtung:

Zur Beherrschung eines vorgegebenen äußeren Überdrucks p (= Unterdruck im Inneren eines Druckbehälters) können zwei Wege beschritten werden:

1. Vergrößerung der Wanddicke s des Mantels, was jedoch z.b. bei Transportbehältern schnell zu übergroßen Behältergewichten führt.

2. Verwendung von Versteifungsringen, durch welche die Gesamtbehälterlänge L in mehrere kürzere Abschnitte unterteilt wird. Für ein bestimmtes Mehr an Ringgewicht ergibt sich dadurch eine stärkere Anhebung des Außendrucks p gegenüber Lösung 1 mit äquivalentem Zusatzgewicht durch Wanddickenvergrößerung.

Wenn schon die elastische Behälterbeulung mathematisch nur schwierig zu formulieren ist, dann gilt dies in gesteigertem Maße auch für die verschiedenen Bewertungen der Versteifungswirkung von Ringen bezüglich ihres Trägheitsmoments I und ihrer Querschnittsfläche A. Aus der Literatur sind eine Vielzahl von verschiedenen Berechnungsweisen bekannt, welche das schwierige Phänomen der Ringgestaltung zum Teil recht einfach bewältigen (siehe hierzu die Abb. 5-23 a und 5-23 b mit z.B. den Gleichungen aus [1] und [2]).

Diese verschiedenen Beurteilungsmethoden gilt es zu vergleichen. Bei zu konservativer, d.h. pessimistischer, Beurteilung müsste ein unnötig großes Ringgewicht mitgeschleppt werden, bei zu milder Betrachtungsweise sind hingegen Beulschäden nicht auszuschließen. Ringgewichte nach „neuem" und „altem" AD-B6 können sich durchaus um den Faktor 3 unterscheiden, so dass nicht mehr nur – wie beispielhaft für einen vierachsigen, vakuumfesten Eisenbahnkesselwagen ermittelt – 250 kg, sondern fast 800 kg mitzuführen sind, was die effektive Transportkapazität entsprechend reduziert.

Die Abb. 5-24 zeigt anschaulich diese Unterschiede. Die Flachprofile müssen an der Behälterwand – anders als dargestellt – durchgeschweißt werden. In der Abb. 5-25 sind die nach verschiedenen Berechnungsmethoden ermittelten Rechteckquerschnittsflächen A_r eines zylindrischen Behälters der Länge L aufgetragen. Da – wie man sieht – die Diskrepanzen erheblich sind, mussten Versuche unternommen werden, die zur Klärung beitragen sollten.

In der Abb. 5-23 sind übliche Behälterverstärkungen, so wie sie im AD-Merkblatt B6 aufgeführt sind, dargestellt. Diese Abbildung enthält weiter Hinweise zur statischen Berechnung der einzelnen Profile, so wie sie in einschlägigen Tabellenbüchern zu finden sind. Da es sich durch die mittragende Breite der Behälterwand jeweils um zusammengesetzte Profile handelt, erfolgt die Berechnung des erforderlichen Trägheitsmoments mit Hil-

fe des Steinerschen Satzes (allgemeine Form: $I_m = I_s + A \cdot e^2$). Die mittragende Breite wird nach AD-B6, Gleichung (12) ermittelt:
$l_m = b_m + b = 1{,}1 \cdot \sqrt{D_a \cdot s} + b$. Dies ist als Hintergrund zur genannten Abb. 5-25 zu sehen. Dort sind unmittelbar auffällig zwei unterschiedliche Verläufe der erforderlichen Ringfläche A_r über der Zahl n der Beulsteifen beziehungsweise über der Gesamtmantellänge L. Der eine Typus ist unabhängig konstant von der Länge L, was mechanisch wenig sinnvoll ist, der andere erscheint eher folgerichtig. Dessen Kurvenzug beginnt nämlich im Koordinatenursprung, das heißt, je länger der Mantel, desto stärker die

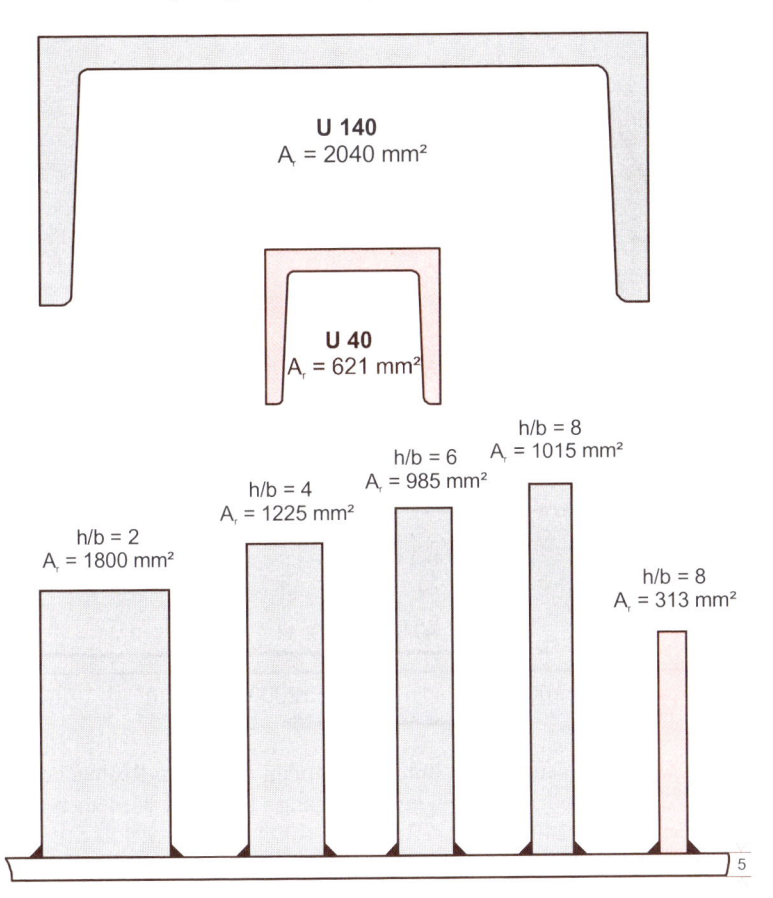

Abb. 5-24: Versteifungsringe aus U-Profilen und Flacheisen für Behälter, ausgelegt nach altem (rot angelegt) und neuem (grau angelegt) AD-Merkblatt B6 (altes AD-B6 gültig bis September 1991, neues AD-B6 gültig ab Oktober 1991). Die Profile müssen an der Behälterwand durchgeschweißt werden!

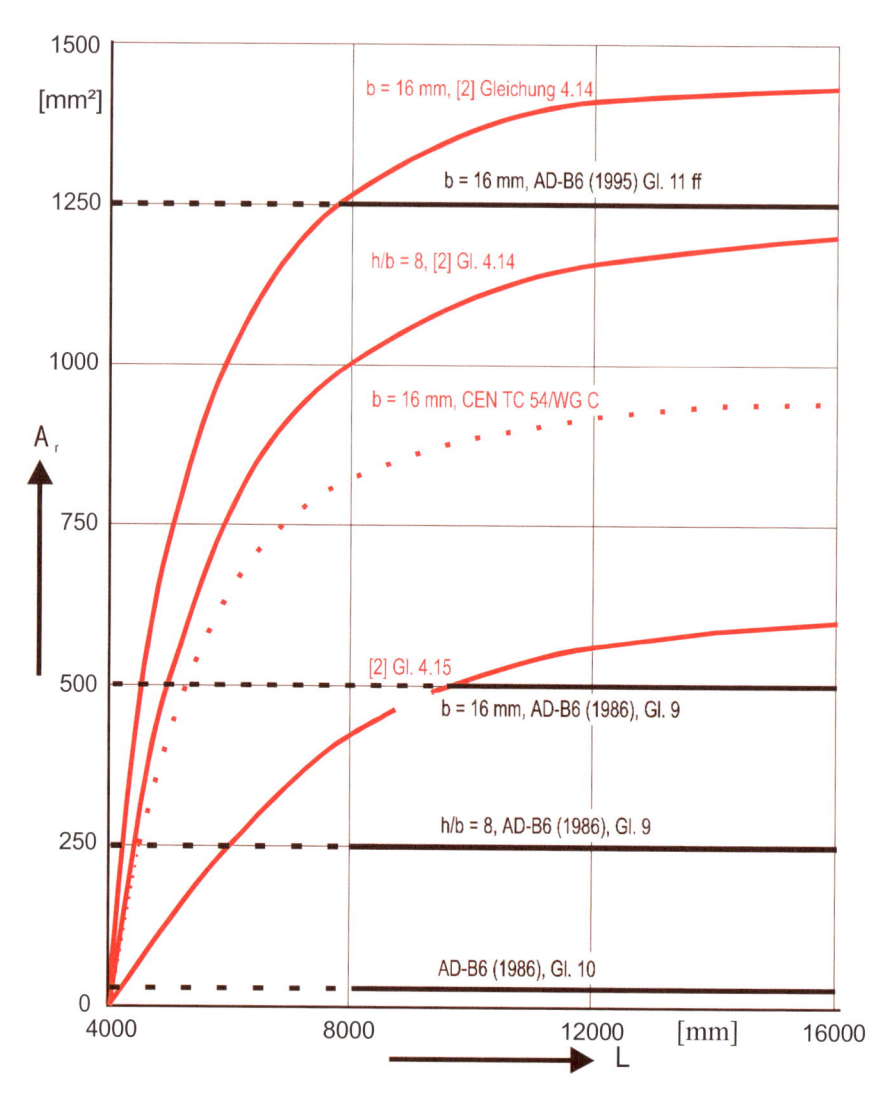

Abb. 5-25: Nach verschiedenen Berechnungsmethoden ermittelte Rechteckquerschnittsfläche A_r eines zylindrische Behälters der Länge L für 0,4 bar äußeren Überdruck. Basisdaten: D_a = 2400 mm, s = 7 mm, l = 4000 mm, Werkstoff StE 355, S_k = 3, S = 1,5

Versteifungsringe, um für den vorgegebenen äußeren Überdruck (hier gewählt p = 0,4 bar) für das System „Behälter mit Ringen" Beulsicherheit zu erzielen. Weiterhin muss es natürlich Unterschiede zwischen elastischem Ringausknicken und plastischem Versagen geben.

5. Zylindrische und kugelförmige Mantelelemente

Nach S. Schwaigerer (Wegbereiter der bewährten AD-Berechnungsblätter mit seinem Buch [2]) erhält man eine folgerichtige (und einfache) Beziehung für das Versagen eines rippenversteiften Zylinders (siehe Übersicht 5.2.):

$$p(L) \leq p_0 + \Delta p_r = p_0 + 20 \cdot \frac{A_r \cdot K}{D_a \cdot l_r} \leq p(l_r) \qquad (5.26)$$

Δp_r = Differenz von Beuldruck p mit Ringen abzüglich Druck p_o ohne Ringe, A_r in [mm²] = Querschnittsfläche, l_r in [mm²] = Ringabstand.

Großversuche mit Eisenbahnkesselwagen belegen den Ansatz, wie im Folgenden vertieft dargestellt werden soll.

Eine zweite Gleichung Schwaigerers mit einem Differenzdruckterm

$\Delta p_r = 240 \cdot \dfrac{E \cdot I_r}{D_a^3 \cdot l_r}$ kann für angeschweißte Ringe hinreichend kleiner

Übersicht 5.2.: Verschiedene Berechnungsgleichungen für Versteifungen von Zylinderschalen unter äußerem Überdruck

Gln. (9, 10) nach AD-B6/1986

$$p_{el} = \frac{240}{S_k} \cdot \frac{I_r \cdot E}{D_a^3 \cdot \sqrt{D_a \cdot s}} \; ; \; p_{pl} = \frac{20}{S} \cdot \frac{A_r \cdot K}{D_a \cdot \sqrt{D_a \cdot s}} \geq p_{el}(l) \qquad (5.27)$$

$$h \geq 10 \cdot s \quad b \geq \frac{h}{8} \quad I_r \geq \frac{(10 \cdot s)^4}{12 \cdot 8} \quad A_r \geq \frac{100 \cdot s^2}{8}$$

Gln. (4.14, 4.15) nach [2]

$$\boxed{p_{el} = \frac{240}{S_k} \cdot \frac{I_r \cdot E}{D_a^3 \cdot l} + p_{el}(L) \; ; \; p_{pl} = \frac{20}{S} \cdot \frac{A_r \cdot K}{D_a \cdot l} + p_{el}(L) \geq p_{el}(l)}$$

$$(5.28)$$

$p_{el}(L)$ ist der Versagensdruck des unversteiften Behälters

Gl. (11) nach AD-B6/1992:

$$p_{el} = \frac{240}{1-\mu^2} \cdot \frac{I_m \cdot E}{(D_a - s) \cdot D_m^2 \cdot l} \qquad (5.29)$$

Gl. A2 nach AD-B6/1992:

$$p_{el}(L) \leq p = p_{el} \cdot \left(B - \sqrt{B^2 - \frac{G}{S_k}} \right) \geq p_{el}(l) \qquad B = \frac{1 + S_k \cdot G + H}{2 \cdot S_k}$$

68   5. Zylindrische und kugelförmige Mantelelemente

mit:

$$G = \frac{K \cdot 20 \cdot A_m}{S \cdot p_e \cdot l_m \cdot D_a} \qquad H = \frac{u \cdot D_a \cdot l \cdot A_m}{400 \cdot l_m \cdot W_m} \qquad l_m \geq b + 1{,}1 \cdot \sqrt{D_a \cdot s}$$

Anmerkung:
A_m, l_m und W_m sind hierbei zu berechnen aus dem Ringprofil einschließlich Zylinder im Abklingbereich l_m's

Trägheitsmomente I_r, welche elastisch stabil sind, durch Großversuche sowie Fassbeulversuche nicht bestätigt werden. Für Ringe mit E/K etwa 900 sollte daher gelten:

Rechteckquerschnitte: $\dfrac{h}{b} \leq 8$ (nach AD-B6)

Andere Profile: $\dfrac{I_r}{A_r^2} \leq \dfrac{8}{12}$

Aus der Forderung von AD-B6, dass die Breite mindestens ein Achtel der Ringhöhe zur Vermeidung von elastischem Ringausknicken betragen soll, lässt sich schon eine weitergehende Analogie ableiten, z. B. als weitergehende Annahme:

$$A_r > 1500 \cdot \sqrt{I_r} \cdot \frac{K}{E}$$

Schwaigerers Ansatz ist grundlegend verschieden von AD-B6 „alt" oder „neu" und BS/prEN 13445-3 Abschnitt 8, die alle ein Ringelement ohne oder einschließlich mittragendem Mantelumfeld freischneiden und dessen Versagen bezogen auf tragendes Umfeld zu berechnen vorgeben. Schwaigerer fügt im Gegensatz dazu dem Mindestdruck p(n = 0) = p_0 ohne Ringverstärkung den Druckgewinn Δp_r aufgrund der Ringe hinzu. Diese Summe darf natürlich nicht größer werden als der Maximaldruck p(l_r) für den fest eingespannten Zylinder zwischen den Ringen. Der Ansatz ist unempfindlich gegenüber mechanischen Fehleinschätzungen.

Durch maßstabsverkleinernde Beulversuche an Stahlfässern (Daten und Messergebnisse siehe Abb. 5-26), mittig versteift durch ein Rechteck- bzw. Dreiecksprofil konnte des weiteren für das beobachtete Gesamtversagen der Behälter folgende Tendenzen nachgewiesen werden:

$\Delta p_r \approx I_r^{0{,}12}$ (Druckgewinn durch Rippe) oder $p \approx I_r^{0{,}04}$ (Versagensdruck), daraus $\Delta p_r \approx W_r^{0{,}3}$

Keines der erwähnten Regelwerke kann selbst bei krassesten Unterschieden zwischeneinander auch nur annähernd die gemessenen Tendenzen mit dem sehr geringen Einfluss des Trägheitsmoments I_r wiedergeben.

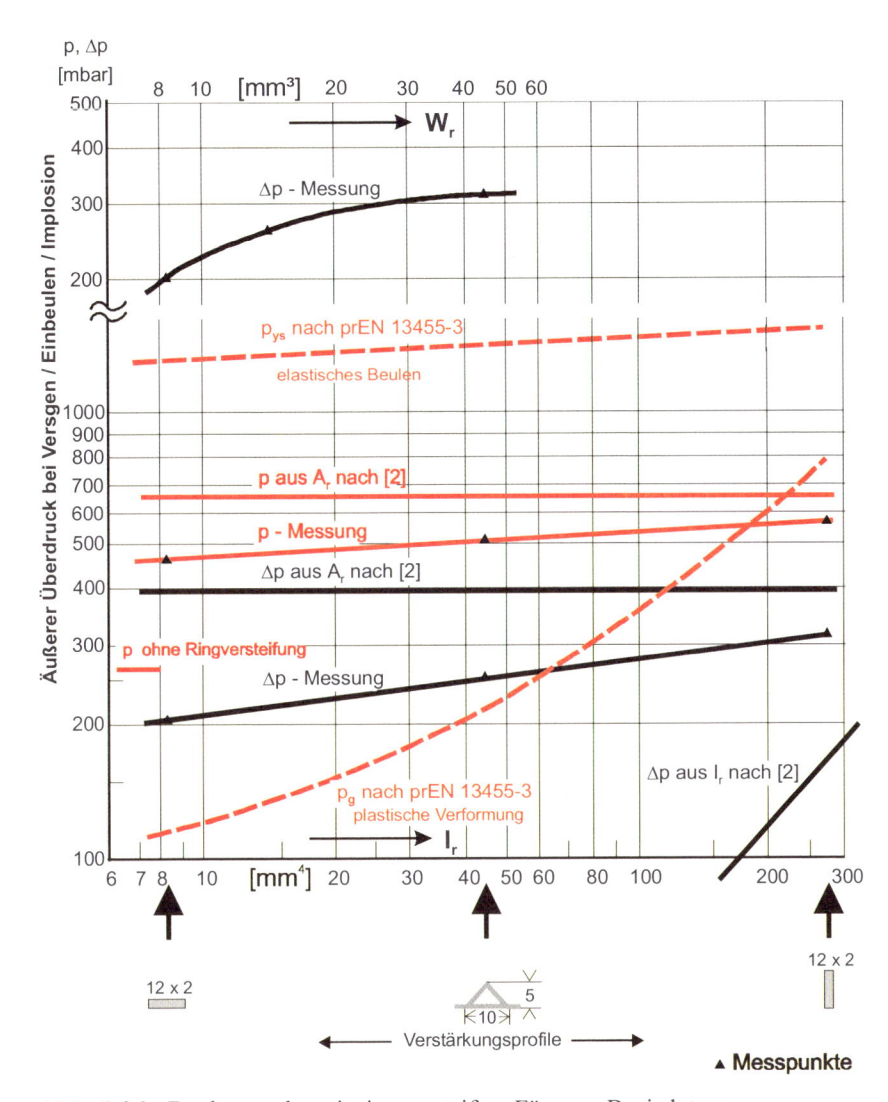

Abb. 5-26: Beulversuche mit ringversteiften Fässern. Basisdaten: Werkstoff St 00, D_a = 572 mm, L = 850 mm, s = 1 mm, A_r = 24 mm² bei n_r = 1 (1 Versteifungsring). Rechnungen mit K = 200 N/mm², E = 200000 N/mm². I_r und W_r sind die Ringträgheits- bzw. Ringwiderstandsmomente

Die Beulversuche mit Eisenbahnkesselwagen nach Abb. 5-27 und anderen bringen bei definierten Unrundheiten höhere Versagensdrücke als nach den oben erwähnten Arbeitsformeln berechnet werden. Der Einfluss einer Unrundheit u bei leicht einhaltbaren Werten u < 1% könnte in den Sicher-

70   5. Zylindrische und kugelförmige Mantelelemente

heitsfaktoren S und S_k enthalten sein, wie dies auch Schwaigerers Ansatz und AD-B6/Gl. (5) entspricht. Alternativ könnte ein Korrekturfaktor wie im oben erwähnten Vorschlag für den Faktor m verwendet werden, dessen Koeffizienten sich z.B. nach Abb. 5-10 ergäben.

Abb. 5-27: Beulversuche mit Eisenbahnkesselwagen, Druckbehälter mit Versteifungsringen.
Versuch 1 (oben): 1999 in Brühl, **Gesamtfeldbeulen**
Versuch 2 (unten): 1999 in Amersfoort, **Einzelfeldbeulen**

5. Zylindrische und kugelförmige Mantelelemente

Mit den Formeln nach Britisch Standards oder prEN 13455-3 wird berechnet, dass man für Ringe bei nicht nachvollziehbar vielen Beulwellen, ein Druckminimum für das Versagen findet, welches weit unter den Messwerten an Eisenbahnkesselwagen oder bei Fassbeulversuchen liegt. Beruhen BS und prEN allein auf reiner, äußerst komplexer mechanischer Stabilitätstheorie oder gibt es eventuell auch Messwerte für das Versagen versteifter Behälter? Diese Frage muss einfach gestellt werden!

Versuche:
In der Tabelle 5.2. sind die Ergebnisse der Auswertung von Schadensfällen und der durchgeführten Unterdruckversuche aufgelistet:
Der **Versuch 1**, 1999 in Brühl bei der Firma EVA durchgeführt, endete mit dem schlagartigen Gesamtfeldbeulen, herbeigeführt durch Dampfkondensation. Der Behälter implodierte über die ganze Länge des Kesselwagens bei einem äußeren Überdruck von 760 mbar (siehe Abb. 5-27).

Tabelle 5.2. Zusammenfassung der Berechnungs- und Versuchsergebnisse ($S_k = S = 1$). Ringprofile siehe Abb. 5-31

Versuchs- und Schadensbedingungen			Abmessungen				Versagensdruck Zylinder unversteift	
Versuch Nr.	Ort	Werkstoff	D_a [mm]	s [mm]	L [mm]	l [mm]	$p_{el}(L)$ [bar]	$p_{el}(l)$ [bar]
1	Brühl	St 37-2	2800	5,80	13355	3235	0,23	0,94
2	Amersfoort	St 52-3	2600	5,00	11700	2450	0,21	0,88
3	LU	1.4301	2600	4,90	12014	2476	0,20	0,80
4	LU	Austenit	2500	5,00	5000	2500	0,49	0,97
5	LU	C-Stahl	573,5	0,93	850	290	0,39	1,50
6	Brühl	RSt 37-2	2900	5,80	12590	3560	0,23	0,82

5. Zylindrische und kugelförmige Mantelelemente

Tabelle 5.2. Forts.

Versuchsbedingungen		Versagensdruck, Zylinder mit Versteifungsringen						
Versuch Nr.	Ringform	AD-B6 alt p_{pl} [bar]	p_{el} [bar]	AD-B6 neu p_{el} [bar]	$p_{el/pl}$ *) [bar]	[2] p_{el} [bar]	[2] p_{pl} [bar]	Versagensdruck [bar] / Versagensart
1	U-Profil	13,0	0,98	0,38	0,17 u=0,5%	0,27	0,72	0,76/ Gesamtfeldbeulen
2	T-Profil	21,0	30,0	4,60	2,6 u=1,5%	1,60	1,17	0,97/ Einzelfeldbeulen
3	U-Profil	16,0	6,8	0,98	0,31 u=1,5%	0,40	0,92	0,90/ Einzelfeldbeulen
4	L-Profil	5,1	1,8	0,30	–	0,57	0,72	0,64 FEA, u=1,5%
5	Sicke	0,82	0,48	–	–	0,43	0,46	0,43/ Gesamtfeldbeulen
6	U-Profil	–	0,91	0,33	0,26	–	0,68	0,76/ Gesamtfeldbeulen

*) elastisch-plastisches Versagen, siehe Formel (A2) in AD-B6

Die U-förmigen Versteifungsringe bewirkten eine Erhöhung des elastischen Beuldrucks gegenüber dem Druck für eine Beullänge L von Boden zu Boden (ohne wirksame Versteifungen) berechneten Wert (0,23 bar, siehe Übersicht 5.2. sowie Beispiel 9) um den Faktor 3.

Der vierachsige Kesselwagen sprang auf Grund der durch die Implosion erfolgten Verformungen an den Längsträgern mit beiden Radsätzen aus den Schienen. Das Restvolumen des Behälterwracks von etwa einem Viertel des Ausgangsvolumens entspricht dem absoluten Restdruckanteil von ca. einem Viertel bar absolut im Behälterinnern unmittelbar vor der Implosion. Ein Riss im stark gefalteten Bereich nahe des rechten Bodens ließ den Unterdruck zusammenbrechen. Die Gitterroste der Begehungsbühne wurden weggeschleudert. Die schlagartige Implosion erfolgte bei nahezu Windstille nach einer Abkühlzeit von ca. einer Stunde, entsprechend einer äußeren Wärmeübergangszahl $\alpha = 15$ kJ/m² · h · K). Ein wärmegedämmter Eisenbahnkesselwagen wäre bei gleichen Ausgangsbedingungen wegen der verzögerten Abkühlung erst nach vielen Stunden implodiert. Erfolgt das Versagen des Behälters jedoch früher, d. h. bei geringerem Unterdruck, lässt sich ein entsprechend harmloseres Gesamtschadensbild mit geringeren Verformungen erwarten. Die Nachrechnung des Versuchsbehälters von Brühl nach AD-Merkblatt B6 von 1992 (B6 „neu") sagt bei Sicherheit $S_k = S = 1$ ein Versagen bei p = 0,23 bar als Gesamtfeldbeulen ohne wirksame Versteifungsringe voraus. Dies ist ein sehr niedriger Wert, vor allem, wenn man bedenkt, dass bei Zugrundelegung des vorgegebenen Sicherheitsbeiwerts von $S_k = 3$ der Versagensdruck im Versuch 10 mal größer war.

Näher am Versuchsergebnis ist die Abschätzung nach AD-B6 von 1986 (B6 „alt") mit fast voller Vakuumfestigkeit (p = 0,94 bar) von Mantelteilen zwischen den wirksamen Versteifungen. Im vorliegenden Fall ergibt sich dieser signifikante Unterschied der Ergebnisse aus der Tatsache, dass gemäß AD-B6 „neu" die angebrachten U-förmigen Versteifungsringe als nicht wirksam gelten, womit in Gl. (1)/AD-B6 die gesamte Zylinderlänge als Beullänge L einfließt und nicht die Länge l zwischen den U-Profilen.

Hervorragend ist die Übereinstimmung des Berechnungsergebnisses nach [2] mit der Messung. Wegen der gedrungenen Ausführung der U-Profil-Versteifungen (Ringhöhe h = 30 mm, Ringbreite b = 150 mm: h/b = 0,2, Profildicke s_r = 4,8 mm) kann der Ring bei Versagensbeginn nicht elastisch, sondern muss plastisch verformt mit Überschreiten der Fließgrenze K einknicken und die Mantelflächen mitreißen. Zudem ergibt sich nach diesem Berechnungsansatz der folgerichtige Typus der Funktionsverläufe in Abb. 5-25. Mit der Rechenmethode nach [2] wird der Grundfestigkeit des unversteiften Gesamtbehälters die Zusatzfestigkeit der Ringe überlagert, was auch vernünftig ist. Sie schneidet nämlich nicht die Ringe samt einer kleinen mittragenden Mantellänge frei, um dieses Segment einer Einzelbewertung zu unterziehen, was in Abb. 5-25 für AD/B6 die wenig einleuchtenden, konstant waagerechten Funktionsverläufe zur Folge hat. Versuch 6 zeigt die gute Reproduzierbarkeit zu Versuch 1.

Ein Beulversuch an einem Eisenbahnkesselwagen mit Versteifungsringen aus T-Profilen erfolgte beim Versuch 2 durch Abpumpen mittels eines voll vakuumfähigen Saug-Druck-Tankfahrzeugs 1999 in Amersfoort /NL (siehe Tabelle 5.2). Ergebnis war Einzelfeldbeulen zwischen den Ringen, wie auf Abb. 5-27 gezeigt, aufgetreten bei fast vollständigem Vakuum mit p = 0,97 bar.

Zur Klärung der Frage, ob die Versteifungsringe mit den Tragleisten denn wirklich vollständig verschweißt sein müssen – was häufig auf Grund der Dehnungsbehinderungen durch Materialanhäufungen bei den Verkehrsbelastungen zu Rissen führt – wurden die Ringe vor den Leisten ca. 100 mm weggeschnitten. Auf diese Weise sollte ein eventuell nachteiliger Einfluss auf das Beulverhalten geprüft werden; dieser war im Versuch nicht zu erkennen, die Ringe blieben kreisrund.

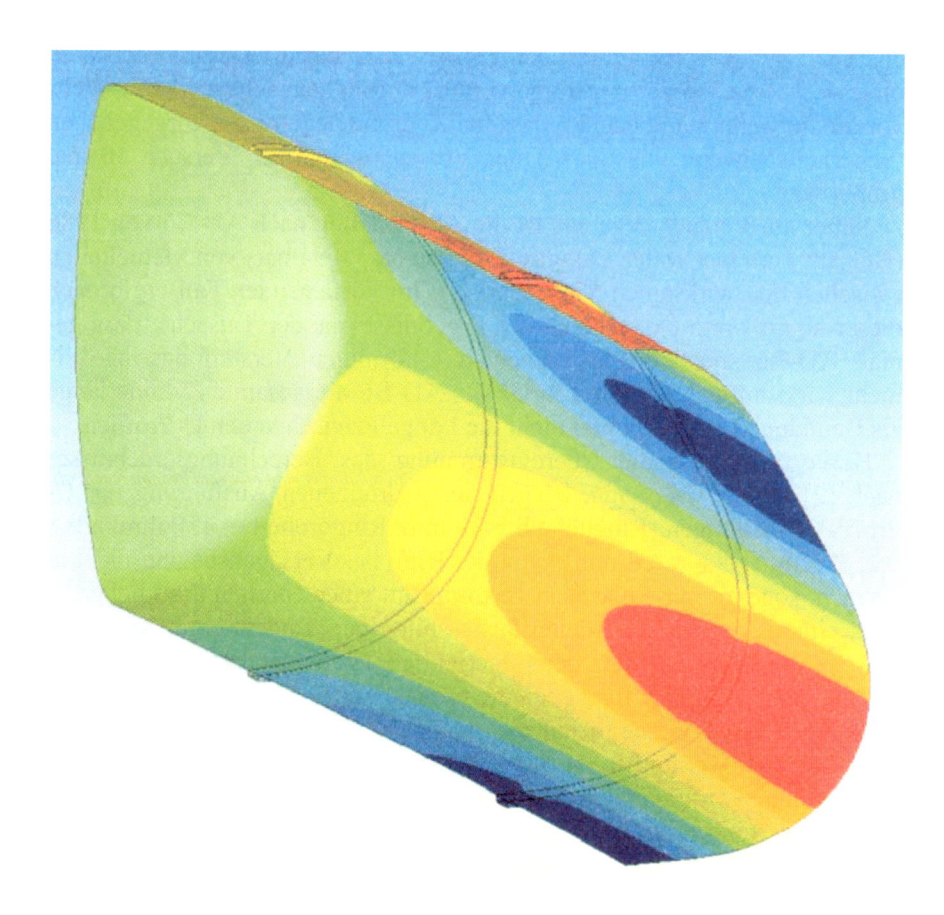

Abb. 5-28: Versuch 1, Verformungen des Eisenbahnkesselwagens (3 Beulwellen, Gesamtfeldbeulung), **FE-Analyse**

Auch bei diesem Beulversuch ergibt das Berechnungsergebnis nach [2] eine gute Übereinstimmung mit dem gemessenen Wert. Das sogenannte „Einzelfeldbeulen" zwischen den Ringen steht im Einklang zu Gl. (1) aus AD-B6. Das Verhältnis von Höhe zu Breite der T-Ringe betrug etwa 1. Beide AD-Merkblätter B6 „alt" wie „neu" weisen den Ringen eine deutlich höhere Festigkeit zu.

Wie gezeigt, ergeben sich sehr hohe Werte der Beulfestigkeiten der T-Ringe besonders beim AD-B6 „alt". Es wäre unklug, sie danach schwächer zu gestalten und damit unter Umständen eine Implosion des gesamten Behälters, wie in Abb. 5-27 gezeigt, zu riskieren.

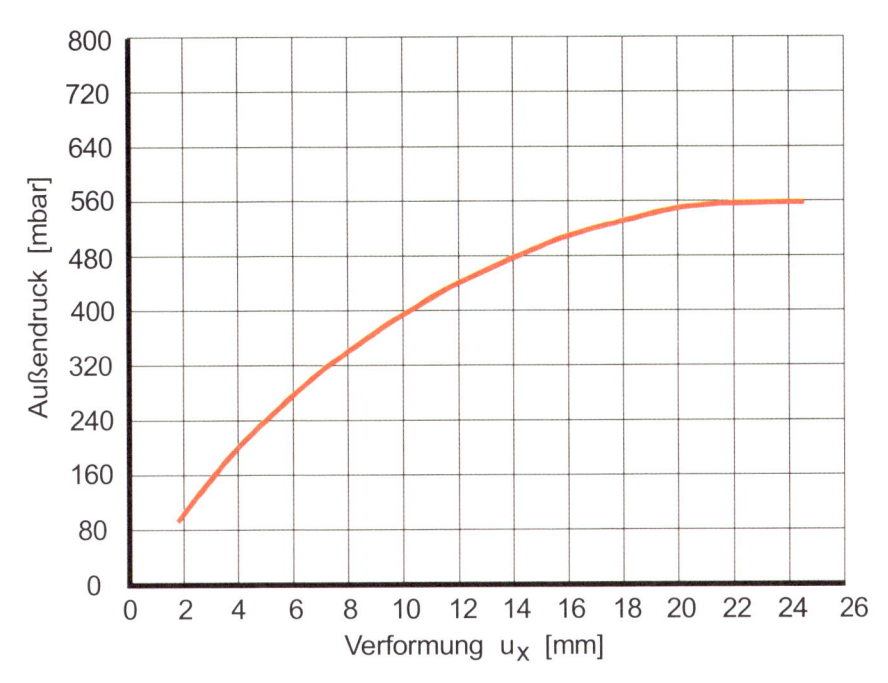

5. Zylindrische und kugelförmige Mantelelemente

Abb. 5-29: Versuch 1, Verformung im ausgewählten Knotenpunkt in Abhängigkeit vom äußeren Überdruck, Vorverformung 14 mm

Will man Transportbehälter vakuumfest dimensionieren, so sollte, wenn überhaupt, nur das „harmlose" Versagensbild des Einzelfeldbeulens entstehen können, d. h. nur geringer Volumenschwund ohne starke Falten mit Leckagebildung und ohne mögliche Entgleisung des Kesselwagens. Dabei kann man bei sehr guter Rundheit des Behälters die Sicherheitsfaktoren S_k = 3 für elastisches Versagen von Ring und Mantelsegment oder S = 1,5 für plastisches Ringversagen abmindern, um Gewicht bis zu einer vernünftigen, zu vereinbarenden Grenze einzusparen.

Weitere Versuche und Schadensnachbewertungen sind der Tabelle 5.2. zu entnehmen.

In jedem Fall ergibt sich nach dem plastischen Verformungsansatz der gedrungenen Versteifungsringe nach [2] die beste Übereinstimmung zu Versuchs- oder Schadensbeurteilungen. Bei nicht gedrungenen Ringausführungen mit h/b > 1 (bis 8 zulässig) muss jedoch auch das möglicherweise frühere elastische Versagen der Ringe bei geringerem äußeren Überdruck berücksichtigt werden. Leider fehlen hierfür noch entsprechende Vergleichsrechnungen zu Versuchen oder auswertbaren Schadensfällen.

76   5. Zylindrische und kugelförmige Mantelelemente

Vergleich mit **FE-Berechnungen** (siehe dazu die Abb. 5-10, 5-28, 5-29 und 5-30): Die verschiedenen konventionellen Berechnungsmethoden sollten auch mit der Finite-Elemente-Methode verglichen werden. Daher wurde die Geometrie des im Versuch 1 der Tabelle 5.2 behandelten Eisenbahnkesselwagens unter Ausnutzung der Symmetrieeigenschaften als ein Viertel des zylindrischen Grundkörpers mit halbem Boden und zwei halben Versteifungsringen modelliert. Als Unrundheit wurde eine „Vorverformung" in radialer Richtung bei insgesamt 3 Beulwellen für eine lineare Spannungsanalyse angenommen. Die Größe dieser Vorverformung wurde zunächst zu $\Delta r = 14$ mm pro Beulwelle gesetzt (Abb. 5-29 und 5-30). Bei Aufgabe des äußeren Überdrucks wurden in kritischen Bereichen die resultierenden Verformungen durch eine nichtlineare Beulanalyse bestimmt. Das bedeutet, dass bei Überschreiten der Streckgrenze eine nichtlineare Beziehung zwischen Spannung und Verformung des Werkstoffs berücksichtigt wurde. Der Bereich mit der größten radialen Verformung ist in der Behältermitte zu erkennen. In Abhängigkeit vom äußeren Überdruck lässt sich der Versagensdruck als derjenige bestimmen, für den bei weiterer Verformung keine Druckerhöhung mehr möglich ist. Es ergibt sich hieraus ein Wert von p = 0,56 bar.

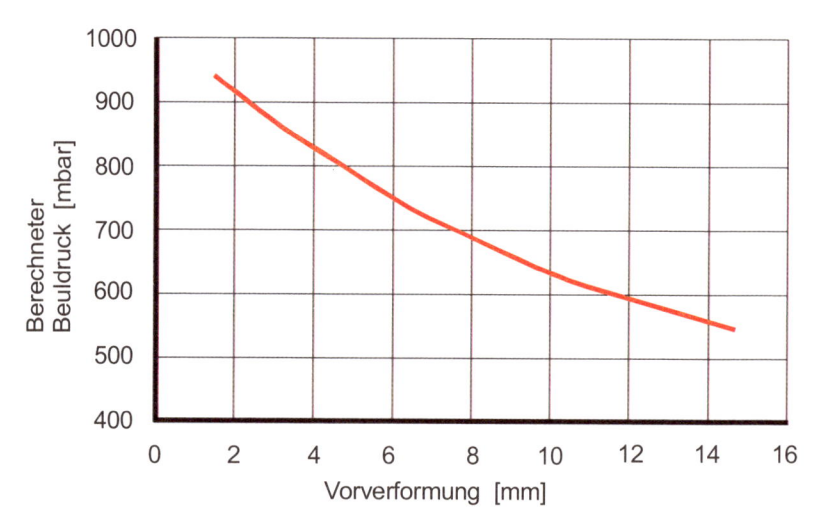

Abb. 5-30: Versuch 1, Beuldruck in Abhängigkeit von der Vorverformung

Wählt man aber als Vorverformung den Wert, der sich aus der aufwändigen Messung der Unrundheiten interpretieren ließe, nämlich $\Delta r = 7$ mm, so folgt daraus ein Versagensdruck von p = 0,72 bar, welcher fast dem Wert entspricht, der im Versuch ermittelt wurde (0,76 bar). Die Problematik bei der Verwendung der FEM besteht darin, einer gemessenen oder nach Regelwerk vorgegebenen Unrundheit u eine geeignete Vorverformung zuzuordnen, welche dann in die Analyse eingeht.

Diese Abhängigkeit des Versagendrucks von der Unrundheit u sind in den Formeln von Schwaigerer [2] nicht enthalten (siehe Übersicht 5.2.). Für die Abhängigkeit eines Verschwächungsfaktors v(u) – wie bereits bekannt für die plastische Verformung des Zylinders ohne Versteifungen (Abb. 5-18) – fehlen leider noch entsprechende FE-Analysen, da die Studien in Abb. 5-10 wohl nicht ausreichen.

Die nach FEM ermittelten Verformungen beim Versuch 1 in Brühl werden in Abb. 5-28 gezeigt. Mit dieser Methode sind sowohl Gesamtfeldbeulung als auch Einzelfeldbeulung vorhersagbar, wenn man nur von den richtigen Voraussetzungen ausgeht.

Beachtlich ist auch die gute Übereinstimmung der FEM hinsichtlich des Versagensdrucks und der Beulwellenzahl; somit kann auch eine angenommene Vorverformung zunächst als geeignete Annahme für weitere derartige Berechnungen gelten.

Die Beziehung zwischen Unrundheit und Vorverformung, welche in die Berechnung eingeht, bedarf jedoch noch weiterer Untersuchungen, ebenso ein Kriterium zur Annahme der plastischen Ringverformung, das es genauso geben muss, wie es für den Knickstab bekannt ist. Erste Studien dazu sind in Abb. 5-10 dargestellt.

Fazit:
- Wirklich gute Übereinstimmungen mit den Versuchsergebnissen liefert nur der plastische Berechnungsansatz nach [2], der bisher in den bekannten Regelwerken keinen Niederschlag gefunden hat.
- Die FEM ist geeignet, das zu erwartende Schadensbild und den Versagensdruck mit guter Genauigkeit zu bestimmen.

Beispiele

Beispiel 7 (Rechenbeispiel zu den Abb. 5-15 und 5-22):

Aufgabenstellung:
Für einen gegebenen Lagerbehälter soll der zulässige Unterdruck, die Zahl der Beulwellen und eine wirtschaftliche Profilabmessung ermittelt werden.

Behälterdaten:
D_a = 3000 mm, s = 4 mm, S_k = 3, Austenit 1.4541, H = 4800 mm, E = 200000 N/mm².

Lösungsweg:
Für den zulässigen Unterdruck ergibt sich:

$$p = 27 \cdot \frac{200000}{3} \cdot \left(\frac{4}{3000}\right)^{2,5} \cdot \frac{3000}{4800} = 0,073 \text{ bar} = 73 \text{ mbar}$$

Die Einbeulung entsprechend Abb. 5-15 trat vermutlich bei einem Unterdruck von etwa 0,2 bar ($S_k = 1$) auf, was auch ungefähr der Volumenminderung entspricht:

$$S_k \cdot \frac{p}{p_u} \cdot 100 = 3 \cdot \frac{73}{1000} \cdot 100 = 22\%$$

Die Zahl der Beulwellen entspricht der folgenden Gleichung:

$$n = 1,63 \cdot \sqrt[4]{\frac{D_a}{s \cdot \kappa^2}} = 1,63 \cdot \sqrt[4]{\frac{3000}{4 \cdot 1,6^2}} = 7$$

wie man auch der Abb. 5-15 entnehmen kann.
Nach [2] (Übersicht 5.2.) könnte man durch ein mittig aufgeschweißtes U-Profil h/b < 1 (Schenkel an der Außenwand angeschweißt) oder schräg gestellte Winkeleisen mit besserer Möglichkeit zum Ablauf von Regenwasser den zulässigen Unterdruck verdoppeln:

$$A_r = \frac{p}{20} \cdot D_a \cdot l \cdot \frac{S}{K} = \frac{0,073}{20} \cdot 3000 \cdot 2400 \cdot \frac{1,5}{200} = 200 \text{ mm}^2$$

Danach reichen schon sehr kleine Profile aus, um höhere Unterdrücke zuzulassen.

Beispiel 8 (Rechenbeispiel):

Aufgabenstellung:
Ein Eisenbahnkesselwagen soll zur Vermeidung von Beulschäden durch Abpumpen, Kondensation von Reinigungsdampf oder Abkühlung einer heißen Flüssigkeitsfüllung für p = 0,33 bar äußeren Überdruck (= innerer Unterdruck), gleichbedeutend mit p = 0,67 bar $_{abs.}$ im Behälter gefertigt werden.

Behälterdaten:
$D_a = l = 2500$ mm, s = 5 mm, u = 1,5%, $K \cdot v = 200$ N/mm²,
E = 200000 N/mm², $S_k = 3$, S = 1,5 gegen Verformen

Der *Lösungsweg* beginnt mit der Anwendung des Bildes 7 in AD-B6:

Ordinate $\quad Y = \dfrac{D_a}{100 \cdot s} = \dfrac{2500}{500} = 5$

Abszisse $X = \dfrac{p \cdot S_k}{E/10^5} = \dfrac{0{,}33 \cdot 3}{2} = 0{,}5$ bei elastischem Einbeulen

$X = \dfrac{10 \cdot p \cdot S}{K} = \dfrac{0{,}33 \cdot 1{,}5}{200} = 0{,}00264$ bei plastischer Verformung

(nach Bild 8 in AD-B6)

Eine plastische Verformung braucht nicht befürchtet zu werden, da der Punkt X/Y in Bild 8/AD-B6 unterhalb der Linie für den Parameter $D_a/l = 0$ liegt. Zur Vermeidung von elastischer Einbeulung liest man den Parameter $D_a/l = 1$ (eins) ab. Der Abstand l zwischen den Versteifungsringen muss demnach 2500 mm betragen, was eine Bestätigung der oben angegebenen Eingangsdaten ist. Konstruktiv mögliche Ringformen sind in Abb. 5-31 dargestellt. Für n = 5 Versteifungsringe aus U-Profil mit h/b < 1 errechnet sich der Profilquerschnitt nach [2] zu (siehe Übersicht 5.2.):

$$A_r = \dfrac{n}{n+1} \cdot \dfrac{p}{20} \cdot D \cdot l \cdot \dfrac{S}{K} = \dfrac{5}{6} \cdot \dfrac{0{,}33}{20} \cdot 2500 \cdot 2500 \cdot \dfrac{1{,}5}{200} = 650 \text{ mm}^2$$

Anmerkung: Eine Verkleinerung der Länge l zwischen den Ringen würde zu Gewichtseinsparungen führen, was bei Transportbehältern durchaus von Nutzen sein kann. Näherungsweise gilt: $G_Z \approx \sqrt[3]{l}$. *Das heißt l/2 an Stelle von l bedeutet ca. 20% weniger Gewicht des Zylinders mit n Rippen. Höhere Herstellkosten durch Vergrößerung der Rippenanzahl sind jedoch zu bedenken und gegen den Vorteil einer Gewichtsersparnis abzuwägen!*

Es wird vorgeschlagen, die Ringe über den Drehgestellen zur Krafteinleitung in den Behälter zu verwenden, was üblicherweise deren Ausführung in einem größeren Profilquerschnitt erforderlich macht, als nur zur Unterdruckbeherrschung notwendig wäre. Die Krafteinleitung vom Fahrgestell in den Kessel geschieht weiterhin durch zwei axiale Tragleisten über die gesamte Chassislänge. Aus den Schadensbildern von eingebeulten Eisenbahnkesselwagen in Abb. 5-27 erkennt man die versteifende Wirkung dieser Tragleisten sowie den ausreichend verstärkenden Einfluss der Behälterböden, die keine Schädigung zeigen.

Außerdem wird durch die beiden Schadensfälle in dieser Abbildung eindrucksvoll widerlegt, dass ein etwa 4 bar zulässiger innerer Überdruck eines Behälters dessen Vakuumfestigkeil entspricht; dies trifft – wie erwartet – natürlich überhaupt nicht zu, was auch der Formelvergleich verdeutlicht.

5. Zylindrische und kugelförmige Mantelelemente

Beispiel 9 (Rechenbeispiel):

Aufgabenstellung:
Zur Durchsatzerhöhung soll in einem Rührreaktor eine endotherme Reaktion durch Beheizung des Mantelraums mit 18 bar Sattdampf (ϑ = 210 °C) durchgeführt werden.

Daten:
D_a = 2000 mm, H = 3000 mm, Werkstoff Kesselblech H II mit K = 201 N/mm², E = 200000 N/mm².

Der *Lösungsweg* besteht wiederum in der Nutzung der Bilder 6 und 7 aus AD-B5:

Parameter $\quad \dfrac{D_a}{H} = \dfrac{2000}{3000} = 0{,}667$

Abszisse (Abb. 6) $\quad X = \dfrac{p \cdot S_k}{E/10^5} = \dfrac{18 \cdot 3}{2} = 27$;

Ordinate $\quad \dfrac{D_a}{100 \cdot s} = 0{,}96$

elastische Beulung

Abszisse (Abb. 7) $\quad X = \dfrac{p \cdot S}{K/10} = \dfrac{18 \cdot 1{,}5}{20{,}1} = 1{,}43 \quad$ und $\quad \dfrac{D_a}{100 \cdot s} = 0{,}62$

plastische Verformung

Zur Vermeidung einer elastischen Beulung benötigt man eine Wanddicke von $s = \dfrac{2000}{96} = 21$ mm.

Entsprechend erhält man gegen plastische Verformung die größere Wanddicke $s = \dfrac{2000}{62} = 32$ mm. Dieses Ergebnis gilt für eine Unrundheit von u = 1,5%.

Aus Abb. 5-17 wird ersichtlich, wie der Verschwächungsfaktor v_u mit der Unrundheit u zunimmt. Durch eindeutige Innenmaße kann die Unrundheit beispielsweise auf 0,75% begrenzt werden. Die Gleichung für $\overline{p}_{pl}$ in Übersicht 5.1. kann dann zu einer quadratischen Gleichung nach D_a/s umgeformt und entsprechend aufgelöst werden. Für die vorliegende Aufgabenstellung erhält man s = 27 mm bei u = 0, 75%, was gleichbedeutend ist mit einer Durchmesserabweichung von weniger als 15 mm auf einen Durchmesser von 2000 mm (D_a = 2000 ± 7,5 mm).

5. Zylindrische und kugelförmige Mantelelemente

In vorliegendem Fall ist mit dem Reaktorbetreiber zu erörtern, ob mittels durch Halbschalenheizung, welche die Kesselwandung versteift, der gewünschte Reaktorbetrieb mit gleichem Effekt durchgeführt werden kann. Die Berechnung erfolgt dann mit den Beziehungen für die ebene Platte. Man erhält deutlich geringere Wanddicken s ≤ 10 mm bei Halbschalen ≤ DN 100. Auch eine Doppelmantelheizung mit Versteifung durch Warzen zwischen Innen- und Außenmantel wäre möglich, die Berechnung würde dann ebenfalls als ebene Platte erfolgen. Die Behälterwanddicken liegen wegen der üblichen Warzenabstände t ≥ 300 mm dann aber deutlich über den Werten, die man für aufgeschweißte Halbrohrschlangen bestimmt.

Beispiel 10 (Rechenbeispiel):

Aufgabenstellung:
Nachrechnung von Versuch 1 aus Tabelle 5.2., elastisches Einbeulen

Behälterdaten:
Außendurchmesser D_a = 2800 mm, ausgeführte Wanddicke s = 5,8 mm, Beullänge L = 13355 mm, Elastizitätsmodul E = 208250 N/mm², Querkontraktionszahl (Stahl) µ = 0,3, Sicherheitsbeiwert gegen Beulen S_k = 1

Lösungsweg:

Hilfswert $\quad Z = 0{,}5 \cdot \dfrac{\pi \cdot D_a}{L} = 0{,}33$

Beulwellenzahl $\quad n = 1{,}63 \cdot \sqrt[4]{\dfrac{D_a^3}{L^2 \cdot s}} = 3{,}498 \quad$ (bei $n \geq 2, n > Z$)

gewählt n = 4 (siehe Abb. 5-13)

Berechnung des elastischen Einbeuldrucks:

$$p_{el} = \frac{E}{S_k} \cdot \left\{ \frac{20}{(n^2-1)\cdot\left[1+\left(\dfrac{n}{Z}\right)^2\right]^2} \cdot \frac{s}{D_a} + \frac{80}{12\cdot(1-\mu^2)} \cdot \left[n^2 - 1 + \frac{2n^2-1-\mu}{1+\left(\dfrac{n}{Z}\right)^2}\right] \cdot \left(\frac{s}{D_a}\right)^3 \right\}$$

$$p_{el} = \frac{208250}{1} \cdot \left\{ \frac{20}{(4^2-1)\cdot\left[1+\left(\dfrac{4}{0{,}33}\right)^2\right]^2} \cdot \frac{5{,}8}{2800} + \frac{80}{12\cdot(1-0{,}3)^2} \cdot \left[4^2 - 1 + \frac{2\cdot 4^2 - 1 - 0{,}3}{1+\left(\dfrac{4}{0{,}33}\right)^2}\right] \cdot \left(\frac{5{,}8}{2800}\right)^3 \right\}$$

$p_{el} = 0{,}232$ bar (bzw. $0{,}077$ bar bei $S_k = 3$)

Anmerkung: Bei $n = 3$ ergibt sich $p_{el} = 0{,}264$ bar mit $S_k = 1$. Dieser Wert stellt jedoch nicht das Minimum dar!

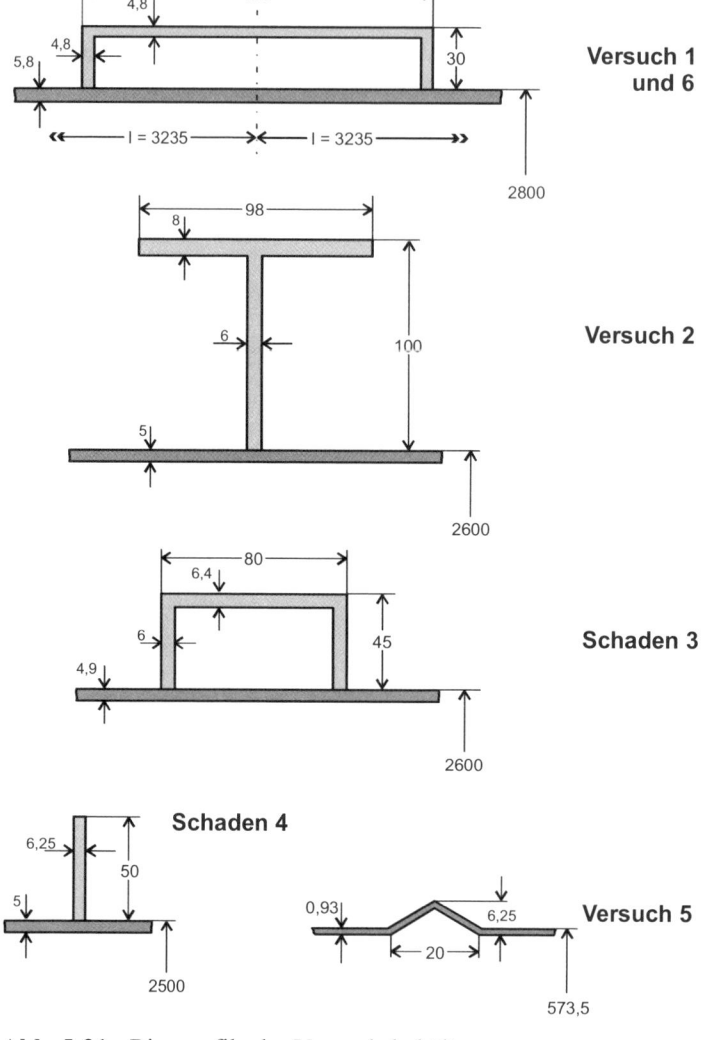

Versuch 1 und 6

Versuch 2

Schaden 3

Schaden 4

Versuch 5

Abb. 5-31: Ringprofile der Versuchsbehälter

Nachrechnung der Versteifung:

$$p = \frac{20}{S} \cdot \frac{A_r \cdot K}{D_a \cdot l} + p_{el}(L) \geq p_{el}(l) \quad \text{(mit } p_{el}(l) = 0{,}94 \text{ bar)}$$

$$p = \frac{20 \cdot 962 \cdot 230}{1 \cdot 2800 \cdot 3235} + 0{,}232 = 0{,}72 \text{ bar}, \text{ gemessen wurde } 0{,}76 \text{ bar, siehe}$$
Tabelle 5.2.

Beispiel 11 (Rechenbeispiel):

Aufgabenstellung:
Berechnung des elastischen Beulversagens eines unversteiften, wohlgerundeten Eisenbahnkessels nach AD-Merkblatt B6, Gleichung (1) mit n = 4 Beulwellen, bzw. nach Bild 6 (Ursprung bei von Mises, TU Straßburg 1914 mit n = 3):

Behälterdaten:
D_a = 2900 mm, L = 12590 mm, s = 5,8 mm, E = 212000 N/mm², S_k = 1

Lösungsweg unter Verwendung der in Beispiel 9 angegebenen Gleichung:
Für n = 3 Beulwellen ergibt sich p_0 = 0,320 bar , für 4 Wellen 0,227 bar
Im Vergleich zu Beispiel 9 der „dubiose" Aufwand nach AD-Merkblatt B6 „Zylinderschalen unter äußerem Überdruck", Kapitel 7.4 „Versteifungen":
Mittragende Mantellänge:
$$l_m = 1{,}1 \cdot \sqrt{D_a \cdot s} + b = 1{,}1 \cdot \sqrt{2900 \cdot 5{,}8} + 150 = 292{,}66 \text{ mm}$$
(b = Profilbreite)
Gesamte versteifende Fläche:
$$A_m = l_m \cdot s + b \cdot s_r + 2 \cdot (h - s_r) \cdot s_r = 292{,}66 \cdot 5{,}8 + 150 \cdot 5 + 2 \cdot 25 \cdot 5$$
$$= 2697{,}43 \text{ mm}^2$$
Innerer Schwerpunktsabstand e_1 und Trägheitsmoment I_m nach einschlägigen Taschenbüchern (z.B. Dubbel „Taschenbuch für den Maschinenbau"):
$$e_1 = \frac{2 \cdot s_r \cdot H^2 + b_1 \cdot s^2 + b_2 \cdot s_r \cdot (2 \cdot H - s_r)}{2 \cdot A_m}$$
$$= \frac{2 \cdot 5 \cdot 35{,}8^2 + 292{,}66 \cdot 5{,}8^2 + 140 \cdot 5 \cdot (2 \cdot 35{,}8 - 5)}{2 \cdot 2697{,}43}$$
= 12,84 mm ($b_1 = l_m$)
weiterhin ist e_2 = H – e_1 = 22,96 h_1 = e_1 – s = 7,04 h_2 = e_2 – s_r = 17,96
Trägheitsmoment des zusammengesetzten Profils:

$$I_m = \frac{1}{3} \cdot (l_m \cdot e_1^3 - b_1 \cdot h_1^3 + b \cdot e_2^3 - b_2 \cdot h_2^3)$$

$$= \frac{1}{3} \cdot (292{,}66 \cdot 12{,}84^3 - 292{,}66 \cdot 7{,}04^3 + 150 \cdot 22{,}96^3 - 140 \cdot 17{,}96^3)$$

$$= 507303 \; mm^4$$

elastischer Beuldruck:

$$p_{el} = \frac{240 \cdot E \cdot I_m}{(1-\mu^2) \cdot (D_a - s) \cdot D_m^2 \cdot l_r} = \frac{240 \cdot 212000 \cdot 507302}{0{,}91 \cdot 2894{,}2 \cdot (2894{,}2 + 12{,}84)^2 \cdot 3560}$$

$$= 0{,}326 \; bar$$

Hilfswerte:

$$G = \frac{20 \cdot K \cdot A_m}{S \cdot p_{el} \cdot l_m \cdot D_a} = \frac{20 \cdot 300 \cdot 2697{,}43}{1 \cdot 0{,}326 \cdot 292{,}66 \cdot 2900} = 58{,}5$$

$$H = \frac{u \cdot D_a \cdot l_r \cdot A_m \cdot e_2}{400 \cdot l_m \cdot I_m} = \frac{1 \cdot 2900 \cdot 3560 \cdot 2697{,}43 \cdot 22{,}96}{400 \cdot 292{,}66 \cdot 507303} = 10{,}77$$

$$Q = \frac{1}{2 \cdot S_k} \cdot (1 + S_k \cdot G + H) = \frac{1}{2 \cdot 1} \cdot (1 + 1 \cdot 58{,}5 + 10{,}77) = 35{,}14$$

$$p = p_{el} \cdot m_u = p_{el} \cdot \left(Q - \sqrt{Q^2 - \frac{G}{S_k}}\right)$$

$$= 0{,}326 \cdot (35{,}14 - \sqrt{35{,}14^2 - \frac{58{,}5}{1}}) = 0{,}275 \; bar$$

als ein Versagensdruck mit Sicherheiten $S = S_k = 1$ für das frei geschnittene Versteifungselement der Länge l_m. $m_u = 1$, wenn $u = 0$! Wahrlich eine schon aufwändige Berechnung bei so geringer Übereinstimmung mit der Wirklichkeit!

Vielleicht ist in den Formeln für p_{el} und G ja ein Faktor $S_k = 3$ verloren gegangen? Dann würde $p_{el} = 0{,}825$ bar, damit etwas mehr als gemessen!

Nach altem AD-B6 von vor 1986 gilt als kritisch:

$$p_{el} = \frac{240 \cdot E \cdot I_r}{S_k \cdot D_a^3 \cdot \sqrt{D_a \cdot s}} = \frac{240 \cdot 212000 \cdot 56771}{1 \cdot 2900^3 \cdot \sqrt{2900 \cdot 5{,}8}} = 0{,}913 \; bar$$

$$> p_{el}(l_r) = 0{,}816 \; bar$$

Dies ist ein durchaus realistischer Wert für sehr gute Rundheit, so ganz schlecht war dieses alte Regelwerk also auch nicht!

Als plastischen Verformungsdruck berechnet man den höchsten Wert (sehr konservativ) nach AD-B6, Gl.(4):

$$p_{pl} = 20 \cdot \frac{K}{S} \cdot \frac{s}{D_a} \cdot \frac{1}{1 + \frac{1{,}5 \cdot u \cdot \left(1 - 0{,}2 \cdot \frac{D_a}{l_r}\right) \cdot D_a}{100 \cdot s}}$$

$$= 20 \cdot \frac{235}{1} \cdot \frac{5{,}8}{2900} \cdot \frac{1}{1 + \frac{1{,}5 \cdot 1 \cdot \left(1 - 0{,}2 \cdot \frac{2900}{3560}\right) \cdot 2900}{580}} = 1{,}29 \, \text{bar}$$

Beispiel 12 (Rechenbeispiel):

Aufgabenstellung:
Ein erdgedeckter, zylindrischer Druckbehälter soll tiefer gelegt werden, so dass sich die ursprüngliche Erdüberdeckung h von 1 m auf 2,4 m erhöht. Es soll nachgerechnet werden, ob der Behälter ohne zusätzliche Verstärkungen betrieben werden kann.

Behälterdaten:
D_a = 2900 mm, $L_{zyl.}$ = 15800 mm, s = 9 mm, 2 Versteifungsringe im Abstand von 5270 mm (= Beullänge), Grabenlagerung wie in Abb. 5-32 dargestellt.

Lösungsweg/Rechnungsgang:
Es handelt sich bei diesem Problem um den Lastfall „Erddruck" bei leerem Behälter
Außendrücke durch Erdüberdeckung (grafische Darstellung in Abb. 5-32):

Vertikale Richtung: $p_{a\,v} = \rho_E \cdot 9{,}81 \cdot h$ [mbar]

Horizontale Richtung: $p_{a\,h} = \rho_E \cdot 9{,}81 \cdot \lambda \cdot \left(\frac{D_a}{2} + h\right)$ [mbar]

Eingesetzt wird:

D_a in [m]   Außendurchmesser des Behälters
h in [m]   Erdüberdeckung
ρ_E in [kN/m³] Dichte der Erdüberdeckung (Sand)
λ Erddruckbeiwert

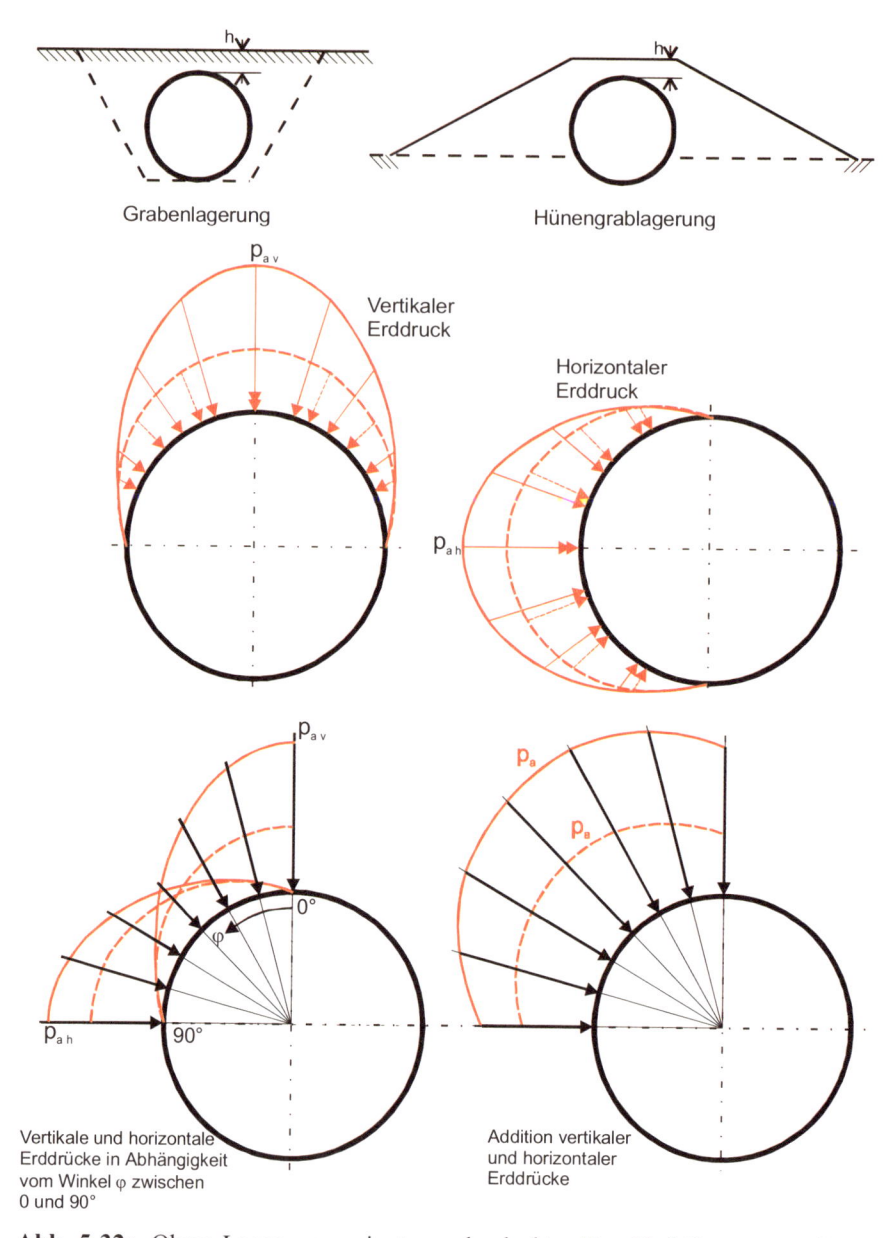

86 5. Zylindrische und kugelförmige Mantelelemente

Abb. 5-32: Oben: Lagerungsvarianten erdgedeckter Druckbehälter, unten: Lastfall „Erddruck" p_a bei leerem Behälter (rot gestrichelt: 1 m Überdeckung, rot durchgezogen: 2,4 m Überdeckung

Berechnungsgrunddaten:
$D_a = 2,9$ m
$\rho_E = 18$ kN/m³ für trockenen oder erdfeuchten Sand
$\lambda = 0,5$ (Annahme)

Damit ergeben sich für eine Erdüberdeckung von h = 1 m:
$p_{av} = 177$ mbar / $p_{ah} = 216$ mbar
und für eine Erdüberdeckung von h = 2,4 m:
$p_{av} = 424$ mbar / $p_{ah} = 340$ mbar

Die vertikalen und die horizontalen Erddrücke müssen nun über den Umfang des Behälters hinweg überlagert werden. Dazu ist die Addition der vom Cosinus bzw. Sinus des Winkels φ abhängigen Drücke in vertikaler und horizontaler Richtung nötig. φ wird gerechnet von jeweils 0 bis 90°, wie die Abb. 5-32 zeigt. Es ergibt sich für Sprünge von jeweils 15° mit $p_{av} \cdot \cos\varphi$ und $p_{ah} \cdot \sin\varphi$ folgende Tabelle (alle Drücke in mbar):

	1 m Erdüberdeckung			2,4 m Erdüberdeckung		
φ [°]	p_v	p_h	Σ p	p_v	p_h	Σ p
0	177,0	0	177,0	423,8	0	423,8
15	171,0	55,9	226,9	409,4	88,0	497,4
30	153,3	108,0	261,3	367,0	170,0	537,0
45	125,2	152,7	277,9	300,0	240,4	540,4
60	88,5	187,1	275,6	211,9	294,4	506,3
75	45,8	208,6	254,4	109,7	328,4	438,1
90	0	216,0	216,0	0	340,0	340,0

Für 1 m Erdüberdeckung ergibt sich ein maximaler Außendruck von ca. 278 mbar, für 2,4 m einer von ca. 541 mbar.

Von der Annahme ausgehend, dass die Belastung des leeren Behälters vorzugsweise von den Erddrücken abhängt, müssen die so ermittelten Außendrücke mit den nach AD-B6 ermittelten zulässigen Beuldrücken verglichen werden. Dabei wird unterstellt, dass ein gleichmäßig über den Umfang des Behälters verteilter Außendruck der jeweils maximalen Größe auf den Behälter wirkt. Damit liegt man in jedem Fall auf der sicheren Seite.

5. Zylindrische und kugelförmige Mantelelemente

Berechnung der zulässigen Außendrücke (Beuldrücke nach von Mises mit einer Sicherheit $S_k = 3$) für den unversteiften und den mit zwei Ringen versteiften Zylinder:

Per Rechenprogramm ergeben sich die zulässigen Beuldrücke wie folgt:
Behälter unter Außendruck nach AD-B6, elastisches Einbeulen, <u>keine Versteifungen</u>:

Eingabedaten:

Außendurchmesser der Zylinderschale	2,90 m
Zylindrische Länge (= Beullänge)	15,80 m
Vorgegebene Wanddicke der Zylinderschale	9,00 mm

Hilfsgröße $Z = 0,2883$

Zahl der Beulwellen	Zulässiger Beuldruck
$n = 2$	$p = 659$ mbar
$n = 3$	$p = 173$ mbar
$n = 4$	$p = 244$ mbar
$n = 5$	$p = 378$ mbar

Kleinster Wert von p ist maßgebend: $p_{min} = 173$ mbar

Behälter unter Außendruck nach AD-B6, elastisches Einbeulen, <u>2 Versteifungen</u>:

Eingabedaten:

Außendurchmesser der Zylinderschale	2,90 m
Zylindrische Länge	15,80 m
Abstand der Versteifungen (= Beullänge)	5,27 m
Vorgegebene Wanddicke der Zylinderschale	9,00 mm

Hilfsgröße $Z = 0,8644$

Zahl der Beulwellen	Zulässiger Beuldruck
n = 3	p = 3386 mbar
n = 4	p = 841 mbar
n = 5	p = 551 mbar
n = 6	p = 619 mbar
n = 7	p = 791 mbar
n = 8	p = 1013 mbar

Kleinster Wert von p ist maßgebend: p_{min} = 551 mbar

Der durch Erddruck hervorgerufene Außendruck von 541 mbar ist bei 2,4 m Erdüberdeckung für einen Behälter mit zwei Versteifungsringen kleiner als der zulässige Beuldruck von 551 mbar. Der Behälter kann ohne zusätzliche Versteifungen tiefer gelegt werden!

5.3 Dickwandige Behälter

Einführung, theoretische Grundlagen

Historische Entwicklung:
Den Beginn der modernen Hochdrucktechnik kann man in der Entwicklung der Ammoniaksynthese Anfang des vergangenen Jahrhunderts sehen. Im Jahr 1908 wurde erstmals synthetisches Ammoniak durch Professor Fritz Haber von der Technischen Hochschule Karlsruhe mit Hilfe eines Osmiumkatalysators gewonnen. Die großtechnische Umsetzung erfolgte dann 1913 durch Carl Bosch in der Badischen Anilin- & Sodafabrik, der heutigen BASF Aktiengesellschaft mit Sitz in Ludwigshafen. Hier wurde die schon fast legendäre Druckstufe 325 bar festgelegt, dieser für damalige Verhältnisse „astronomisch" hohe Druck war neben hoher Temperatur (>450 °C) unter Verwendung eines Eisen-Katalysators zur Durchführung der Synthese notwendig.

Zur Beherrschung dieses Druckes fehlten seinerzeit sämtliche Voraussetzungen. So setzte eine intensive Forschungs- und Entwicklungsarbeit ein, die zu konstruktiven Meisterleistungen im Hochdruckapparatebau führten.

Nach dem zweiten Weltkrieg wurden die Drücke durch die Entwicklung von Kunststoffen – zu nennen ist hier beispielsweise Hochdruckpolyethylen – erheblich gesteigert. Heute sind in Produktionsanlagen Drücke von 3200 bar keine Seltenheit mehr, und, wie in der Abb. 5-33 gezeigt, auch Drücke von 4000 bar und mehr durchaus beherrschbar, dann allerdings bei kleineren Volumina.

Mechanische Spannungen im zylindrischen Teil von HD-Behältern:
Ab einem Durchmesserverhältnis $\eta = D_a/D_i \geq 1,2$ gilt ein Druckbehälter als dickwandig. Er ist damit für hohe Innendrücke geeignet, wobei sich im Gegensatz zu dünnwandigen Behältern ein dreiachsiger Spannungszustand einstellt. Die Geometrie und die Spannungsverteilung im elastischen Beanspruchungsbereich ist in Abb. 5-34 dargestellt. Im Gegensatz zu dünnwandigen Behältern sind die Spannungen an der Innenfaser deutlich höher als an der Außenfaser. Es ist daher nicht erlaubt, mit mittleren Wandspannungen zu rechnen. Die Gleichungen für die Spannungen in den drei Hauptspannungsrichtungen lauten in ihrer allgemeinen Form (Achtung: σ und p_i sind mit gleichen Einheiten einzusetzen, d.h. beide in [bar] oder beide

in [N/mm²] → 1 N/mm² = 1/10 bar):

Umfangsrichtung $\quad \sigma_{ux} = p_i \cdot \dfrac{(D_a/D_x)^2 + 1}{\eta^2 - 1}$ (5.30)

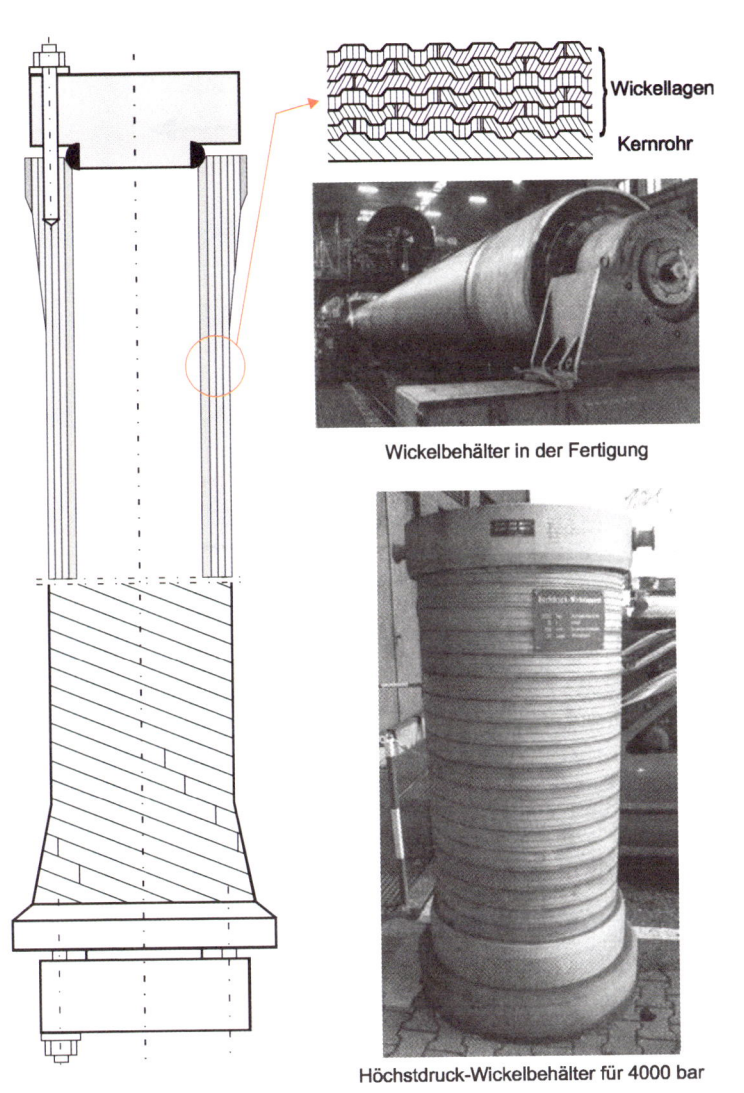

Abb. 5-33: Hochdruckbehälter in Mehrlagenbauweise, hergestellt nach dem BASF-Schierenbeck-Wickelverfahren. Er besteht aus einem profilierten Kernrohr und mehreren, ebenfalls profilierten Wickellagen. Die Wanddicke des Kernrohrs und die Zahl der Wickellagen richtet sich nach der Höhe der Innendruckbeanspruchung

92   5. Zylindrische und kugelförmige Mantelelemente

Längsrichtung $\quad\sigma_l = p_i \cdot \dfrac{1}{\eta^2 - 1}\quad$ (unabhängig von D_x) $\quad$ (5.31)

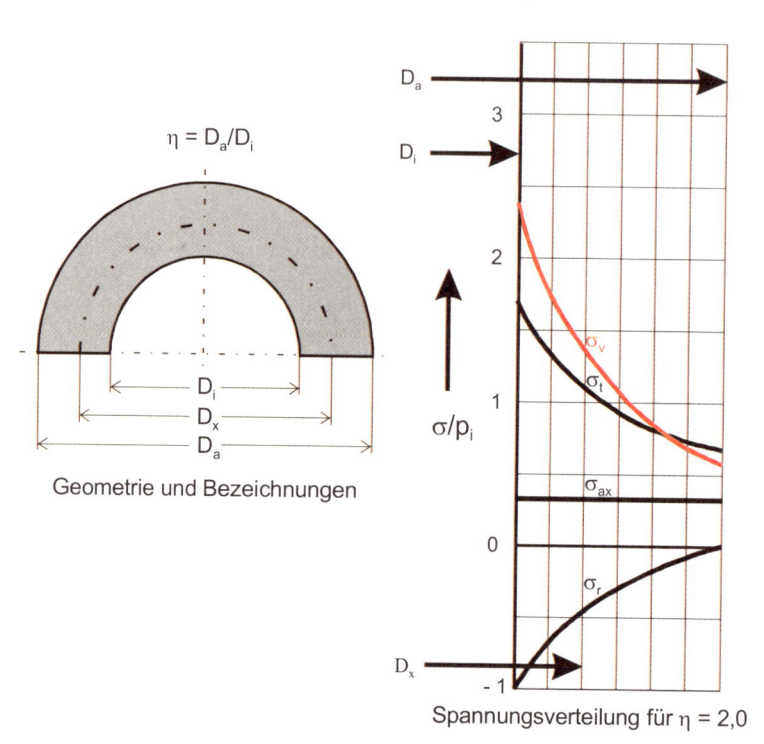

Radialrichtung $\quad\sigma_{rx} = -p_i \cdot \dfrac{(D_a / D_x)^2 - 1}{\eta^2 - 1}$ $\quad$ (5.32)

Abb. 5-34: Geometrie und Spannungsverteilung in der Behälterwand

Daraus ergibt sich für die Innenfaser und für die Außenfaser

in Umfangsrichtung $\quad\sigma_{ui} = p_i \cdot \dfrac{\eta^2 + 1}{\eta^2 - 1}$

$$\sigma_{ua} = p_i \cdot \dfrac{2}{\eta^2 - 1} \quad (5.33)$$

in Längsrichtung $\quad\sigma_{li} = \sigma_{la} = p_i \cdot \dfrac{1}{\eta^2 - 1}\quad$ (5.34)

in Radialrichtung $\quad\sigma_{ri} = -p_i$
$\quad\quad\quad\quad\quad\quad\quad\sigma_{ra} = 0 \quad$ (5.35)

5. Zylindrische und kugelförmige Mantelelemente

Die Vergleichsspannungen sind nach den drei gebräuchlichsten Festigkeitshypothesen wie folgt zu ermitteln (siehe Kap. 3):

innen   außen

NH: $\quad \sigma_v = \sigma_{ui} = p_i \cdot \dfrac{\eta^2+1}{\eta^2-1} \qquad \sigma_v = \sigma_{ua} = p_i \cdot \dfrac{2}{\eta^2-1}$ \hfill (5.36)

(Normalspannungshypothese: $\sigma_v = \sigma_{max}$)

SH: $\quad \sigma_v = \sigma_{ui} - \sigma_{ri} = p_i \cdot \dfrac{2\eta^2}{\eta^2-1} \quad \sigma_v = \sigma_{ua} - \sigma_{ra} = p_i \cdot \dfrac{2}{\eta^2-1}$ \hfill (5.37)

(Schubspannungshypothese: $\sigma_v = \sigma_{max} - \sigma_{min}$)

GEH: $\quad \sigma_v = p_i \cdot \dfrac{\sqrt{3} \cdot \eta^2}{\eta^2-1} \qquad \sigma_v = p_i \cdot \dfrac{\sqrt{3}}{\eta^2-1}$ \hfill (5.38)

(Gestaltänderungs-Energie-Hypothese:
$\sigma_v = \dfrac{1}{\sqrt{2}} \cdot \sqrt{(\sigma_1-\sigma_2)^2 + (\sigma_2-\sigma_3)^2 + (\sigma_3-\sigma_1)^2}$)

Für die Kugelform gilt nach GEH:

$$\sigma_v = p_i \cdot \dfrac{1 + \dfrac{1}{2} \cdot \eta^3}{\eta^3-1} \qquad \sigma_v = p \cdot \dfrac{1{,}5}{\eta^3-1} \quad (5.39)$$

Die Gültigkeit beschränkt sich auf den elastischen Verformungsbereich, die angegebenen Gleichungen gelten also nur bis zum Fließbeginn an der Innenfaser.

Zur Beurteilung der Zuverlässigkeit der Hypothesen hinsichtlich des Fließbeginns an der Innenfaser dickwandiger Behälter möge die Abb. 5-35 dienen. Im grau gekennzeichneten Bereich liegen die zahlreichen Versuchsergebnisse. Man sieht, dass die Kurve nach GEH ziemlich genau die Mittelwertskurve aus allen Versuchen darstellt, womit die Richtigkeit der Gestaltänderungs-Energie-Hypothese sehr überzeugend bewiesen ist. Dies findet auch im AD-Merkblatt B10 seinen Niederschlag, die Wanddickenermittlung erfolgt dort mit Hilfe dieser Festigkeitshypothese.

Beanspruchung dickwandiger Behälter über die Fließgrenze an der Innenwand hinaus bis hin zum vollplastischen Zustand:

Wird der Innendruck über die Fließgrenze hinweg erhöht, entsteht in der Behälterwandung ein teilplastischer Spannungszustand mit einem plastischen und einem elastischen Bereich zwischen Innen- und Außenfaser.

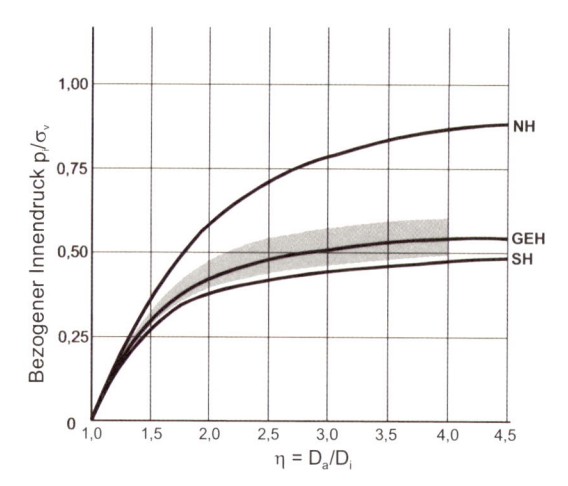

Abb. 5-35: Vergleich der gebräuchlichsten Festigkeitshypothesen
   NH = Normalspannungshypothese
   GEH = Gestaltänderungs-Energie-Hypothese
   SH = Schubspannungshypothese
(Grau gekennzeichnete Zone: Streubereich der seit längerem bekannten Versuchsergebnisse)

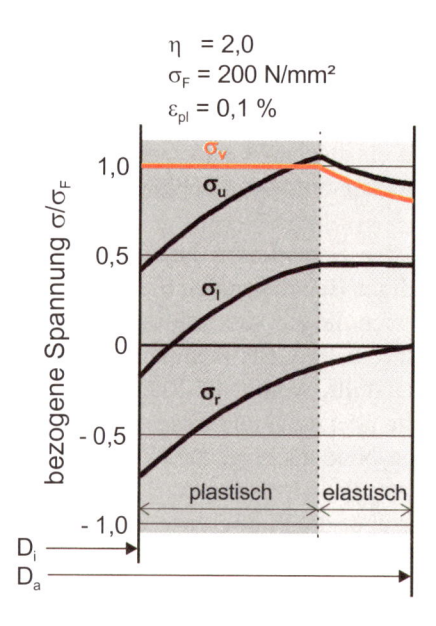

Abb. 5-36: Spannungsverlauf in einem Hohlzylinder unter Innendruck bei überelastischer Verformung

Die Spannungsverteilung im teilplastischen Zustand ist für η = 2,0 in Abb. 5-36 dargestellt.

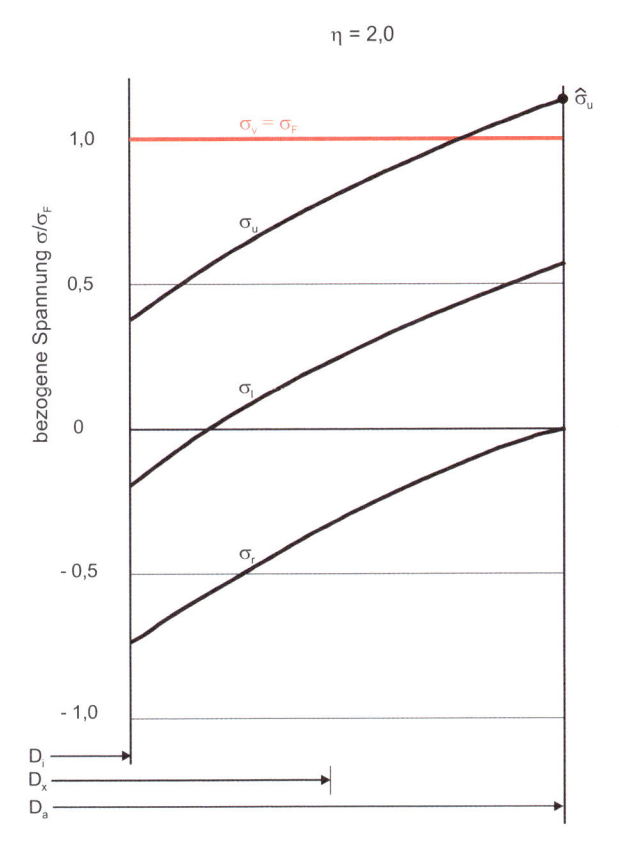

Abb. 5-37: Spannungsverlauf in einem Hohlzylinder, vollplastischer Zustand

Durch weitere Drucksteigerung wird schließlich der vollplastische Zustand erreicht, d.h., die gesamte Zylinderwand ist dann plastisch verformt. Die Abb. 5-37 zeigt – wiederum für η = 2,0 – die entsprechende Spannungsverteilung.

Nach GEH wird dieser Zustand bei $p_i = \dfrac{2}{\sqrt{3}} \cdot \sigma_F \cdot \ln \eta$ erreicht.

In beiden vorgenannten Fällen wird nach Druckentlastung an der Behälterwand eine Druckvorspannung indiziert, die im nachfolgenden Betriebszustand eine Spannungsreserve darstellt. Anders ausgedrückt heißt das, es wird ein „künstlicher" Eigenspannungszustand hergestellt, der sich sehr vorteilhaft auswirkt.

5. Zylindrische und kugelförmige Mantelelemente

Die Hauptspannungen im vollplastischen Zustand lassen sich – angegeben jeweils in der allgemeinen Form – wie folgt ermitteln:

Umfangsspannungen $\quad \sigma_{u\,vollpl.} = \dfrac{2}{\sqrt{3}} \cdot \sigma_F \cdot \left(1 + \ln \dfrac{D_x}{D_a}\right) \quad$ (5.40)

Längsspannungen $\quad \sigma_{l\,vollpl.} = \dfrac{2}{\sqrt{3}} \cdot \sigma_F \cdot \left(0{,}5 + \ln \dfrac{D_x}{D_a}\right) \quad$ (5.41)

Radialspannungen $\quad \sigma_{r\,vollpl.} = \dfrac{2}{\sqrt{3}} \cdot \sigma_F \cdot \ln \dfrac{D_x}{D_a} \quad$ (5.42)

Durch Einsetzen von D_i bzw. D_a in D_x ergeben sich die Hauptspannungen an der Innen- bzw. Außenfaser.

Diese überelastische „Lastaufbringung" macht man sich bei der sogenannten Autofrettage zunutze, um bei Hochdruckrohren oder Vollwandbehältern eine Festigkeitssteigerung der Wand und damit einen höheren zulässigen Innendruck zu erzielen. Auch im Umkehrschluss wird Sinn daraus: Bei gleich hohem Betriebsdruck kann eine geringere Wanddicke Verwendung finden. Zu beachten ist jedoch, dass nach Druckentlastung eine plastische Rückverformung an der Innenfaser ausgeschlossen sein muss.

In Abb. 5-38 ist die Spannungsverteilung und der Eigenspannungszustand in Umfangsrichtung für $\eta = 2{,}5$ und Vollautofrettage dargestellt.

<u>Erforderliche Sicherheiten:</u>
Bei dickwandigen Behältern muss – wie gezeigt wurde – je nach Spannungszustand mit unterschiedlichen Sicherheitsbeiwerten gerechnet werden:
Sicherheit gegen
Erreichen der Streckgrenze / 0,2%-Dehngrenze:

$S = 1{,}5 \rightarrow p_{i\,zul.} = \dfrac{\sigma_F}{1{,}5} \cdot \dfrac{\eta^2 - 1}{\sqrt{3} \cdot \eta^2} \quad$ (5.43)

Erreichen des vollplastischen Zustands:

$S = 1{,}8 \rightarrow p_{i\,zul.} = \dfrac{p_{i\,vollpl.}}{1{,}8} \quad$ (5.44)

Bersten:

$S \geq 2{,}0 \rightarrow (p_{i\,zul.})_B = \dfrac{p_{vollpl.}}{(\geq 2{,}0)} \quad$ (5.45)

Legende:
— $(\sigma_u)_{hyp.}$ mit $(p_i)_{vollpl.}$
— $(\sigma_u)_{vollpl.}$ für vollplastischen Druck
--- $(\sigma_u)_{eig.}$ für Vollautofrettage

Beziehungen für die Spannungen:

elastischer Zustand:

$$\left(\sigma_{u\,el.}\right)_{hyp.} = \left(\frac{1}{\eta^2 - 1} \cdot \frac{\eta^2 + \eta_x^2}{\eta_x^2}\right) \cdot p_i$$

für $p_i = p_{vollpl.} = \frac{2}{\sqrt{3}} \cdot \sigma_F \cdot \ln \eta$

vollplastischer Zustand:

$$\sigma_{u\,vollpl} = \frac{2}{\sqrt{3}} \cdot \sigma_F \cdot \left(1 - \ln\frac{\eta}{\eta_x}\right)$$

Eigenspannung nach Vollautofrettage:

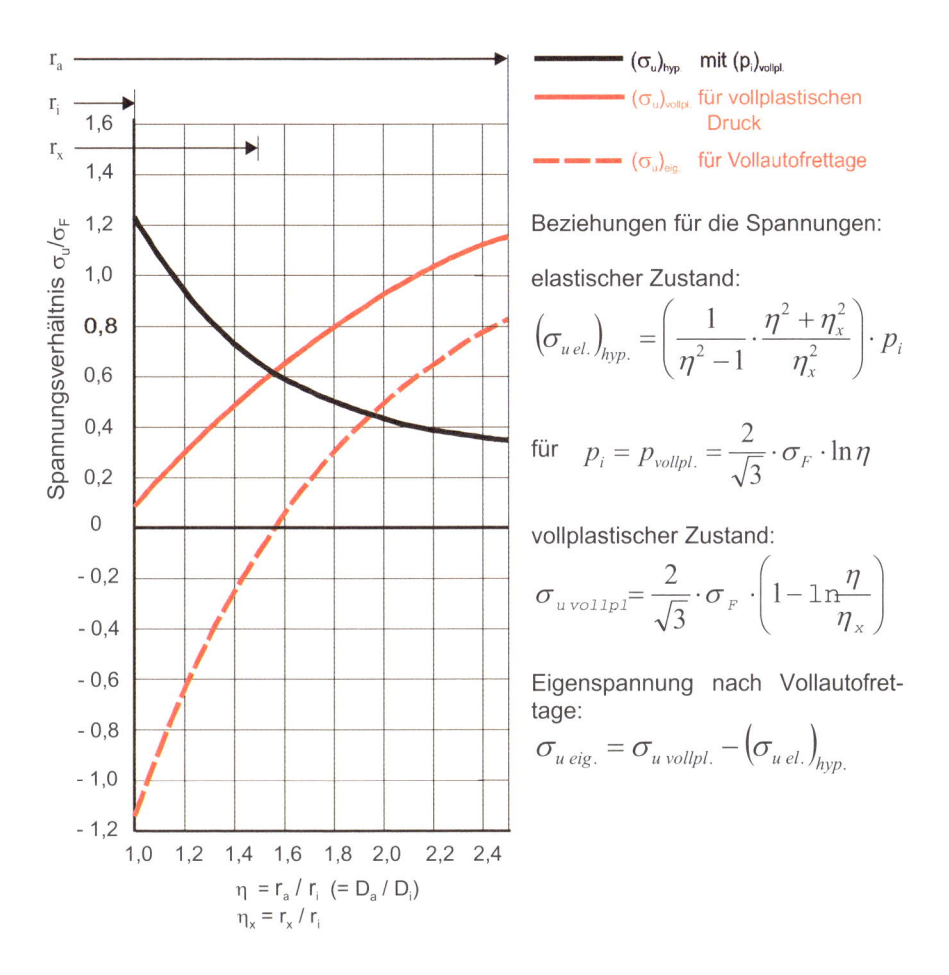

$$\sigma_{u\,eig.} = \sigma_{u\,vollpl.} - \left(\sigma_{u\,el.}\right)_{hyp.}$$

$\eta = r_a / r_i \; (= D_a / D_i)$
$\eta_x = r_x / r_i$

Abb. 5-38: Ermittlung der Eigenspannungen in Umfangsrichtung nach Vollautofrettage

Bauarten dickwandiger Behälter

Vollwandbehälter:
In der Hochdrucktechnik werden sehr häufig Vollwandbehälter eingesetzt, die jedoch oft die oben genannte Autofrettage zur Erzeugung von Druckvorspannungen an der Innenwand erfordern. Die Herstellung erfolgt konventionell, auf eine Beschreibung kann daher verzichtet werden.

In der Abb. 5-39 sind typische Bodenkonstruktionen für dickwandige Vollwandbehälter zusammengefasst [3].

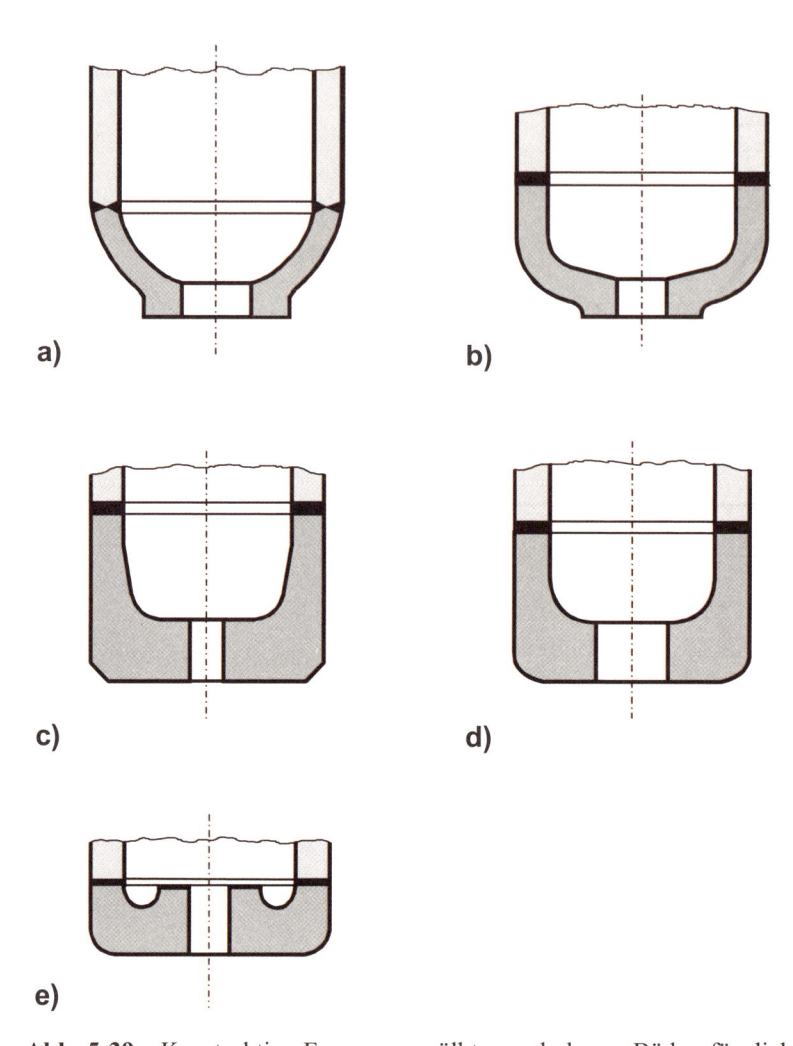

Abb. 5-39: Konstruktive Formen gewölbter und ebener Böden für dickwandige Druckbehälter:
a) Halbkugelboden mit zentralem Ausschnitt
b) halbellipsoider Boden mit zentralem Ausschnitt
c) ebener Boden mit kegeligem Übergang
d) ebener Boden mit Übergangsradius
e) ebener Boden mit Entlastungsnut

Anmerkungen: Die optimale Werkstoffausnutzung bezüglich des Speichervolumens liegt für Zylinder bei $s/D_a = 0{,}146$ (siehe Abb. 5-47). Zur Bodenberechnung siehe auch AD-Merkblatt B5 [1]

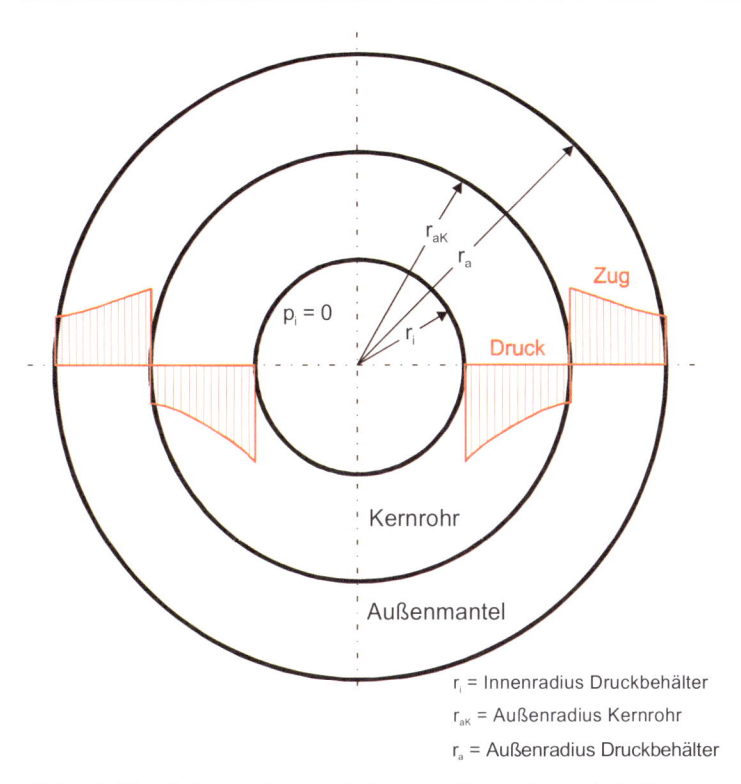

5. Zylindrische und kugelförmige Mantelelemente 99

r_i = Innenradius Druckbehälter
r_{aK} = Außenradius Kernrohr
r_a = Außenradius Druckbehälter

Abb. 5-40: Schrumpfkonstruktion aus Kernrohr und Außenmantel, beide dickwandig. Eigenspannungen (Zug, Druck) durch Schrumpfung

Neben Vollwandbehältern sind in der Vergangenheit interessante technische Entwicklungen zur Beherrschung hoher Drücke zum Einsatz gekommen, die sogenannten Mehrlagenbehälter. Sie sind gegenüber Vollwandkonstruktionen meist preisgünstiger:

Mehrlagenbehälter:
Mit verschiedenen Arten von Mehrlagenbehältern werden Druckvorspannungen an der Innenwand erzielt, die gegenüber Vollwandbehältern ohne Autofrettage eine bessere Werkstoffausnutzung ermöglichen. Dies ist vor allem bei größeren Behälterabmessungen von Bedeutung. Zu dieser Art von dickwandigen Behältern zählen:
- Schrumpfkonstruktionen: Auf einen relativ dickwandigen Kernzylinder wird ein ebenfalls dickwandiger Mantel aufgeschrumpft. Dieses Verfahren ist wegen der einzuhaltenden Genauigkeit allerdings kaum für größere Behälterabmessungen geeignet (siehe Abb. 5-40)

- Schalenbauweisen (Laminarzylinder): Aus relativ dünnen, zu zylindrischen Halbschalen gewalzten Blechen werden auf einem Kernrohr mehrere Schichten übereinander (Schalen!) zusammengeschweißt. Bei Abkühlung wird eine Schrumpfspannung erzeugt, die auf die jeweils darunter liegende Schicht als Außendruck wirkt und anschließend Eigenspannungen an der Innenfaser hervorruft. Das Verfahren führt zu sehr gleichmäßigen Spannungsverteilungen und ist für Großbehälter mit hohen Betriebsdrücken gut geeignet (siehe Abb. 5-41).

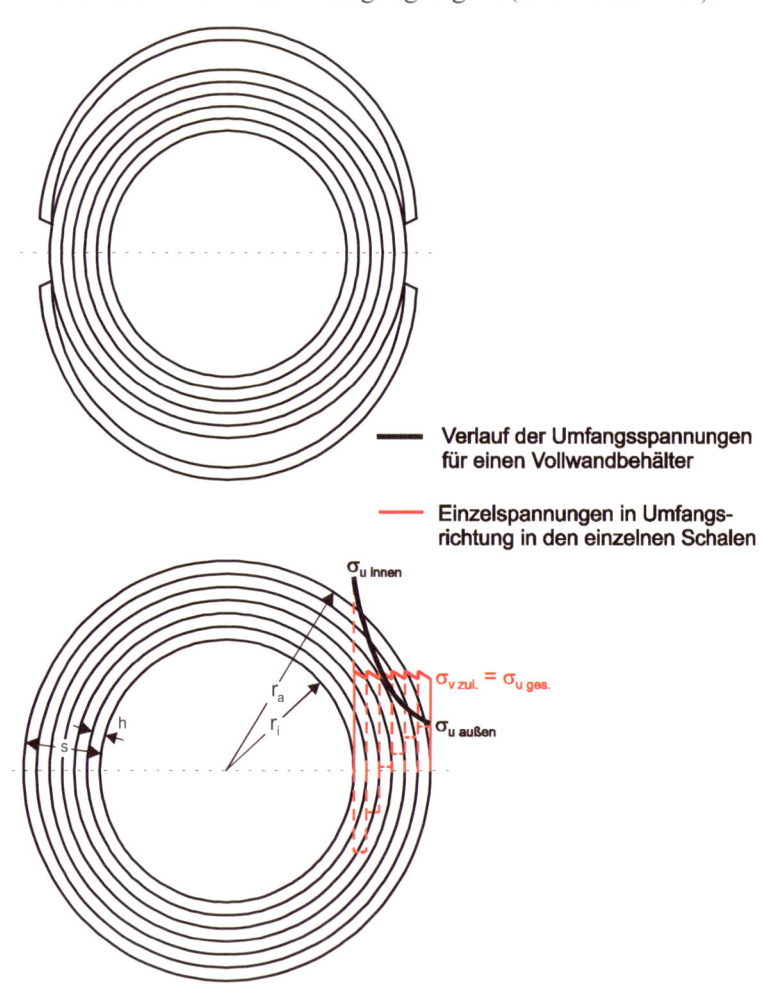

Abb. 5-41: Hochdruckbehälter in Schalenbauweise
oben: Anordnung der Halbschalen während und nach der Fertigung
unten: Spannungsverteilung in Umfangsrichtung (Innendruck)

- Wickelbehälter (BASF-Schierenbeck-Verfahren): Auf ein profiliertes Kernrohr werden ebenfalls profilierte Stahlbänder heiß aufgewickelt. Dieses Wickeln erfolgt schraubenförmig und kontinuierlich durch Abwickeln eines sehr langen Bandes von einer Rolle. Damit werden nach Abkühlung gleichmäßige Schrumpfspannungen und ein nahezu idealer Eigenspannungszustand erreicht. Durch die Profilierung und die dadurch hervorgerufene sehr innige Verzahnung des Kernrohrs mit den Wickellagen und der Wickellagen untereinander erfolgt unter Innendruck eine sehr gute Längskraftübertragung (siehe Abb. 5-33). Die genannte Abbildung gestattet weiterhin einen Blick in eine Wickelwerkstatt und zeigt einen fertigen Höchstdruckbehälter für 4000 bar.

Die Druckeigenspannungen – sie wirken praktisch nur in Umfangsrichtung und sind in radialer Richtung vernachlässigbar gering – werden um so größer, je größer die Gesamtwanddicke des Wickelkörpers zur Wanddicke des Kernrohrs wird. Die maximale Druckeigenspannung im Kernrohr darf jedoch den doppelten Betrag der Schrumpfspannung des Wickelbandes nicht überschreiten. Bei diesem Wert erzielt man eine Vorspannung, welche die günstigste Werkstoffausnutzung erwarten lässt. Als Richtwert dafür kann dienen:
Optimale Wanddicke des Kernzylinders = 20 – 25% der Gesamtwanddicke
Minimale Wanddicke des Kernzylinders = 10% der Gesamtwanddicke des Wickelkörpers, siehe dazu [34].

<u>Vergleich der Ergebnisse, die durch unterschiedliche Berechnungsverfahren gewonnen werden:</u>

In der Abb. 5-42 ist die bezogene Spannungsdifferenz Y über dem Durchmesserverhältnis D_a/D_i (= η) aufgetragen.
Die Darstellung verdeutlicht die drastisch zu gering bestimmten Spannungen außerhalb der Gültigkeitsbereiche, dort als gestrichelte Linienzüge eingezeichnet. Der Vergleich obiger Formeln macht klar, dass eigentlich alle Vereinfachungen nicht notwendig sind, da mit der Gestaltänderungs-Energie-Hypothese (GEH) einfach und über alle Wanddickenbereiche korrekt zu rechnen ist. Die Abb. 5-42 zeigt weiterhin für den Bereich von η = 1 bis η = 10 die Unterschiede zwischen einachsiger Spannungsberechnung nach NH (Normalspannungshypothese), der überwiegend zweiachsigen Berechnung nach AD-B1/Gl. (2) / SH (Schubspannungshypothese) und der mehrachsigen Berechnung nach [2] mit Hilfe der GEH.

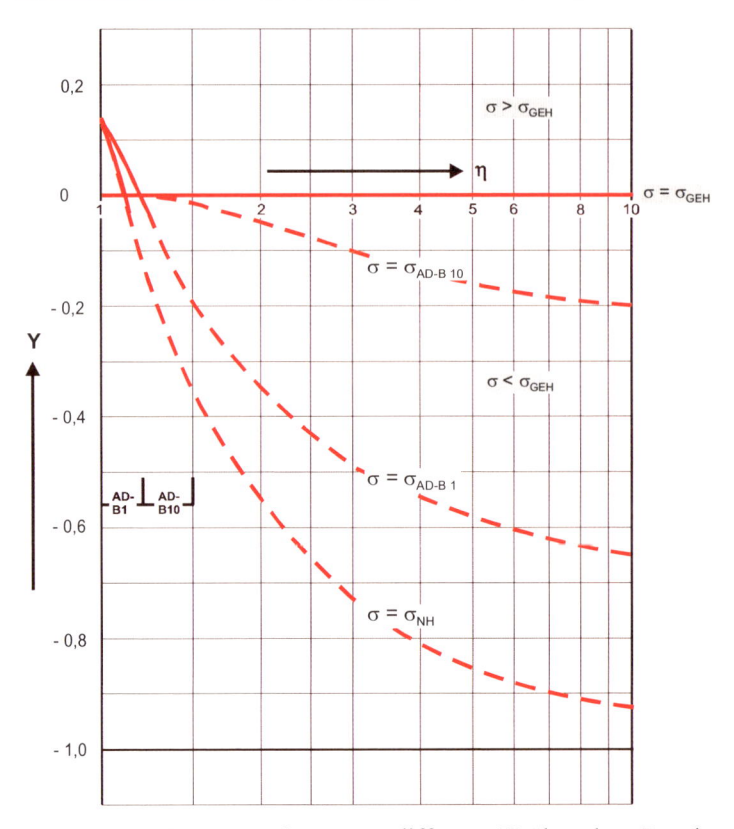

5. Zylindrische und kugelförmige Mantelelemente

Abb. 5-42: Bezogene Spannungsdifferenz Y über dem Durchmesserverhältnis $\eta = D_a/D_i$. $Y = \dfrac{\sigma - \sigma_{GEH}}{\sigma_{GEH}}$

Basiswerte mit $\eta = D_a/D_i$ (siehe dazu auch [35]):

$$\frac{\sigma_{NH}}{p/10} = \frac{1}{\eta - 1} \qquad \text{dünnwandiger Behälter, } \sigma_r = 0$$

$$\frac{\sigma_{B1}}{p/10} = \frac{1}{2} \cdot \frac{\eta + 1}{\eta - 1} \qquad \text{dünnwandiger Behälter nach AD} - \text{B1}$$

$$\frac{\sigma_{B10}}{p/10} = \frac{\eta + 0{,}5 \cdot (\eta - 1)}{1{,}15 \cdot (\eta - 1)} \qquad \text{dickwandiger Behälter nach AD} - \text{B10}$$

$$\frac{\sigma_{GEH}}{p/10} = \sqrt{3} \cdot \frac{\eta^2}{\eta^2 - 1} \qquad \text{dickwandiger Behälter nach GEH}$$

Diese Werte sind in der o.g. Abbildung grafisch dargestellt.

Die Abb. 5-43, die den prinzipiellen Spannungsverlauf in Hohlzylindern und Kugeln unter Innendruck nach [7] mit $h = D_a/D_i$ darstellt, zeigt, wie sich mit der Wanddicke der Faktor 1/2 der klassischen Kesselformel für den Zylinder ändern müsste. Für die Innenspannung $\sigma_{v\,i}$ strebt er von $0,5 \cdot \sqrt{0,75}$ für dünnwandige Behälter zu max. 1,2 für dickwandige. Für

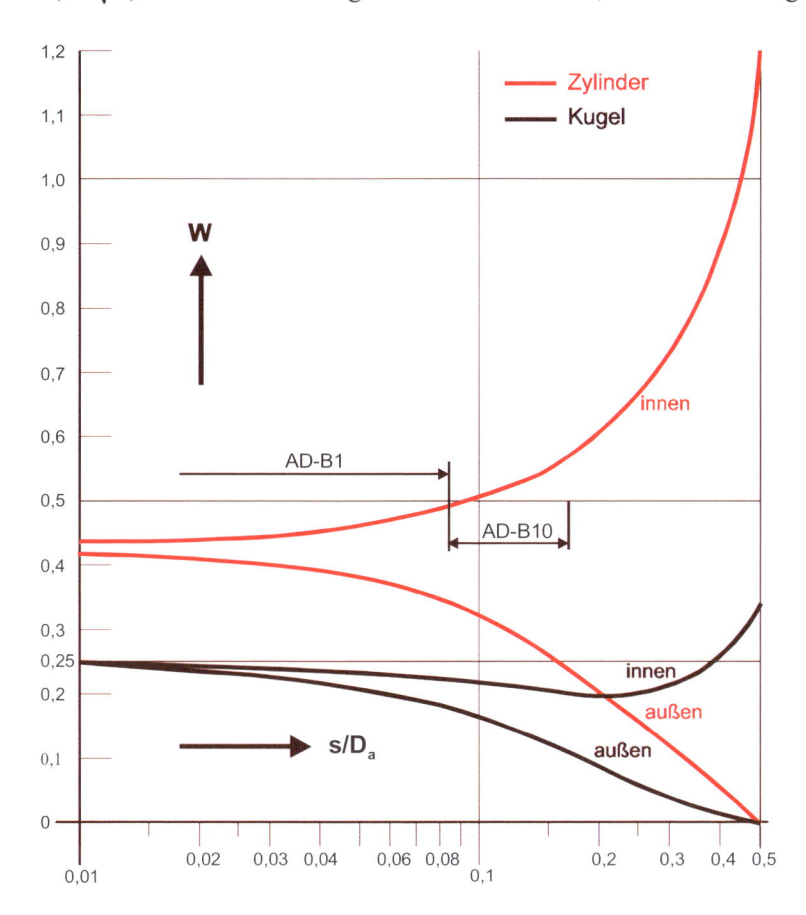

Abb. 5-43: Bezogener Spannungsverlauf in Zylindern und Kugeln unter Innendruck. Aufgetragen ist die Kennzahl $W = \dfrac{s}{D_m} \cdot \dfrac{\sigma_v}{p/10}$ über dem Wanddickenverhältnis s/D_a.

W = 0,5 entspricht der „Kesselformel" (Umfangsspannung bei zylindrischen Druckbehältern)

W = 0,25 entspricht der „Kugelformel" (Umfangsspannung = Längsspannung bzw. Längsspannung bei zylindrischen Druckbehältern)

die Außenfaser geht er jedoch gegen 0, da diese Spannung immer geringer wird.

Für die Kugel beginnt er an der Innenfaser bei 1/4, fällt leicht ab und steigt dann wieder bis auf 1/3 an. Für die Außenfaser fällt er jedoch – wie beim Zylinder – bis auf 0 ab.

Die Gleichungen zur Ermittlung der Kurvenverläufe sind im Abschnitt „Mechanische Spannungen im zylindrischen Teil von HD-Behältern" angegeben.

Wärmespannungen im Zylindermantel

Es liegt auf der Hand, dass bei höheren Betriebstemperaturen auch den zusätzlich auftretenden Wärmespannungen in dickwandigen Behältern besondere Beachtung geschenkt werden muss. In der Abb. 5-44 ist daher die Verteilung der Hauptspannungen über dem Wandquerschnitt eines Hohlzylinders bei freien Behälterenden dargestellt. Unterschieden wird zwischen linearem und logarithmischem Temperaturverlauf. Die zugrunde gelegten Daten sind der Abbildung selbst zu entnehmen. Diese Wärmespannungen – die Maximalwerte treten an der Innen- und Außenwand auf – müssen den druckbedingten Spannungen überlagert werden.

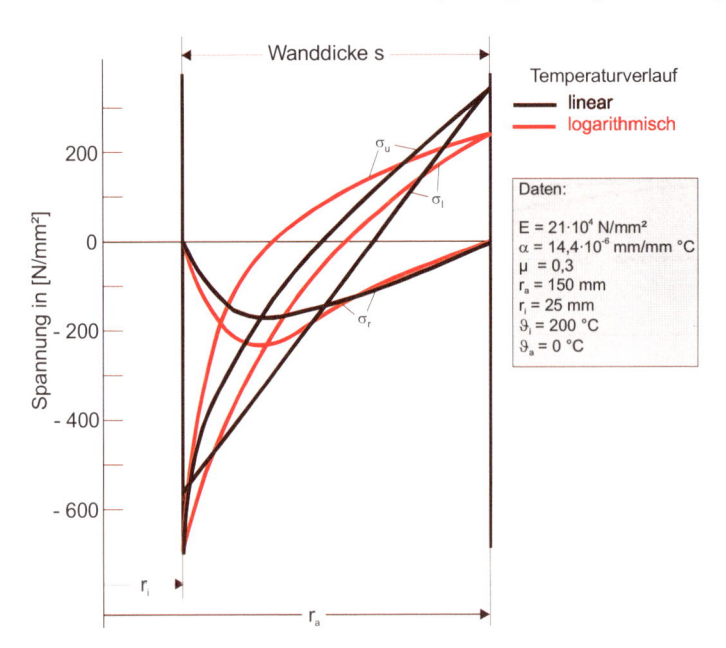

Abb. 5-43: Spannungsverteilung über dem Wandquerschnitt eines Hohlzylinders bei freien Behälterenden (linearer und logarithmischer Temperaturverlauf) nach [35]

5. Zylindrische und kugelförmige Mantelelemente

Die verwendeten Gleichungen für einen Hohlzylinder mit logarithmischem Temperaturverlauf sind im Folgenden zusammengestellt [35]:

ϑ_a Außentemperatur in °C $\qquad \eta = D_a/D_i \,(= r_a/r_i)$
ϑ_i Innentemperatur in °C

$$\vartheta(D) - \vartheta_a = \frac{\vartheta_i - \vartheta_a}{\ln \eta} \cdot \ln \frac{D_a}{D} \tag{5.46}$$

$$\sigma_u(D) = \frac{\alpha \cdot E \cdot (\vartheta_i - \vartheta_a)}{2 \cdot (1-\mu) \cdot \ln \eta} \cdot \left[1 - \ln \frac{D_a}{D} - \frac{1}{\eta^2 - 1} \cdot \left(1 + \frac{D_a^2}{D^2} \right) \cdot \ln \eta \right] \tag{5.47}$$

$$\sigma_r(D) = \frac{\alpha \cdot E \cdot (\vartheta_i - \vartheta_a)}{2 \cdot (1-\mu) \cdot \ln \eta} \cdot \left[-\ln \frac{D_a}{D} - \frac{1}{\eta^2 - 1} \cdot \left(1 - \frac{D_a^2}{D^2} \right) \cdot \ln \eta \right] \tag{5.48}$$

Behälter- oder Rohrenden frei:

$$\sigma_l(D) = \frac{\alpha \cdot E \cdot (\vartheta_i - \vartheta_a)}{2 \cdot (1-\mu) \cdot \ln \eta} \cdot \left[1 - 2 \cdot \ln \frac{D_a}{D} - \frac{2}{\eta^2 - 1} \cdot \ln \eta \right] \tag{5.49}$$

Behälter- oder Rohrenden eingespannt:

$$\sigma_l(D) = \frac{\alpha \cdot \mu \cdot E}{1-\mu} \cdot \left[\frac{\eta^2 \cdot \vartheta_a - \vartheta_i}{\eta^2 - 1} + \frac{\vartheta_i - \vartheta_a}{2 \cdot \ln \eta} - \frac{1}{\mu} \cdot \vartheta(D) \right] \tag{5.50}$$

Vorstehende, zur Berechnung der Vergleichsspannung σ_v nach GEH heranzuziehende, Gleichungen wurden für konstanten Wärmefluss $\dot{q}$ bei logarithmischem Temperaturgefälle im Gleichgewichtszustand zusammengestellt.

Druckbedingte Spannungen, d.h. σ_u, σ_r, σ_l (p), sind im Abschnitt „Mechanische Spannungen im zylindrischen Teil von HD-Behältern" angegeben.

Mit einer umfangreichen Parameterstudie konnte bestätigt werden, dass bei Wärmefluss von außen nach innen ($\vartheta_a > \vartheta_i$) die AD-B10-Gleichungen (2), (4), (6) und (8) zur Bestimmung der meist kritischen Innenspannung σ_i recht genau im Vergleich zu σ_{vi} nach GEH sind. Dies wird durch Beispiel 2 und Abb. 5-45 verdeutlicht. In dieser Abbildung ist die druckbezogene Vergleichsspannung $10 \cdot \sigma_v/p$ über der bezogenen Temperaturdifferenz ϑ für Innen- und Außenwand eines Zylinders mit Wanddickenverhältnis s/D_a = 0,15 aufgetragen; Heizen oder Kühlen von außen oder von innen. Vergleich der Ergebnisse nach AD-Merkblatt B10 und GEH.

Die meist unbedenkliche Spannung σ an der Außenwand wird jedoch nach Gleichungen (3), (5), (7) und (9) in AD-B10 leider unzulänglich bestimmt (siehe Abb. 5-45, oben). Bei Fehldeutung des Vorzeichens vom

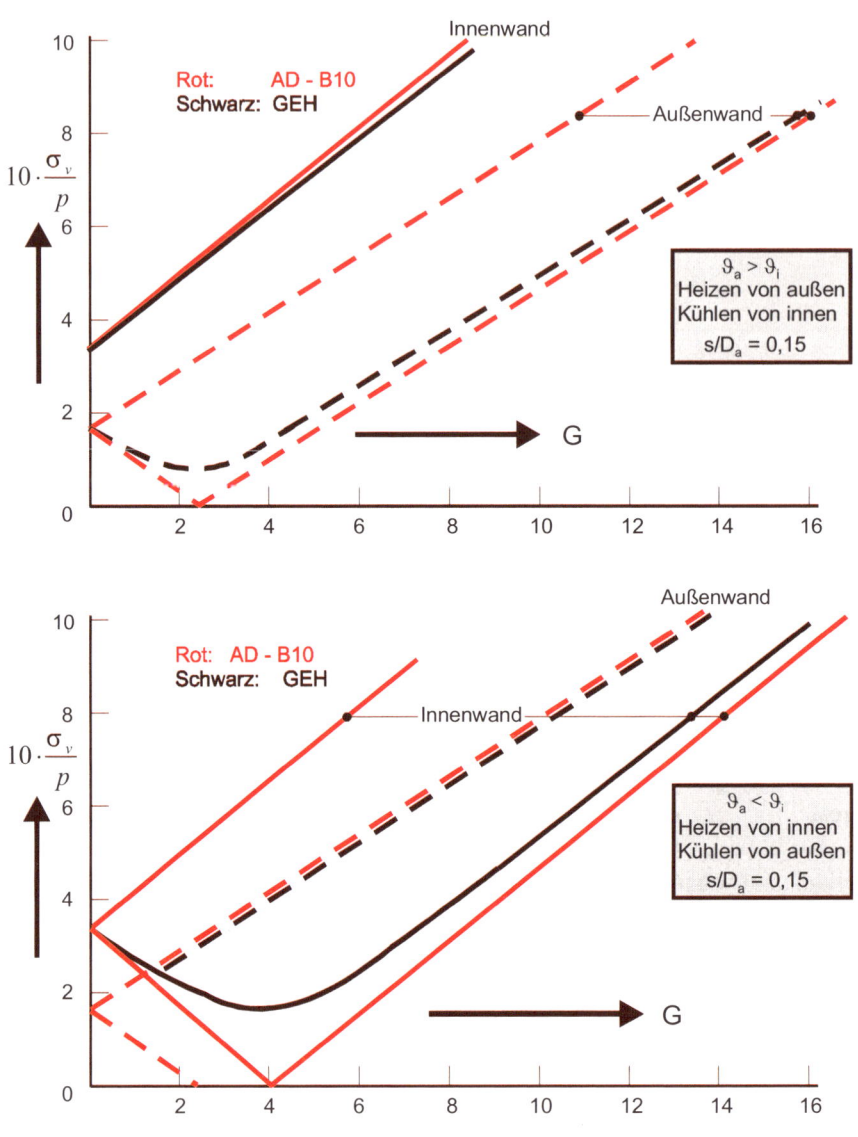

Abb. 5-45: Druckbezogene Vergleichsspannung $10 \cdot \sigma_v/p$ über der bezogenen Temperaturdifferenz G für Innen- und Außenwand eines Zylinders mit dem Wanddickenverhältnis $s/D_a = 0{,}15$; Heizen oder Kühlen von außen oder von innen. Vergleich der Ergebnisse nach AD-Merkblatt B10 und GEH.

AD-B10: Steigende Geraden: Gln. (8), (9) mit $+|A|$ bzw. $+|B|$ ausgewertet
          Fallende Geraden : Gln. (8), (9) mit $-|A|$ bzw. $-|B|$ ausgewertet

$$G = \frac{10}{p} \cdot E \cdot \alpha \cdot \Delta \vartheta$$

Hilfswert B können sogar negative Vergleichsspannungen herauskommen, was unmöglich ist.

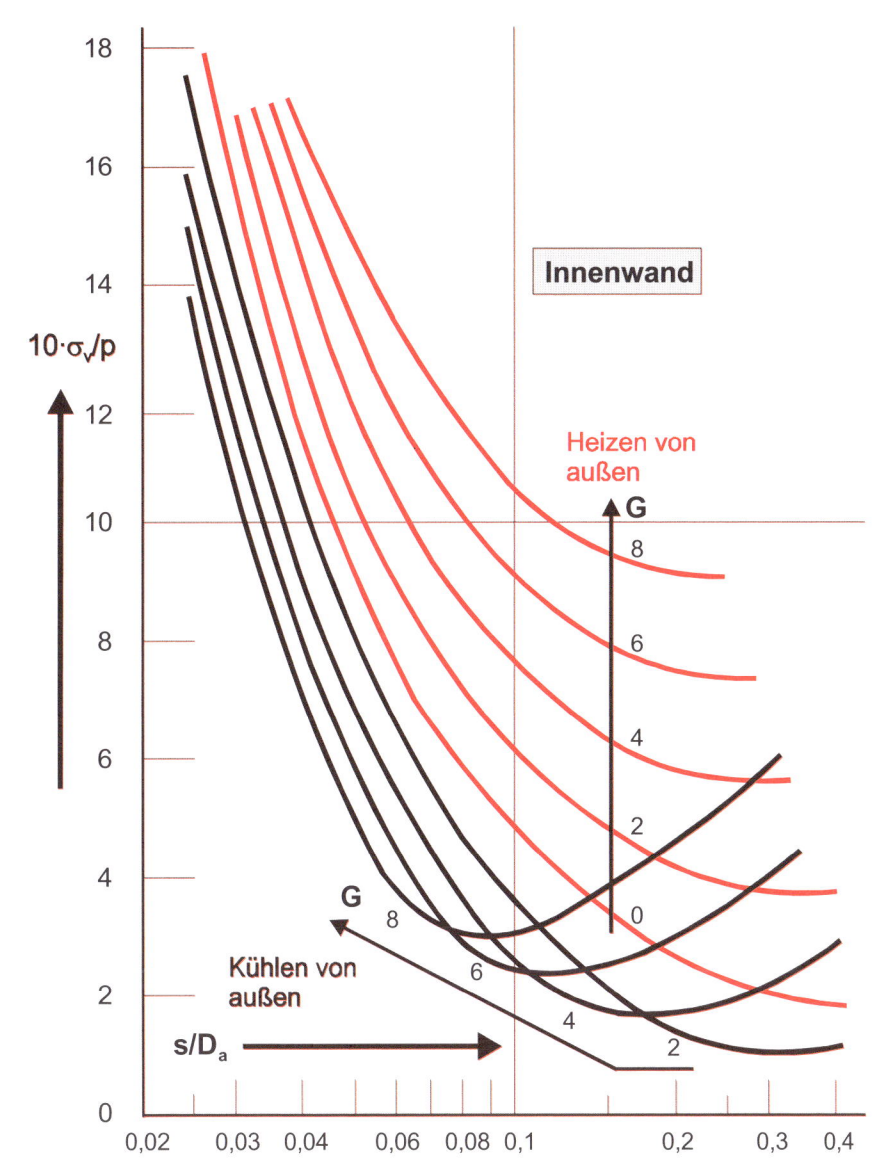

Abb. 5-46 a: Druckbezogene Vergleichsspannung $10 \cdot \sigma_v/p$ an der Innenwand über dem Wanddickenverhältnis s/D_a für verschiedene bezogene Temperaturdifferenzen G zwischen Außen- und Innenwand. Überlagerung druck- und temperaturbedingter Spannungen nach GEH. Zeitunabhängiges logarithmisches Temperaturgefälle

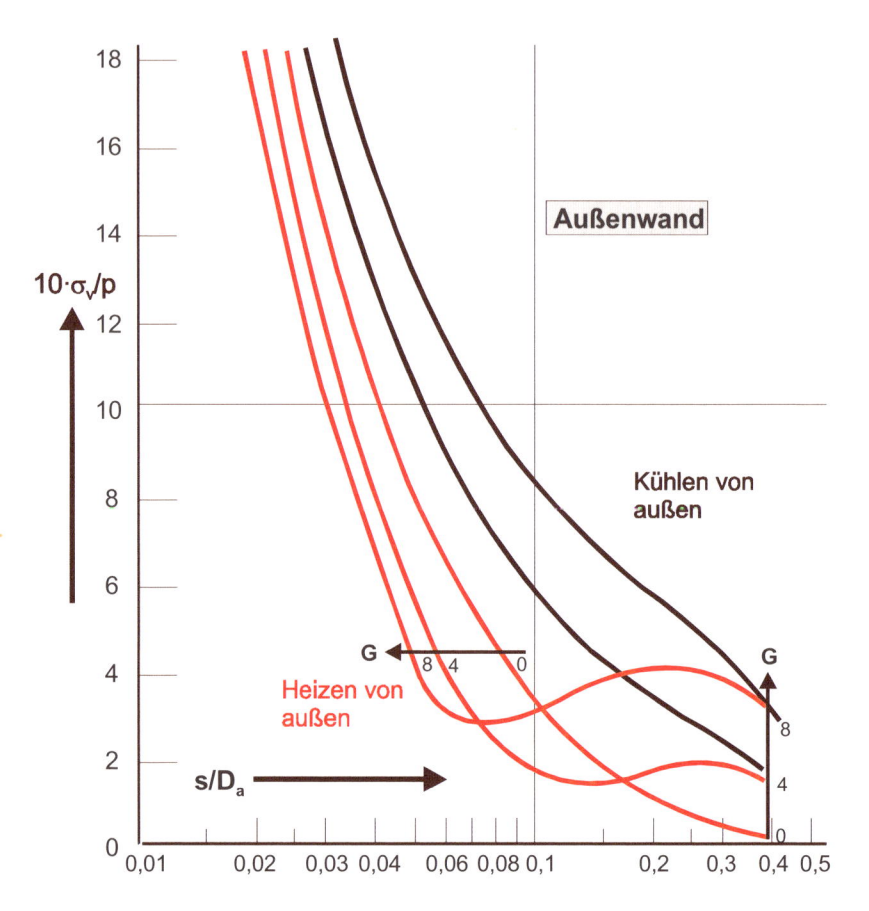

Abb. 5-46 b: Druckbezogene Vergleichsspannung $10 \cdot \sigma_v/p$ an der Außenwand über dem Wanddickenverhältnis s/D_a für verschiedene bezogene Temperaturdifferenzen G zwischen Außen- und Innenwand. Überlagerung druck- und temperaturbedingter Spannungen nach GEH. Zeitunabhängiges logarithmisches Temperaturgefälle

Umgekehrtes gilt für den Wärmefluss $\dot{q}$ von innen nach außen ($\vartheta_i > \vartheta_a$) wie in Abb. 5-45, unten, dargestellt ist. Die üblicherweise größere Spannung σ_a wird bei strenger Beachtung der Vorzeichen nun durch AD-B10 recht genau bestimmt. Für σ_i kann es nun jedoch krasse Fehldeutungen geben!

Zur weiteren Erläuterung sollen die Abb. 5-46 a/b und 5-47 a/b dienen. Die erstgenannten Abbildungen zeigen die druckbezogene Vergleichsspannung $10 \cdot \sigma_v/p$ über dem Wanddickenverhältnis s/D_a für verschiedene bezogene Temperaturdifferenzen G zwischen Außen- und Innenwand.

Überlagerung druck- und temperaturbedingter Spannungen des dreiachsigen Spannungszustands nach GEH. Zeitunabhängiges logarithmisches Temperaturgefälle!

Für Umrechnungen gilt:

$$\Delta \vartheta = \frac{\dot{q}_a \cdot D_a}{2 \cdot \lambda} \cdot \ln \eta \quad \text{und} \quad G = \frac{10}{p} \cdot E \cdot \alpha \cdot \Delta \vartheta$$

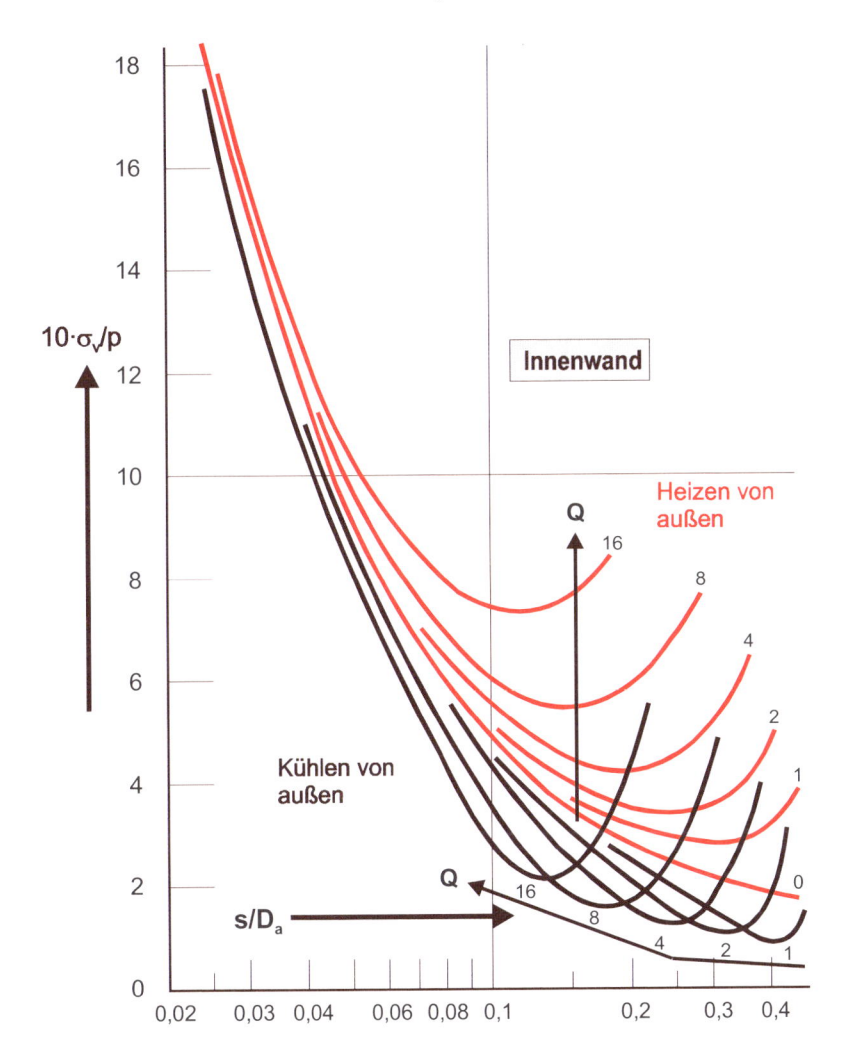

Abb. 5-47 a: Druckbezogene Vergleichsspannung $10 \cdot \sigma_V/p$ an der Innenwand über dem Wanddickenverhältnis s/D_a für verschiedene bezogene Wärmestromdichten Q. Überlagerung druck- und temperaturbedingter Spannungen nach GEH. Zeitabhängiges logarithmisches Temperaturgefälle

110 5. Zylindrische und kugelförmige Mantelelemente

In den Abb. 5-47 a/b ist die druckbezogene Vergleichsspannung $10 \cdot \sigma_v/p$ über dem Wanddickenverhältnis s/D_a für verschiedene bezogene Wärmestromdichten Q aufgetragen. Überlagerung druck- und temperaturbedingter Spannungen des dreiachsigen Spannungszustandes nach GEH.
Zeitabhängiges logarithmisches Temperaturgefälle.
Für die Parameter gilt:

$$Q = \frac{5}{p} \cdot E \cdot \alpha \cdot \frac{\dot{q}_a \cdot D_a}{\lambda}$$

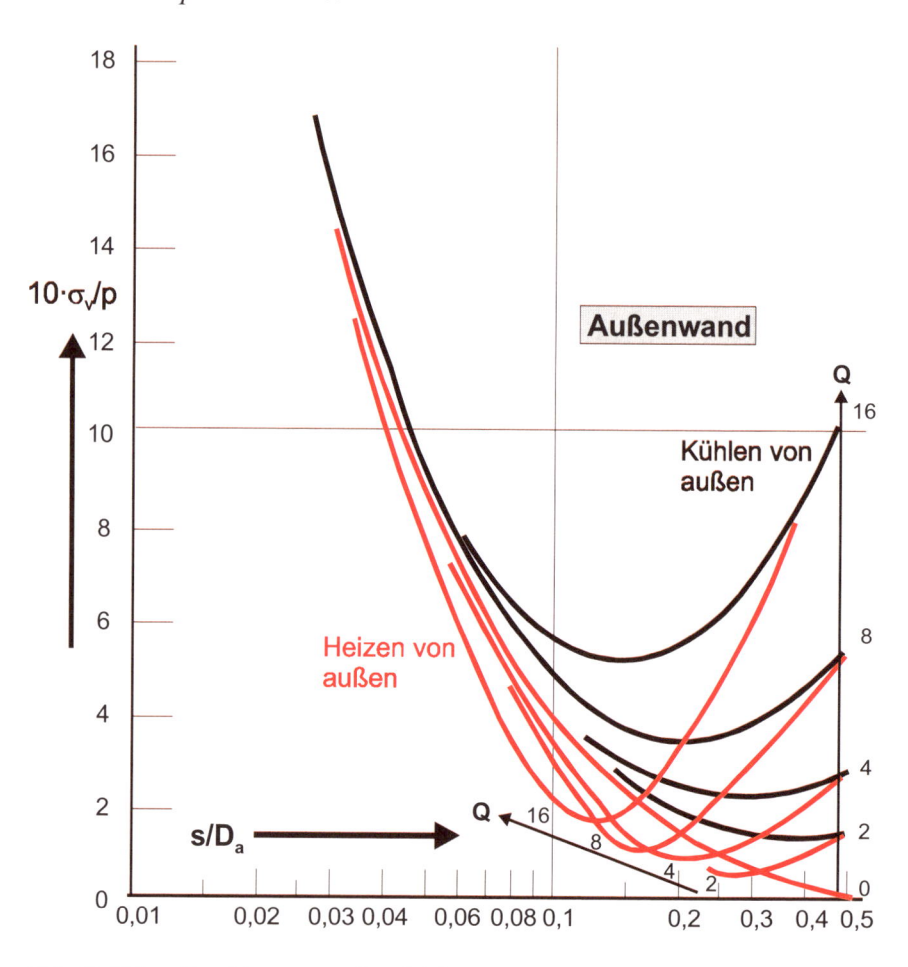

Abb. 5-47 b: Druckbezogene Vergleichsspannung $10 \cdot \sigma_v/p$ an der Außenwand über dem Wanddicken-Durchmesser-Verhältnis s/D_a für verschiedene bezogene Wärmestromdichten Q. Überlagerung druck- und temperaturbedingter Spannungen nach GEH. Zeitabhängiges logarithmisches Temperaturgefälle

Die Abb. 5-48 zeigt das Gasspeichervolumen V_N/V_{max} für zylindrische und kugelförmige Hochdruckbehälter über dem Wanddickenverhältnis s/D_a, bestimmt nach GEH.
γ = Speicherfähigkeit einer Kugelreihe zu Speicherfähigkeit eines Zylinders bei vorgegebenen Außenabmessungen.
Der qualitative Druckverlauf für Zylinder und Kugel ist mit dargestellt.

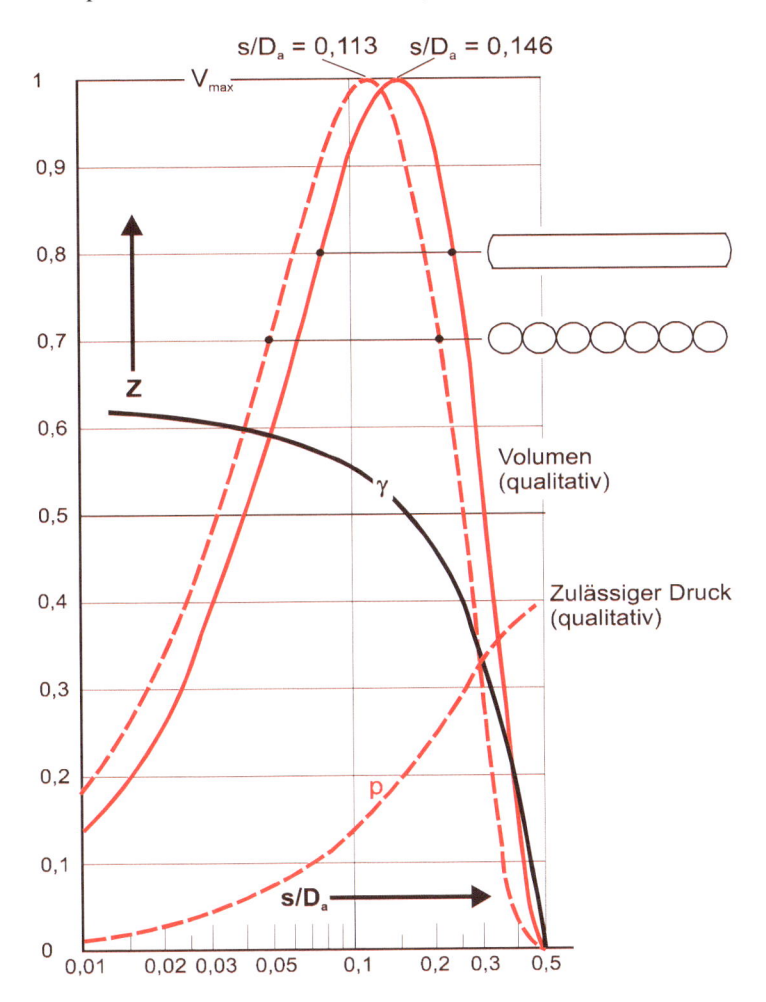

Abb. 5-48: Gasspeichervolumen $Z = V_N/V_{max}$ für zylindrische und kugelförmige Hochdruckbehälter über dem Wanddicken-Durchmesser-Verhältnis s/D_a, bestimmt nach GEH.
γ = Speicherfähigkeit einer Kugelreihe zu Speicherfähigkeit eines Zylinders bei vorgegebenen Außenabmessungen. Mit dargestellt ist der qualitative Druckverlauf für Zylinder und Kugel

In Würdigung hervorragender Fertigkeiten im Druckbehälterbau durch frühere Generationen zeigt die Abb. 5-49 aus Meyers Konversationslexikon (1913) zwei alte Druckluftlokomotiven für den Tunnelbau zur Zeit um 1900.

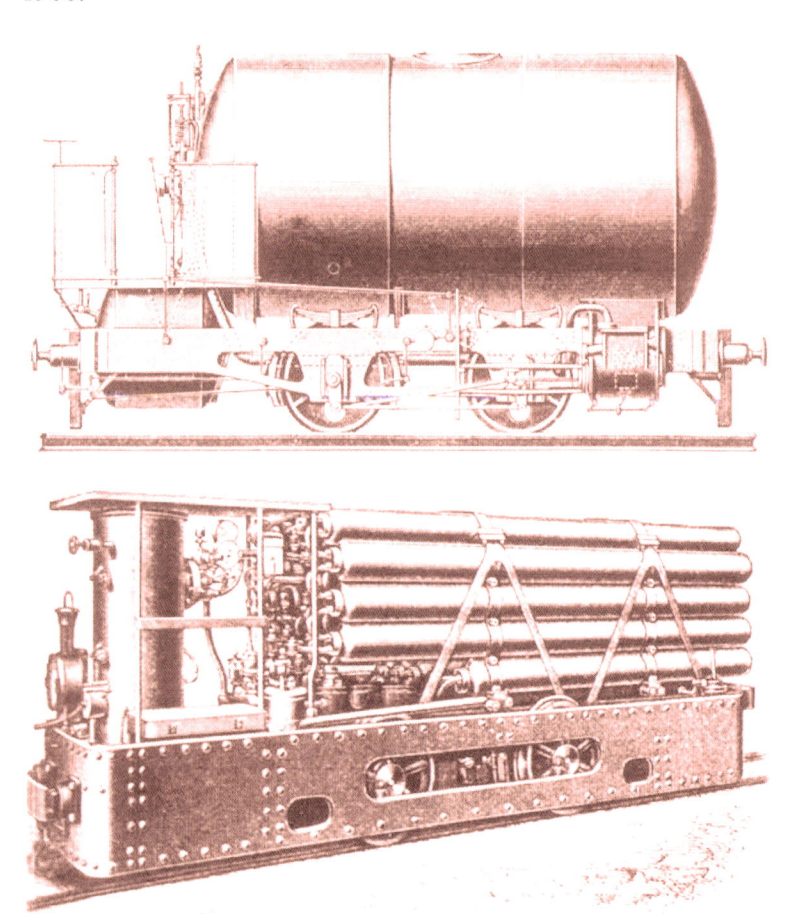

Abb. 5-49: Oben: Druckluftlokomotive für den Bau des großen Gotthardtunnels (Schneider-le Creuzot/Frankreich), Niederdruckspeicher mit $s \approx 0{,}15 \cdot D_a$ und unten: Druckluftlokomotive für den Bau des Simplontunnels (Sulzer-Winterthur/Schweiz), Hochdruckspeicher mit $s \sim 0{,}15 \cdot D_a$

Schlussbemerkung:

Berechnung und Auslegung dickwandiger Behälter sollte grundsätzlich nach der Gestaltänderungs-Energie-Hypothese (GEH) erfolgen, da diese nach allen vorstehenden Betrachtungen und Vergleichen mit Versuchsergebnissen zu den verlässlichsten Resultaten führt.

5. Zylindrische und kugelförmige Mantelelemente

Beispiele

Beispiel 13 (Lesebeispiele):

Aufgabenstellung:
Anwendungen zu den Abb. 5-45, 5-46 und 5-47

Lösungswege:
Heizen von außen:
$p = 300$ bar, $\sigma_v < 150$ N/mm², $s/D_a = 0{,}15$, $D_a = 300$ mm,
$E = 170\,000$ N/mm², $\alpha = 17 \cdot 10^{-6}$/K, $\lambda = 20$ W/m K
Kritisch: Innenwand

Abb. 5-46a: $\quad G = \dfrac{10}{p} \cdot E \cdot \alpha \cdot \Delta\vartheta$, $s/D_a = 0{,}15$ mit den Parametern

$$10 \cdot \frac{\sigma_v}{p} = \frac{1500}{300} = 5 \text{ und } G = 2{,}2$$

$$\Delta\vartheta \leq \frac{G \cdot p}{10 \cdot E \cdot \alpha} = \frac{2{,}2 \cdot 300}{10 \cdot 170000 \cdot 17 \cdot 10^{-6}} = 23\ °C$$

Abb. 5-47a: $\quad Q = \dfrac{5}{p} \cdot E \cdot \alpha \cdot \dfrac{\dot{q}_a \cdot D_a}{\lambda} = 5{,}6$

$$\dot{q}_a = \frac{Q \cdot p \cdot \lambda}{5 \cdot E \cdot \alpha \cdot D_a} = \frac{5{,}6 \cdot 300 \cdot 20}{5 \cdot 170000 \cdot 17 \cdot 10^{-6} \cdot 0{,}3}$$

$$= 7751\ W/m^2 \approx 8\ kW/m^2$$

Kühlen von außen:
$p = 300$ bar, $\sigma_v = 150$ N/mm², $s/D_a = 0{,}15$, $D_a = 300$ mm,
$E = 170\,000$ N/mm², $\alpha = 17 \cdot 10^{-6}$/K, $\lambda = 20$ W/m K

Abb. 5-46a, b: $\quad \Delta\vartheta = \dfrac{G \cdot p}{10 \cdot E \cdot \alpha}$

$$10 \cdot \frac{\sigma_v}{p} = \frac{1500}{300} = 5$$

Innenwand: $G = 9$, jetzt die Außenwand mit $G = 5{,}4$ bestimmend

$$\Delta\vartheta \leq \frac{5{,}4 \cdot 300}{10 \cdot 170000 \cdot 17 \cdot 10^{-6}} = 56\ °C$$

Abb. 5-47a, b: $\dot{q}_a = \dfrac{Q \cdot p \cdot \lambda}{5 \cdot E \cdot \alpha \cdot D_a}$

Innenwand: Q = 30 , Außenwand kritisch mit Q = 15

$$\dot{q}_a = \dfrac{15 \cdot 300 \cdot 20}{5 \cdot 170000 \cdot 17 \cdot 10^{-6} \cdot 0{,}3} = 20762 \text{ W/m}^2 = 20{,}8 \text{ kW/m}^2$$

Beispiel 14 (Rechenbeispiel):

Aufgabenstellung:
Für vorgegebene Außendurchmesser D_a und Länge L soll ein dickwandiger Vorlagebehälter so optimiert werden, dass sein Speicherinhalt, d.h. Gasvolumen mal Gasdruck $V_i \cdot p$, den größtmöglichen Wert erreicht.

Lösungsweg:
Für das Speichervolumen unter Normbedingungen kann geschrieben werden

$$V_N = \dfrac{\pi}{4} \cdot D_i^2 \cdot L \cdot p = \dfrac{\pi}{40} \cdot L \cdot D_a^2 \cdot \dfrac{1}{\eta^2} \cdot \dfrac{K/S}{\sqrt{3}} \cdot \dfrac{\eta^2 - 1}{\eta^2}$$

mit $\eta = D_a/D_i$, L >> D_i und p aus Gleichung für σ_v nach GEH
Variabel ist in diesem Ausdruck nur die Gruppe

$$y = \dfrac{\eta^2 - 1}{\eta^4} = \dfrac{u}{v} \quad \text{mit}$$

$$y' = \dfrac{dy}{d\eta} = \dfrac{v \cdot u' - u \cdot v'}{v^2} = 0 \quad \text{für Optimum von y!}$$

$$y' = \dfrac{1}{\eta^8} \cdot \left[\eta^4 \cdot 2 \cdot \eta - \left(\eta^2 - 1\right) \cdot 4 \cdot \eta^3\right].$$

Für das Optimum muss der Zähler z von y' zu 0 werden!

$$z = 0 = \eta^4 \cdot 2 \cdot \eta - \left(\eta^2 - 1\right) \cdot 4 \cdot \eta^3 = -\eta^2 + 2 = 0 \quad \text{oder}$$

$\eta = \sqrt{2} = 1{,}41$ als Berechnungsergebnis

Für das zugehörige Wanddicken-Durchmesser-Verhältnis s/D_a ergibt sich durch einfache Umformung der Wert 0,146 als Abszisse des Maximums V_N in der Kurvendarstellung von Abb. 5-48 (dies ist auch in der Unterschrift zu Abb. 5-49 „Lokomotive mit HD-Zylindern" angegeben).

Wählt man anstatt der Zylinderform die Kugelform, so gilt für den Zähler $z = \eta^5 \cdot 2 \cdot \eta - \left(\eta^2 - 1\right) \cdot 5 \cdot \eta^4 = 0$ mit $\eta = \sqrt{5/3} = 1{,}29$ und

$s/D_a = 0{,}113$, also ein Optimum bei ca. 23% geringerer Wanddicke als beim Zylinder.

Die Kurvendarstellungen in Abb. 5-48 verdeutlichen den Funktionsverlauf für Zylinder- und Kugelform. Bei dünnwandigen Behältern erhält man durch die Kugelform – wie z.B. für Flüssiggastransport auf Hochseeschiffen – etwa 33% größere Speicherfähigkeit in einem vorgegebenen Außenraum. Bei dickwandigen Behältern – wie z.B. für Luftlokomotiven im Bergbau unter Tage – gewinnt man hingegen durch die Zylinderform eine bessere Raumausnutzung.

Beispiel 15 (Rechenbeispiel):

Aufgabenstellung:
Für einen Versuchsautoklaven sind die erforderliche Wanddicke s und die maximale Wärmestromdichte $\dot{q}$ zu bestimmen:
Werkstoff Austenit 1.4571, $\vartheta_a > \vartheta_i$, $\vartheta_i = 400$ °C, p = 325 bar (Betriebsdruck bei der Ammoniaksynthese nach Haber-Bosch, BASF, siehe „Historische Entwicklung").

Aus der Abb. 5-1 und der Tabelle 5.1 erhält man als mittlere
Stoffdaten:
  Elastizitätsmodul   E = 168 000 N/mm²
  Ausdehnungskoeffizient $\alpha = 17{,}8 \cdot 10^{-6}$/K
  Wärmeleitfähigkeit $\lambda = 20$ W/m K
  1%-Dehngrenze $\sigma_{1,0} = K = 164$ N/mm²

Lösungsweg:
In Anlehnung an Gl. (1) in AD-B10 berechnet man als Wanddicke für

$D_a = 160$ mm $\quad s = \dfrac{D_a \cdot p}{23 \cdot \dfrac{K}{S} - p} = \dfrac{160 \cdot 325}{23 \cdot \dfrac{164}{1{,}5} - 325} = 24$ mm,

als Innendurchmesser damit $D_i = 160 - 2 \cdot 24 = 112$ mm.

Mit Gl. (2) und Gl. (3) aus AD-B10 erhält man dann die durch Innendruck hervorgerufenen Vergleichsspannungen an der Innenfaser σ_{vi} bzw. an der Außenfaser σ_{va}:

$\sigma_{vi} = \dfrac{p \cdot (D_a + s)}{23 \cdot s} = \dfrac{325 \cdot 184}{23 \cdot 24} = 108{,}3$ N/mm²

$\sigma_{va} = \dfrac{p \cdot (D_a - 3 \cdot s)}{23 \cdot s} = \dfrac{325 \cdot 88}{23 \cdot 24} = 51{,}8$ N/mm²

Mit den beiden Hilfswerten A und B nach Gl. (6) und (7) in AD-B10 sowie der Vorgabe $\sigma_v + \sigma_w \leq K$ (unter zulässiger Sicherheit S = 1) erhält man aus Gl. (4):

$$|\Delta\vartheta| = \frac{K - \sigma_{vi}}{\alpha \cdot E \cdot \dfrac{A}{2 \cdot (1-\mu)}} = \frac{(164 - 108,3) \cdot 1,4}{17,8 \cdot 10^{-6} \cdot 168000 \cdot 1,12} = 23,3 \text{ K}$$

für die Innenwandbeanspruchung nach Abb. 5-45, oben (gerechnet nach GEH): 22,4 °C

und aus Gl. (5):

$$|\Delta\vartheta| = \frac{K - \sigma_{va}}{\alpha \cdot E \cdot \dfrac{|B|}{2 \cdot (1-\mu)}} = \frac{(160 - 51,8) \cdot 1,4}{17,8 \cdot 10^{-6} \cdot 168000 \cdot 0,882} = 59 \text{ K}$$

für die Außenwandbeanspruchung nach Abb. 5-45, unten (gerechnet nach GEH): 75 °C.

Da die Wärme von außen nach innen fließen soll, ist $\vartheta_a > \vartheta_i$.

Wegen der Vorgaben von Gln. (4), (5), (8) und (9) aus AD-B10 muss der kleinere Wert der zulässigen Temperaturdifferenz für die weitere Rechnung herangezogen werden. Als Wärmestromdichte $\dot{q}_a$ erhält man aus den Grundlagen der Wärmeleitung nach [20], Dubbel, Hütte etc.]:

$$\dot{q}_a = \frac{\lambda \cdot \Delta\vartheta}{\dfrac{D_a}{2} \cdot \ln\dfrac{D_a}{D_i}} = \frac{20 \cdot 23,3 \cdot 2}{0,160 \cdot \ln 1,43} = 16,3 \text{ kW/m}^2.$$

für die Innenwandbeanspruchung nach Abb. 5-46 (gerechnet nach GEH): 15,7 kW/m², bezogen auf die Außenfläche.

Andere Parameter können zu durchaus unterschiedlichen Werten nach oben benutzten zwei Berechnungsmethoden (AD-B10 und GEH) führen.

Diese Wärmestromdichte darf nicht plötzlich, sondern muss allmählich aufgebracht werden, damit Zusatzspannungen durch instationäre Temperaturprofile vermieden werden (siehe auch [3] zur Vertiefung).

6. Abschlusselemente

Dieses Kapitel betrifft die Elemente
„**Kegelförmige Mäntel**, Kapitel **6.1**"
„**Gewölbte Böden und Zwischenwände**, Kapitel **6.2**" und
„**Ebene Böden und Platten**, Kapitel **6.3**"
Das deutsche Regelwerk handelt diese in den AD-Merkblättern B2, B3 und B5 ab [1].

Die Abschlusselemente dienen dazu, zylindrische Mäntel zu einem vollständigen Druckbehälter zusammenzufügen. Eine Ausnahme können die kegelförmigen Elemente darstellen, die natürlich auch ohne den Anschluss an einen Zylindermantel vorkommen können. Die Regel ist jedoch auch hier die Verwendung als Feststoffsilo, bestehend aus zylindrischem Lagerteil und konvergierendem Austragskegel.

Die Abb. 6-1 aus [18] bringt eine Zusammenstellung der üblichen Abschlusselemente, wie sie wohl überall in der Welt gebräuchlich sind. Die Klassifizierung und die Zuordnung zu Böden, wie sie speziell in Deutschland verwendet werden, ist in dem genannten Überblick auf Abb. 6-1 angegeben. Sie zeigt vom ebenen Deckel über gewölbte Böden bis hin zum Kegelmantel alle im Kapitel 6 vorkommenden Elemente.

Obwohl gewölbte Böden, die aus ebenen Platten geformt werden, zusätzliche Kosten durch die Formgebung verursachen, ist ihre Verwendung wegen des Volumengewinns und wegen der günstigeren Spannungsverteilung unter Innendruck üblicherweise wirtschaftlicher. Ausgenommen hiervon sind Zylinder mit kleineren Durchmessern – z. B. Stutzen – die fast ausschließlich durch ebene Deckel verschlossen werden.

Eine weitere allgemeine Einführung erübrigt sich, weil die in diesem Kapitel 6 behandelten Elemente sehr unterschiedlich hinsichtlich der Berechnung zu behandeln sind. Allen gleich ist jedoch die Überlagerung von druckbedingten, ziemlich gleichmäßig über den Querschnitt verteilten Membranspannungen und im Bereich von geometrischen Formänderungen Z-förmig von + nach – verteilten Biegespannungen.

Weitere Vorbemerkungen finden sich in den einzelnen Unterkapiteln.

6. Abschlusselemente

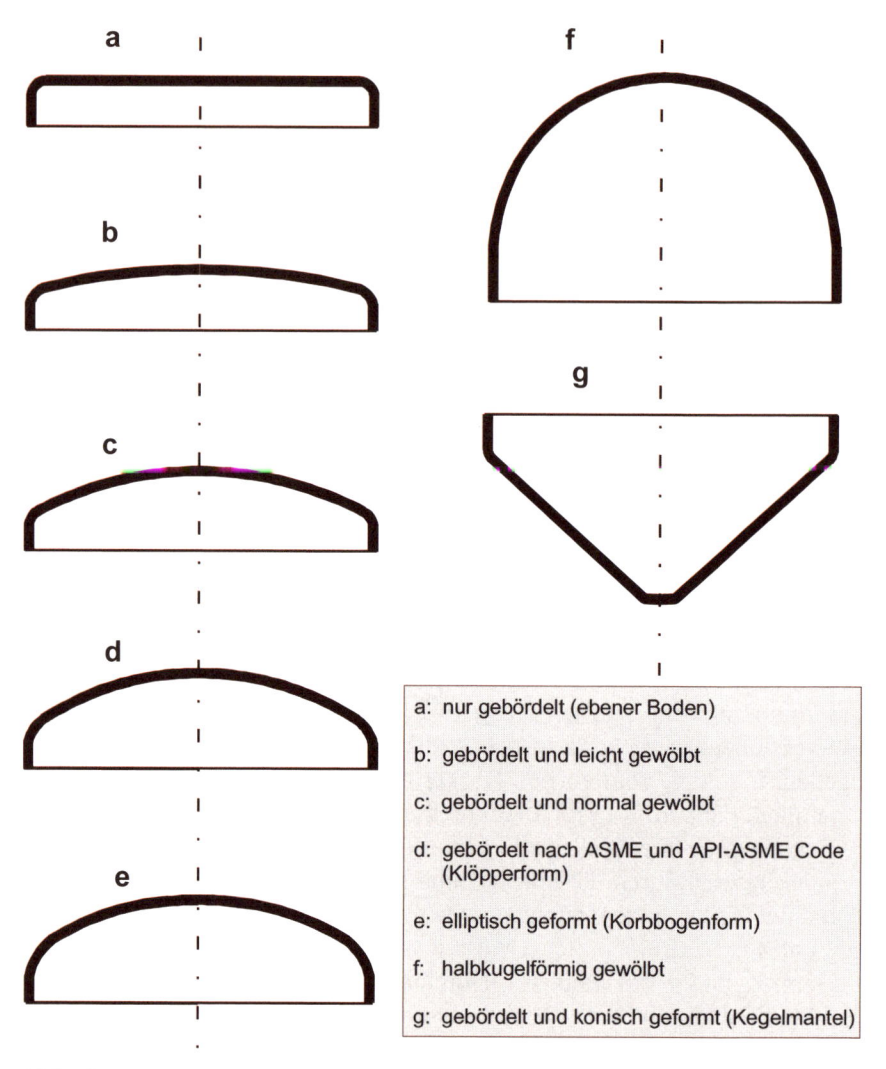

a: nur gebördelt (ebener Boden)

b: gebördelt und leicht gewölbt

c: gebördelt und normal gewölbt

d: gebördelt nach ASME und API-ASME Code (Klöpperform)

e: elliptisch geformt (Korbbogenform)

f: halbkugelförmig gewölbt

g: gebördelt und konisch geformt (Kegelmantel)

Abb. 6-1: Zusammenstellung von verschiedenen, oft gebrauchten Abschlusselementen nach [18]

6.1 Kegelförmige Mäntel

Einleitung

Kegelmäntel werden meist für den Austragsbereich von Silos verwendet, manchmal auch für Sonderkonstruktionen von Reaktoren und anderen Apparaten der chemischen Produktionstechnik. Fast immer handelt es sich dabei um konvergierende Kegel, so dass auf diese das Hauptaugenmerk gerichtet wird. Die selteneren Fälle divergierender Kegel sind in den Berechnungsgleichungen des AD-Merkblatts B2 enthalten.

Aus dem Kräftegleichgewicht nach dem Flächenvergleichsverfahren ergibt sich die Grundgleichung

$$s = \frac{D_K \cdot p}{20 \cdot \frac{K}{S} \cdot v - p} \cdot \frac{1}{\cos \varphi} \qquad (6.1)$$

Als Festigkeitskennwert kann also nur das $\cos \varphi$-fache von K genutzt werden. D_K ist der Kegeldurchmesser am Ende des Abklingbereichs der Krempe. Die genaue Bestimmungsgleichung lautet:

$$D_K = D_{a1} - 2 \cdot \left[s_l + r \cdot (1 - \cos \varphi) + x_2 \cdot \sin \varphi \right] \qquad (6.2)$$

mit $\quad x_2 = 0{,}7 \cdot \sqrt{\dfrac{D_{a1} \cdot s_l}{\cos \varphi}} \quad$ für $\varphi < 70°$

x_2 ist darin die Abklinglänge zum Kegel hin. x_2 und D_K sind in der Skizze der Abb. 6-2 eingetragen.

In Übergängen zwischen den spannungsgünstigen Grundformen – Zylinder, Kugel, Kegel – eines Apparates kommt es im Krempenbereich zwischen Zylinder- und Kegelmantel zu örtlichen Spannungserhöhungen, wie in Abb. 6-3 (Bild A1 aus Anhang zu AD-B2) für Membran- und Biegespannungen dargestellt. Grundlage dieses Bildes und auch der Nomogramme entsprechend Abb. 6-2, bzw. Bilder 3.1 bis 3.8 aus AD-B2, ist eine geometrisch und physikalisch lineare Spannungsberechnung mit einem numerischen Programm auf der Grundlage eines Übertragungs- oder Stufenkörperverfahrens (siehe auch Anhang zu AD-Merkblatt B2 / Erläuterungen).

Die oben genannte Abb. 6-3 zeigt den prinzipiellen Spannungsverlauf in Zylinder, Krempe und konvergierendem Kegelmantel. Wie man sieht, und wie auch nicht anders zu erwarten war, entstehen unter Innendruck in der Krempe erhebliche Spannungsspitzen.

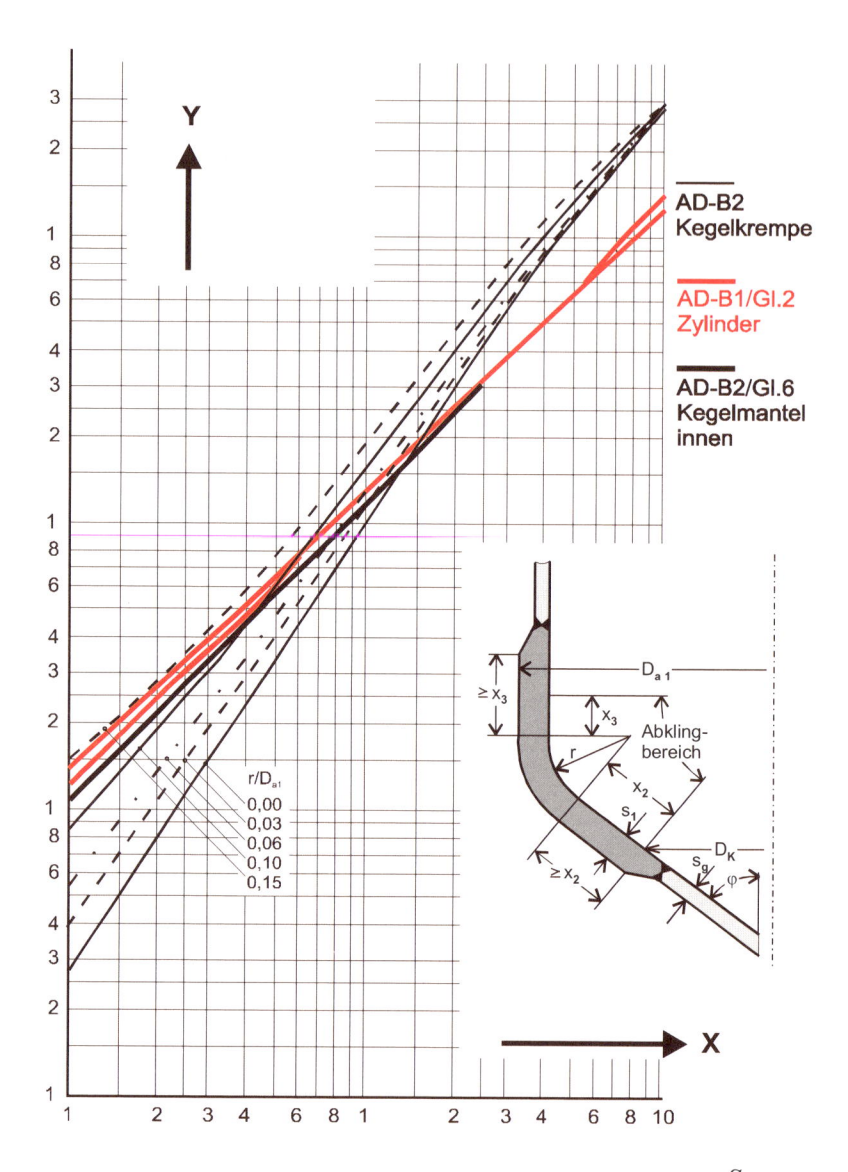

Abb. 6-2: Zulässiger Wert der Beanspruchungsgruppe $Y = \dfrac{p \cdot S}{15 \cdot K \cdot v}$ für den Krempenbereich von konvergierenden Kegeln über dem Wanddicken-Durchmesser-Verhältnis $X = s_1/D_{a\,1}$ bei unterschiedlichen Radien $r/D_{a\,1}$, Öffnungswinkel $\varphi = 40°$. Zum Vergleich: Zylinder nach Gl. (2)/AD-B1 und Kegel nach Gl. (6)/AD-B2 außerhalb des Abklingbereichs der Störspannungen [1]

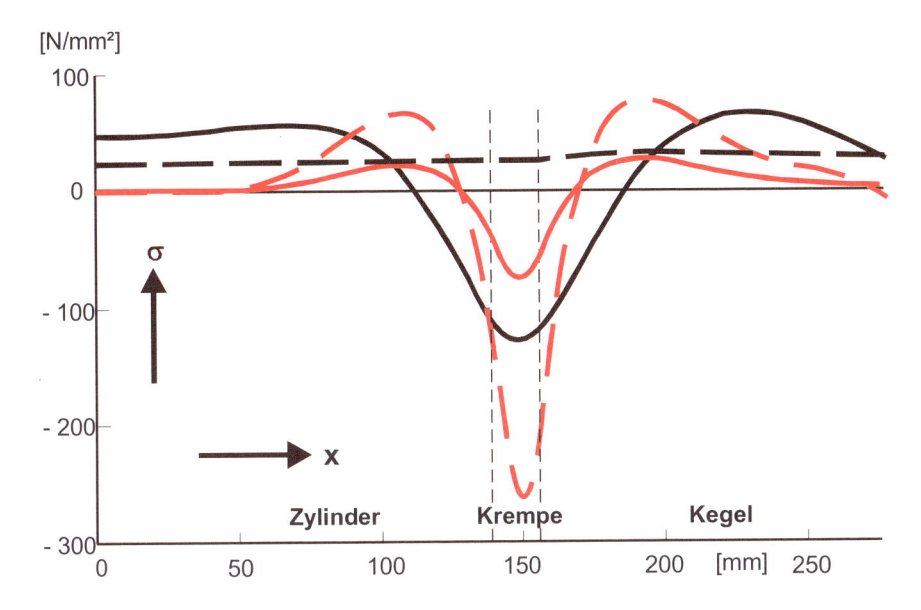

Abb. 6-3: Prinzipieller Spannungsverlauf in Zylinder, Krempe und konvergierendem Kegel eines Druckbehälters
rot: Biegespannungen, schwarz: Membranspannungen,
durchgezogene Kurvenzüge: Umfangsrichtung (tangential)
gestrichelte Kurvenzüge: Längsrichtung (meridian)
Beispiel mit: $s = 2$ mm, $D_{a1} = 1000$ mm, $r/D_{a1} = 0,02$, $p = 1,9$ bar,
$K = 200$ N/mm², $\vartheta = 40$ °C

Die neue Version des AD-Merkblatts B2 (Ausgabe 1995) [1] stellt erwähnte Linientafeln (Nomogramme) für verschiedene Kegelwinkel φ zur Verfügung, aus welchen über einen bezogenen Druck $Y = \dfrac{p \cdot S}{15 \cdot K \cdot v}$ als Ordinate und das Radiusverhältnis r/D_{a1} die erforderliche Wanddicke s_1 der Krempe aus der Abszisse $X = s_1/D_{a1}$ zu bestimmen ist.

Noch einmal muss erwähnt werden, dass es sich vereinbarungsgemäß bei den Wanddicken s um die berechneten Wanddicken ohne die Zuschläge c handelt.

Die Abb. 6-2 zeigt den zulässigen Wert der Beanspruchungsgruppe Y für den Krempenbereich von Kegeln über der bezogenen Wanddicke X bei unterschiedlichen Radien r/D_{a1} für einen Öffnungswinkel φ = 40°. Zum Vergleich wurden auch Zylinder nach Gl. (2)/AD-B1 (Kesselformel) und

Kegel nach Gl. (6)/AD-B2 außerhalb des Abklingbereichs der Störspannungen aufgenommen.

Der Verlauf Y(X) nach der „Kesselformel" (AD-B1) zeigt, dass gegenüber der Berechnung nach AD-B2 bei großen Wanddicken nur deutlich kleinere Drücke zugelassen werden. Dieses Phänomen mag mit dem mittragenden Bereich von Zylinder und ungestörtem Konus begründet sein. Es wird empfohlen, den Druck nach AD-Merkblatt B1 zu wählen.

Diese Abb. zeigt aber auch, dass für Y > 0,007 nach Gl. (6) aus AD-B2 für den Innenkegel die größere Wanddicke berechnet wird. Der kritische Betrachter mag die Frage aufwerfen, ob die Krempenwanddicke nicht tangential in den Funktionsverlauf nach Gl. (2) aus AD-B1 oder Gl. (6) aus AD-B2 einmünden müsste.

Analog zu AD-Merkblatt B3 (Gewölbte Böden) soll ein Berechnungsbeiwert β definiert werden, der dann auch in diesen Betrachtungen zum neuen AD-B2 Verwendung finden soll. Dieser Wert β nämlich war in der alten Ausgabe von AD-B2 explizit vorhanden. Es darf die Frage aufgeworfen werden, warum dieser β – Wert in der neuen Version von AD-B2 nicht beibehalten wurde.

In Abb. 6-4 werden die Berechnungsbeiwerte β – d.h. die Spannungserhöhungsfaktoren – der alten Version des AD-Merkblatts B2 mit der neuen Version von 1995 verglichen ($d_i = 0$).

AD-B2 alt/1986: $$\beta = \frac{s_l}{D_{a1}} \cdot \frac{40 \cdot K \cdot v}{S \cdot p} \qquad (6.3)$$

Für diese Version wurden die β-Werte nach einfachstem Stufenkörperverfahren bestimmt und durch Spannungsermittlungen aus Dehnungsmessungen bestätigt. Die Wanddicke s wird meist durch die Krempe bestimmt, jedoch kann der Kegel mit seiner Wanddicke s_g durchaus dicker ausfallen als die Krempe. Dann sollte die Krempenwanddicke aber ebenfalls mit s_g ausgeführt werden.

AD-B2 neu/1995: $$\beta = \frac{s_l}{D_{a1}} \cdot \frac{40}{15} \cdot \frac{1}{Y} \qquad (6.4)$$

analoger Wert zu oben (aus $Y = \dfrac{p \cdot S}{15 \cdot K \cdot v}$ als Definition)

Im oberen Teil der Abbildung sind die Abhängigkeiten für das konstante Verhältnis $r/D_{a1} = 0{,}08$ und die Kegelwinkel $\varphi = 10°$, $40°$ und $70°$ aufgetragen, im unteren Teil für den konstanten Kegelwinkel $\varphi = 40°$ die Durchmesserverhältnisse $r/D_{a1} = 0{,}01$, $0{,}08$ und $0{,}15$.

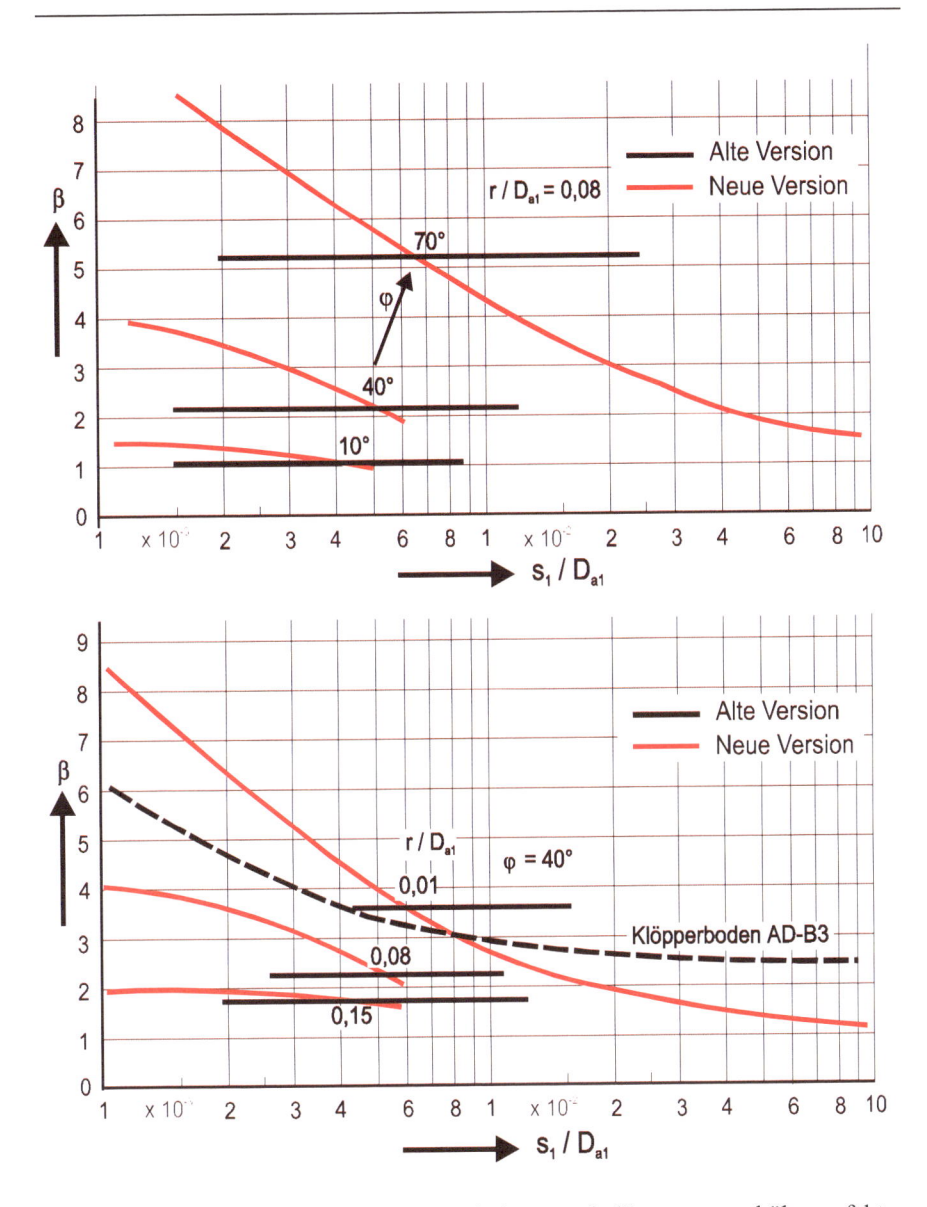

Abb. 6-4: Vergleich von Berechnungsbeiwerten β (Spannungserhöhungsfaktoren) nach alter und neuer Version von AD-Merkblatt B2 [1]

Man erkennt, dass nunmehr bei kleinen Abszissenwerten X mit größeren β-Werten auch größere Wanddicken, bei größeren Abszissenwerten umgekehrt kleinere Wanddicken s_1 von Kegelmänteln erforderlich werden, da mit der neuen Version des AD-Merkblatts B2 der Einfluss der Wanddicke auf die Krempenspannung berücksichtigt wird. Dies kennt man in der Tendenz auch bei den β-Werten für gewölbte Böden, die im folgenden Kapitel 6.2 behandelt werden.

In einer völlig anderen Darstellungsform ist der kritische Vergleich noch einmal in der Abb. 6-5 wiederholt. Man erkennt die deutlichen Unterschiede und wohl auch, dass nicht jeder Zehntel Millimeter an unter Umständen fehlender Wanddicke auf die „Goldwaage" gelegt werden sollte.

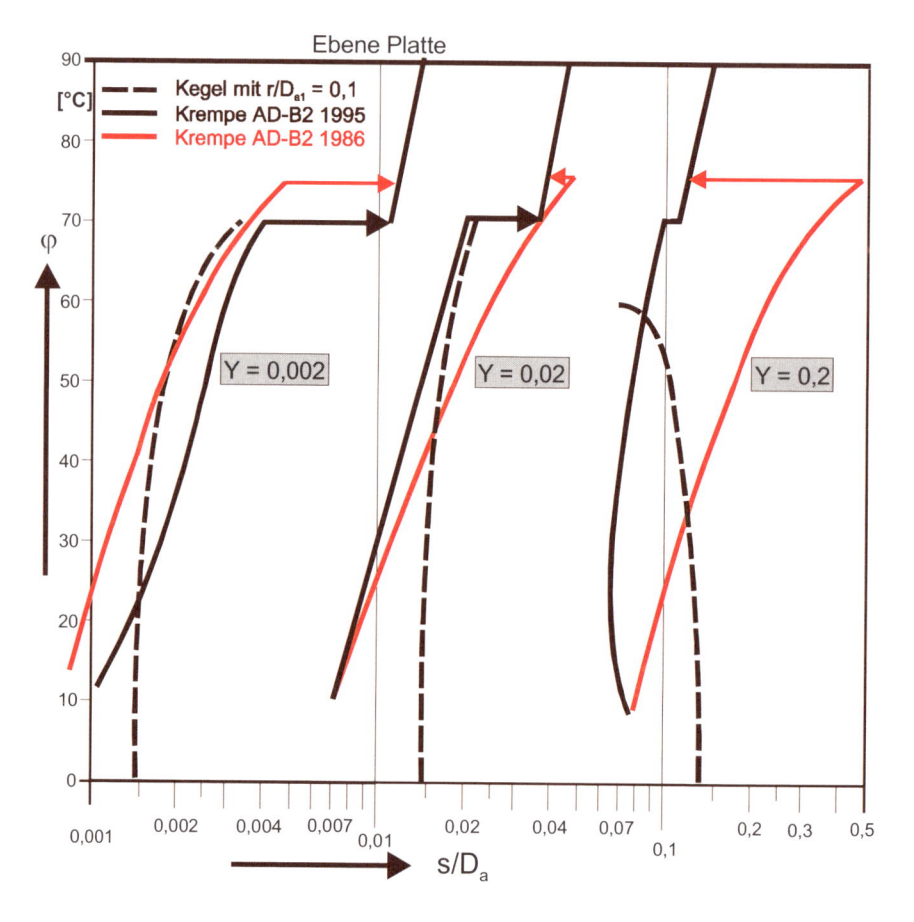

Abb. 6-5: Zulässiger Kegelöffnungswinkel φ (bis Mittelachse) über dem Wanddicken-Durchmesser-Verhältnis s/D_a für verschiedene Gruppen $Y = \dfrac{p \cdot S}{15 \cdot K \cdot \nu}$ nach unterschiedlichen AD-Merkblättern [1]

An dieser Stelle muss eine kritische Bemerkung angefügt werden:
Nach altem AD-Merkblatt B2 – Ausgabe August 1986 – erhält man $\beta \approx$ const. für $0,08 \leq r/D \leq 0,13$ und $1,5 \leq \beta \leq 1,6$. Der Vergleich mit dem Radiuseinfluss des neuen AD-Merkblatts B2 zeigt die Notwendigkeit einer Revision. Hier wäre eine Vorveröffentlichung der neuen Ausgabe des AD-Merkblatts B2 guter Stil gewesen! Als Konsequenz ergibt sich nämlich: Kleine Wanddicken werden dicker, große dünner als früher.

In Abb. 6-6 sind die Berechnungsbeiwerte β für die Verbindung Kegel – Zylinder über der bezogenen Wanddicke s_1/D_{a1} nach [13] dargestellt.

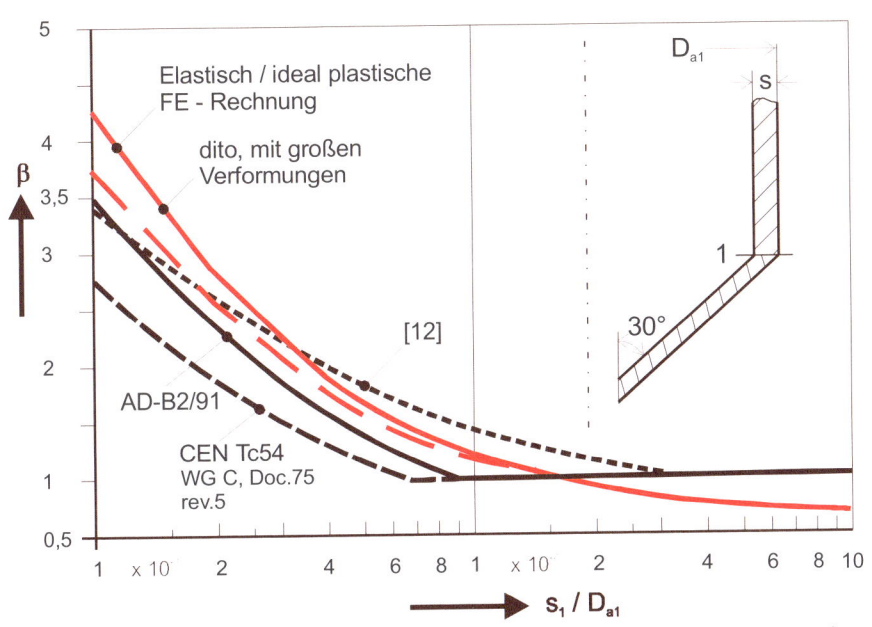

Abb. 6-6: Berechnungsbeiwerte β für die Verbindung Kegel – Zylinder über dem sogenannten „Dickwandigkeitsgrad" s/D_{a1} nach [13].

Damit wird die Berechtigung für die deutliche Änderung der Berechnungsmargen dokumentiert. Alle fünf dargestellten Methoden belegen den Abfall des Beiwerts β mit dem Quotienten s/D_{a1}. Das in den Erläuterungen zu AD-Merkblatt B2 erwähnte Übertragungsverfahren wird in der Tendenz und mit geringem Unterschied zu den heute gültigen Werten gut bestätigt.

Das Grenzkriterium stellt die Vollplastizierung des Querschnitts 1 dar, d.h. die Ausbildung eines nach E.Siebel (vormals Ordinarius an der TH Stuttgart) so bezeichneten „plastischen Gelenks".

Beispiele

Beispiel 1 (Lese- und Rechenbeispiel):

Aufgabenstellung:
Die Einführungsdarstellung in Abb. 6-3 der örtlichen Störspannungen in der Kegelkrempe und im Abklingbereich der oszillierenden Spannungsverläufe soll mit Hilfe der Linientafel Abb. 6-2 $Y = \dfrac{p \cdot S}{15 \cdot K \cdot v}$ über $X = \dfrac{s_l}{D_{a1}}$ verglichen werden.

Lösungsweg:

Abszisse $X = \dfrac{s}{D_{a1}} = \dfrac{2}{1000} = 0{,}002$ Parameter $\dfrac{r}{D_{a1}} = \dfrac{20}{1000} = 0{,}02$

Damit bei $\varphi = 40°$ als Ordinate

$$Y = \dfrac{p \cdot S}{15 \cdot K \cdot v} = 0{,}00095 \triangleq \dfrac{p}{15} \cdot \dfrac{1}{\sigma_v} ;$$

daraus die mittlere Vergleichsspannung

$$\sigma_v = \dfrac{1{,}9}{15} \cdot \dfrac{1}{0{,}00095} = 133 \text{ N/mm}^2$$

Dieser Wert ist jedoch im Bereich hoher Spannungsspitzen wegen dort zulässiger plastischer Verformung deutlich kleiner als eine rechnerische Vergleichsspannung von ca. 220 N/mm² für die Spannungsspitzen in Krempenmitte. Dieser Wert wird nach GEH wie folgt ermittelt (siehe dazu Kapitel 3, Gleichung für den zweiachsigen Spannungszustand):

$\sigma_{um} + \sigma_{ub} = \sigma_u \qquad \sigma_{lm} + \sigma_{lb} = \sigma_l$

$\sigma_u = -260 + 22 = -238$ N/mm² $\sigma_l = -126 - 74 = -200$ N/mm²

$$\sigma_v = \sqrt{\sigma_u^2 + \sigma_l^2 + \sigma_u \cdot \sigma_l}$$
$$= \sqrt{(-238)^2 + (-200)^2 - [(-238) \cdot (-200)]} = 221 \text{ N/mm}^2$$

Beispiel 2 (Rechenbeispiel):

Aufgabenstellung:
Zu berechnen sind die Wanddicken eines Transportsilos mit Kegelwinkel $\varphi = 40^0$, Werkstoff 1.4541 ($\vartheta \leq 50\,°C$), d.h. $K = 222$ N/mm², Krempen-

durchmesser außen D_{a1} = 2500 mm, Krempenradius r = 200 mm, somit r/D_{a1} = 0,08. Wegen gelegentlicher Entleerung mit Pressluft bzw. Stickstoff Auslegungsdruck p = 6 bar.

Lösungsweg:
Die Lösung erfolgt unter Nutzung der Linientafel in Abb. 6-2:

Für die Ordinate ergibt sich $Y = \dfrac{p \cdot S}{15 \cdot K \cdot v} = \dfrac{6 \cdot 1,5}{15 \cdot 222 \cdot 0,85} = 0,00318$

mit dem Parameter $\dfrac{r}{D_{a1}} = 0,08$ und für die Abszisse

$X = \dfrac{s_L}{D_{a1}} = 0,00353$, basierend auf Bild 3.4 in AD-B2.

Daraus Krempenwanddicke s_l = 0,00353 · 2500 = 9 mm.
Die Kegelwanddicke wird wie folgt ermittelt:

$x_2 = 0,7 \cdot \sqrt{\dfrac{D_{a1} \cdot s_l}{\cos \varphi}} = 0,7 \cdot \sqrt{\dfrac{2500 \cdot 9}{\cos 40°}} = 120$ mm

$D_K = D_{a1} - 2 \cdot [s_l + r \cdot (1 - \cos \varphi) + x_2 \cdot \sin \varphi]$
$= 2500 - 2 \cdot [9 + 200 \cdot (1 - \cos 40°) + 120 \cdot \sin 40°] = 2234$ mm

$s_g = \dfrac{D_K \cdot p / \cos \varphi}{20 \cdot \dfrac{K}{S} \cdot v - p} = \dfrac{2234 \cdot 6 / \cos 40°}{20 \cdot \dfrac{222}{1,5} \cdot 0,85 - 6} = 7$ mm

Im Krafteinleitungsbereich der am Kegel angebrachten vier Behälterfüße muss die Wanddicke großflächig durch aufgeschweißte Verstärkungsbleche auf etwa den doppelten Wert (20 mm) erhöht werden. Nur dann findet keine Überbeanspruchung durch die beim Absetzen in den Kegel übertragenen Kräfte statt. Ohne diese Maßnahme wurden vielfach unzulässig große plastische Verformungen und Rissbildung beobachtet. Aus diesem Grund und für einfachere Fertigung (konstante Wanddicke im ganzen Behälter) wird eine nach Gl. (6) aus AD-B2 geringfügig kleinere Wanddicke s_g = 7 mm außerhalb des Abklingbereichs der Störspannungen nicht genutzt.

6.2 Gewölbte Böden und Zwischenwände

Einleitung

Für zylindrische Druckbehälter stellen gewölbte Böden die wohl häufigsten Abschlusselemente dar, wobei die verschiedenen Formen zwischen der Halbkugel und der ebenen Platte liegen; Letztere wird im Unterkapitel 6.3 abgehandelt.

Gewölbte Böden bestehen aus einer Kugelkalotte im mittleren Bereich, einer Krempe und einem anschließenden zylindrischen Bord zum Mantelelement hin. Sie bieten eine erheblich bessere Werkstoffausnutzung als ebene Böden, die wegen der fehlenden Gewölbewirkung deutlich dicker ausfallen (siehe dazu auch Abb. 5-7). Üblicherweise werden gewölbte Böden in genormter Klöpper- oder Korbbogenform verwendet, seltener in Halbkugelform. Letztere ist zwar festigkeitsmäßig am Günstigsten, hat aber den Nachteil einer recht großen Bauhöhe bzw. -länge.

Die Abb. 6-7 zeigt die verschiedenen Formen von der Halbkugel an bis hin zum sehr flach gewölbten Boden mit dem Verlauf der Membranspannungen in Längsrichtung (bezeichnet als σ_1) und in Umfangsrichtung (bezeichnet als σ_2). In dieser Darstellung wird augenfällig die vorstehend gemachte Aussage „Halbkugelboden ist festigkeitsmäßig am Günstigsten" demonstriert. Siehe [17], Originaltext: "Ratio of Stress in an Ellipsoid to Stress in a Cylinder with Variation in Ratio of Major – to – Minor Axis". Die vorstehend genannten Hauptspannungen lassen sich für Pol und Äquator wie folgt bestimmen:

$$\text{Pol:} \quad \sigma_1 = \sigma_2 = \frac{p \cdot a^2}{2 \cdot b \cdot s_{Boden}} \tag{6.5}$$

$$\text{Äquator:} \quad \sigma_1 = \frac{p \cdot a}{2 \cdot s_{Boden}} \tag{6.6}$$

(entspricht der Längsspannung in einem Zylinder)

$$\sigma_2 = \frac{p \cdot a}{s_{Boden}} \cdot \left(1 - \frac{a^2}{2 \cdot b^2}\right) \tag{6.7}$$

Man sieht, dass die Umfangsspannung für a/b > 1,42 zum Äquator hin von Zug- zu Druckspannung wechselt und zwar umso stärker, je flacher die Krümmung des Bodens wird.

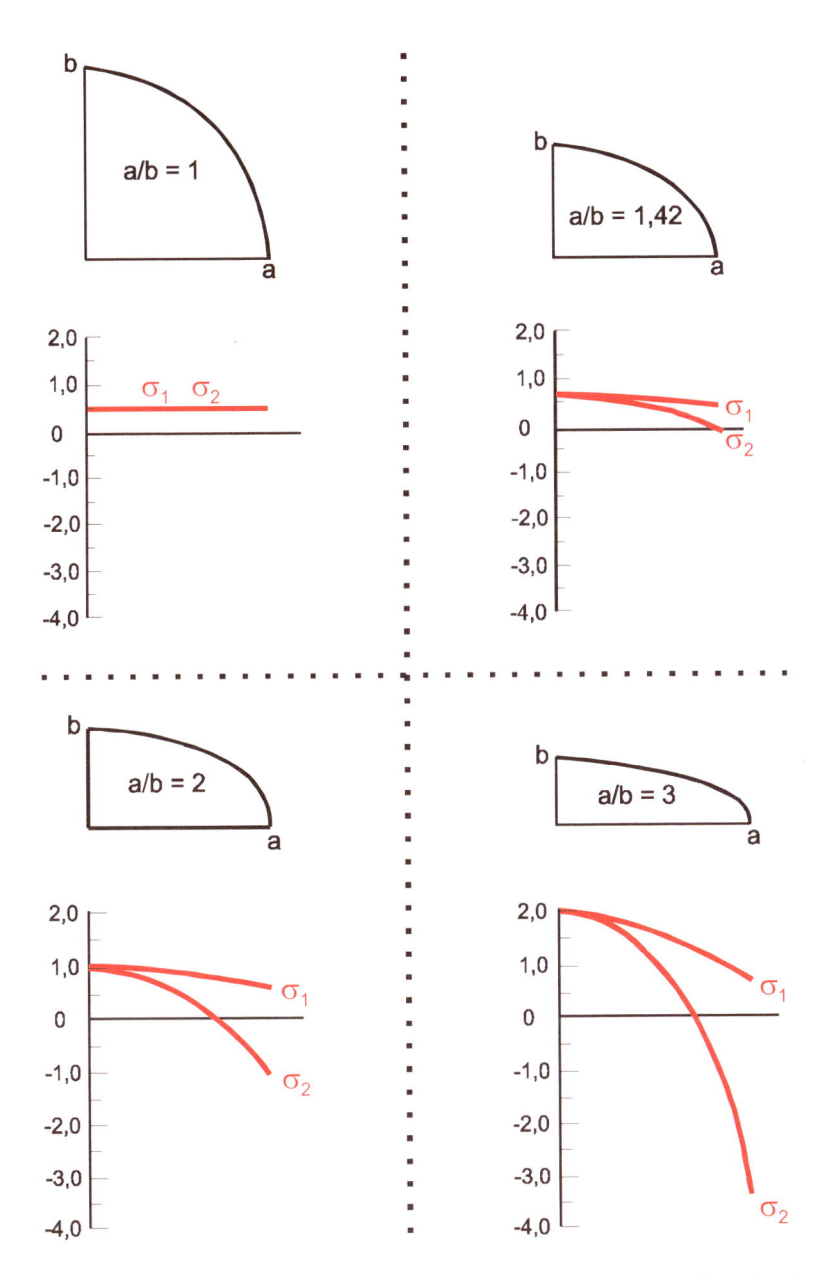

Abb. 6-7: Vereinfachtes Verhältnis der Spannungen in gewölbten Böden zu den Spannungen im Zylinder bei Variation des Verhältnisses beider Achsen [17]
σ_1 = Membranspannung in Längsrichtung (Meridianrichtung)

σ_2 = Membranspannung in Umfangsrichtung

Die Abb. 6-8 stellt einen gewölbten Boden ohne oder mit Stutzen dar und dient als Erläuterung für Wanddickenbestimmungen. Für die Klöpperform gilt: $D_a = R = 10 \cdot r$. Der Stutzen muss durchgeschweißt oder durchgesteckt und gegengeschweißt werden.

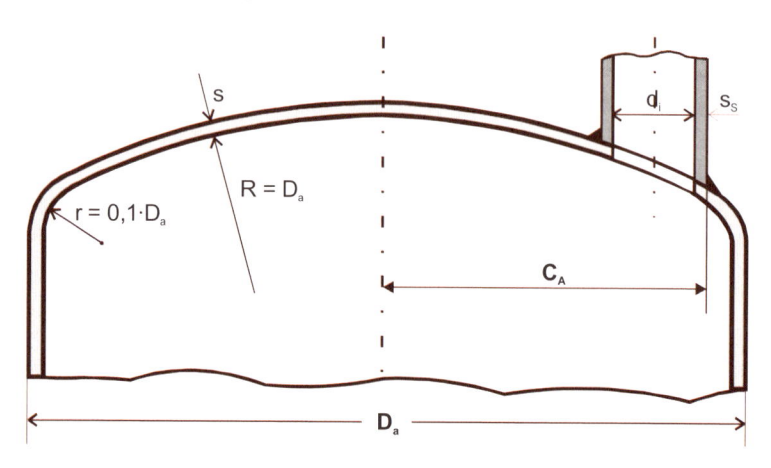

Abb. 6-8: Schematische Darstellung eines gewölbten Bodens für die Wanddickenbestimmung ohne oder mit Stutzen, im Bereich innerhalb oder außerhalb $0,6 \cdot D_a$. Für Klöpperböden gilt: $D_a = R = 10 \cdot r$

In der Tabelle 6.1 sind zu Auslegungszwecken die häufig benutzten Geometriedaten von gewölbten Böden in Klöpper- und Korbbogenform ohne zylindrische Bordhöhe zusammengefasst (Werte nach DIN 28013).

Die Abb. 6-9 (siehe dazu auch Bild 3 aus dem Anhang zum AD-Merkblatt B3) zeigt den Verlauf der Membranspannungen – Biegespannungen sind nicht mit dargestellt – an einem durch Innendruck beanspruchten Klöpperboden. Zur Ermittlung wurde eine elastizitätstheoretische Berechnung nach der sogenannten Stufenkörpermethode verwendet. Die innere Meridian-/Längsspannung σ_{li} an der Innenwand wird danach zur kritischen Spannung im Krempenbereich. Dies ist verständlich, wenn man in Verformungen denkt: Ein gewölbter Boden versucht unter Innendruck immer die ideale Halbkugelform anzunehmen, was zwangsläufig zur größten Spannung in der Krempe führt.

Anders und detaillierter geschildert, bestehen in der Krempe eines gewölbten Bodens nur geringe Möglichkeiten einer innendruckbedingten Membrandehnung, da hier der Radius erheblich kleiner ist als im anschließenden Kalotten- bzw. Zylinderbereich. Dadurch treten hohe Sekundärspannungen in der Krempe auf, die sich vorwiegend als zusätzliche Biegebeanspruchungen darstellen. Diese Zusatzbeanspruchungen be-

Tabelle 6.1. Geometriedaten für gewölbte Böden nach DIN 28013

	Klöpperform	Korbbogenform
Volumen	$0{,}1 \cdot (D_a - 2 \cdot s)^3$	$0{,}1298 \cdot (D_a - 2 \cdot s)^3$
Oberfläche	$0{,}99 \cdot D^2$	$1{,}08 \cdot D^2$
Radius der Krempe	$r = 0{,}1 \cdot D_a$	$r = 0{,}154 \cdot D_a$
Höhe	$0{,}1935 \cdot D_a + 0{,}545 \cdot s$	$0{,}255 \cdot D_a + 0{,}365 \cdot s$
Radius der Kalotte	$R = D_a$	$R = 0{,}8 \cdot D_a$
Bordhöhe Zylinderanschluss	$\geq 3{,}5 \cdot s$	$\geq 3 \cdot s$

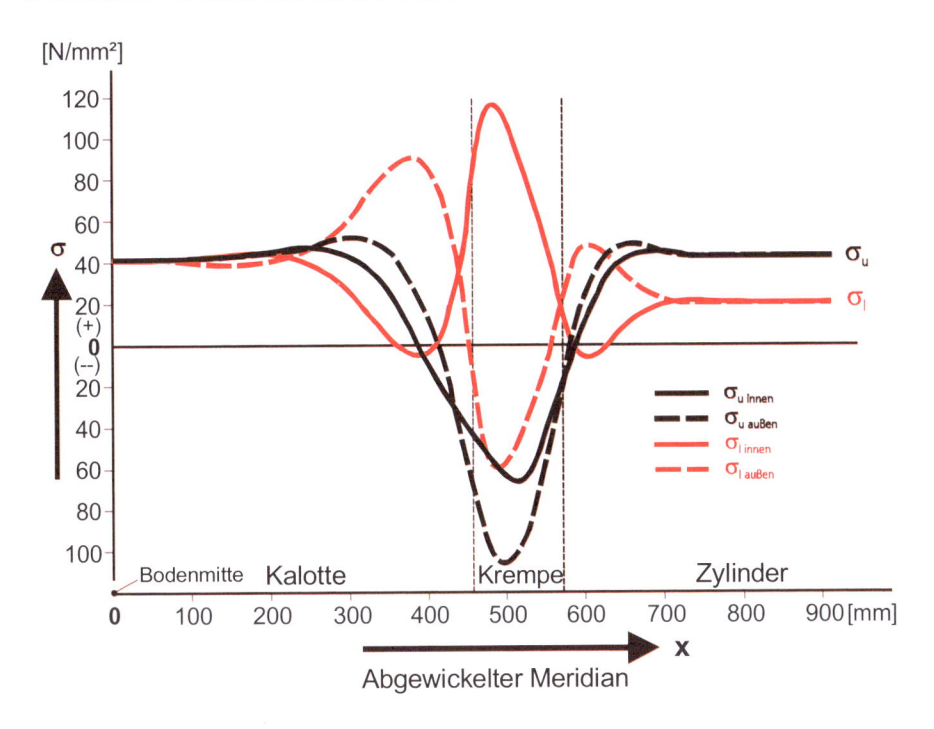

Abb. 6-9: Verlauf der Membranspannungen an der inneren und äußeren Oberfläche eines Klöpperbodens mit $R_i = D_a = 1000$ mm, $s = 7$ mm, $p = 5{,}9$ bar

schränken sich auf einen schmalen Bereich und sind in einiger Entfernung von der Krempe auf die reinen Membranspannungen abgeklungen, wie sie zum Beispiel in AD-B1 berechnet werden. Die Konsequenz ist klar: Für die Krempe werden wegen der größten Gesamtvergleichsspannungen auch die größten Wanddicken erforderlich.

Die Abb. 6-10 zeigt die typische Krempenbeulung eines gewölbten Bodens aufgrund eines sehr großen inneren Überdrucks. Es entstehen 14 Beulwellen, die Ermittlung erfolgte durch FE-Rechnung.

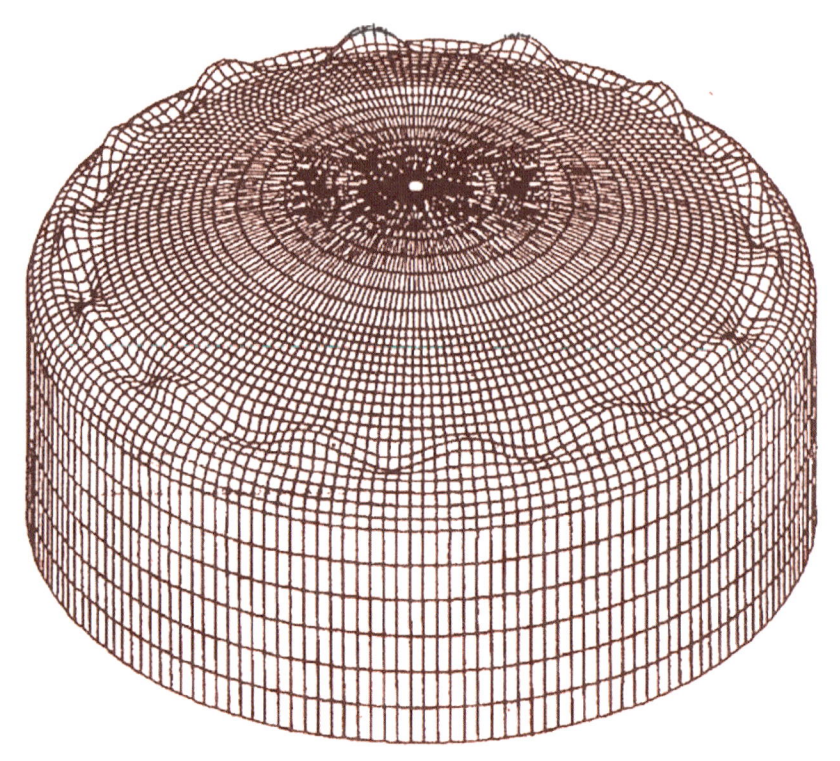

Abb. 6-10: Typische Krempenbeulung eines gewölbten Bodens aufgrund eines sehr großen inneren Überdrucks. 14 Beulwellen, FE-Berechnung

Bei verschiedenen Berstversuchen von Eisenbahnkesselwagen zur Belegung ihrer Explosionsdruckfestigkeit konnten vor einem Undichtwerden neben Zylinderstutzen immer wieder vielfältige Krempenbeulungen beobachtet werden, wie sie qualitativ in dieser Abbildung dargestellt sind. Die dortige plastische Verformung der Krempe führte jedoch bei keinem der Versuche zu Undichtheiten in diesem Bereich.

Die Wanddicke eines gewölbten Bodens wird mit einer modifizierten Formel für die Kugel (siehe dazu Gl.(3) in AD-B1 im Vergleich zu Gl.(15) in AD-B3) bestimmt. Der Berechnungsbeiwert $\beta = \alpha/\delta$ ist darin der Quotient aus Spannungserhöhungsfaktor oder Formzahl α und dem Dehngrenzenverhältnis δ, einem Faktor, welcher das elastisch-plastische

6. Abschlusselemente

Verhalten des Werkstoffs berücksichtigt, der im Krempenbereich durchaus bis zu ca. 1% bleibende Verformung erfahren kann.

Die Umformung der Gl. (15) in AD-Merkblatt B3 führt zu:

$$\beta = 40 \cdot \frac{K \cdot v}{p \cdot S} \cdot \frac{s_e}{D_a} = \frac{\alpha}{\delta}$$

In der Abb. 6-11 ist der Berechnungsbeiwert β von gewölbten Böden über dem Krümmungsverhältnis $c = \frac{2 \cdot h_2}{D_a}$ für verschiedene Verhältnisse von Wanddicke s zu Durchmesser D_a dargestellt. Sie zeigt den beträchtlichen Abfall von β mit dem Krümmungsverhältnis c für verschiedene Bodentypen.

Die Abb. 6-12 enthält das Spannungs-Dehnungs-Diagramm für die Beanspruchungsanalyse eines Klöpperbodens aus [2], K = 210 N/mm², s/D_a = 0,015.

Entsprechend AD-B1, Gl. (3) für die Kugel bei ε_v = 0,2%:

$$p' = 40 \cdot \sigma_u \cdot \frac{s}{D_a} = 40 \cdot 70 \cdot 0,015 = 42 \text{ bar als Prüfdruck}$$

$$p' = 1,3 \cdot p$$

Nun nach Gl. (15)/AD-B3:

$$\frac{s}{D_a} = \frac{S \cdot p \cdot \beta}{40 \cdot K \cdot v \cdot 1,3} = \frac{1,5 \cdot 42 \cdot 2,62}{40 \cdot 210 \cdot 1 \cdot 1,3} = 0,015 \quad \text{wie gegeben.}$$

Dies ist eine gute Bestätigung des Berechnungsbeiwerts β durch die vorgenannte Abbildung.

Zur Vertiefung siehe [2], Seite 111 ff, sowie den Anhang zu AD-B3. Die Korrelationsformeln aus [6] beschreiben die Abhängigkeiten von β ganz gut für den üblichen Einsatzbereich; sie eignen sich damit zur Tendenzaufzeigung.

Im Folgenden sind – ebenfalls für eine Tendenzaufzeigung – die β-Werte für Klöpper- und Korbbogenböden ohne und mit Stutzen zusammengestellt:

Klöpperboden ohne Stutzen: $\quad \beta \cong 1,90 + 0,0325 \cdot \left(\frac{D_a}{s}\right)^{0,7}$ \hfill (6.8)

Korbbogenboden ohne Stutzen: $\quad \beta \cong 1,55 + 0,0255 \cdot \left(\frac{D_a}{s}\right)^{0,625}$ \hfill (6.9)

Klöpperboden mit Stutzen: $\quad \beta \cong 1{,}90 + 0{,}933 \cdot \dfrac{d_i}{\sqrt{D_a \cdot s}}$ (6.10)

Korbbogenboden mit Stutzen: $\quad \beta \cong 1{,}55 + 0{,}866 \cdot \dfrac{d_i}{\sqrt{D_a \cdot s}}$ (6.11)

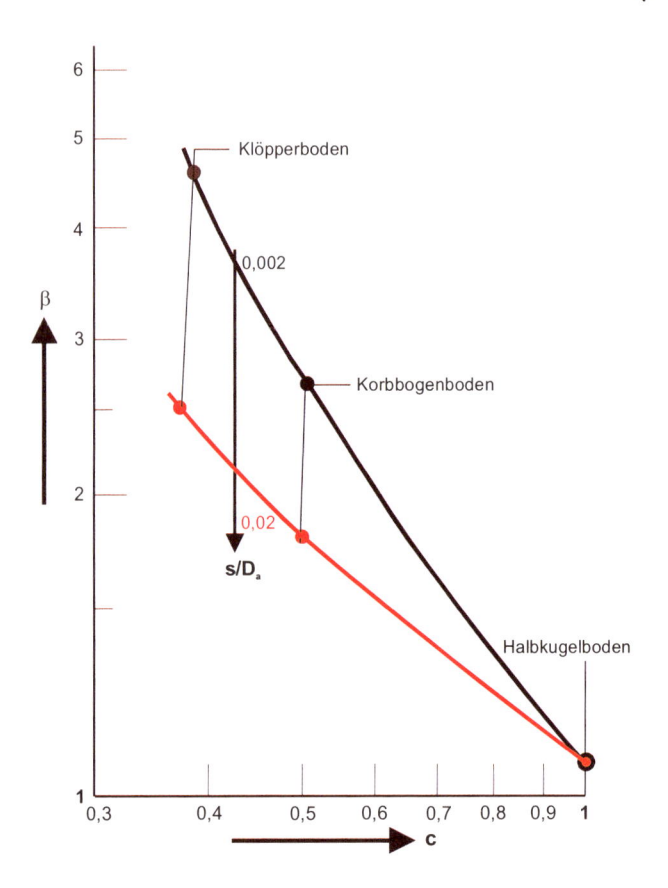

Abb. 6-11: Berechnungsbeiwert β von gewölbten Böden über dem Krümmungsverhältnis c = 2h$_2$ /D$_a$ für verschiedene Wanddicken-Durchmesser-Verhältnisse s/D$_a$

Der Stutzen befindet sich jeweils in der Krempe, d.h. außerhalb des Bereichs 0,6 · D$_a$, die Stutzenwanddicke beträgt etwa das 0,8fache der Krempenwanddicke.

Bemerkenswert ist auch der Term $\sqrt{D_a \cdot s}$, welcher der mittragenden Breite im Bereich der Krempe um den Stutzen entspricht. Die gegenseitige

Beeinflussung von Stutzen im Krempenbereich beginnt dann, wenn die Mindeststegbreite m (Stegbreite = Abstand benachbarter Ausschnittsränder) die Summe der beiden halben Stutzendurchmesser unterschreitet (siehe auch AD-B3):

$$m > \frac{1}{2} \cdot (d_{i1} + d_{i2})$$

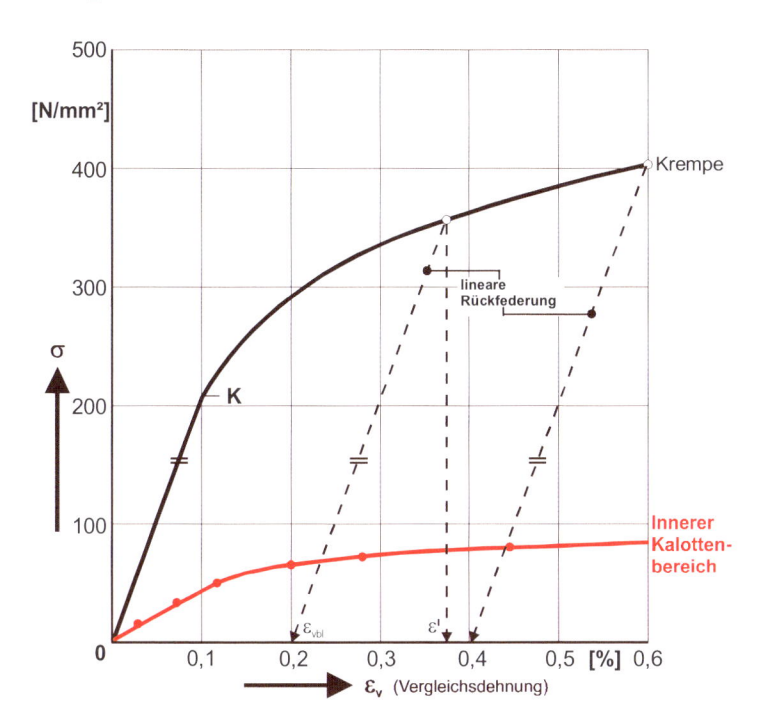

Abb. 6-12: Spannungs-Dehnungs-Diagramm für die Beanspruchungsanalyse eines Klöpperbodens aus [2]   Daten: K = 210 N/mm², s/D$_a$ = 0,015

Ist diese Bedingung nicht erfüllt, erhöht sich schlagartig der β-Wert, weil für $d_i = d_{i1} + d_{i2}$ oder gar $d_i = d_{i1} + m + d_{i2}$ gesetzt werden muss.

Als Vorgriff auf das AD-Merkblatt B9 – dieses wird in Kapitel 7.3 behandelt – sei erwähnt, dass dort benachbarte Stutzen in Zylindern oder Kugeln und deren gegenseitige Beeinflussung mit allmählichen Übergängen anders beurteilt werden.

Vermutlich wurden einige gemessene Spannungserhöhungen für den Stutzeneinfluss herangezogen. Neuere Erkenntnisse zum Einfluss eines Stutzens im Krempenbereich sind in [38] wiedergegeben. Die dort mittels

FEM bestimmten β-Werte erbringen zum Teil erheblich größere Wanddicken, da Spannungsabbau nicht berücksichtigt wird.
Bei einem Stutzen mit dem Innendurchmesser d_i im Krempenbereich des Bodens außerhalb $0,6 \cdot D_a$ entspricht das Verhältnis $\beta(d_i) / \beta(d_i = 0)$ tendenzmäßig dem Kehrwert $1/v_A$ des Verschwächungsbeiwerts nach AD-B9. Zur weiteren Vertiefung der diesbezüglichen Erkenntnisse siehe [38], [39] und [40]. Damit sind auch die Einflüsse der Durchstecklänge l_S', $s_S \neq 0,8 \cdot s$ und anderer Variationen abzuschätzen. Es ist bedauerlich, dass in AD-B9 jedwede Stutzenvariation festigkeitsmäßig berücksichtigt werden kann, diese aber leider noch nicht in AD-Merkblatt B3 Eingang gefunden hat!
In der Tabelle 6.2. sind für verschiedene Bodenformen und Abmessungen nach Abb. 6-8 die Beiwerte β aus Messung und Berechnung zusammengestellt. Bis auf den letzten Wert (Messung 1965 in der BASF Aktiengesellschaft Ludwigshafen) stimmen Rechnung und Messung recht gut überein.
Zur Vermeidung von iterativen Wiederholungsrechnungen bei einer Bestimmung der Bodenwanddicke s im Krempenbereich wird Gl. (15) in AD-B3 nach dem Berechnungsbeiwert β aufgelöst:

$$s = \frac{D_a \cdot p \cdot \beta}{40 \cdot \frac{K}{S} \cdot v} \quad \text{oder}$$

$$\beta = \frac{s}{D_a} \cdot 40 \cdot \frac{K \cdot v}{S \cdot p} = X \cdot g$$

Definition der Beanspruchungsgruppe g:

$$g = 40 \cdot \frac{K \cdot v}{p \cdot S}$$

Zur schnellen Übersicht zeigt die Abb. 6-13 nun zusätzlich zu den mit Abszisse $X = s/D_a$ abklingenden Linien $\beta(X, d_i/D_a)$ die im logarithmischen Diagramm nach oben gekrümmten Ursprungsgeraden $\beta = g \cdot X$, so dass mit Kenntnis der Beanspruchungsgruppe g und des Durchmesserverhältnisses d_i/D_a unmittelbar die gesuchte Wanddicke s aus dem Abszissenwert X bestimmt und auch die zugehörige Ordinate β abgelesen werden kann. Die Kurven sind gültig für $s_{Boden}/s_{Zylinder} \leq 0,8$. Abweichungen von den Standardbedingungen ergeben sicherlich andere β-Werte.
Die Abb. 6-14 zeigt nun in drei Diagrammen (Abb. 6-14 a, b, c) den Erhöhungsfaktor β_0 mit dem Durchmesserverhältnis als Kurvenparameter, den Korrekturfaktor f_L zur Berücksichtigung der Stutzenlage und den Korrek-

turfaktor f_S zur Berücksichtigung der Stutzenverstärkung. Mit diesen Darstellungen kann der β-Wert allen Stutzengeometrien angepasst werden. Das neue Europaregelwerk nutzt diese Möglichkeiten bedauerlicherweise nicht. Stattdessen führt es eine Streckgrenzenabhängigkeit des β-Wertes ein, was durch vielfältige Finit-Element-Analysen nicht belegt werden kann. Einem freundlichen Ersuchen um Nennung einer entsprechenden Literaturstelle wurde bisher – wie bei vielen anderen Ungereimtheiten auch – nicht entsprochen.

Tabelle 6.2. Vergleich gemessener und berechneter Beiwerte β, siehe dazu Abb. 6-4 (alle geometrischen Daten in [mm])

Bodenform	D_m	s	R_m	r_m	Messung β	Rechnung β
Tiefgewölbter Korbbogenboden	1279	20,7	920	140	2,23	2,37
Tiefgewölbter Korbbogenboden	1278	21,7	1051	196	1,925	2,19
Tiefgewölbter Korbbogenboden	1280	20,0	1180	195	2,39	2,43
Klöpperboden	1279	21,1	1310,5	140,5	3,07	3,25
Klöpperboden	1318	21,7	1351	146	2,8	3,15
Flachgewölbter Korbbogenboden	1279	20,7	1710	50	5,15	4,93
Tiefgewölbter Korbbogenboden	1264	35,6	928	148	2,15	4,93
Klöpperboden	1264	35,5	1318	148	2,93	2,7
Flachgewölbter Korbbogenboden	1264	35,6	1718	83	4,45	4,41
Tiefgewölbter Korbbogenboden	1270	30	1115	205	2,31	2,2
Klöpperboden	1265	35	1318	128	3,21	2,81
Klöpperboden *)	2000	24	2000	200	2,64/1,6	4/2,7

*) BASF 1965, d_i = 250/0 mm

Die drei Darstellungen in den Abb. 6-14 a, b, c aus [38] wurden zur alternativen Berücksichtigung eines Stutzeneinflusses entnommen. In [38] sind auch weitere Bilder für große Stutzen in der Krempe zu finden.

$\beta = \beta_0 \cdot f_L \cdot f_S$ Zu C_A siehe Abb. 6-8.

Zur Erhöhung der Beulfestigkeit werden gelegentlich aufgeschweißte Versteifungsrippen eingesetzt, deren Berechnung jedoch noch geklärt werden muss. Derartige Versteifungen können auch dann vorgesehen werden, wenn ein schweres Rührwerk abzufangen ist.

Hierzu wird folgender Dimensionierungsvorschlag gemacht:

Die Anzahl n_r der Versteifungsrippen muss deutlich größer sein als die Zahl n der möglichen Beulwellen auf dem Durchmesser D_a (nach Fundstelle [38] und Ausführungen zu AD-B6 [1]):

$$n \approx 0{,}45 \cdot \sqrt{\frac{D_a}{s_B}} \quad \text{für Klöpperböden mit R = } D_a \tag{6.12}$$

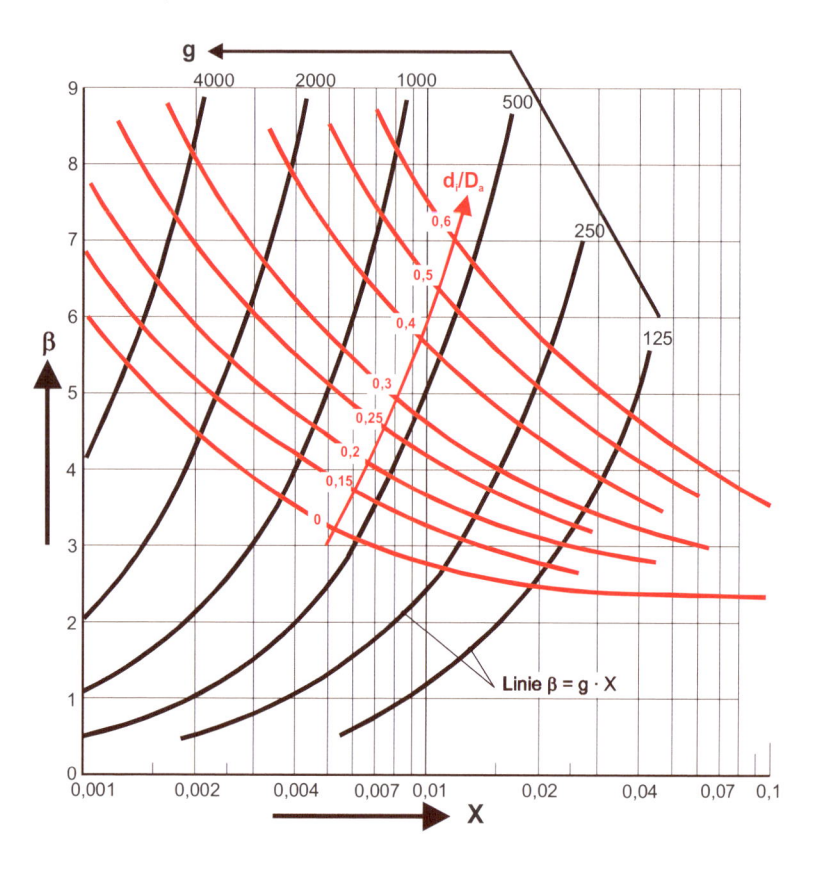

Abb. 6-13: Ergänzung zu Bild 7 in AD-B3: Berechnungswerte β für Klöpperböden über dem Wanddicken-Durchmesser-Verhältnis s/D_a (= X) für verschiedene bezogene Stutzendurchmesser d_i/D_a und Beanspruchungsgruppen g.

$$g = \frac{40 \cdot K \cdot v}{p \cdot S}$$

In Gl. (16)/AD-B3 darf der Einfluss $p \approx s^2$ als Hinweis für $p \approx$ Widerstandsmoment W verstanden werden., deswegen die Modifikation dieser Gleichung zu:

$$p \approx 3{,}66 \cdot \frac{E}{S_K} \cdot \left(\frac{s}{R}\right)^2 \cdot \left(1 + \frac{n_r \cdot W_r}{\frac{\pi}{6} \cdot D_a \cdot s^2}\right), \; n > n_r \qquad (6.13)$$

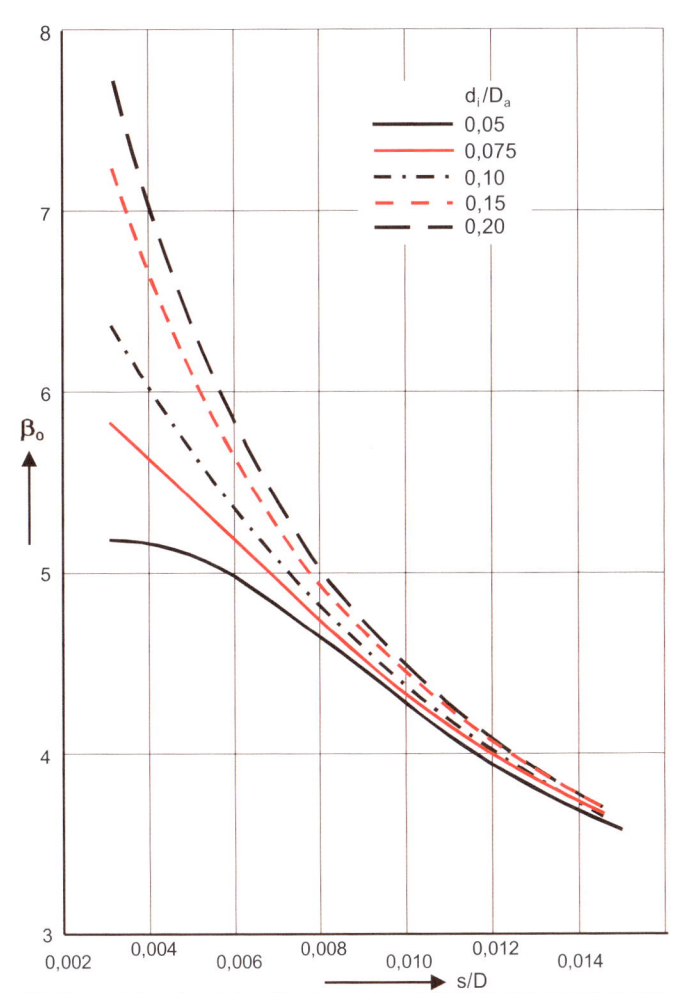

Erhöhungsfaktor β_0 mit dem Durchmesserverhältnis als Kurvenparameter

Abb. 6-14 a: Erstes Diagramm zur alternativen Berücksichtigung von Stutzeneinflüssen auf gewölbte Böden aus AD-Merkblatt B3

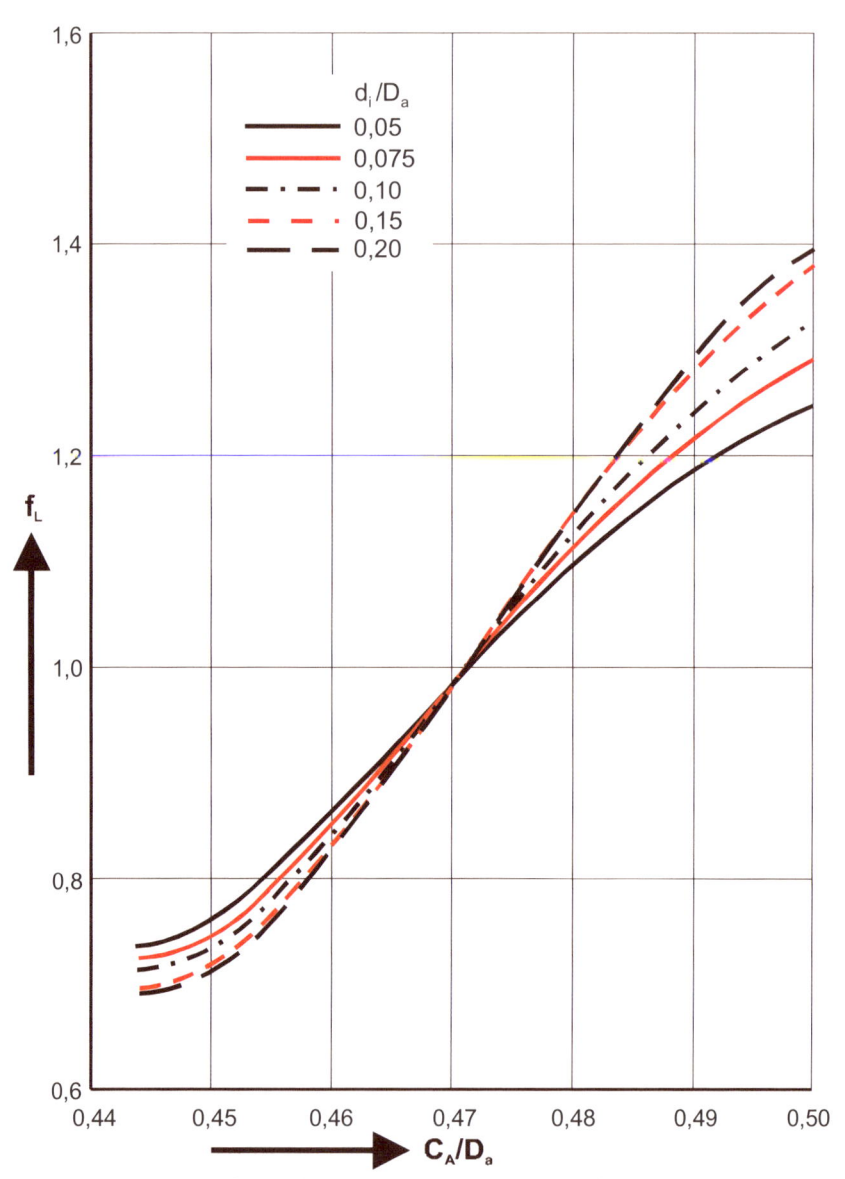

Korrekturfaktor f_L zur Berücksichtigung der Stutzenlage

Abb. 6-14 b: Zweites Diagramm zur alternativen Berücksichtigung von Stutzeneinflüssen auf gewölbte Böden aus AD-Merkblatt B3

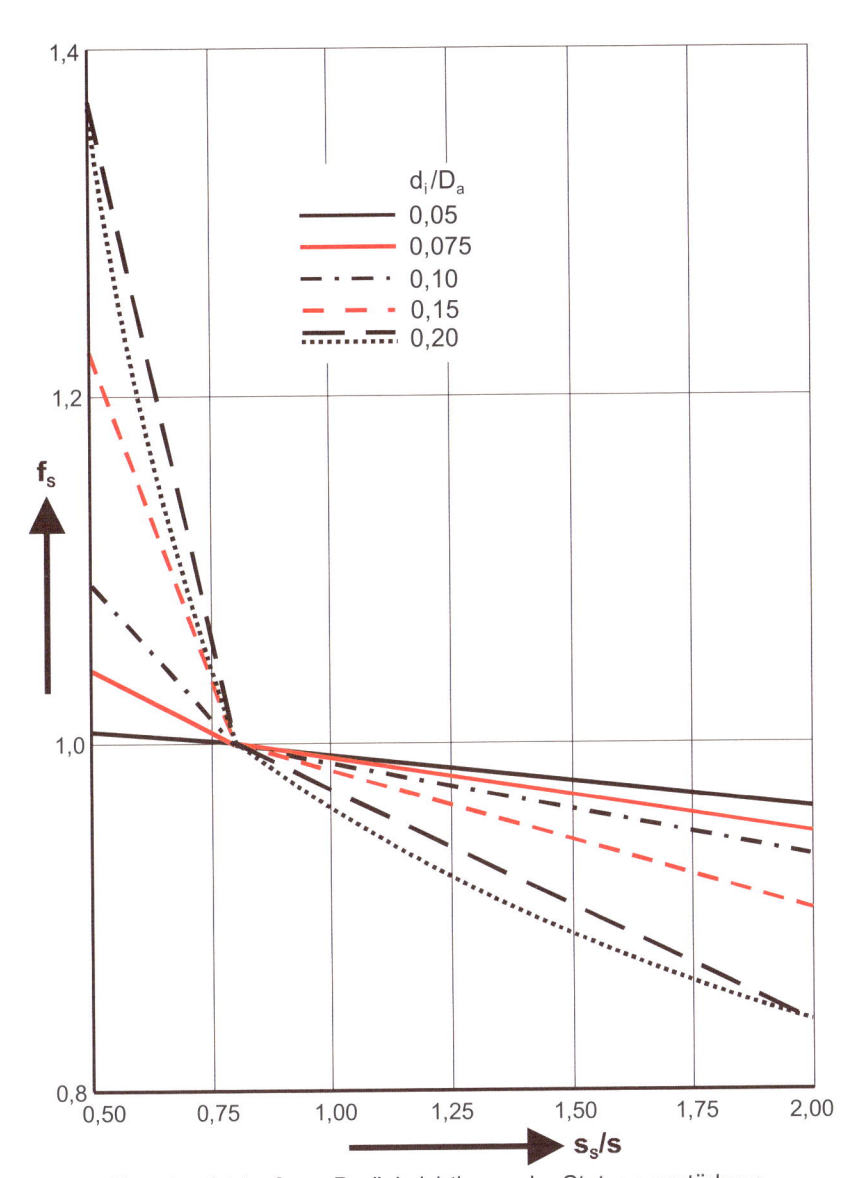

Korrekturfaktor f_s zur Berücksichtigung der Stutzenverstärkung

Abb. 6-14 c: Drittes Diagramm zur alternativen Berücksichtigung von Stutzeneinflüssen auf gewölbte Böden aus AD-Merkblatt B3. Die der Einfachheit halber als Geraden dargestellten Abhängigkeiten werden in Wirklichkeit leicht geschwungen sein, etwa wie die gepunktete Kurve für $d_i/D_a = 0{,}20$ zeigt

Eine Besonderheit zum Thema „gewölbte Zwischenwände" stellen
Mehrkammerbehälter
dar, deren einzelne Kammern durch gewölbte Böden oder Wände voneinander getrennt werden. Sie sollten immer dann als Alternative zu Einzeltanks in Erwägung gezogen werden, wenn auf eng begrenztem Raum viele verschiedene Produkte zu lagern sind. Für die grundsätzliche Entscheidung zu einem Einsatz von Mehrkammerbehältern sind jedoch folgende Voraussetzungen zu erfüllen:
- Die Produkte sollten von ähnlicher chemischer Zusammensetzung sein
- Die Produkte in den einzelnen Kammern müssen bei gleicher Temperatur gelagert werden
- Die einzelnen Lagermengen sollten nicht zu groß sein

Während die zwei ersten Punkte keiner näheren Erläuterung bedürfen – es wäre beispielsweise nicht sehr sinnvoll, in die eine Kammer eines Mehrkammertanks Schwefelsäure, in die andere Natronlauge zu füllen – muss Punkt 3 etwas eingehender betrachtet werden:

Mehrkammertanks sollten nicht nur Platz sparen, sondern auch eine wirtschaftliche Alternative darstellen, d.h. sie sollten – wenn möglich – nicht teurer sein als die entsprechende Anzahl von Einzeltanks.

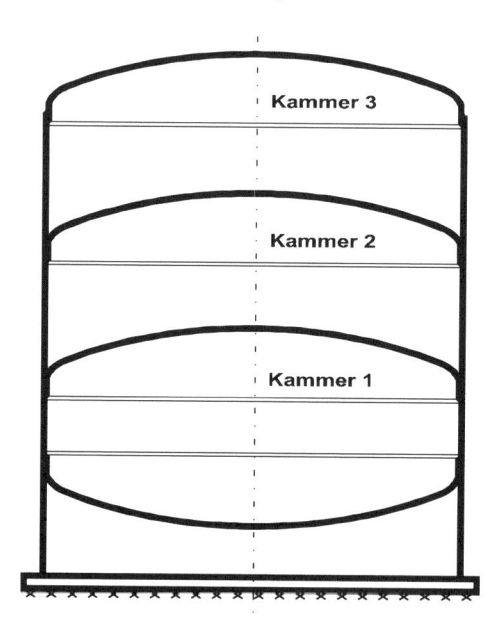

Abb. 6-15: Schematische Darstellung eines horizontal geteilten 3-Kammer-Behälters

Mit zunehmender Größe wachsen nun jedoch die Festigkeits- und Stabilitätsprobleme, eine vernünftige wirtschaftliche Lösung ist nicht mehr realisierbar. Nach bisherigen Erfahrungen liegt diese Grenze zur Zeit bei ca. 250 m^3 Gesamtvolumen (größere Volumina sind natürlich technisch möglich. So können beispielsweise sehr große vorhandene Tanks bei Bedarf unterteilt werden, die hohen Kosten spielen in derartigen Fällen nur eine untergeordnete Rolle). Die Teilung kann sowohl horizontal – die Trennelemente stellen dann im Allgemeinen gewölbte Böden dar – wie auch vertikal erfolgen. Die Abb. 6-15 zeigt skizzenhaft einen horizontal geteilten Dreikammer-Behälter, die Abb. 6-16 und 6-17 vertikal geteilte Mehrkammer-Tanks. Es handelt sich bei der Unterscheidung „horizontal – vertikal" um stehende Behälter. Eine Unterteilung durch gewölbte Böden kann natürlich auch bei liegenden Behältern – z.B. auf Transportfahrzeugen – vorgenommen werden.

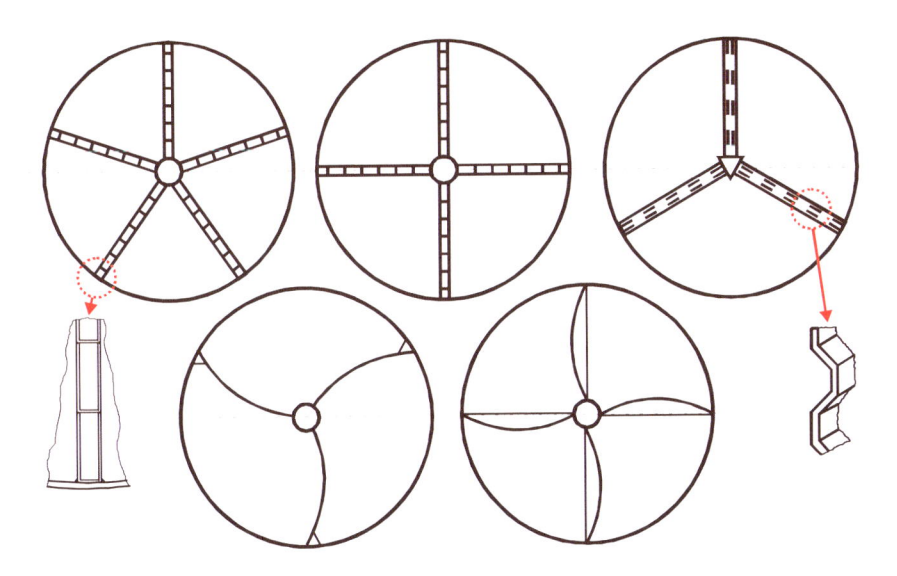

Abb. 6-16: Konstruktive Möglichkeiten zur vertikalen Teilung von stehenden zylindrischen Flachbodentanks

Grundsätzlich kann man natürlich sämtliche denkbaren Konstruktionen so stabil ausführen, dass die auftretenden Spannungsspitzen sicher unter den zulässigen Spannungen bleiben, wird dann aber in vielen Fällen mit sehr hohen Herstellkosten zu rechnen haben.

Es muss – was sich von selbst versteht – immer beachtet werden, dass im Betrieb eine Kammer leer sein kann, während die benachbarte Kammer gefüllt ist. So würde z.B. die horizontale Teilung eines stehenden zylindrischen Tanks zu einer recht schweren Konstruktion führen, da die Stabilität dieses Bauwerks auch dann gewährleistet sein muss, wenn die obere Kammer gefüllt, die untere jedoch leer ist.

Betrachtet werden sollen zuerst
horizontal geteilte, stehende Mehrkammerbehälter:
Im Hinblick auf eine gute Restentleerung wird man den unteren Boden auch nach unten wölben und gegen statischen Innendruck zuzüglich Gasüberdruck auslegen. Alle weiteren, nach oben gewölbten Böden müssen jedoch zusätzlich auf Außendruck überprüft werden, wobei der Lastfall gilt: „Leere untere Kammer, volle darüber liegende Kammer". Die mittleren Böden können natürlich auch nach unten gewölbt ausgeführt werden (siehe dazu Abb. 6-15).

Im Folgenden soll nun der
stehende zylindrische Flachboden-Behälter mit vertikaler Teilung
behandelt werden, der als die im Allgemeinen beste und gängigste Lösung für stationäre Behälter anzusehen ist.
Die konstruktiven Möglichkeiten, die nach heutiger Kenntnis auch alle schon einmal realisiert wurden, sind – wie bereits weiter vorn erwähnt – in der Abb. 6-16 zusammengestellt. Aus Stabilitätsgründen hat man sich bei den bislang gebauten Mehrkammertanks auf die Lösung mit gewölbten Zwischenwänden konzentriert. Mit Hilfe von Dehnungsmessungen wurden beispielsweise bei der BASF Aktiengesellschaft in Ludwigshafen Optimierungsversuche an einem Dreikammer-Behälter aus Aluminium durchgeführt, die zu der in der Abb. 6-17 /oben dargestellten Konstruktion führten. In gleicher Weise wurden später in Brasilien für die Glasurit do Brazil (BASF-Gruppe) Zwei- und Vierkammer-Tanks errichtet. Es handelte sich dabei um Behälter mit 100 und 200 m^3 Gesamtvolumen aus C-Stahl.
Da die winkelförmigen Verstärkungen schwierig herzustellen und damit verhältnismäßig teuer sind, wurde an anderen Tanks im Hinblick auf eine weitere Optimierung eine andere Verstärkungsart für die gewölbten Zwischenwände gewählt. Wie in der Abb. 6-17 /unten dargestellt, wurden auch die durchgehenden Verstärkungen der Zylinderwand in einzelne Rippen aufgelöst. Später wird anhand von gebeulten Behältern gezeigt, dass dieser Optimierungsversuch zu keinem befriedigenden Ergebnis führte.
Die Abb. 6-18 zeigt einen nach letztgenanntem Prinzip ausgelegten Behälter während der Fertigung.

Im Folgenden wird versucht, Vor- und Nachteile des Einsatzes von Mehrkammerbehältern in technischer und wirtschaftlicher Hinsicht zu definieren:
Der Hauptvorteil der Mehrkammertanks liegt – wie bereits eingangs erwähnt – in der Platzersparnis gegenüber Einzeltanks mit gleichem Fas-

sungsvermögen. In den Vorschriften für brennbare Flüssigkeiten sind z.B. je nach Gefahrklasse und Lagervolumen Tankabstände definiert, die bei Einzeltanks eingehalten werden müssen und die damit den erforderlichen Platzbedarf nicht unerheblich beeinflussen. Ohne hier auf Einzelheiten eingehen zu wollen, kann pauschal folgendes konstatiert werden:

Selbst bei Preisgleichheit eines Mehrkammertanks gegenüber den ent-

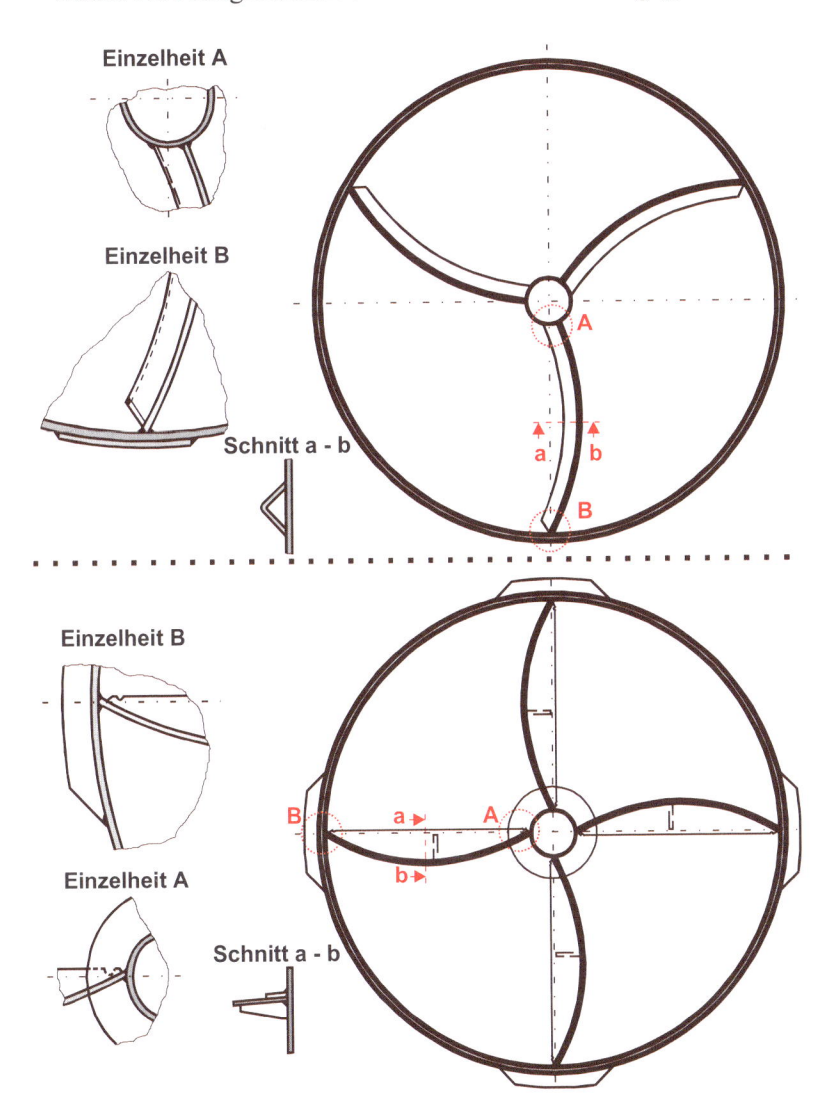

Abb. 6-17: Mehrkammertanks mit gewölbten Zwischenwänden und winkelförmiger Verstärkung (oben) sowie scheibenförmiger Verstärkung (unten)

sprechenden Einzeltanks ist ersterer mit geringerem Gesamtkostenaufwand zu errichten, da er auf der Bauseite (Fundamentierung, Tanktasse, Rohrleitungsführung etc.) zu Einsparungen führt. Gelingt es nun noch, durch weitere Optimierung zu günstigen Behälterherstellpreisen zu kommen, ist der Vorteil offenkundig. Augenblicklich scheint der Preis eines Mehrkammerbehälters aus Edelstahl leicht unter den Preisen für die entsprechende Anzahl von Einzeltanks aus gleichem Werkstoff zu liegen.

Abb. 6-18: Vierkammertank mit einem Gesamtvolumen von 200 m³ in der Fertigung. Werkstoff C-Stahl, beheizbar durch außenliegende Rohrschlangen (Werksfoto Gronemeyer & Banck, Steinhagen)

Die Nachteile sind ausschließlich konstruktionsbedingt. Die verschiedenen Einzelkomponenten eines Mehrkammerbehälters der geschilderten Ausführung – Boden, Zylindermantel, Dach, Zwischenwand, Zentralrohr – müssen zusammengefügt werden. Dadurch entstehen singuläre Spannungsspitzen und Stabilitätsprobleme, die sich rechnerisch nicht exakt erfassen lassen.

Die Auslegung von Mehrkammerbehältern sollte in folgender Reihenfolge vorgenommen werden:

Als erstes muss Festigkeit und Stabilität der Einzelkomponenten nachgewiesen werden. Zu nennen sind in diesem Zusammenhang:
- Festigkeitsberechnung bei Beanspruchung durch Füllung und Innendruck

- Stabilitätsberechnung der Zwischenwand bei Beanspruchung durch Außendruck
- Berechnung der Biegefestigkeit des Zentralrohrs bei Beanspruchung durch Füllung und Innendruck

Anschließend sind die Verbindungsstellen der Komponenten zu untersuchen. Wie bereits erwähnt, existiert bisher keine schlüssige Rechenmethode, d.h. die Zerlegung der Kräfte und Momente gelingt nur theoretisch ohne Bestätigung in der Praxis. Das Denken in Verformungen, die in den Abb. 6-19 a, b dargestellt sind, ist hier hilfreich; die Ergebnisse von Dehnungs- und Verformungsmessungen müssen herangezogen werden. Für die Zukunft scheint die Aufstellung von empirischen Formeln möglich; für diese Aufgabe sollten Hochschulinstitute interessiert werden.

Schwierigkeiten bei Optimierungsbestrebungen:
Der Versuch, durch Vereinfachung der erforderlichen Verstärkungen zu günstigeren Herstellkosten zu kommen, hatte – wie vorher angedeutet – nicht den gewünschten Erfolg. Obwohl aufgrund der theoretischen Berechnungen gleiche Stabilität hätte erwartet werden müssen – alle Einzelkomponenten waren mit ausreichender Sicherheit ausgelegt – traten bei bestimmten Belastungsfällen örtliche Verformungen im Zentralrohr und großflächige Beulerscheinungen im zylindrischen Mantel auf. Das unterstreicht sehr drastisch das vorher Gesagte. Die Abb. 6-20 zeigt bei einem Vierkammer-Behälter diese großflächigen Beulerscheinungen an der Zylinderwand einer leeren Kammer in etwa halber Tankhöhe. Die beiden benachbarten Kammern waren mit Wasser gefüllt, die gegenüberliegenden leer.

Nachträglich angebrachte Verstärkungsrippen am Zentralrohr und Blechstreifen an der Zylinderwand garantierten dann zwar die Funktionsfähigkeit des Tanks, können aber hinsichtlich einer wirtschaftlichen Optimierung nicht befriedigen.

Zusammengefasst ergibt sich folgender Ausblick zum Einsatz von Mehrkammerbehältern:
Trotz gewisser Schwierigkeiten und Rückschläge sollte an der Optimierung weitergearbeitet werden, da diese heute schon unter bestimmten Voraussetzungen eine platzsparende und kostengünstige Alternative zu Einzeltanks darstellen. Unter Einbeziehung der bisherigen Erfahrungen sollten empirische Berechnungsmethoden entwickelt und durch Dehnungsmessungen überprüft werden. Diese Berechnungsmethoden müssen jedoch die Anerkennung der vorzuprüfenden und abzunehmenden TÜV-Dienststellen finden. Besonderes Augenmerk sollte auf rationelle Fertigungsmethoden beim Behälterhersteller gerichtet werden, um in Zukunft noch wirtschaftlichere Lösungen anbieten zu können.

Biegung des Zentralrohrs

begrenzte örtliche Verformungen

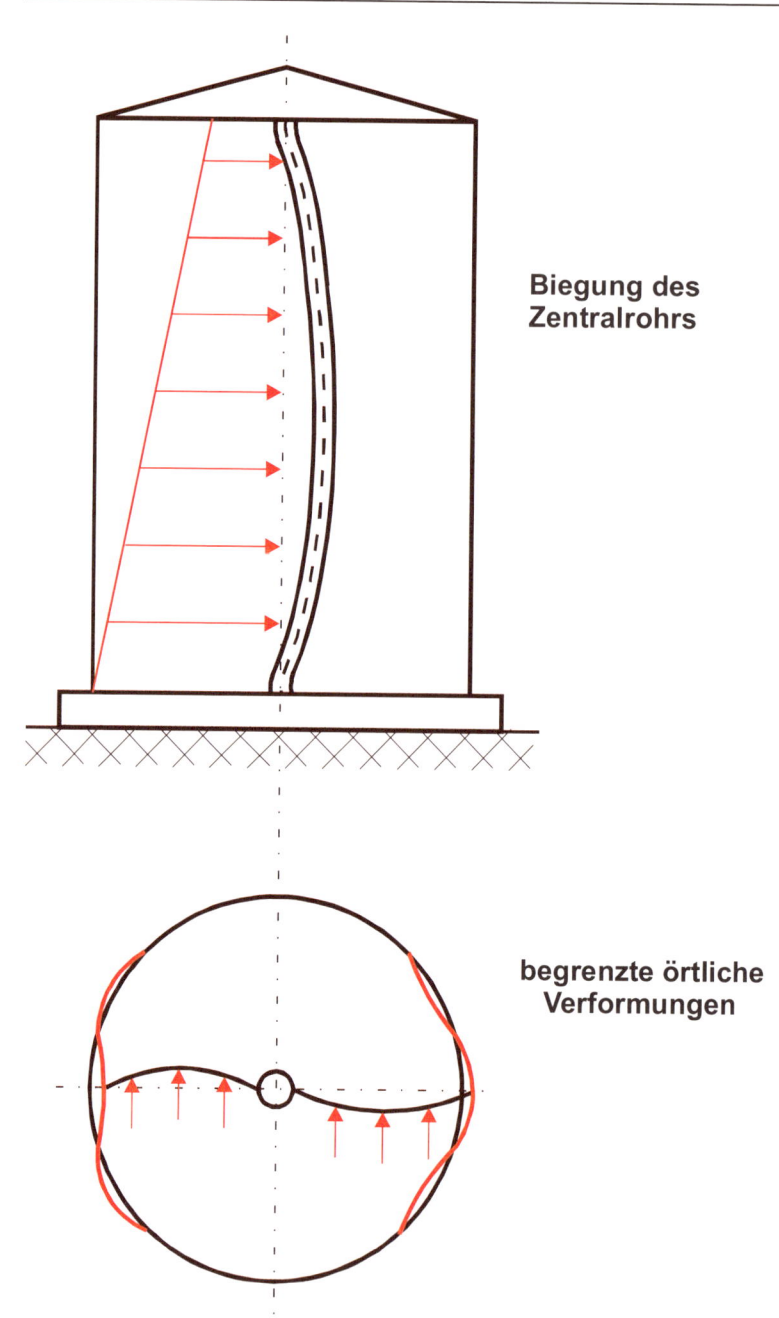

Abb. 6-19 a: Verformungen an Mehrkammertanks: 2-Kammer-Tank, eine Kammer gefüllt

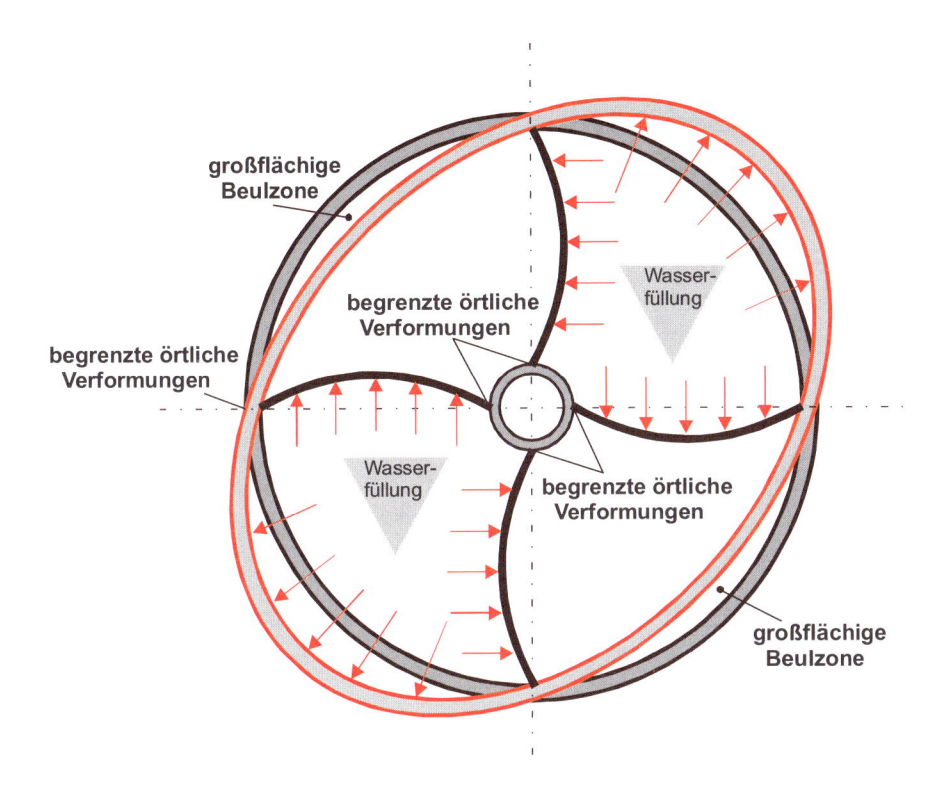

Abb. 6-19 b: Verformungen an Mehrkammertanks: 4-Kammer-Tank, 2 gegenüberliegende Kammern gefüllt

Die Abb. 6-21 zeigt Berechnungsbeiwerte β für Klöpperböden. Die diesen Werten zugeordnete bleibende Verformung an der höchstbeanspruchten Stelle kann etwa 1% erreichen (nach Anhang 1 zu AD-B3, Bemerkungen zu 8.1.3. 3.Absatz).

Für den Krempenbereich des ungestörten gewölbten Bodens ($d_i = 0$, keine Ausschnitte) ergeben sich nach [11] mit verschiedenen FE-Berechnungen im Vergleich zum Flächenvergleichsverfahren oder zur Stufenkörpermethode andere Berechnungsbeiwerte β. Besonders bei dickwandigen Böden mit s/D > 0,02 erhält man nach AD-B3 beträchtlich größere Sicherheiten (S > 1,5). Lässt man reale Verfestigung bei großen Verformungen zu, dann hat man ähnlich große Sicherheiten auch bei dünnen Böden mit s/D < 0,004. Zwischen 0,01 ≤ s/D ≤ 0,02 mit Dehnungsmessungen überprüfte β-Werte zeigen gute Übereinstimmung mit Bestimmung nach AD-B3 oder Bestimmung nach FE-Methode für reale Verfestigung mit großer Verformung (siehe Tabelle 6.2.).

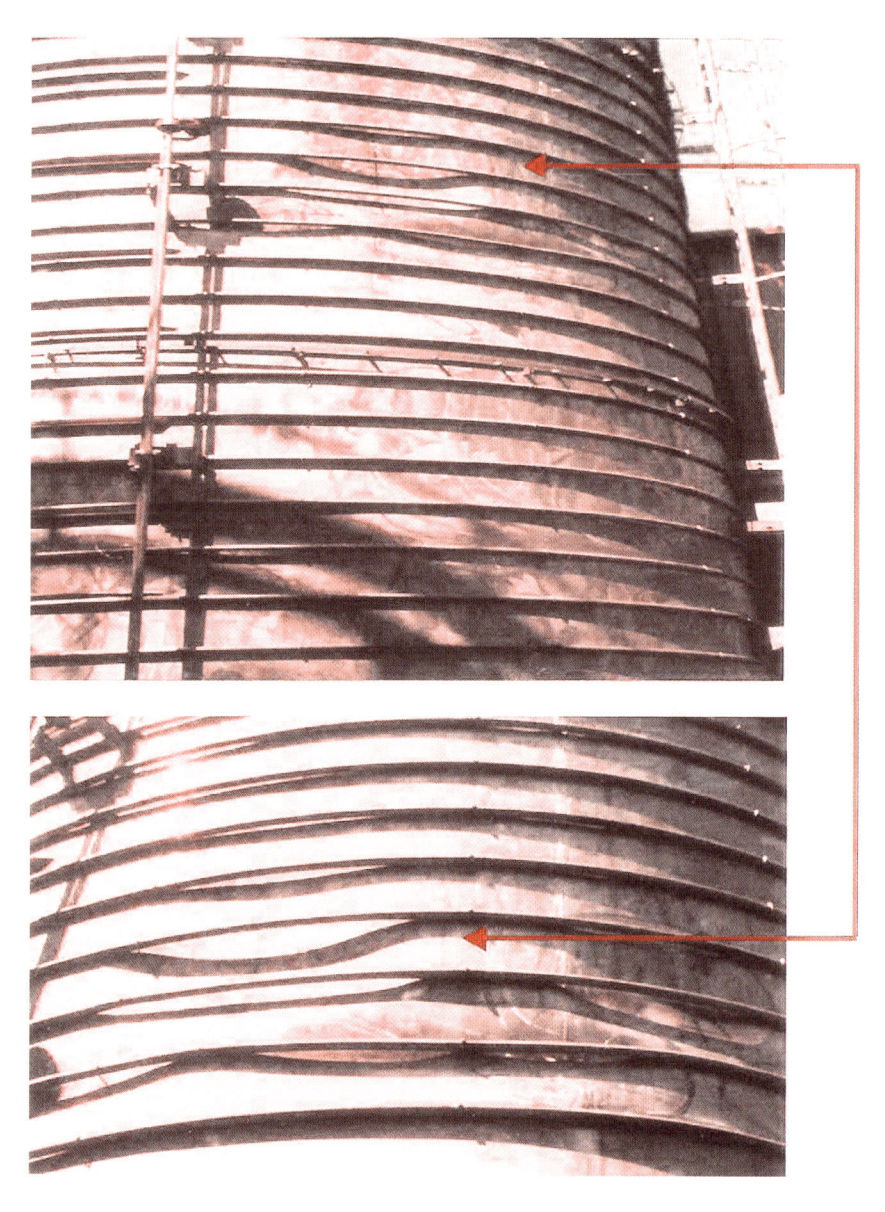

Abb. 6-20: Beulung der Außenwand eines durch Rohrschlangen beheizbaren 4-Kammer-Tanks. Wasserfüllung zweier gegenüberliegenden Kammern, Innendruck p = 0 bar, Prüfzustand

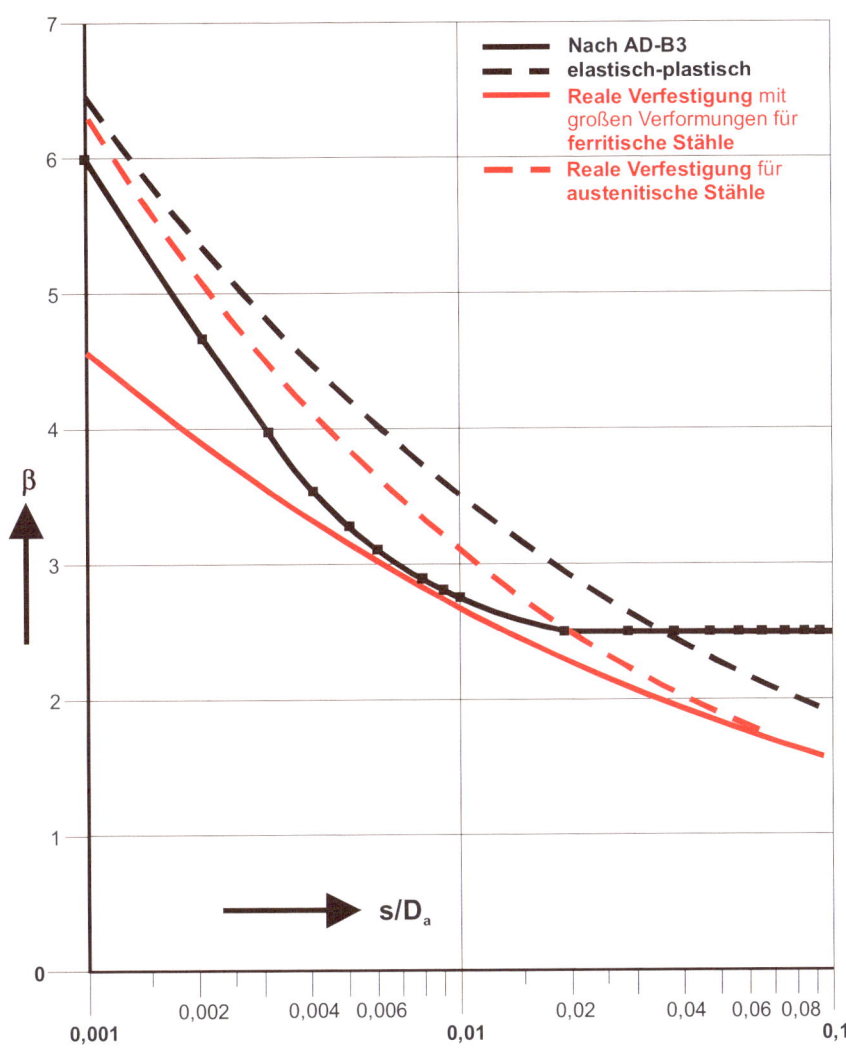

Abb. 6-21: Berechnungsbeiwerte β für Klöpperböden. Grenzkriterium 1% bleibende Dehnung nach Bild 2 in Anhang 1 zu AD-Merkblatt B3 [1]

Die Abb. 6-22 enthält aus [40] (siehe dazu auch [12]) β-Werte für Klöpperböden nach AD-Merkblatt B3 und verschiedenen FE-Methoden. Die Modifikationen von β erfolgen nach dreidimensionaler, nicht linearer FE-Berechnung mit $d_i / D_a = 0{,}3$.

Zur Zuverlässigkeit von FE-Methoden siehe [19]. Die hier verwendeten FE-Berechnungen zeigen eine gute Übereinstimmung mit entsprechenden Dehnungsmessungen.

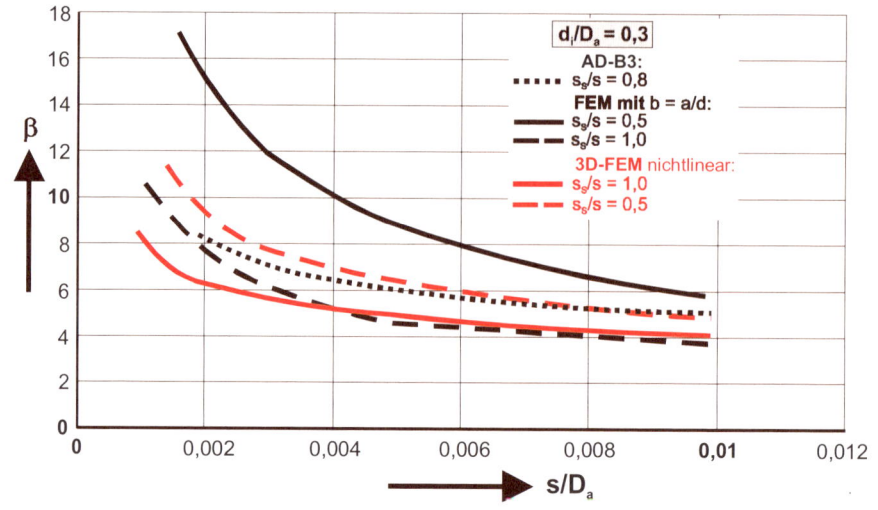

Abb. 6-22: β-Werte für Klöpperböden nach AD-Merkblatt B3 und verschiedenen FE-Methoden

Beispiele

Beispiel 3 (Rechenbeispiel):

Aufgabenstellung:
Für einen gegebenen Klöpperboden ist der Berechnungsbeiwert β zu bestimmen.

Daten:
$R_i = D_a = 1000$ mm; $s = 7$ mm; $p = 5,9$ bar

Lösungsweg:
Hierzu Abszisse X aus Abb. 6-13:

$$X = \frac{s}{D_a} = \frac{7}{1000} = 0,007;\text{ Parameter } d_i = 0, \text{ somit } \beta = 3.$$

Die Membranspannung (siehe Abb. 6-9) der ungestörten Kalotte innerhalb $0,6 \cdot D_a$ beträgt $\sigma_u = 42$ N/mm²; in der Krempe erhält man als mittlere Vergleichsspannung mit Gl. (15) aus AD-B3:

$$\sigma_v = \sigma_u \cdot \frac{\beta}{2} = \frac{D_a}{s} \cdot \frac{p \cdot \beta}{40} = 63 \text{ N/mm}^2.$$

Wie schon für Kegel ist dieser Wert wegen zulässiger plastischer Verformung nach Formzahl δ = 2,6 (siehe auch AD-Merkblatt B3, Bild 2 [1]) deutlich kleiner als eine rechnerische Vergleichsspannung von 150 N/mm² für die Sekundär-Spannungsspitzen auf der Krempeninnenseite infolge geringfügiger Krempenaufbiegung. Dies tritt bei der Druckprüfung auffällig durch rautenförmig kreuzweise aufgebrochene Zunderschicht in Erscheinung. Bei weiterer Drucksteigerung verfaltet sich der Krempenbereich zu einer Serie von Beulen hintereinander (siehe Abb. 6-10).

Beispiel 4 (Lesebeispiel):

Aufgabenstellung:
Die im Spannungs-Dehnungs-Diagramm der Abb. 6-12 dargestellten Kurvenverläufe, die durch Dehnungsmessungen ermittelt wurden, sind für einen Klöpperboden hinsichtlich des zulässigen Drucks zu untersuchen und mit den Angaben in AD-B3 zu vergleichen.

Vorgehen:
Aus dem unteren Kurvenverlauf der Membranspannung σ im ungestörten Kalottenbereich erhält man den Druck p' im Prüfzustand bei einer bleibenden Verformung von $\varepsilon_v = 0{,}2\%$.
Dazu wird ein σ von 70 N/mm² abgelesen und in folgende Formel für p' eingesetzt:

$$p' = 40 \cdot \sigma \cdot \frac{s}{D_a} = 40 \cdot 70 \cdot 0{,}015 = 42 \text{ bar}$$

Zum Vergleich folgt aus Bild 7 in AD-Merkblatt B3 ein Berechnungsbeiwert β ≅ 2,5. Mit S = 1,5, n = 1 und p' = 1.3 · p ergibt sich aus Gl. (15) in AD/B3:

$$p = \frac{s}{D_a} \cdot \frac{40 \cdot K \cdot v}{\beta \cdot S} = 0{,}015 \cdot \frac{40 \cdot 210 \cdot 1}{2{,}5 \cdot 1{,}5} = 33{,}6 \text{ bar} \rightarrow p' = 43{,}7 \text{ bar}$$

Die Übereinstimmung der beiden unterschiedlich ermittelten, zulässigen Drücke ist also recht gut, der Rechnungsbeiwert β in AD-B3 wird durch die vorgenommene Dehnungsmessung weitgehend bestätigt.

Beispiel 5 (Rechenbeispiel):

Aufgabenstellung:
Anwendung der Abb. 6-13 (siehe auch Bild 7 in AD-B3)

Daten:
Liegender Lagerbehälter mit D_a = 4000 mm, p = 6 bar, Einstiegs- und Reinigungsöffnung mit d_i = 500 mm im Krempenbereich, Streckgrenze K = 225 N/mm², Verschwächungsfaktor ν = 1 für einteiligen Klöpperboden und speziell geprüfte Fügeverbindung für den Stutzen.

Lösungsweg:
Bildung der notwendigen zwei Parameter:
als erster Parameter

$$\frac{d_i}{D_a} = \frac{500}{4000} = 0,15$$

und als zweiter Parameter die Beanspruchungsgruppe

$$g = 40 \cdot \frac{K \cdot v}{S \cdot p} = 40 \cdot \frac{225 \cdot 1}{1,5 \cdot 6} = 1000$$

Aus o.g. Abb. lässt sich für diese Parameterkombination ein Berechnungsbeiwert β = 4,2 und eine bezogene Abszisse X = s/D_a = 0,0042 ablesen, d.h. die Wanddicke ergibt sich zu s = 0,0042·4000 = 17 mm.

Beispiel 6 (Rechenbeispiel):

Aufgabenstellung:
Für einen Zweikammertank als Transportbehälter soll die Wanddicke des inneren gewölbten Trennbodens in Klöpperform bestimmt werden.

Daten:
D_a = 2000 mm, s = 5 mm Mindestwanddicke nach Gefahrgutrecht, Werkstoff 1.4541 (Austenit), p = 3,5 bar, K = 222 N/mm², da $\vartheta \leq 50°C$.

Lösungsweg:
Beanspruchung auf <u>Innen</u>druck bei druckloser Nebenkammer nach Gl. (15)/AD-B3:

$$p = \frac{s}{D_a} \cdot \frac{40}{\beta} \cdot \frac{K}{S} \cdot v = \frac{5}{2000} \cdot \frac{40}{4,24} \cdot \frac{222}{1,5} \cdot 1 = 3,5 \text{ bar.}$$

Die Ermittlung von β erfolgt ähnlich wie im Beispiel 5 angegeben.
Die Berechnung auf <u>Außen</u>druck bei druckloser Nebenkammer wird nach Gl. (16)/AD-B3 vorgenommen:

$$p = 3,66 \cdot \frac{E}{S_k} \cdot \left(\frac{s}{R}\right)^2$$

mit S_k als Sicherheitsbeiwert gegen elastisches Einbeulen nach Gl. (14)/ AD-B3:

$$S_k = 3 + 0,002 \cdot \frac{R}{s} \text{ , mit R} = D_a \text{ wird dann } S_k = 3,8.$$

Für s = 5 mm ergibt sich ein zulässiger Außendruck

$$p = \frac{3,66 \cdot 197000}{3,8} \cdot \left(\frac{5}{2000}\right)^2 = 1,2 \text{ bar}$$

Zur Vermeidung einer schwierigen Auflösung der kubischen Gl. (16) mit Gl. (14) in AD/B3 nach der erforderlichen Wanddicke s wurde durch graphische Interpolation s = 8,8 mm bestimmt:

$$p = \frac{3,66 \cdot 197000}{3 + 0,002 \cdot \frac{2000}{8,8}} \cdot \left(\frac{8,8}{2000}\right)^2 = 4,04 \text{ bar}$$

als zulässiger äußerer Überdruck, was so mit dem zulässigen Innendruck der beiden Kammern korrespondiert. Infolge des veränderten β-Werts und der größeren Wanddicke wäre dieser Boden allein auch für einen höheren inneren Überdruck geeignet. Auf eine nochmalige Berechnung wird verzichtet, da der höhere Druck sowieso nicht zu nutzen wäre. Daher ist die Wanddicke s = 5 mm für die beiden äußeren Böden ausreichend.

Im Folgenden soll die Festigkeit des gewölbten Bodens durch eine Verrippung erhöht werden.

$$n = 0,45 \cdot \sqrt{\frac{D_a}{s_B}} = 0,45 \cdot \sqrt{\frac{2000}{5}} = 9 \text{ Beulwellen}$$

gewählt n_r = 12 Rechteckrippen (n_r > n) mit $W_r = \frac{1}{6} \cdot b \cdot h^2$, $h < 8 \cdot b$.

Somit

$$p = 1,2 \text{ (bar)} \cdot \left(1 + \frac{\frac{12}{6} \cdot b \cdot h^2}{\frac{\pi}{6} \cdot 2000 \cdot 25}\right) = 4 \text{ bar}$$

Mit einer Rippenbreite von b = 12 mm wird deren Höhe

$$h = \sqrt{\left(\frac{4}{1,2} - 1\right) \cdot \frac{\pi}{12} \cdot 2000 \cdot \frac{25}{12}} = \sqrt{2445} = 51 \text{ mm.}$$

Diese innere Verrippung hätte als Vorteil, dass auch die Trennböden zwischen Kammern von Mehrkammerbehältern dieselbe Wanddicke wie die gewölbten Endböden haben könnten.

156   6. Abschlusselemente

6.3 Ebene Böden und Platten

Einführung

Der Grundtypus der Berechnungsgleichungen des AD-Merkblatts B5 ist anders als für die AD-Merkblätter B1, B2 und B3, in welchen die Wanddicken s dem Druck p proportional sind. Hier müssen nun nicht mehr Membranzugspannungen, sondern Biegespannungen berücksichtigt werden, für welche man nach den Grundlagen der Technischen Mechanik definiert:
σ = M/W mit M = F · a
Diese Beziehung soll nun für den beidseitig eingespannten – d.h. eingeschweißten – Träger angesetzt werden:

$$\sigma \cong \frac{p \cdot b \cdot D \cdot \dfrac{D}{12}}{b \cdot \dfrac{s^2}{6}} \left| \cdot 0{,}5 \right| \left| \cdot \dfrac{0{,}333}{0{,}5} \right|$$

Modifikationen: ↑   ↑ Hebeländerung bei Kreissegment anstatt Rechteckfläche
Flächenänderung bei Kreissegment anstatt Rechteckfläche

Dies läßt sich vereinfachen zu

$$\sigma \cong \frac{1}{6} \cdot p \cdot \left(\frac{D}{s}\right)^2 \quad \text{oder} \quad s \cong \sqrt{\frac{1}{6}} \cdot D \cdot \sqrt{\frac{p}{\sigma}} \;, \quad \text{p und } \sigma \text{ in [N/mm}^2\text{]}$$

(1 bar = 0,1 N/mm²)

und entsprechend aufbereiten:

$$s \cong 0{,}41 \cdot D_1 \cdot \sqrt{\frac{p \cdot S}{10 \cdot K \cdot v}} \tag{6.14}$$

p in [bar], K in [N/mm²], gültig für Kreisplatten

Bei Verschwächung einer Platte durch Ausschnitte erhöht sich die Plattendicke s mit einem Faktor (siehe Bild 21 in AD-B5), nämlich dem Ausschnittsbeiwert C_A, der von $d_i = 0$ aus mit dem Durchmesser d_i ansteigt. Nach den Lösungen der Plattendifferentialgleichungen in DIN 3840 ergibt sich jedoch kein linearer Anstieg, sondern eine waagrechte Tangente in $d_i = 0$, also $dC_A / dd_i = 0$.

Bei einem zusätzlichen Randmoment durch Schraubenanzug zur Pressung einer Dichtung muss die Dicke s der Platte entsprechend den Beiwerten C_1 oder gegebenenfalls C_{A1} mit innerem Ausschnittsdurchmesser d_i nach den Bildern 5 und 22 in AD-B5 vergrößert werden.

6. Abschlusselemente

Als ein Vorgriff auf AD-S3/3 „Behälter mit gewölbten Böden auf Füßen" sei hier schon erwähnt, dass man die Fußkennzahl C durchaus auch als einen speziellen Berechnungsbeiwert C interpretieren darf, Analoges gilt für die Pratzenkennzahl C in AD-S3/4.

Der so abgeschätzte Berechnungsbeiwert $C = \sqrt{1/6} = 0{,}408$ kann durch eine Lösung der beschreibenden Differentialgleichung [2] und [11] zu $C = \sqrt{1/8} = 0{,}354$ bestimmt werden. Nach Tafel 1, Ausführungsform c) aus AD-B5 wird C = 0,350. Dieser wichtige Berechnungsbeiwert C hängt einmal von den Einspannbedingungen der Platte ab, zum anderen aber auch von den Wanddickenverhältnissen Platte – Zylinder und dem Innendurchmesser des Zylinders. Darauf wird später anhand von Abbildungen näher eingegangen.

Die Trivialbetrachtung des vorstehenden Absatzes hält natürlich einem höheren Niveau mechanischer Betrachtung nicht stand. Mit der Lösung der Spannungsdifferentialgleichung in DIN 3840 erhält man für den Plattenort mit der größten Beanspruchung (mit µ = 0,3 für Stahl):

$$s = C \cdot D_1 \cdot \sqrt{\frac{p \cdot S}{10 \cdot K}} \tag{6.15}$$

mit $C = \sqrt{1/8} = 0{,}354$ (fest eingespannter Plattenrand) und

$C = \frac{1}{4} \cdot \sqrt{3 + \mu} = 0{,}454$ (nicht eingespannter Rand, Zentrum)

Zur Vervollständigung folgen die Lösungen für eine Kraft F in Plattenmitte:

$$s = C \cdot \sqrt{\frac{F \cdot S}{K}} \tag{6.16}$$

mit $C = \sqrt{\frac{1-\mu}{\pi}} = 0{,}472$ (loser Rand) und

$C = \sqrt{\frac{1}{\pi}} = 0{,}564$ (fest eingespannter Rand)

In der folgenden Übersicht sind ebene Kreis- und Kreisringplatten mit den zugehörigen Biegemomenten, abhängig von Lastfällen und Einspannbedingungen (fester Rand), zusammengefasst:

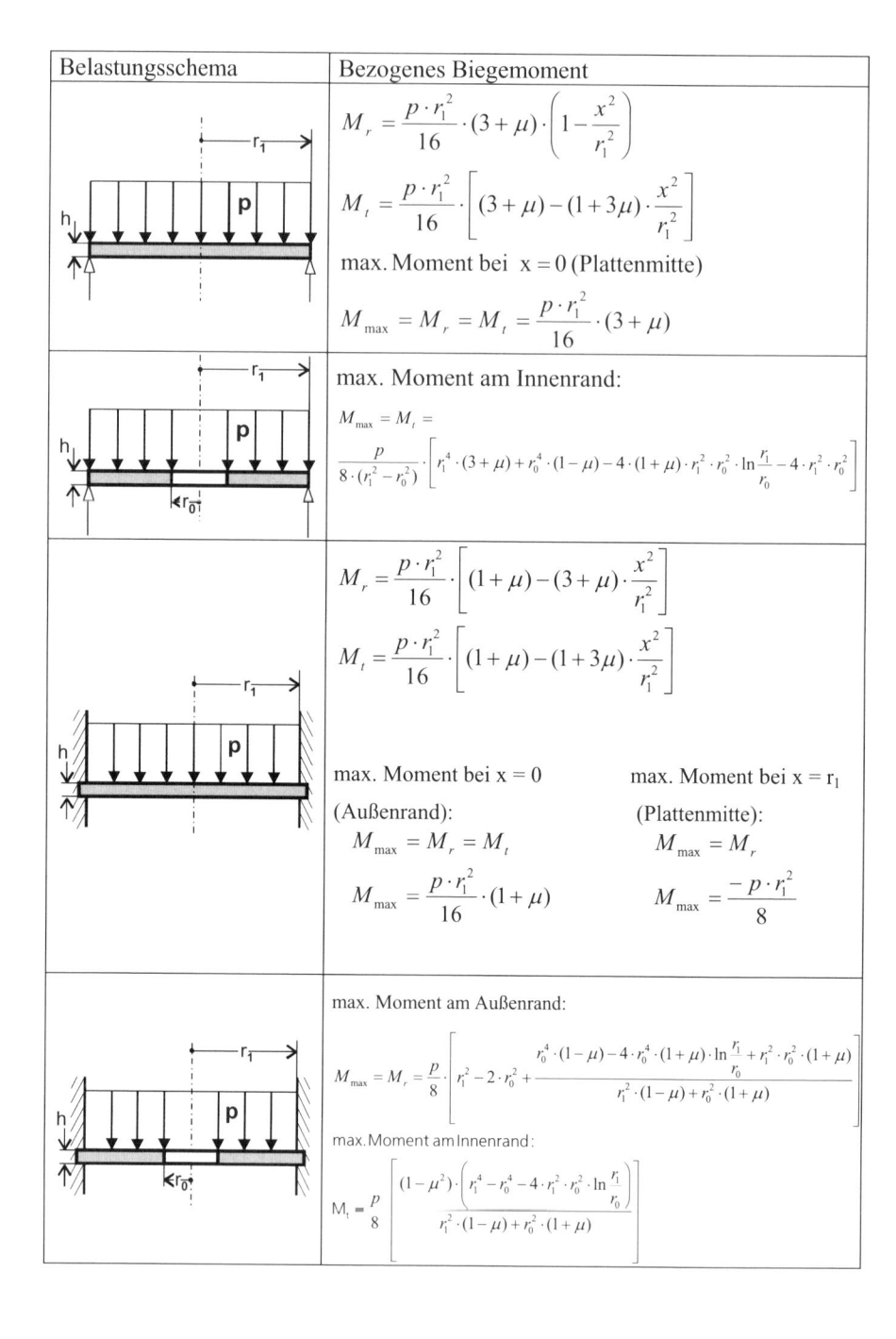

Belastungsschema	Bezogenes Biegemoment
(Kreisplatte, gelenkig gelagert am Außenrand, Streckenlast p, Radius r_1, Dicke h)	$M_r = \dfrac{p \cdot r_1^2}{16} \cdot (3+\mu) \cdot \left(1 - \dfrac{x^2}{r_1^2}\right)$ $M_t = \dfrac{p \cdot r_1^2}{16} \cdot \left[(3+\mu) - (1+3\mu) \cdot \dfrac{x^2}{r_1^2}\right]$ max. Moment bei $x=0$ (Plattenmitte) $M_{max} = M_r = M_t = \dfrac{p \cdot r_1^2}{16} \cdot (3+\mu)$
(Kreisringplatte, gelenkig gelagert am Innenrand r_0, Streckenlast p, Außenradius r_1)	max. Moment am Innenrand: $M_{max} = M_t =$ $\dfrac{p}{8 \cdot (r_1^2 - r_0^2)} \cdot \left[r_1^4 \cdot (3+\mu) + r_0^4 \cdot (1-\mu) - 4 \cdot (1+\mu) \cdot r_1^2 \cdot r_0^2 \cdot \ln\dfrac{r_1}{r_0} - 4 \cdot r_1^2 \cdot r_0^2\right]$
(Kreisplatte, eingespannt am Außenrand)	$M_r = \dfrac{p \cdot r_1^2}{16} \cdot \left[(1+\mu) - (3+\mu) \cdot \dfrac{x^2}{r_1^2}\right]$ $M_t = \dfrac{p \cdot r_1^2}{16} \cdot \left[(1+\mu) - (1+3\mu) \cdot \dfrac{x^2}{r_1^2}\right]$ max. Moment bei $x=0$ max. Moment bei $x=r_1$ (Außenrand): (Plattenmitte): $M_{max} = M_r = M_t$ $M_{max} = M_r$ $M_{max} = \dfrac{p \cdot r_1^2}{16} \cdot (1+\mu)$ $M_{max} = \dfrac{-p \cdot r_1^2}{8}$
(Kreisringplatte, eingespannt, Innenradius r_0, Außenradius r_1)	max. Moment am Außenrand: $M_{max} = M_r = \dfrac{p}{8} \cdot \left[r_1^2 - 2 \cdot r_0^2 + \dfrac{r_0^4 \cdot (1-\mu) - 4 \cdot r_0^4 \cdot (1+\mu) \cdot \ln\dfrac{r_1}{r_0} + r_1^2 \cdot r_0^2 \cdot (1+\mu)}{r_1^2 \cdot (1-\mu) + r_0^2 \cdot (1+\mu)}\right]$ max. Moment am Innenrand: $M_t = \dfrac{p}{8} \left[\dfrac{(1-\mu^2) \cdot \left(r_1^4 - r_0^4 - 4 \cdot r_1^2 \cdot r_0^2 \cdot \ln\dfrac{r_1}{r_0}\right)}{r_1^2 \cdot (1-\mu) + r_0^2 \cdot (1+\mu)}\right]$

Belastungsschema	Bezogenes Biegemoment
(Platte frei aufliegend mit Kräften F bei r_0, Außenrand r_1, Dicke h)	für $x < r_0$: $M_r = M_t = \dfrac{F}{8\pi} \cdot \left[2 \cdot (1+\mu) \cdot \ln\dfrac{r_1}{r_0} + (1-\mu) \cdot \left(1 - \dfrac{r_0^2}{r_1^2}\right) \right]$ für $x > r_0$: $M_r = \dfrac{F}{8\pi} \cdot \left[2 \cdot (1+\mu) \cdot \ln\dfrac{r_1}{x} + (1-\mu) \cdot \left(\dfrac{r_0^2}{x^2} - \dfrac{r_0^2}{r_1^2}\right) \right]$ $M_t = \dfrac{F}{8\pi} \cdot \left[2 \cdot (1+\mu) \cdot \ln\dfrac{r_1}{x} + 2 \cdot (1-\mu) - (1-\mu) \cdot \left(\dfrac{r_0^2}{x^2} - \dfrac{r_0^2}{r_1^2}\right) \right]$ max. Moment für $x = r_1$ (Außenrand): $M_{max} = M_t = \dfrac{F}{8\pi} \cdot \left[2 \cdot (1-\mu) - (1-\mu) \cdot \dfrac{2 \cdot r_0^2}{r_1^2} \right]$
(Platte am Rand fest eingespannt mit Kräften F bei r_0, Außenrand r_1, Dicke h)	für $x < r_0$: $M_r = M_t = \dfrac{F}{8\pi} \cdot \left[(1+\mu) \cdot \left(2 \cdot \ln\dfrac{r_1}{r_0} + \dfrac{r_0^2}{r_1^2} - 1 \right) \right]$ für $x > r_0$: $M_r = \dfrac{F}{8\pi} \cdot \left[2 \cdot (1+\mu) \cdot \ln\dfrac{r_1}{x} - (1+\mu) \cdot \left(1 - \dfrac{r_0^2}{r_1^2}\right) - (1-\mu) \cdot \left(1 - \dfrac{r_0^2}{x^2}\right) \right]$ $Mt = \dfrac{F}{8\pi} \cdot \left[2 \cdot (1+\mu) \cdot \ln\dfrac{r_1}{x} - (1+\mu) \cdot \left(1 - \dfrac{r_0^2}{r_1^2}\right) + (1-\mu) \cdot \left(1 - \dfrac{r_0^2}{x^2}\right) \right]$ max. Moment für $x = r_1$ (Außenrand): $M_{max} = M_r = -\dfrac{F}{4\pi} \cdot \left(1 - \dfrac{r_0^2}{r_1^2}\right)$

Im Folgenden sollen die Spannungen in frei aufliegenden und am Rand fest eingespannten Kreisplatten näher betrachtet werden:

Die Abb. 6-23 zeigt den jeweiligen Verlauf der in radialer (σ_x) und in Umfangsrichtung (σ_y) auftretenden Biegespannungen für frei aufliegende (obere Darstellung) und am Rand fest eingespannte (untere Darstellung), gleichmäßig belastete Kreisplatten (aus [17]). Bezugsoberfläche ist die Unterseite der Platte. Es bedeuten:

h (= s) = Plattendicke in [mm]
q (= p/10) = gleichmäßiger Druck auf die Platte in [N/mm²]
a = Plattenradius für Kreisplatten in [mm]

Man kann sehen, dass alle dargestellten Spannungen mit dem radialen Abstand vom Plattenmittelpunkt aus zum Rand hin parabelförmig abnehmen. Man stellt aber auch fest, dass die Einspannbedingungen von erheblicher Bedeutung sind. Der Einfluss der Scherspannungen in der Platte ist erfahrungsgemäß vernachlässigbar gering.

In der Abb. 6-24 ist der Verlauf der Vergleichsspannungen σ_v von der neutralen Faser aus bis hin zur Oberfläche einer eingeschweißten Kreisplatte nach einer FE-Rechnung dargestellt. Es tritt keine Plastifizierung ein. Im Gegensatz zur vorherigen Abb. 6-23 wird hier der Spannungsverlauf in Richtung der Plattendicke wiedergegeben.

In AD-B5 beispielsweise berücksichtigen die Berechnungsbeiwerte der Tafeln 1 und 2 die realen Randbedingungen fester und weniger fester

$$A = \frac{3\cdot(3+\mu)}{8}\cdot\frac{q\cdot a^2}{h^2}$$

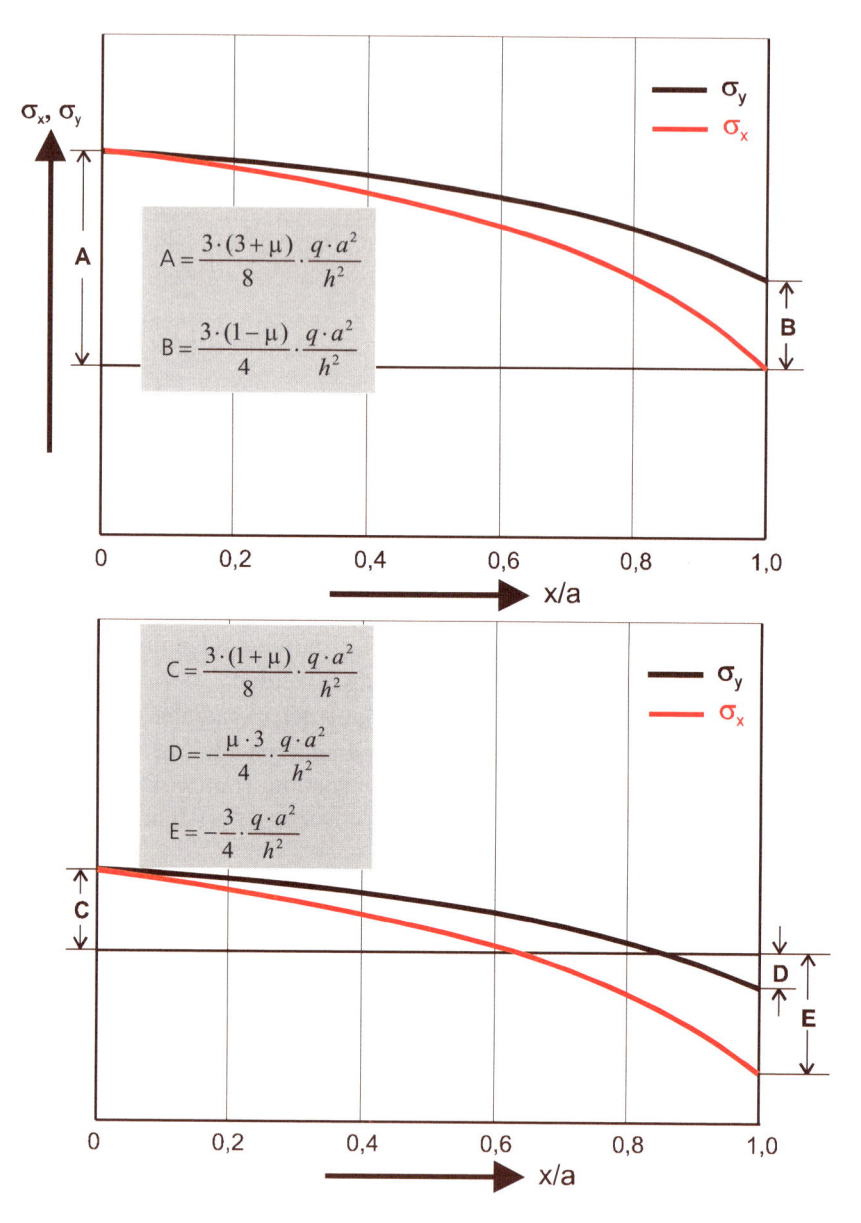

$$B = \frac{3\cdot(1-\mu)}{4}\cdot\frac{q\cdot a^2}{h^2}$$

$$C = \frac{3\cdot(1+\mu)}{8}\cdot\frac{q\cdot a^2}{h^2}$$

$$D = -\frac{\mu\cdot 3}{4}\cdot\frac{q\cdot a^2}{h^2}$$

$$E = -\frac{3}{4}\cdot\frac{q\cdot a^2}{h^2}$$

Abb. 6-23: Verlauf der Biegespannungen in frei aufliegenden (obere Darstellung) und fest eingespannten (untere Darstellung), gleichmäßig belasteten Kreisplatten ($x/a = 0$: Plattenmitte, $x/a = 1$: Plattenrand)

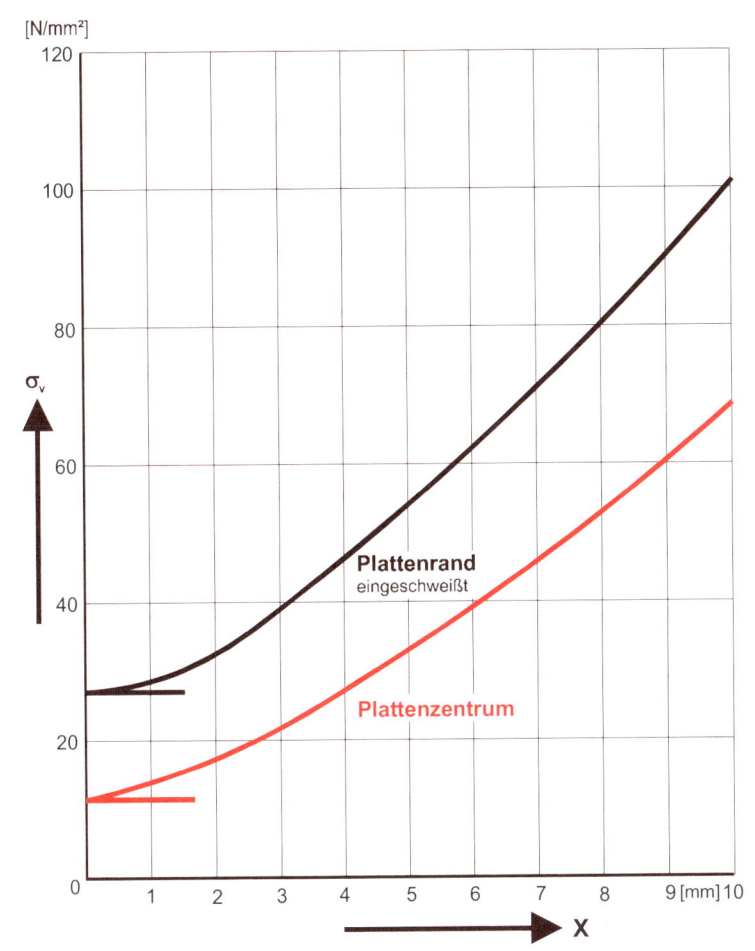

Abb. 6-24: Verlauf der Vergleichsspannungen s_v von der neutralen Faser an bis hin zur Oberfläche einer eingeschweißten Kreisplatte nach FE-Rechnung. Rein elastischer Spannungszustand.
Daten: D_i = 600 mm, s = 20 mm, p = 6 bar

Einspannung mit und ohne zusätzlichem Randmoment. Bei Verschwächung einer Platte durch Ausschnitte erhöht sich die Plattendicke s mit einem Faktor, nämlich dem Ausschnittsbeiwert C_A, der von d_i = 0 aus mit dem Durchmesser d_i ansteigt.

Nach den Lösungen der Plattendifferentialgleichungen in DIN 3840 ergibt sich jedoch kein linearer Anstieg, sondern eine waagrechte Tangente in d_i = 0, also $dC_A/dd_i = 0$.

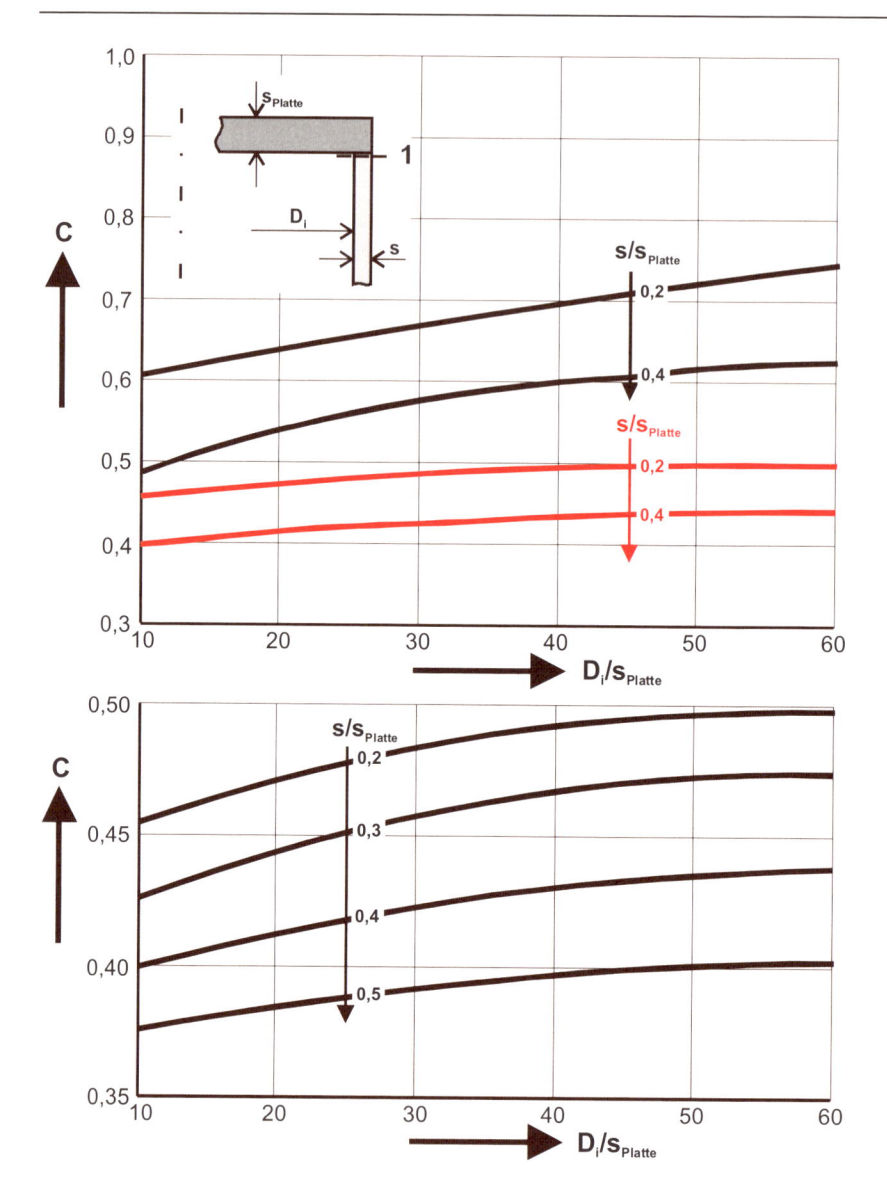

Abb. 6-25: Berechnungsbeiwerte C für die ebene Platte abhängig vom Wanddickenverhältnis s/s_{Platte} und von ihrem Dickwandigkeitsgrad D_i/s_{Platte}
oben: schwarz → Plastifizierung von Innen- und Außenfaser im Querschnitt 1
       rot   → Plastifizierung des gesamten Querschnitts 1 (plastisches Gelenk)
unten: C in Abhängigkeit vom Wanddickenverhältnis s/s_{Platte} und von D_i/s_{Platte}
       Grenzkriterium: plastisches Gelenk im Querschnitt 1

Bei einem zusätzlichen Randmoment durch Schraubenanzug zur Pressung einer Dichtung muss die Wanddicke s der Platte entsprechend den Beiwerten C_1 oder gegebenenfalls C_{A1} mit innerem Ausschnittsdurchmesser d_i vergrößert werden.

Die Abb. 6-25 aus [11] zeigt die Berechnungsbeiwerte C für die ebene Platte in Abhängigkeit vom Wanddickenverhältnis s/s_{Platte} und dem Dickwandigkeitsgrad der Platte D_i/s_{Platte}. Unten ist die Abhängigkeit im elastischen Bereich dargestellt, oben im Bereich der Plastifizierung. Die schwarzen Kurvenzüge beschreiben nun den Zustand bei Plastizifierung von Innen- und Außenfaser im Querschnitt 1, die roten Kurvenzüge den Zustand bei Plastizifierung des gesamten Querschnitts 1 (plastisches Gelenk). Das Grenzkriterium stellt also die Ausbildung des plastischen Gelenks im genannten Querschnitt dar.

Diese Abbildung verdeutlicht die Vielfalt. Der Berechnungsbeiwert C wird hierin als Funktion des Verhältnisses Innendurchmesser zu Plattenwanddicke D_i/s_{Platte} als Abszisse und Wanddickenverhältnis von angeschlossenem Zylinder zur Platte s/s_{Platte} als Parameter dargestellt. Dies hat – wie man sieht – starken Einfluss auf C.

Die Methodik in [11] und die modifizierten Berechnungsbeiwerte C können zum Beispiel dann genutzt werden, wenn folgende Forderung nicht erfüllt ist:

$$\frac{D}{3} \geq s \geq 0{,}305 \cdot \left(\frac{p}{E}\right)^{0{,}25} \cdot D$$

Mit Zahlenwerten als Beispiel (Daten aus Abb. 6-24):

$$\frac{600}{3} > 20 > 0{,}305 \cdot \left(\frac{6}{170000}\right)^{0{,}25} \cdot 600 = 14{,}1$$

Für Durchbiegung der Platte w kleiner als halbe Wanddicke s findet sich die Ableitung der Ungleichung im Anhang 1/AD-B5.

Nach diesen theoretischen Betrachtungen wird nun im Folgenden anhand von einigen Bildern – die auch in den späteren Beispielen herangezogen werden – erläutert, wo die Anwendungsgebiete ebener Platten im Apparatebau hauptsächlich liegen:

In Abb. 6-26 ist ein emaillierter Rührbehälter aus Stahl dargestellt, links mit Halbschalenbeheizung, rechts mit Mantelbeheizung (siehe DIN 28136). Darauf sind die Abschlusselemente „ebene Platte" und „gewölbte Böden" (Unterkapitel 6.2) in verschiedener Ausführungsform zu sehen.

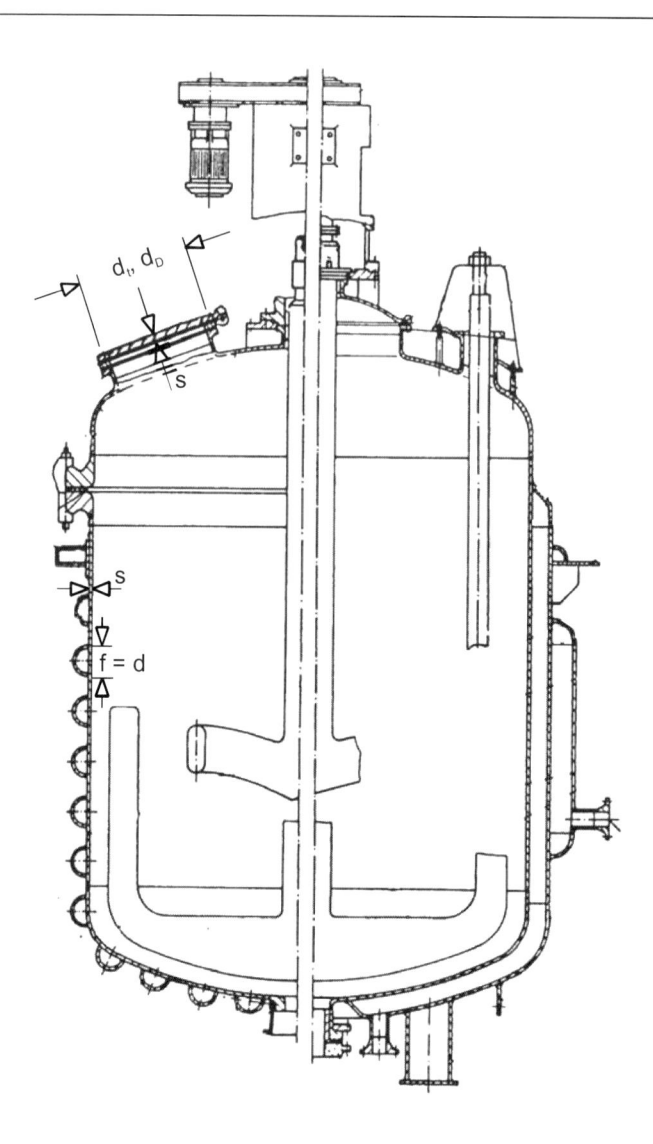

Abb. 6-26: Rührbehälter aus C-Stahl, emailliert
links: Halbschalenheizung, rechts: Mantelheizung

Zu den Außenmantelkrempen – abschnittsweise als ebene Platten zu betrachten – ist zu bemerken, dass durch Außendruck und durch Temperaturunterschiede bedingte Biegespannungen in erster Näherung nach den Grundgleichungen für den eingespannten Träger abgeschätzt werden können. Genauere Ergebnisse erhält man durch eine FE-Analyse. Siehe dazu die Abb. 6-27 und 6-28.

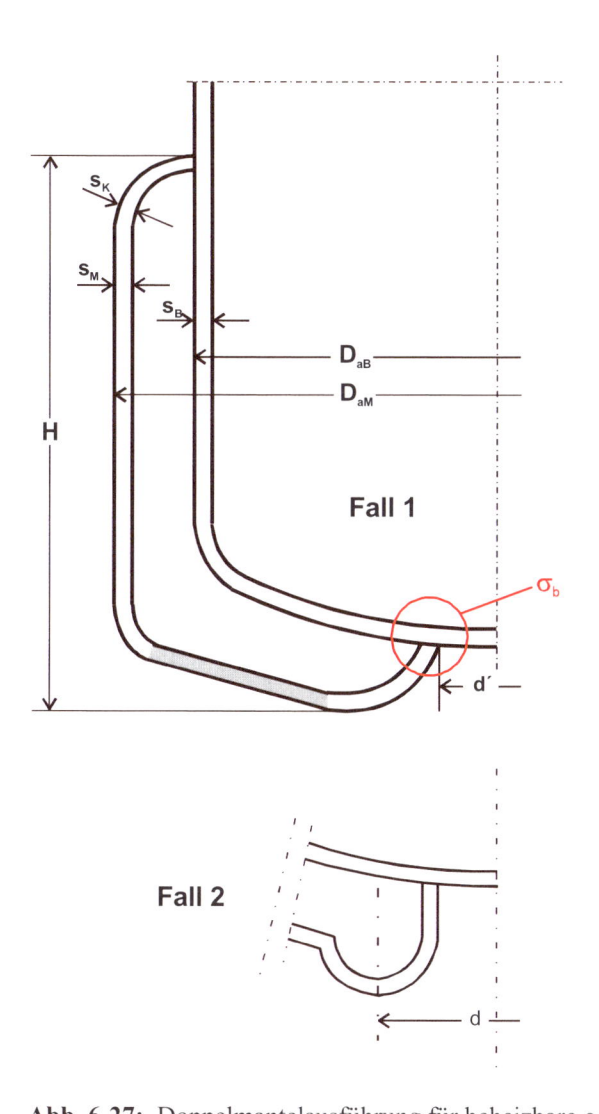

Abb. 6-27: Doppelmantelausführung für beheizbare oder gekühlte Behälter
Anschlussmöglichkeiten des Außenmantels an die Behälterwand:
Fall 1: Starrer Anschluss, Fall 2: Elastischer Anschluss
Der hellgrau gekennzeichnete Bereich im Fall 1 kann näherungsweise als ebene Platte betrachtet werden

Berechnung von Krempen an Doppelmänteln (Verwendete Bezeichnungen siehe Abb. 6-27):
Der Innenbehälter und die Krempe des Außenbehälters müssen mit einem Vollanschluss versehen werden. Unter Berücksichtigung von Um-

fangs- und Längsspannung wird die Berechnung nach der Schubspannungshypothese (SH) durchgeführt.

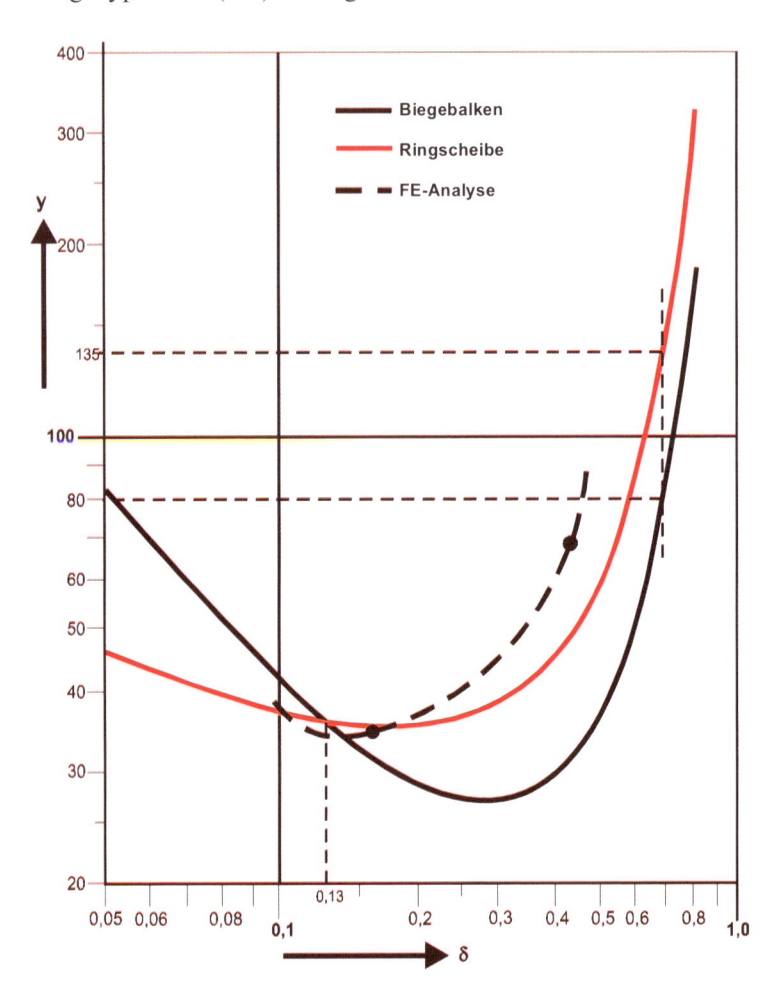

Abb. 6-28: Abschätzung der Biegespannungen in der Außenwand bei Wärmeschub des Außenmantels. Dargestellt ist die Funktion y über dem Durchmesserverhältnis δ

$$\delta = d'/D_{aM} = \hat{r}_0/r_1 \quad y = 3 \cdot (1 + \delta) / \delta \cdot (1 - \delta)^2$$

Folgende Grenzen für die Wanddicken sind einzuhalten:
$s_K \leq s_B$ und $s_K \geq s_M$

Wenn unterschiedliche Stähle für Innen- und Außenbehälter verwendet werden, ist für die Berechnung der kleinste Streckgrenzenwert einzusetzen.

Die Berechnung erfolgt nach der Gleichung

$$s_K = 0{,}13 \cdot \sqrt{\frac{p \cdot S}{K} \cdot \left(\frac{D_{aM}}{D_{aB}} - 1\right) \cdot \left(D_{aB}^2 - d^2\right)} + \Sigma c \qquad (6.17)$$

wobei für den Fall 1 $d = d' + 2 \cdot \sqrt{D_{aM} \cdot s_B}$ gilt und allgemein einzusetzen ist: p in [bar$_{\text{Überdruck}}$], Durchmesser, Wanddicken und Festigkeitskennwert K wie üblich in [mm] bzw. [N/mm²].
In vorstehender Betrachtung fehlt der Temperatureinfluss.
Im Folgenden soll versucht werden, eine Abschätzung der auftretenden Biegespannungen bei Wärmeschub des Außenmantels vorzunehmen.
In der Abb. 6-28 sind dazu über dem Durchmesserverhältnis δ = d'/D$_{aM}$ (entspricht r$_0$/r$_1$ für die Ringscheibe) ein Spannungsfaktor y nach Berechnung als Biegebalken (schwarze Kurve) und als Ringscheibe (rote Kurve) aufgetragen. Die verwendeten Bezeichnungen dafür sind der Abb. 6-27 zu entnehmen.
Die Berechnung als Biegebalken erfolgt nach der Gleichung

$$y = \frac{3 \cdot (1 + \delta)}{\delta \cdot (1 - \delta)^2} \qquad (6.18)$$

Die Ringscheibe wird als fest eingespannt angenommen, sie ist der Übersicht in diesem Unterkapitel bzw. der Literatur – z.B. [2] – entnommen.

Mit κ = H/D$_{aM}$ ergibt sich für die temperaturbedingte Biegespannung:

$$\sigma_b = (\alpha \cdot \Delta\vartheta - \varepsilon) \cdot E \cdot \kappa \cdot \frac{s}{D_{aM}} \cdot y = \sqrt{\sigma_r^2 + \sigma_t^2 - \sigma_r \cdot \sigma_t} \qquad (6.19)$$

(= σ_v, Vergleichsspannung nach GEH).
Es handelt sich dabei um die Biegevergleichsspannung an der unteren inneren Anschweißung des Außenmantels (siehe Abb. 6-27).
Meist ist die Dehnung $\varepsilon \ll \alpha \cdot \Delta\vartheta$, sie kann daher vernachlässigt werden.
Genauer: $\alpha \cdot \Delta\vartheta = \alpha_1 \cdot \vartheta_1 - \alpha_0 \cdot \vartheta_0$ (Indices: 1 = Außenmantel, 0 = Behälter)
Das Ergebnis einer FE-Analyse für zwei diskrete Punkte ist im Diagramm enthalten. Die große Kunst, durch zwei gegebene Punkte eine einigermaßen richtige Kurve zu legen, wurde durch die gestrichelte schwarze Linie dargestellt. Daraus kann man wenigstens näherungsweise eine Bestätigung beider vorhergehenden Berechnungen herleiten.
Ein einfaches Zahlenbeispiel soll die Nutzung obiger Gleichung verdeutlichen:

$$\sigma_b \approx (13 \cdot 10^{-6} \cdot 150 - 0) \cdot 208000 \cdot 2{,}5 \cdot \frac{5 \cdot 37}{2000} = 94 \text{ N/mm}^2$$

Die Kugelmembranspannung nach AD-Merkblatt B1 muss dieser Biegespannung noch hinzugefügt werden, der addierte Betrag darf die Streckgrenze nicht überschreiten. Das Durchmesserverhältnis δ = 0,13 wurde dabei so gewählt, dass mit drei verschiedenen Methoden etwa derselbe Spannungsfaktor y = 37 aus Abb. 6-18 abgelesen werden kann. Mit Abbildung und Gleichung lassen sich Einflussgrößen gut abschätzen. Zu kleine und besonders zu weite Durchmesserverhältnisse δ lassen den Spannungsfaktor y rapide ansteigen. Ein niedriger Bereich lässt sich definieren zu 0,1 < d = d/D_{aM} < 0,35.

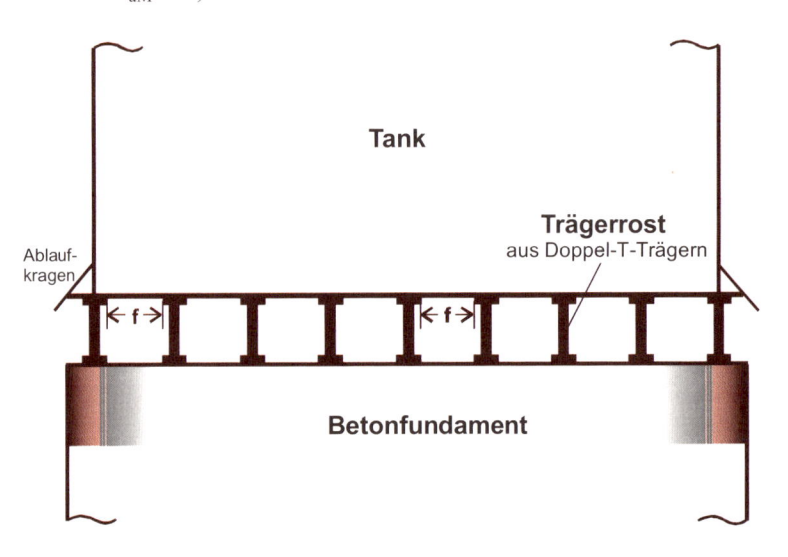

Abb. 6-29: Skizze des Bodenbereichs eines Flachbodentanks. Die Belastung der ebenen Kreisplatte (= Tankboden) wird hervorgerufen durch Tankeigengewicht, Füllung und eventuellen Überdruck im Tank

Als Beispiel aus der Tanklagertechnik wird der ebene Boden eines Flachbodentanks auf einem Trägerrost nach Abb. 6-29 angeordnet Durch diesen Trägerrost zwischen Tankboden und Fundament können eventuelle Leckagen im Bodenbereich rechtzeitig bemerkt, das Leck zuverlässig lokalisiert und dann geschlossen werden.

Der Tankboden als ebene Platte soll hinsichtlich eines anderen Aspekts noch etwas näher betrachtet werden. Es geht dabei um die Wirkung einer

Zugkraft Z (wirksam als Ringkraft am äußeren Umfang), welche den Bodenrand hochzieht.

Zu diesem Problem folgende Erläuterung:

Der höchstzulässige Überdruck im Gasraum eines Flachbodentanks wird in den meisten Fällen durch die Festigkeit der Bodenecke, d.h. des Plattenrands mit zugehörigem Mantelanschluss, bestimmt.

Aus einer Momentenbeziehung, auf die hier nicht näher eingegangen werden soll, ergibt sich für den zulässigen Überdruck in einem Tank folgende Gleichung:

$$p_{zul}^+ = A + B \cdot \left(1 + \sqrt{1 + 2 \cdot \frac{A}{B}}\right) \quad \text{in mbar, Linientafel s./75/.} \tag{6.20}$$

mit $A = 85 \cdot \dfrac{G}{D^2}$ und $B = 5{,}5 \cdot \left(\dfrac{s_B}{D}\right)^2 \cdot \dfrac{K_{vorh.}}{K_{St37}}$

Hierin sind G in [to], D in [m], K in [N/mm²] einzusetzen.

Die Vorfaktoren der Terme A und B schließen den Sicherheitsbeiwert S = 1,5 ein. Term A folgt unmittelbar aus dem Gewicht G des leeren Behälters, Term B ergibt sich aus der Festigkeit des ebenen Bodens. Der letzte Teil der Gleichung (Klammerausdruck) berücksichtigt die Kopplung der beider Terme in einer für den leeren Behälter gültigen quadratischen Ausgangsgleichung.

Durch die Behälterfüllung entstehen zwar im Tankmantel Umfangsspannungen, die jedoch für die Bodenecke unerheblich bleiben. Die Festigkeit der Bodenecke – oder besser gesagt, die Widerstandsfähigkeit gegen Verformen – wird hingegen verständlicherweise erhöht.

Die Abb. 6-30 zeigt die Verformung der Bodenecke durch den Überdruck im Gasraum eines Tanks, mit dargestellt ist das zugehörige Belastungsschema. Neben der stabilisierenden Wirkung der Behälterfüllung, die eine Erhöhung der Gewichtskraft G zur Folge hat, kann die Verformung der Platte natürlich auch durch eine Verankerung des Bodens reduziert werden. Eine derartige Verankerung kann auch bei Auftreten starker Windbelastungen, die quer zum Tank wirken, von Vorteil sein.

Aus der vorstehenden Betrachtung wird ersichtlich, dass es sich bei ebenen Platten nicht immer nur um Auflager- bzw. Stützprobleme handelt, sondern dass auch Zusatzkräfte am Plattenrand eine erhebliche Rolle spielen können.

Die Abb. 6-31 und 6-32 zeigen in zwei Darstellungen eine Verschlussplatte für Vorschweißflansche DN 500/PN 16 nach DIN 2633. Durch den zentralen Stutzen DN 150 in Abb. 6-31 und der zusätzlichen zwei Stutzen

DN 100 nach Abb. 6-32 ergibt sich eine Verschwächung der Platte, die entsprechend berücksichtigt werden muss.

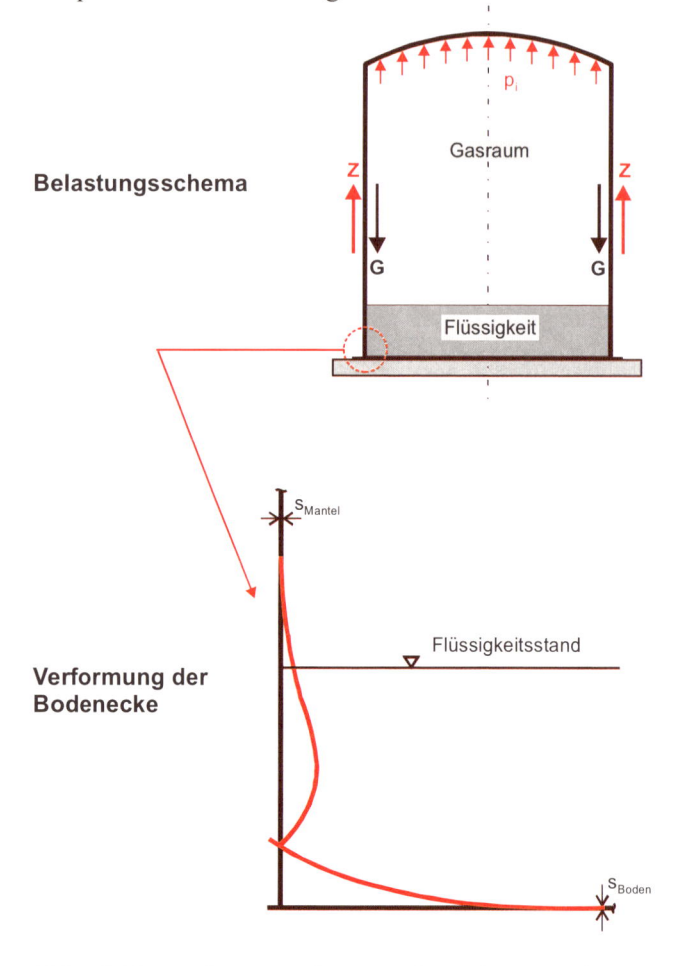

Abb. 6-30: Belastungsschema und Verformung der Bodenecke eines unverankerten Lagertanks bei Drucksteigerung im Gasraum
Schwarz: Ausgangszustand, rot: Zustand nach Drucksteigerung

In der Abb. 6-33 ist die Rohrplatte eines Verdampfers skizziert. Das Heizrohrbündel besteht aus Haarnadelrohren, d.h. es handelt sich um rückkehrende Rohre ohne einen zweiten Rohrboden. Abmessungen und Betriebsdaten sind der Darstellung zu entnehmen.

Die Abb. 6-34 zeigt einen auf Sätteln gelagerten Rohrbündel-Wärmetauscher mit zwei festen Böden.

Zur Ausführung von Rohrbündel-Wärmetauschern wird auf [21] verwiesen.

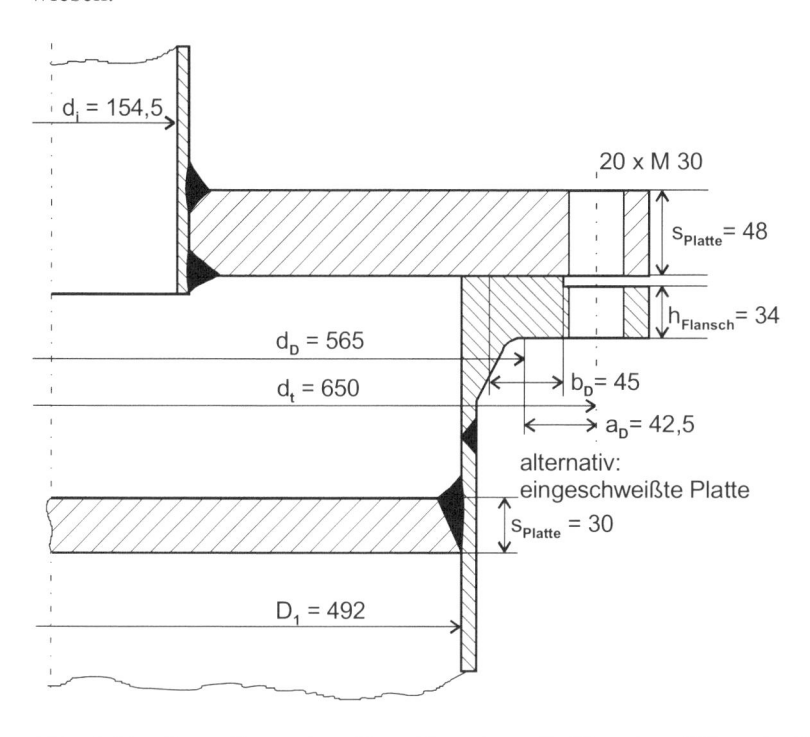

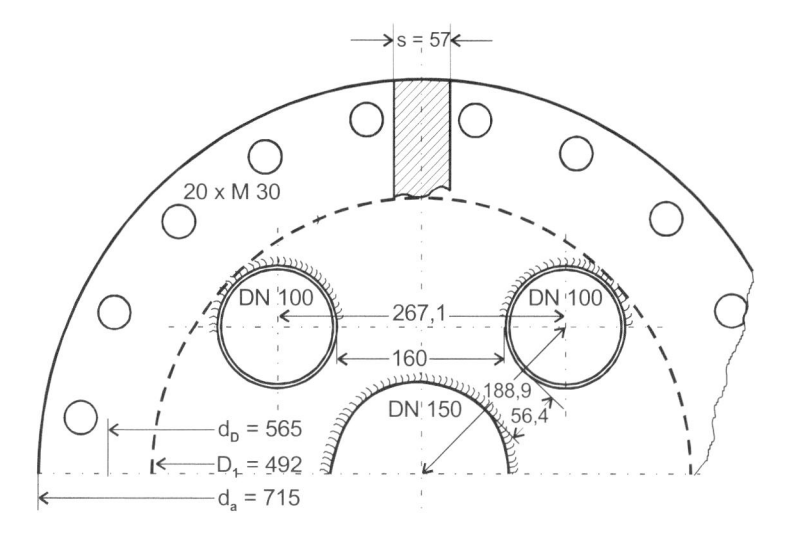

Abb. 6-31: Darstellung einer Verschlussplatte für Vorschweißflansche DN 500/ PN 16 nach DIN 2633. Verschwächung durch zentralen Stutzen DN 150

172 6. Abschlusselemente

Abb. 6-32: Draufsicht auf eine Verschlussplatte für DN 500/PN 16

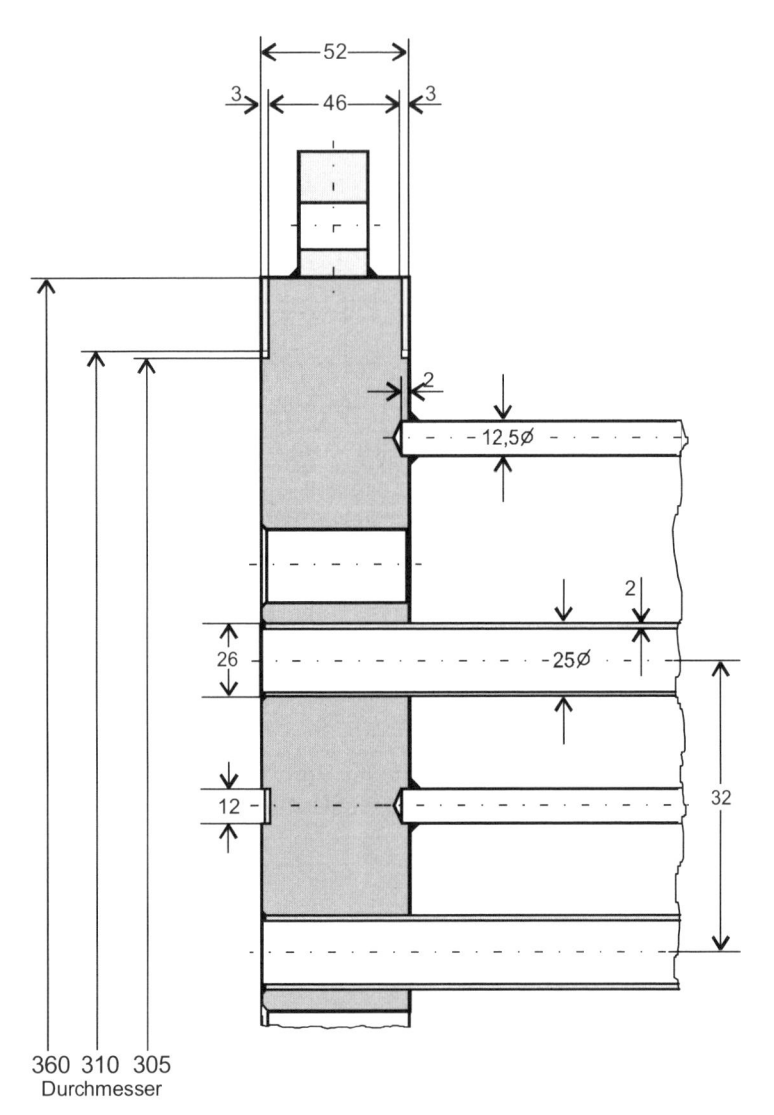

Abb. 6-33: Wärmetauscher-Heizrohrbündel
Daten: Werkstoff 1.4541, p = 30 bar, ϑ = 250 °C

An dieser Stelle sei Folgendes angemerkt, ohne näher darauf einzugehen: Ein generelles Problem bei Rohrbündel-Wärmetauschern nach Abb. 6-34 – und mehr noch nach Abb. 6-33 – ist die Schwingungserregung.

Zur Vermeidung dieser Schwingungserregungen wird aber auf einschlägige Literatur, z.B. [41] hingewiesen.

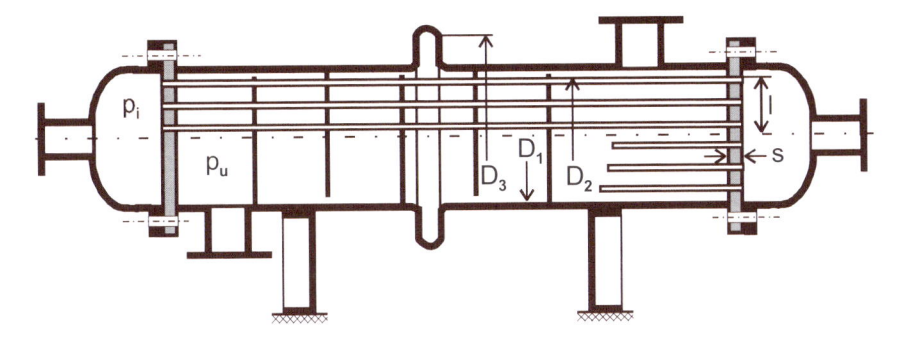

Abb. 6-34: Rohrbündel-Wärmetauscher mit zwei festen Böden und einem Kompensator im Mantel, gelagert auf Tragsätteln

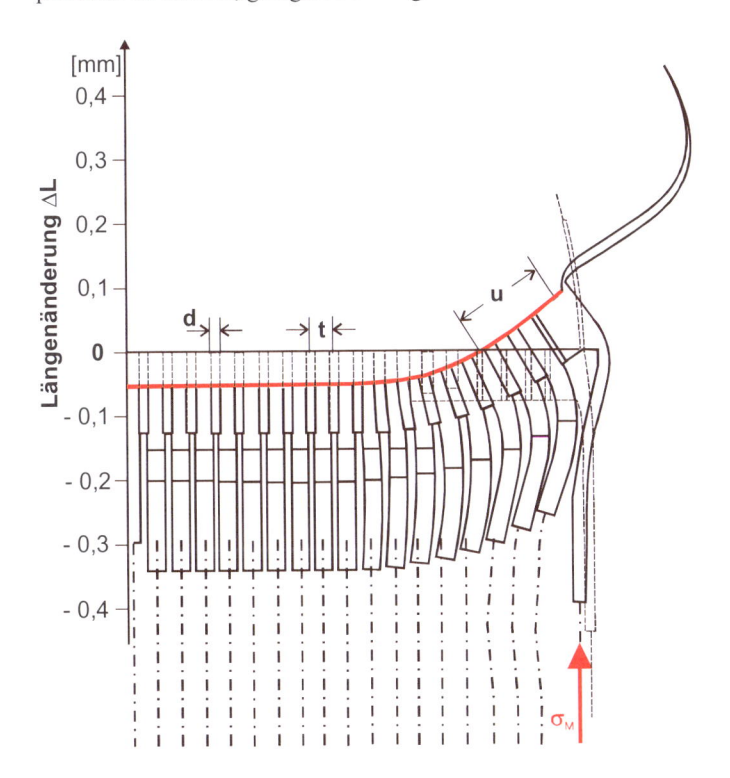

Abb. 6-35: Verformung im Radialschnitt durch die Rohrplatte eines Wärmetauschers ohne Kompensator

Nun zurück zu Verformungen und Spannungen:

Die Abb. 6-35 aus [42] zeigt die Verformung im Radialschnitt durch die Rohrplatte eines Wärmetauschers ohne Kompensator. Die Apparatebeanspruchung wird in diesem Fall hervorgerufen durch Wärmeschiebung des Wärmetauschermantels, des Rohrbündels und des Rohrbodens. Die äußeren Rohre sind auf Zug beansprucht, daher wird dort kein Knicknachweis nach Gl. (8) bis (10)/ AD-B5 erforderlich.

In der Abb. 6-36 ist die bezogene Dicke s eines Wärmetauscherbodens über dem Verschwächungsfaktor ν aufgetragen. Die Kurve gilt nur bei Anordnung eines Kompensator im Apparatemantel oder aber bei Verwendung von Haarnadelrohren.

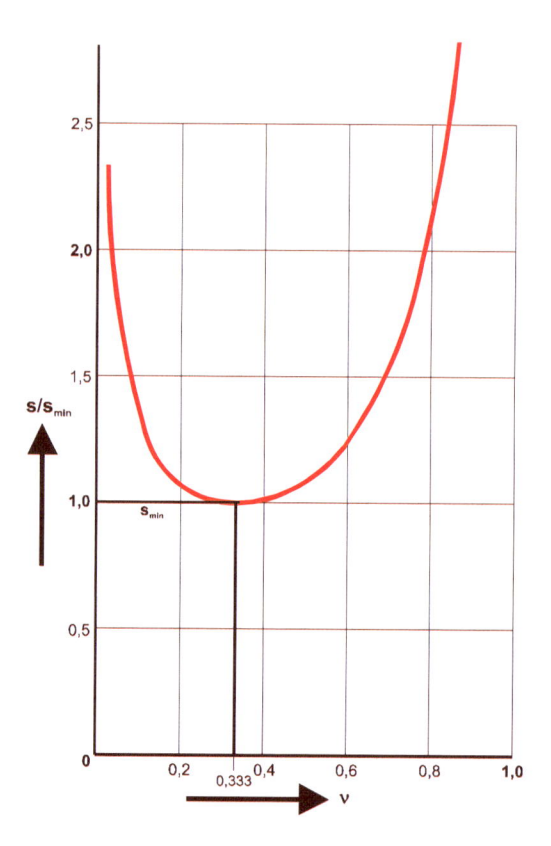

Abb. 6-36: Bezogene Dicke s/s_{min} eines Wärmetauscher-Bodens über dem Verschwächungsfaktor ν dieses Bodens bei Verwendung eines Kompensators im Apparatemantel

Zum Abschluss des Unterkapitels 6.3 soll nun noch auf durch Rippen verstärkte Platten eingegangen werden. Um gerade bei größeren Plattenabmessungen die Plattendicke noch einigermaßen beherrschbar zu halten, sind Verstärkungen unbedingt erforderlich. Die Abb. 6-37 zeigt die mögliche Anordnung von Rippen auf kreisrunden, eben Platten. Der sich ergebende Beulkreisdurchmesser ist für beide Fälle rot eingetragen. Es handelt sich dabei um die jeweils größten auftretenden Durchmesser, die auch zur Berechnung der erforderlichen Plattendicken heranzuziehen sind.

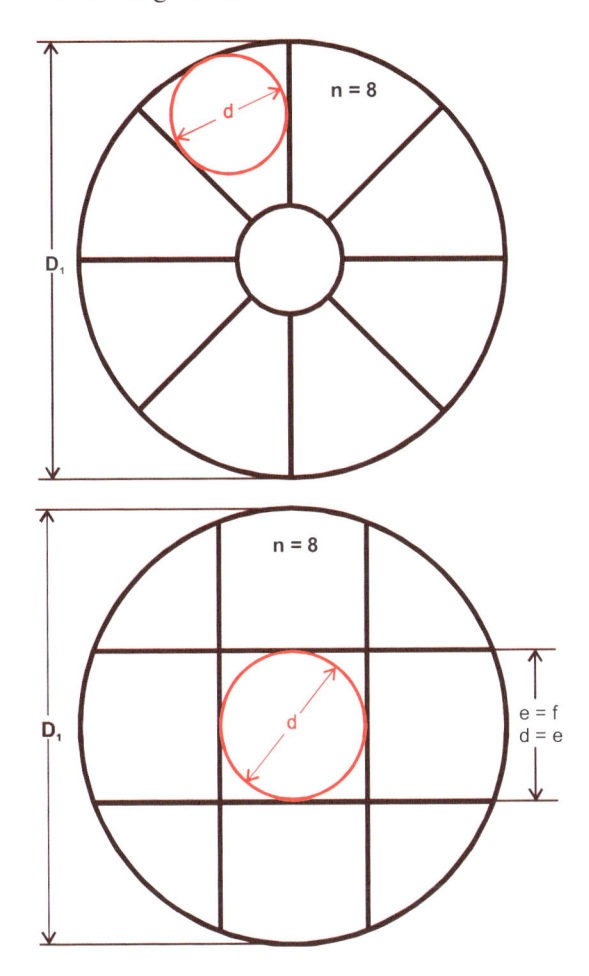

Abb. 6-37: Schematische Darstellung von verrippten, ebenen Kreisplatten

Anschließend nun eine etwas genauere Betrachtung:

Durch die Verrippung einer ebenen Platte lassen sich die Spannungen beträchtlich absenken. Anders ausgedrückt, darf der Druck erhöht werden, wenn die kritischen Rippenrückenspannungen hinreichend klein gehalten werden. Dies wiederum lässt sich durch eine entsprechende Rippendimensionierung beeinflussen.

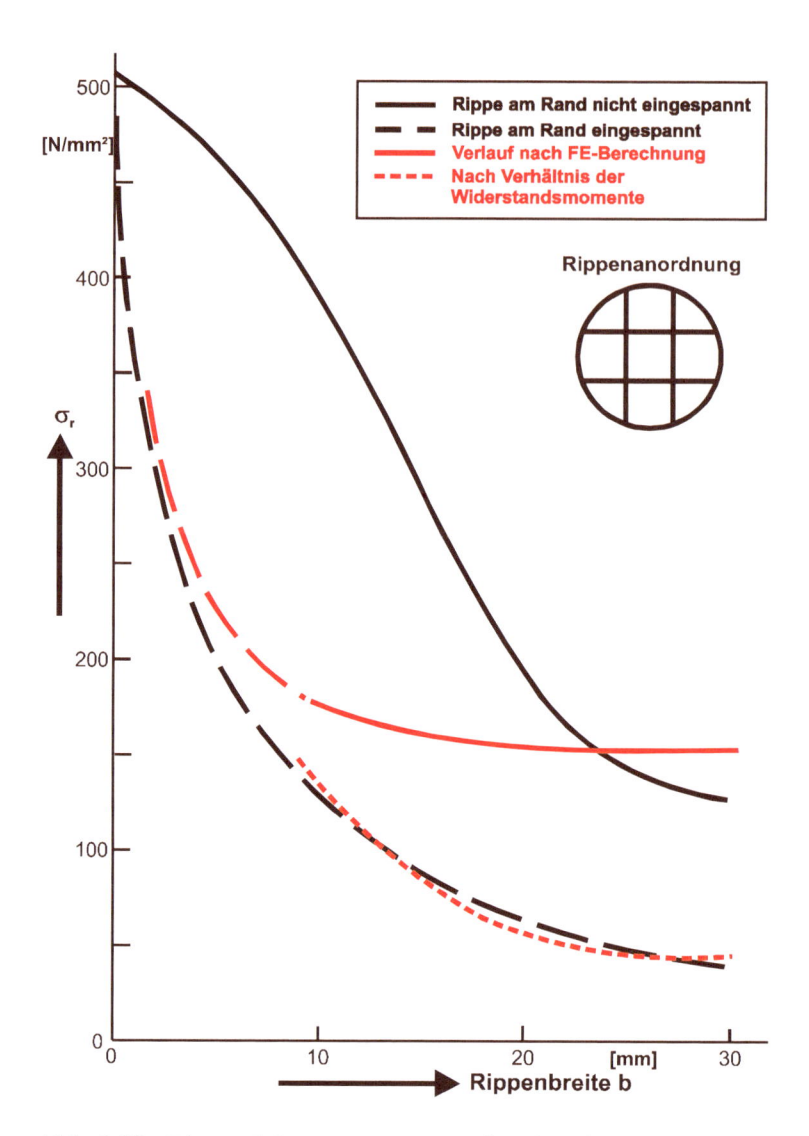

Abb. 6-38: Rippenrückenspannungen σ_r über der Rippenbreite b. Vier sich kreuzende Rippen auf einer ebenen Kreisplatte, Rippen unter Linienlast

In Abb. 6-38 sind die Rippenrückenspannungen über der Rippenbreite b für verschiedene Berechnungsverfahren und Einspannbedingungen zusammengefasst (den dargestellten Kurvenzügen liegen folgende Daten zugrunde: p = 4 bar, Plattendicke s = 20 mm, D_1 = 1780 mm, 4 sich kreuzende Rippen gleichen Abstands mit Höhe h = 200 mm, Anschlusszylinder mit Wanddicke s = 8 mm).

Aus der Abbildung ist ersichtlich, dass anfangs – ausgehend von der unverrippten Platte – die Spannungen mit zunehmender Rippenbreite schnell abnehmen. Wie eine FE-Analyse zeigt, bringt weiter zunehmende Rippenbreite nur noch wenig an Spannungsabfall. Die Rippenhöhe wurde bei dieser Betrachtung konstant gehalten, obwohl sie natürlich einen viel größeren Einfluss auf das Widerstandsmoment hat. Die variierte Breite über der auftretenden Spannung zeigt – vor allem im linken Bereich der Darstellung – also nur die theoretische Tendenz. In der Praxis ist auch zu beachten, dass das Verhältnis Rippenbreite zu Rippenhöhe 1 zu 8 nicht übersteigen sollte, da sonst mit Rippenknickung zu rechnen ist.

Einfache Abschätzungen mit verschiedenen Ansätzen sind – wie gezeigt wird – hingegen wenig erfolgreich:

In einem ersten Ansatz wurden die Spannungen entsprechend der Zunahme des Widerstandsmoments W von Platte mit zu Platte ohne Rippen abgemindert. Dadurch werden jedoch die Spannungen erheblich zu niedrig beurteilt. Für größere Rippenbreiten b ist die Rückenspannung etwa umgekehrt proportional b.

In einem zweiten Ansatz wurde den zulässigen Spannungen in der unverrippten Platte nach Grundgleichung (2) in AD-B5 ein zulässiger Druck zugeordnet. Die Rippen müssen dann die Differenz zwischen gewünschtem Druck und zulässigem Plattendruck aufnehmen. Aus diesem Differenzdruck Δp kann für die Rippen eine Linienlast bestimmt werden, aus welcher mit dem Quotienten von resultierendem Biegemoment und Rippenwiderstandsmoment die Rippenrückenspannung σ_r berechnet wird. Für die lose aufliegende Platte ergeben sich meist zu große Spannungen. Nur ein Drittel dieser Spannungen erhält man für die fest eingespannte Platte. Damit ist der Kurvenverlauf sehr ähnlich dem Verlauf nach dem ersten Ansatz.

Diese Ansätze zur Annäherung an die durch FEM ermittelte Kurve können nicht befriedigen. Für die Spannungsermittlung muss daher bis auf Weiteres einer FE-Berechnung der Vorzug gegeben werden.

Beispiele

<u>Beispiel 7</u> (Rechenbeispiel):

Aufgabenstellung:
Eine ebene Platte erfährt bei der Belastung durch einen Druck p eine ungleichmäßige Biegebeanspruchung wie sie in Abb. 6-24 als Ergebnis einer FE-Rechnung wiedergegeben ist. Die Gl. (2) aus AD-B5 soll mit Hilfe dieses Spannungsverlaufs überprüft werden.

Daten:
$D_i = 600$ mm, $s = 20$ mm, $p = 6$ bar. Elastischer Spannungszustand ohne Plastifizierung

Lösungsweg:
Durch Umformung von Gl. (2) aus AD-B5 erhält man am Rand der Plattenoberfläche (K/S = σ_v gesetzt):

$$C = \sqrt{\frac{10 \cdot \sigma_v}{p} \cdot \frac{s}{D_1}} = \sqrt{\frac{1020}{6} \cdot \frac{20}{600}} = 0{,}435 \quad \left(=\sqrt{\frac{3}{16}}\right)$$

Dieser im Vergleich zu DIN 3840 um den Faktor 1,225 größere Beiwert C erklärt sich aus der elastischen Betrachtungsweise. Die erste grobe Näherung auf Seite 157 mit C = 0,408 zeigt eine recht gute Übereinstimmung mit dem o.g. Wert. Die DIN und das AD-B5 lassen eine größere Werkstoffausnutzung zu, so dass im Bereich der Einspannung die Streckgrenze K erreicht werden oder sogar an den Plattenoberflächen eine Plastifizierung bei Überschreiten des Kennwerts K auftreten kann.

Beispiel 8 (Rechenbeispiel):

Aufgabenstellung:
Für eine möglicherweise im Strömungsprallbereich von Krümmern schadhafte Rohrleitung DN 100 sind die Mindestwanddicke s nach der sog. „Kesselformel" und bei angenommenem Lochfraßdurchmesser ≤ 25 mm nach einer Beziehung für ebene Platten abzuschätzen. Das Ergebnis ist bezüglich der Aussagefähigkeit von Druckproben zu erörtern. Verwendeter Werkstoff St 35.8 (1.0305).

Lösungsweg:
$$s = \frac{D_a \cdot p}{20 \cdot \frac{K}{S} \cdot v + p}$$

erbringt für PN 25

$$s = \frac{114{,}3 \cdot 25}{20 \cdot \frac{235}{1{,}5} \cdot 1 + 25} = 0{,}91 \text{ mm.}$$

Die Normwanddicke beträgt 3,6 mm

Zum Verschwächungsbeiwert v siehe unter anderem AD-Merkblatt B0, Abschnitt 8.1; ein Rohrbogenbeiwert B_a, der fallweise im Zähler enthalten ist, wurde nicht berücksichtigt.

Nun im Gegensatz dazu Berechnung mit Gl.(2) aus AD-B5:

$$s = C \cdot D_1 \cdot \sqrt{\frac{p \cdot S}{10 \cdot K}}$$

ergibt mit $D_1 = 25$ mm

$$s = 0{,}35 \cdot 25 \cdot \sqrt{\frac{25 \cdot 1{,}5}{10 \cdot 220}} = 1{,}14 \text{ mm}$$

Erst bei derartig großen Korrosionsmulden erhält man demnach eine vergleichbare Wanddicke s. Die FE-Rechnung – dargestellt in Abb. 6-24 – zeigt, dass man für die am meisten beanspruchte Einspannung am Rand der Korrosionsmulde nur etwa 78% der Spannung nach AD-B5 erhält. Weiterhin beginnt die Korrosion mit ihrem Abtrag ja nicht unmittelbar, sondern im Allgemeinen allmählich, was diese Spannungen weiter abmindert. Vor einem Versagen wird die Korrosionsmulde plastisch zum Kugelabschnitt verformt, so dass eine Leckage erheblich höhere Drücke als den Prüfdruck 25 · 1,3 = 32,5 bar erfordert, in grober Abschätzung ca. 100 bar oder mehr. Bei kleineren Durchmessern von Korrosionsmulden ergäben sich entsprechend geringere Wanddicken. Hieraus folgt, dass eine Druckprobe denkbar ungeeignet ist zur Aufzeigung von Bereichen mit Korrosionsschädigung durch Materialabtrag.

Für die Druckprüfung an genieteten Behältern mit möglicherweise Rissen – von den Nietbohrungen in versprödendem Werkstoff ausgehend – war diese Prüfung jedoch in der Vergangenheit zur Aufzeigung von Schäden gut geeignet.

Auch rund gebogene Heizkanäle, z.B. aufgeschweißte Halbrohrschlangen auf einem Zylindermantel, dürfen mit dieser Methodik beurteilt werden.

Beispiel 9 (Rechenbeispiel):

Aufgabenstellung:
Ein Rührreaktor für endotherme Reaktion soll zur Reaktionsbeschleunigung mit einer Außenbeheizung in Form von aufgeschweißten Halbrohrschlangen DN 150 versehen werden (siehe dazu Abb. 6-26).

Daten:
Dampfdruck 18 bar, Temperatur 210 °C, Werkstoff Kesselblech H II (1.0425) mit $K = 201$ N/mm².

Lösungsweg:

Die Bestimmung der notwendigen Wanddicke s der quasi ebenen Begrenzung des Heizkanals durch die Kesselwandung erfolgt mit Gl. (3) nach AD-B5 für unverankerte rechteckige Platten ohne zusätzliche Randmomente, die wegen unterschiedlicher Wärmedehnung jedoch durchaus auftreten können:

$$s = C \cdot C_E \cdot f \cdot \sqrt{\frac{p \cdot S}{10 \cdot K}} = 0{,}45 \cdot 1{,}56 \cdot 154{,}5 \cdot \sqrt{\frac{18 \cdot 1{,}5}{2010}} = 12{,}6 \text{ mm}$$

Dies ist die erforderliche Wanddicke für den zylindrischen Kesselteil, die natürlich noch zusätzlich mit der Kesselformel nachzurechnen ist. Die Schweißnahtvorbereitung der Halbschalen in Form einer geeigneten Anfasung der Halbrohrschnittflächen von innen muss sorgfältig durchgeführt werden. Weiterhin ist eine Durchschweißung mit voller Erfassung des Werkstoffquerschnitts erforderlich, da es sonst durch Kerbwirkung – insbesondere durch Druck- und Temperaturwechselbeanspruchung – im Nahtbereich zu Dampfleckagen kommen kann. Der Temperaturunterschied sollte auf ca. 100 °C beschränkt werden. Als Anmerkung sei hier erwähnt, dass für eine Doppelmantelbeheizung zur Vermeidung von Beulschäden des Kessel-Innenmantels meist erheblich größere Wanddicken erforderlich sind.

Beispiel 10 (Rechenbeispiel):

Aufgabenstellung:

Ein Lagertank mit einem Inhalt V = 100 m³ soll auf Doppel-T-Träger gestellt werden. Mit welchem Abstand f sind diese voneinander anzuordnen, wenn der Flachboden aus St 37 eine Wanddicke s = 5 mm aufweist.

Daten:

Tankdurchmesser D_i = 4000 mm, Tankhöhe H = 8000 mm, p ≤ 0,1 bar Stickstoffüberlagerung, Flüssigkeitsdichte ρ = 1300 kg/m³.

Lösungsweg:

Auflösung von Gl. (3) aus AD-B5 nach f bei e = ∞ ergibt

$$f = \frac{s}{C \cdot C_E} \cdot \sqrt{\frac{10 \cdot K}{p \cdot S}} = \frac{5}{0{,}35 \cdot 1{,}56} \cdot \sqrt{\frac{10 \cdot 235}{(1{,}3 \cdot 0{,}8 + 0{,}1) \cdot 1{,}5}} = 340 \text{ mm}$$

als Mittenabstand von Träger zu Träger unter dem Flachboden. Eine FE-Analyse zeigt, dass für f auch der „freie" Abstand zwischen den Trägern gewählt werden darf.

Für diese vergleichsweise dünne Platte soll die Wanddicke mit Hilfe der Durchbiegung w überprüft werden:
Durchbiegung

$$\frac{w}{s} = \frac{12 \cdot (1-\mu^2) \cdot (5+\mu)}{64 \cdot 16 \cdot (1+\mu)} \cdot \frac{p}{10 \cdot E} \cdot \left(\frac{f}{s}\right)^4 = 0{,}0435 \cdot \frac{1{,}14 \cdot \left(\frac{340}{5}\right)^4}{10 \cdot 210000} = 0{,}51$$

Der Wert müsste ≤ 0,5 sein, ist aber wegen der geringen Abweichung noch akzeptabel.

Wegen der Bodenverformung zu spannungsgünstigem Durchhängen wäre bei dieser Abstandsgestaltung kein Behälterschaden zu erwarten, da schlimmstenfalls nur eine einmalige plastische Verformung ohne Rückverformung zu erwarten ist.

Im Bereich des Bodenablassstutzens ist der Tankboden entsprechend dem Faktor C_{A1} aus Bild 22 in AD-B5 zu verstärken; für übliche Konstruktionen gilt $C_{A1} \leq 1{,}35$, d.h. Wanddicke der Verstärkungsplatte s = 5 · 1,35 = 6,8 mm. Die Möglichkeit einer einwandfreien Restentleerung ist bei der Gestaltung der Verstärkung zu beachten.

Beispiel 11 (Rechenbeispiel):

Aufgabenstellung:
Für einen Vorschweißflansch DN 500/PN 16 nach DIN 2633 soll die Dicke s einer Abdeckplatte mit zentralem Stutzen DN 150 bestimmt werden.

Daten:
d_a = 715 mm d_L = 33 mm   zentraler Stutzen:
d_i = 492 mm h_F = 34 mm d_{iS} = 150 mm
d_t = 650 mm s_1 = 8 mm s_S = 4,5 mm
d_4 = 610 mm d_{aS} = 159 mm

$$b_D = \frac{d_4 - d_i}{2} = \frac{610 - 492}{2} = 59 \text{ mm} \quad d_D = d_i + b_D = 492 + 59 = 551 \text{ mm}$$

Werkstoff 1.0036 (USt 37-2) mit K = 186 N/mm² bei 100 °C.

Die verwendeten Bezeichnungen sind der folgenden Skizze zu entnehmen (siehe dazu auch Abb. 6-31):

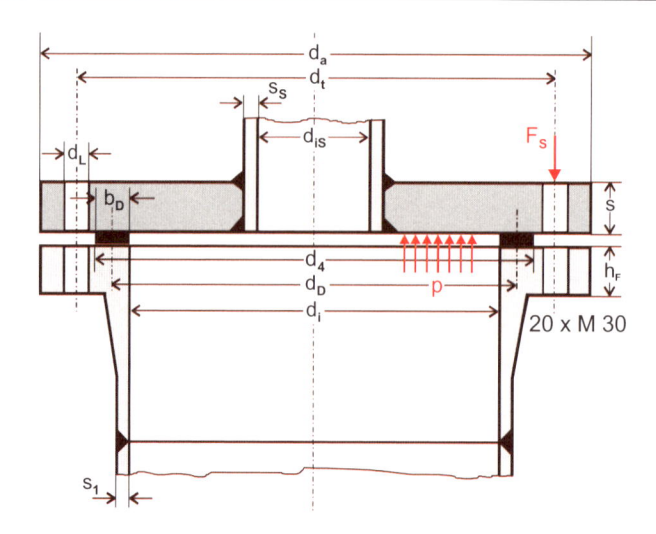

Lösungsweg:
Dieser wird durch die Gl. (3), (4) und (5) sowie Bild 5 und Bild 22 in AD-B5 vorgegeben. Zur Ermittlung des den Berechnungsbeiwerts C_1 benötigt man den Zahlenwert für δ:

$$\delta = 1 + 4 \cdot \frac{k_1 \cdot S_D}{d_D} = 1 + 4 \cdot \frac{1{,}3 \cdot 59 \cdot 1{,}2}{551} = 1{,}67$$

mit $S_D = 1{,}2$ und $k_1 = 1{,}3 \cdot b_D$ als Dichtungsparameter für eine übliche It-Ersatz-Dichtung zur Abdichtung gegen Gase oder Dämpfe. Gegen Flüssigkeiten wäre $k_1 = b_D$ einzusetzen.

Im o.g. Bild 5 ist als Abszisse das Verhältnis d_t/d_D angegeben. Es ergibt sich dafür der Wert $d_t/d_D = 650/551 = 1{,}18$ und damit dann als Berechnungsbeiwert für ein gleichsinniges Randmoment $C_1 = 0{,}575$.

Für Bild 22 benötigt man als Abszisse $d_i/d_D = 150/551 = 0{,}272$ und erhält damit als Ausschnittsbeiwert für Form B $C_{A1} = 1{,}315$. Dies ist etwa gleichbedeutend einem Verschwächungsbeiwert $v_A = 1/C_{A1} = 0{,}76$.

Hiermit wird nun die Plattendicke zu:

$$s = C_1 \cdot C_{A1} \cdot d_D \cdot \sqrt{\frac{p \cdot S}{10 \cdot K}} = 0{,}575 \cdot 1{,}315 \cdot 551 \cdot \sqrt{\frac{16 \cdot 1{,}5}{10 \cdot 186}} = 47{,}3 \text{ mm}$$

Im Gegensatz dazu berechnet man für eine direkt eingeschweißte Platte ohne zusätzliches Randmoment der Flanschverschraubung nach Gl. (2)/ AD-B5:

$$s = C \cdot C_A \cdot D_1 \cdot \sqrt{\frac{p \cdot S}{10 \cdot K}} = 0{,}5 \cdot 1{,}07 \cdot 492 \cdot \sqrt{\frac{24}{1860}} = 30 \text{ mm}$$

mit C_A analog C_{A1} aus Bild 21/AD-B5.

Der berechnete Unterschied zwischen Plattendicke s bei zusätzlichem Randmoment $M_D = F_{SB} \cdot a_D$ soll durch die Mindestschraubenkraft F_{SB} mal Hebelarm $a_D = \frac{1}{2} \cdot (d_t - d_D)$ (Betriebszustand) im Vergleich zur Plattendicke s der eingeschweißten Platte begründet werden. Zu F_{SB} und a_D siehe Gl. (1)/AD-B7 bzw. Gl. (8)/AD-B8.

Aus der eingangs zu AD-B5 dargestellten Ableitung für die Plattendicke s wird deutlich, dass die Dicke über das Plattenwiderstandsmoment

$$W = \frac{\pi}{6} \cdot D \cdot s^2 = \frac{M}{\sigma}$$

der Wurzel des zu beherrschenden Biegemoments M proportional ist. Man kann also als Näherung ansetzen:

$$\frac{s_D}{s_1} = \sqrt{1 + \frac{M_D}{M_1}} = \sqrt{1 + \frac{F_{SB} \cdot a_D}{F_p \cdot 0{,}167 \cdot D_1}} \ .$$

Für das Moment M_1 in der Platteneinschweißung lässt sich mit den Gleichungen der Einführung zu AD-B5 schreiben:

$$M_1 = W \cdot \sigma = C^2 \cdot p \cdot \frac{D_1^2}{s_1^2} \cdot \pi \cdot D_1 \cdot \frac{s_1^2}{6} = F_p \cdot 1{,}67 \cdot D_1 \text{ , wie oben ver-}$$

wendet mit der Druckkraft $F_p = \frac{\pi}{4} \cdot D_1^2 \cdot p$ und einem dann wirksamen Hebelarm $a = 0{,}167 \cdot D_1$; der Faktor 0,167 hierin berechnet sich mit C = 0,5 aus $0{,}5^2 \cdot \frac{4}{6} = 0{,}167$;

C = 0,5 ist dabei der Berechnungsbeiwert für Platten ohne Randmoment durch Schraubenanzug nach Tafel 1, Ausführungsform h in AD-B5.
Für die Schraubenkraft F_{SB} gilt nach Gl. (1)/AD-B7:

$$F_{SB} = F_p \cdot \left(\frac{d_D}{D_1}\right)^2 + p \cdot \frac{\pi}{10} \cdot d_D \cdot s_D \cdot k_1 \text{ mit z.B. } k_1 = 1{,}3 \cdot b_D$$

und $F_p = \frac{\pi}{40} \cdot D_1^2 \cdot p = \frac{\pi}{40} \cdot 492^2 \cdot 16 = 3{,}042 \cdot 10^5$ N

$$F_{SB} = 3{,}042 \cdot 10^5 \cdot \left(\frac{565}{492}\right)^2 + 16 \cdot \frac{\pi}{10} \cdot 565 \cdot 1{,}2 \cdot 1{,}3 \cdot 45 = 6{,}0 \cdot 10^5 \text{ N}$$

$$M_1 = F_p \cdot 0{,}167 \cdot D_1 = 3{,}042 \cdot 10^5 \cdot 0{,}167 \cdot 492 = 2{,}49 \cdot 10^7 \text{ Nmm}.$$

Damit $\dfrac{s_D}{s_1} = \sqrt{1 + \dfrac{6{,}0 \cdot 10^5 \cdot 42{,}5}{2{,}49 \cdot 10^7}} = 1{,}42$,

wie dies in völlig anderer Berechnungsabfolge zuvor mit

$\dfrac{s_D}{s_1} = \dfrac{C_1 \cdot C_{A1} \cdot d_D}{C \cdot C_A \cdot D_1} = \dfrac{0{,}55 \cdot 1{,}32 \cdot 565}{0{,}5 \cdot 1{,}07 \cdot 492} = 1{,}56$

berechnet wurde.

In Anbetracht vielfältiger Modellungenauigkeiten ist dieser Unterschied von ca. 10% noch annehmbar.

Bei einem schrägen Stutzen wird vorgeschlagen, aus Bild 21 bzw. Bild 22 in AD-B5 die Ausführungsform A anzuwenden, wobei die Abszisse d_i/D_1 für die elliptische Plattendurchdringung einmal mit d_i = e, dann mit f gebildet wird; der größere Ausschnittsbeiwert C_A sollte für die Wanddickenbestimmung Anwendung finden.

Fortsetzung des Rechen-**Beispiels 11**:
Zusätzlich zum zentralen Stutzen DN 150 sollen in die Verschlussplatte DN 500/PN 16 noch zwei Stutzen DN 100 eingeschweißt werden, wie es die Abb. 6-32 verdeutlicht.

Als Berechnungsgleichung soll Gl. (24)/AD-B5 verwendet werden, da die Beanspruchung ähnlich der gelochten Rohrplatte ist; hierzu siehe Bild 15 in AD-B5.

Gl. (24)/B5:

$s = C_5 \cdot d_D \cdot \sqrt{\dfrac{p \cdot S}{10 \cdot K \cdot v}} = 0{,}485 \cdot 565 \cdot \sqrt{\dfrac{24}{1860 \cdot 0{,}3}} = 57$ mm

Mit $l/d_D = 188{,}9/565 = 0{,}334$ und $d_t/d_D = 650/565 = 1{,}15$ kann man aus Bild 16/AD-B5 den Berechnungsbeiwert $C_5 = 0{,}485$ interpolieren. Als Verschwächungsbeiwert v wird in Analogie zu Gl. (18)/AD-B5 gesetzt:

$v = \dfrac{t - d_i}{t} = v_2 = \dfrac{56{,}4}{188{,}9} = 0{,}3$,

was ebenfalls oben eingesetzt wurde.

Beispiel 12 (Rechenbeispiel):

Aufgabenstellung:
Für einen Verdampfer soll ein Heizrohrbündel mit Haarnadelrohren nach Bild 9 in AD-B5 gefertigt werden. Zu berechnen ist die erforderliche Rohrbodendicke.

Daten:
Werkstoff 1.4541, p = 30 bar, ϑ = 250 °C.

Lösungsweg:
Zur Anwendung kommt für die Verschwächung des Bodens Gl. (18a) aus AD-B5:
$$v = 1 - \frac{d_i}{t} = 1 - \frac{26}{32} = 0{,}1875$$
und für den Rohrboden selbst die Gln. (19) und (20) aus AD-B5:
$$s = C \cdot D_1 \cdot \sqrt{\frac{p \cdot S}{10 \cdot K \cdot v}} = 0{,}4 \cdot 335 \cdot \sqrt{\frac{30 \cdot 1{,}5}{10 \cdot 175 \cdot 0{,}1875}} = 50 \text{ mm}$$

Beispiel 13 (Rechenbeispiel):

Aufgabenstellung:
Für den Rohrboden eines Wärmetauschers nach Abb. 6-34 ist die erforderliche Wanddicke s zu bestimmen. Ohne Kompensator im Mantel ist Gl. (12)/AD-B5 anzuwenden. Wärmespannungen sollen nach AD-S3/7 abgeschätzt werden. Weiterhin ist für den Einbau eines Kompensators die Wanddicke s nach Gl. (27)/AD-B5 zu bestimmen. Zur Vermeidung von Rohrknickung und auch für leichtere Reinigung der Rohre soll vorgesehen werden:
Dampf um die Rohre, Flüssigkeit in den Rohren.

Daten:
D_1 = 1000 mm als Innendurchmesser des Mantels, d_2 = u = 50, D_3 = 1050 mm, p = 10 bar, K = 200 N/mm², S = 1,5.

Lösungsweg:
Verwendet wird die Gl. (12) aus AD-B5:
$$s = C \cdot d_2 \cdot \sqrt{\frac{p \cdot S}{10 \cdot K}} = 0{,}4 \cdot 50 \cdot \sqrt{\frac{10 \cdot 1{,}5}{10 \cdot 200}} = 1{,}7 \text{ mm.}$$

Dies ist ein sehr geringer Wert. Aus Fertigungsgründen wird er jedoch immer weit überschritten.
Bei Zusatzbeanspruchung des Rohrbodens durch temperaturbedingte Biegebeanspruchung gilt die nachfolgende Beziehung für die Mantelspannung σ_M nach AD-S3/7 und die Rohrspannung σ_R.

Nach Gl. (1)
$$\sigma_M = \frac{E_M \cdot (\alpha_R \cdot \vartheta_R - \alpha_M \cdot \vartheta_M)}{1 + \frac{A_M \cdot E_M}{A_R \cdot E_R}} < 0 \text{ als Stauchung}$$

und nach Gl. (2)
$$\sigma_R = \frac{E_R \cdot (\alpha_M \cdot \vartheta_M - \alpha_R \cdot \vartheta_R)}{1 + \frac{A_R \cdot E_R}{A_M \cdot E_M}} > 0 \text{ als Zug,}$$

da $\vartheta_M > \vartheta_R$.

A_R ist nur die Fläche der Randrohre von z. B. zwei Rohrreihen, welche nach Abb. 6-35 den Mantelzug aufnehmen müssen. Beide Spannungen σ_M und σ_R können der druckbedingten Membranspannung in axialer Richtung überlagert werden. Eine größere Beeinträchtigung der zulässigen Drücke von Mantel oder Rohr treten erfahrungsgemäß nicht auf, wenn man als Vergleichsspannung $\sigma_v \leq K$ zulässt (siehe auch AD-S4)

Bei einem Flächenverhältnis
$A_M / A_R \cong 2, E_M \cong E_R, \alpha_M \cong \alpha_R$ wird $\sigma_R \cong 2 \cdot \sigma_M \leq K$,
z.B. als Abschätzung für die beiden temperaturbedingten Sekundärspannungen. Hiermit kann nun eine erste Näherung für die zulässige Temperaturdifferenz $\Delta\vartheta = \vartheta_M - \vartheta_R$ erfolgen:

$$\Delta\vartheta \cong \left(1 + \frac{A_R \cdot E_R}{A_M \cdot E}\right) \cdot \frac{K_R}{E_R \cdot \alpha_M} = (1 + 0{,}5) \cdot \frac{200}{200000 \cdot 12 \cdot 10^{-6}} = 125 \ ^0\text{C}$$

Das Ergebnis gilt für C-Stahl, bei Austeniten muss für α der Wert $16 \cdot 10^{-6}$ eingesetzt werden, was zu einem $\Delta\vartheta$ von 94 °C führt. Diese Zahlenwerte werden durch betriebliche Erfahrungen bestätigt.

Den Rohrboden ausschließlich nach der Gl.(12)/AD-B5 (siehe oben) zu bestimmen, ist nicht immer ausreichend. Für den verformten Randbereich der Breite u ist zusätzlich eine Abschätzung der Biegespannungen durchzuführen, wie sie mit der rechten Seite der nachfolgenden Beziehung als Näherung vorgeschlagen wird:

Gl. (12)/AD-B5:
$$s = C \cdot d_2 \cdot \sqrt{\frac{p \cdot S}{10 \cdot K}} \geq \sqrt{3 \cdot s_M \cdot u \cdot \frac{\sigma_M}{f_s \cdot K \cdot v}}$$

oder Gl. (27)/AD-B5:
$$s = C_5 \cdot D_1 \cdot \sqrt{\frac{p \cdot S}{10 \cdot K \cdot v}} \quad \text{mit Kompensator im Mantel.}$$

In diesem Fall ist der Spannungsnachweis für den Randbereich u nicht erforderlich. Die Dicke des Rohrbodens wird jedoch erheblich größer, wie im Folgenden zu sehen ist (siehe dazu Abb. 6-34):

Ein Kompensator samt Einschweißung stellt immer einen beträchtlichen zusätzlichen Aufwand dar, auch wegen des dann notwendigen dickeren Rohrbodens. Es darf daher durchaus darüber nachgedacht werden, wie durch z.B. engere Teilung dickerer Randrohre oder Mantelvorwärmung vor der Bodenverschweißung mit $\sigma_M < K_M$ und $\sigma_R < K_R$ auf diesen Kompensator verzichtet werden kann.

Gegebenenfalls sollte bei entsprechender Rohreinschweißung auch eine angemessene plastische Zugverformung der Rohre bei der ersten Erwärmung in Kauf genommen werden!

Bei einem Mantel kälter als die Rohre kann überlegt werden, den Mantelwerkstoff mit größerem Wärmeausdehnungskoeffizienten zu wählen, z.B. Einsatz von Austenit. In einem solchen Fall ist jedoch ein eindeutiger Kostenvergleich erforderlich.

Eine in AD-B5 gegebenenfalls zu ergänzende Grundgleichung für die Plattenbiegung des Randbereichs der Breite u (siehe Abb. 6-35) aufgrund des aus der wärmebedingten Mantelspannung σ_M resultierenden Biegemoments soll nun zur Anwendung kommen. Diese Abschätzung ergibt sich durch den einfachen Biegebalkenansatz mit der Breite u (beide Seiten eingespannt):

$$s_{(b)} = \sqrt{3 \cdot s_M \cdot u \cdot \frac{\sigma_M}{K \cdot v}} = \sqrt{3 \cdot 5 \cdot 30 \cdot \frac{100}{200 \cdot 0{,}5}} = 21{,}2 \text{ mm}$$

Der Verschwächungsfaktor v des gebohrten Bodens wird mit Gl. (18a)/ AD-B5 zu:

$$v = 1 - \frac{d_i}{t} = 1 - \frac{16}{32} = 0{,}5$$

bestimmt. Man erkennt unschwer, dass diese Biegebeanspruchung erheblich größere Bodendicken erforderlich macht als die reine Innendruckbeanspruchung nach Gl. (12)/AD-B5. Bei der Wahl eines Rohrbodens mit s = 10 mm dürfte lediglich eine Temperaturdifferenz von

$$\Delta \vartheta = 125 \cdot \left(\frac{10}{21}\right)^2 = 28 \text{ °C}$$

zugestanden werden, was schon eine Verschlechterung der Wärmetauscherwirkung darstellt.

Als Überlagerung zur vorstehend bestimmten druckbedingten Wanddicke $s_{(p)}$ wird vorgeschlagen:

$$s = \sqrt{s_{(p)}^2 + s_{(b)}^2}$$

Mit den ermittelten Werten ergibt sich daraus fast unverändert s = 21,3 mm.

Zur weitgehenden Vermeidung von wärmebedingten Spannungen wird nun die Wanddicke s des Rohrbodens mit Kompensator (siehe auch Bild 16/AD-B5) betrachtet:

Gewichteter Druck nach den Gl. (26) und (27) in AD-B5:

$$p = p_i + p_u \cdot \frac{D_3^2 - 4 \cdot l^2}{D_1^2} = 10 + 10 \cdot \frac{1050^2 - 4 \cdot 450^2}{1000^2} = 13 \text{ bar}$$

$$s = C_5 \cdot D_1 \cdot \sqrt{\frac{p \cdot s}{10 \cdot K \cdot v}} = 0{,}35 \cdot 1000 \cdot \sqrt{\frac{1{,}5 \cdot 13}{10 \cdot 200 \cdot 0{,}5}} = 49 \text{ mm}$$

Wegen fehlender Führung des Rohrbodens durch einen steifen Mantel, welcher ja nun wegen des Kompensators biegeweich ist, ergibt sich eine erheblich größere Wanddicke s. Die verschiedenen Rechenergebnisse verdeutlichen, wie sorgfältig eine Gestaltung bedacht werden muss.

Noch dicker muss der Rohrboden ohne Kompensator gestaltet werden, wenn die Knickkraft über dem zulässigen Wert läge (siehe Gl. (8a) in AD-B5).

Dann nach Gl. (16) aus AD-B5:

$$s = C \cdot \sqrt{\frac{D_1^2 - n \cdot d_i^2}{v} \cdot \frac{p_i \cdot S}{10 \cdot K}}$$

$$s = 0{,}5 \cdot \sqrt{\frac{1000^2 - 730 \cdot 16^2}{0{,}5} \cdot \frac{15}{2000}} = 55 \text{ mm}$$

Um dieses Knicken und gleichzeitig ein strömungsbedingtes Flattern der Rohre zu vermeiden, wird der Rohrbereich mit einer ausreichenden Zahl von Umlenkblechen versehen, welche als weiteren Nutzeffekt den Wärmeübergang verbessern. Bei Haarnadel- oder Schwimmkopfwärmetauschern kann $\Delta \vartheta$ ohne Kompensator aufgefangen werden.

Beispiel 14 (Rechenbeispiel):

Aufgabenstellung:

In die Abschätzung der temperaturbedingten Spannungen nach den im Beispiel 12 verwendeten Gleichungen soll der Wärmeübergang in den Rohren mit einfließen.

6. Abschlusselemente

Daten:
Rohrwanddicke $s_R = 3{,}5$ mm, Wärmeübergangszahl $\alpha_i = 100$ W/m²K, Wärmeleitfähigkeit $\lambda_R = 50$ W/mK, Wärmeübergangszahl $\alpha_a = 3000$ W/m²K, Gesamttemperaturdifferenz $\vartheta_i - \vartheta_a = 300$ K mit $\vartheta_i = 350$ °C. Abschätzung von α nach Grundlagen der thermischen Verfahrenstechnik in [20], Abschnitt G „konvektiver Wärmeübergang bei erzwungener Strömung". Hier Gas durch, Flüssigkeit um die Rohre.

Lösungsweg:
Für den Gesamtwärmestrom gilt bei $s_R \ll d_R$:

$$\dot{Q} = k \cdot F \cdot (\vartheta_i - \vartheta_a) = \alpha_i \cdot F \cdot (\vartheta_i - \vartheta_{Ri}) = \alpha_a \cdot F \cdot (\vartheta_{Ra} - \vartheta_a)$$

mit der Wärmedurchgangszahl für die Rohrwandung

$$k = \frac{1}{\dfrac{1}{\alpha_i} + \dfrac{s_R}{\lambda_R} + \dfrac{1}{\alpha_a}} = \frac{1}{\dfrac{1}{100} + \dfrac{0{,}0035}{50} + \dfrac{1}{3000}} = 96 \text{ W/m}^2\text{K}$$

Die Temperatur ϑ_{Ri} an der Innenwand der Rohre errechnet sich zu

$$\vartheta_{Ri} = \vartheta_i - (\vartheta_i - \vartheta_a) \cdot \frac{k}{\alpha_i} = 350 - 300 \cdot \frac{96}{100} = 62 \text{ °C},$$

demnach sehr nahe der Temperatur $\vartheta_a = 50$ °C für den Mantelraum. Analog dazu

$$\vartheta_{Ra} = \vartheta_a + (\vartheta_i - \vartheta_a) \cdot \frac{k}{\alpha_a} = 50 + 300 \cdot \frac{96}{3000} = 59{,}6 \text{ °C}.$$

Man erkennt, dass durch diese Führung der Medien **„Gas durch die Rohre, Flüssigkeit um die Rohre"** der wirksame Temperaturunterschied zwischen Rohren und Mantelwand auf etwa 61 − 50 = 11 °C (61 °C → Mittelwert aus ϑ_{Ri} und ϑ_{Ra}) gehalten werden kann, was sich bei anderer Führung – Flüssigkeit durch die Rohre, Gas um die Rohre – mit einem maximalen Temperaturunterschied von etwa 300 °C völlig anders gestalten würde. Eine Nachrechnung der Wärmespannungen zeigt, dass bei Gas durch die Rohre auf einen Kompensator verzichtet werden kann. Es empfiehlt sich, für die Berechnung der Wärmeübergangsbedingungen – auch der Anfahrbedingungen – eine kompetente Fachstelle für Wärmetauscherauslegung hinzuzuziehen.

Ein Hinweis darf nicht vergessen werden: Die Prallströmung des heißen Gases auf den Eingangsrohrboden oder der Wärmeübergang der Anlaufströmung können sehr große Wärmeübergangszahlen (≫100 W/m²K) bewirken, weswegen der Rohr- und Rohrbodenwerkstoff für die maximale Gastemperatur ausgewählt werden muss. Die Aufrechterhaltung des äußeren Wärmeübergangs ist z.B. durch Strömungswächter vorzunehmen, welche den heißen Gasstrom frühzeitig unterbrechen, falls das Kühlwasser ausfallen sollte.

Beispiel 15 (Rechenbeispiel):

Der vergleichsweise dicke Rohrboden des Wärmetauschers mit Kompensator im Beispiel 13 soll durch die folgende Parameterstudie optimiert werden. Diese gilt auch für einen Wärmetauscher mit vollberohrter ebener Platte und Haarnadelrohren, also mit nur einem Rohrboden:

Aufgabenstellung:
Für den Rohrboden eines derartigen Wärmetauschers ist diejenige Rohrteilung zu bestimmen, für welche die Bodendicke s zum Minimum wird.

Lösungsweg:
Zur Lösung wird der Verschwächungsfaktor v benötigt

$$v = 1 - \frac{t}{d_a} \quad bzw. \quad t = \frac{d_a}{1-v}$$

Bei vorgegebener Rohrzahl und einer frei wählbaren Teilung t der Rohrmittenabstände wird in erster Näherung der Durchmesser

$$D_1 \approx t \approx \frac{1}{1-v}$$

Damit lässt sich die Wanddicke des Rohrbodens in Abhängigkeit des Verschwächungsfaktors v wie folgt darstellen:

$$s \approx \frac{D_1}{\sqrt{v}} \approx \frac{\frac{1}{1-v}}{\sqrt{v}}$$

Beim Minimum der Funktion s(v) für v = 1/3 erhält man eine geringste Bodendicke s für jedoch unüblich geringe Teilungen t. In der Praxis wird eine größere Teilung $t \cong 2 \cdot d_a$ mit einem v von etwa 0,5 gewählt. Die Funktion s(v) ist in der Abb. 6-36 so dargestellt, dass die Zunahme der Bodendicke s mit v ≠ 1/3 beurteilt werden kann.

7. Anschlusselemente

Das Kapitel behandelt in logischer Abfolge die Elemente
„**Ausschnitte und Stutzen**, Kapitel **7.1**"
„**Flansche**, Kapitel **7.2**" sowie
„**Schrauben und Dichtungen**, Kapitel **7.3**"
Im deutschen Regelwerk gelten dafür die AD-Merkblätter B7, B8 und B9.

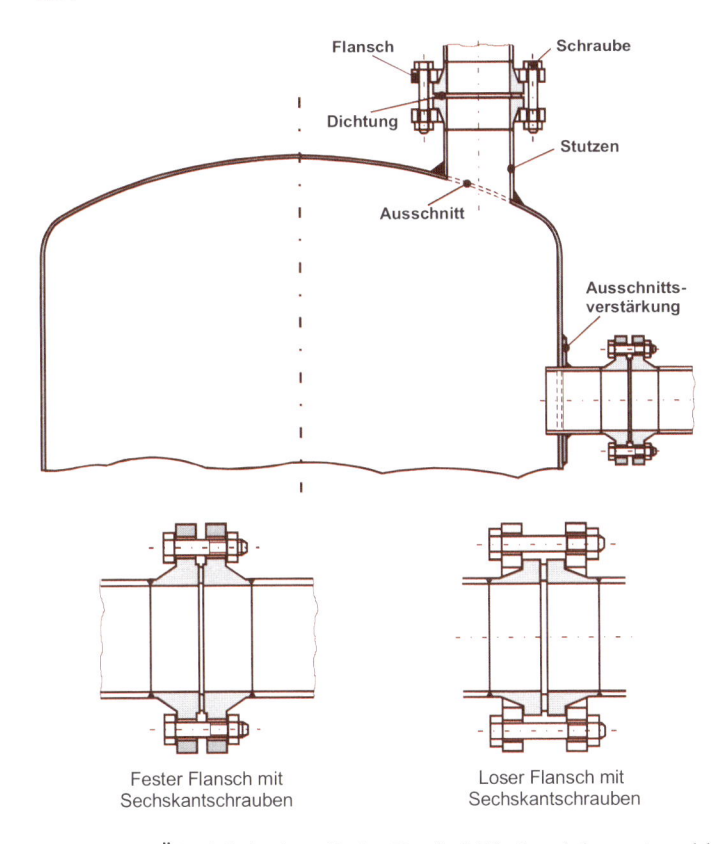

Abb. 7-1: Überblick über die im Kapitel 7 behandelten „Anschlusselemente": Ausschnitte und Stutzen, Flansche, Schrauben und Dichtungen. Besonders dargestellt sind die zwei wichtigsten Flanschausführungen

7. Anschlusselemente

Durch die Anschlusselemente werden Druckbehälter mit ihrem Umfeld, z.B. mit einer zugehörigen Produktionsanlage, verbunden. Die Reihenfolge ergibt sich zwangsläufig vom Ausschnitt im Behälter über Stutzen und Flansche bis hin zu den Befestigungselementen, den Schrauben. Da gegen die Umgebung zuverlässig abgeschottet werden muss, sind natürlich auch die Dichtungen von großer Bedeutung. Dadurch ergibt sich ein Zusammenspiel innerhalb der Kombination Flansch – Schraube – Dichtung, was zu gewissen Überschneidungen der Unterkapitel führen kann, die sich leider nicht ganz vermeiden lassen.

Zur besseren Kennzeichnung der unterschiedlichen Wanddicken – und seltener der Durchmesser – werden folgende spezielle Indices eingeführt; so steht

- A für Ausschnitt
- G für Grundkörper (Zylinder, Kugel, Boden)
- S für Stutzen

Für den Schweißnahtfaktor wird die Bezeichnung v_{Sn} gewählt.

Weitere Vorbemerkungen sind den einzelnen Unterkapiteln zu entnehmen.

Die Abb. 7-1 zeigt alle behandelten Elemente dieses Kapitels im Überblick. Der dort dargestellte lose Flansch ist von Vorteil hinsichtlich der Fluchtung der Schraubenlöcher; der Stutzen mit Ausschnitt kann natürlich auch in der Krempe des gewölbten Bodens angeordnet sein.

7.1 Ausschnitte und Stutzen

Einführung

Der Grundkörper eines Apparates muss für vielfältige Zwecke von Stutzen durchdrungen werden, wodurch das einfache, belastungsgünstige Spannungsprofil (nach AD-Merkblatt B1) erheblich durch Spannungsspitzen gestört wird, wie die Abb. 7-4, 7-5 und 7-6 verdeutlichen. Die Berechnungsmethode für so geschwächte Bauteile basiert auf dem schon sehr alten „Flächenvergleichsverfahren", bei welchem man mangels anderer Beurteilungsmethoden einfach sicherstellt, dass die ausgeschnittene tragende Fläche $d_i \cdot s_G$ des Stutzens durch Ersatz in Stutzen (z.B. $2 \cdot s_S \cdot l_S$) und Kragen ($h \cdot k$) ausgeglichen wird.

Ein unverstärkter Ausschnitt hat gleichsam eine Umlenkung der Kraftlinien und damit eine Spannungserhöhung zur Folge. Letztere muss durch Stutzen- und /oder scheibenförmige Verstärkungen abgemindert werden. Jedoch ist andererseits zu berücksichtigen, dass auch Dehnungsbehinderungen durch diese Verstärkung auftreten, die ebenfalls eine Umlenkung der Kraftlinien bewirken.

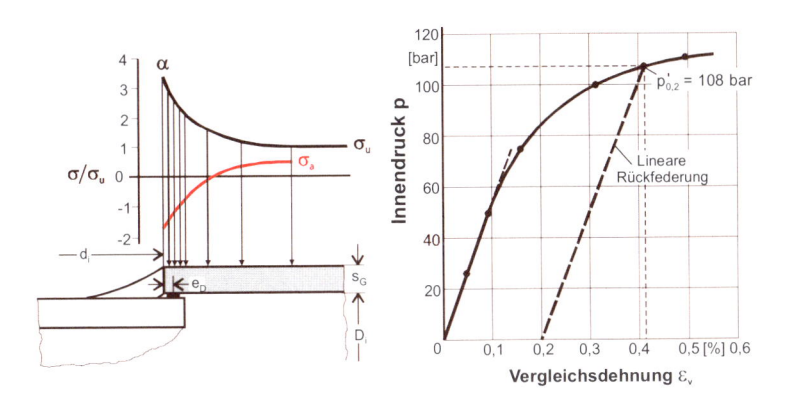

Abb. 7-2: Spannungsverteilung in einem Hohlzylinder mit unverstärktem Ausschnitt, in der Darstellung links. Rechts der Innendruck über der zugehörigen Vergleichsdehnung am Ausschnittsrand des Zylinders. Angegeben ist die lineare Rückfederung nach bleibender Verformung. Der Verlauf entspricht einer Parallelverschiebung der Hookeschen Ursprungsgeraden.
Daten: D_i = 544 mm, d_i = 218 mm, s_G = 25 mm, e_D = 10 mm, K = 238 N/mm²

In dem Zusammenhang sei schon an dieser Stelle auf die Abb. 7-16 hingewiesen, die nach [46] einen Vergleich der Berechungsmethoden für die Spannungsintensität an Stutzen von zylindrischen Behältern zeigt.

Die Abb. 7-2 (siehe auch [2]) zeigt die Spannungsverteilung in einem Hohlzylinder mit unverstärktem Ausschnitt (linke Darstellung). Rechts in der Abbildung ist der Innendruck über der zugehörigen Vergleichsdehnung ε_v ($\varepsilon_v = \sigma_v /E$, σ_v wird ermittelt mit Hilfe von GEH oder SH, siehe Kapitel 3) am Ausschnittsrand des Zylinders dargestellt. Mit Stutzenrohr ergeben sich Spannungsverteilungen nach Abb. 7-5.

Die lineare Rückfederung nach plastischer Verformung entspricht einer Parallelverschiebung der Hookeschen Ursprungsgeraden (siehe dazu auch Kapitel 3). Dies entspricht dem typischen Spannungs-Dehnungs-Diagramm der Festigkeitslehre, es erfolgt eine gewisse Verfestigung des Werkstoffs. Dargestellt ist eine bleibende Verformung von 0,2%, wie sie für ferritische Werkstoffe gilt; entsprechend ist für Austenite 1% zulässig.

Beim zweiten Hochfahren gilt dann die Parallele. Auf diese Weise soll sichergestellt werden, dass eine Maximalspannung – bei geringerer plastischer Verformung duktiler Werkstoffe – in etwa zur zulässigen Werkstoffanstrengung $\dfrac{K}{S} \cdot v$ wird.

Der einfache Flächenvergleich ist in Kapitel 4, „Auflistung von Grundformeln und Kenngrößen zur Festigkeitsbewertung" bereits angedeutet:

Spannung σ · Spannungsfläche A_σ im Wandungsschnitt
= Druck p · Druckfläche A_p im Behälterinnern unter dem Wandungsschnitt (siehe hierzu die Abb. 7-3).

Im Einflussbereich des Stutzens führen Dehnungsbehinderungen zu Spannungsspitzen und örtlichen plastischen Verformungen. Parallel zur Hookeschen Ursprungsgeraden p(ε) oder σ(ε) z.T. federn die Verformungen elastisch linear zurück, wie dies auf der rechten Seite der Abb. 7-2 und auch in der Abb. 7-14, unten dargestellt ist.

Das AD-Merkblatt B9 wird bei der Prüfung von Apparateänderungen sehr oft verwendet. Die Berechnung der Wandverschwächung aufgrund von Ausschnitten in zylindrischen, kegel- oder kugelförmigen Grundkörpern geschieht am einfachsten dadurch, dass man mittels des Flächenvergleichsverfahrens in Kombination mit den Kesselformeln einen Verschwächungsfaktor v_A der Ausschnitte bestimmt. Der Kehrwert $1/v_A$ entspricht einer mittleren Spannungserhöhung im Bereich der Dehnungsbehinderung um den Stutzen. $1/v$ darf durchaus analog zum Spannungserhöhungsfaktor oder Berechnungsbeiwert β von AD-Merkblatt B3 gesehen werden, der ja auch durch Dehnungsbehinderung und damit Spannungserhöhung in der

Krempe ohne zusätzliche Stutzenausschnitte oder aber auch mit Ausschnitten nach einem Flächenvergleichsverfahren bestimmt wurde.

Zur Berechnung des Verschwächungsfaktors v_A werden zwei Gleichungen jeweils nach dem Druck p aufgelöst, und zwar für den Zylinder Gl. (2) in AD-B1 links und Gl. (1) in AD-B9 rechts:

$$p = 20 \cdot \frac{K}{S} \cdot v_A \cdot \frac{s_G}{D_a - s_G} = \frac{20 \cdot \frac{K}{S}}{1 + 2 \cdot \frac{A_p}{A_\sigma}} \tag{7.1}$$

Zu berücksichtigen sind nach Abschnitt 1.1/ AD-B9 die Forderungen $0{,}002 \leq s_G/D_a \leq 0{,}1$ und $d_i/D_a \leq 1/3$.

Mit Auflösung dieser Gleichung nach dem Verschwächungsfaktor v_A der Ausschnittsgestaltung erhält man bei gleichen Werkstoffkennwerten K der einzelnen Apparateelemente für den Zylinder

$$v_a = \frac{1 + \frac{D_i}{s_G}}{1 + 2 \cdot \frac{A_p}{A_\sigma}} \tag{7.2}$$

oder für die Kugel aus Gl. (3) in AD-B1

$$v_a = \frac{1 + \frac{D_i}{s_G}}{2 + 4 \cdot \frac{A_p}{A_\sigma}} \tag{7.3}$$

> Nochmaliger Hinweis: Die Wanddicke s_G des Grundkörpers ist vereinbarungsgemäß die Wanddicke ohne Zuschläge c.

Mit Kenntnis des Verschwächungsfaktors v_A eines Stutzenausschnitts kann dann anschließend wiederum mit obiger Grundgleichung ein zulässiger Behälterinnendruck p berechnet werden. Diese Gleichung (Gl. (2) bzw. (3) / in AD-B1) nach der Wanddicke s aufzulösen, ist nicht sinnvoll, da der Verschwächungsfaktor v_A ja über den Zähler seiner Bestimmungsgleichung und über den Nenner A_p und A_σ in vielfältiger Weise gekoppelt von der Wanddicke s abhängt! Diese verschachtelte Abhängigkeit des Verschwächungsfaktors v_A vom Quotienten A_p / A_σ ist so komplex, dass wichtige Einflusstendenzen überhaupt nicht mehr durchschaut werden können. Deswegen sollen Einzeleinflüsse von Gestaltungsgrößen, welche häufig bedacht werden müssen, in den Abb. 7-7 bis 7-13 deutlich gemacht werden.

Die Abb. 7-3 (siehe auch Bild 9 in AD-B9) zeigt das Berechnungsschema für zylindrische Grundkörper nach dem Flächenvergleichsverfahren, das im Folgenden formelmäßig dargelegt werden soll:

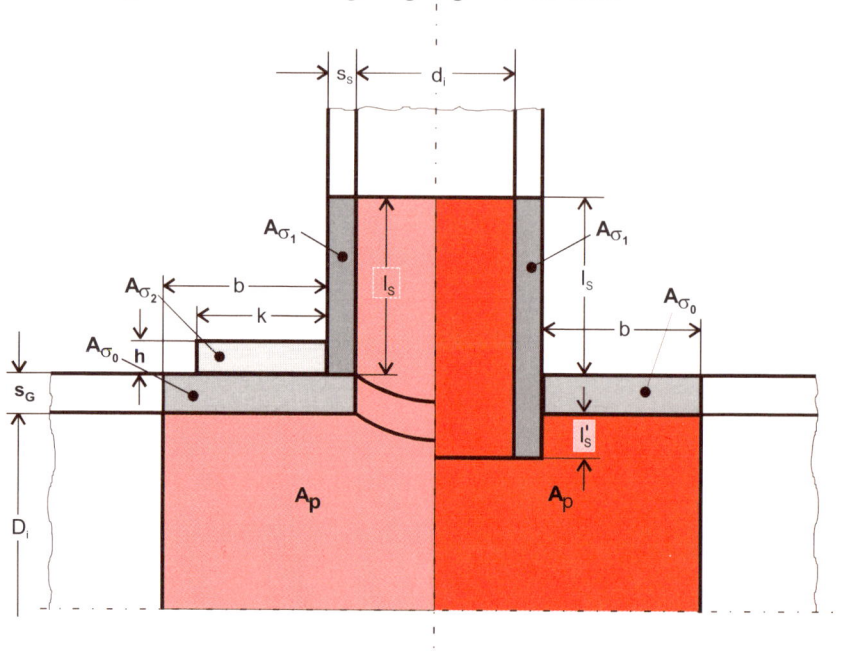

Abb. 7-3: Berechnungsschema für zylindrische Grundkörper nach dem Flächenvergleichsverfahren (siehe auch Bild 9 im AD-Merkblatt B9)
Links: Stutzen mit Verstärkungskragen, Druckfläche A_p „hellrot",
rechts: durchgesteckter Stutzen, Druckfläche A_p „dunkelrot" gekennzeichnet

In der Grundgleichung für v_A ist die Druckfläche

$$A_p = \left(b + s_S + \frac{d_i}{2}\right) \cdot \frac{D_i}{2} + (l_S + s_G) \cdot \frac{d_i}{2} - l_S' \cdot s_S \qquad (7.4)$$

für den Zylinder und

$$A_p = (b + s_S) \cdot \frac{D_i}{4} + (l_S + s_G) \cdot \frac{d_i}{2} - l_S' \cdot s_S + \frac{d_i}{8} \cdot \sqrt{D_i^2 - d_i^2} \qquad (7.5)$$

für die Kugel. Für Zylinder und Kugel ist die Spannungsfläche

$$A_\sigma = b \cdot s_G + k \cdot h + \left(l_S + l_S' + s_G\right) \cdot s_S \qquad (7.6)$$

Die mittragende Breite im Grundkörper um den Ausschnitt ist nach Gl. (3) in AD-B9 definiert zu: $b = \sqrt{(D_i + s_G) \cdot s_G} \leq \sqrt{499} \cdot s_G = 22{,}3 \cdot s_G$, siehe hierzu den Abschnitt 1.1 in AD-B9, in dem die Grenzen festgelegt sind. Der Term $\sqrt{499} \cdot s_G$ entsteht wegen $D_a/s < 500$ für $s_A = s_G$ aus

$$b = \sqrt{\left(\frac{D_a}{s_G} - 1\right) \cdot s_G^2} = \sqrt{(500-1) \cdot s_G^2} = \sqrt{499} \cdot s_G \qquad (7.7)$$

was besonders für große Behälter zu berücksichtigen ist und für ebene Platten ein erster Ansatz ist. Die mittragende Länge des Stutzens beträgt für den Zylinder nach
Gl. (6) in AD-B9:

$$l_S = 1{,}25 \cdot \sqrt{(d_i + s_S) \cdot s_S} \qquad (7.8)$$

Der Faktor 1,25 wird zu 1 für die Kugel als Grundkörper.

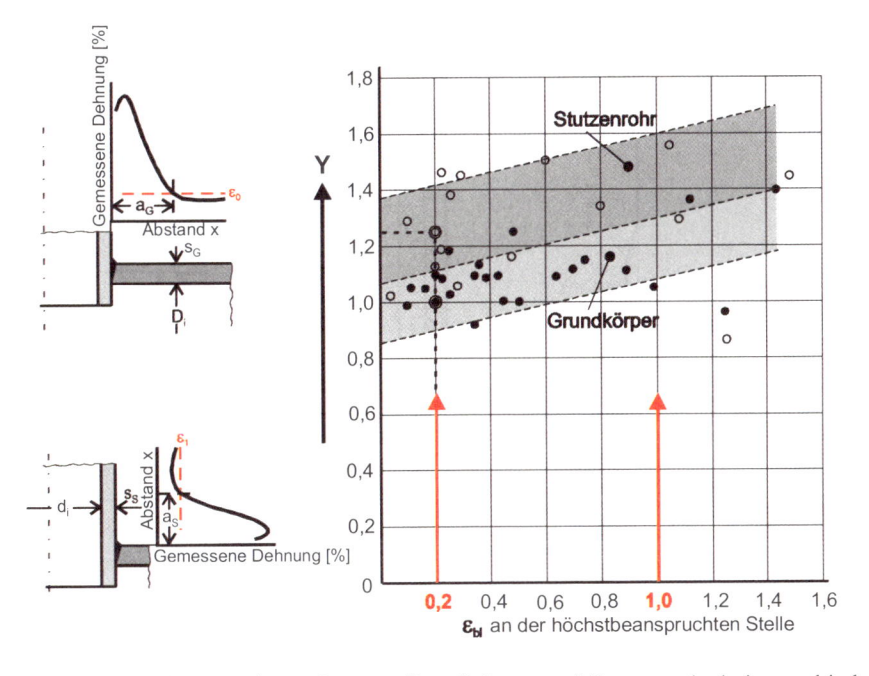

Abb. 7-4: Mittragende Breite von Grundkörper und Stutzenrohr bei verschieden großer bleibender Dehnung nach Messungen von E.Siebel und H.Hauser [2]
$Y = a_G / \sqrt{(D_i + s_G) \cdot s_G}$ bzw. $a_S / \sqrt{(d_i + s_S) \cdot s_S}$

Bei der optimalen Gestaltung von großen Ausschnitten – z.B. des Mannlochs – muss angestrebt werden, mittels Stutzenwanddicke s_s mittragenden

Längen l_s und l_s', mittragender Breite b einer scheibenförmigen Verstärkung der Wanddicke s_A oder mittels eines Kragens der Fläche b · k den für Schweißnähte üblichen Verschwächungsfaktor $v_A = 0,85$ zu erreichen, so dass von Seiten der Werkstoffausnutzung die Wanddicke s_G des Grundkörpers nach AD-B1 voll für eine Druckbeaufschlagung verwendet werden kann.

Die Abb. 7-4 zeigt die mittragende Breite von Grund- und Stutzenrohr bei verschieden großer bleibender Dehnung (nach Messungen von E.Siebel und H.Hauser in [2]). Diese Abbildung verdeutlicht die Festlegung der beiden Faktoren für $b = 1,0 \cdot \sqrt{...}$ und $l_s = 1,25 \cdot \sqrt{...}$ für Grundrohr und Stutzenrohr bei einer bleibenden Dehnung von $\varepsilon = 0,2\%$ an der höchstbeanspruchten Stelle. Die Modifikation der Faktoren 1,0 zu 1,15 und 1,25 zu 1,45 bei $\varepsilon = 1\%$ ergibt eine nur unbedeutende Änderung der Verschwächungsfaktoren v_A.

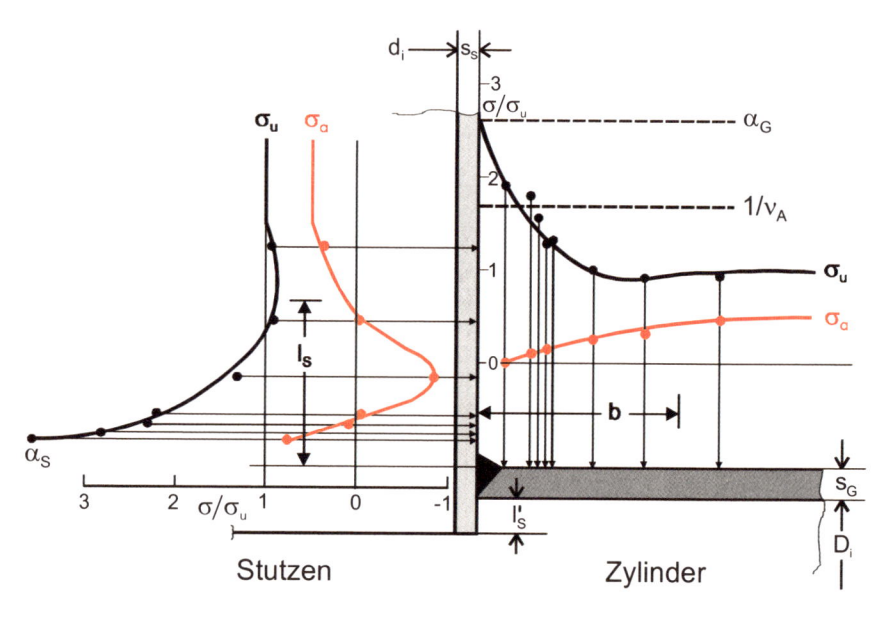

Abb. 7-5: Spannungsverteilung um die Stutzeneinschweißung in einem zylindrischen Grundkörper.
Daten: $D_i = 541$ mm, $d_i = 301$ mm, $s_G = 15$ mm, $s_S = 12$ mm, $l'_s = 17$ mm

Zu Abb. 7-5 siehe auch Abb. 7-2, welche ebenfalls die Spannungsverteilung an unverstärkten Ausschnitten zeigt.

Die Abb. 7-6 zeigt deutlich, dass nach [11] zumindest rechnerisch bei geringen Stutzenwanddicken s_S der Punkt 2.2 in AD-B9 relativiert werden muss, da sich schon beim Auslegungsdruck p und nicht erst beim Prüfdruck p' = 1,3 · p an der höchstbeanspruchten Stelle bleibende plastische Verformungen ε_p > 1% ergeben können. Aber sehr lange Erfahrung belegt statistisch gerade für diese Konstruktionen ihre gute Zuverlässigkeit.

Die Abb. 7-7 bis 7-14 verdeutlichen in Form von Linientafeln die wichtigsten Tendenzen, die bei einer Ausschnittsoptimierung zu berücksichtigen sind.

Die Abb. 7-7 zeigt den Abfall des Verschwächungsfaktors v_A für verschiedene Parameter d_i/s_G und s_S/s_G über dem bezogenen Stutzendurchmesser d_i/b. Die Länge b (Nenner in der Abszisse) ist die Abklinglänge der Spannungsstörung um die Dehnungsbehinderung des Grundkörpers durch den Stutzeneinfluss.

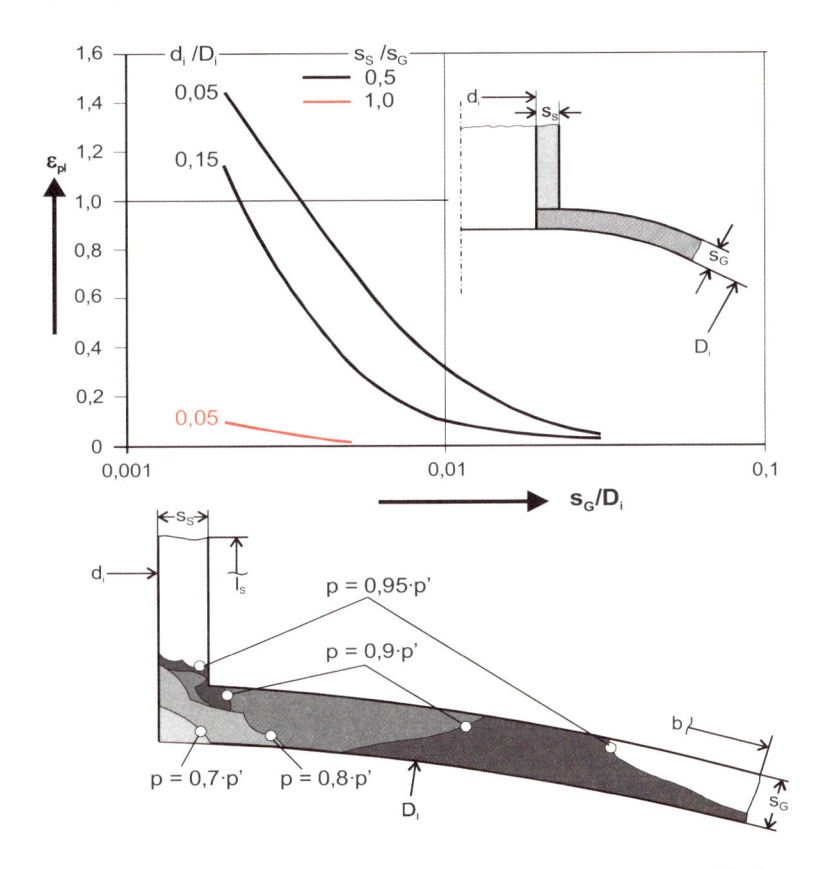

Abb. 7-6: Plastische Verformung einer Kugel – Stutzen – Verbindung unter Innendruck. Oben: FE-Rechnung unter Berücksichtigung der Verfestigung
    Unten: rechnerische Plastifizierungszonen bei verschiedenen Drücken
p' = Prüfdruck (= 1,3 · Betriebsdruck)

In Abb. 7-8 ist der Verschwächungsfaktor v_A eines Zylinderausschnitts über dem bezogenen Stutzendurchmesser δ für verschiedene Wanddickenverhältnisse s_S/s_G dargestellt. δ = Stutzendurchmesser d_i / Abklingbreite b; $b = \sqrt{(D_i + s_G) \cdot s_G}$. v_{Sn} = Schweißnahtfaktor (üblicherweise 0,85). Die

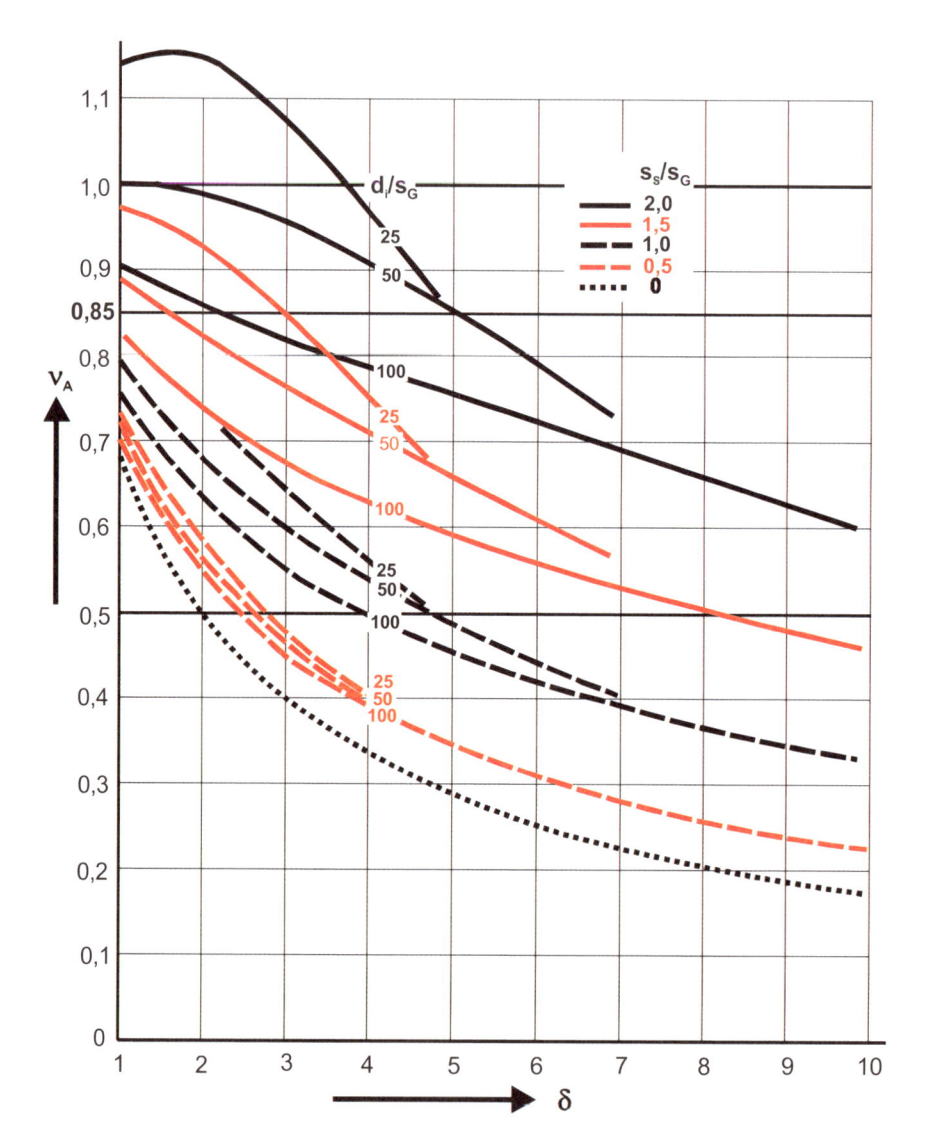

Abb. 7-7: Verschwächungsfaktor v_A eines Zylinderausschnitts über dem bezogenen Stutzendurchmesser $\delta = d_i/b$ für verschiedene Stutzenwanddicken s_S/s_G und Verhältnisse d_i/s_G

Abszissenbeschränkung nach Abschnitt 1.1 in AD_Merkblatt B9 beträgt: $\delta \geq 0{,}045 \cdot d_i / s_G$.

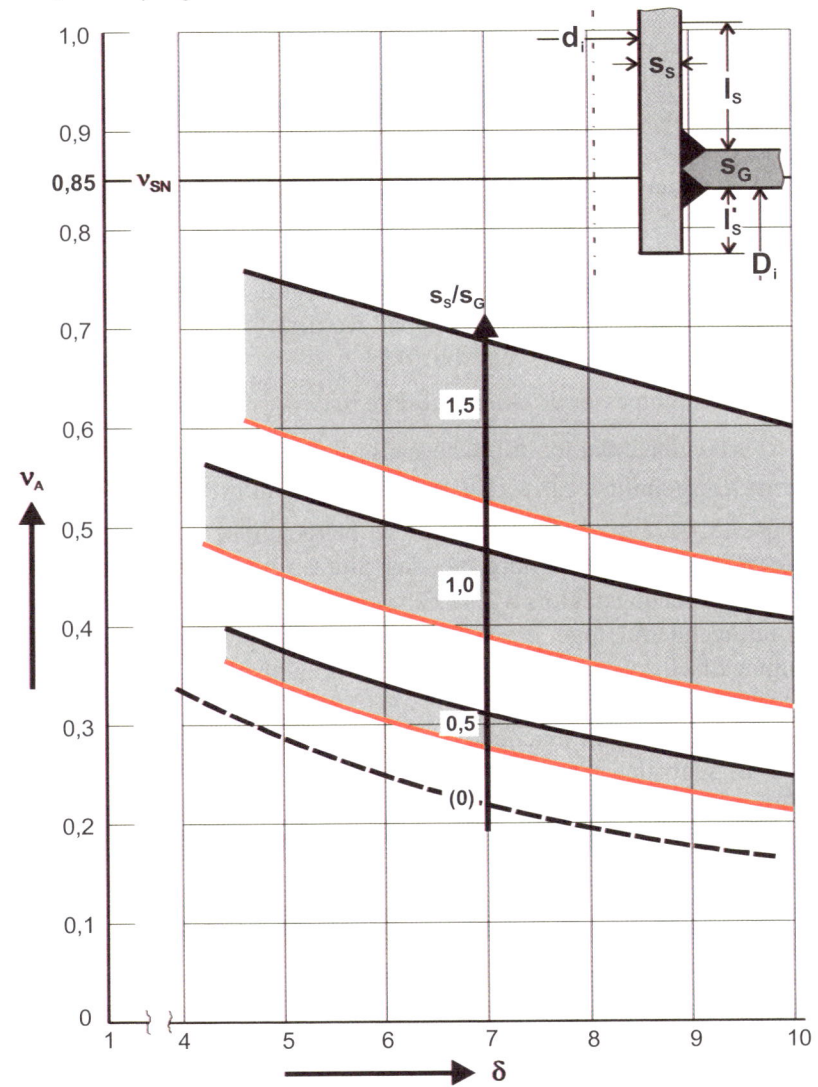

Abb. 7-8: Verschwächungsfaktor v_A eines Zylinderausschnitts über dem bezogenen Stutzendurchmesser δ für verschiedene Wanddickenverhältnisse s_S / s_G ohne und mit durchgestecktem Stutzen. Schwarze Kurvenzüge: $l'_S = 0{,}5 \cdot l_S$, rote Kurvenzüge $l'_S = 0$.

Daten: $l'_S = 0{,}625 \cdot \sqrt{(d_i + s_S) \cdot s_S}$; $d_i / s_G = 100$

Es zeigt sich die meist nur geringe Wirkung eines durchgesteckten Stutzens bezüglich einer Erhöhung der Ausschnittsfestigkeit durch Vergrößerung des Verschwächungsfaktors v_A. Bei Zylindermänteln darf wegen der stärkeren Reckung des Stutzens durch die größeren Umfangsspannungen $\sigma_u = 2 \cdot \sigma_a$ die mittragende Länge l_S um 25% größer bemessen werden als bei Kugeln. Die Durchsteckänge l_S' darf höchstens mit $0,5 \cdot l_S$ in die Flächenberechnung von A_σ eingehen. Warum der durchgesteckte Stutzen in seiner verstärkenden Wirkung so beschränkt wird, ist eigentlich nicht nachvollziehbar, wenn bei $d_i \ll D_i$ von einer im Rahmen der Modellgenauigkeit symmetrischen Spannungsverteilung außen in l_S und innen in l_S' ausgegangen werden darf. Die in Abb. 7-8 dargestellte Erhöhung der Ausschnittsfestigkeit könnte dann verdoppelt werden.

Für die Abb. 7-9 gilt wie für Abb. 7-8:

δ = Stutzendurchmesser d_i / Abklingbreite b; $b = \sqrt{(D_i + s_G) \cdot s_G}$.

v_{SN} = Schweißnahtfaktor (üblicherweise 0,85). Die Abszissenbeschränkung nach Abschnitt 1.1 in AD-B9 beträgt wiederum: $\delta \geq 0,045 \cdot d_i / s_G$.

Diese Abb. 7-9 veranschaulicht die beträchtliche Auswirkung einer scheibenförmigen Verstärkung um den Stutzen bezüglich der Anhebung des Verschwächungsfaktors v_A. Dafür verantwortlich ist die Verlängerung der mittragenden Länge b im Apparategrundkörper, durch welche die Spannungsfläche A_σ stärker vergrößert wird als die zugehörige Druckfläche A_p.

Falls der Kragen mit Fläche h · k (h = Kragenhöhe, k = Kragenbreite, $s_A = s_G + h$) schmaler ist als die zugehörige mittragende Breite $b'(s_A) > k$ kann eine wirksame mittragende Breite b durch schnell konvergierende Iteration einer Wurzelbeziehung wie folgt bestimmt werden:

$$b = \sqrt{\left(D_i + s_G + h \cdot \frac{k}{b}\right) \cdot \left(s_G + h \cdot \frac{k}{b}\right)} \qquad (7.9)$$

Damit wird der entsprechende Einzelterm von A_σ zu $b \cdot s_G + h \cdot k$ (siehe auch Bild 4 in AD-B9 und zur Vertiefung das Beispiel 5).

Wegen der Spannungsübertragung lediglich am Stutzenhals und an der Schweißnaht des Kragenrands kann nicht davon ausgegangen werden, dass die Kragenfläche h · k in derselben Weise zur Lastaufnahme beiträgt wie der darunter befindliche Grundkörper des Apparatemantels oder eine volltragend eingeschweißte scheibenförmige Verstärkung (siehe Darstellungen in Abb. 7-15). Es wird daher vorgeschlagen, nur eine Kragenfläche $A_k \leq 0,8 \cdot b \cdot h$ mit $h \leq s_G$ in das Flächenvergleichsverfahren zur Bestimmung des Verschwächungsfaktors v_A eingehen zu lassen.

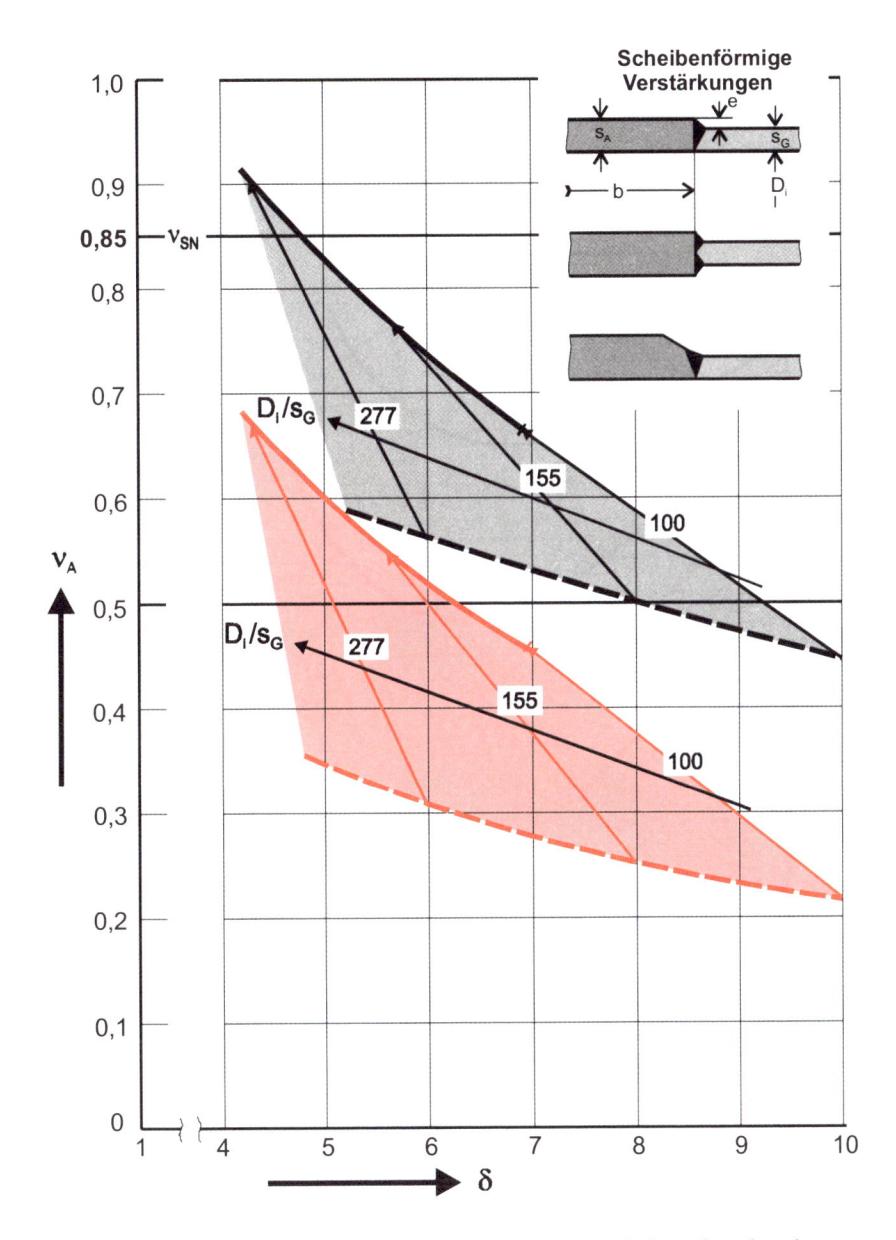

Abb. 7-9: Verschwächungsfaktor ν_A eines Zylinderausschnitts über dem bezogenen Stutzendurchmesser δ für Stutzenwanddicken $s_S/s_G = 0{,}5$ (rot angelegt) und 1,5 (grau angelegt), ohne Verstärkung ($s_A = s_G$, gestrichelte Linien) und mit scheibenförmiger Verstärkung ($s_A = 2 \cdot s_G$, durchgezogene Linien).
Daten: $l'_S = 0$; $d_i/s_G = 100$

An „warmgehenden" Behältern kann es wegen des nicht zu vermeidenden Luftspalts zwischen Grundkörper und Kragen an der Außenschweißnaht des Kragens und am Stutzen zu erheblichen Sekundärspannungen aufgrund unterschiedlicher Erwärmung und Ausdehnung kommen. Deswegen sollte die Stutzenverstärkung durch einen Kragen nach TRD 301 auf Einsatzbereiche bei Temperaturen $\vartheta \leq 250\ ^0C$ beschränkt werden.

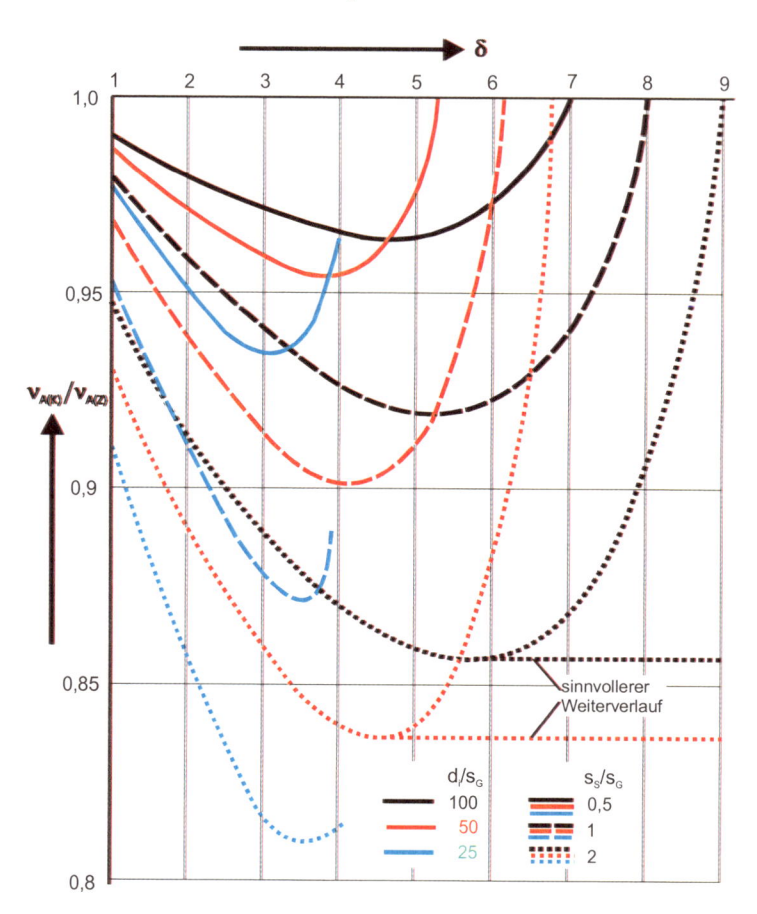

Abb. 7-10: Vergleich der Verschwächungsfaktoren einer Kugel und einem Zylinder gleicher Ausschnittsgeometrie. Aufgetragen ist der Quotient $v_{A\ (K)}/v_{A\ (Z)}$ über dem bezogenen Stutzendurchmesser $\delta = d_i/b$; $l_{S\ zul.}$ und $l'_S = 0$. Auf die Abszissenbeschränkung nach AD-B9 wird wieder hingewiesen (siehe Abb. 7-8)

Bei Verwendung eines Verstärkungskragens anstatt einer volltragenden scheibenförmigen Verstärkung ist die Bestimmung der im Grundkörper mittragenden Breite b nach Gl. (3) in AD-B9 unklar. Bis zu einer endgültigen Abklärung durch Dehnungsmessungen wird daher vorgeschlagen, in dieser Gleichung als Wanddicke s_A des Ausschnitts nur die Grundkörperwanddicke einzusetzen und nicht $s_A = s_G + h$.

Die Abb. 7-10 soll den Unterschied zwischen Verschwächungsfaktoren für Kugeln und Zylinder verdeutlichen. Die Unterschiede sind meistens kleiner als 15%, weswegen die Abb. 7-7 und 7-8 für Zylinder auch für Kugelausschnitte die zu erwartenden Tendenzen aufzeigen. Ab dem Minimum der Kurvenzüge scheint der Wiederanstieg dubios. Ein sinnvoller Verlauf ist die Waagerechte, sie ist für 2 Kurven in der Abb. eingetragen.

Die Abb. 7-11 zeigt für Kugeln Verschwächungsbeiwerte nach FEM und AD-B9 mit recht guter Übereinstimmung, die Abb. 7-12 die Auswirkung einer gegenseitigen Beeinflussung zweier benachbarter Stutzen gleichen Durchmessers, wenn als mittragende Breite b nur noch ein abgemin-

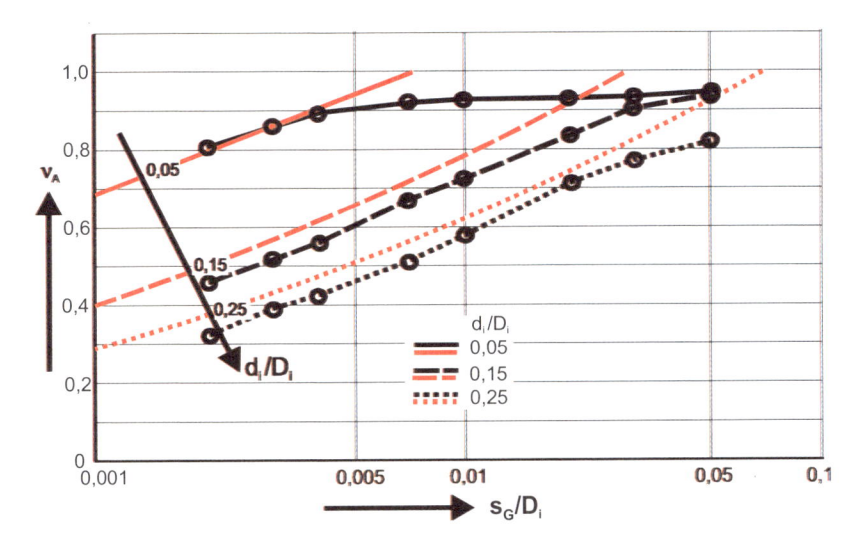

Abb. 7-11: Verschwächungsbeiwerte v_A für Kugeln unter Innendruck ($s_S/s_G = 1$) nach FEM (schwarze Kurven) und Flächenvergleichsverfahren (rote Kurven)

derter Wert m · b für den einzelnen Stutzen genutzt werden kann (zur Ergänzung siehe dazu auch AD-Merkblatt HP 1, Abschnitt 3 „Örtliche Wanddickenunterschreitungen" [1]. Die Nutzung dieser Abbildung vermeidet die Anwendung des doch recht aufwändigen Flächenvergleichsverfahrens. Auf die Abszissenbeschränkung nach AD-B9 wird nochmals hingewiesen!

In Abb. 7-13 wird die Auswirkung der Schrägstellung eines Stutzens um einen Winkel $\alpha \leq 90°C$ für Stutzen- und Behälterachse in einer Ebene gezeigt (Schnittpunkt beider Achsen liegt in Behältermitte).

Die Abb. 7-14 enthält das Ergebnis von Dehnungsmessungen am Tangentialstutzen eines Zylinders; der Dehnungsverlauf bezieht sich auf den am höchsten beanspruchten Punkt, der in der Stutzenskizze mitsamt den

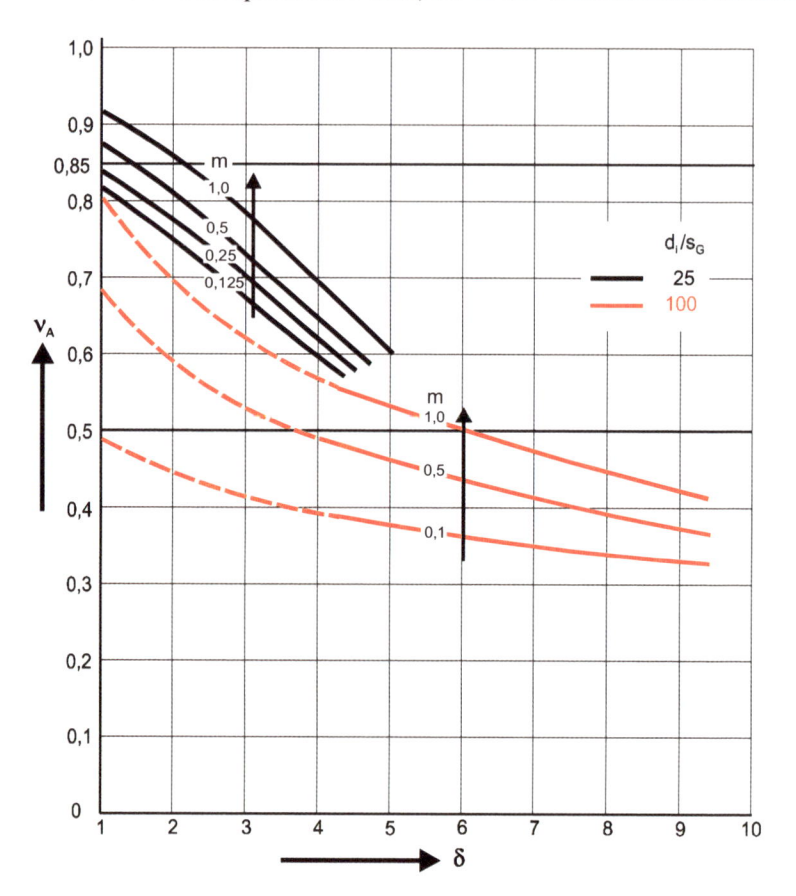

Abb. 7-12: Verschwächungsfaktor v_A eines Zylinderausschnitts über dem bezogenen Stutzendurchmesser $\delta = d_i/b$ für verschiedene mittragende Breiten $2 \cdot m \cdot b$ zwischen zwei Stutzen; es handelt sich also um einen Fall gegenseitiger Beeinflussung. $l'_S = 0{,}5 \cdot l_S$. Mit a als Abstand von zwei benachbarten Stutzenrändern wird m zu a/2b definiert.

Grundkörper- und Stutzendaten angegeben ist. Die Versuche mit insgesamt 76 Messelementen erfolgten in der BASF Aktiengesellschaft, Ludwigshafen.

Für einen derartigen schräggestellten Stutzen quer zur Behälterachse zeigt das Beispiel 5, dass selbst ein Tangentialstutzen wie ein senkrecht angeordneter Stutzen bewertet werden darf.

In der Abb. 7-15 sind Stutzeneinschweißungen samt den zugehörigen Verstärkungsmöglichkeiten dargestellt. Weiterhin enthält diese Abbildung die zulässige Zahl N der An- und Abfahrten eines Druckbehälters nach AD-S1, Ausgabe 1990. Diese alte Vorschrift stellt immer noch eine ein-

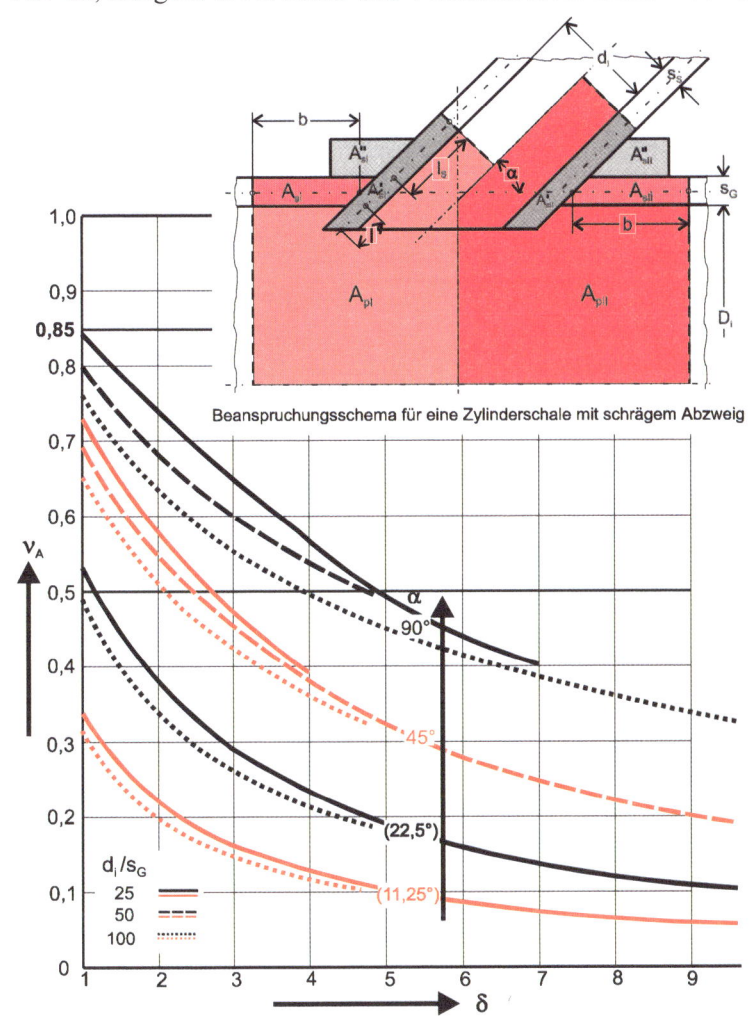

Abb. 7-13: Verschwächungsfaktor v_A eines Zylinderausschnitts über dem bezogenen Stutzendurchmesser δ für verschiedene Winkel zwischen Mantel- und Stutzenachse (schräg angeordnete Stutzen). Die Achsen liegen in einer Ebene. Verwendet wurde das Flächenvergleichsverfahren nach TRD 301 für Winkel $\alpha \geq 45°$

drucksvolle Erkenntnisquelle dar (ersetzt wurde sie durch das Bild 7 in AD-S1 von 1998). N_{100} ist die zulässige Lastspielzahl im Druckschwankungsbereich zwischen drucklosem Zustand und Betriebsdruck für die Gestaltung entsprechend 4.2.1 im alten AD-Merkblatt S1 von 1990 (schwarzer Kurvenzug mit Darstellung oben rechts, $N_{100} \cdot f_G$ für die Gestal-

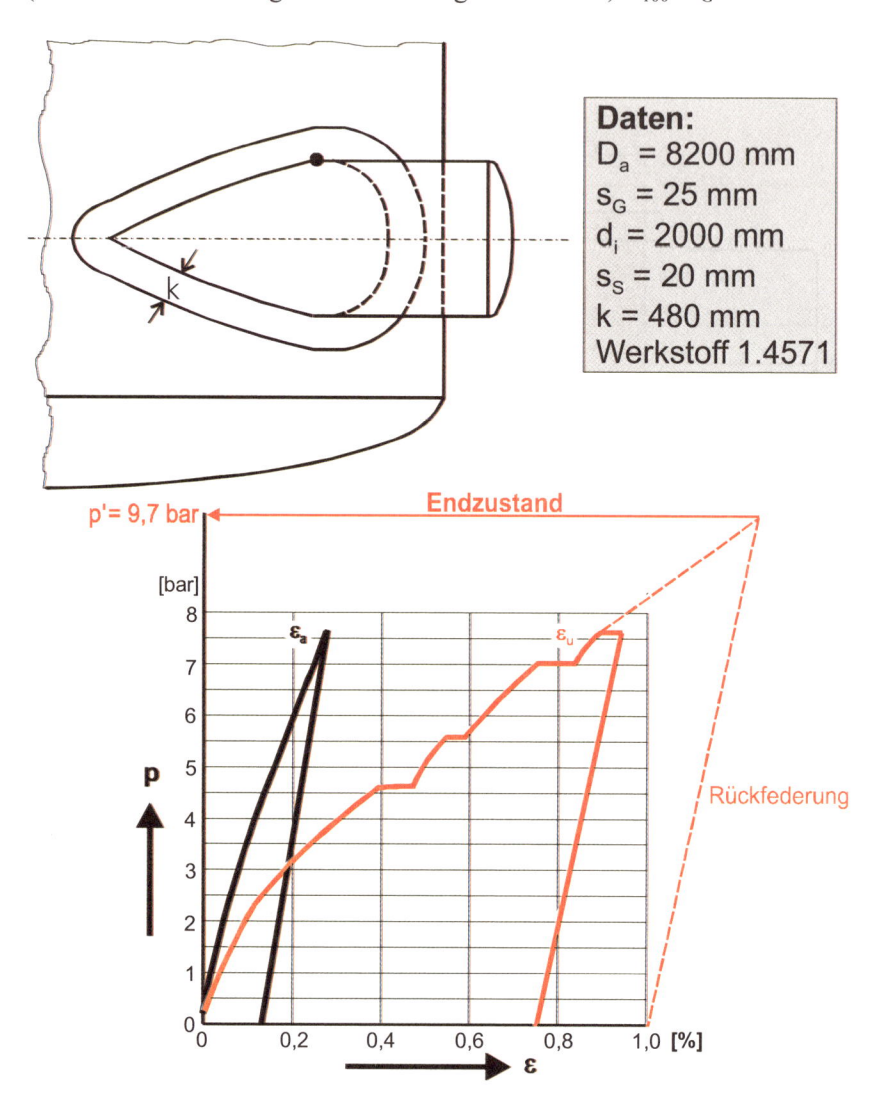

Daten:
D_a = 8200 mm
s_G = 25 mm
d_i = 2000 mm
s_S = 20 mm
k = 480 mm
Werkstoff 1.4571

Abb. 7-14: Dehnungsmessungen am Tangentialstutzen eines zylindrischen Grundkörpers.
Unten: Verlauf der Dehnung ε bei steigendem Prüfdruck p' und anschließender Entlastung für die maximal beanspruchte Messstelle (schwarzer Punkt in der oberen Skizze) im Stutzen nahe der Kragenanschweißung.
Oben: Skizze des Tangentialstutzens mit Grundkörper- und Stutzendaten.

tung entsprechend 4.2.2 (roter Kurvenzug mit Darstellung unten links). f_G wurde im Diagramm zu 0,1 gewählt, nach altem AD-S1 ist $f_G = 0,2$ einzusetzen. Bei den letztgenannten Gestaltungen handelt es sich um Ausführungen mit höheren Spannungs- bzw. Dehnungskonzentrationen, was dann verständlicherweise zu niedrigeren zulässigen Lastspielen führt.

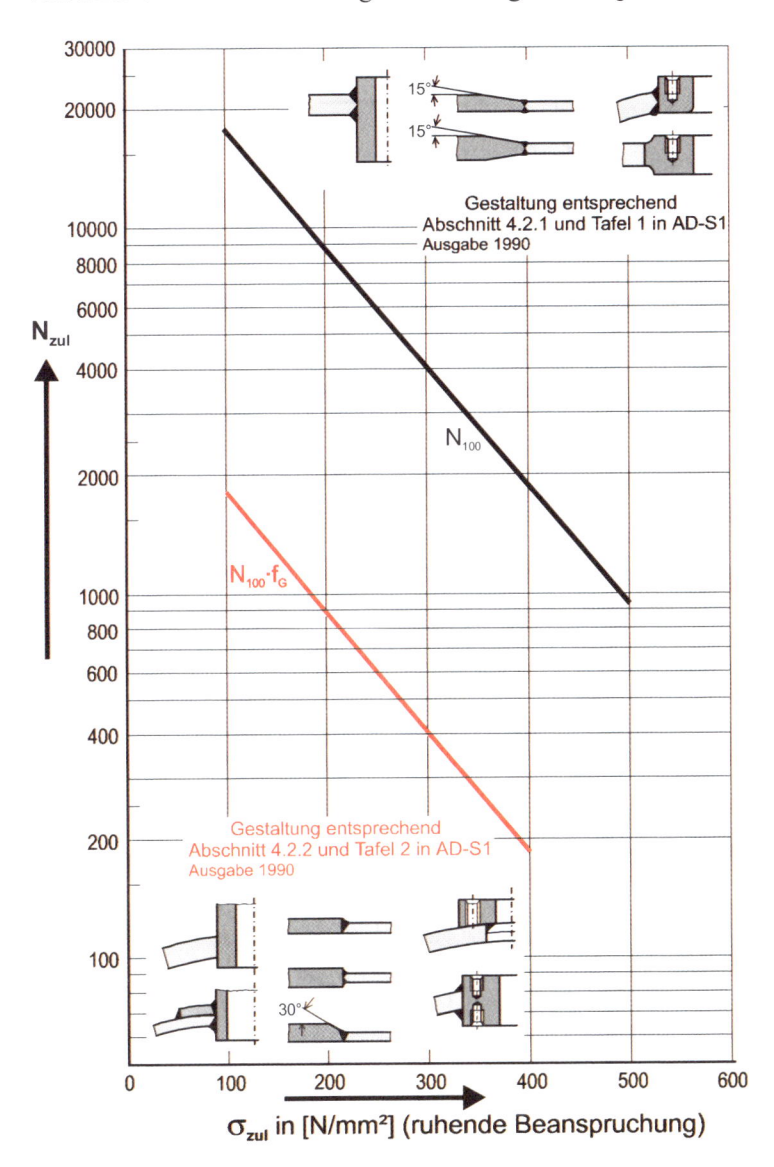

Abb. 7-15: Zulässige Zahl N der An- und Abfahrten eines Druckbehälters über der zulässigen Spannung σ bei $\vartheta \leq 100\ °C$

Wie unsicher eine Bewertung der Spannungserhöhungen an Stutzen – Behälter – Verbindungen ist, zeigt die bereits vorstehend erwähnte Abb. 7-16, deren Darstellungen der Veröffentlichung [46] entnommen sind. Hierin

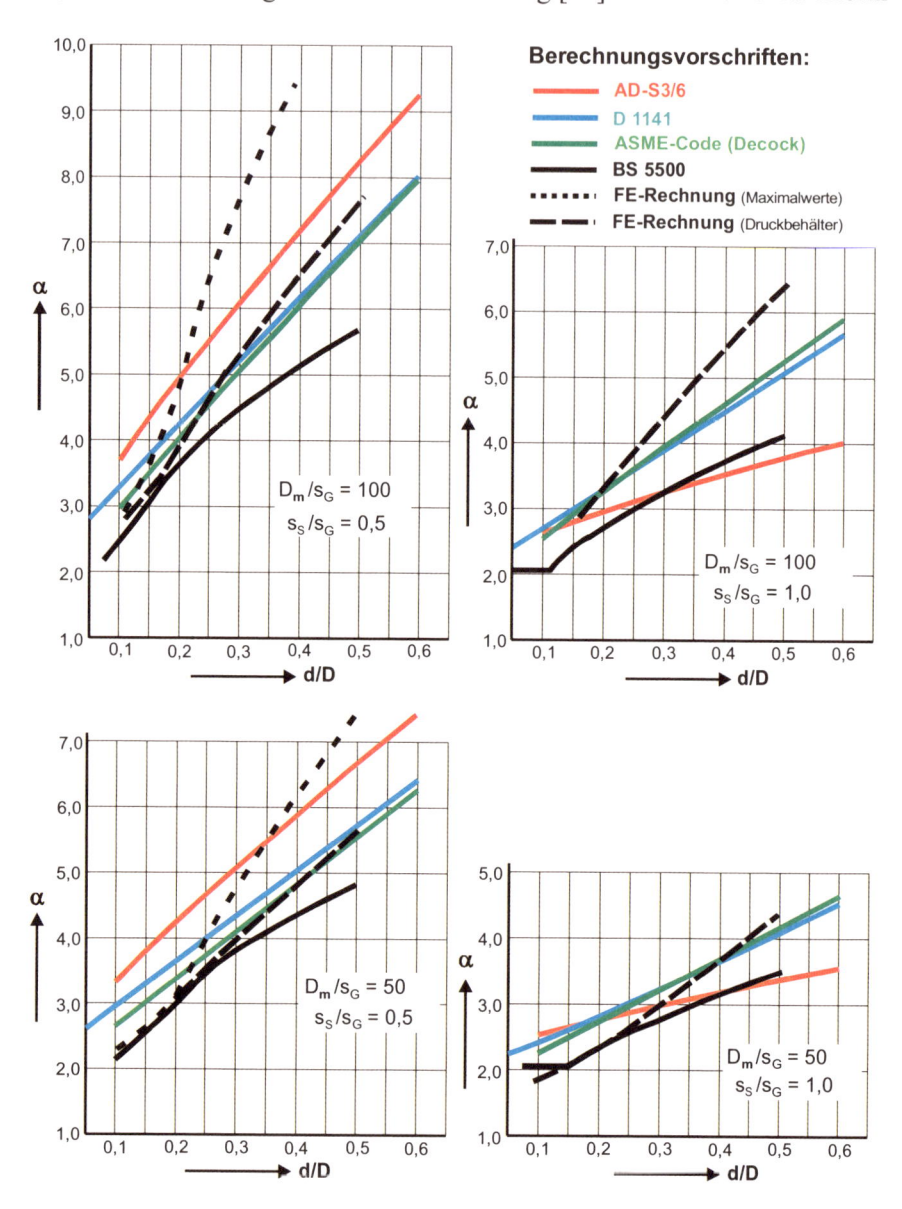

Abb. 7-16: Vergleich verschiedener Methoden der Stutzenberechnung nach [46]. Aufgetragen ist jeweils über dem Durchmesserverhältnis d/D der Spannungserhöhungsfaktor α für verschiedene Verhältnisse D_m/s_G und s_S/s_G

werden die verschiedenen gängigen Berechnungsmethoden zur Ermittlung der Spannungsintensität unter Innendruck und Einfluss von Rohrleitungskräften an Stutzen – Behälter – Verbindungen untereinander und mit den Ergebnissen aus FE-Analysen verglichen. Dargestellt sind in vier Diagrammen die Spannungskonzentrationsfaktoren α über d/D für verschiedene D/s_G- und s_S/s_G-Verhältnisse. Es zeigt sich eindrucksvoll, dass für relativ große Stutzen an dünnwandigen zylindrischen Behältern die Berechnungsmethoden nach BS 5500 (British Standard), AD-Merkblatt S3/6,

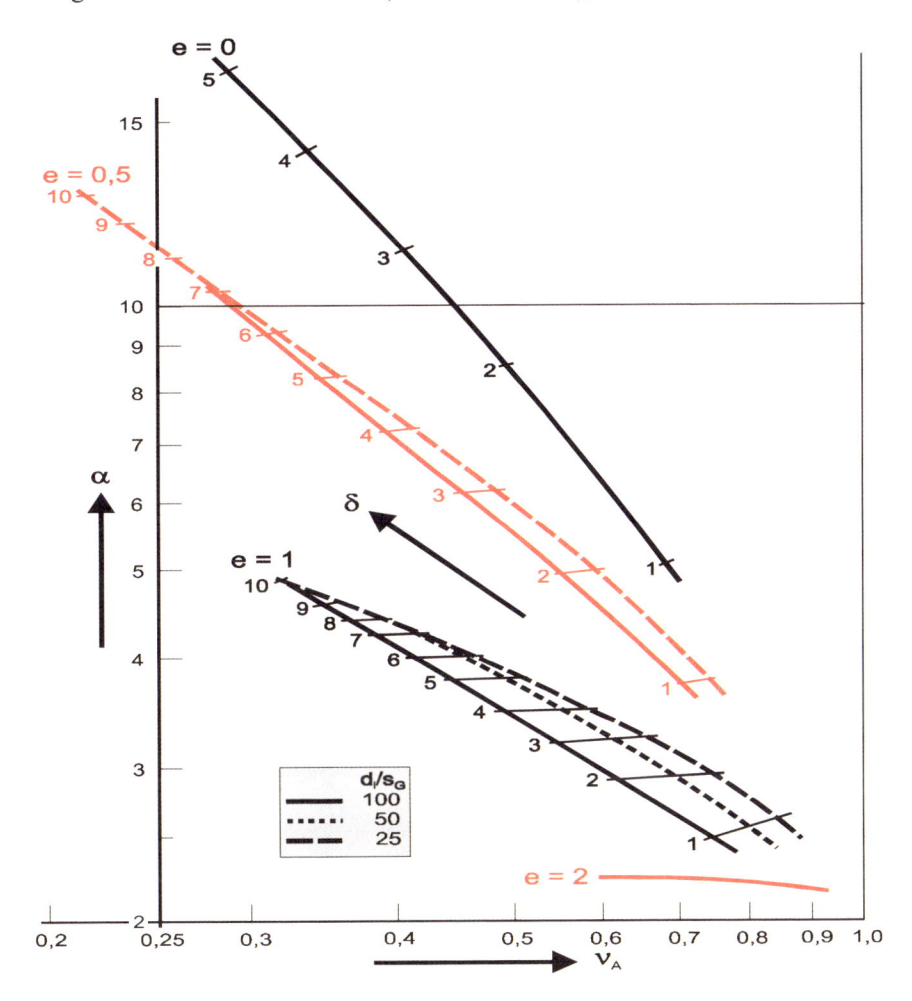

Abb. 7-17: Spannungserhöhungsfaktor α über dem Verschwächungsfaktor v_A für verschiedene Verhältnisse s_S/s_G (= e), $\delta = d_i/b$ sowie d_i/s_G. Verwendet wurde die Gleichung aus Abschnitt 4.2.1 in AD-Merkblatt S3/6, sowie das AD-Merkblatt B9

niederländischen Regeln für Druckbehälter und Normentwurf der EU für unbeheizte Druckbehälter völlig unzureichend sind. So wird im Vergleich zu den FE-Analysen die Spannungskonzentration infolge Innendrucks in allen Regelwerken stark unterschätzt, was zu Versagen schon nach geringen Lastwechselspielen führen kann.

Diese großen Unterschiede der Ergebnisse aus Berechnungsmethoden diverser Regelwerke und FE-Analysen führen zu folgender Feststellung:
Die Meinung der Verfasser von [46] und [47] ist nicht unbegründet, dass nur eine FE-Rechnung Klarheit hinsichtlich des zu verwendenden Spannungserhöhungsfaktors α bringen kann. Es ist weiterhin wünschenswert, die bestehenden Regeln zu verbessern!

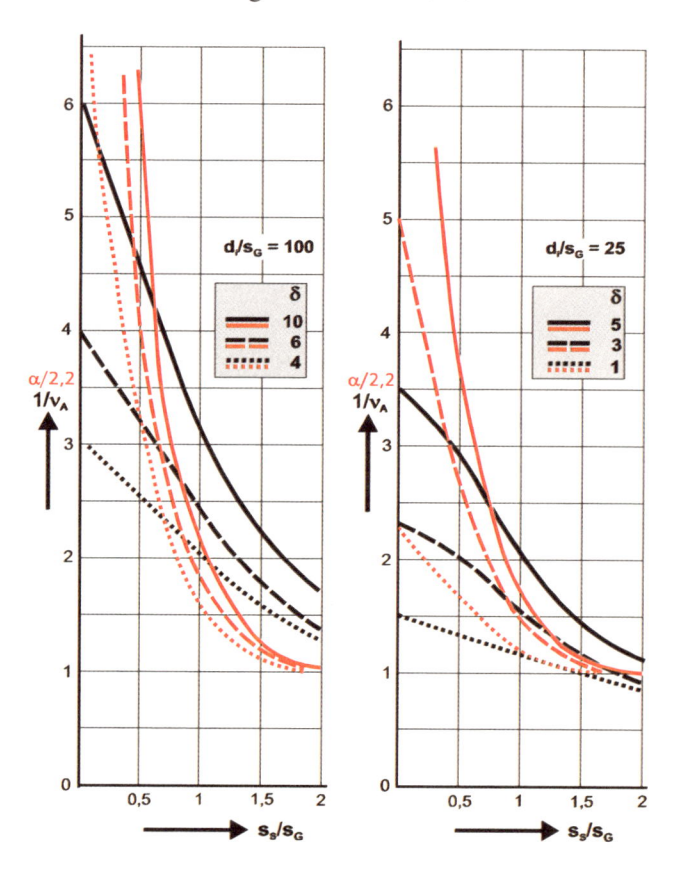

Abb. 7-18: Kehrwerte des Verschwächungsfaktors $1/v_A$ (schwarze Kurvenzüge) und Spannungsfaktor α infolge Innendruckbeanspruchung (rote Kurvenzüge) über dem Wanddickenverhältnis s_S/s_G für verschiedene bezogene Stutzendurchmesser δ. α ist bezogen auf einen elasto-plastischen Faktor $\gamma = 2{,}2$ (siehe hierzu AD-Merkblatt B3, Anhang 1)

Trotz der geweckten Zweifel durch die vorhergehende Aussage, sollen aus dem – noch gültigen – AD-Regelwerk weitere Ableitungen folgen:
So setzt die Darstellung in Abb. 7-17 den Spannungserhöhungsfaktor α nach AD-S3/6 in Beziehung zum Verschwächungsbeiwert v_A. Man erkennt, dass sich mit größerem Beiwert v_A der Faktor α entsprechend verkleinert; gleichzeitig nimmt Letzterer aber auch mit zunehmender Stutzenwanddicke s_S ab und wird geringfügig beeinflusst durch Änderung des Verhältnisses d_i/s_G.

Bildet man aus den Gleichungen in AD-S3/6, Abschnitt 4.2.1 einen elasto-plastischen Faktor γ > 2,2, so kann man analog zu gewölbten Böden in AD-B3 sogar einen Berechnungsbeiwert

$$\beta = \frac{\alpha}{\gamma} \leq \frac{\alpha}{2,2} \qquad (7.10)$$

definieren, welcher in Abb. 7-18 über dem Wanddickenverhältnis s_S/s_G zusammen mit dem Kehrwert des Verschwächungsfaktors $1/v_A$ dargestellt ist. Sowohl b als auch $1/v_A$ sind Bemessungsfaktoren für die Wanddicke

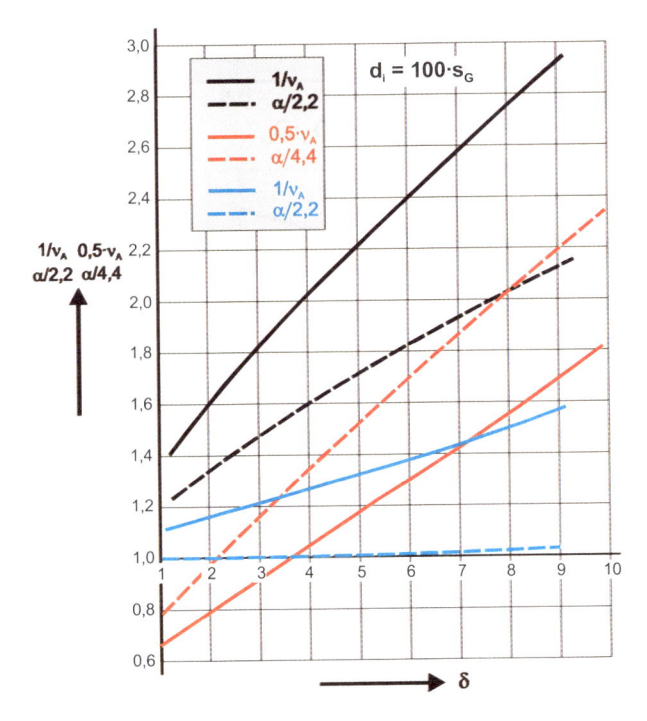

Abb. 7-19: Vergleich von Stutzenverstärkungen durch eine Ronde (rote Kurvenzüge) oder ein dickwandiges Rohr (blaue Kurvenzüge) mit dem unverstärkten Ausgangszustand (schwarze Kurvenzüge)

des Grundkörpers. Die Darstellung mit $1/\nu_A$ an Stelle von ν_A wurde gewählt, um einen besseren Vergleich mit dem Spannungserhöhungsfaktor α zu ermöglichen. $1/\nu_A$ entspricht etwa der mittleren Spannungserhöhung α.

Für große Stutzenwanddicken s_S mögen sich durch diese Betrachtung mit dem Beiwert β deutlich geringere Wanddicken ergeben als über den

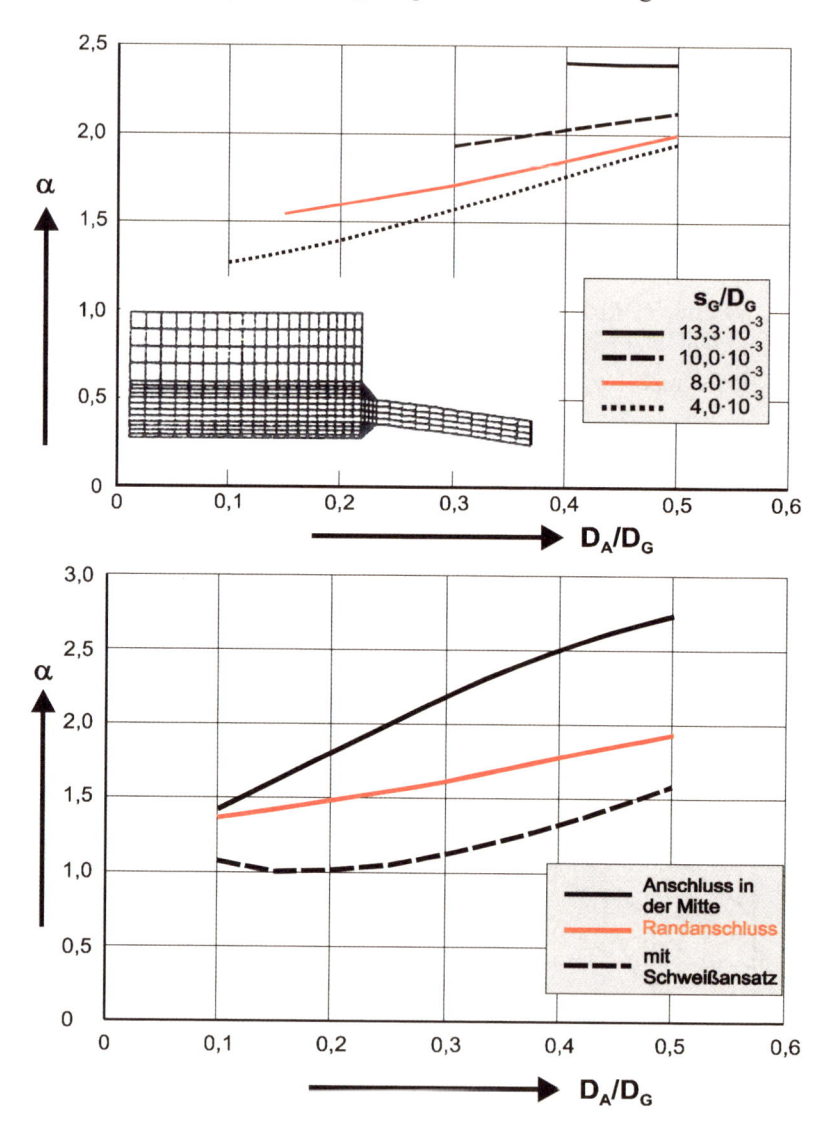

Abb. 7-20: Spannungserhöhungsfaktoren α für Blockflanschausführungen an kugelförmigen Schalen über dem Verhältnis Außendurchmesser Blockflansch D_A zu Kugelinnendurchmesser D_G für verschiedene Parameter

7. Anschlusselemente

Verschwächungsfaktor v_A. Die Abb. 7-19 nutzt diese Betrachtungsweise für die „Stutzenertüchtigung" mit Hilfe einer scheibenförmigen Verstärkung oder mittels verstärktem Stutzenrohr.

Im Sinne einer vernünftigen Werkstoffökonomie sollte eine daraus möglicherweise geringer erforderliche Wanddicke um den Stutzen herum genutzt werden.

Wie die Abb. 7-19 zeigt, sind Blockflansche (auch als Ronde bezeichnet) in zylindrischen Grundkörpern als besonders gut zu beurteilen, weswegen die Beschränkung in AD-B9, Abschnitt 4.3.2 modifiziert werden sollte.

Noch mutiger wäre es, AD-S3/6 dahingehend zu nutzen, dass man um den Stutzen herum für zähe Werkstoffe wenigstens $\varepsilon = 1\%$ (= 0,01) an Dehnung zulässt. Damit würde $\alpha \leq \dfrac{E \cdot \varepsilon_{zul}}{\sigma_u}$ werden.

Das heißt, dass nach der α-Methode oft günstiger gebaut werden könnte als nach Berechnung mit v_A.

Die Abb. 7-20 und 7-21 zeigen Spannungsfaktoren α für Blockflanschanordnungen in Kugeln.

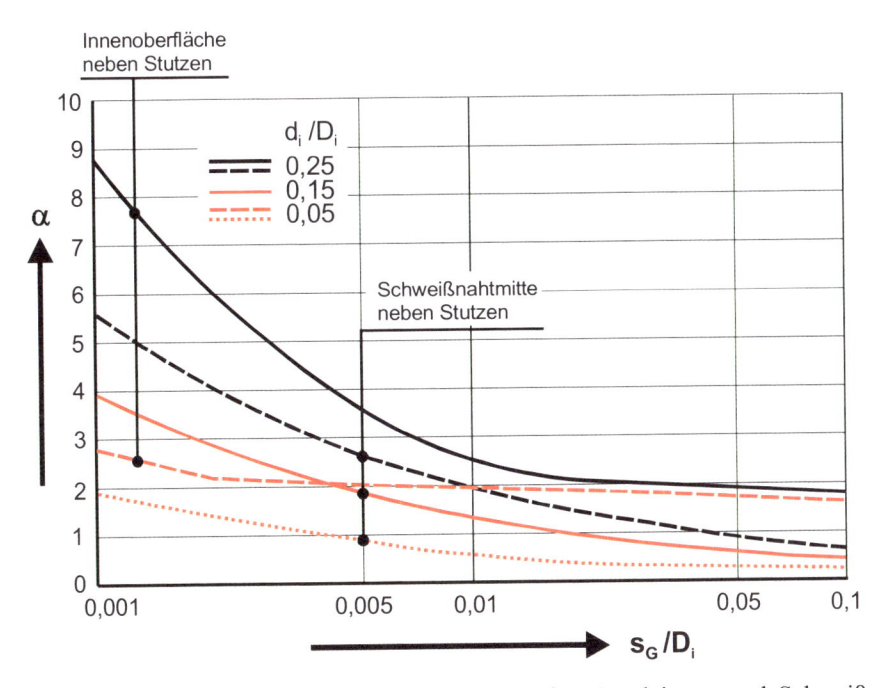

Abb. 7-21: Spannungserhöhungsfaktoren α für Kugel innen und Schweißnahtmitte

Beispiele

Beispiel 1 (Rechenbeispiel):
Dieses Beispiel dient zur Einübung der Berechnungsmethodik.

Aufgabenstellung:
Für die Abb. 7-2 soll der Verschwächungsfaktor v_A zum einen aus den geometrischen Größen A_p und A_σ bestimmt werden, zum anderen aus der Spannungsermittlung durch Dehnungsmessungen.

Lösungsweg:
Für die Flächen ergibt sich die mittragende Breite im Zylinder nach Gl.(3) in AD-B6 mit $s_A = s_G$:

$$b = \sqrt{(D_i + s_A) \cdot s_A} = \sqrt{(544 + 25) \cdot 25} = 119 \text{ mm}$$

Dabei betragen die Werte für die Druckfläche

$$A_p = \left(b + \frac{d_i}{2} - e_D\right) \cdot \frac{D_i}{2} = (119 + 109 - 10) \cdot 272 = 59300 \text{ mm}^2$$

und für die Spannungsfläche $A_\sigma = b \cdot s_e = 119 \cdot 25 = 2975$ mm². Damit wird dann nach dem Flächenvergleichsverfahren

$$v_A = \frac{1 + \dfrac{D_i}{s_e}}{1 + 2 \cdot \dfrac{A_p}{A_\sigma}} = \frac{1 + \dfrac{544}{25}}{1 + 2 \cdot \dfrac{59300}{2975}} = 0{,}557$$

Im Vergleich dazu erhält man aus den Dehnungsmessungen in Nähe des Ausschnitts den Verschwächungsfaktor durch Auflösung von Gl. (2) in AD-B1:

$$v_A = \frac{(D_i + s_e) \cdot S \cdot p'}{1{,}3 \cdot 20 \cdot K \cdot s_e} = \frac{(544 + 25) \cdot 1{,}5 \cdot 108}{1{,}3 \cdot 20 \cdot 238 \cdot 25} = 0{,}596$$

$p' = 108$ bar bei $\varepsilon_{bl} = 0{,}2\%$

Die Ergebnisse zeigen eine hinreichende Übereinstimmung beider Methoden, was einer von vielen Belegen für eine Bewährung des Flächenvergleichsverfahrens ist. Der Kehrwert $1/v_A = 1{,}7$ stellt ein Maß für die mittlere Spannungserhöhung β um den Ausschnitt dar. Von der durch Messungen dargestellten Tendenz in Abb. 7-2, links, wird dies bestätigt. Eine rechnerische Mittelspannung lässt sich bestimmen nach Gl. (2) in AD-B1:

$$\bar{\sigma} = \frac{K}{S} = \frac{p}{20} \cdot \frac{D_a - s}{s \cdot v_a} = \frac{108}{20} \cdot \frac{594 - 25}{25} \cdot \frac{1}{0{,}596} = 206 \text{ N/mm}^2.$$

7. Anschlusselemente   217

Sie liegt damit noch unter der angegebenen Streckgrenze von
K = 238 N/mm², nach deren Überschreitung plastisches Verformen beginnt. Die einer hohen Dehnung zugeordnete rechnerische Spannungsspitze unmittelbar neben dem Ausschnitt liegt erheblich über dem Wert von K, so dass in diesem Bereich Spannungen durch plastische Verformung abgebaut werden und eine Verfestigung des Werkstoffs eintritt (verformungsfähiges Material vorausgesetzt).
   Nach Gleichungen im AD-Merkblatt S3/6, (4.2.1 ff) ist $\alpha \cong 7$, was durch Dehnungsmessungen nicht bestätigt werden kann.

Beispiel 2 (Rechenbeispiel):

Aufgabenstellung:
Für den Stutzen in Abb. 7-5 ist der Verschwächungsfaktor v_A nach dem Flächenvergleichsverfahren zu bestimmen. Der Kehrwert $1/v_A$ ist als Maß für eine mittlere Spannungserhöhung mit den entsprechenden Messpunkten zu vergleichen.

Lösungsweg:
Als Arbeitsgleichung gilt

$$v_A = \frac{1 + \dfrac{D_i}{s_A}}{1 + 2 \cdot \dfrac{A_p}{A_\sigma}}$$

Mit den geometrischen Größen aus Gl. (3) in AD-B9

$b = \sqrt{(D_i + s_A) \cdot s_A} = \sqrt{(541 + 15) \cdot 15} = 91{,}3$ mm als mittragende Breite

und aus Gl. (6) in AD-B9

$l_S = 1{,}25 \cdot \sqrt{(d_i + s_S) \cdot s_S} = 1{,}25 \cdot \sqrt{(301 + 12) \cdot 12} = 76{,}6$ mm als mittragende Länge im Stutzen ($l_S' = 17$ mm) werden die in obiger Arbeitsgleichung verwendeten Druck- und Spannungsflächen zu

$$A_p = \left(b + s_S + \frac{d_i}{2}\right) \cdot \frac{D_i}{2} + (l_S + s_A) \cdot \frac{d_i}{2} - l_S' \cdot s_S$$

$= (91{,}3 + 12 + 150{,}5) \cdot 270{,}5 + (76{,}6 + 15) \cdot 150{,}5 - 17 \cdot 12$

$= 68653 + 13786 - 204 = 82235 \text{ mm}^2$

$A_\sigma = b \cdot s_A + (l_S + l_S' + s_A) \cdot s_S = 91{,}3 \cdot 15 + (76{,}6 + 17 + 15) \cdot 12$

$= 1369{,}5 + 1309{,}2 = 2673 \text{ mm}^2$

Werden die so ermittelten Werte in die Arbeitsgleichung eingesetzt, ergibt sich:

$$v_A = \frac{1 + \dfrac{541}{15}}{1 + 2 \cdot \dfrac{82235}{2673}} = 0,59 \quad \text{und} \quad 1/v_A = 1,69$$

Der so ermittelte Wert für $1/v_A$ entspricht doch recht gut dem Mittelwert für die Spannungserhöhung im Zylinder (rechts in der Abb. 7-5 dargestellt) aufgrund der Dehnungsbehinderung durch den Stutzen.

Nach Gleichungen in AD-Merkblatt S3/6 (4.2.1 ff) ist $\alpha \cong 3,5$, was durch die Dehnungsmessungen recht gut bestätigt wird.

Beispiel 3 (Lesebeispiel):

Aufgabenstellung:
Verwendung der Kurvenzüge in den Abb. 7-7, 7-8 und 7-10:

Daten:
$D_i = 2000$ mm, $s_A = 5$ mm, $d_i = 500$ mm als meist verwendeter Mannlochdurchmesser zur Behälterbefahrung, $s_S = 7,5$ mm, $h = l_S'$

Lösung:
Für die Abszisse der Abbildungen und die Parameter erhält man

$$\delta = \frac{d_i}{b} = \frac{d_i}{\sqrt{(D_i + s_A) \cdot s_A}} = \frac{500}{\sqrt{(2000+5) \cdot 5}} = 5$$

$$\frac{d_i}{s_A} = 100 \quad \frac{s_S}{s_A} = 1,5$$

Aus Abb. 7-7 kann damit der Wert $v_A = 0,59$ abgelesen werden, welcher sich nach Abb. 7-8 durch einen durchgesteckten Stutzen mit $l_S' = 0,5 \cdot l_S = 39$ mm auf einen Verschwächungsfaktor $v_A = 0,75$ steigern lässt. Um den Verschwächungsfaktor $v_{Sn} = 0,85$ von üblichen Schweißnähten zu erreichen, müsste man entsprechend der Abb. 7-9 eine scheibenförmige Verstärkung um den Stutzen in den zylindrischen Grundkörper einschweißen (siehe dazu auch Abb. 7-15).

Nach AD-Merkblatt S1 kann dieser Verstärkung eine wesentlich größere Lastspielzahl zugemutet werden als dem aufgeschweißten Kragen, für welchen man bei $s_A = s_G$ und $A_k = 0,8 \cdot h \cdot k$ nur $v_A = 0,77$ bewirken könnte.

Beispiel 4 (Rechenbeispiel):

Aufgabenstellung:
In den zylindrischen Mantel eines länger in Betrieb befindlichen Druckbehälters aus Feinkornbaustahl sollen verschiedene „Flicken" als Ersatz für nicht mehr benötigte Stutzen eingesetzt werden. Zu bestimmen ist der Verschwächungsfaktor v_A

Daten:
Behälter: $D_a = 5600$ mm, $s_A = 18$ mm, $\vartheta \leq 60\,°C$, Werkstoffkennwert $K = 380$ N/mm²
Flicken: $d = d_i = 250$ mm, Werkstoff H II mit $K = 255$ N/mm²

Lösungsweg:
Mit $D_i = D_a - 2 \cdot s_A = 5600 - 2 \cdot 18 = 5564$ mm und Gl. (3) in AD-B9 ergibt sich:

$$b = \sqrt{(D_i + s_A) \cdot s_A} = \sqrt{(5564 + 18) \cdot 18} = 317 \text{ mm} \leq 22{,}3 \cdot s_A \,(= 401 \text{ mm})$$

$$A_p = \left(b + \frac{d}{2}\right) \cdot \frac{D_i}{2} = (317 + 125) \cdot 2782 = 1{,}23 \cdot 10^6 \text{ mm}^2$$

$$A_\sigma = \left(b + \frac{d}{2} \cdot \frac{255}{380}\right) \cdot s_A = (317 + 83{,}9) \cdot 18 = 7216 \text{ mm}^2$$

Damit

$$v_A = \frac{1 + \dfrac{D_i}{s_A}}{1 + 2 \cdot \dfrac{A_p}{A_\sigma}} = \frac{1 + \dfrac{5564}{18}}{1 + 2 \cdot \dfrac{1{,}23 \cdot 10^6}{7216}} = \frac{310{,}1}{341{,}9} = 0{,}907$$

Da für die Schweißnähte üblicherweise mit einem Verschwächungsfaktor $v = 0{,}85$ gerechnet wird (siehe AD-Merkblatt B1), ist diese Flickeneinschweißung mit einem Werkstoff geringerer Festigkeit als der Behälterwerkstoff unbedenklich.

Auf ähnliche Weise können auch örtliche Korrosionserscheinungen beurteilt werden. Nur wird dann nicht das Verhältnis der Streckgrenzen, sondern die Wanddickenminderung zur Modifikation von d/2 in der Beziehung für A_σ eingesetzt. So würde man bei einer Abtragung des Grundwerkstoffs auf $K_{Flicken}/K_G = 255/380 = 0{,}67 \cdot s = 12$ mm innerhalb einer Korrosionsmulde mit Durchmesser $d = 250$ mm den selben Verschwächungsfaktor v_A bestimmen. Dies stellt schon einen beträchtlichen Korrosionsangriff dar. Sicherheitshalber muss nach AD-Merkblatt B5 bestätigt werden, dass der Flicken mit abgeminderter Festigkeit oder die Mulde mit verminderter Wanddicke noch ausreichend ist. Mit s/D nach Gl. (2) in AD-B1 und Gl. (2) in AD-B5 gilt innerhalb des Durchmessers d

$$s \geq 0{,}3 \cdot d \cdot \sqrt{2 \cdot \frac{s_{Ao}}{D_a}} = 0{,}3 \cdot 250 \cdot \sqrt{2 \cdot \frac{17}{5600}} = 5{,}8 \rightarrow 7 \text{ mm (Mulden-}$$

bzw. Flickendicke), womit die Bedingung hinreichend erfüllt ist. Voraussetzung für diese Beurteilungsmethodik ist natürlich, dass gegenseitige Beeinflussung von mittragenden Breiten b benachbarter Korrosionsmulden oder Flicken durch entsprechende Überprüfung (z.B. flächendeckende Ultraschall-Wanddickenmessungen) ausgeschlossen werden kann.

Es wäre wieder einmal besser, bei allen Berechnungen mit dem mittleren Behälterdurchmesser D_m zu arbeiten. Dadurch würde man sich den dauernden Wechsel zwischen D_i und D_a ersparen und so manche Gleichung vereinfachen.

Beispiel 5 (Rechenbeispiel):

Aufgabenstellung:
Beurteilung der Messergebnisse an einem Tangentialstutzen nach Abb. 7-14.

Daten:
Zylindrischer Grundkörper: D_a = 8200 mm, s_G = 25 mm, daraus D_a/s_G = 328 < 500.
Tangentialstutzen: d_i = 2000 mm, s_S = 20 mm, d_i/D_a = 0,244 < 1/3! Ausschnittsverstärkung durch einen aufgeschweißten Kragen mit k = 480 mm, h = 25 mm. Werkstoff 1.4571 mit K = 245 N/mm² bis 50 °C.

Lösungsweg:
Eine maßvolle Extrapolation der Dehnungsmessungen unter Innendruck auf zul ε = 1% bleibende Dehnung gestattet einen fiktiven Prüfdruck von p' = 9,7 bar, bzw. einen Betriebsdruck p = 9,7/1,3 = 7,5 bar bei Umgebungstemperatur (nach Vorschrift zum Messzeitpunkt). Für diesen Betriebsdruck gälte nach Gl. (2) in AD-B1 der Verschwächungsfaktor:

$$v_A = \frac{D_m \cdot S \cdot p}{20 \cdot K \cdot s_G} = \frac{8175 \cdot 1{,}5 \cdot 7{,}5}{20 \cdot 245 \cdot 25} = 0{,}75.$$

Wenn der Behälter im Betrieb bei p ≤ 5,7 bar, 200 °C betrieben wird ($K_{200°C}$ = 196 N/mm²) ergibt sich ein

$$v_A = \frac{8175 \cdot 1{,}5 \cdot 5{,}7}{20 \cdot 196 \cdot 25} = 0{,}71.$$

Dies wäre gleichzeitig die untere Grenze, die jedoch mit $v_A = 0{,}75$ überschritten ist.

In Ergänzung dazu wird der Verschwächungsfaktor auch nach dem Flächenvergleichsverfahren berechnet. Hierzu benötigt man die mittragende Breite b, welche iterativ nach Kombination von Gl. (4) mit Gl. (3) aus AD-B9 bestimmt wird:

Ausgeführt ist der Kragen mit einer Fläche $k \cdot h$, dies wird flächengleich zu fiktiv $b \cdot h'$. Mit

$$b = \sqrt{\left(D_m + \frac{k \cdot h}{b}\right) \cdot \left(s_G + \frac{k \cdot h}{b}\right)} = \sqrt{\left(8175 + \frac{480 \cdot 25}{b}\right) \cdot \left(25 + \frac{480 \cdot 25}{b}\right)}$$

$$= 606 \text{ mm}$$

wird nun

$$A_p = \left(b + s_S + \frac{d_i}{2}\right) \cdot \frac{D_i}{2} + (l_S + s_A) \cdot \frac{d_i}{2}$$

mit

$$l_S = 1{,}25 \cdot \sqrt{(d_i + s_S) \cdot s_S} = 1{,}25 \cdot \sqrt{2020 \cdot 20} = 251 \text{ mm und } s_A = s_G + h$$
$$= 50 \text{ mm}$$

$$A_p = (606 + 20 + 1000) \cdot 4075 + (251 + 50) \cdot 1000 = 6625950 + 301000$$

$$= 6926950 \text{ mm}^2$$

und

$$A_\sigma = b \cdot s_G + k \cdot h \cdot 0{,}8 + (l_S + s_A) \cdot s_S$$

$$= 606 \cdot 25 + 480 \cdot 25 \cdot 0{,}8 + (251 + 50) \cdot 20 = 30770 \text{ mm}^2$$

Der Faktor 0,8 sagt aus, dass die Nutzung des Kragens nur 80% beträgt. Er muss an der Wand des Grundkörpers schweißtechnisch voll angeschlossen werden.

Mit A_p und A_σ ergibt sich dann folgender Verschwächungsfaktor:

$$v_A = \frac{1 + \dfrac{D_i}{s_G}}{1 + 2 \cdot \dfrac{A_p}{A_\sigma}} = \frac{1 + \dfrac{8150}{25}}{1 + 2 \cdot \dfrac{6926950}{30770}} = \frac{1 + 326}{1 + 2 \cdot 225} = 0{,}725,$$

dieser ist größer als die erforderlichen 0,71

Würde man b und l_S nach Abb. 7-4 nicht für $\varepsilon = 0{,}2\%$, sondern für $\varepsilon = 1\%$ wählen, so erhielte man $v_A = 0{,}74$, was eine noch bessere Übereinstimmung mit dem Messergebnis, das zu 0,75 führte, bedeutet. Man darf somit ggfs. auch andere ähnliche Tangentialstutzen auf diese Weise beurteilen, was aufwändige Messungen oder FE-Rechnungen vermeidet.

Abschätzungen für Tangentialstutzen nach TRD 301/5.5, Bild 22 erbringen größere Verschwächungsbeiwerte als für rechtwinklige Zentralstutzen, was nicht sinnvoll erscheint; für das betrachtete Objekt $v_A = 0,8$ anstelle von 0,75.

7.2 Flansche

Üblicherweise werden in Flanschverbindungen Normflansche nach DIN 2627 bis 2638 für Rohrleitungen und Stutzen oder nach beispielsweise DIN 28032 und 28034 für Apparate eingesetzt, wobei allerdings Betriebsdrücke und -temperaturen innerhalb der jeweils angegebenen Grenzen liegen müssen. Eine Nachrechnung für derartige Flansche ist normalerweise nicht erforderlich. Die Werkstoffauswahl richtet sich nach den Speichermedien, gegen die nach außen hin abgedichtet werden muss.

Eine Berechnung und Auslegung kann aber z.B. bei großen Flanschabmessungen erforderlich werden, um Material zu sparen. Dies ist vor allem dann wichtig, wenn teure Spezialwerkstoffe verwendet werden müssen.

Das AD-Merkblatt B8 „Flansche" ermöglicht eine festigkeitsgerechte Gestaltung verschiedener Flanschkonstruktionen. Erforderlich ist es, im Dichtungsbereich eine ausreichende Flächenpressung mit Hilfe der Anzugsschrauben zu erzeugen. Weiterhin muss beachtet werden, dass bei geringer plastischer Verformung – z.B. im Übergang zwischen Flanschblatt, evtl. konischem Ansatz und/oder Zylinderanschluss – zulässige Spannungen nicht überschritten werden und trotzdem die Flanschhöhe nicht zu groß wird. Die Aufbiegung des Flansches zwischen den Anzugsschrauben über der Dichtungsfläche muss zudem hinreichend klein bleiben, um auch dort bei herabgesetzter Flächenpressung keine größeren Leckraten zuzulassen.

In der Abb. 7-22 sind die verwendeten Bezeichnungen für die Flanschabmessungen am Beispiel eines Flansches mit kurzem, kegligen Ansatz dargestellt, sowie Gleiches für einen Losflansch.

Die Abb. 7-23 zeigt eine Auswahl von Flansch- und Bundausführungen, so wie sie häufig verwendet werden. Die Darstellungen sind dem AD-Merkblatt B8 entnommen, auch die zugehörigen Bezeichnungen. So ist für die Angabe der Wanddicke s_1 nach vorher getroffener Vereinbarung entweder s_S für Stutzenflansche oder s_G für Apparateflansche zu setzen.

Für die Berechnungsfolge zur Dimensionierung von Flanschen geht man von dem selben mechanischen Ansatz aus, wie er schon für ebene Platten verwendet wurde.

Grundsätzlich handelt es sich bei der Flanschbeanspruchung um Biegung, d.h., die Festgkeitsbedingung lautet:

$$\sigma_b = \frac{M}{W} \leq \frac{K}{S} \qquad (7.11)$$

224   7. Anschlusselemente

Es gilt also, für die verschiedenen Flanschformen die Widerstandsmomente gegen Biegung (auch als Flanschwiderstände bezeichnet) zu ermitteln und über die Abmessungen die Biegemomente zu bestimmen.

Zu Letzterem sind in der Reihenfolge ihres Auftretens folgende Fälle zu betrachten:

- Einbauzustand (Zweitindex V, z.B. F_{DV})
- Prüfzustand / Anfahrzustand
- Betriebszustand (Zweitindex B, z.B. F_{RB})

Im Einbauzustand wird durch die Flanschschrauben die Dichtung so vorverformt, dass Unebenheiten der Flanschoberfläche im Dichtungsbereich ausgeglichen werden. Der Behälter oder das Stutzenrohr ist dabei drucklos, die Temperatur entspricht der Umgebungstemperatur. Durch diese Vorverformung soll gewährleistet werden, dass später beim Anfahren und im Betrieb keine Undichtigkeiten auftreten.

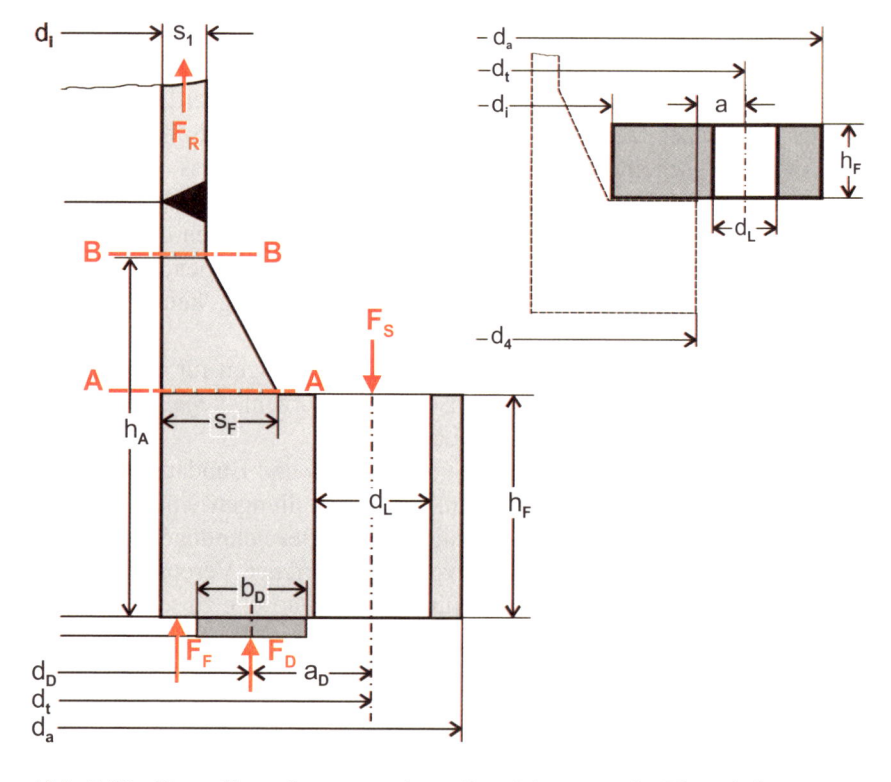

Abb. 7-22: Darstellung der verwendeten Bezeichnungen für Flanschabmessungen und angreifende Kräfte am Beispiel eines Vorschweißflanschs mit konischem Ansatz. A–A und B–B sind nachzurechnende Querschnitte.
Rechts oben: Bezeichnungen für Losflanschabmessungen

Im Prüf- und Betriebszustand erfolgt dann durch den Innendruck – der einmal z.B. die Rohrleitungskraft F_R, zum anderen eine Kraft F_D auf die Flanschringfläche bis zur Dichtungsmitte hin erzeugt – eine Entlastung der Dichtung. Eventuell müssen die Flanschschrauben nachgezogen werden, um Leckagen zu verhindern.

Zur Berechnung des Flanschwiderstands W werden als Beispiele ein Losflansch nach Abb. 7-22, oben rechts (gültig ist dafür Gl. (30) in AD-B8) und ein Aufschweißflansch nach Abb. 7-23, unten links (gültig dafür ist Gl. (20) in AD-B8) herausgegriffen. Durch einfache Ableitungen mit Hilfe der in den Abschnitten 6.7 und 6.4 des AD-Merkblatts B8 aufgeführten Gleichungen ergibt sich für den Losflansch:

$$W = \frac{1}{1,27} \cdot (d_a - d_i - 2 \cdot v \cdot d_L) \cdot h_F^2 \qquad (7.12)$$

mit $v = 1 - 0,001 \cdot d_i$ für $d_i \leq 500$ mm oder $v = 0,5 =$ const. für $d_i > 500$ mm
und den Aufschweißflansch:

$$W = \frac{1}{1,42} \cdot \left[(d_a - d_2 - 2 \cdot d_L) \cdot h_F^2 + (d_i + s_1) \cdot s_1^2 \right] \qquad (7.13)$$

$d_2 \approx d_i$ und $s_1 \leq \frac{1}{2} \cdot h_F$, was bedeutet, dass die Wanddicke des Rohrs oder des Apparates höchstens mit der halben Flanschhöhe eingesetzt werden darf.

Die verwendeten geometrischen Abmessungen sind den Abb. 7-22 und 7-23 zu entnehmen.

Für die anderen im AD-Merkblatt B8 angeführten Flanschformen können natürlich ähnliche Ableitungen vorgenommen werden. Speziell für Vorschweißflansche, die auch in den späteren Beispielen behandelt werden, sind die Widerstandsmomente der Tabelle 7.1 zu entnehmen

Das Flanschmoment ergibt sich aus der Kraft F und dem jeweiligen Hebelarm a zu $M = F \cdot a$

Aufgrund der bereits zitierten Festigkeitsbedingung berechnet sich die Schraubenkraft zu

$$F_S = \frac{1}{a} \cdot W \cdot \frac{K}{S} \qquad (7.14)$$

so wie sie später auch im Unterkapitel 7.3 weiter verwendet wird.
Weiter ergeben sich für den Losflansch durch Einsetzen von

$$a = a_D = \frac{d_t - d_4}{2}$$ die Schraubenkräfte zu

226   7. Anschlusselemente

$$F_{SB} = F_{SV} = \frac{2}{d_t - d_4} \cdot W \cdot \frac{K}{S} \qquad (7.15)$$

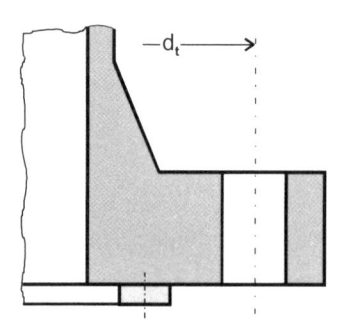

und für den Aufschweißflansch mit $a = \dfrac{d_t - d_i - s_1}{2}$ im Betriebszustand

und mit $a_D = \dfrac{d_t - d_D}{2}$ im Einbauzustand zu

$$F_{SB} = \frac{2}{d_t - d_i - s_1} \cdot W \cdot \frac{K}{S} \qquad (7.16)$$

und $\quad F_{SV} = \dfrac{2}{d_t - d_D} \cdot W \cdot \dfrac{K}{S} \qquad (7.17)$

Vorschweißflansch mit konischem
Ansatz

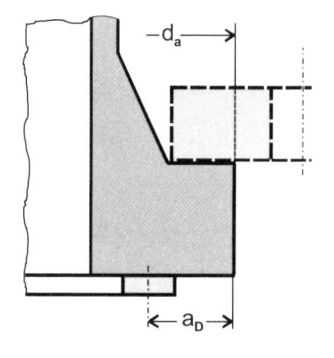

Vorschweißbund mit konischem
Ansatz

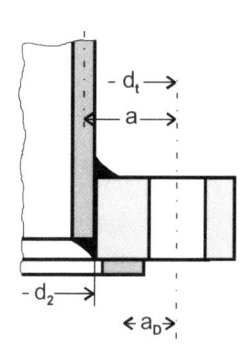

Aufschweißflansch

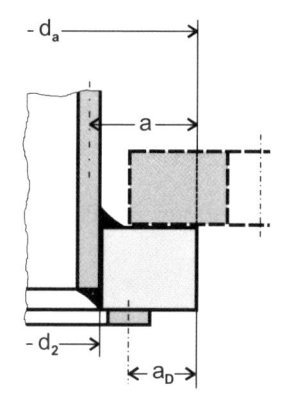

Aufschweißbund

Abb. 7-23: Auswahl von Flansch- und Bundausführungen nach AD-Merkblatt B8 [1]

Übrigens gelten für den Aufschweißbund die gleichen Formeln wie für den Aufschweißflansch, nur ist $d_t = d_a$ und $v \cdot d'_L = d'_L = 0$ zu setzen Damit ergibt sich für Flanschwiderstand und Schraubenkräfte:

$$W = \frac{1}{1{,}42}\left[(d_a - d_2) \cdot h_F^2 + (d_i + s_1) \cdot s_1^2\right] \tag{7.18}$$

$$F_{SB} = \frac{2}{d_a - d_i - s_1} \cdot W \cdot \frac{K}{S} \tag{7.19}$$

$$F_{SV} = \frac{2}{d_a - d_D} \cdot W \cdot \frac{K}{S} \tag{7.20}$$

Ruft man sich aus Kapitel 6.3 in AD-B5, Bild 22 und Gl. (3) die Berechnung von ebenen Böden oder Platten mit verschwächenden Ausschnitten ($d_i/d_D \leq 0{,}8$) in Erinnerung, so stellt man fest, dass die Flanschberechnung nicht den Weg einer Ausweitung des Ausschnittbeiwerts C_{A1} für $d_i/d_D > 0{,}8$ beschreitet. Es ist erstaunlich, dass innerhalb des AD-Regelwerks mit verschiedenen Rechenansätzen gearbeitet wird.

Übersicht 7.1.

Belastungsfall	Belastungsschema
1	Frei aufliegend in der Nähe des Außenrandes. Gesamtbelastung F verteilt als Streckenlast in der Nähe des Innenrandes 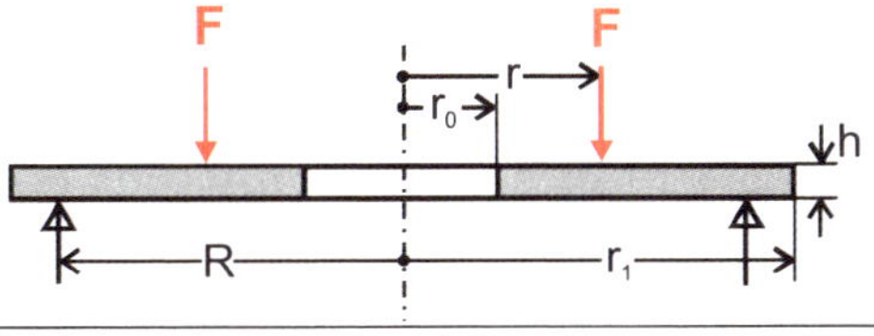
2	Starr eingespannter Innenrand 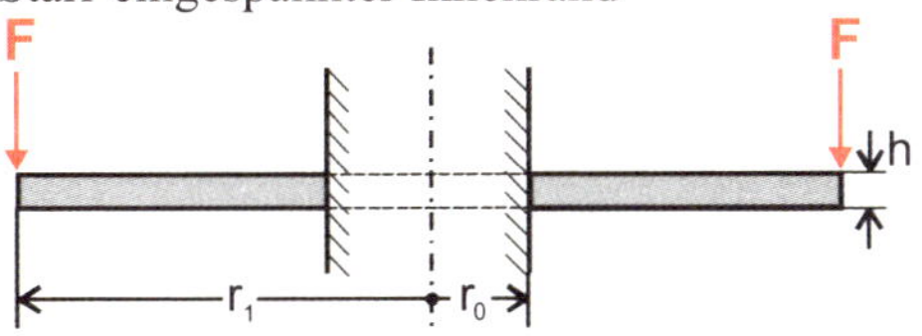
3	Frei aufliegender Außenrand, Innenplatte starr 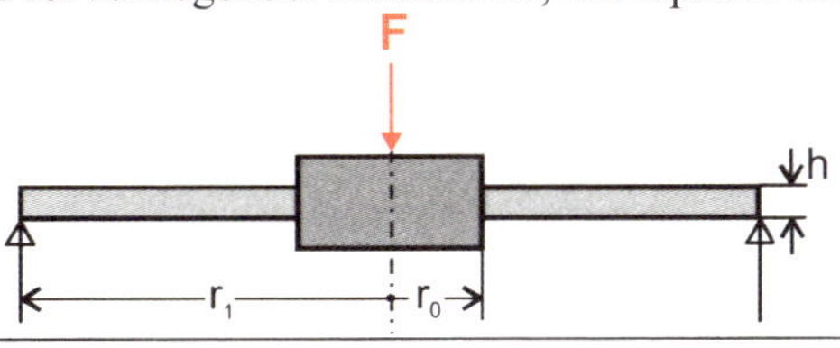

Forts. Übersicht 7.1.:

Belastungsfall	Bezogenes Biegemoment
1	maximales Moment am Innenrand: $$M_{max} = M_t = \frac{F}{4\pi} \cdot \left[\frac{2 \cdot r_1^2 \cdot (1+\mu)}{r_1^2 - r_0^2} \cdot \ln R/r + (1-\mu) \cdot \frac{R^2 - r_1^2}{r_1^2 - r_0^2} \right]$$
2	maximales Moment am Innenrand: $$M_{max} = M_r = \frac{F}{4\pi} \cdot \left[\frac{2 \cdot r_1^2 \cdot (1+\mu) \cdot \ln r_1/r_0 + r_1^2 \cdot (1-\mu) - r_0^2 \cdot (1-\mu)}{r_1^2 \cdot (1+\mu) + r_0^2 \cdot (1-\mu)} \right]$$
3	$$M_r = \frac{F}{4\pi} \cdot \left\{ \frac{(1+\mu) + (1-\mu) \cdot r_0^2/x^2}{(1+\mu) + (1-\mu) \cdot r_0^2/r_1^2} \cdot \left[(1+\mu) \cdot \ln r_1/r_0 + 1 \right] - (1+\mu) \cdot \ln x/r_0 - 1 \right\}$$ maximales Moment für x = r_0 (Innenrand): $$M_{max} = M_t = \frac{F}{4\pi} \cdot \left\{ \frac{2}{(1+\mu) + (1-\mu) \cdot r_0^2/r_1^2} \cdot \left[(1+\mu) \cdot \ln r_1/r_0 + 1 \right] - 1 \right\}$$ maximales Moment für x = r_1 (Außenrand): $$M_{max} = M_t = \frac{F \cdot (1-\mu^2)}{4\pi} \cdot \left[\frac{r_1^2 - r_0^2 \cdot (1 + 2 \cdot \ln r_1/r_0)}{r_1^2 \cdot (1+\mu) + r_0^2 \cdot (1-\mu)} \right]$$

Bedingung: $\sigma_i = \frac{4 \cdot M_i}{h^2} \leq \frac{K}{S}$ $M_i \triangleq M_r; M_t; M_{max}$

In der Übersicht bedeuten:
F Kreisringkraft in [N] M_r bezogenes Biegemoment, radial in [Nmm/mm]
h Plattendicke in [mm] M_t bezogenes Biegemoment, tangential in [Nmm/mm]
μ Querkontraktionszahl   R, r, r_0, r_1 in [mm] (siehe Belastungsfälle)

Mit Lösung der nicht mehr einfach integrierbaren Differentialgleichung [2] und [11] für den frei aufliegenden losen Kreisring erhält man als Vorfaktor statt 1/1,27 = 0,787 den Faktor $\frac{1}{3} \cdot \frac{\pi}{1+\mu} = 0{,}806$. Verwendet wird der Belastungsfall 1 mit r = r_0 = $d_i/2$ und r_1 = R = $d_a/2$.) aus der Übersicht 7.1.

Das reale Kraft- und Momentenverhältnis rechtfertigt diesen geringen Unterschied. Die vorstehenden Denkweisen werden später bei Erläuterung der Berechnungsgleichung für einen einfachen Tragring in Kapitel 8 noch einmal aufgegriffen.

Als nächstes folgt nun zur Darstellung einer Analogie die Betrachtung der Schraubenkraftgleichung für einen Aufschweißbund nach Abb. 7-23 in einer anderen Form als vorher angegeben:

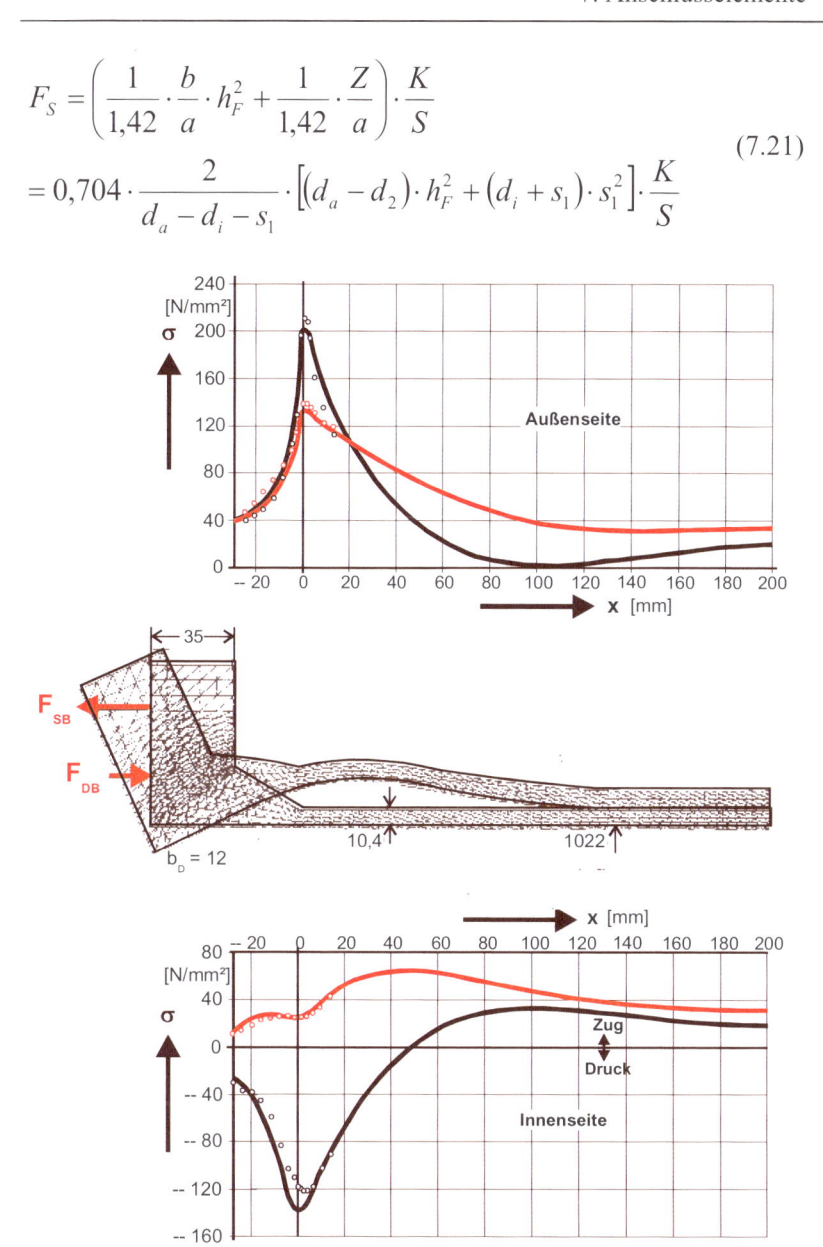

$$F_S = \left(\frac{1}{1{,}42} \cdot \frac{b}{a} \cdot h_F^2 + \frac{1}{1{,}42} \cdot \frac{Z}{a} \right) \cdot \frac{K}{S}$$

$$= 0{,}704 \cdot \frac{2}{d_a - d_i - s_1} \cdot \left[(d_a - d_2) \cdot h_F^2 + (d_i + s_1) \cdot s_1^2 \right] \cdot \frac{K}{S} \qquad (7.21)$$

Abb. 7-24: Gegenüberstellung der gerechneten und der aus Messungen ermittelten Spannungen an der Außen- und Innenfaser einer Flanschkonstruktion mit DN 1000 / PN 10. Dargestellt sind die Umfangsspannungen (rote Kurvenzüge) und die Axialspannungen/Längsspannungen (schwarze Kurvenzüge) bei einem Innendruck von 5,9 bar.
Die Übereinstimmung zwischen Messung und FE-Rechnung ist sehr gut

7. Anschlusselemente

Der Vorfaktor $1/1{,}42 = 0{,}704$ darf wieder analog zum bereits vorstehend erwähnten Kreisring (entspricht dem Tragring im folgenden Kapitel 8) mit Faktor 0,806 gesehen werden. Der Term Z des zentralen Widerstandsmoments soll für eine einfache Deutung umgeformt werden zu

$$\frac{Z}{1{,}42} = 0{,}704 \cdot (d_i + s_1) \cdot s_1^2 = \frac{\pi}{6} \cdot (d_i + s_1) \cdot h_F^2 \cdot \frac{6}{\pi}\left(\frac{s_1}{h_F}\right)^2 \cdot 0{,}704 \quad (7.22)$$

Dies entspricht dem Widerstandsmoment $\frac{\pi}{6} \cdot d \cdot h^2$ eines am Umfang $\pi \cdot d$ fest eingespannten Tragrings, modifiziert mit einem Faktor für die Steifigkeit dieser Blatt – Zargen – Verbindung

$$0{,}704 \cdot \frac{6}{\pi} \cdot \left(\frac{s}{h}\right)^2 = 1{,}34 \cdot \left(\frac{s}{h^2}\right) \quad (7.23)$$

Eine ähnliche Betrachtung wird auch bei Rohrleitungskrümmern vorgenommen, bei welchen der sogenannte Kármán-Faktor [62] die Steifigkeit beschreibt. Die Deutung beider Flanschterme darf nicht als eine Ableitung missverstanden werden. Die Berechnungsmethodik konnte jedoch durch viele Dehnungsmessungen bestätigt werden.

Die Darstellung in Abb. 7-24 zeigt die zukünftig zu erwartenden Niveausteigerungen bei der optimalen Gestaltung von Normflanschen mittels FE-Berechnung, die durch Spannungsberechnungen aus Dehnungsmessungen hervorragend bestätigt wird. Dargestellt ist ein PN 10-Flansch bei $p = 5{,}9$ bar. Bei Drucksteigerung bis z.B. $p' = 13$ bar Prüfdruck würden im Bereich des Übergangs von konischem Ansatz zum Zylinderrohr wegen F_{SB} ca. 1200 kN deutliche Überschreitungen der Streckgrenze mit plastischer Verformung und entsprechender Verfestigung stattfinden. Wegen fehlender Geometriedaten kann diese Abbildung leider nicht als Berechnungsbeispiel verwendet werden.

Die folgende Tabelle 7.1. zeigt zur besseren und schnelleren Übersicht eine Zusammenstellung der Widerstandsmomente gängiger Flanschformen. Da für Vorschweißflansche (siehe Abb. 7-22 bzw. 7-23) die in AD-B8 angegebenen Gleichungen bei großen Nennweiten zu Überdimensionierung führen, wurde verschiedentlich vorgeschlagen, in solchen Fällen „reduzierende" Gleichungen zu verwenden, die ebenfalls angegeben sind. Bei der Berechnung nach diesen Gleichungen gelten jedoch folgende Bedingungen:

$(h_A - h_F) \geq 0{,}6 \cdot h_F$ und $(s_F - s_1) \geq 0{,}25 \cdot h_F$

Um auf den gleichen Flanschwiderstand wie bei Berechnung nach „AD-Gleichungen" zu kommen, würde bei einem Vorschweißflansch DN 1000 / PN 16 nach DIN 2633 eine Flanschhöhe von 35,7 mm anstelle von 42 mm ausreichen. Dies führt gerade bei großen Flanschen doch schon zu einer merklichen Kostenreduzierung, vor allem dann, wenn aus Korrosions- oder Temperaturgründen Sonderwerkstoffe verwendet werden müssen.

Tabelle 7.1. Zusammenstellung der Widerstandsmomente gängiger Flanschformen

Flanschform	Flanschwiderstand
Vorschweißflansch $d_i \leq 1000$ mm Schnitt A – A / B – B	$W_{A-A} = 0{,}7874 \cdot \left[h_F^2 \cdot b + (d_i + s_F) \cdot s_F^2\right]$ $W_{B-B} = 0{,}7874 \cdot \left[\frac{1}{B^2} \cdot h_F^2 \cdot b + \frac{3}{4} \cdot (d_i + s_1) \cdot s_1^2\right]$
1000 mm < $d_i \leq 3600$ mm Schnitt A – A / B – B	$W_{A-A} = 0{,}9434 \cdot \left[h_F^2 \cdot b + (d_i + s_F) \cdot s_F \cdot (0{,}8 \cdot s_F + 0{,}1 \cdot h_F)\right]$ $W_{B-B} = 0{,}9434 \cdot \left[\frac{1}{B^2} \cdot h_F^2 \cdot b + \frac{3}{2} \cdot (d_i + s_1) \cdot s_1^2\right]$
Aufschweißflansch	$W = 0{,}7042 \cdot \left[(d_a - d_2 - 2 \cdot d_L) \cdot h_F^2 + (d_i + s_1) \cdot s_1^2\right]$
Aufschweißbund	$W = 0{,}7042 \cdot \left[(d_a - d_2) \cdot h_F^2 + (d_i + s_1) \cdot s_1^2\right]$
Losflansch	$W = 0{,}7874 \cdot (d_a - d_i - 2 \cdot v \cdot d_L) \cdot h_F^2$

Neben den geometrischen Größen aus Abb. 7-22 und 7-23 sind b, B und v in den Beispielen 7 und 8 bzw. im AD-Merkblatt B8 definiert und müssen hier nicht wiederholt werden.

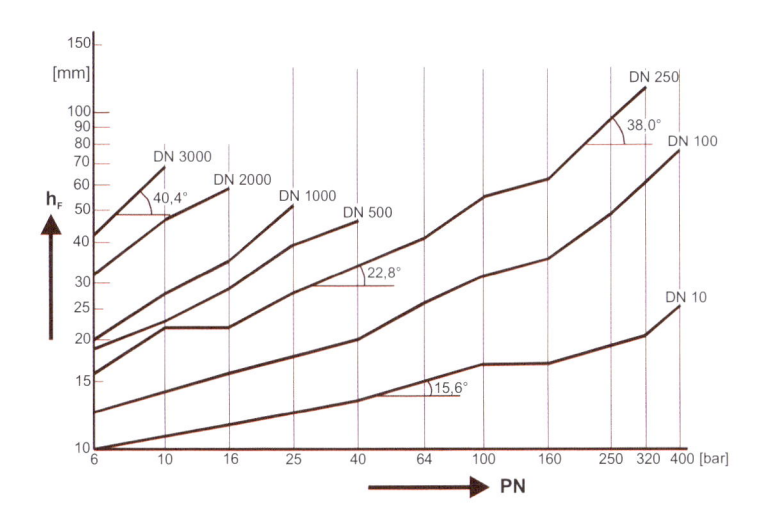

Abb. 7-25: Höhe des Flanschblatts h_F von Vorschweißflanschen für unterschiedliche Nennweiten DN über dem Nenndruck PN. DIN-Normflansche. Werkstoff: St 37.2 / 1.0038 bis PN 40, RSt 42-2 von PN 64 bis PN 400

Trotz einfacher Nutzung der zahlreichen Einzelgleichungen in den AD-Merkblättern B8 und B7 zeigt sich – vor allem bei häufigeren Flanschberechnungen – der Vorteil eines EDV-Einsatzes. Eine einmalige Nachprüfung von Hand ist jedoch zu empfehlen, um ein Gefühl für die Entstehung der Einzelwerte zu entwickeln.

Die vorstehende Abb. 7-25 zeigt als qualitative Tendenz die Höhe des Flanschblatts h_F für Flansche mit konischem Ansatz nach DIN 2633 ff. bei unterschiedlichen Drücken und Nennweiten. Wegen des Einflusses der geometrischen Größen ist der mittlere Anstieg der Verläufe $h_F(PN)$ abhängig von der Nennweite DN. Die Abhängigkeiten werden mit zunehmender Nennweite steiler.

Als Überleitung zu Kapitel 7.3 „Schrauben und Dichtungen" verdeutlicht die Abb. 7-26 den Einfluss des Anzugsmoments der Schrauben (siehe

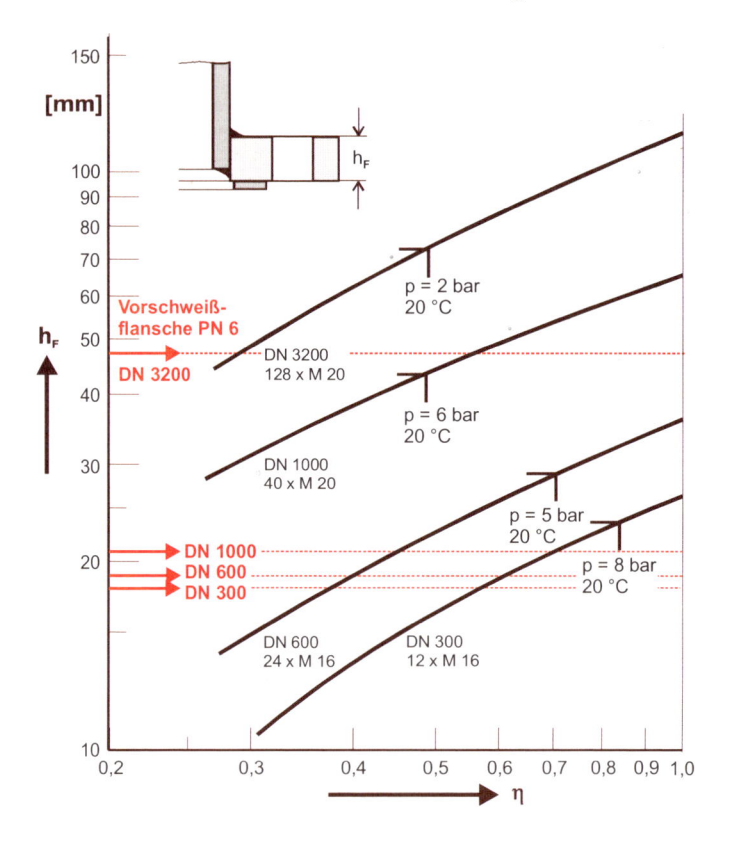

Abb. 7-26: Höhe des Flanschblatts h_F von Aufschweißflanschen für unterschiedliche Ausnutzungsgrade η der Schrauben (Vorschweißflansche rot eingetragen)

$$\eta = \frac{F_{DV} \cdot S'}{F_{0,2}} \leq 0,75$$

hierzu AD-Merkblatt B7). Zugrundegelegt wurden Schrauben der Festigkeitsklasse 5.6, eine Erklärung dazu erfolgt im Unterkapitel 7.3. Man erkennt, welche Schraubenkraft erforderlich ist, um bei verschiedenen Nennweiten DN gegen bestimmte Drücke PN abzudichten und welche Spannungserhöhungen σ ~ η bei vollem Anzug der Schrauben mit der Kraft 0,75 · $F_{0,2}$ vom Flansch aufzunehmen wären. Zur Einhaltung der zulässigen Spannungen und zur Aufbringung der richtigen Flächenpressungen der Dichtungen sind daher zum Schraubenanzug unbedingt Drehmomentschlüssel einzusetzen.

Hinweis: In den Berechnungsgleichungen zur Bestimmung der Flanschblatthöhe h_F vom Typ der Gln. (6) und (20) in AD-B8 kann unter der Wurzel das Zentralmoment Z größer sein als 1,42 · W. h_F wäre dann Null oder komplex, was natürlich sinnlos ist und nicht sein kann. Wenn nach Abschnitt 6.4 im AD-Merkblatt B8 die Zylinderdicke s_1 nur mit höchstens $h_F/2$ in die Formeln eingesetzt werden kann, wäre umgekehrt auch $h_F \geq 2 \cdot s_1$ sinnvoll.

Beispiele

Beispiel 6 (Rechenbeispiel):

Aufgabenstellung:
Für einen Losflansch mit Aufschweißbund nach Abb. 7-22 und 7-23 soll eine detaillierte Berechnung vorgenommen werden. Gezeigt werden sollen die großen Unterschiede zwischen den Schraubenkräften.

Daten:
Flansch ≈ DN 500, PN 10, nach folgender Maßskizze:

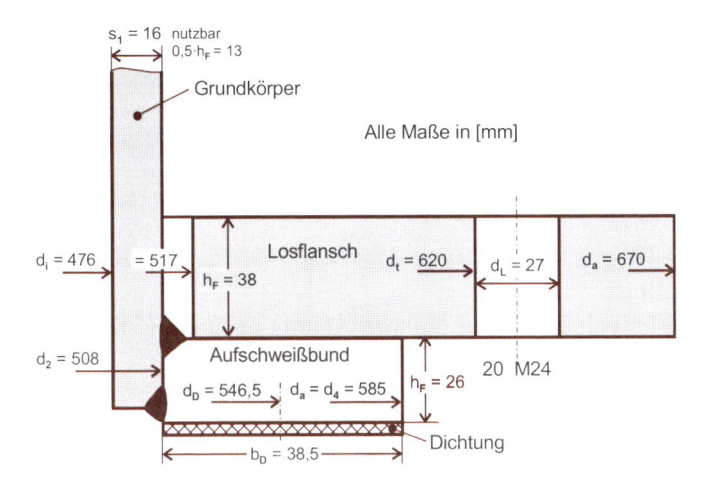

234   7. Anschlusselemente

Betriebsdruck p = 8 bar, Betriebstemperatur ϑ = 100°C, Werkstoff HII, Schrauben: 20 x M 24 / 5.6
Die nutzbare Wanddicke des Grundkörpers resultiert aus der Forderung in AD-B8 s ≤ 0,5 · h_F.

Lösungsweg:
Für den Betriebszustand des Losflansches ergibt sich nach AD-B8 folgender Flanschwiderstand:

$$W = \frac{1}{1,27} \cdot (d_a - d_i - 2 \cdot v \cdot d_L) \cdot h_F^2 = 0,787 \cdot (670 - 517 - 27) \cdot 38^2 = 143190 \text{ mm}^3$$

Daraus dann die Schraubenkraft:

$$F_{SB} = \frac{2}{d_t - d_4} \cdot W \cdot \frac{K}{S} = \frac{2}{620 - 585} \cdot 143190 \cdot \frac{233}{1,5} = 1271 \text{ kN} \hat{=} 127 \text{ to}$$

Die Flächenpressung zwischen Bund und Losflansch beträgt nach Gl. (31) in AD-B8:

$$p_F = 1,27 \cdot \frac{F_{FB}}{d_4^2 - d_i^2} = 1,27 \cdot \frac{1271000}{585^2 - 517^2} = 22 \text{ N/mm}^2 < 233 \text{ N/mm}^2$$

Für die Vorverformung der Dichtung im Einbauzustand wären zu überdenken

$$F_{DV} = F_{SB} \cdot \frac{S}{S'} \cdot \frac{K'}{K} = F_{SB} \cdot \frac{1,5}{1,1} \cdot \frac{255}{233} = 1900 \text{ kN}$$

Für den Aufschweißbund ergibt sich im Betriebszustand:

$$W = \frac{1}{1,42} \cdot \left[(d_a - d_2) \cdot h_F^2 + (d_i + s_1) \cdot s_1^2\right]$$

$$= 0,704 \cdot \left[(585 - 508) \cdot 26^2 + (476 + 13) \cdot 13^2\right] = 94824 \text{ mm}^3$$

$$F_{SB} = \frac{2}{d_a - d_i - s_1} \cdot W \cdot \frac{K}{S} = \frac{2}{585 - 476 - 13} \cdot 94824 \cdot \frac{233}{1,5} = 307 \text{ kN}$$

und im Einbauzustand (K wird zu K' und S zu S')

$$F_{SV} = \frac{2}{d_a - d_D} \cdot W \cdot \frac{K'}{S'} = \frac{2}{585 - 546,5} \cdot 94824 \cdot \frac{255}{1,1} = 1142 \text{ kN}$$

Nach Tafel 1 in AD-B8 gilt als Forderung $d_i \cdot p < 10000$, die mit 476 · 8 = 3808 mm bar erfüllt ist.
Für die Dichtung bräuchte man zur Vorverformung nach Gl. (5) in AD-B7 (ab hier erfolgt ein Vorgriff auf das Unterkapitel 7.3):

$$F_{DV} = \pi \cdot d_D \cdot (k_0 \cdot K_D) = \pi \cdot 546,5 \cdot 577,5 = 991,5 \text{ kN}$$

Gewählt wurde eine Flachdichtung aus PTFE – diese zählt zu den Weichstoffdichtungen – zur Abdichtung gegen Flüssigkeiten. Nach Tafel 1 in

AD-B7 ergibt sich dann $k_0 \cdot K_D = 15 \cdot b_D = 577,5$ N/mm. K_D ist der Formänderungswiderstand des Dichtungswerkstoffs in [N/mm²], b_D die wirksame Dichtungsbreite in [mm] nach Maßskizze.

Für den Betriebszustand ergibt sich nach AD-B7 die Schraubenkraft aus Gl. (1)

$$F_{SB} = F_{RB} + F_{FB} + F_{DB}$$

und durch Einsetzen der Gl. (2) bis (4) schließlich

$$F_{SB} = \frac{\pi}{40} \cdot p \cdot d_D \cdot (d_D + 4 \cdot S_D \cdot k_1)$$

Mit $S_D = 1,2$ und $k_1 = b_D$ (gilt für Abdichtung gegen Flüssigkeiten, gegen Gase $1,3 \cdot b_D$) nach Tafel 1 in AD-B7 für die eingesetzte Dichtung wird

$$F_{SB} = \frac{\pi}{40} \cdot 8 \cdot 546,5 \cdot (546,5 + 4 \cdot 1,2 \cdot 38,5) = 251 \text{ kN}$$

Wenn $F_{DV} > F_{SB}$ – und dies ist hier der Fall mit $991,5 > 251$ – kann bei Einsatz von Weichstoff- oder Metallweichstoffdichtungen eine Abminderung der Verformungskraft nach Gl. (6) in AD-B7 vorgenommen werden:

$$F_{DV}^* = 0,2 \cdot F_{DV} + 0,8 \cdot \sqrt{F_{DV} \cdot F_{SB}} = 0,2 \cdot 991,5 + 0,8 \cdot \sqrt{991,5 \cdot 251}$$
$$= 597 \text{ kN}$$

Als Flächenpressung erhält man für den Vorverformungszustand

$$p_{FV} = \frac{(k_0 \cdot K_D)}{b_D} = \frac{577,5}{38,5} = 15 \text{ N/mm}^2$$

Dieser Wert muss größer sein als

$$\frac{F_{DV}^*}{\frac{\pi}{4} \cdot (d_a^2 - d_i^2)} = \frac{597000}{\frac{\pi}{4} \cdot (585^2 - 508^2)} = 9 \text{ N/mm}^2 \quad \rightarrow \text{Forderung erfüllt!}$$

Für den Betriebszustand ergibt sich dann unter Berücksichtigung der Gl. (4) in AD-B7:

$$p_{FB} = \frac{p}{10} \cdot \frac{k_1 \cdot S_D}{b_D} = \frac{8}{10} \cdot \frac{38,5 \cdot 1,2}{38,5} = 1 \text{ N/mm}^2 \quad \text{mit } S_D = 1,2.$$

Für die verwendete Dichtung gilt: $k_1 = b_D$ nach AD-B7, Tafel 1

Zur Vorverformung können die Schrauben nach Gln. (16) und (17) in AD-B7 angezogen werden mit

$$F_{SV} = n \cdot \frac{\pi}{4} \cdot d_K^2 \cdot \frac{K_{20} \cdot \varphi}{S} = 20 \cdot \frac{\pi}{4} \cdot 20,319^2 \cdot \frac{300 \cdot 0,75}{1,3} = 1122 \text{ kN}.$$

Für den Betriebszustand schließlich ergibt sich mit den Gln. (14) und (17):

$$F_{SB} = n \cdot \frac{\pi}{4} \cdot (d_K - c_5)^2 \cdot \frac{K \cdot \varphi}{S} = 20 \cdot \frac{\pi}{4} \cdot 17,319^2 \cdot \frac{250 \cdot 0,75}{1,8} = 491 \text{ kN}$$

Die Auflistung der Kräfte ist der folgenden kleinen Übersicht zu entnehmen:

	Werkstoff	Vorverformung kN	Betrieb kN
Losflansch	H II	1900	1271
Aufschweißbund	H II	1142	307
Schrauben	5.6	1122	491
Dichtung	PTFE	991,5 (597)	251

Eine Berechnung von F_{SV} und F_{SB} mit den Daten für $Z(\varphi)$ aus Tafel 3 in AD-B7 führt übrigens zu den gleichen Ergebnissen.

Die Blattneigung des Aufschweißbunds ist nach AD zu überprüfen.

Für Vorverformung und Prüfzustand würde man nach Tafel 2 in AD-B7 ein Drehmoment $M = 300 \cdot \dfrac{597000}{20 \cdot 74829} \approx 120 \, \text{Nm}$ an den Muttern im ungeölten Neuzustand vorsehen.

Im Betriebszustand würde mit M = 60 Nm nachgezogen werden, um Dichtungssetzungen zu begegnen. Losflansch, Aufschweißbund und Schrauben werden dadurch nicht überbeansprucht.

Bei anderen Flanschformen können kritische Werte durchaus auch bei Schrauben oder im Flansch selbst – statt wie hier bei den Dichtungen – auftreten. Es bleibt auch zu überlegen, inwieweit die Rechenergebnisse durch die eventuelle Einbaupraxis ohne Drehmomentüberwachung konterkariert werden. Es bleibt dann erforderlichenfalls nur übrig, die Schraubenlängung präzise zu messen und aus der Dehnung auf die wirksamen Kräfte zu schließen. Es gilt:

$$\Delta L \approx \frac{F/n}{\frac{\pi}{4} \cdot d_k^2} \cdot \frac{L_0}{E}$$

Beispiel 7 (Rechenbeispiel):

Aufgabenstellung:

Die Grundgleichung (1) im AD-Merkblatt B8 lässt sich nach einer mittleren Biegespannung auflösen:

$$\sigma_b = \frac{M}{W} = \frac{F_S \cdot a_D}{W}$$

Eine so bestimmte Spannung soll für den Vorschweißflansch mit konischem Ansatz nach Abb. 7-27 mit den aus Dehnungsmessungen gewonnenen Spannungen für den drucklosen Einbauzustand verglichen werden.

Daten:
$d_a = 440$ mm $h_F = 40$ mm
$d_i = 225$ mm $s_F = 27{,}5$ mm
$d_D = 256$ mm $a_D = 57$ mm
$d_L = 37$ mm $F_{SV} = 720$ kN
$d_t = d_D + 2 \cdot a_D$

Die verwendeten Bezeichnungen sind der Abb. 7-22 zu entnehmen.

Lösungsweg:
Für eine Auswertung wird die Gl. (6) aus AD-B8 nach dem Widerstandsmoment W aufgelöst; man erhält für den Querschnitt A–A in Abb. 7-22:

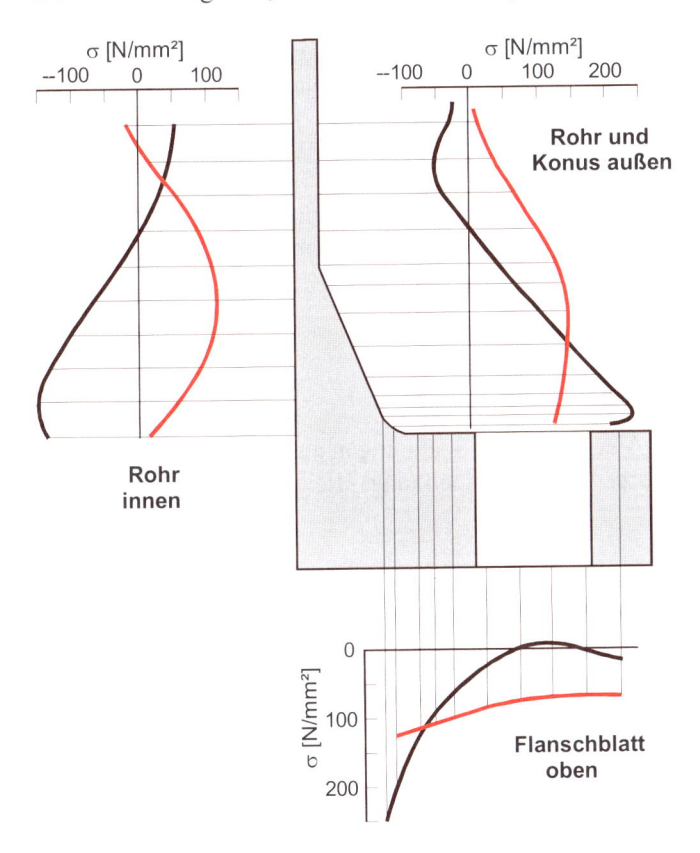

Abb. 7-27: Spannungsverteilung in einem Vorschweißflansch mit konischem Ansatz, Schraubenkraft $F_S = 720$ kN / 12 x M 32 entspricht einer Ausnutzung zu ca. 40% von $F_v = 0{,}75 \cdot F_{0,2}$ bei Festigkeitsklasse 5.6 und Raumtemperatur (Ausnutzungsgrad $720000 / (12 \cdot 149353) = 0{,}402$ nach Tabelle 7.3)
rot: Umfangsspannung   schwarz: Längsspannung

$$W = \frac{1}{1,27} \cdot \left(b \cdot h_F^2 + Z\right) = 0,787 \cdot \left[\left(d_a - d_i - 2 \cdot v \cdot d_L\right) \cdot h_F^2 + \left(d_i + s_F\right) \cdot s_F^2\right]$$

mit $v = 1 - 0,001 \cdot d_i$ ergibt sich der Flanschwiderstand zu

$$W = 0,787 \cdot \left[\left(440 - 225 - 2 \cdot 0,775 \cdot 37\right) \cdot 40^2 + \left(225 + 13,3\right) \cdot 13,3^2\right]$$
$$= 231690 \text{ mm}^3$$

Obwohl s_F mit 27,5 mm angegeben ist, durfte aber nach AD-B8 nur ein Wert von höchstens 1/3 h_F eingesetzt werden. Dies führte zu $s_{F\text{ eingesetzt}}$ = 40/3 = 13,3 mm und wurde so in die obige Gleichung eingeführt.
Die Biegespannung ergibt sich nun zu

$$\sigma_b = \frac{F_S \cdot a_D}{W} = \frac{720000 \cdot 57}{231690} = 177 \text{ N/mm}^2$$

Entsprechend ergibt die Auswertung der Spannungen aus Dehnungmessungen mit den Werten der Abb. 7-27 eine Vergleichsspannung nach GEH im zweiachsigen Spannungszustand:

$$\sigma_v = \sqrt{\sigma_u^2 + \sigma_s^2 - \sigma_u \cdot \sigma_s} = \sqrt{125^2 + 245^2 - 125 \cdot 245} = 212 \text{ N/mm}^2$$

Diese nicht besonders gute Übereinstimmung scheint aber durch eine mögliche Modellungenauigkeit bei der Spannungsermittlung oder zulässige plastische Verformungen gerade noch akzeptabel!

Beispiel 8 (Rechenbeispiel):

Aufgabenstellung:
Wie im Beispiel 7, Vergleich von Spannungen aus Dehnungsmessungen mit berechneter mittlerer Vergleichsspannung. Hierzu aus [2] die Abb. 7-28.

Daten:
d_a = 2155 mm	h_F = 60 mm	h_A = 95 mm
d_i = 1976 mm	s_F = 32 mm	a_D = 32,5 mm
d_L = 32 mm	s_1 = 12 mm	F_S = 4140 kN

Lösungsweg:
Herangezogen werden die entsprechenden Gleichungen aus dem AD-Merkblatt B8.
Der Lösungsweg entspricht demjenigen für die Auswertung von Abb. 7-27 in Beispiel 6, für den Querschnitt B–B in Abb. 7-22 ergibt sich jedoch aus:

$$h_F = B \cdot \sqrt{\frac{1{,}27 \cdot W - Z_1}{b}} \quad \rightarrow \quad \left(\frac{h_F}{B}\right)^2 \cdot b = \frac{4}{\pi} \cdot W - Z_1$$

$$\rightarrow \quad W = \frac{\pi}{4} \cdot \left[\left(\frac{h_F}{B}\right)^2 \cdot b + Z_1\right]$$

hierin ist $Z_1 = \frac{3}{4} \cdot (d_i + s_1) \cdot s_1^2$ und $b = d_a - d_i - 2 \cdot v \cdot d_L$ sowie

$$B = \frac{1 + \dfrac{2 \cdot s_m}{b} \cdot B_1}{1 + \dfrac{2 \cdot s_m}{b \cdot (B_1^2 + 2 \cdot B_1)}} \quad \text{mit } B_1 = \frac{h_A - h_F}{h_F} \quad \text{und} \quad s_m = \frac{s_F + s_1}{2}$$

durch Einsetzen der Zahlenwerte ergibt sich für die Einzelterme:
$Z_1 = 0{,}75 \cdot (1976 + 12) \cdot 12^2 = 214704$ mm³
$b = 2155 - 1976 - 2 \cdot 0{,}5 \cdot 32 = 147$ mm
$B_1 = \dfrac{95 - 60}{60} = 0{,}5833$ und $s_m = \dfrac{32 + 12}{2} = 22$ mm

und damit $B = \dfrac{1 + \dfrac{2 \cdot 22}{147} \cdot 0{,}5833}{1 + \dfrac{2 \cdot 22}{147} \cdot (0{,}5833^2 + 2 \cdot 0{,}5833)} = \dfrac{1{,}1746}{1{,}451} = 0{,}81$

und schließlich für das Widerstandsmoment
$$W = \frac{\pi}{4} \cdot \left[\left(\frac{60}{0{,}81}\right)^2 \cdot 147 + 214704\right] = 803754 \text{ mm}^3$$

Dann wird
$$\sigma_b = \frac{F_S \cdot a_D}{W} = \frac{4{,}14 \cdot 10^6 \cdot 32{,}5}{803754} = 167 \text{ N/mm}^2$$

Aus den Messergebnissen in Abb. 7-28 lässt sich im Schnitt B–B eine nach GEH ermittelte Vergleichsspannung $\sigma_v \cong 160$ N/mm² ablesen, was hier sehr gut mit dem Rechenergebnis übereinstimmt.

Im Schweißnahtbereich können – wie deutlich zu sehen ist – jedoch noch größere Spannungen auftreten, nämlich 290 N/mm² > K, was bei Aufbringung der Schraubenkraft F_S zu bedenken ist. Aus der Spannungsspitze in Abb. 7-28 folgt die Notwendigkeit, Flansche mit konischem Ansatz mit Hilfe folgender Bedingungen für den Querschnitt B–B zu überprüfen:

$$0,5 \leq \frac{h_A}{h_F} - 1 = B_1 \leq 1 \quad \text{und} \quad 0,1 \leq \frac{s_1 + s_F}{b} = B_2 \leq 0,3$$

Zahlenwerte eingesetzt:

$$B_1 = \frac{95}{60} - 1 = 0,583 \quad \text{und} \quad B_2 = \frac{12+32}{147} = 0,299$$

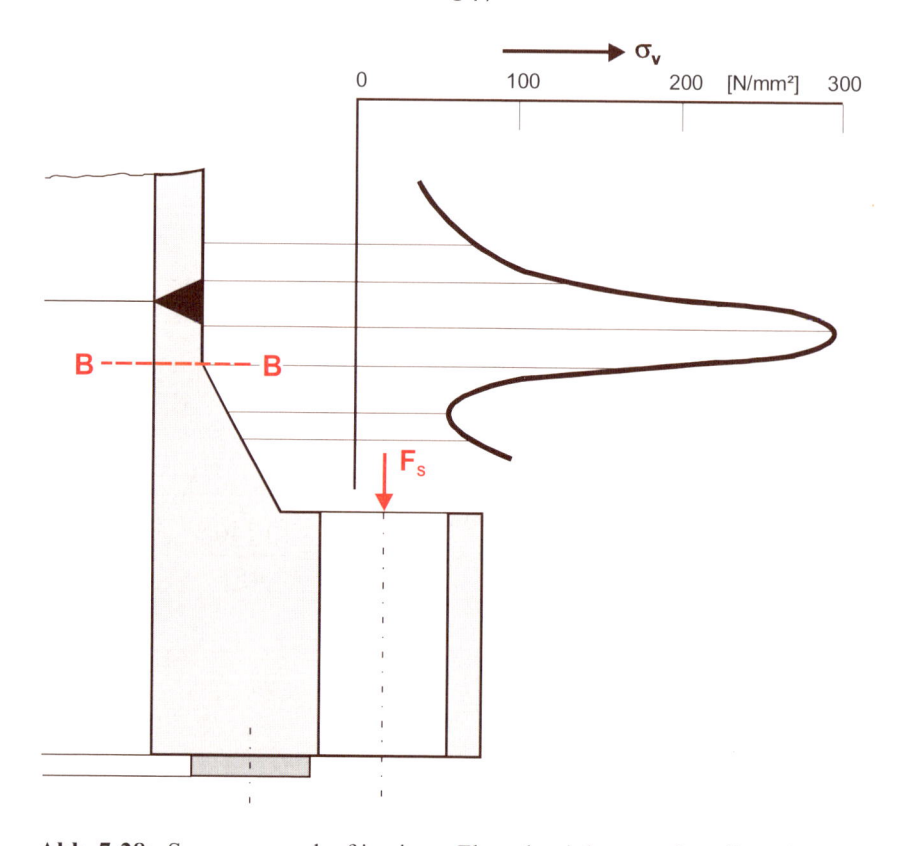

Abb. 7-28: Spannungsverlauf in einem Flansch mit kurzem, kegeligen Ansatz nach Messungen bei BASF Aktiengesellschaft.
Schraubenkraft F_S = 4140 kN, das entspricht einer Ausnutzung von 68% vom F_v der 48 Schrauben M 30/5.6.

Die Grenzbedingungen für die beiden Hilfswerte B_1 und B_2 sind erfüllt, der Wert für B_2 liegt jedoch an der oberen Grenze. Örtliche Spannungsspitzen können noch bei geringfügiger plastischer Verformung durch Fließen abgebaut werden, verformungsfähige Werkstoffe natürlich vorausgesetzt.

7. Anschlusselemente

Beispiel 9 (Rechenbeispiel):

Aufgabenstellung:
Das im Unterkapitel 6.3 gerechnete Beispiel 11 einer Platte DN 500/PN 16 soll dadurch ergänzt werden, dass man alternativ zum Vorschweißflansch mit konischem Ansatz nach DIN 2633 mit einer Flanschhöhe $h_F = 34$ mm einen Aufschweißflansch nach AD-B8 dimensioniert, siehe auch Abb. 7-26.

Daten:
Für den nach DIN 28032 genormten Flansch wird die Form D mit glatter Dichtfläche gewählt. Gegenüber dem oben erwähnten Beispiel 11 in Kap. 6.3 ergeben sich wegen der anderen Ausführung abweichende Abmessungen. Die sonstigen Bedingungen – Druckstufe, Betriebstemperatur, Werkstoff etc. – entsprechen sich jedoch in beiden Fällen, schon um einen Vergleich anstellen zu können..

Normabmessungen:
$d_a = 635$ mm $d_L = 27$ mm   → 20 Schrauben M 24
$d_i = 494$ mm $s_1 = 8$ mm   Die Bezeichnungen sind der nach-
$d_t = 585$ mm   ($h_F = 45$ mm)   folgenden Skizze zu entnehmen

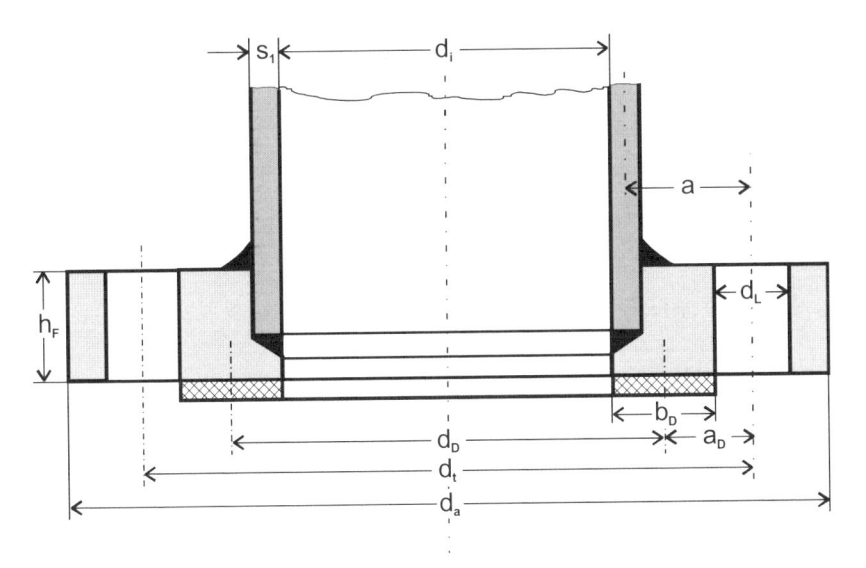

Lösungsweg:
Zur Berechnung werden Gleichungen aus dem AD-Merkblatt B8 verwendet. Gleichungen aus anderen AD-Merkblättern werden entsprechend gekennzeichnet.

Als Schraubenkraft F_{SB} für den Betriebszustand erhält man aus den Gln. (1) bis (4) in AD-B7:

$$F_{SB} = \frac{p \cdot \pi \cdot d_D}{40} \cdot (d_D + 4 \cdot S_D \cdot k_1)$$

Darin ist $S_D = 1{,}2$ und $k_1 = 1{,}3 \cdot b_D$. Dieser Wert für k_1 gilt für Weichstoffdichtungen zur Abdichtung gegen Gase oder Dämpfe. Die Dichtungsbreite b_D ergibt sich aus den geometrischen Bedingungen wie folgt:

$$b_D = \frac{(d_t - d_L) - d_i}{2} = \frac{585 - 27 - 494}{2} = 32 \text{ mm}$$

Dieser Wert stellt die maximale wirksame Dichtungsbreite dar und wird im vorliegenden Beispiel so weiter verwendet. Daraus dann der mittlere Dichtungsdurchmesser

$$d_D = d_t - d_L - b_D = 585 - 27 - 32 = 526 \text{ mm}$$

Daraus dann:

$$F_{SB} = \frac{16 \cdot \pi \cdot 526}{40} \cdot (526 + 4 \cdot 1{,}2 \cdot 1{,}3 \cdot 32) = 479668 \text{ N}$$

Der Hebelarm dieser Kraft wird nach Gl. (18):

$$a = \frac{1}{2} \cdot (d_t - d_i - s_1) = \frac{1}{2} \cdot (585 - 494 - 8) = 41{,}5 \text{ mm}$$

Für den zentralen Anteil des Widerstandsmoments, der dem Hilfswert nach Gl. (17) entspricht, ergibt sich:

$$Z = (d_i + s_1) \cdot s_1^2 = (494 + 8) \cdot 64 = 32128 \text{ mm}^3$$

Mit der Breite b nach Gl. (16):

$$b = d_a - d_i - 2 \cdot v \cdot d_L = 635 - 494 - 2 \cdot 0{,}5 \cdot 27 = 114 \text{ mm errechnet}$$

sich nun die erforderliche Höhe h_F des Flanschblattes nach Gl. (20):

$$h_F = \sqrt{\frac{1}{b} \cdot (1{,}42 \cdot W - Z)}$$

Der Flanschwiderstand W ist wie folgt zu bestimmen:

$$W = F_{SB} \cdot a \cdot \frac{S}{K} = 479668 \cdot 41{,}5 \cdot \frac{1{,}5}{186} = 160534 \text{ mm}^3$$

Durch Einsetzen der Zahlen ergibt sich nun die Flanschhöhe

$$h_F = \sqrt{\frac{1{,}42 \cdot 160534 - 32128}{114}} = 41{,}4 \text{ mm}$$

Die Höhe des vorliegenden Normflansches beträgt 45 mm. Bei Rechnung gegen den Betriebszustand erhält man also etwas niedrigere Flanschhöhen, vor allem, wenn man berücksichtigt, dass ja eine Einsatztemperatur von 100 °C zugrunde gelegt wurde.

Mit einer doch grundlegend anderen Momenten- und Widerstandsbestimmung berechnete man für eine von außen „flanschartig" vorgesetzte Platte nach AD-B5 die Wanddicke s $\hat{=}$ h_F = 47,3 mm, was noch als hinreichende Übereinstimmung angesehen werden kann. Der Unterschied kommt durch die Hilfswertbestimmung der C-Werte durch FE-Rechnung für AD-B5 zustande, während die Flanschberechnung nach [2] und [6] aus einem notwendigerweise vereinfachenden Ansatz eines Momentengleichgewichts um ein sogenanntes „plastisches Gelenk" (ist anderenorts erklärt) am Flanschansatz erfolgt. Die Flanschberechnung nach AD-B8 verlangt auch eine Überprüfung des Einbauzustands der Vorverformung, für welchen man im vorliegenden Beispiel niedrigere Flanschhöhen bestimmt (ca. 34 mm), so dass man sich auf die Berechnung gegen den Betriebszustand beschränken kann.

Für Vorschweißflansche mit konischem Ansatz ergeben sich logischerweise günstigere Flanschhöhen als für Aufschweißflansche (nach DIN 2633 für DN 500 /PN 16 ein h_F von 34 mm).

7.3 Schrauben und Dichtungen

Schrauben und Schraubverbindungen

Neben anderen Fügeverfahren, wie z.B. Schweißen oder Kleben, wird zum „Zusammenkoppeln" einzelner Apparate- oder Rohrleitungselemente die Verbindung durch Schrauben bzw. Schrauben und Muttern vorgenommen. Letztere gehören zu den sogenannten lösbaren Verbindungen und finden Anwendung bei Druckbehältern, um entweder Rohrleitungen anzuschließen oder Stutzen bzw. Blockflansche zu verschließen.

Über das Einzelelement „Schraube", das zu den Maschinenelementen rechnet, geben einschlägige Taschenbücher oder Firmenunterlagen detailliert Auskunft. Hier soll daher nur ein kurzer Überblick gegeben werden, um dann nach den Dichtungen die Schrauben im bereits erwähnten System Flansch – Schraube – Dichtung näher zu betrachten.

Ganz einfach gesagt, die Schrauben sind in diesem System – neben dem Zusammenfügen der Einzelelemente – dazu da, die Dichtung so zusammenzupressen, dass eine zuverlässige Abschottung des Apparateinhalts gegenüber der Umgebung erfolgt. Damit ist bei Schraubverbindungen zusätzlich zur Druckkraft F_p auch die Flächenpressung p_D der Dichtung zu berücksichtigen, die zwischen den Flanschen angeordnet ist. Im Unterkapitel 7.2 „Flansche" musste schon mehrfach das gesamte System zur Berechnung herangezogen werden.

Nun zum angekündigten Überblick (siehe dazu die Abb. 7-29):

Bei Befestigungsschrauben, um die es hier geht, unterscheidet man Schaftschrauben (auch als Starrschrauben bezeichnet, Schaft- und Gewindeteil haben den gleichen Durchmesser) und Dehnschrauben (Schaft ist kleiner als Gewindeteil, $d_{Schaft} \leq 0{,}9 \cdot d_{Gewindekern}$).

Zur langfristigen Sicherstellung der Dichtungspressung p_D bei ständigen Temperatur – Druck – Wechseln werden Dehnschrauben meist mit Dehnhülsen verwendet (rechts in der Abb. 7-29). Deren Wirkung kann aber auch durch Tellerfedern oder Spannscheiben, gegebenenfalls zu Paketen zusammengefasst, erreicht werden, wenn keine Spannungsrisskorrosion (siehe Kapitel 3, „Korrosion") der hochfesten Elemente zu befürchten ist.

Für Flanschverbindungen an Apparaten, die bei niedrigeren Drücken und Temperaturen betrieben werden, reichen Schaftschrauben aus. Die

Einsatzgrenze liegt bei etwa 40 bar oder bei 300 °C. Darüber sollten unbedingt Dehnschrauben verwendet werden.

Der Gewindeteil besteht aus metrischem ISO-Gewinde nach DIN 13 und ist in folgende Toleranzklassen eingeteilt:
- fein (f) → große Genauigkeit
- mittel (m) → ausreichende Genauigkeit, vorherrschend
- grob (g) → keine Anforderung an Genauigkeit

Weiterhin wird unterschieden zwischen Regelgewinde und Feingewinde.

Im Apparatebau werden vorzugsweise Durchsteckschrauben mit Regelgewinde der Toleranzklasse m eingesetzt.

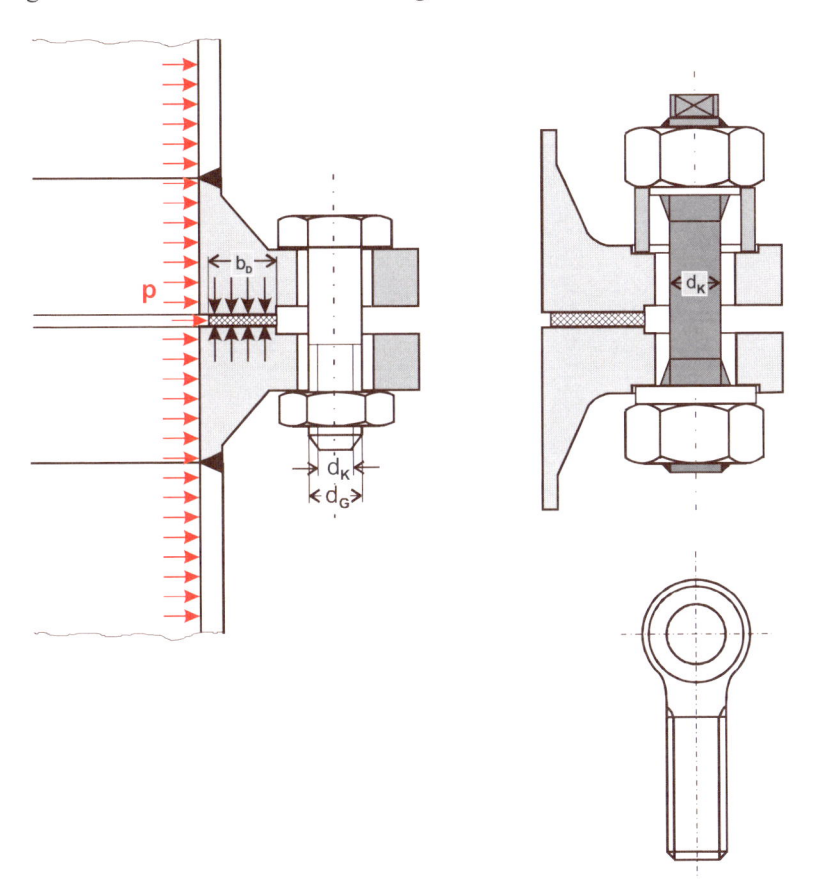

Abb. 7-29: Schraubenausführungen für Flanschverbindungen und Mannlochdeckel. Links: Vollschaftschraube, rechts: Dehnschraube mit Dehnhülse, rechts unten: Augenschraube, wie sie z.B. an Mannlochdeckeln von Eisenbahnkesselwagen verwendet wird.
Siehe dazu auch Versuchsergebnisse in Abb. 7-31

Ein Hinweis ist noch wichtig:

Die Kerbwirkung bei wechselnden Beanspruchungen muss berücksichtigt werden, wobei fast immer der Gewindegrund als kritischer Bereich anzusehen ist, vor allem auch weil die einzelnen Gewindegänge unterschiedliche Lastanteile übernehmen (siehe dazu Abb. 7-30).

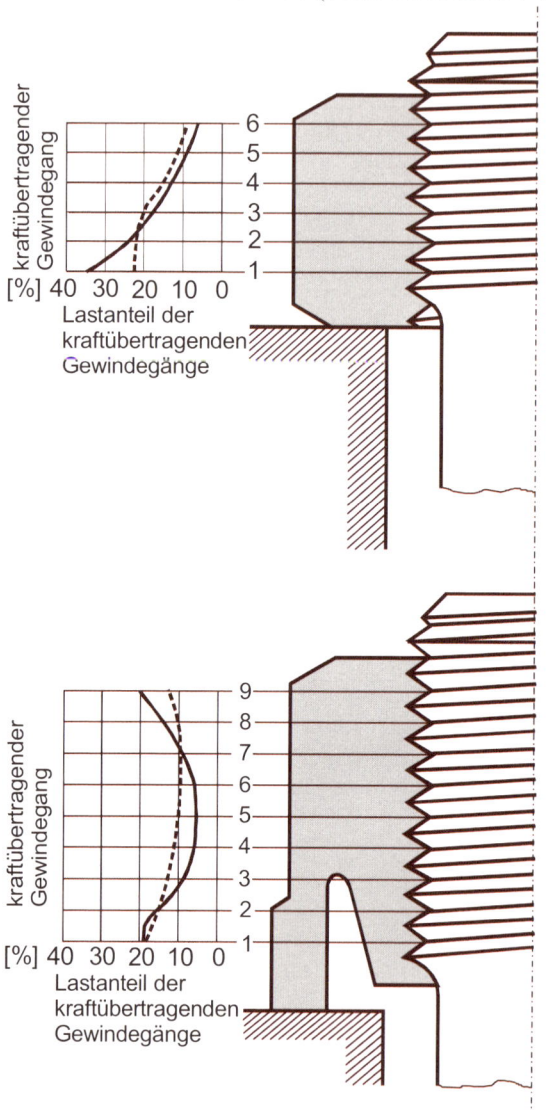

Abb. 7-30: Lastanteile der kraftübertragenden Gewindegänge in Schraubverbindungen. Oben: starre Mutter, unten: elastische Mutter
Durchgezogene Kurve: theoretischer Verlauf
Gestrichelte Kurve: Verlauf mit plastischer Verformung

7. Anschlusselemente

Im Folgenden seien die für die Festigkeitsbeurteilung wichtigen Werkstoffeigenschaften betrachtet:
Kennzeichnung und Angabe der Festigkeitseigenschaften erfolgt nach DIN 267 bzw. DIN/ISO 898.
Die Tabelle 7.2. enthält die Kennwerte K (0,2%-Dehngrenze / Streckgrenze) der gängigen Schraubenwerkstoffe in Abhängigkeit von der Temperatur. Berücksichtigt wurden die ferritischen Stähle 4.6 und 5.6, der warmfeste Werkstoff 24CrMo5 (1.7258) und die austenitischen Stähle A2 und A4.

Tabelle 7.2. Werkstoffkennwerte K für Schrauben der Festigkeitsklasse 4.6 *(dieser Werkstoff ist mit DIN-Ausgabe 08.93 entfallen, Versuche und Beispiele beziehen sich jedoch noch darauf)*, 5.6, Schrauben aus Werkstoff 24CrMo5 und Austenit A2 (entspricht V2A), A4 (entspricht V4A). Edelstahlschrauben A4 verfestigt durch Kaltstauchung. Die angegebenen Gewindebeschränkungen sind zu beachten!

ϑ [°C]	4.6	5.6	24CrMo5	A2-50, A4-50	A2-70,	A4-70
20/50	240	300	440	210	450	250
100	210	270	427	175	380	210
150	200	250	419	165	370	205
200	190	230	412	155	360	200
250	170	215	392	145	347	192
300	140	195	363	135	335	185
350			333	130	325	180
400			304	125	315	175
450			275			
500			235	↑	↑	↑
			≤ M100	≤ M39	≤ M20	≤ M30

K in [N/mm²]

Die Bezeichnungen für die ferritischen Stähle lassen sich wie folgt interpretieren:
8.8: $R_{0,2} = 0{,}8 \cdot 800 = 640$ N/mm²
5.6: $R_{0,2} = 0{,}5 \cdot 600 = 300$ N/mm²
4.6: $R_{0,2} = 0{,}4 \cdot 600 = 240$ N/mm²

Für nichtrostende Stähle beschreibt der Großbuchstabe den Gefügezustand (A = austenitisch, C = martensitisch, F = ferritisch), die nachfolgend direkt angefügte Ziffer die Stahlgruppe (= Legierungstyp). Die Festigkeitsklasse schließlich wird nach dem waagrechten Strich angegeben (z.B. –50: Mindestzugfestigkeit 500 N/mm², -70: Mindestzugfestigkeit 700 N/mm²).
Die in der Tabelle 7.2. berücksichtigten austenitischen Schraubenwerkstoffe lassen sich danach wie folgt definieren:

- A2-50 austenitischer Stahl, weich, Mindestzugfestigkeit 500 N/mm², vergleichbare Stähle nach DIN 17440: 1.4301 / 1.4541 / 1.4550
- A4-50 austenitischer Stahl, weich, Mindestzugfestigkeit 500 N/mm², vergleichbare Stähle nach DIN 17440: 1.4401 /1.4571 / 1.4580
- A2-70 austenitischer Stahl, kaltverfestigt, Mindestzugfestigkeit 700 n/mm², vergleichbare Stähle nach DIN 17440: 1.4301 / 1.4541 / 1.4550
- A4-70 austenitischer Stahl, kaltverfestigt, Mindestzugfestigkeit 700 n/mm², vergleichbare Stähle nach DIN 17440: 1.4401 /1.4571 / 1.4580

Tabelle 7.3. Kerndurchmesser d_K für Schrauben nach DIN 13. Die Schraubenbezeichnung (z.B. M 20) enthält bereits explizit den Außendurchmesser einer Schraube. Zugehörige Schraubenkraft F_{DV} auf die Dichtung für eine Vorverformung im Einbauzustand nach Gl. (16) in AD-B7 mit φ = 100% Ausnutzung und Sicherheitsbeiwert S = 1,3 für 5.6-Schrauben. Die Werte des Anziehdrehmoments M_A in Nm sind Maximalwerte. Bei zu niedrigen Werten von M_A kann die Dichtung ausgeblasen werden oder eine erhöhte Leckrate auftreten.

	d_K mm	F_{DV} N	M_A Nm	M_A Nm
M 6	4,773	4129		
M 8	6,466	5415		
M 10	8,160	12068		
M 12	9,853	17596	40 (30)*)	20
(M 14)	11,546	24162		
M 16	13,546	33258	100	70
(M 18)	14,933	40417		
M 20	16,933	51968	200	150
(M 22)	18,933	64969		
M 24	20,319	74829	300	220
(M 27)	23,319	98557	500	250
M 30	25,706	119767	700	300
(M 33)	28,706	149353	900	500
M 36	31,093	175224	1000	600
(M 39)	34,093	210668	↑	↑
M 42	36,479	241187	ebene Dichtleiste,	Nut und
(M 45)	39,479	282488	Vor- und Rücksprung	Feder
M 48	41,866	317681		

*) M = 30 Nm für DN 10 und DN 15.
In Klammern gesetzte Gewindeabmessungen sind möglichst zu vermeiden.

Bei Auswahl der Schraubenwerkstoffe ist das AD-Merkblatt W7 „Schrauben und Muttern aus ferritischen Werkstoffen" zu berücksichtigen. Dort sind insbesondere auch die Temperatureinsatzgrenzen festgelegt. So können ohne Nachweis der Warmstreckgrenze die Schrauben aus Stählen der Festigkeitsklasse 8.8 nur bis zu Temperaturen ≤ 50 °C eingesetzt werden. Warmfeste Schrauben (DIN 17240) sind z.B. aus dem Werkstoff 24CrMo5 oder Austenit A2, wie auch z.B. die Tabelle 7.2. dokumentiert.

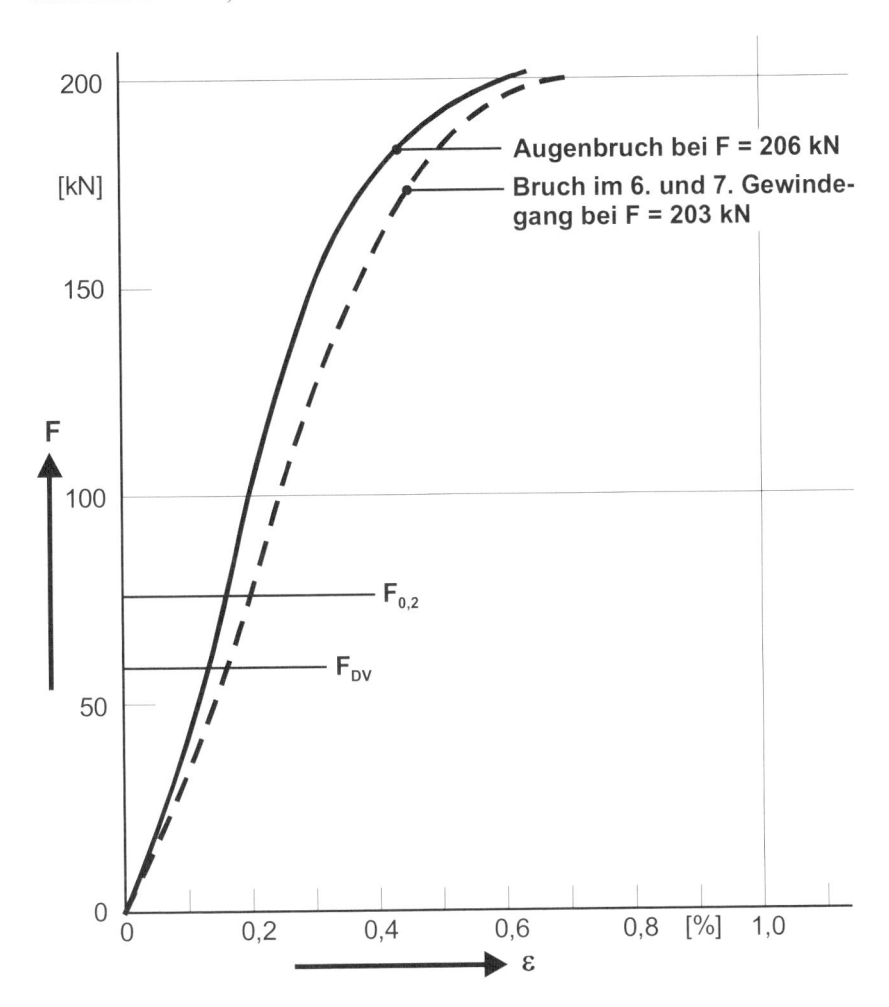

Abb. 7-31: Kraft-Weg-Diagramm (entspricht einem Spannungs-Dehnungs-Diagramm) von Augenschrauben M 24 / 4.6 für die Mannlochverschraubung an Eisenbahnkesselwagen.
Versuche 1987 bei Fa. J. Meyer AG, Eisen- und Waggonbau, Rheinfelden/Schweiz

Bei der Festigkeitsberechnung einer Schraube multipliziert man den Kernquerschnitt A_K mit der zulässigen Spannung σ_{zul} (= K/S). In der Tabelle 7.3. sind Kerndurchmesser d_K von Schrauben, die typische Kraft F_{DV} für Vorverformung von Dichtungen und das zugehörige Anziehdrehmoment von Schraubenschlüssel, Drehmomentschlüssel oder Schlagschrauber aufgelistet. Die Berechnung von F_{DV} erfolgt nach Gl. (16) und Tafel 3 in AD-B7. Das folgende Beispiel für eine Schraube M 30 mag den Rechengang zeigen:

$$F_{DV} = \frac{\pi \cdot d_K^2}{4} \cdot \frac{K}{S} = \frac{\pi \cdot 25{,}706^2}{4} \cdot \frac{300}{1{,}3} = 119767 \text{ N}, \text{ wie in Tabelle 7.3.}$$

angegeben.

Das Anziehdrehmoment M_A, auf das später nochmals eingegangen wird, setzt sich zusammen aus Gewindeanziehmoment und Kopfreibungsmoment, wobei die Reibungszahl für die Gewindeflanken und die Reibungszahl für die Kopf- (Muttern-) Auflage eine gewichtige Rolle spielen. Zu diesem Thema wird verwiesen auf [48] und [49].

Die Abb. 7-31 gibt als Kraft-Weg-Diagramm (entspricht den aus der Festigkeitslehre bekannten Spannungs-Dehnungs-Diagrammen) gibt die Versuchsergebnisse an bis zum Bruch beanspruchten Augenschrauben M24/4.6 für die Mannlochverschraubung von Eisenbahnkesselwagen wieder. Die Versuche wurden 1987 bei Fa. J. Meyer AG, Eisen- und Waggonbau, Rheinfelden/Schweiz durchgeführt. $F_{0,2}$ als unübliche Bezeichnung gibt die Kraft an, bei der die 0,2%-Dehngrenze erreicht wird.

Die folgende kurze Berechnung verdeutlicht – in Verbindung mit der genannten Abbildung – das hohe Maß an Zuverlässigkeit der Schraubenqualitäten – hier der ehemaligen niedrigen Festigkeitsklasse 4.6 (siehe dazu Tabelle 7.2.):

$$F_{0,2} = \frac{\pi}{4} \cdot d_K^2 \cdot R_{0,2} = \frac{\pi}{4} \cdot 20{,}319^2 \cdot 0{,}4 \cdot 600 = 77{,}8 \text{ kN}$$

↑ *(0,4 · 600 = 240, Wert für K in Tabelle 7.2.)*

$$F_{DV} = F_{0,2} \cdot \frac{\varphi}{S} = 77{,}8 \cdot \frac{1}{1{,}3} = 60 \text{ kN}$$

Ein Schraubenbruch tritt erst deutlich über dem doppelten Wert der Kraft $F_{0,2}$, nämlich bei etwa 0,5% Dehnung ein.

Die Abb. 7-32 zeigt in doppelt logarithmischer Auftragung den Zusammenhang zwischen Schraubenkraft $F_{0,2}$ und dem Gewindeaußendurchmesser d_a (M 4 bis M 30) für verschiedene Werkstoffe bzw. Festigkeitsklassen. Der Exponent des Durchmessers beträgt etwa 2,1 und nicht 2, wie der quadratische Zusammenhang zwischen Kernfläche $A_K = \frac{\pi}{4} \cdot d_K^2$ und Kerndurchmesser vermuten lassen würde.

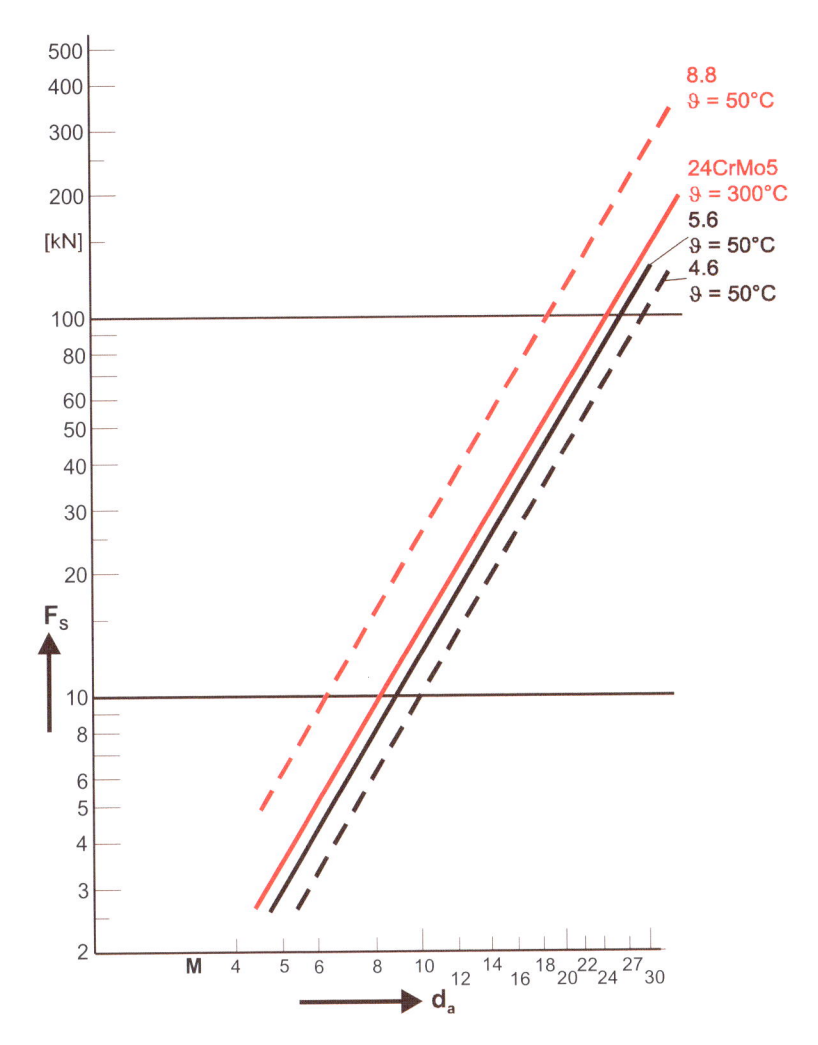

Abb. 7-32: Schraubenkraft F_S an der Mindeststreckgrenze $R_{0,2}$ für Gewindabmessungen M 4 bis M 30. Schaftschrauben mit Regelgewinde nach DIN 13/Teil 13
Festigkeitsklassen: 8.8: $R_{0,2} = 0,8 \cdot 800 = 640$ N/mm²
                     5.6: $R_{0,2} = 0,5 \cdot 600 = 300$ N/mm²
                     4.6: $R_{0,2} = 0,4 \cdot 600 = 240$ N/mm²

Die Abb. 7-33 nun erweitert die bisherigen Betrachtungsweisen. Sie zeigt den Zusammenhang zwischen Kraft F_S, Reibungszahl μ und Anziehmoment bzw. Torsionsmoment $M \sim F$ der Schrauben, welche auf diese Weise auch mit Schubspannungen $\tau = M/W_p$ beansprucht werden. Eine Vergleichsspannung kann durchaus bis zum 1,5fachen Wert von $R_{0,2}$ abgeschätzt werden, was die Einhaltung der Sicherheitsfaktoren S unabdingbar macht. Dargestellt ist: Vorspannkraft F zu Schraubenkraft $F_{0,2}$ an der Mindeststreckgrenze K = 300 N/mm² über der Gesamtreibungszahl μ_{ges} (links) und Vorspannkraft F (rechts) zu Anziehdrehmoment M_A über dem Gewindeaußendurchmesser d_a für unterschiedliche Reibungszahlen μ_{ges} nach Angaben in [49] für Schaftschrauben mit Regelgewinde.

Wegen eines maximal zulässigen Torsionsmoments M an Mutter oder Schraubenkopf muss die wirksame Schraubenkraft F mit zunehmender Reibzahl μ_{ges} abfallen, da wegen Reibung die oberen Gewindegänge mehr Kraftanteil, die unteren Gewindegänge immer weniger Kraftanteil übertragen können. Typische Werte des Anziehdrehmoments M_A sind in Tabelle 7.3. für zwei verschiedene Dichtleistenformen aufgelistet. .

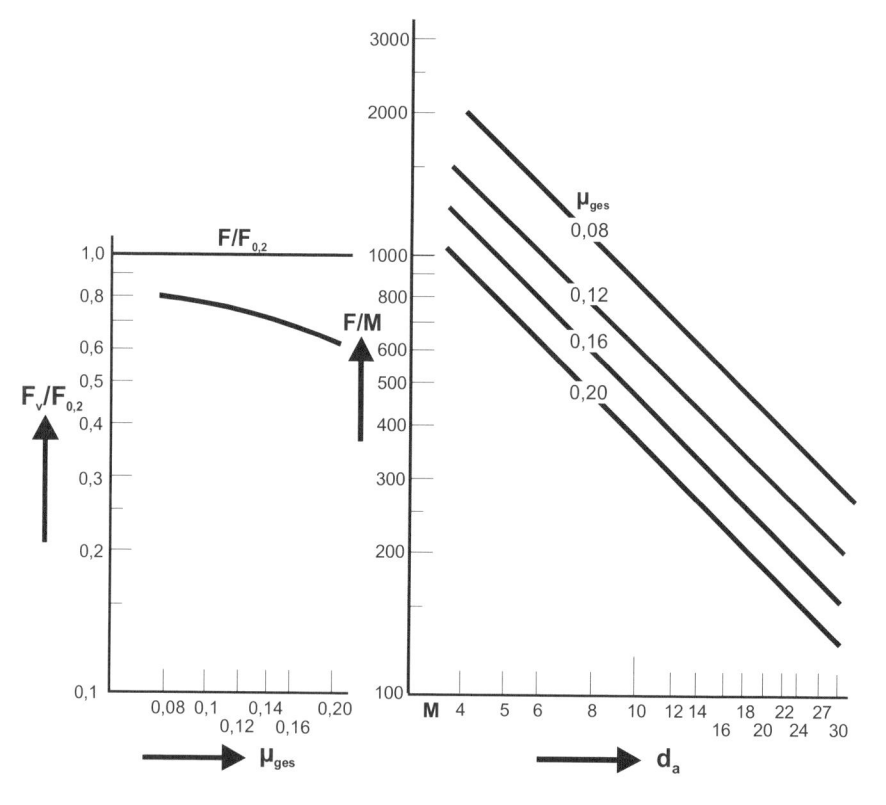

Abb. 7-33: Vorspannkraft F_V zu Schraubenkraft $F_{0,2}$ an der Mindeststreckgrenze K = 300 N/mm² über der Gesamtreibungszahl μ_{ges} (linke Darstellung) und Vorspannkraft F_V zu Anzugsdrehmoment M_A über dem Gewindeaußendurchmesser d_a – dargestellt durch die Schraubenbezeichnung M ... – (rechte Darstellung) für unterschiedliche Reibungszahlen μ_{ges} von Schaftschrauben

Dichtungen

Dichtungen zwischen Verbindungselementen wie z.B. Flanschen sollen das Austreten von Produkt in die Umgebung verhindern. Gewisse Leckströme lassen sich dabei meist nicht ganz verhindern, sie müssen jedoch tolerierbar sein. Unterschieden werden muss zwischen Flüssigkeits- und Gasabdichtung. Im ersten Fall kann für Auffangmöglichkeiten gesorgt werden, im zweiten Fall für entsprechende Verdünnung, um die Bildung zündfähiger Gemische zu verhindern.

Eine Dichtungscharakteristik ist abhängig von:
- Medium: Dichte, Viskosität, Molekülgröße, daher auch der vorstehend erwähnte grundsätzliche Unterschied zwischen Gas und Flüssigkeit
- Dichtungsform und Dichtungswerkstoff
- Oberflächenrauigkeit der Dichtung
- Flanschwerkstoff und damit unterschiedliche Festigkeiten zwischen Dichtungs- und Dichtleistenwerkstoff

Im Folgenden soll vorstehende Auflistung noch etwas vertieft werden:

Auswahl:
Der Auswahl der Dichtungsart und des Dichtungsmaterials für einen speziellen Anwendungsfall kommt besondere Bedeutung zu, da die heutigen Dichtungen nicht mehr so universell anwendbar sind wie frühere It-Typen. Die Herstellerangaben sind oft nur als ungefähre Richtschnur zu betrachten, die Erfahrung zeigt, daß sie bei Praxisversuchen früher versagen bzw. undicht werden als vom Hersteller versprochen. Im Folgenden werden daher kurz die Kriterien für die Auswahl von Dichtungen erläutert. Vor Einsatz von neuen Dichtungen sollten Erfahrungen abgefragt oder Tests bei entsprechenden Fachstellen in Auftrag gegeben werden.

Kriterien:
- tolerierbare Leckrate
- Art der Dichtung (Flachdichtung, Spiraldichtung, Kammprofildichtungen, Hahn'sche Ringe usw.) → siehe hierzu auch Abb. 7-34, in der die verschiedenen Flanschformen mit den jeweils zu verwendenden Dichtungen zusammengestellt sind [57].
- Dichtungswerkstoff (z.B. Weichstoffdichtungen aus PTFE mit oder ohne Füllung, Graphit oder metallische Dichtungen).
- Flächenpressung bzw. Schraubenkräfte.

- Dichtleistenform (ebene Dichtleiste, Vor- und Rücksprung, Nut und Feder).

Ebene Dichtleiste
DIN 2627 bis 2638
Dichtung a, b, c, d

Vor- und Rücksprung
DIN 2513
Dichtung a, c

Nut und Feder
DIN 2512
Dichtung a, c

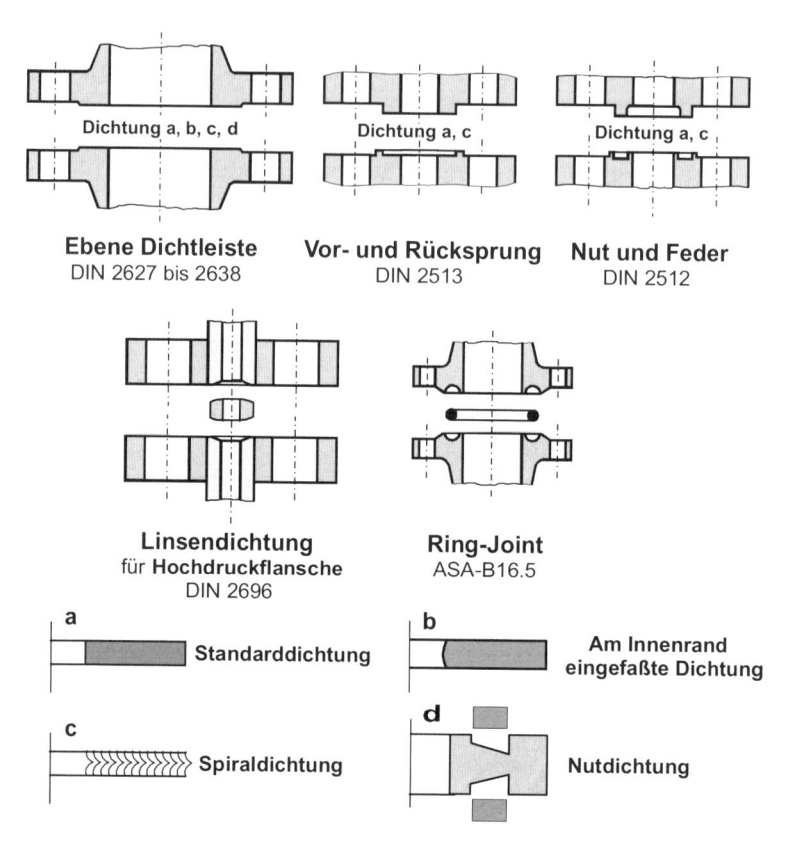

Linsendichtung
für **Hochdruckflansche**
DIN 2696

Ring-Joint
ASA-B16.5

a Standarddichtung
b Am Innenrand eingefaßte Dichtung
c Spiraldichtung
d Nutdichtung

Abb. 7-34: Verschiedene Flanschformen mit den jeweils zu verwendenden Dichtungen

Einsatzbereich
- Beständigkeit gegen Betriebsmedien
- Langzeitverhalten

Wechselwirkung Flansch / Dichtung

Dichtungen dürfen nicht losgelöst von der Art der Flansche betrachtet werden, da beide zusammen eine Einheit darstellen. Zu berücksichtigen sind folgende Aspekte:
- Festigkeit der Flansche / erforderliche Flächenpressung beim Einbau
- Dichtleistenform (Fragestellung: welche Form ist erforderlich für eine bestimmte Dichtung ?)

Aus Kostengründen sollten Nut- und Federflansche möglichst vermieden werden, ein Einsatz ist daher nur bei sehr kritischen Medien (toxisch, kanzerogen etc.) vorzuschreiben.

Ausblassicherheit:
Oberhalb 25 bar Betriebsdruck sollten nur noch gekammerte oder verstärkte Dichtungen eingesetzt werden.
Zur Vertiefung siehe [51] bis [57]

System Flansch – Dichtung – Schraube

Während in den bisherigen Ausführungen Schrauben und Dichtungen überwiegend als Einzelelemente behandelt wurden, soll nun auf diese im System Flansch – Dichtung – Schraube näher eingegangen werden.

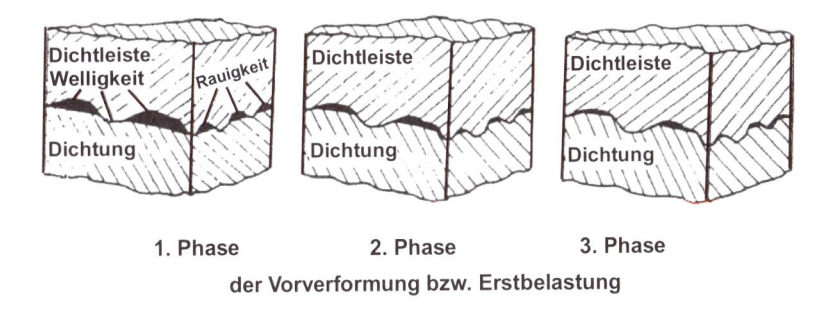

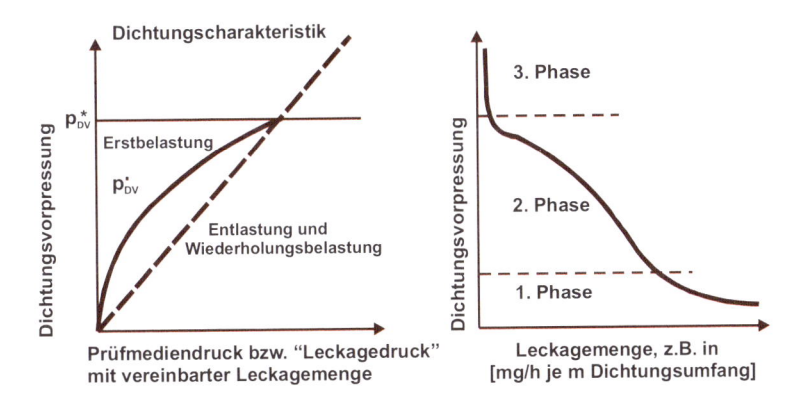

Abb. 7-35: Wirkungsweise von Dichtungen:
Dichtungscharakteristik und Hauptphasen der Schließung von Leckagewegen

Nach DIN 28090 „Dichtungen, Dichtungskennwerte und Prüfverfahren" sind zur Gestaltung von Flanschabdichtungen bestimmte Flächenpressungen zu berücksichtigen, um hinreichend geringe Leckströme $\dot{m}$ sicherzustellen. Diese sollten nach Möglichkeit nicht über 10 bis 30 mg/h und m Dichtungsumfang liegen.

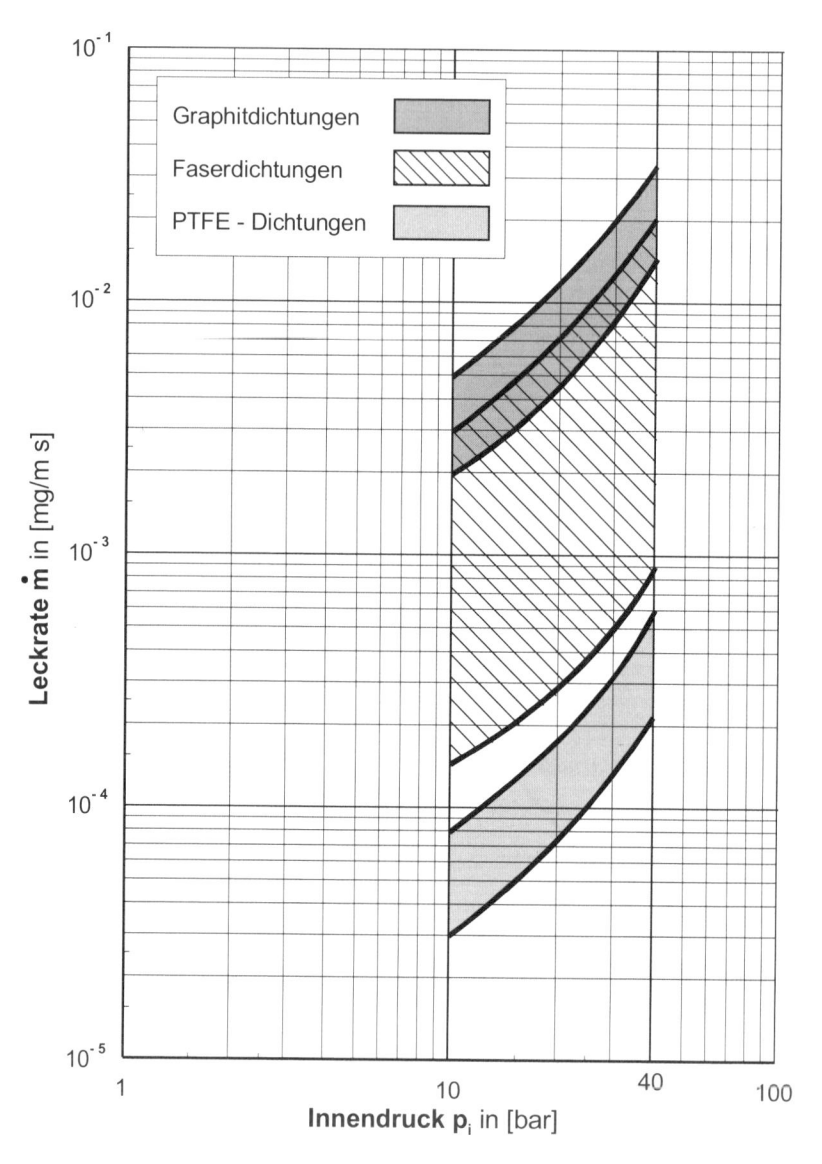

Abb. 7-36: Leckraten von asbestfreien Dichtungen in Abhängigkeit vom Innendruck

p_D ist diejenige Mindestflächenpressung, welche von der Einbauschraubenkraft F_{DV}

$$F_{DV} \leq n \cdot A_K \cdot \frac{\varphi}{S}, \quad A_D = \frac{\pi}{4} \cdot \left(d_a^2 - d_i^2\right) \cong \pi \cdot d_D \cdot b_D, \quad p_D = \frac{F_{DV}}{A_D} \quad (7.24)$$

zur Vorverformung auf die Dichtungsfläche A_D ausgeübt werden muss. Damit soll sich die Dichtung an Flanschrauheiten und -unebenheiten anpassen, sowie das Verkleinern innerer Hohlräume im Dichtungswerkstoff erreicht werden. Erst dann wird sich im Betriebszustand eine eindeutige Abhängigkeit der Mindestflächenpressung p_{Du} vom Innendruck p einstellen. Andererseits ist p_{Do} diejenige obere Flächenpressung der Vorverformung, die eine Entspannung der Dichtverbindung durch unzulässiges Kriechen oder Fließen des Dichtungswerkstoffs im Einbauzustand ausschließt. Ist ab einer bestimmten Flächenpressung p_D mit einem u.U. schlagartigen Versagen der Dichtung zu rechnen, so wird p_{Do} zu 85% des Wertes von p_D festgelegt.

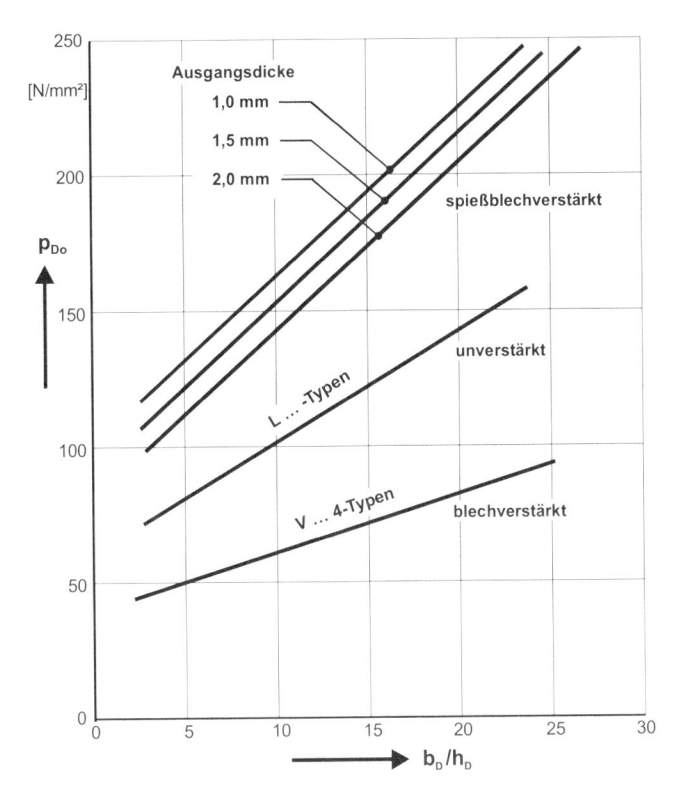

Abb. 7-37: Maximal zulässige Flächenpressung $p_{Do} \leq 0{,}85 \cdot p_{D\,max}$ für Graphitdichtungen in Abhängigkeit vom Breiten – Höhen – Verhältnis b_D/h_D

Die Abb. 7-35 zeigt dazu die drei Hauptphasen der Schließung der Leckagewege bei der Vorverformung bzw. Erstbelastung sowie die Auswirkung der Dichtungscharakteristik im unteren Teil der Darstellung.

In der Abb. 7-36 sind die Leckraten $\dot{m}$ über dem Innendruck p für verschiedene Dichtungswerkstoffe aufgetragen. Die Dichtheitsprüfung erfolgt im Allgemeinen zwischen zwei Druckplatten, durch welche die jeweilige Dichtungspressung aufgebracht wird.

In Abb. 7-37 ist die maximal zulässige Druckspannung $p_{Do} \leq 0{,}85 \cdot p_{Dmax}$ für Graphitdichtungen in Abhängigkeit des Breiten – Höhen – Verhältnisses b_D/h_D aufgetragen. Die Anwendung erfolgt bei Einsatz von Flanschen mit erhöhter Flächenpressung, d.h. Vor- und Rücksprung oder Nut und Feder. Zur speziellen Vertiefung siehe [51]. Weiterhin kann man hier Beispiele für typische Kennwerte p_{Do} von unverstärkten, blechverstärkten oder spießblechverstärkten (Zwischenblech mit Spießen in das Dichtmaterial hinein) Dichtungen entnehmen. Je größer das Verhältnis b_D/h_D, desto größer p_{Do}. Wegen des über die Höhe h_D ansetzenden Innendrucks p wird bei größeren Werten b_D/h_D die bereits vorher angesprochene Ausblassicherheit der Dichtung erhöht. Weitere Kennwerte für p_{Do} und p_{Du} sind in der Tabelle 7.4 zusammengestellt. Diese Übersicht enthält für die Druckstufen PN 10, PN 25 und PN40 eine Auflistung der Dichtungspressungen p_D in [N/mm²] bei einer Vorspannkraft $F_{DV} = F_{0,2}/3$.

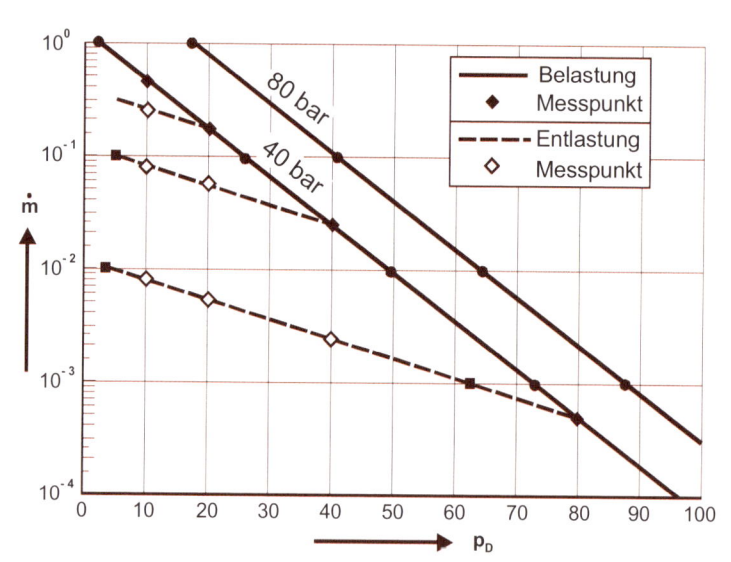

Abb. 7-38: Leckrate $\dot{m}$ in [mg/s je m Dichtungslänge] über der Dichtungspressung p_D in [MPa] (= N/mm²) für zwei verschiedene Innendrücke p. Schematische Darstellung der Messwerte bei Be- und Entlastung

7. Anschlusselemente

Wenn bei ersten Lastaufgaben auf Dichtungen mit Setzen zu rechnen ist, so ist dies durch Nachziehen der Schrauben, z.B. nach einer Druckprobe, auszugleichen.

Tabelle 7.4. Auflistung der Dichtungspressungen p_D in [N/mm²] bei Vorspannkraft $F_{DV} = \dfrac{1}{1,3} \cdot F_{0,2}$ von 5.6-Schrauben; Dichtungsauswahl mit $p_{Du} \leq p_D \leq p_{Do}$

	DN 25	DN 50	DN 100	DN 150	DN 200	DN 300	DN 400	DN 500
PN 10	4xM12	4xM16	8xM16	8xM20	8xM20	12xM20	16xM24	20xM24
Glatte				p_D:				
Dichtleiste	28,4	26,9	30,6	34,3	24,0	26,9	28,9	28,2
Vor- und Rücksprung	47,7	46,8	40,1	44,4	30,1	32,2	34,2	33,6
Nut und Feder	69,0	80,3	64,7	72,8	56,4	52,9	67,5	69,2
PN 25								
Glatte				p_D:				
Dichtleiste	28,4	26,9	43,1	42,7	42,0	41,8	40,5	36,9
Vor- und Rücksprung	47,7	46,8	62,6	64,0	65,0	80,5	67,2	66,0
Nut und Feder	69,0	80,3	101,0	104,8	121,8	149,0	133,0	131,1
PN 40								
Glatte				p_D:				
Dichtleiste	28,4	26,9	43,1	42,7	48,1	41,2	34,1	51,9
Vor- und Rücksprung	47,7	46,8	62,6	64,0	84,5	98,4	79,1	92,9
Nut und Feder	69,0	80,3	101,0	104,8	158,4	182,1	156,6	191,4

Die Abb. 7-38 zeigt die Leckrate $\dot{m}$ über der Dichtungspressung p_D für zwei verschiedene Innendrücke p.

Diese Darstellung verdeutlicht den drastischen Abfall eines Leckstroms $\dot{m}$ mit zunehmender Flächenpressung p_D auf die Dichtungsfläche A_D. Als Tendenz ergibt sich, dass $\dot{m}$ mehr oder weniger mit der dritten Potenz der Pressung abfällt, also $\dot{m} \approx p_D^{-3}$. Dies kann mit den aus den Grundlagen der Mechanischen Verfahrenstechnik bekannten Carman-Kozeny-Gleichung für laminar durchströmte Haufwerke (z.B. Sandschüttungen) erklären, wenn man Proportionalität zwischen durchströmter Porosität ε und Pressungskehrwert $\varepsilon \approx 1/\sigma$ näherungsweise voraussetzt. Zu einer qualitativen Tendenzaufzeigung wird nun diese Gleichung modifiziert zu

$$\dot{m} \approx \Delta p \cdot \frac{\overline{\rho}}{\eta} \cdot \frac{h_D}{b_D} \cdot w^2 \cdot \varepsilon \cdot \pi \cdot d_D \qquad (7.25)$$

Porenspaltweite w $\approx$ Porosität ε $\approx$ Pressung p_D^{-1}

Man erkennt den qualitativen Einfluss des Differenzdrucks Δp und der Dichtungshöhe h_D. Umgekehrt proportional ist der Einfluss der Dichtungsbreite b_D und der dynamischen Viskosität η. Die Porenspaltweite w hat einen quadratischen Einfluss $\dot{m} \approx w^2$.

Zur Vertiefung siehe [52], [53] und [54].

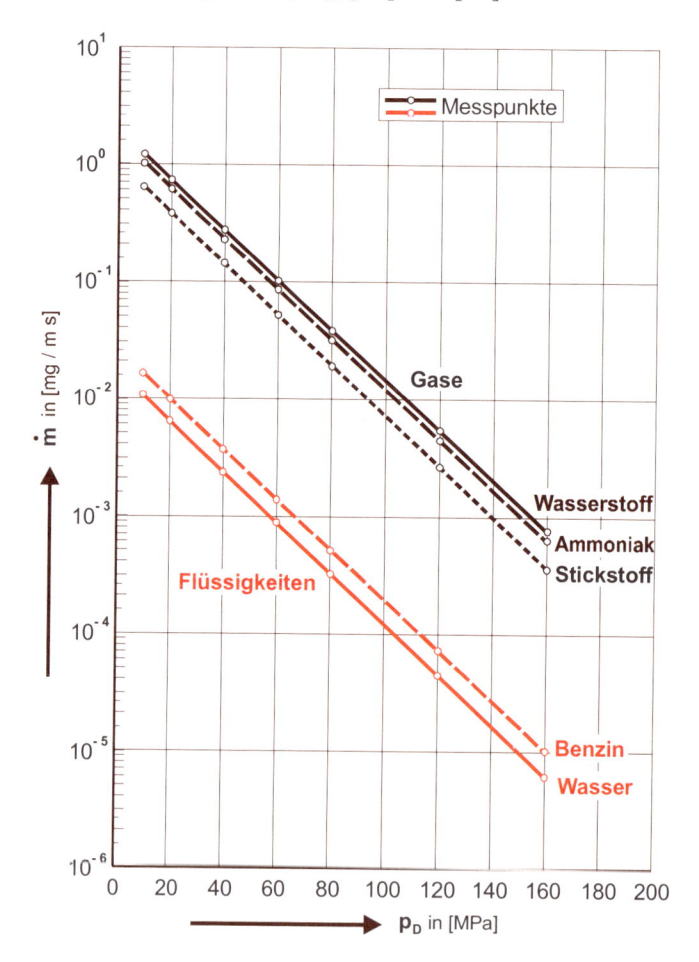

Abb. 7-39: Medieneinflüsse auf die Leckrate

Die Abb. 7-39 schließlich zeigt den Einfluss des Mediums auf die Leckrate. Letztere ist – bei gleicher Dichtungspressung – für Gase oder Dämpfe naturgemäß deutlich höher als für Flüssigkeiten.

Allgemein gilt:
Wegen des großen Einflusses der Flächenpressung im Vergleich zum geringeren der Dichtungsbreite b_D ergeben sich beträchtliche Verringerungen der Leckagen durch Übergang von Flanschen mit einer glatten Dichtleiste auf Flansche mit Vor- und Rücksprung oder mit Nut und Feder. Für eine grobe Abschätzung mag gelten:

Vor- und Rücksprung $\dot{m}$ ca. 30 bis 50 %
Nut und Feder $\dot{m}$ ca. 10 bis 20 % eines Leckstroms $\dot{m}$ bei glatter Dichtleiste (= 100 %)

Bei einer Entlastung der Dichtung ist deren Rückfederung unvollständig. Flanschrauheiten werden weiterhin von der Dichtungsoberfläche egalisiert, so dass bei gleicher Flächenpressung wie im Belastungsfall erheblich geringere Leckströme $\dot{m}$ auftreten; siehe hierzu die Darstellung in Abb. 7-38.

Vergleicht man als ein Maß für den Leckstrom $\dot{m}$ pro Umfangslänge den Quotienten $p/(b_D \cdot b_{D\,Rest})$ – d.h. Druck p zu Dichtungsbreite b_D und zu Restflächenpressung $p_{D\,Rest}$ nach Druckbeaufschlagung – so verändert sich für Rohrleitungsflansche ≤ DN 500 der Abfall dieses Quotienten etwa mit der Wurzel der Nennweite DN, für Apparateflansche ist der Abfall des Quotienten etwa umgekehrt proportional zu DN.

Die Abb. 7-40 zeigt den Leckstrom $\dot{m}$ in mg N_2 pro Stunde und Meter Dichtungslänge über der Flächenpressung p_D auf die Dichtung bei innerem Prüfdruck p = 40 bar und Temperaturen ϑ = 20 °C (links) und ϑ = 200 °C (rechts). Die Versuche wurden bei der BASF Aktiengesellschaft, Ludwigshafen durchgeführt; zum Einsatz kam ein Flansch mit glatter Dichtleiste und 106 mm äußerem und 61 mm innerem Dichtungsdurchmesser.

Zur zügigen Anwendung und folgerichtigen Ausdeutung lassen sich die einschlägigen Berechnungsgleichungen aus AD-B7 für Schraubverbindungen und Dichtungen innerhalb des Lochkreises wie folgt aufbereiten:
Die Mindestschraubenkraft für die Vorverformung der Dichtung bzw. den Einbauzustand beträgt nach Gl. (5) in AD-B7:

$$F_{DV} = \pi \cdot d_D \cdot b_D \cdot p_{Du} \tag{7.26}$$

mit $\quad p_{Du} \equiv \dfrac{k_0 \cdot K_D}{b_D}$

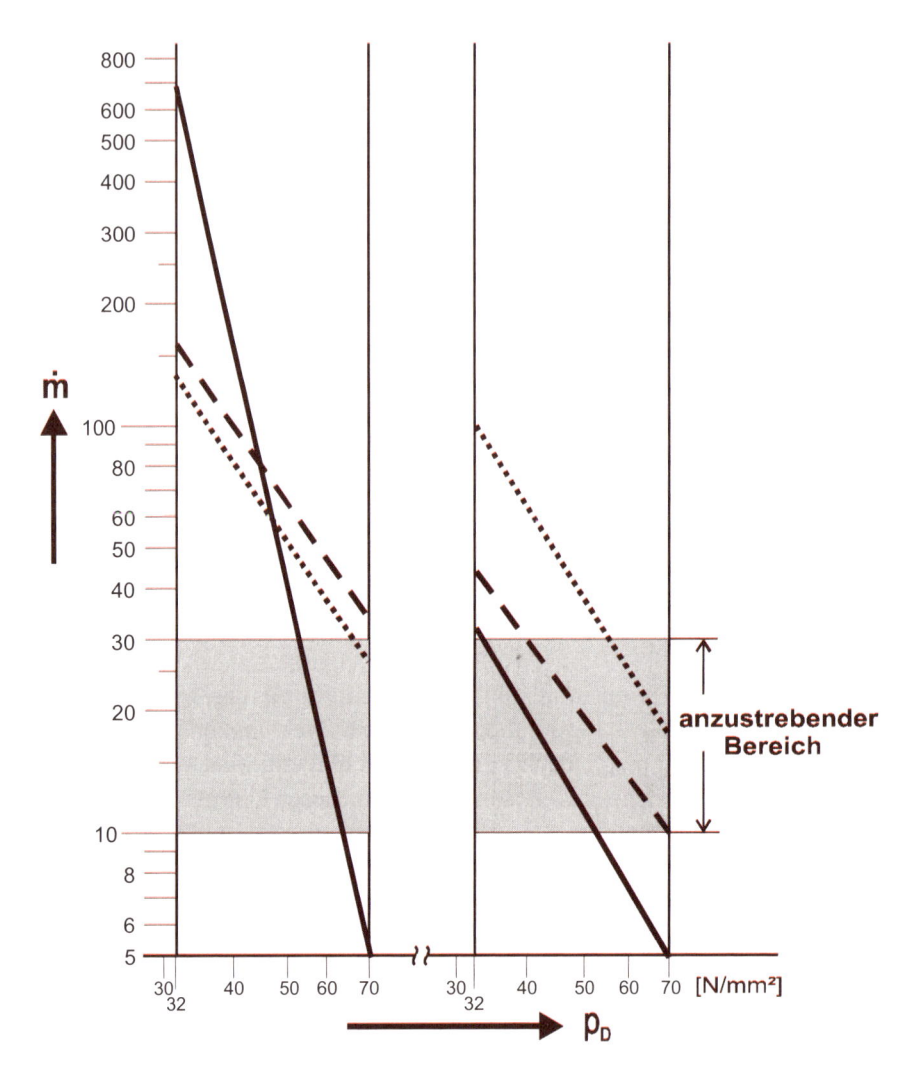

Abb. 7-40: Leckstrom ṁ in [mg N$_2$ pro h und m Dichtungslänge] über der Flächenpressung p$_D$ auf die Dichtung unter innerem Prüfdruck 40 bar bei Temperaturen ϑ = 20 °C (links) und 200 °C (rechts). Flansch mit glatter Dichtleiste. Untersucht wurden drei verschiedene It-Ersatz-Dichtungen

Mindestschraubenkraft für den Betriebszustand nach Gln. (1) bis (4) in AD-B7:

$$F_{SB} = \frac{\pi \cdot p}{40} \cdot d_D^2 \cdot \left(1 + 4 \cdot S_D \cdot \frac{b_D}{d_D} \cdot m\right) \tag{7.27}$$

mit $m \equiv \dfrac{k_1}{b_D} \equiv \dfrac{p_{Du}}{p}$ und $S_D = 1{,}2$

Hierin ist m der modifizierte Anstieg der Belastungsgeraden F ~ p; im Folgenden soll m als Druckbeiwert bezeichnet werden. Die Dichtungskennwerte $k_0 \cdot K_D$ und k_1 sind in Tafel 1/AD-B7 übersichtlich aufgelistet, eine Darstellung hier erübrigt sich daher.

Angaben über Dichtungsaufbau, Qualität und Einsatztemperatur für Platten aus asbestfreien Werkstoffen für Flachdichtungen sollten aus Herstellerangaben entnommen werden. Unterschieden werden muss zwischen Abdichtung gegen Gase oder Dämpfe und Abdichtung gegen Flüssigkeiten. Dies wird auch deutlich beim Betrachten der o.g. Tafel 1 in AD-B7.

Bei Unterschreiten der Mindestschraubenkraft F_{SB} für den Betriebszustand drohen möglicherweise große Leckströme $\dot{m}$, schlimmstenfalls sogar ein Ausblasen der Dichtung, was jedoch durch Flansche mit Vor- und Rücksprung oder Nut und Feder verhindert werden kann. Durch entsprechenden Schraubenanzug mögliche Dichtungspressungen p_D sind in der bereits erwähnten Tabelle 7.4 zusammengestellt; mit einem kontrollierten Anzugsmoment M der Schrauben ist die Unterschreitung des Maximalwertes p_{Do} sicherzustellen. Bei Beibehaltung von glatten Dichtleisten können entsprechende Dichtungen mit Metalleinfassungen zum Einsatz kommen, welche erhöhte Sicherheit gegen Dichtungsversagen bieten. Hierzu ist jeweils ein Kostenvergleich vorzunehmen.

Gerade bei sogenannten „sich setzenden" Dichtungen, deren anfängliche Flächenpressung allmählich erschlafft, ist die ausreichende Dichtheit im Betriebszustand nicht immer sichergestellt. Dann kommen Dehnschrauben (siehe Abb. 7-29) zum Einsatz, oder es werden Tellerfedern unter den Schraubenköpfen vorgesehen. Besonders heiß beanspruchte Dichtungen sollten nach Erreichen der Betriebstemperatur durch kontrolliertes Nachziehen der Schrauben im gesamten Dichtungsbereich hinreichende Flächenpressung erfahren. Zur Vermeidung von Personenschäden ist in nahen Begehungsbereichen bei Flanschen u.U. eine zusätzliche Flankenumhüllung mit einem Spritzschutz in Erwägung zu ziehen.

Für die Flanschberechnung nach AD-Merkblättern B7 und B8 mit asbestfreien Dichtungswerkstoffen benötigt man deren Berechnungskennwerte. Einheitliche Durchschnittswerte können leider nicht angegeben werden, da vor allen Dingen bei Dichtungen auf Faserbasis die Kennwerte der unterschiedlichen Hersteller stark streuen.

Zur Berechnung einer Flanschverbindung ist man auf die herstellerspezifischen Werte angewiesen.

264   7. Anschlusselemente

Werden in Herstellerkatalogen Mindestflächenpressungen angegeben, so erfolgt die Umrechnung auf $k_0 \cdot K_D$ - bzw. k_1 -Werte wie folgt:

$$k_0 \cdot K_D = p_{Vu} \cdot b_D \tag{7.28}$$

und $$k_1 = \frac{10}{p} \cdot \frac{b_D}{S_D} \cdot p_{Bu} = m \cdot b_D \tag{7.29}$$

p_{Vu} = Mindestflächenpressung für Dichtheit im Einbauzustand (Vorverformung)
p_{Bu} = Mindestflächenpressung für Dichtheit im Betriebszustand
m = aus Versuchen ermittelter Wert, z.B. k_1 / b_D in Tafel 1/AD-B7

Beispiele

Beispiel 10 (Lese- und Rechenbeispiel):

Aufgabenstellung:
Verwendung der Tabellen 7.2. und 7.3.

Daten:
Gegeben ist eine Schaftschraube mit Regelgewinde M 24 x 3 der Festigkeitsklasse 5.6.
Das heißt: Schraubenaußendurchmesser d_a = 24 mm, Kerndurchmesser d_K = 20,319 mm; 3 mm Steigung (d.h. der Abstand zwischen den einzelnen Gewindegängen beträgt 3 mm).

Lösungsweg:
Berechnung der Schraubenkraft für Vorverformung einer Dichtung:
Bei einem Sicherheitsbeiwert von S = 1,3 und φ = 100% Ausnutzung des Kernquerschnittes $A_K = \frac{\pi}{4} \cdot d_K^2$ erhält man als Schraubenkraft F_{DV} für Vorverformung einer Dichtung

$$F_{DV} = F_{0,2} \cdot \frac{\varphi}{S} = \frac{\pi}{4} \cdot d_K^2 \cdot R_{0,2} \cdot \frac{\varphi}{S} = \frac{\pi}{4} \cdot 20{,}319^2 \cdot 300 \cdot \frac{1}{1{,}3} = 74{,}83 \text{ kN}$$

(siehe auch Tabelle 7.3.)

7. Anschlusselemente   265

Beispiel 11 (Rechenbeispiel):

Aufgabenstellung:
Für einen Vorschweißflansch mit glatter Dichtleiste DN 100 / PN 40 soll die ausreichende Sicherheit der Schraubverbindung 8 x M20 / 5.6 gegen einen Innendruck von p = 40 bar nachgewiesen werden. Als Dichtungsmaterial kommt It-Ersatz mit den Kenndaten p_{vu} und m zum Einsatz; p_{vu} = 27 N/mm², m = 1,3, ϑ = 150 °C;
somit nach Tabelle 7.2. → K = 250 N/mm² für 5.6-Schrauben.

Lösungsweg:
Die Berechnung erfolgt mit den bereits genannten Gleichungen in folgender Weise:

$$\frac{1}{n} \cdot F_{SB} = \frac{\pi \cdot p}{40 \cdot n} \cdot d_D^2 \cdot \left(1 + 4 \cdot s_D \cdot \frac{b_D}{d_D} \cdot m\right) = \frac{\pi \cdot 40}{40 \cdot 8} \cdot 134{,}6^2 \cdot \left(1 + 4 \cdot 1{,}2 \cdot \frac{27{,}5}{134{,}6} \cdot 1{,}3\right)$$
$$= 16{,}2 \text{ kN}$$

$$\frac{1}{n} \cdot F_{DV} = \frac{\pi}{n} \cdot d_D \cdot b_D \cdot p_{vu} = \frac{\pi}{8} \cdot 134{,}6 \cdot 27{,}5 \cdot 27 = 39{,}2 \text{ kN}$$

Mit einem Hilfswert $Z = \sqrt{\dfrac{4 \cdot S}{\pi \cdot \varphi}}$ nach Gl. (17) in AD-B7 bzw. Tafel 3 in AD-B7 berechnet man dann aus den Kräften F die zugehörigen Kerndurchmesser d_K einer Starrschraube wie folgt:
Mit Gl. (14):

$$d_K = Z \cdot \sqrt{\frac{F_{SB}}{K \cdot n}} + c_5 = 1{,}51 \cdot \sqrt{\frac{16185}{250}} + 3 = 15{,}15 \text{ mm bei } S = 1{,}8$$

und φ = 1
Mit Gl. (16):

$$d_K = Z \cdot \sqrt{\frac{F_{DV}}{K_{20} \cdot n}} = 1{,}29 \cdot \sqrt{\frac{39247}{300}} = 14{,}75 \text{ mm bei } S = 1{,}3 \text{ und } \varphi = 1$$

Nach Tabelle 7.3. weist das metrische Gewinde M 20 einen Kerndurchmesser d_K = 16,933 mm auf. Es genügt somit den obigen Anforderungen. Nach Druckprobe vor der Inbetriebnahme werden die Schrauben entsprechend den Vorgaben in Tabelle 7.3. mit einem Drehmoment M = 200 Nm nachgezogen, gegebenenfalls auch nach Erreichen der Betriebstemperatur ϑ = 150 °C. Da für d_K die Gl. (14) relevant ist, erübrigt sich die Abminderung von F_{DV}* = 28 kN nach Gl. (6), jeweils in AD-B7.
Im betrieblichen Alltag ist es unter pragmatischen Gesichtspunkten nicht immer möglich, bei Anwendung üblicher Schraubenschlüssel oder

pneumatischer Schlagschrauber die diversen (theoretischen) Schraubenkräfte und zugehörigen Drehmomente zu berücksichtigen. Wichtig ist also, eine drohende Dichtungssetzung mit Leckage schon frühzeitig zu erkennen und die Schrauben dann entsprechend nachzuziehen.

Trotzdem ist die Berechnung der Schrauben an Behälter- und Rohrleitungsflanschen unverzichtbar, da wichtige Einflusstendenzen und u.U. unzulässige Einsatzbereiche aufgezeigt werden!

8. Tragelemente

In diesem Kapitel werden die Abstützungen von stehenden und liegenden Druckbehältern behandelt.

Im Gegensatz zu drucklosen Flachbodentanks, deren Böden direkt auf den Fundamenten ruhen, müssen für Druckbehälter mit gewölbten Böden andere Lösungen gefunden werden.

Im Einzelnen sind dies:
„**Füße**, Kapitel **8.1**"
„**Pratzen**, Kapitel **8.2**"
„**Zargen**, Kapitel **8.3**"
„**Tragringe**, Kapitel **8.4**" sowie
„**Tragleisten und Sättel**, Kapitel **8.5**"

In den Kapiteln 8.1 bis 8.4 werden stehende Behälter, im Kapitel 8.5 liegende Behälter behandelt.

In allen vorstehenden Fällen werden den Spannungen durch Füllung und Über- bzw. Unterdruck lokale Spannungen durch punktuelle oder ringförmige Lasteinleitung überlagert.

Im deutschen Regelwerk gelten dafür die AD-Merkblätter S3/3, S3/4, S3/1, S3/5 und S3/2 in der Reihenfolge der o.g. Unterkapitel.

Die Abbildung 8-1 zeigt im Überblick alle Konstruktionsbeispiele, die für lokale Effekte prädestiniert sind [12], im Einzelnen Zarge / Stutzen / Hebeöse / Fuß / Sattel / Hebekonsole / Pratze / Doppelmantel / Ring.

Zur Unterscheidung der einzelnen Wanddicken, Durchmesser etc. werden in den AD-Merkbättern der S-Gruppe recht unterschiedliche Indices angegeben. Hier werden nun – etwas abgewandelt und in Anlehnung an die im Kapitel 7 gemachten Angaben – folgende Indices verwendet:

- G → Grundkörper
- F → Fuß
- P → Tragpratze
- R → Tragring
- b → Boden
- s → Sattel
- V → Verstärkungsblech
- Z → Standzarge

Sie werden zum Teil kombiniert verwendet, z.B. Bodendicke → $s_{G\,b}$ oder mittlerer Durchmesser eines Zylinders → $D_{G\,m}$

268   8. Tragelemente

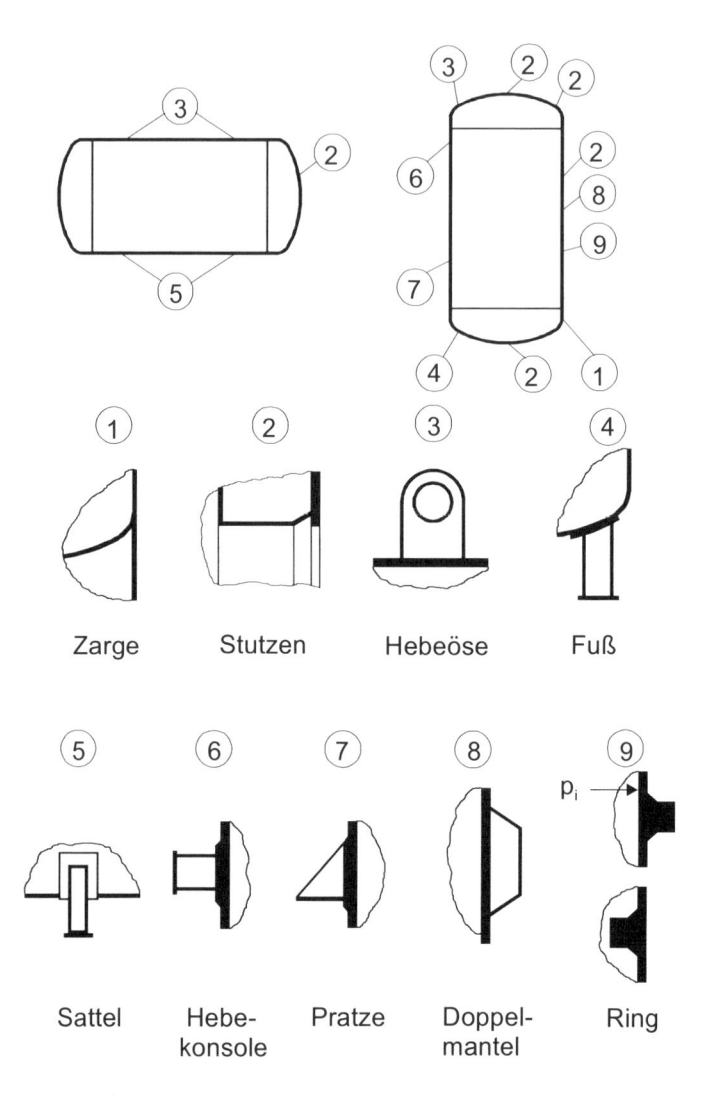

① Zarge	② Stutzen	③ Hebeöse	④ Fuß
⑤ Sattel	⑥ Hebe-konsole	⑦ Pratze	⑧ Doppel-mantel	⑨ Ring

Abb. 8-1: Zusammenstellung der Konstruktionsbeispiele, die für lokale Effekte prädestiniert sind

Die Beispiele in den einzelnen Unterkapiteln sind i. A. Demonstrationsbeispiele, um den jeweiligen Rechengang nach AD zu zeigen. Sie sind nicht nummeriert.
Im Folgenden können nur die wichtigsten Gestaltungsnachweise dargestellt werden, für alles andere wird auf die entsprechenden AD-Merkblätter der S-Reihe verwiesen.

8.1 Füße

Die AD-Merkblätter S3/3 und S3/4 verwenden eine neuere Berechnungsmethode für Störspannungen, hier neben Unterbodenfüßen oder Tragpratzen (siehe dazu auch Unterkapitel 8.2), wie es in einem algorithmischen Ablauf für zusätzliche Biege- und Membranspannungen für Behälterfüße (siehe Tafel 1 aus AD-S3/3) in Tabelle 8.1. aufgelistet ist. Den druckbedingten Membranspannungen σ_{mp} werden zusätzliche Membranspannungen durch die Fußkraft F oder das Pratzenmoment M überlagert. Anschließend werden Gesamtvergleichsspannungen aus den Membran- und zusätzlichen Biegespannungen bestimmt. Für die Rechnung benötigte Faktoren zur Ermittlung sogenannter Schnittkräfte N und Schnittmomente M im Umfeld von Füßen bzw. Pratzen wurden durch Finiteelementrechnungen bestimmt und zu Polynomen für eine EDV-Interpolation bzw. zu Linientafeln für die grafische Ablesung bei herkömmlicher Rechnungsweise aufgearbeitet.

Hier muss dringend darauf hingewiesen werden, dass in allen Fällen durch entsprechende Unterfütterung für gleichmäßige Lastverteilung auf die Füße bzw. Pratzen zu sorgen ist.

AD-S3/3 lässt sich problemlos zu einem überraschend einfachen Arbeitsdiagramm in Abb. 8-2 umsetzen, welches einen zulässigen Beiwert C zu einem bezogenen Fußdurchmesser U in Beziehung setzt. Es bedeutet:

$$C = s_{Gb} \cdot \sqrt{\frac{K/S}{F}} \qquad (8.1)$$

$$U = \frac{d_0/2}{\sqrt{R_m \cdot s_{Gb}}} \qquad (8.2)$$

Hierbei wird an das Buckingham'sche Π-Theorem – oder auch Dimensionsanalyse bezeichnet – erinnert, welches besagt, dass jedes, auch u.U. komplexe Problem sich durch eine Anzahl von dimensionslosen Kennzahlen darstellen lässt, die sich aus der Zahl der Einflussgrößen abzüglich der Zahl der vorkommenden Dimensionen ergibt:
Hauptsächliche Einflussgrößen s, F, K, R_m, r_0, also Anzahl 5, Dimensionen kg, m, sec also Anzahl 3, 5 – 3 = 2, also zwei dimensionslose Kennzahlen C und U.

Durch Anwendung der Formelsysteme von AD-S3/3 lässt sich nachweisen, dass im Allgemeinen der drucklose Zustand bei voll gefülltem Behälter die größten Bodenspannungen und somit Wanddicken s zur Folge hat, was eigentlich auch nicht anders zu erwarten war. Erst für große Behälterdrücke erhält man nach AD-B3 größere Wanddicken $s_{G\,b}$ als nach AD-S3/3, bzw. DIN 28081. Die in Tabelle 8.1. durchgeführte Berechnung verdeutlicht den Aufwand beim Spannungsnachweise nach Tafel 1 aus AD-S3/3.

Als Faustformel für den üblichen Bereich von U in Abb. 8-2 gilt bei

$$0{,}7 \leq U \leq 1{,}5 \quad \rightarrow \quad C \approx 0{,}31 \cdot U^{-0{,}8} \tag{8.3}$$

Zur schlichten Klärung des Zusammenhangs C(U) darf auf die noch einfachen Lösungen für den Berechnungsbeiwert C nach DIN 3840 / Fall 6 (mittige Kraft F auf am Rand starr eingespannte ebene Platte) oder auch Fall 3 (mittige Kraft F auf am Rand frei aufliegende ebene Platte) verwiesen werden (siehe dazu auch Unterkapitel 6.3).

Mit F im Plattenzentrum wird die Plattendicke

$$s = C \cdot \sqrt{\frac{F}{K/S}} \quad \text{mit} \quad C = \sqrt{\frac{1}{\pi}} = 0{,}564 \text{ für den festen Rand} \tag{8.4}$$

und

$$C = \sqrt{\frac{1-\mu}{\pi}} = 0{,}472 \text{ für den losen Rand} \tag{8.5}$$

Die Abb. 8-2 zeigt für den üblichen Bereich von U im Vergleich zu AD-B5/Tafel 1) durchaus ähnliche, aber im Mittel größere Berechnungsbeiwerte C, was an der besseren Kraftaufnahme durch Kalotte und Krempe liegt : 0,25 < C < 0,43.

Auf die erforderliche Anwendung der S3/3-Kapitel 5.2 bis einschließlich 6 zu Verstärkungsblech, Stützfußkonstruktion, Ankerschrauben, Fußplattendicke, Betonpressung soll hier nur verwiesen werden.

Als Beispiel zur Beurteilung des gewölbten Bodens auf Füßen möge Tafel 1 mit Abb. 1a in AD-S3/3 dienen, welche zeigt, wie bei kleinerer Anzahl der Füße logischerweise ihr Durchmesser immer größer werden muss, wobei die Lösungen für 2 Füße (oder nur noch einen Fuß) natürlich absurd sind.

Die vorstehende Rechengang-Methodik wurde auch durch Dehnungsmessungen mit daraus berechneten Vergleichsspannungen σ_v = 130 N/mm² bestätigt: Prüfobjekt war ein wassergefüllter Lagertank auf vier Füßen und Verstärkungsblech im Bodenbereich des Anschlusses mit einem Beiwert C = 0,35 aus Wanddicke $s_{G\,b}$, nicht ausgereizter Fußkraft F und Werkstoffkennwert K/S für Edelstahl 1.4541 nach Gl. (8.1).

Nach Abb.8-2 dürfte bei dem vorhandenen bezogenen Fußdurchmesser U = 1,5 der Beiwert C = 0,25 mit der zulässigen Vergleichsspannung $(\sigma_m + \sigma_b)_v = 1{,}5 \cdot f \cdot K/S = 1{,}45 \cdot 222 = 322$ N/mm² bei höchstzulässiger Fußkraft F sein.

Eine Analogiebetrachtung ergibt

$$\sigma_v(C=0,35) \approx \sigma_v(C=0,25) \cdot \left(\frac{0,25}{0,35}\right)^2 = 322 \cdot \left(\frac{0,25}{0,35}\right)^2 = 164 \, \text{N/mm}^2 \qquad (8.6)$$

Aus Messungen ermittelt wurden 130 N/mm², d. h. 20 % weniger!

Druckbedingte Membranspannungen σ_{mp} sind bei all diesen vorstehenden Betrachtungen < K/S; Gesamtvergleichsspannungen des zweiachsigen Spannungszustands bedingen u.U. plastische Verformungen durch Spannungsspitzen oberhalb der Streckgrenze im überlagerten Biegespannungsbereich mit wechselweise positiven und negativen Werten.

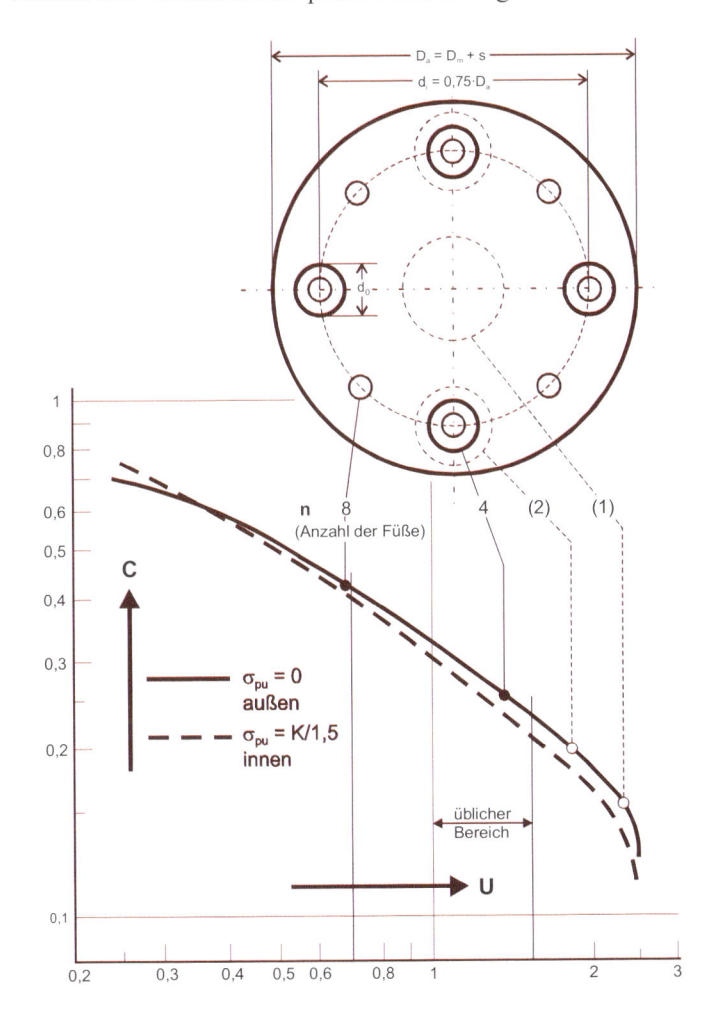

Abb. 8-2: Skizze eines unteren Behälterbodens (obere Darstellung) und Berechnungsbeiwert C (Fußkennzahl) über dem bezogenen Fußdurchmesser U

Tabelle 8.1. Berechnungsschema für Boden auf Füßen nach Tafel 1 in AD-S3/3 (+ Zugspannung, – Druckspannung)

Nr.	Spannungen in [N/mm²] ↓ Rechenergebnisse in [N/mm²]	innen	außen
1	$\sigma_{mp} = R_m \cdot p / (20 \cdot s)$ ↓ $= 0$	+	+
2	$\overline{\sigma}_{mx} = (N_x \cdot s/F) \cdot F/s^2$ ↓ $= -0{,}056 \cdot 317000 / 13{,}2^2 = -101{,}9$	–	–
3	$\overline{\sigma}_{my} = (N_y \cdot s/F) \cdot F/s^2$ ↓ $= -0{,}019 \cdot 317000 / 13{,}2^2 = -34{,}6$	–	–
4	$\sigma_{mx} = \sigma_{mp} + \overline{\sigma}_{mx}$ ↓ $= -101{,}9$		
5	$\sigma_{my} = \sigma_{mp} + \overline{\sigma}_{my}$ ↓ $= -34{,}6$		
6	$\sigma_{mv} = \sqrt{\sigma_{mx}^2 + \sigma_{my}^2 - \sigma_{mx} \cdot \sigma_{my}} \leq K$ ↓ $= \sqrt{101{,}9^2 + 34{,}6^2 - 101{,}9 \cdot 34{,}6} = 89{,}8 < 256 \text{ N/mm}^2$		
7	$\sigma_{bx} = (M_x/F) \cdot 6 \cdot F/s^2$ ↓ $= -0{,}028 \cdot 317000 \cdot 6 / 13{,}2^2 = -305{,}6$	(+)	–
8	$\sigma_{by} = (M_y/F) \cdot 6 \cdot F/s^2$ ↓ $= -0{,}0093 \cdot 317000 \cdot 6 / 13{,}2^2 = -101{,}5$	(+)	–
9	$\sigma_x = \sigma_{mx} + \sigma_{bx}$ ↓ $= -101{,}9 - 305{,}6 = -407{,}5$		
10	$\sigma_y = \sigma_{my} + \sigma_{by}$ ↓ $= -34{,}6 - 101{,}5 = -136{,}1$		
11	$(\sigma_m + \sigma_b)_v = \sqrt{\sigma_x^2 + \sigma_y^2 - \sigma_x \cdot \sigma_y}$ ↓ $\leq (\sigma_m + \sigma_b)_{v\,zul.}$ $= \sqrt{407{,}5^2 + 136{,}1^2 - 407{,}5 \cdot 136{,}1} = 359{,}3$		
12	$q = \sigma_{mv}/K$ ↓ $= 89{,}8/256 = 0{,}351$		
13	$f = 1{,}5 - 0{,}5 \cdot q^2$ ↓ $= 1{,}5 - 0{,}5 \cdot 0{,}351^2 = 1{,}438$		
14	$(\sigma_m + \sigma_b)_{v\,zul.} = 1{,}5 \cdot f \cdot K/S$ ↓ $= 1{,}5 \cdot 1{,}438 \cdot 256/1{,}5 = \underline{368{,}2} > 359{,}3$		

$r_0 = 265$ mm, $C = 0{,}31$ ergibt $U = 1{,}15$

Die Tabelle 8.1. ist gleichzeitig als Demonstrations**beispiel** zu betrachten:

Aufgabenstellung:
Berechnung eines gewölbten Bodens auf $n_F = 4$ Füßen für Wasserfüllung mit $\rho = 1000$ kg/m³ und Prüfung, ob auch eine Füllung mit Schwefelsäure ($\rho = 1600$ kg/m³) zulässig wäre.

Daten:
$V = 100$ m³, $D_{Gm} = 4000$ mm, $\kappa = H/D_m = 2$, $s_{Gb} = 13,2$ mm, Werkstoff H II mit $K = 256$ N/mm² bei $\vartheta \leq 50°C$, $p \leq 2$ bar, $F = 316$ kN (Ermittlung: Füllgewicht 100 to → 980 kN, Gesamtgewicht = Füllgewicht + Eigengewicht = 1100 kN, $F = 1,15 \cdot 1100 /4 = 316$ kN. Der Faktor 1,15 berücksichtigt nach AD S3/3 etwaige Biegeanteile)
Behälterfüße nach AD-S3/3 (siehe DIN 28081)

Lösungsweg:
Berechnung nach Tabelle 8.1., die entsprechenden Berechnungswerte sind dort eingetragen.
Einer Dichteänderung von $\rho = 1000$ kg/m³ für Wasser auf 1600 kg/m³ für Schwefelsäure mit $\sigma_v \approx 130 \cdot 1,6 = 210 < 368$ N/mm² kann zugestimmt werden. Als Basis wurde der bereits erwähnte, aus Dehnungsmessungen ermittelte Wert $\sigma_v = 130$ N/mm² benutzt.

Dehnungsmessungen an flächengelagerten Kugeln auf Betonfundamenten mit elastischer Unterfütterung (siehe Kapitel 5, Abb. 5-5) zeigen, dass diese Methodik für nur einen mittigen Fuß und Extrapolation der Datenkorrelation ungeeignet ist, da wegen des Abbiegens der Funktion C(U) für $U > 2,5$ erheblich zu kleine Sockeldurchmesser bestimmt würden. Denn eine Bedingung für AD-S3/3 ist ja auch, dass die Füße auf dem Durchmesser $d_F = 0,75 \cdot D_a$ positioniert werden, wo durch die nahe Zylinderwand eine erhebliche Stützwirkung zustande kommt. Dies ist für den mittigen Sockel natürlich nicht mehr gegeben. Messungen mit Wasserfüllung ohne Druck ergaben z.B. für eine 3000 m³-Kugel mit $s_G = 30$ mm:
$K/S = 300 < \sigma_v < 370$ N/mm² $\approx$ *fiktiv* $K \cdot f$.
Aus dieser fiktiven „Streckgrenze", der Gewichtskraft F und der vorhandenen Wanddicke folgt aus Gl. (8.1) der Beiwert C zu ca. 0,068 bei $U = 10$, d.h. weit außerhalb der Abszissenwerte in Abb. 8-2.
Die Tabelle 8-1 nach Tafel 1 aus AD-S3/3 verdeutlicht den aufwändigen Berechnungsgang des Spannungsnachweises. Dieser Aufwand lässt sich natürlich durch EDV-Einsatz reduzieren.

Für den Fall einer Anbringung der Füße im spannungsintensiven äußeren Krempenbereich des gewölbten Bodens wird vorgeschlagen, den Sicherheitsbeiwert S um den Faktor Berechnungsbeiwert $\beta/2$ zu erhöhen, das heißt Verwendung von $S \cdot \beta/2$ statt S (zu β siehe AD-B3)

Die Abb. 8-3 zeigt die Abstützung eines Rührsystems auf dem gewölbten Deckel eines Apparates. Es handelt sich hierbei – wie ersichtlich – um ein Problem analog einem Behälter auf Füßen. Durch Verrippung des Bodens kann eine höhere Last aufgenommen werden.

Abb. 8-3: Abstützung eines Rührsystems auf dem oberen Boden eines Apparates.

Als Überleitung zu 8.2 „Pratzen" – mit ähnlicher Problematik wie bei Füßen – noch folgende Ergänzung zu gleichmäßiger Lastverteilung:

Wie man von großen Kugelbehältern zur Flüssiggaslagerung weiß, stellt eine ungleichmäßige Belastung auf die einzelnen Stützen einen gefährlichen Lastfall dar. Auch kann bei Aufstellung im Freien einseitige Sonneneinstrahlung zu erheblichen Veränderungen einer ursprünglich gleichmäßigen Belastung führen. Vorzuschlagen wäre ein „Einschwimmen" des Behälters unter Kontrolle durch Dehnungsmessungen. Der Aufwand dazu ist allerdings recht hoch und sollte daher nur bei großen Objekten vorgesehen werden.

8.2 Pratzen

Ähnliche Tendenzen wie in Abb.8-2 für Behälterfüße dargestellt (Unterkapitel 8.1) zeigt die Abb. 8-4 für die Pratzenabstützung von Behältern.

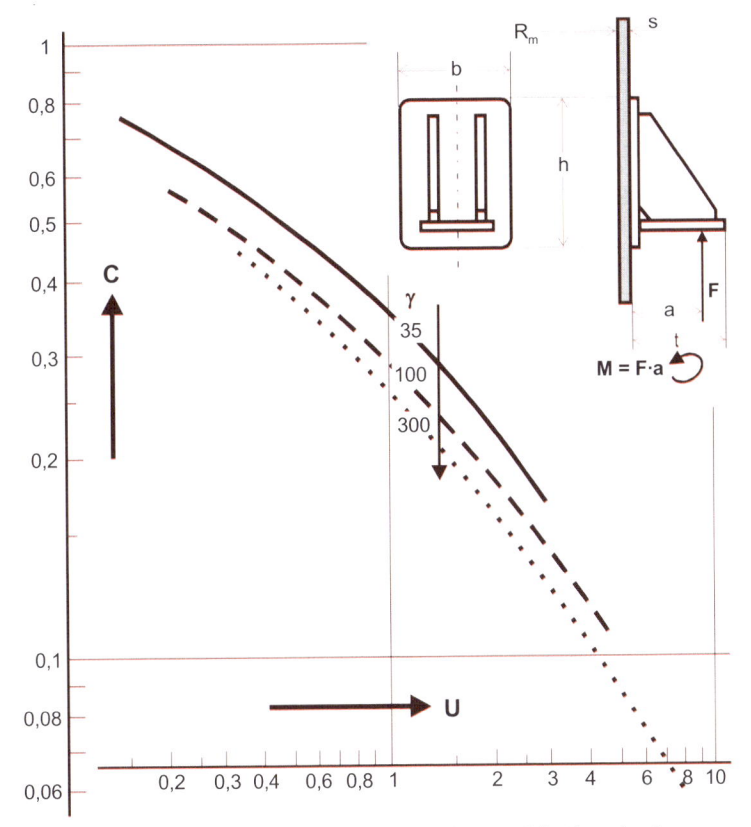

Abb. 8-4: Berechnungsbeiwert C (Pratzenkennzahl) über der bezogenen Pratzenhöhe U für verschiedene Durchmesser-Wanddicken-Verhältnisse $\gamma = D_m / s_G$

$$\gamma = \frac{D_{Gm}}{2 \cdot s_G}, \quad \sigma_{pu} = \frac{K}{1{,}5}, \quad 0{,}5 < \frac{h}{b} < 2$$

Wiederum erhält man überraschend einfache Zusammenhänge zwischen einer Pratzenkennzahl C (Berechnungsbeiwert) und einer bezogenen Pratzenhöhe U.

$$C = s_G \cdot \sqrt[3]{\frac{K/S}{M}} \tag{8.7}$$

und

$$U = \frac{\sqrt[3]{b \cdot h^2}}{\sqrt{2 \cdot s_G \cdot D_{Gm}}} \tag{8.8}$$

Wegen der Krümmung der Linien C(U) und der Abhängigkeit vom Durchmesser-Wanddicken-Verhältnis $\gamma = D_{Gm}/2s_G$ muss auf die Angabe einer Faustformel zur Abschätzung von C(U,γ) verzichtet werden.

Bei nicht sichergestellter Unterfütterung aller Pratzen (und Füße) zur Erzielung einer gleichmäßigen Lastaufnahme wird vorgeschlagen, die Kraft F oder das Moment M vorsichtshalber für nur zwei Füße oder Pratzen einzusetzen.

Demonstrations**beispiel**:

Aufgabenstellung und Daten:
Behälter mit einem Gesamtgewicht von 200 kN ($\approx$ 20 to), Durchmesser D_{Gm} = 2000 mm für Zylinderteil mit s_G = 10 mm. Zur Abstützung werden 4 Pratzen nach DIN 28083 der Pratzengröße PG 3 gewählt mit b = 200 mm und h = 250 mm; Hebelarm a = 112 mm, Werkstoff H II mit K = 265 N/mm² für $\vartheta \leq$ 50 °C.

Lösung mit Hilfe der Abb.8-4; hierzu Abszisse

$$U = \beta \cdot \sqrt{\gamma} = \frac{\sqrt[3]{b \cdot h^2}}{\sqrt{2 \cdot s_0 \cdot D_m}} = \frac{\sqrt[3]{200 \cdot 250^2}}{\sqrt{20 \cdot 2000}} = 1{,}16 \text{ als bezogene Pratzen-}$$

höhe
Mit dem Parameter

$$\gamma = \frac{D_{Gm}}{2 \cdot s_G} = \frac{2000}{20} = 100 \text{ kann man aus Abb. 8-4 als Ordinatenwert C zu}$$

0,29 ablesen. Für die einzelne Pratze kann als Kraft F zugelassen werden:

$$F = \left(\frac{s_G}{C}\right)^3 \cdot \frac{K/S}{a} = \left(\frac{10}{0{,}29}\right)^3 \cdot \frac{265}{1{,}5 \cdot 112} = 64{,}7 \text{ kN pro Pratze} \geq 5 \text{ to.}$$

Die Pratze ist somit ausreichend groß gewählt. Bei ungleichförmiger Lastverteilung, d.h. wenn lediglich zwei gegenüberliegende Pratzen jeweils das halbe Gewicht von 10 to zu tragen haben, ist diese Pratzengröße immer noch ausreichend. Die druckbedingten Membranspannungen σ_{mu} = 265/1,5 = 176 N/mm² entsprechen den Bedingungen der Kurvenzüge in Abb. 8-4. In drucklosem Zustand könnte etwa das doppelte Pratzenmoment M = F · a aufgenommen werden.

Auf gleichmäßige Lastaufnahme der Pratzen – worauf schon mehrfach bei Füßen hingewiesen wurde – ist zu achten, da die Vorteile eines u.U. durch geeignete Unterfütterung verkürzten Hebelarms a offensichtlich sind.

Mögliche Beulwirkung durch die Pratzen, d.h. Modifikation von AD-B6, ist zur Zeit noch unbekannt, sollte jedoch von kompetenter Fachstelle für den Unterdruckbetrieb gelöst werden. In jedem Fall muss der Algorithmus von Tafel 2 in AD-S3/4 auch für Vakuum angewendet werden. FEM-Vergleiche mit dem genannten AD-Merkblatt zeigen eine gute Übereinstimmung.

8.3 Zargen

Die Abb. 8-5 zeigt als Beispiel die Konstruktionsform B für Behälter auf Standzargen nach AD-S3/1 samt den zugehörigen Schnittkräften. Die zwei anderen gängigen Konstruktionsformen A und C für den Zargenanschluss sind in AD-S3/1 dargestellt und im Bedarfsfall dort zu entnehmen.

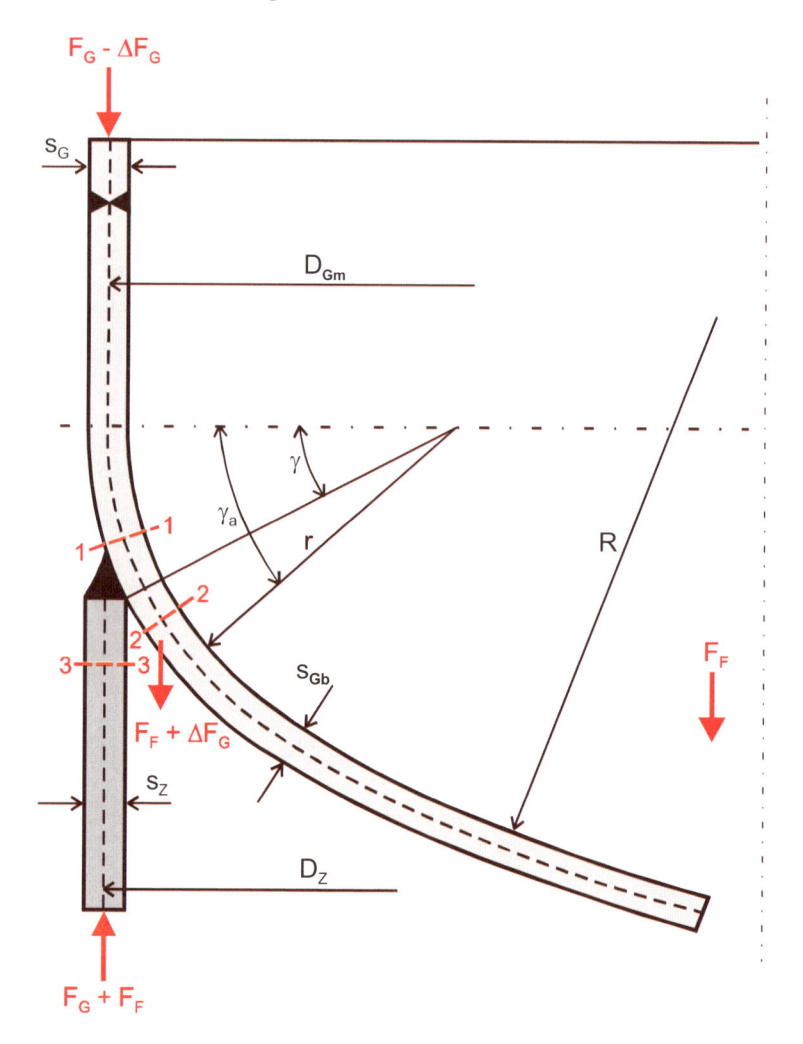

Abb. 8-5: Behälter auf Standzarge, Form B nach AD-S3/1: Zargenanschluss im Krempenbereich gewölbter Böden

Im Anschlussbereich Boden – Zarge werden den Membranspannungen durch Innendruck p und Kraft F Biegespannungen überlagert. Ein vom Membranspannungsanteil abhängiger, zulässiger Wert darf von den Gesamtspannungen nicht überschritten werden. Der Nachweis hat in den Schnitten 1–1, 2–2 und 3–3 (siehe Abb. 8-5) zu erfolgen und erstreckt sich auf die Längskomponenten der Membranspannungen und der Gesamtspannungen. Die verwendeten Bezeichnungen für den Nachweisort bedeuten beispielsweise:

1qa: Schnitt 1–1 außen, 3qi: Schnitt 3–3 innen

Bei Beurteilung von verschiedenen diskreten Stellen im Boden, in der Zarge, an Luv- und Leeseite (Luv: dem Wind zugewandte, Lee: dem Wind abgekehrte Seite), innen oder außen, ergibt sich im Bodenbereich meist im Schnitt 1–1 eine kritische Spannung, und zwar innen, luvseitig. Die im Schnitt 2–2 durch Behälterfüllung bedingte Kraft kann nach Gl. (21) in AD-S3/1 deutlich größer sein als nach Gl. (19) im gleichen AD-Merkblatt für Schnitt 1–1 durch Behältergewicht, Windmoment u.a. zulässig wäre.

Die Abb. 8-6 zeigt die kleinste Gesamtschnittkraft F als dimensionslose Größe $C = \left| \dfrac{F/K}{D_{Ga} \cdot s_{Gb}} \right|$ für verschiedene Anschlusswinkel γ der Konstruktionsform B über dem Wanddickenverhältnis s_Z/s_{Gb} von Zarge zu Boden in Klöpperform. Es gilt: S = 1,5 für den Boden, Innendruck p als Maximalwert nach AD-B3, C gebildet mit $F_{1qi} \leq F_{2pqa}$ (F_{1qi} = Gesamtspannung im Schnitt 1–1 innen, F_{2pqa} = Membranspannungsanteil durch Innendruck im Schnitt 2–2 außen). Als Faustformel kann verwendet werden:
C ≈ 1 – 0,019 · γ (γ in [°])

Demonstrations**beispiel** für Zargenabstützung:

Daten:
D_{Ga} = 3000 mm, s_{Gb}/D_{Ga} = 0,002, γ = 15°, s_Z/s_{Gb} = 0,69.

Ausrechnung:
Aus Abb. 8-6 ergibt sich mit den o.g. Daten C = 0,72. Weiter dann s_{Gb} = 0,002 · D_{Ga} = 0,002 · 3000 = 6 mm, s_Z = 0,69 · 6 = 4,14 mm. Mit K = 200 N/mm² wird dann der Betrag von F zu:
|F| = C · K · s_{Gb} · D_{Ga} = 0,72 · 200 · 6 · 3000 = 2590 kN = 264 to

Dies entspricht bei reiner Gewichtsbeanspruchung ohne Windmoment einer Wasserfüllung bis 35 m oder einem Verhältnis von H/D = 11,7. Um die zulässigen Membranspannungen im Krempenbereich des vorliegenden

Klöpperbodens nicht zu überschreiten, kann nach AD-B3 nur ein Druck von 2 bar (entsprechend 20 m Wassersäule) zugelassen werden. Man sieht, welch gute Reserven in dem oben berechneten, zulässigen Wert von F stecken.

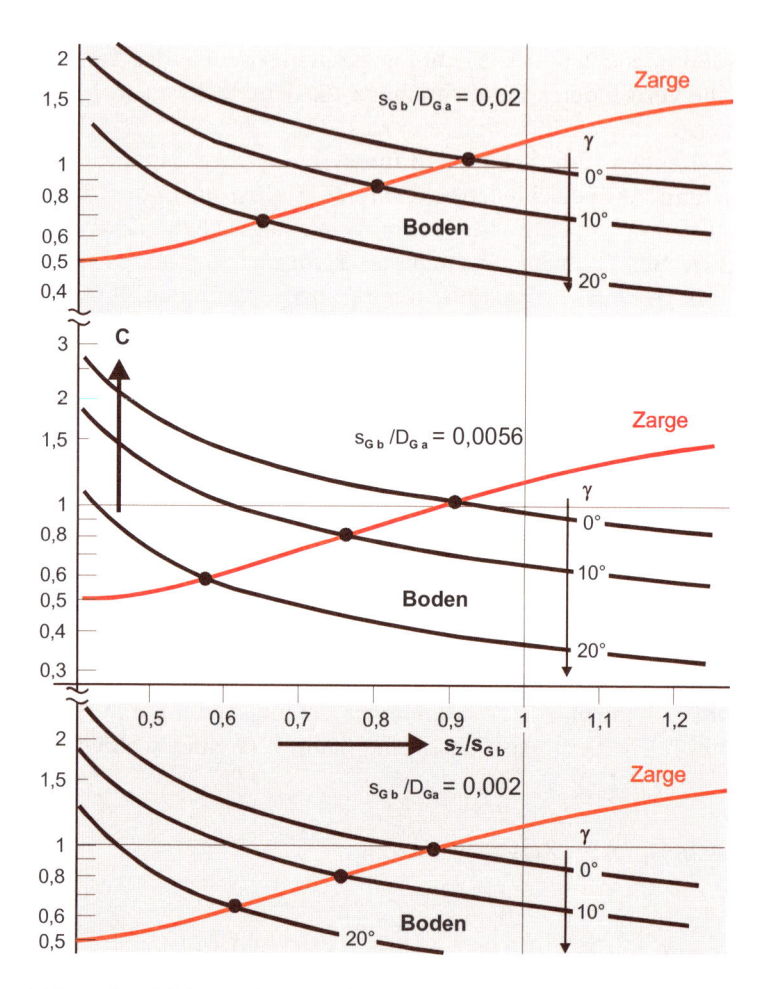

Abb. 8-6: Kleinste Gesamtschnittkraft F als dimensionslose Größe C für verschiedene Anschlusswinkel γ der Konstruktionsform B über dem Wanddickenverhältnis s_Z / s_{Gb} von Zarge zu Klöpperboden

Mit Abb. 8-6 lässt sich eine schnelle Abschätzung durchführen. Dennoch sollen noch einmal alle relevanten Gleichungen zur Kraft- / Spannungsbestimmung für die Konstruktionsform B zusammengefasst und angewendet werden:

Für den Hebelarm a errechnet sich nach AD-S3/1 (soweit nicht anders

angegeben, stammen alle Gleichungen aus diesem AD-Merkblatt)
Gl. (10):
$$a = \frac{1}{2} \cdot \sqrt{s_{Gb}^2 + s_Z^2 + 2 \cdot s_{Gb} \cdot s_Z \cdot \cos\gamma} = \frac{1}{2} \cdot \sqrt{6^2 + 4{,}14^2 + 2 \cdot 6 \cdot 4{,}14 \cdot \cos 15°}$$
$$= 5{,}03 \text{ mm}$$
(Anmerkung: Diese Gleichung ähnelt verblüffend der Gleichung für den zweiachsigen Spannungszustand nach GEH!)

In Gl. (12) steht für den Korrekturfaktor C (Näherungsgleichung für den Geltungsbereich $0{,}5 \leq s_{Gb}/s_Z \leq 2{,}25$):
$$C = 0{,}63 - 0{,}057 \cdot \left(\frac{s_{Gb}}{s_Z}\right)^2 = 0{,}63 - 0{,}057 \cdot \left(\frac{6}{4{,}14}\right)^2 = 0{,}51$$

Nach AD-B3/Gl. (15) gilt für den zulässigen Innendruck im gewölbten Boden
$$p = \frac{s_{Gb}}{D_a} \cdot 40 \cdot \frac{v}{\beta} \cdot \frac{K}{S} = 0{,}002 \cdot 40 \cdot \frac{0{,}85}{4{,}63} \cdot \frac{200}{1{,}5} = 1{,}96 \text{ bar.}$$

Als Biegespannung im Boden erhält man nach Gln. (11) und (13):
$$\sigma_{Sn}^b(a) = C \cdot \frac{6 \cdot a \cdot F}{\pi \cdot D_{Gb} \cdot s_{Gb}^2} = -0{,}51 \cdot \frac{6 \cdot 5{,}03 \cdot 2{,}64 \cdot 10^6}{\pi \cdot 2994 \cdot 36} = -120 \text{ N/mm}^2$$

$$\sigma_S^b(p) = \frac{p \cdot D_{Gb}}{40 \cdot s_{Gb}} \cdot \left(\frac{\gamma}{45°} \cdot \alpha - 1\right) = \frac{1{,}96 \cdot 2994}{40 \cdot 6} \cdot \left(\frac{15°}{45°} \cdot 9{,}25 - 1\right) = 51 \text{ N/mm}^2$$

Die Formzahl α ist abhängig von der jeweiligen Bodenform (siehe dazu Anhang 1 zu AD-B3).
Als Gesamtspannung ist zulässig nach Gl. (22):
$$\sigma_{Sno}^{ges.} = v \cdot \frac{K}{S} \cdot \left[3 - 1{,}5 \cdot \left(\frac{v}{S}\right)^2\right] = 0{,}85 \cdot \frac{206}{1{,}5} \cdot \left[3 - 1{,}5 \cdot \left(\frac{0{,}85}{1{,}5}\right)^2\right] = 294 \text{ N/mm}^2$$
$$\uparrow = 117 \text{ (Kesselblech H I)}$$

Dies ist weniger als nach Gl. (2) berechnet wird. Als Bilanz für den Schnitt 1–1 aus Abb. 8-5 (innen nach Gl. (19i):
$$\sigma_{1ni}^{ges.} = 113 + 120 + 51 = 284 \text{ N/mm}^2 \text{ wie auch zulässig! (siehe oben)}$$
Nun der Nachweis für den Schnitt 3–3 in der Zarge mit D_Z nach Gl. (10):
$$D_Z = D_{Gb} + s_{Gb} + s_Z - (1 - \cos\gamma) \cdot 2 \cdot (r + s_{Gb})$$
$$= 2994 + 6 + 4{,}14 - 0{,}0341 \cdot 2 \cdot (300 + 6) = 2983 \text{ mm}$$

282 8. Tragelemente

Als Biegespannung in der Zarge erhält man – analog zu Gl. (11) – nach Gl. (12):

$$\sigma_{3n}^{b}(a) = C \cdot \frac{6 \cdot a \cdot F}{\pi \cdot D_Z \cdot s_Z^2} = -0{,}51 \cdot \frac{6 \cdot 5{,}03 \cdot 2{,}64 \cdot 10^6}{\pi \cdot 2983 \cdot 4{,}14^2} = -253 \text{ N/mm}^2$$

Als Membranspannung wirkt in der Zarge nach Gl. (7):

$$\sigma_{3n}^{m} = \frac{F}{\pi \cdot D_Z \cdot s_Z} = \frac{-2{,}64 \cdot 10^6}{\pi \cdot 2983 \cdot 4{,}14} = -68 \text{ N/mm}^2 \left|\leq\right| v \cdot \frac{K}{S} = 117 \text{ N/mm}^2$$

In der Zarge sind zulässig nach Gl. (22):

$$\sigma_{3no}^{ges.} = -v \cdot \frac{K}{S} \cdot \left[3 - 1{,}5 \cdot \left(\frac{\sigma_{3no}^{m}}{K}\right)^2\right] = -113 \cdot \left[3 - 1{,}5 \cdot \left(\frac{68}{200}\right)^2\right] = -319 \text{ N/mm}^2$$

Nach Gl. (21a): $\sigma_{3ni}^{ges.} = -253 - 68 = -321 \text{ N/mm}^2$, die Forderung ist erfüllt.

Vergleicht man die Membranspannungs- und die Gesamtspannungsbeurteilung für die Zarge – z.B. nach Gl. (4) und (22) aus AD-S3/1 – mit analogen Beurteilungen bzw. Spannungserfassungen bei gewölbten Böden auf Füßen – nach Gl. (6) und (14) in AD-S3/3 –, so sind doch erhebliche Unterschiede festzustellen. Das AD-Merkblatt S3/3 verlangt Nachweise für Vergleichsspannungen nach GEH und nicht nur einfache Spannungsaddition bzw. -subtraktion.

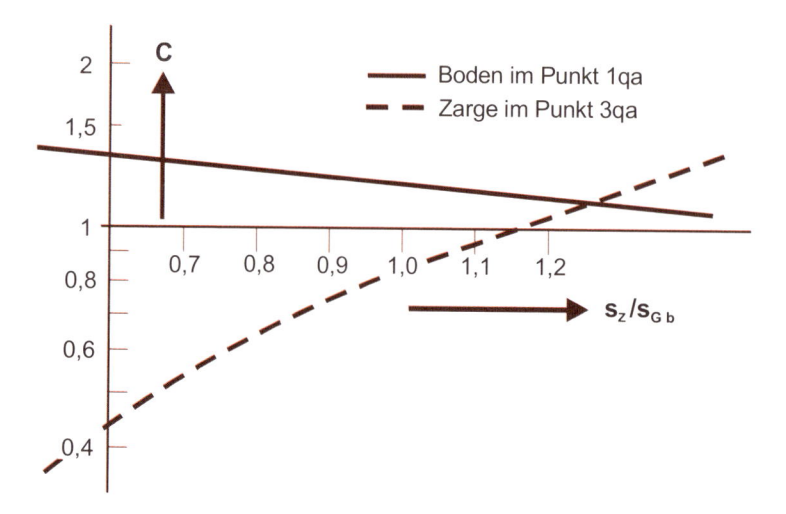

Abb. 8-7: Neu definierter Korrekturfaktor C über s_Z / s_{Gb} für Konstruktionsform „C" mit S = 1,5. $C = \dfrac{F/K}{D_G \cdot s_{Gb}}$

In Abb. 8-7 ist für die Konstruktionsform „C" ein neu definierter dimensionsloser Wert $C = \dfrac{F/K}{D_{Gb} \cdot s_{Gb}}$ über dem Wanddickenverhältnis s_Z/s_{Gb} (Wanddicke Zarge zu Wanddicke Boden) angegeben. 1qa → Punkt 1 (über der Zarge im Bodenanschluss), lee, außen, 3qa → Punkt 3 (in der Zarge unterhalb des Bodenanschlusses), lee, außen (siehe dazu auch Abb. 8-5 und Bild 3 in AD-S3/1).

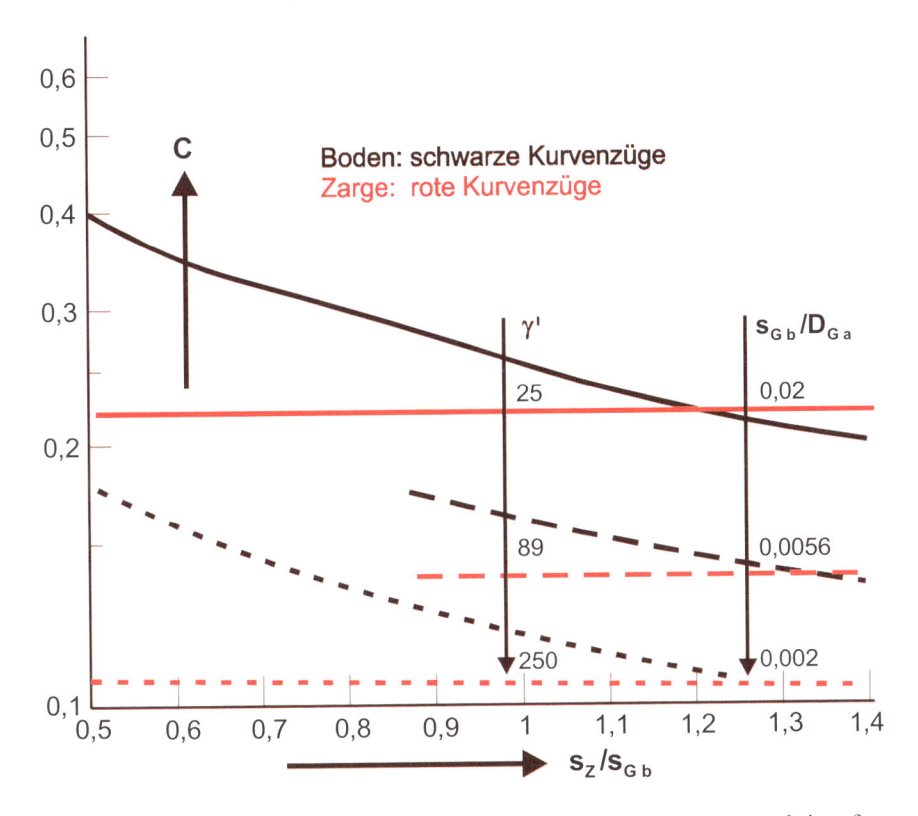

Abb. 8-8: Neuer Berechnungsbeiwert C für eine Zarge der Konstruktionsform „C" über dem Wanddickenverhältnis s_Z/s_{Gb} für verschiedene Parameter s_{Gb}/D_{Ga} bzw.

$\gamma' = D_{Ga}/2 \cdot s_{Gb}$. Andere Darstellung mit $C = s_{Gb} \cdot \sqrt[3]{\dfrac{K/S}{F \cdot 0{,}5 \cdot (s_{Gb} + s_Z)}}$

Für den Boden gilt wieder (wie in Abb. 8-7) Punkt 1qa, für die Zarge 3qa; S = 1,5.

In Abb. 8-8 ist der Berechnungsbeiwert C für eine Zarge der Konstruktionsform „C" über dem Wanddickenverhältnis s_Z/s_{Gb} für verschiedene

Verhältnisse γ' bzw. $s_{G\,b}/D_{G\,a}$ aufgetragen. Verwendet wurde gegenüber der Abb. 8-7 eine anders definierte Berechnung von C. Die beiden Abb. 8-7 und 8-8 zeigen, dass der Bodenanschluss wegen der zusätzlichen Biegung meist kritischer zu beurteilen ist als die Zarge.

Um eine Beziehung zu Tragpratzen und dem dort verwendeten $\gamma = D_{G\,m}/2 \cdot s_G$ herzustellen, wird auch hier ein Beiwert $\gamma' = D_{G\,a}/2 \cdot s_{G\,b}$ gebildet und in Abb. 8-8 mit eingetragen (die Bezeichnung γ' wird gewählt, um eine Kollision mit dem Zargenanschlusswinkel – Konstruktionsform „B" – zu vermeiden). Dieser Wert γ' wird durch einfache Umformung abgeleitet aus den verwendeten Parametern $s_{G\,b}/D_{G\,a}$ in der genannten Abbildung.

8.4 Ringlagerung

Aus dem Geltungsbereich des AD-Merkblatts S3/5 entnimmt man die Berechnung von Tragringen und Ringträgern. Tragringe sind mit dem Behälter fest verschweißt, die Wand übernimmt dadurch einen Teil der Belastung. Ringträger hingegen sind selbsttragende, mit dem Behälter nicht verbundene Ringe. Die Lagerung erfolgt auf einer Anzahl gleichmäßig verteilter Stützen oder auf dem gesamten Ringumfang.

Die Haupteinflussgrößen sollen für den am häufigsten angewendeten Konstruktionsfall des angeschweißten Rechteckprofils dargestellt werden. Dazu werden die Grundgleichungen nach AD-S3/5 verwendet:

Gl. (3a): $$zul\ F = \frac{4 \cdot \pi \cdot zul\ M_b}{|\beta - \delta| \cdot d_4}$$

mit Gl. (2): $$zul\ M_b = f_T \cdot m_b$$

und Tafel 3, Zeile 1 / Textspalte 2: $$m_b = \frac{1}{4} \cdot b \cdot h^2$$

Anmerkung: Tafel 3 müsste Tafel 1 heißen

sowie den Gl. (4) und (5) $|\beta - \delta| \cdot d_4 = |d_7 - d_6|$ erhält man als konservative Faustformel

$$zul\ F = \frac{\pi \cdot b \cdot h^2}{d_7 - d_6} \cdot \frac{K}{S} \tag{8.9}$$

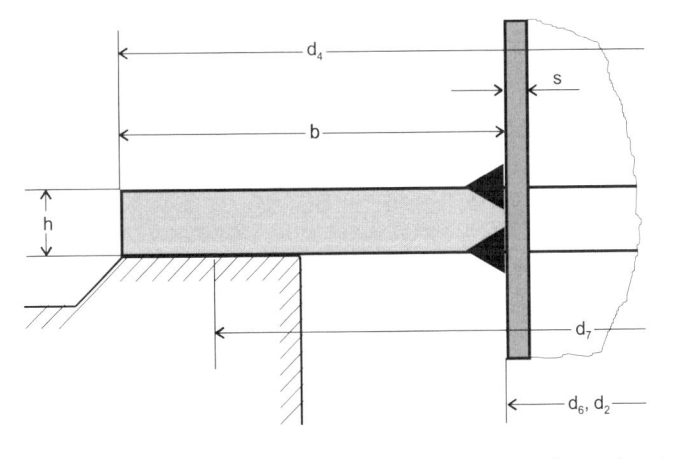

Abb. 8-9: Tragring nach DIN 28084 mit Vermaßung für Anwendung von AD-S3/5

286 8. Tragelemente

Die Abbildung 8-9 aus DIN 28084 „Tragringe" enthält die notwendigen geometrischen Abmessungen. Für einen idealen Sonderfall ist nach DIN 3840 (siehe Ausführungen zu AD-B8) ableitbar

$$zul\ F = \frac{4}{6} \cdot \pi \cdot h^2 \cdot \frac{K}{S} \cdot \frac{d_4^2 - d_6^2}{2 \cdot (1+\mu) \cdot d_4^2 \cdot \ln(d_7/d_6) + (1-\mu) \cdot (d_7^2 - d_4^2)} \quad (8.10)$$

Diese Gleichung gilt für eine in der Nähe des Außenrands bei d_7 frei aufliegende Platte.

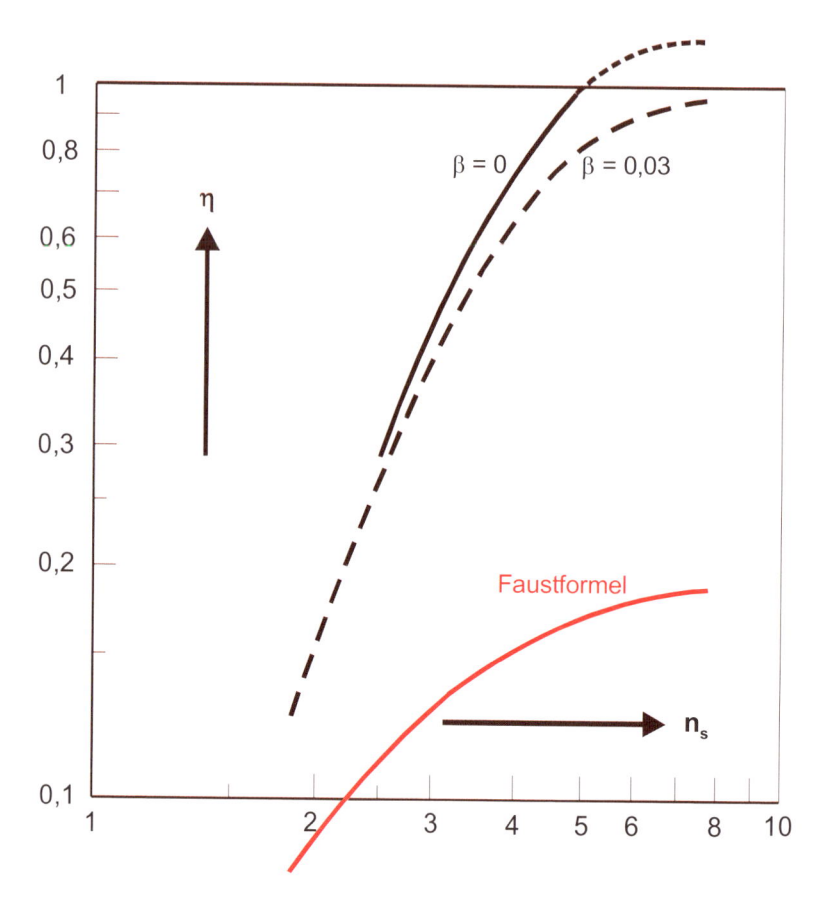

Abb. 8-10: Wirkungsgrad η über der Stützenzahl n_S

Die Abb. 8-10 zeigt den Wirkungsgrad η als Verhältnis der zulässigen Kraft $F_S \cdot n_S$ nach Gl. 3 zur Kraft bei gleichmäßiger Lagerung F nach Gl. (3a) – beide aus AD-S3/5 – über der Stützenzahl n_S; bezogener Hebelarm der Streckenlast δ = –200/3400 = –0,059, der Stützenlast β = –δ/2.

Die zulässigen Einheitsschnittgrößen sind nach Tafel 3 in AD-S3/5 zu bestimmen, für ein Vollprofil mit h ≤ b gilt die erste Zeile.

$$\eta \geq \frac{zul\,F(n_S)}{zul\,F(n_S = \infty)} = \frac{(d_7 - d_6)/d_4 \cdot n_S}{\sqrt{Z_0^2 + Z_1^2 \cdot \left(1 - \frac{1}{3} \cdot \frac{h}{b}\right)^{-2}}} \qquad (8.11)$$

$$\left(\text{entspricht } \frac{Gl.(3) \cdot n_S}{Gl.(3a)}\right)$$

Die Abb. 8-10 verdeutlicht aber auch die Vorteile der Anwendung der Linientafeln 1 bis 4/A im Anhang zu AD-S3/5 für die Beurteilung der Ringtragfähigkeit bei nicht mehr gleichmäßiger Auflagerung, sondern bei Annahme einer endlichen Stützenzahl im Vergleich zur Faustformel mit den Beiwerten Z_0 und Z_1 nach der kleinen Tabelle im Abschnitt 7 von AD-S3/5 In diesem speziellen Fall kann nach den Linientafeln mit z.B. $n_s = 4$ der Ring noch 2/3 der Last bei gleichmäßiger Lagerung tragen, nach Faustformel lediglich 16%.

Abschließend ein Zahlen**beispiel** nach DIN 28084:
Werkstoff RSt 37-2, $\vartheta = 200\,°C$ mit $K = 157\,N/mm^2$, $S = 1{,}5$,
$h = 50\,mm$, $b = 200\,mm$, $d_7 - d_6 = 300\,mm$.
Damit

$$zul\,F = \frac{\pi \cdot 200 \cdot 50^2}{300} \cdot \frac{157}{1{,}5} = 548\,kN \cong 56\,to$$

Nach DIN 3840 ergeben sich 59 to, womit eine recht gute Übereinstimmung zu dem vorstehend ermittelten Wert nach DIN 28084 besteht.

Nach AD-B8 ergeben sich für einen Losflansch 55 to. Betrachtet man einen entsprechenden Aufschweißbund, so sind wegen des Zentralmoments $Z \cong s^2 \cdot d_6$ 70 to zulässig, deren Nutzung aber eine Verbindung Behälter – Ring nach Tafel 1 in AD-B8 verlangt.

Anmerkung:
In AD-S3/5 sucht man vergeblich nach den Tafeln 1 und 2. Auch sollte von den Verfassern dieses Merkblatts eine Erklärung für die „heftigen" Minima der Kurven in den Bildern des Anhangs 1 gegeben werden.

8.5 Tragleisten und Sättel für liegende Behälter

Vorzugsweise bei Eisenbahnkesselwagen werden für die Kraftübertragung zwischen liegenden Behältern und Fahrgestell zwei axiale Tragleisten über die gesamte Länge unter Einbeziehung der gewölbten Böden eingesetzt. Ein Berechnungsverfahren ist noch nicht in das AD-Regelwerk eingegangen; die Zuverlässigkeit der Konstruktion wurde jedoch durch vielfältige Dehnungsmessungen mit nachfolgender Spannungsermittlung bei sogenannten „Auflaufversuchen" der Kesselwagen auf Gleisendpuffer von den zuständigen Bahnbehörden bestätigt.

Als bewährte Tragleistenprofile für übliche Außendurchmesser $D_{G\,a} \cong 2500$ mm gelten:
T-Profile 80 x 9 mm bei einer Behälterwanddicke $s_G \approx 6$ mm und
T-Profile 100 x 11 mm bei einer Behälterwanddicke $s_G \approx 25$ mm.

Zur ersten näherungsweisen Übertragung auf andere Behältergeometrien dient die Darstellung eines analog zur Sattellagerung gebildeten Berechnungsbeiwerts C über dem Wanddicken-Durchmesser-Verhältnis $s_G/D_{G\,a}$ in Abb. 8-11.

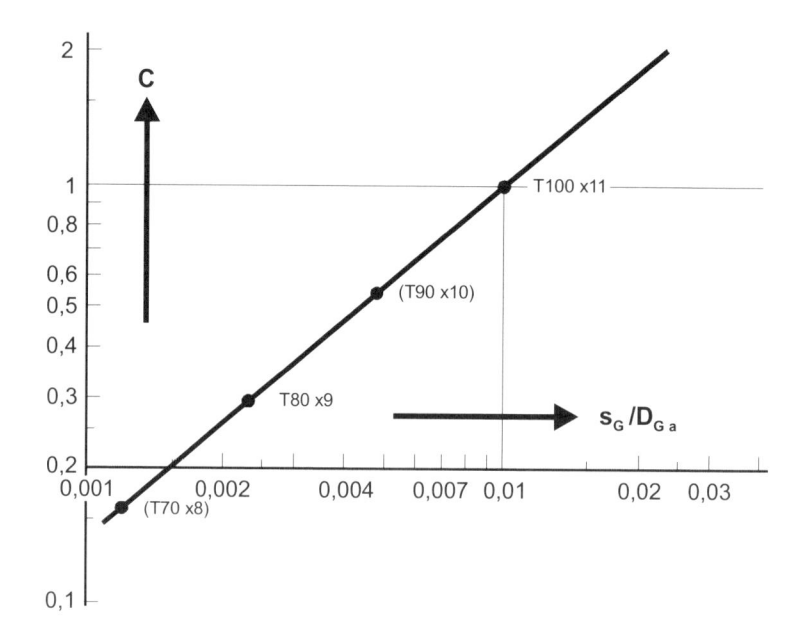

Abb. 8-11: Analog zur Sattelauflagerung gebildeter Berechnungsbeiwert C für Tragleisten über dem Wanddicken-Durchmesser-Verhältnis $s_G/D_{G\,a}$

Zur Abstützung stationärer liegender Behälter kommen im Allgemeinen

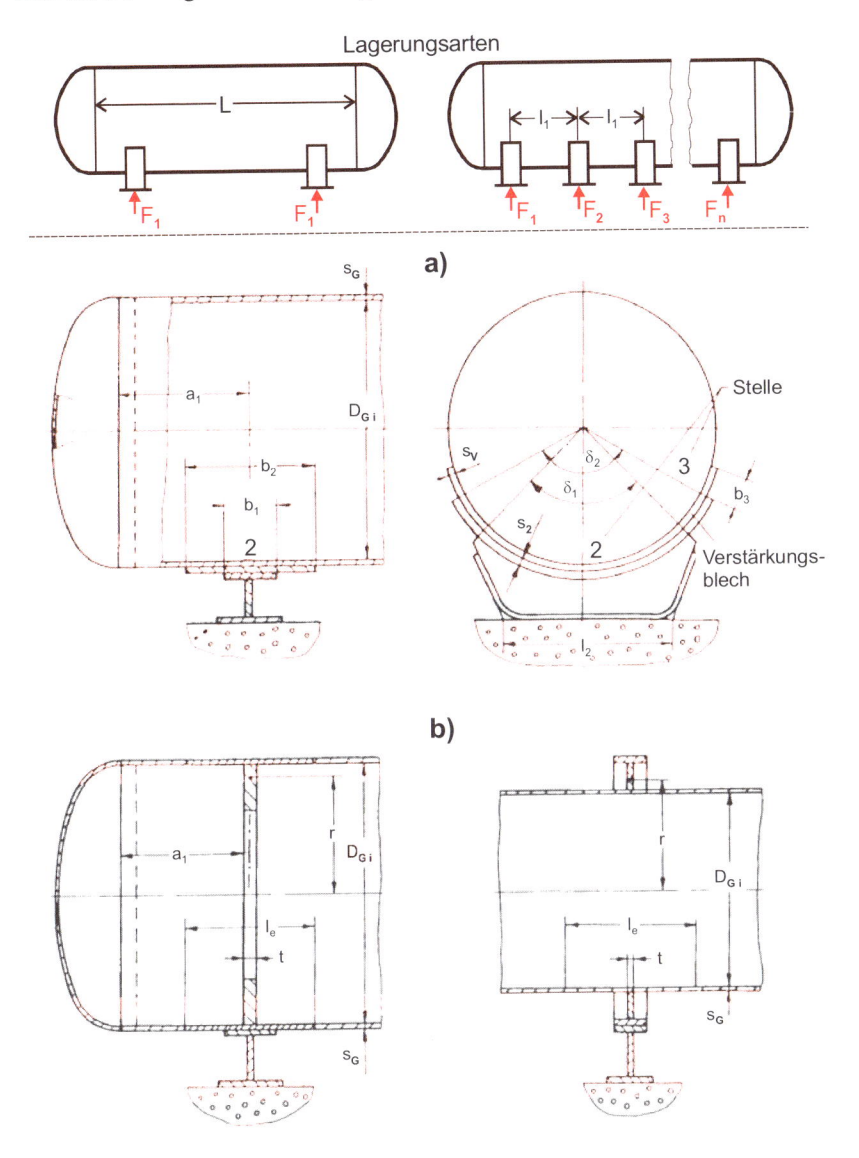

Abb. 8-12: Behälter auf Sätteln
Oben: Lagerungsarten,
Unten: Sattelausführungen, Lagerbereich, nach AD-Merkblatt S3/2
  a) unversteifte Zylinderschale (gezeichnet mit Verstärkungsblech, gültig jedoch auch ohne Verstärkungsblech)
  b) Zylinderschale mit Versteifungsringen

Tragsättel zum Einsatz. Bei den Behältern selbst unterscheidet man unverstärkte und im Sattelbereich verstärkte Ausführungen. Die schematische Darstellung der Lagerungsarten findet sich im oberen Teil der Abb. 8-12.

Jeweils zu berechnen sind die zulässigen Kräfte F_2 im Sattel und F_3 am Sattelhorn sowie die Auflagerkräfte, die sich aus der jeweiligen Lagerungsart (Anzahl und Verteilung der Sättel) ergeben. Weiterhin sind die auftretenden Momente und Querkräfte zu ermitteln. Die Geometrie ist ebenfalls der Abb. 8-12 zu entnehmen.

Die Berechnung für den gefüllten Behälter unter Innendruck und in drucklosem Zustand ist sehr aufwändig, da sowohl die Festigkeit als auch die Stabilität nachgewiesen werden muss. Das Bild 3 in AD-S3/2 ermöglicht einen überschlägigen Tragfähigkeitsnachweis durch die Ermittlung der jeweiligen Maximallängen L des zylindrischen Teils für einen Behälter ohne und mit Verstärkungsblech auf zwei Sätteln. Aufgetragen ist dort L_{max} über D_G für zwei Umschlingungswinkel δ_1 = 90 und 120° mit den Zylinderwanddicken s_G als Parameter.

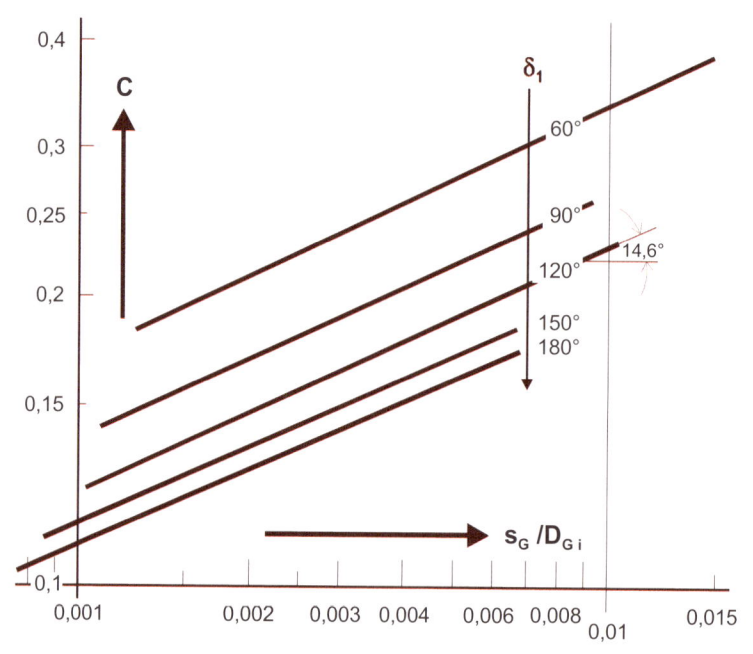

Abb. 8-13: Berechnungsbeiwert C für den Festigkeitsnachweis eines zylindrischen Behälters auf zwei Sätteln nach AD-Merkblatt S3/2, Gln. (2) bis (5) und Tafel 1. Abszisse ist das Wanddicken-Durchmesser-Verhältnis s_G/D_{Gi}

$$C = s_G \cdot \sqrt{\frac{K/S}{F_1}}$$

Die dimensionslose Darstellung des Berechnungsbeiwerts C für verschiedene Umschlingungswinkel δ_1 des Sattellagers über dem Wanddickenverhältnis $s_G/D_{G\,i}$ ist der Abb. 8-13 zu entnehmen. C als Sattelkennzahl entstammt dem Idealfall der Kraft auf eine Platte; diese Darstellung bewährt sich auch hier, da Kraft F_1 und zulässige Spannung K/S zusammengefasst werden können (wie Dimensionsanalyse in AD-S3/3).

Folgendes soll zur Erläuterung beitragen:

Wenn die Abstützung durch Sättel nahe an den Behälterböden erfolgt, d.h. Hebelarm a_1 der Auskragung < D/2, wird durch die Steifigkeit der Böden die Rundung im Auflagerquerschnitt beibehalten, was sich bezüglich der Spannungsspitzen im Sattelhorn günstig auswirkt. Diese Biegegrenzspannungen σ_{gr} im Mantel nahe des Sattelhorns können auch dadurch abgemindert werden, dass man – besonders bei Lastwechselbeanspruchung im Transportbetrieb – eine bestimmte Elastizität in die Sattelkonstruktion hineinbringt. Dies wird zum Beispiel durch ein überstehendes Unterlagenblech oder durch einen zusätzlich schräg angesetzten Sattel bewirkt, wie in Abb. 8-12 angedeutet. Der Blechüberstand der Unterlage b_3 mag zu beispielsweise $12°$ Winkelmaß zusätzlich zum Umschlingungswinkel δ_Z der Sattellagerung gewählt werden. Die Ecken des Bleches sollten zur Vermeidung unnötiger Spannungsspitzen gut gerundet und angeschrägt werden.

Bei Behältererwärmung können Zusatzspannungen durch Wärmedehnung dadurch vermieden werden, dass ein Sattel als Festlager, der andere aber als Loslager gestaltet wird. Bei letzterem muss der Eintritt von Feuchtigkeit in den Spalt zwischen Unterlagblech und Behälterwandung durch geeignete elastische Fugenfüller unterbunden werden, wodurch ein Korrosionsangriff vermieden werden kann.

Zu Details der Gestaltung wird auf die DIN 28080 verwiesen. Zur weiteren Vertiefung siehe [59] und [60]

Nun zurück zur bereits erwähnten Abb. 8-13:

Der für den Festigkeitsnachweis eines zylindrischen Behälters auf zwei Sätteln erforderliche Berechnungsbeiwert errechnet sich zu:

$$C = s_G \cdot \sqrt{\frac{K/S}{F_1}} \tag{8.12}$$

F_1 ist darin die Auflagerkraft pro Sattel, die sich aus dem Gesamtgewicht des Behälters ergibt (Gesamtgewicht = Eigengewicht + Füllung).

Der zugrundegelegte Behälter lagert symmetrisch auf zwei Sätteln, der Auflagerwinkel δ_1 in [°] wird variiert. Als Abszisse wurde das Wanddicken-Durchmesser-Verhältnis $s_G/D_{G\,i}$ (Behälterwanddicke zu Innendurchmesser) gewählt. Die Abmessungen a_1 und b_1 nach Abb. 8-12 (siehe auch Berechnungsbeispiel) sind wie folgt definiert:

$a_1 = 0,5 \cdot D_{G\,i}$ (Kraglänge des Zylinders) und $b_1 = 1,1 \cdot \sqrt{D_{G\,i} \cdot s_G}$ (Sattelbreite).

Für einen drucklosen, aber gefüllten Behälter ohne Verstärkungsblech liegt die kritische Stelle am Sattelhorn. (maßgebend $\sigma_{gr\,3}$, Biegegrenzspannung nach AD-S3/2)

Bei Behältern mit Verstärkungsblech über dem Sattel kann F_1 um 50% vergrößert werden.

Aus dem Berechnungsbeiwert C kann eine Faustformel wie folgt abgeleitet werden:

$$C = s_G \cdot \sqrt{\frac{K/S}{F_1}} = \frac{5}{\delta_1^{0,39}} \cdot \left(\frac{s_G}{D_{Gi}}\right)^{0,26} \quad \text{bei } b_1 \geq 1,1 \cdot \sqrt{D_{Gi} \cdot s_G} \qquad (8.13)$$

Die Abb. 8-12 zeigt im unteren Teil den Lagerbereich für unversteifte und versteifte Zylinderschalen.

Das folgende Berechnungs**beispiel** soll den Weg zur Bestimmung der zulässigen Auflagerkraft F_1 (siehe Abb. 8-12 sowie Skizze zur Geometrie) zeigen. Durchgeführt wird ein globaler Tragfähigkeitsnachweis für einen Behälter auf 2 Sätteln ohne Verstärkungsblech nach Abschnitt 4.1 in AD-S3/2.

Daten des gewählten Behälters:

$D_{G\,i}$ = 2240 mm, L_G = 15700 mm, s_G = 10 mm, δ_1 = 120° ($\hat{\delta}_1$ = 2,0944), h_2 = 468 mm (Gesamthöhe des Klöpperbodens, in DIN 28011 als h_3 bezeichnet), $p \geq 0$, $\vartheta \leq 50$ °C, ρ = 1000 kg/m³ (Wasser), Werkstoff H II mit K/S = 255/1,5 = 170 N/mm². Aus der „Kesselformel" ergibt sich der maximal zulässige Innendruck p_{max} zu 12,8 bar.

Bedingungen für die Anwendung des überschlägigen Tragfähigkeitsnachweises:

$L_G \leq L_{G\,max}$ nach Bild 3 in AD-S3/2 $p \geq 0$ $f \geq 130$ N/mm² (K/S)
$\rho \leq 1000$ kg/m³ $v \geq 0,8$ $a_1 \leq 0,5 \cdot D_{G\,i}$
$b_1 \geq 1,1 \cdot \sqrt{D_{G\,i} \cdot s_G}$

Rechengang:

Zur Ermittlung der vorhandenen Auflagekräfte F_1 wird zuerst das Gewicht des gefüllten zylindrischen Behälter mit 2 Klöpperböden bestimmt. Für das gewählte Beispiel ergibt sich ein Füllgewicht von 64,4 to und ein

Eigengewicht (Zylinder + 2 Klöpperböden + Zuschlag für Stutzen, Flansche etc.) von 10,6 to und damit ein Gesamtgewicht G = 75 to. Daraus die vorhandene Stützkraft
$F_1 = G/2 = 37,5$ to
Als nächstes muss a_1 (Abstand Sattelmitte bis Zylinderende, siehe Skizze) und b_1 (Sattelbreite) festgelegt werden. Am einfachsten hält man sich an die o.g. Bedingungen und wählt:
$a_1 = 0,5 \cdot D_{Gi} = 1120$ mm und $b_1 = 1,1 \cdot \sqrt{D_{Gi} \cdot s_G} = 165$ mm
Damit sind sämtliche Vorbedingungen erfüllt.

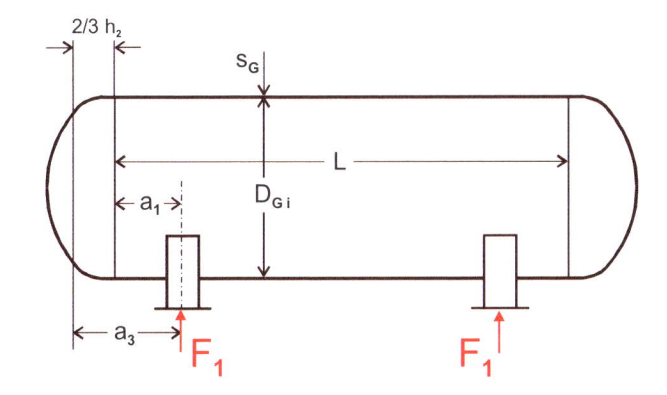

Beiwerte für
– den Bodenabstand
$$\gamma = 2,83 \cdot \frac{a_1}{D_{Gi}} \cdot \sqrt{\frac{s_G}{D_{Gi}}} = 2,83 \cdot \frac{1120}{2240} \cdot \sqrt{\frac{10}{2240}} = 0,0945$$

– die Lagerbreite
$$\beta = 0,91 \cdot \frac{b_1}{\sqrt{D_{Gi} \cdot s_G}} = 0,91 \cdot \frac{165}{\sqrt{2240 \cdot 10}} = 1,0$$

Aus Lagerungsart A Ermittlung der Stützmomente:
Linienlast q:
$$q = \frac{G}{L + \frac{4}{3} \cdot h_2} = \frac{75000}{15700 + \frac{4}{3} \cdot 468} = 4,59 \text{ kg/mm} = 45 \text{ N/mm}$$

Moment M_0:
$$M_0 = \frac{q \cdot D_{DGi}^2}{16} = \frac{45 \cdot 2240^2}{16} = 14,11 \cdot 10^6 \text{ Nmm}$$

Abstand a_3:

$$a_3 = a_1 + \frac{2}{3} \cdot h_2 = 1120 + \frac{2}{3} \cdot 468 = 1432 \text{ mm}$$

Stützmomente M_1 und M_2 aus erster Schätzung

$$M_1 = M_2 = \frac{q \cdot a_3^2}{2} - M_0 = \frac{45 \cdot 1432^2}{2} - 14{,}11 \cdot 10^6 = 32{,}03 \cdot 10^6 \text{ Nmm}$$

Spannung σ_{mx}:

$$\sigma_{mx} = \left| \frac{4 \cdot M_i}{\pi \cdot D_{Gi}^2 \cdot s_G} \right| = \frac{4 \cdot 32{,}03 \cdot 10^6}{\pi \cdot 2240^2 \cdot 10} = 0{,}81 \text{ N/mm}^2$$

Berechnung der K-Werte:

K_2, S wie in Abschnitt 5.1 von AD-S3/2 angegeben
K_3, K_4, K_{10} Einfluss der Lagerbreite b_1
K_5, K_6, K_7 Einfluss des Umschlingungswinkels δ_1
K_8, K_9 Einfluss des Bodenabstands a_1
K_2 = 1,2 für Betriebszustand mit S = 1,5
     = 1,0 für Prüf- und Montagezustand mit S' = 1,1

$$K_3 = \max\left\{ \frac{2{,}718282^{-\beta}}{\beta} ; 0{,}25 \right\} \qquad = 0{,}310$$

$$K_4 = \frac{1 - 2{,}718282^{-\beta} \cdot \cos\beta}{\beta} \qquad = 0{,}801$$

$$K_5 = \frac{1{,}15 - 0{,}1432\,\widehat{\delta}}{\sin(0{,}5\,\delta_1)} \qquad = 0{,}982$$

$$K_6 = \frac{\max\left\{ 1{,}7 - \dfrac{2{,}1\,\widehat{\delta}_1}{\pi} ; 0 \right\}}{\sin(0{,}5\,\delta_1)} \qquad = 0{,}346$$

$$K_7 = \frac{1{,}45 - 0{,}43\,\widehat{\delta}_1}{\sin(0{,}5\,\delta_1)} \qquad = 0{,}635$$

$$K_8 = \min\left\{ 1{,}0 ; \frac{0{,}8\sqrt{\gamma} + 6\gamma}{\widehat{\delta}_1} \right\} \qquad = 0{,}388$$

$$K_9 = 1 - \frac{0{,}65}{1 + (6 \cdot \gamma)^2} \cdot \sqrt{\frac{\pi}{3\,\widehat{\delta}_1}} \qquad = 0{,}652$$

$$K_{10} = \cfrac{1}{1 + 0,6 \cdot \sqrt[3]{\cfrac{D_{Gi}}{s_G} \cdot \cfrac{b_1}{D_{Gi}} \cdot \hat{\delta}_1}} = 0,640$$

Ermittlung der ϑ_1-, $\vartheta_{2,1}$- und $\vartheta_{2,2}$-Werte zur Bestimmung von $\sigma_{gr\,2}$ und $\sigma_{gr\,3}$ in Abhängigkeit von K_1 und K_2 (aus AD-S3/2):

Stelle	ϑ_1	$p = 0 \rightarrow \vartheta_{2,1}$	$p_{max} \rightarrow \vartheta_{2,2}$
2	$-\cfrac{0,23 \cdot K_6 \cdot K_8}{K_5 \cdot K_3}$ $= -0,1014$	$-\sigma_{mx} \cdot \cfrac{K_2}{S \cdot f}$ $= -0,003812$	$\left(\cfrac{p \cdot D_{Gi}}{40 \cdot s_G} - \sigma_{mx}\right) \cdot \cfrac{K_2}{S \cdot f}$ $= 0,334$ mit $p_{max} = 12,8$
3	$-\cfrac{0,53 \cdot K_4}{K_7 \cdot K_9 \cdot K_{10} \cdot \sin(0,5\,\delta_1)}$ $= -1,85$	0	$\cfrac{p \cdot D_{Gi}}{20 \cdot s_G} \cdot \cfrac{K_2}{S \cdot f}$ $= 0,675$

Hier erhebt sich die sicherlich berechtigte Frage: Wo ist eigentlich die „Stelle 1" im entsprechenden AD-Merkblatt definiert und zu finden?

mit $K_1 \geq 0$ für $|\vartheta_1| \neq 0$:

$$K_1 = \cfrac{1 + 3 \cdot \vartheta_1 \cdot \vartheta_2}{3 \cdot \vartheta_1^2} \cdot \left(\pm \sqrt{\cfrac{9 \cdot \vartheta_1^2 \cdot (1 - \vartheta_2^2)}{(1 + 3 \cdot \vartheta_1 \cdot \vartheta_2)^2} + 1} - 1\right)$$

	$p = 0$	p_{max}	
	1,465	1,448	Stelle 2
	0,452	0,213	Stelle 3

$$\sigma_{gr} = \cfrac{K_1 \cdot f \cdot S}{K_2}$$

	311	308	Stelle 2
	96	159	Stelle 3

$$zul F_2 = 0,7 \cdot \sigma_{gr\,2} \cdot \sqrt{D_{Gi} \cdot s_G} \cdot \cfrac{s_G}{K_3 \cdot K_5} \quad [N]$$

$10,7 \cdot 10^5 \quad 10,6 \cdot 10^5 \quad$ Stelle 2

$$zul F_3 = 0,9 \cdot \sigma_{gr\,3} \cdot \sqrt{D_{Gi} \cdot s_G} \cdot \cfrac{s_G}{K_7 \cdot K_9 \cdot K_{10}} \quad [N]$$

$4,88 \cdot 10^5 \quad 8,08 \cdot 10^5 \quad$ Stelle 3
$= 50$ to

Vorhanden $F_1 = 37,5$ to, also ist die Lagerung des Behälters so in Ordnung, ausreichende Reserven sind vorhanden!

Am gesamten, sehr aufwändigen Berechnungsgang – hier lohnt sich in jedem Fall ein EDV-Einsatz – ist schon der krasse Unterschied zur Vorgehensweise in AD-S3/3 und 4 bemerkenswert. Eine gelegentliche Nachrechnung nach den dort angewandten Methoden wäre zu empfehlen.

Zum Vergleich soll eine Nutzung von Abb. 8-13 und der zugehörigen Beschreibung dienen, d.h. es soll eine Auflösung der Gleichung für den Berechnungsbeiwert C nach der zulässigen Kraft F_1 vorgenommen werden, kritisch am Sattelhorn im drucklosen Zustand. Dort ermittelt man – wie schon vorher einmal erwähnt – die größten Spannungen:
Behälter ohne Verstärkungsblech:

$$\frac{s_G}{D_{Gi}} = \frac{10}{2240} = 0{,}00446, \quad \delta_1 = 120°,$$

somit

$$C = s_G \cdot \sqrt{\frac{K/S}{F_1}} = 0{,}18$$

Daraus

$$F_1 = \left(\frac{s_G}{C}\right)^2 \cdot \frac{K}{S} = \left(\frac{10}{0{,}18}\right)^2 \cdot 170 = 5{,}247 \cdot 10^5 \text{ N} = 53{,}52 \text{ to zulässig,}$$

→ 37,5 to vorhanden.

Der so bestimmte Wert stimmt recht gut mit dem Kleinstwert aus der genauen Berechnung (50 to) überein

Für einen Behälter mit Verstärkungsblech der Breite b_2 = 394 mm nach Gl. (8) in AD-S3/2 ist dann sogar zulässig F_1 = 1,5 · 53,52 = 80,28 to.

Aus Parameterstudien des Berechnungsgangs lässt sich entnehmen, dass die Kraglänge des Zylinders a_1 von eher geringer Bedeutung ist im Gegensatz zur Breite des Sattellagers b_1.

Überschlägig gilt: $C \approx b_1^{-0,3}$

Vergleichsrechnungen mit der alten Berechnungsempfehlung BS 5500/G, A ergeben insbesondere für kleine Behälter 30 bis 40% geringere Wanddicken s gegenüber den Berechnungen nach dem neuen AD-Merkblatt S3/2.

Ein stichprobenweiser Vergleich der vorstehenden Berechnung mit FE-Analysen zeigt eine gute Übereinstimmung.

Folgendes ist nach allen vorstehenden Berechnungen, Betrachtungen, Analysen etc. zu konstatieren:

Die extrem komplexen Berechnungsvorgänge der S-Reihe der AD-Merkblätter verlangen geradezu nach einer Aufbereitung zu dimensionslosen Kennzahlen, wie von den Autoren mit der Größe C vorgeschlagen!

Abb. 8-14: Im Sattelbereich eingebeulter Lagerbehälter für Schwefelsäure (ρ = 1600 kg/m³).
Leider stand den Autoren nur ein sehr schlechtes Zeitungsbild zur Verfügung, auch ist die Quelle nicht mehr bekannt. Der Beuleffekt ist jedoch gerade noch einigermaßen ausreichend sichtbar

Abschließend zeigt die – leider sehr schlechte – Abb. 8-14 auf Seite 297 einen im Sattelbereich eingebeulten Lagerbehälter für Schwefelsäure mit $V = 68$ m³; $\kappa = 4{,}6$; $n = 4$. ($\rho_{\text{Schwefelsäure}} = 1600$ kg/m³ gegenüber $\rho_{\text{Wasser}} = 1000$ kg/m³).

Es könnte durchaus sein, dass dieser Schadensfall durch Nichtberücksichtigung der Dichte von Schwefelsäure eingetreten ist.

9. Sonderelemente

Unter dem Begriff „Sonderelemente" sollen diejenigen Anlagenteile zusammengefasst werden, die Zusatzspannungen im Druckbehälter hervorrufen, dabei aber häufig nicht Bestandteil des jeweiligen Apparates sind. Behandelt werden
  „Rohre und Rohrleitungen, Kapitel **9.1**",
  „Kompensatoren, Kapitel **9.2**" und
  „Plattierungen, Kapitel **9.3**"

Herangezogen werden aus dem deutschen Regelwerk hierzu die AD-Merkblätter S3/6 und S3/7 (Kapitel 9.1), B13 (Kapitel 9.2) und W8 (Kapitel 9.3).

Ähnlich wie im Kapitel 8 werden auch hier wieder meist lokale Spannungen den Spannungen aus Füllung sowie Über- oder Unterdruck überlagert.

9.1 Rohre und Rohrleitungen

Dieses Unterkapitel muss unterteilt werden, da hierin Beanspruchungen abgehandelt werden, die ganz unterschiedlich zu betrachten sind.

9.1 a Rohre

Der Teilabschnitt „Rohre" geht auf die Beanspruchung in Rohrbündeln durch unterschiedliche Temperaturen bzw. Wärmeausdehnungen in Bündel, Rohrplatte und Mantel ein, es handelt sich daher um ein typisches Problem des speziellen Apparatetyps „Wärmetauscher" (siehe dazu auch die Beispiele 13 und 14 im Kapitel 6.3):

Im AD-Merkblatt S3/7 wird für „einfache Wärmetauscher mit Durchmessern bis 1200 mm und Drücken bis 10 bar" die Berechnung von Spannungen vorgeschlagen, die durch Temperaturunterschiede zwischen Rohrraum und Mantelraum bedingt sind, die Spannungsableitung sei im Folgenden kurz angedeutet:

Für die Gesamtlänge eines in Betrieb befindlichen Wärmetauschers kann geschrieben werden:

$$L \cdot \left(1 + \alpha_M \cdot \vartheta_M + \frac{\sigma_M}{E_M}\right) = L \cdot \left(1 + \alpha_R \cdot \vartheta_R + \frac{\sigma_R}{E_R}\right) + 2 \cdot b \qquad (9.1)$$

als Gleichgewichtsbedingung mit einer Rohrbodendurchbiegung

$$b \cong \frac{1}{4} \cdot \frac{u^{1,5}}{\sqrt{s_M}} \cdot \sqrt{\frac{\sigma_B}{\sigma_M} \cdot \frac{\sigma_B}{E_B}} \qquad (9.2)$$

und dem Kräftegleichgewicht

$$\sigma_R \cdot A_R = -\sigma_M \cdot A_M \qquad (9.3)$$

Die Rohrbodendurchbiegung trägt nur geringfügig zur Gesamtlängenänderung des Rohrbündels ΔL bei, wie durch eine Zahlenwertstudie schnell überprüft werden kann.

Aus der Beziehung für die Spannungen σ – eingesetzt in die erste Formel für die Gesamtlänge bei Betriebszustand – gewinnt man für die Spannung im Mantel bzw. im äußeren Rohrbereich:

$$|\sigma_M| = \frac{E'_M \cdot |(\alpha_M \cdot \vartheta_M - \alpha_R \cdot \vartheta_R)|}{1 + \frac{A_M}{A_R} \cdot \frac{E_M}{E_R}} \qquad (9.4)$$

für den Mantel und

$$|\sigma_R| = \frac{E_R \cdot |(\alpha_M \cdot \vartheta_M - \alpha_R \cdot \vartheta_R)|}{1 + \frac{A_R}{A_M} \cdot \frac{E_R}{E_M}} \tag{9.5}$$

für die Randrohre als Axialspannung.

Die so bestimmten Zusatzspannungen $\sigma_{\vartheta\,a}$ in Längsrichtung werden den innendruckbedingten Membranspannungen $\sigma_{p\,u}$ und $\sigma_{p\,a}$ in Umfangs- und Längsrichtung überlagert; die Vergleichsspannungen sollten die Streckgrenze bzw. 0,2%-Dehngrenze – bezeichnet als K – nicht überschreiten. Weiterhin ist – meist für Druckspannungen in den Randrohren des Rohrbündels – zu überprüfen, ob mit elastischer bzw. plastischer Knickung zu rechnen ist. Als Vergleichsspannung σ_v für den zweiachsigen Spannungszustand wird eine Berechnung nach GEH vorgeschlagen, wie mehrfach auch in der S-Reihe des AD-Regelwerks verwendet:

$$\sigma_v = \sqrt{\sigma_{pu}^2 + (\sigma_{pa} + \sigma_{\vartheta a})^2 - \sigma_{pu} \cdot (\sigma_{pa} + \sigma_{\vartheta a})} \tag{9.6}$$

In der Abb. 9-1 ist der Axialspannungsfaktor m über der bezogenen Umfangsmembranspannung X aufgetragen. m bedeutet dabei die zulässige

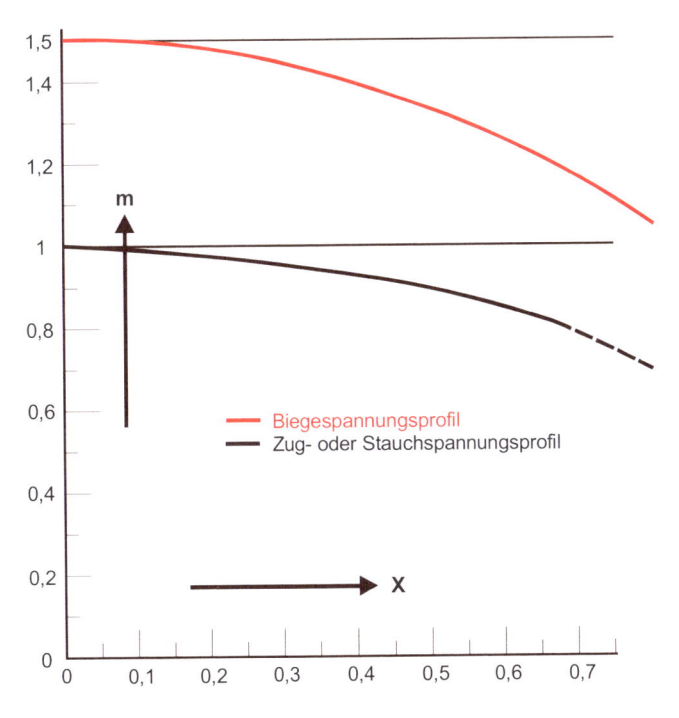

Abb. 9-1: Axialspannungsfaktor m aufgetragen über der bezogenen Umfangsmembranspannung X. m ist definiert zu $\sigma_{\vartheta\,a\,zul}/K$ und X zu $\sigma_{p\,u}/K$

zusätzliche Axialspannung, – hervorgerufen durch unterschiedliche Wärmedehnungen in Mantel und Rohrboden – bezogen auf den Werkstoffkennwert K → $\sigma_{9\,a\,zul}$/K. Auch diese stellt eine Membranspannung in Längsrichtung dar, zumindest bevor Knicken eintritt.

Die Abszisse X präsentiert die Umfangsmembranspannung – ebenfalls bezogen auf K –, die durch den Innendruck hervorgerufen wird → X = $\sigma_{p\,u}$/K. Dargestellt sind Biegespannungsprofile, ermittelt nach Traglastverfahren, sowie ebene Zug- oder Stauchspannungsprofile (der hier griffigere Begriff „Stauchspannung" steht für die üblicherweise gewählte Bezeichnung „Druckspannung").

$$m = \frac{\sigma_{9\,a\,zul}}{K} = \sqrt{2{,}25 - 1{,}875 \cdot X^2 + \frac{9}{64} \cdot X^4} \quad \text{roter Kurvenzug } (\sigma_v \leq f \cdot K)$$

$$m = \frac{\sigma_{9\,a\,zul}}{K} = \sqrt{1 - 0{,}75 \cdot X^2} \quad \text{schwarzer Kurvenzug } (\sigma_v \leq K)$$

Demonstrations**beispiel**:

Aufgabenstellung:
Nutzung der Spannungsberechnung mit den vorstehend genannten Gleichungen (9.4) und (9.5)

Daten:
Wärmetauscher mit ferritischem Mantel:
Stoffwerte: ϑ_M = 100°C, $K_{100°C}$ = 239 N/mm², E_M = 209000 N/mm²,
α_M = 12,3 · 10⁻⁶ / °C als linearer Ausdehnungskoeffizient
und austenitischen Rohren:
Stoffwerte: ϑ_R = 200°C, $K_{200°C}$ = 196 N/mm², E_R = 185000 N/mm²,
α_R = 16,7 · 10⁻⁶ / °C; Flächen $A_M \cong 2 \cdot A_R$.

Lösung:

$$\sigma_M = \frac{209000 \cdot (16{,}7 \cdot 10^{-6} \cdot 200 - 12{,}3 \cdot 10^{-6} \cdot 100)}{1 + 2 \cdot \frac{209000}{184000}} = 135 \text{ N/mm}^2$$

$$\sigma_R = \frac{-185000 \cdot (16{,}7 \cdot 10^{-6} \cdot 200 - 12{,}3 \cdot 10^{-6} \cdot 100)}{1 + 0{,}5 \cdot \frac{184000}{209000}} = -270 \text{ N/mm}^2$$

Dem ferritischen Mantel können nach Abb. 9-1 – dort aufgetragen „m(σ)" – diese Zusatzspannungen in Höhe von 135 N/mm² zugemutet werden; Voraussetzung: nur geringe Umfangsspannungen durch den Druck im Mantelraum.

Der austenitische Rohrwerkstoff 1.4571 weist bei 200°C einen Mindestwerkstoffkennwert K = 196 N/mm² auf (siehe Tab. 5.1.), welcher jedoch durch die berechnete Druckspannung weit überschritten wird.

Der Wärmetauscher wird daher – auch zur Vermeidung von Rohrknickung – mit einem Kompensator ausgestattet. Zu berücksichtigen ist jedoch, dass bei Einsatz eines derartigen Kompensators die Rohrböden erheblich dicker ausgeführt werden müssen (siehe dazu Kapitel 6.3 und Rohrbodenberechnung in AD-B5).

Die Abb. 9-2 und 9-3 verdeutlichen thermodynamische Gegebenheiten in und um das Wärmetauscherrohr, hier für Kühlwasser in den Rohren und kondensierende Dämpfe um die Rohre. ϑ_R kann demnach nur als Mittelwert der Rohrwandung angegeben werden, welcher stark von den Einfluss-

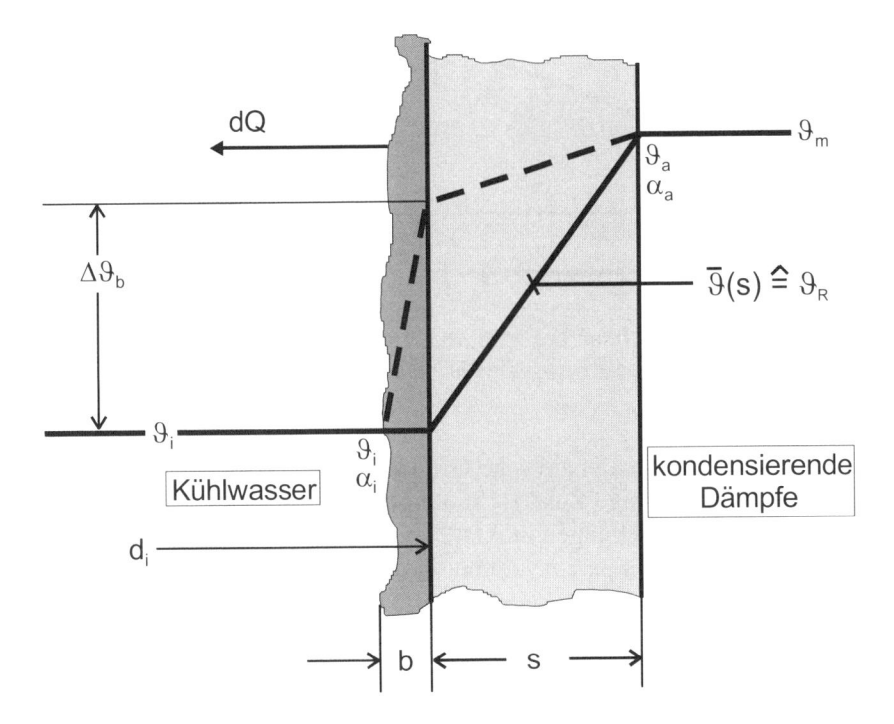

Abb. 9-2: Temperaturverlauf durch die Wand eines Wärmetauscherrohres; ohne Belag: durchgezogene Linie, mit Belag: gestrichelte Linie

parametern des Wärmedurchgangs abhängt. Die Abbildungen sollen auch erklären, wie durch Belag in den Rohren die Temperatur ϑ_i an der inneren Rohrwand ansteigen kann, bis ab etwa 50°C bei Anwesenheit von freien Chlorionen im Kühlwasser der austenitische Rohrwerkstoff hinsichtlich Spannungsrisskorrosion gefährdet ist.

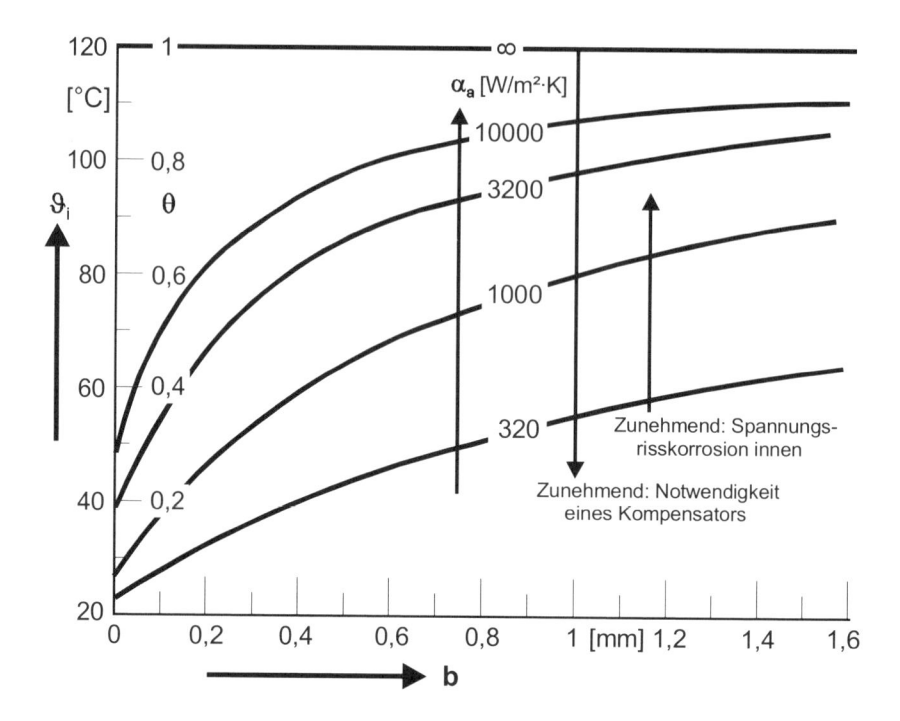

Abb. 9-3: Temperatur ϑ_i an der Innenwand eines Wärmetauscherrohrs über der Belagdicke b einer Kesselsteinschicht für verschiedene äußere Wärmeübergangszahlen α_a

Mit den über thermodynamische Grundlagen abgeschätzten Temperaturen können dann etwaige Zusatzspannungen aufgrund von Temperaturdifferenzen mit den Gleichungen in AD-B10, Abschnitt 6.2 beurteilt werden.

Die Abb. 9-2 „Temperaturverlauf durch die Wand eines Wärmetauscherrohres ohne und mit Belag der Dicke b" soll nun formelmäßig erläutert werden:

$$\theta = \frac{\Delta\vartheta_b}{\vartheta_M - \vartheta_i} \cong \frac{\frac{b}{\lambda_b} + \frac{1}{\alpha_i}}{\frac{b}{\lambda_b} + \frac{1}{\alpha_i} + \frac{1}{\alpha_a} + \frac{s}{\lambda_s}} \tag{9.7}$$

k = Wärmedurchgangszahl des Gesamtsystems

$$\vartheta_R = \overline{\vartheta}(s) = \vartheta_M - (\vartheta_M - \vartheta_i) \cdot k \cdot \left(\frac{1}{\alpha_a} + \frac{s}{2 \cdot \lambda_s}\right)^{-1} \tag{9.8}$$

Wärmefluss:
$$dQ = dA \cdot k \cdot (\vartheta_M - \vartheta_i) \tag{9.9}$$
Der sich bildende Kondensatfilm ist sehr dünn gegenüber der Rohrwanddicke s.

dA = Flächenelement, alle anderen Bezeichnungen siehe Abb. 9-2

Der Abb. 9-3 „Temperatur ϑ_i an der Innenwand eines Wärmetauscherrohrs über der Belagdicke b einer Kesselsteinschicht für verschiedene äußere Wärmeübergangszahlen α_a" wurden folgende Daten bzw. Bedingungen zugrunde gelegt:

Austenitrohr mit λ_s = 15 W/mK, s = 2,6 mm, Belag mit λ_b = 0,6 W/mK, α_i = 10000 W/m²K.

Ein Inertgasanteil um die Rohre bewirkt eine Herabsetzung von α_a der kondensierenden Dämpfe. Durch die Rohre fließt Kühlwasser.

9.1 b Rohrleitungen

Es ist besonders wichtig, einen kurzen Ausblick auf die Beantwortung der schwierigen Fragestellung zu geben, wie sich ein Apparat mit seinen Anschlussflanschen als „Einspannpunkt" für Rohrleitungen unter dem Einfluss von Kräften und Momenten verhält.

Die Abb. 9-4 zeigt an vier Beispielen, wie schon bei einer ebenen Verrohrung ein ziemlich großer Aufwand zur Ermittlung der Kräfte und Momente an den Einspannstellen getrieben werden muss. Noch komplizierter wird es – wie in den meisten Chemieanlagen notwendig – bei dreidimensionalen Verlegungen von Rohrleitungen. Diese detaillierte Ermittlung ist jedoch nicht Gegenstand des vorliegenden Buches. Interessant ist vielmehr, wie sich eine derartige Verrohrung auf den Anschlussflansch eines Druckbehälters auswirkt. Nur soviel sei zum besseren Verständnis ausgeführt:

Die auftretenden Kräfte sind meist durch Wärmedehnungen bedingt. Wichtig sind vor allem die daraus resultierenden Spannungen. Die Einspannfestpunkte müssen in jedem Fall in der Lage sein, diese Kräfte und die entstehenden Biegemomente aufzunehmen, solange nur die Spannungen in der gesamten Leitung unterhalb bestimmter Grenzwerte bleiben .
Erforderlich ist jeweils die Ermittlung der resultierenden Kraft und ihre Richtung aus den horizontal und vertikal wirkenden Komponenten
($F = \sqrt{F_h^2 + F_v^2}$), die Feststellung der Lage des Schwerpunkts und die Bestimmung des Biegemoments auf die einzelnen Rohrleitungsquerschnitte mit Hilfe der verschiedenen Hebelarme h ($M = F \cdot h$).

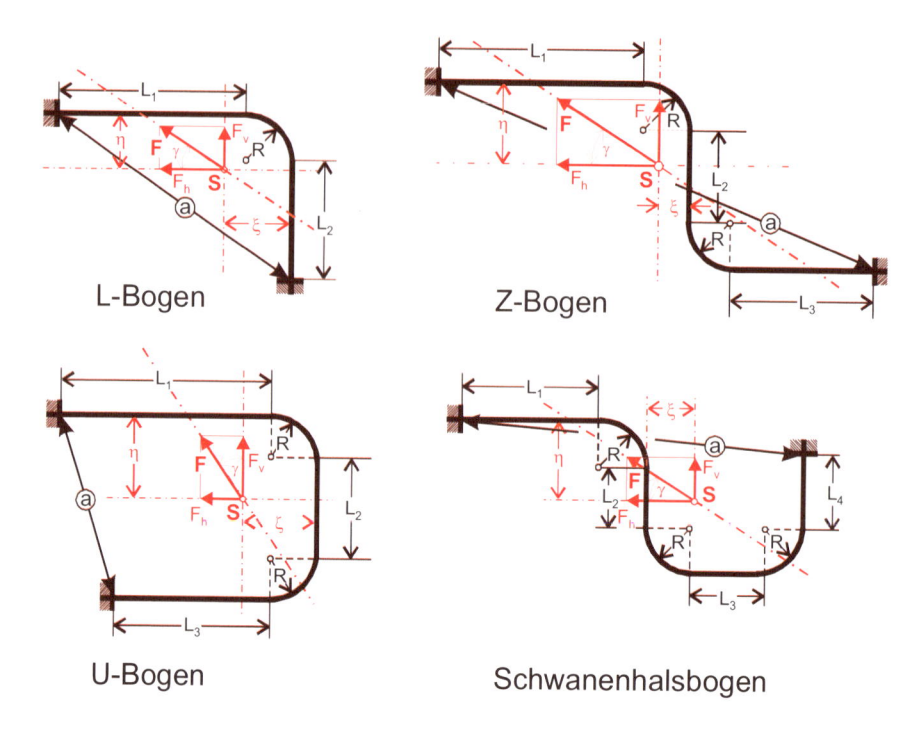

Abb. 9-4: Schematische Darstellung einiger ebener Verrohrungen zwischen jeweils zwei Fixpunkten (Einspannung). Die direkte Verbindung stellt die Strecke a dar. S ist der Schwerpunkt, F die resultierende Kraft durch diesen Schwerpunkt. Ein Fixpunkt kann z.B. der Flansch eines Druckbehälters sein [62]

Zu bemerken ist noch, dass eine nicht starre Einspannung natürlich zu einer Spannungsminderung in der Rohrleitung führt. Diese kann für den Zylinder oder die Kugel nach [63] bzw. durch einen qualitativen Analogieschluss auf vergleichbare Entlastung bei Einspannung in eine ebene Platte [22] abgeschätzt werden. Hierzu denkt man sich die Längen im Einspannpunkt (siehe dazu die bereits zitierte Abb. 9-4) um eine fiktive Länge ΔL verlängert, welche sich abschätzen lässt zu:

$$\Delta L \cong 0{,}8 \cdot \frac{s_L \cdot d^3}{s_G^3} \cdot e^{-7 \cdot \frac{d}{D}} \tag{9.10}$$

(s_G = Wanddicke Apparat, s_L = Wanddicke Rohrleitung, D = Apparatedurchmesser, d = Rohrdurchmesser)

Hiermit darf dann der Abstand a zwischen den Einspannfestpunkten modifiziert werden, so dass man größere zulässige Temperaturen ϑ_i aus den Ar-

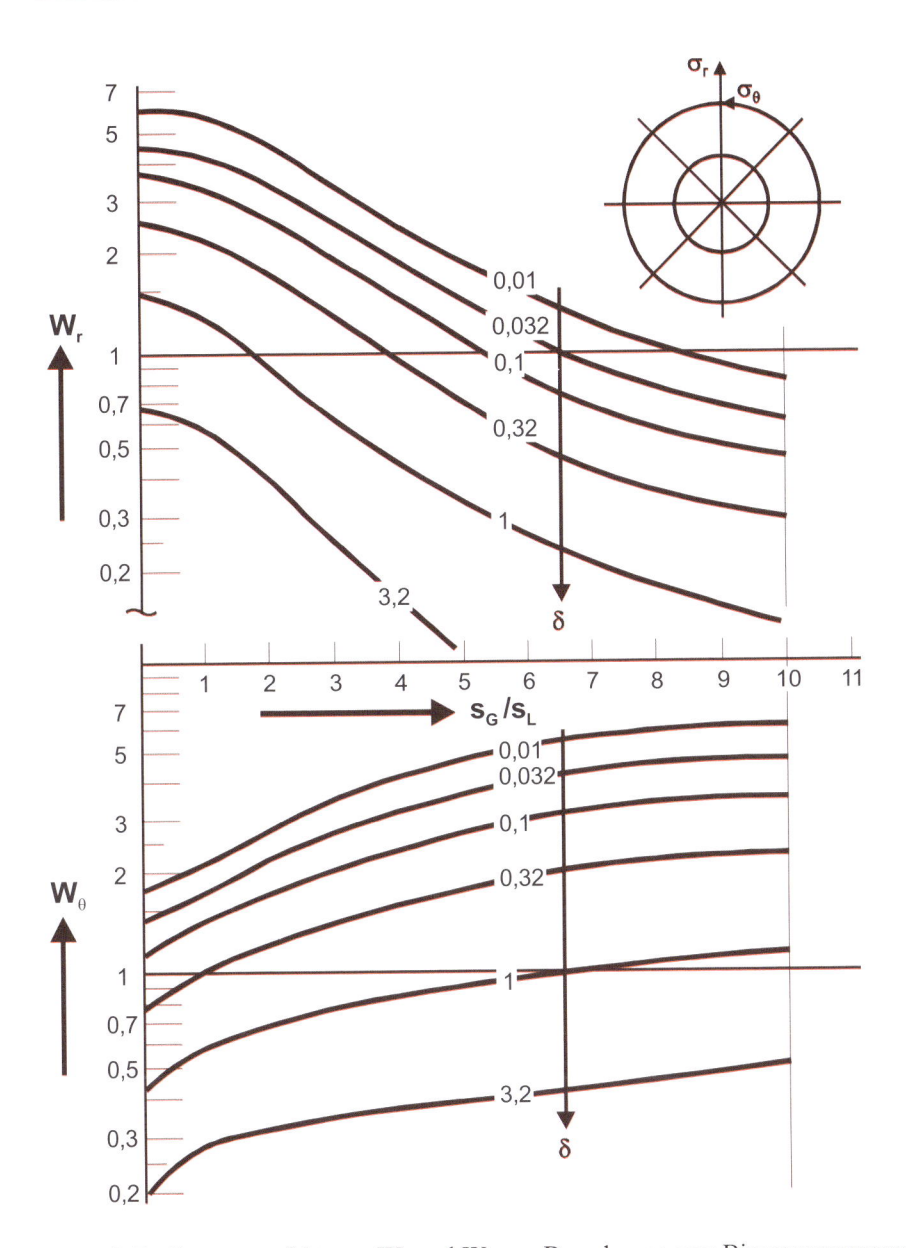

Abb. 9-5: Spannungsfaktoren W_r und W_θ zur Berechnung von Biegespannungen in der Wandung eines Apparates aufgrund von Axialkräften F_h im Anschlussflansch einer Rohrleitung nach [62] über dem Verhältnis Behälterwanddicke zu Rohrwanddicke s_G/s_L für verschiedene Parameter δ.

$$\delta = \frac{d_i + 2 \cdot s_L}{\sqrt{(D_i + s_G) \cdot s_G}}$$

Für typische Anwendungsbereiche ist der Membrananteil in $W_r < 20\%$ und in $W_\theta < 50\%$

beitsdiagrammen ablesen kann. Nebenbei werden hierdurch natürlich auch die resultierenden Kräfte F in den neuen fiktiven Einspannungen abgemindert.

Die im Apparat mit der Wanddicke s_G und dem Durchmesser D erzeugten Spannungen σ_r und σ_θ müssen aus den Kräften F und den Biegespannungen σ_b ($\stackrel{\wedge}{=} \sigma_t$) am Apparateflansch mit Hilfe der Diagramme in den Abb. 9-5 und 9-6 a, b in Apparate-Vergleichsspannungen σ_v umgerechnet werden:

Im Apparat durch von außen angreifende (resultierende) Kraft F:

$$\sigma_r = W_r \cdot \frac{F}{s_G^2} \quad \text{und} \quad \sigma_\theta = W_\theta \cdot \frac{F}{s_G^2} \qquad (9.11 \text{ a, b})$$

Im Apparat aufgrund von Biegespannung σ_b im Rohr:

$$\frac{\sigma_r}{\sigma_b} = W_r \cdot \frac{\pi}{4} \cdot \frac{s_L \cdot d}{s_G^2 \cdot i_a} \quad \text{aus} \quad \sigma_r = W_r \cdot \frac{M}{d_a \cdot s_G^2} \qquad (9.12 \text{ a})$$

$$\frac{\sigma_\theta}{\sigma_b} = W_\theta \cdot \frac{\pi}{4} \cdot \frac{s_L \cdot d}{s_G^2 \cdot i_a} \qquad (9.12 \text{ b})$$

Die in radialer Richtung r wirkenden Apparatespannungen σ_r bzw. in Winkel θ-Richtung wirkenden Spannungen σ_θ setzt man nun zur Berechnung von Apparate-Vergleichsspannungen in Gl. (38), z. B. als Umfangsspannung σ_u und als Axialspannung σ_a wechselweise ein und überprüft diesen Größtwert nach AD-S3/0 [1].

Wegen der linearen Biegespannungsverteilung in der Apparatewand mit Zugspannungen auf der einen und entsprechenden Druckspannungen auf der anderen Seite, kann für den Apparat als Bemessungskriterium das sog. Traglastverfahren nach AD-S3/0, Ausgabe 1992, angewendet werden. Das Traglastverfahren kann dann angewendet werden, wenn statisch unbestimmte Probleme vorliegen. Durch die Überlagerung lokal angreifender äußerer Kräfte mit (statisch bestimmten) Kräften aus dem Innendruck ist dies hier gegeben. Es gilt, die auftretenden Grenzspannungen zu ermitteln und diese mit den werkstoffabhängigen, zulässigen Spannungen (K/S) zu vergleichen. Toleriert werden bei diesem Verfahren örtlich begrenzte plastische Verformungen.

Eine weitere Beurteilung kann nach AD-S4/2000 erfolgen, dort mit großzügigerer Bewertung der Zusatzspannungen.

Für den Traglastfaktor gilt – als Folgerung aus den Ergebnissen von beispielsweise Abb. 9-7 – :

$$f = \frac{1}{K} \cdot (\sigma_m + \sigma_b)_v = 1,5 - 0,5 \cdot \left(\frac{\sigma_{mv}}{K}\right)^2 \geq 1 \qquad (9.13)$$

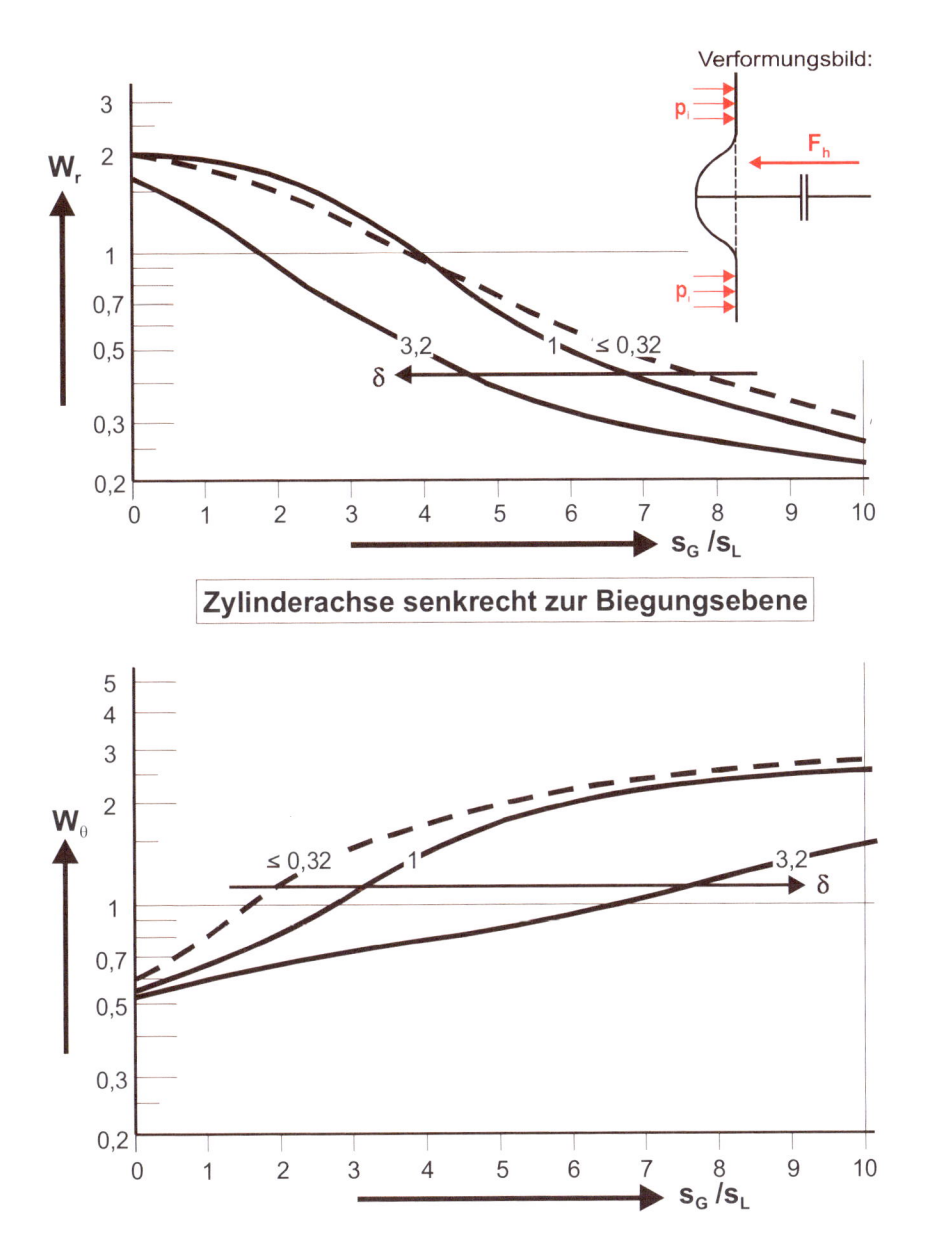

Abb. 9-6 a: Spannungsfaktoren W_r und W_θ zur Berechnung von Biegespannungen in der Wandung eines Apparates aufgrund von Biegemoment und Biegespannungen im Anschlussflansch einer Rohrleitung nach [62], aufgetragen über dem Wanddickenverhältnis s_G/s_L für verschiedene Parameter δ (siehe Abb. 9-5).
Für typische Anwendungsbereiche ist der Membrananteil in W < 30%

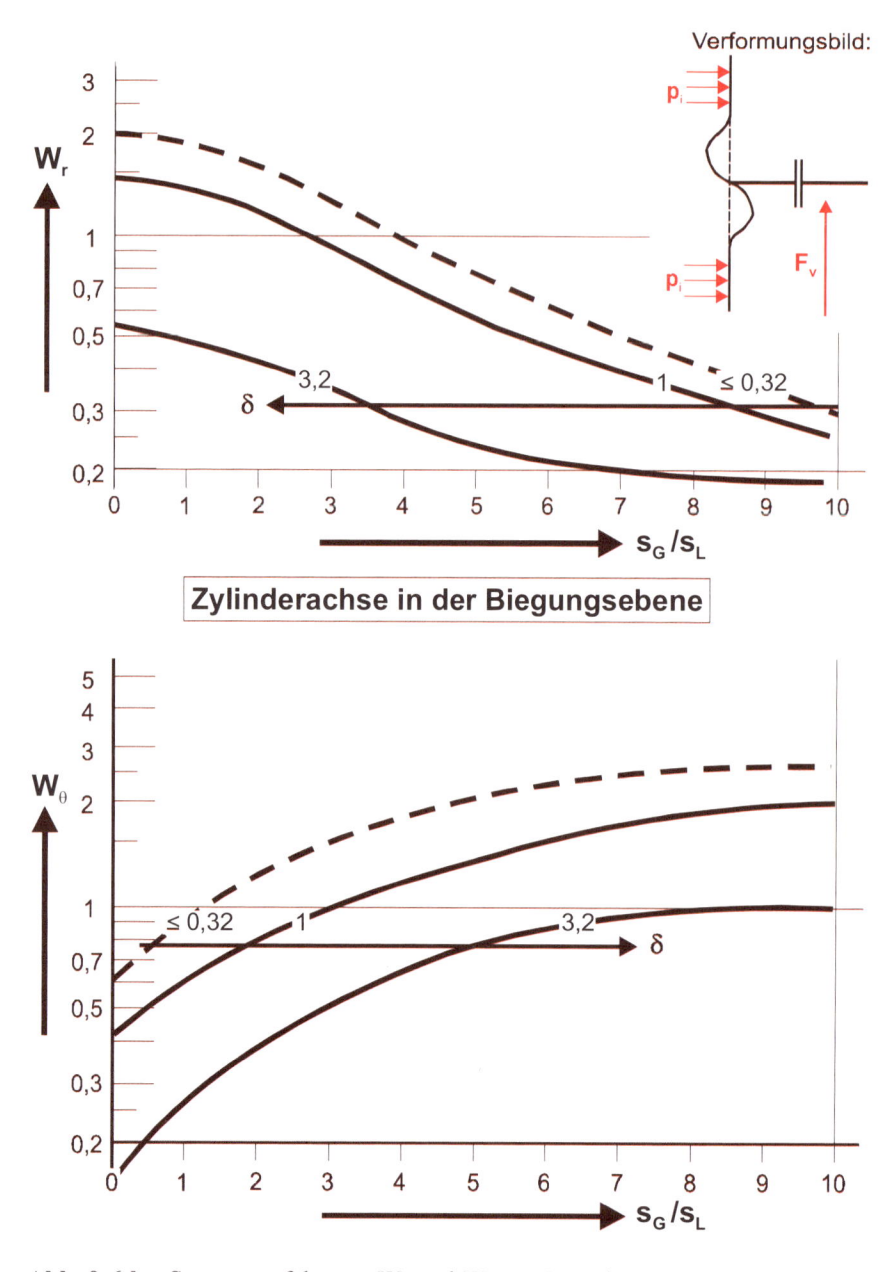

Abb. 9-6 b: Spannungsfaktoren W_r und W_θ zur Berechnung von Biegespannungen in der Wandung eines Apparates aufgrund von Biegemoment und Biegespannungen im Anschlussflansch einer Rohrleitung nach [62], aufgetragen über dem Wanddickenverhältnis s_G/s_L für verschiedene Parameter δ (siehe Abb. 9-5)

Bei Lastwechseln ist dieser Wert entsprechend abzumindern. Bei geringen Membranspannungen $\sigma_{m\,v} \ll K/S$ (= σ_{zul}) kann damit die Gesamtver-

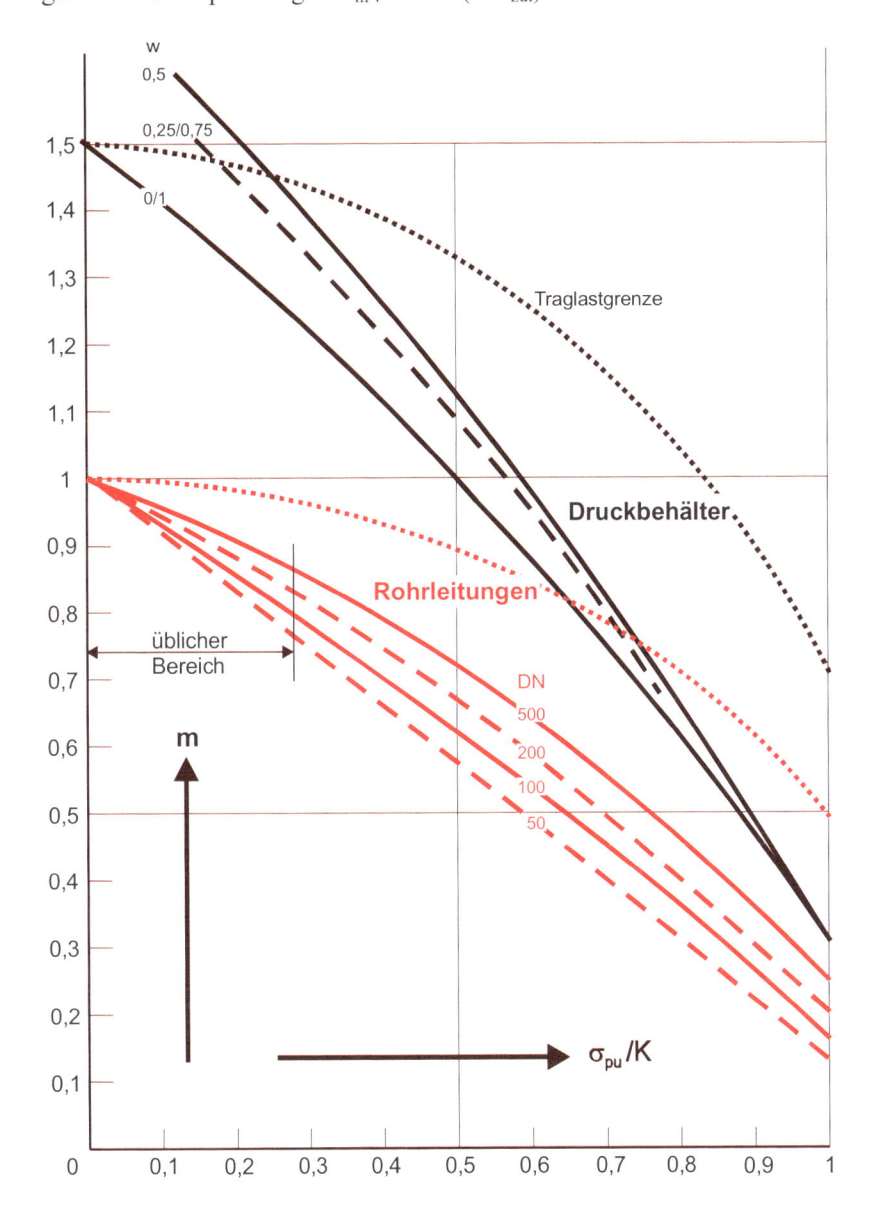

Abb. 9-7: Membranspannungsfaktor m über der durch Innendruck hervorgerufenen Umfangsmembranspannung σ_{pu} für Krümmer verschiedener Nennweiten (PN 25) bei $R = 1{,}5 \cdot d$ und Druckbehälter mit verschiedenen Spannungsverhältnissen w. $m = \sigma_{b\,v}/K$ ($\sigma_{b\,v}$ bei $p_i = 0$), $w = \sigma_\theta/\sigma_r$

gleichsspannung $(\sigma_m+\sigma_b)_v$ durchaus bis auf $f = 1,5 \cdot K$ ansteigen, während man für das in der Rohrwand ebene Biegespannungsprofil σ_t ungünstigstenfalls den einfachen Wert von K zulassen konnte. Dazu ist die Abb. 9-7 von Nutzen, in der ein Membranspannungsfaktor m dargestellt ist, der in drucklosem Zustand $p = 0$ den Wert 1 aufweist. Mit diesem Wert müssen die Werkstoffkennwerte K für den üblichen Fall des Rohrleitungsbetriebs mit $p_i > 0$ entsprechend modifiziert werden. Dadurch wird auch neben den Kräften aus den Wärmedehnungen heraus der Innendruck berücksichtigt. Bei geringeren Ansprüchen an die Werkstoffqualität soll der Membranspannungsfaktor m für Rohrleitungen besser < 1 bleiben (siehe Abb. 9-7).

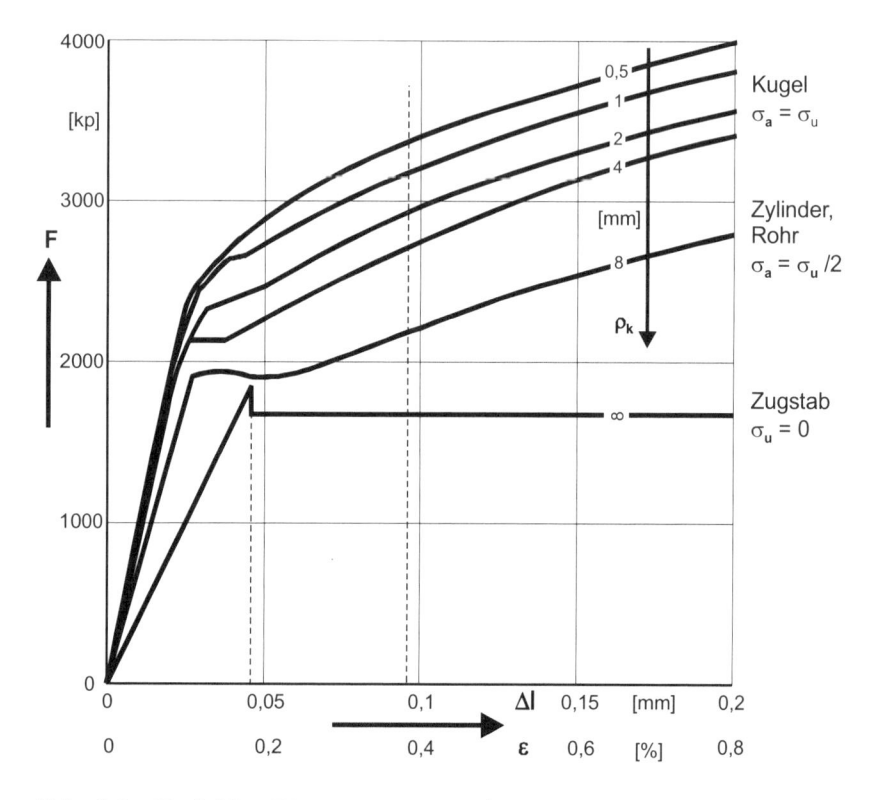

Abb. 9-8: Kraft-Weg-Diagramme von Proben aus Werkstoff C 45. Einfluss des Spannungszustands auf das Festigkeitsverhalten gekerbter Zugstäbe aus Stahl. ρ_k ist der Kerbradius, der die Mehrachsigkeit des Spannungszustands simuliert

Zusatzkräfte F auf Kugelabschnitte können nach AD-Merkblatt S 3/3 [1] beurteilt werden.

Die Abb. 9-8 veranschaulicht die Anhebung der Spannungs-Dehnungs-Linien für den mehrachsigen Spannungszustand von Zylin-

9. Sonderelemente

der/Rohr oder Kugel im Vergleich zum einachsig beanspruchten Zugstab. Das Bild verdeutlicht die Festigkeitsreserven für den mehrachsigen Spannungszustand nach Gl. (9.13). Der Kerbradius ρ_k simuliert eine Mehrachsigkeit des Spannungszustands vom einachsigen Belastungsfall ($\rho_k = \infty$) über die Beanspruchung durch Innendruck im Zylinder oder Rohr ($\rho_k = 8$ mm) bis hin zur innendruckbelasteten Kugel ($\rho_k \cong 1 - 4$ mm).

Insbesondere bei nennenswerten Lastwechselzahlen ist die Sicherheit $S = 1,5$ gegenüber der Streckgrenze des Werkstoffs bei mehrachsigem Spannungszustand erforderlich; zu diesem Thema siehe AD-S1 „Abgrenzung zwischen der Berechnung gegen vorwiegend ruhende Innendruckbeanspruchung und der Berechnung gegen Schwellbeanspruchung", in welchem ausführlichere Betrachtungen bezüglich Dauerfestigkeit bis etwa 10000 Lastwechseln angestellt werden. Weiterhin kann eine „Berechnung auf Schwingbeanspruchung" AD-S2 bei pulsierender Strömung hinter Kolbenpumpen erforderlich werden.

Die vorgenannten AD-Merkblätter S1 und S2 [1] bringen dazu vorbildliche Anwendungsbeispiele.

Ein Demonstrations**beispiel** soll den Nutzen der vorstehenden Ausführungen erläutern:

Ein Flüssigkeitsabscheider ($D_i = 2000$ mm, $s = 10$ mm) muss zusätzlich zu Membranspannungen $\sigma_{pu} = 80$ N/mm², welche nach Kesselformel durch einen Innendruck $p_i = 8$ bar bewirkt werden, auch noch Umfangsspannungen σ_θ und Radialspannungen σ_r aufnehmen, die aufgrund einer Axialkraft $F = 2$ t $= 19610$ N durch Rohrleitungsgewicht DN 500 ($d_i = 486$ mm, $s_L = 11$ mm) und Wärmedehnung von einem Führungslager her entstehen. Streckgrenze $K(\vartheta) = 164$ N/mm² und Sicherheitsfaktor $S = 1,5$. Innendruck und Membranspannung:

$$p = \frac{20 \cdot s_G}{D_i + s_G} \cdot \frac{K}{S} \cdot v_A = \frac{20 \cdot s_G}{D_i + s_G} \cdot \sigma_{pu}$$

$$\sigma_{pu} = \frac{K}{S} \cdot v_A = \frac{164}{1,5} \cdot 0,731 = 80 \text{ N/mm}^2 \quad \text{für durchgesteckten Stutzen}$$

nach AD-B9. Daraus $p = \dfrac{20 \cdot 10}{2010} \cdot 80 = 8$ bar

Die Gleichung für die bezogene Abklinglänge δ der Spannungsstörung in Abb. 9-5 lautet:

$$\delta = \frac{d_i + 2 \cdot s_l}{\sqrt{(D_i + s_G) \cdot s_G}} = \frac{486 + 2 \cdot 11}{\sqrt{(2000+10) \cdot 10}} = 3,6 \quad \text{bei} \quad \frac{s_G}{s_L} = \frac{10}{11} = 0,91$$

Aus Abb. 9-5 kann man nun als Spannungsfaktoren $W_r = 0{,}55$ und $W_\theta = 0{,}25$ extrapolieren. Mit Gl. (9.11 a, b) ergibt sich:

$$\sigma_r = W_r \cdot \frac{F}{s_G^2} = 0{,}55 \cdot \frac{19610}{100} = 108 \text{ N/mm}^2 \text{ in der Außenfaser}$$

Membrananteil $\sigma_{mr} = 7$ N/mm² [62] und [63]

$$\sigma_\theta = W_\theta \cdot \frac{F}{s_G^2} = 0{,}25 \cdot \frac{19610}{100} = 49 \text{ N/mm}^2;$$

Membrananteil $\sigma_{m\theta} = 21$ N/mm² [62] und [63]

dies zusammen mit $\sigma_{p\,u}$ in die Berechnung einer Vergleichspannung nach Gl. (9.6):

$$\sigma_v = \sqrt{(80+108)^2 + (40+49)^2 - (80+108) \cdot (40+49)} = 163 \text{ N/mm}^2$$

In Anwendung von AD-Merkblatt S3/0, Anhang 1, Ausgabe 1992, erhält man einen Traglastfaktor

$$f = 1{,}5 - 0{,}5 \cdot \left(\frac{\sigma_{mv}}{K}\right)^2 = 1{,}5 - \frac{0{,}5}{164^2} \cdot \left[(80+7)^2 + (40+21)^2 - 87 \cdot 61\right] = 1{,}39$$

Die Bedingung einer Vergleichsmembranspannung $\sigma_{pu} \leq K/S$ und die Bedingung

$$\sigma_v = 163 \leq 1{,}5 \cdot f \cdot \frac{K}{S} = 1{,}39 \cdot 164 = 228 \text{ N/mm}^2 \text{ sind somit erfüllt.}$$

Auch die gesamten primären Membranspannungen aufgrund von Druck und Gewicht sind in der Außenfaser hinreichend klein:

$$\sigma_{mv} < \sqrt{(20+21)^2 + (40+7)^2 - 41 \cdot 47} = 44 < \frac{K}{S}$$

Etwaige zusätzliche Biegespannungen um den Rohrleitungsstutzen des Apparates würde man ganz analog nach Gl. (9.12 a, b) aus den Biegespannungen der Rohrleitung bestimmen und zusätzlich in Gl. (9.6) den Axial- und Umfangstermen hinzufügen. Für verschiedene Biegebeanspruchungen sind in Abb. 9-6 a, b die zugehörigen Spannungsfaktoren W_r und W_θ nach [62] und [63] tendenzmäßig dargestellt. Man erkennt bei Biegebeanspruchung eine geringere Abhängigkeit der Spannungsfaktoren W vom Parameter δ, der bezogenen Abklinglänge einer Spannungsstörung, als bei Beanspruchung durch eine in der Rohrleitungsachse wirkende Axialkraft F (siehe Abb. 9-5).

Zulässige Maximalwerte von Spannungen ergeben sich aus der Darstellung (Abb. 9-7) des Membranspannungsfaktors m für verschiedene Verhältnisse $w = \sigma_\theta / \sigma_r$ bei vernachlässigbarem Membrananteil der Sekundärspannungen.

9.2 Kompensatoren

Kompensatoren werden dann in Rohrleitungen vorgesehen, wenn Zwängungsspannungen – vorwiegend hervorgerufen durch unterschiedliche Wärmedehnungen – zu verringern oder ganz zu vermeiden sind. Anders ausgedrückt: Die hier behandelten Axialkompensatoren, ausgeführt als Balgkompensatoren, sollen einen Ausgleich von Längenänderungen bewirken.

An Apparaten – und die werden in diesem Buch behandelt – kommen Kompensatoren meist in Wärmetauschern zum Einsatz, wobei sie dann im Außenmantel eingeschweißt werden, wenn durch unterschiedliche Wärmedehnung zwischen Mantel und Rohrbündel vor allem die äußeren Rohreinschweißungen – z.B. auch durch häufigen Temperaturwechsel – überbeansprucht werden können. Dabei ist jedoch zu bedenken, dass wegen der dadurch größeren Elastizität in Längsrichtung des Außenmantels die Rohrplatten erheblich dicker ausgeführt werden müssen (siehe dazu auch Beispiel 13 im Unterkapitel 6.3). Auch wird die gesamte Apparatekonstruktion dadurch sicherlich teurer, wie bereits anderenorts erwähnt.

Eine erste Abschätzung von Wärmespannungen bei Wärmetauschern mit festen Rohrplatten ohne das Ausgleichselement Kompensator kann mit den Gln. (9.4) und (9.5) im Unterkapitel 6.1 vorgenommen werden. Die Festigkeitsberechnung wird in [2] sehr gut dargestellt. Dort erfolgt zuerst die Ermittlung der Kompensatorwanddicke mit Hilfe der folgenden Gleichung:

$$s_K = 0{,}61 \cdot l_0 \cdot \sqrt{\frac{p_i}{\delta_\varepsilon \cdot K/S}} \qquad (9.14)$$

(l_0 = wirksame Länge, δ_ε = 1,6 für gut verformungsfähige, δ_ε = 1,5 für weniger gut verformungsfähige Werkstoffe)
um dann mit der Berechnung fortzufahren, auf die im Einzelnen hier nicht eingegangen werden muss.

Die Beanspruchung der Kompensatorbälge (siehe Darstellung von zwei unterschiedlich geformten Balgwellen in Abb. 9-10) erfolgt einerseits durch den bereits erwähnten Innendruck p_i, andererseits durch die Wechselverformung aufgrund des Federwegs w. Diese beiden Beanspruchungen führen bezüglich der konstruktiven Gestaltung des Wellenprofils leider zu genau entgegengesetzten Lösungen. Für den Innendruck wäre ein Wellenprofil, das einer offenen Kreisringschale entspricht am günstigsten, während für den Federweg des Dehnungsausgleichs ein flaches Wellenprofil, das einer Membranscheibe entspricht, vorteilhafter ist.

Der Innendruck erzeugt neben den Umfangsspannungen aber auch Biegespannungen, die in der Regel für die Kompensatorbeanspruchung maßgebend sind. Diese überlagern sich den Biegespannungen aus dem Federweg w. Je größer also die Wanddicke, desto höher der zulässige Druck, aber umso geringer der zulässige Federweg [61].

Die drei korrespondierenden Abb. 9-9 a, b und c zeigen in Kurvenzügen den Verlauf der numerisch bestimmten Rechenstützwerte R_p für Innendruck und R_w für Federweg zur Bestimmung von Vergleichsspannungen

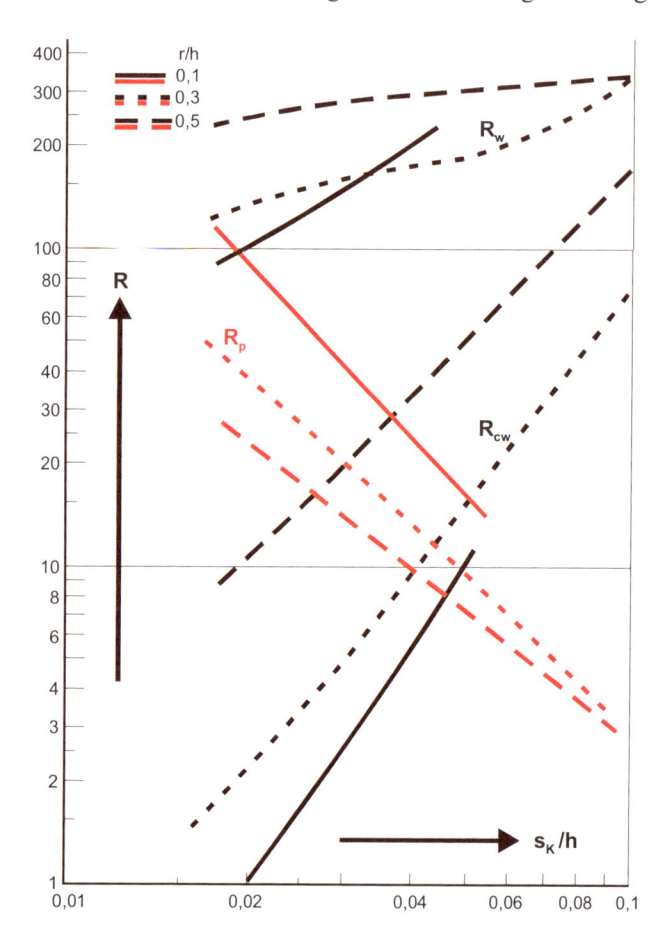

Abb. 9-9 a: Rechenstützwerte R über s_K/h zur Spannungsbestimmung in einwandigen Balgkompensatoren nach AD-Merkblatt B13 [1] für verschiedene höhenbezogene Krempenradien r/h. Durchmesser-Höhen-Verhältnis $d/h = 3$

an der höchstbeanspruchten Stelle des Kompensators sowie R_{cw} für die Axialfederkonstante c_w. Im Gegensatz zum umgekehrt proportionalen Zusammenhang zwischen Spannung durch Innendruck p_i und Wanddicke s_K ist der Spannungsabfall mit zunehmender Dicke s_K stärker, z.B. $\sigma_p \approx s^{-1,5}$.

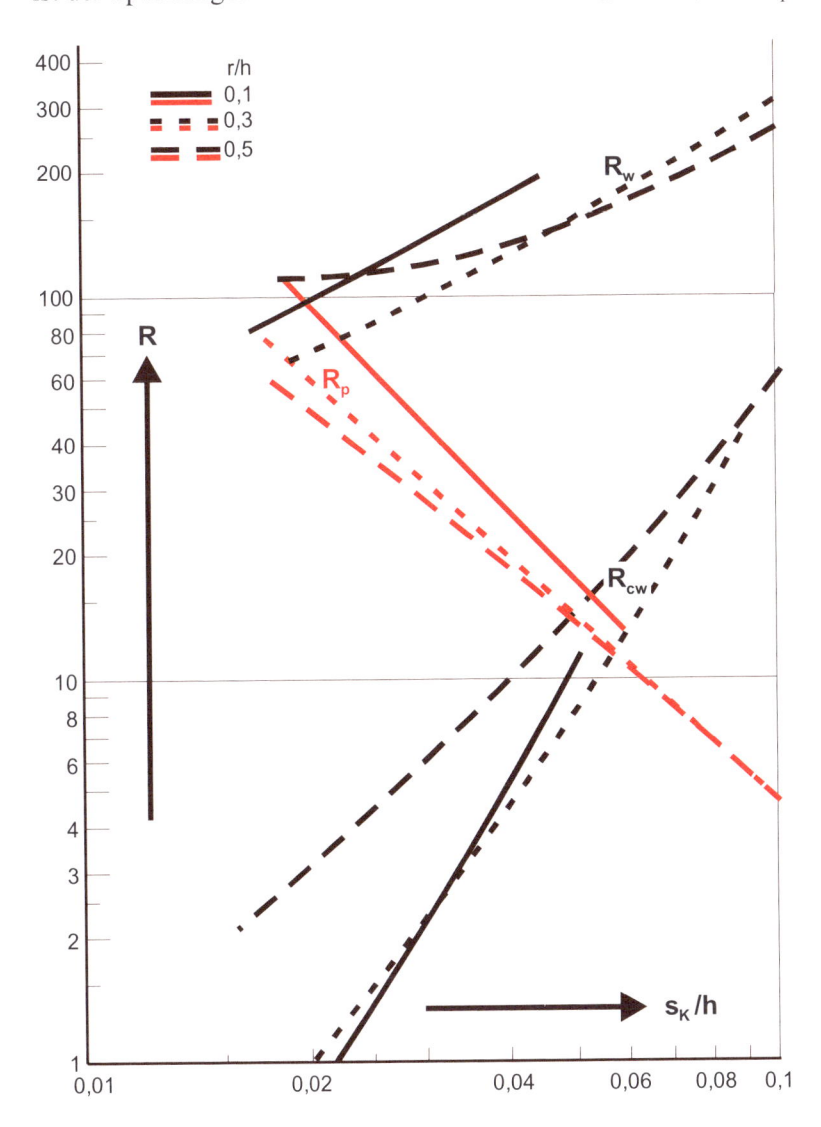

Abb. 9-9 b: Rechenstützwerte R über s_K/h zur Spannungsbestimmung in einwandigen Balgkompensatoren nach AD-Merkblatt B13 [1] für verschiedene höhenbezogene Krempenradien r/h. Durchmesser-Höhen-Verhältnis $d/h = 10$

Die Vergleichsspannung aufgrund der Axialverschiebung ist im Mittel der Wanddicke s_K proportional, während die Federkonstante c_w entsprechend dem Kehrwert des Widerstandsmoments eines Biegebalkens im Mittel quadratisch mit der Wanddicke des Kompensators zunimmt:

$$\sigma \approx \frac{1}{W} = \frac{6}{b \cdot s_K^2}$$

Dargestellt sind jeweils die Rechenstützwerte R zur Spannungsbestimmung in einwandigen Balgkompensatoren nach AD-Merkblatt B13 (dort Tafeln 2-10) über s_K/h, d.h. Wanddicke s_K zu Balghöhe h für verschiedene

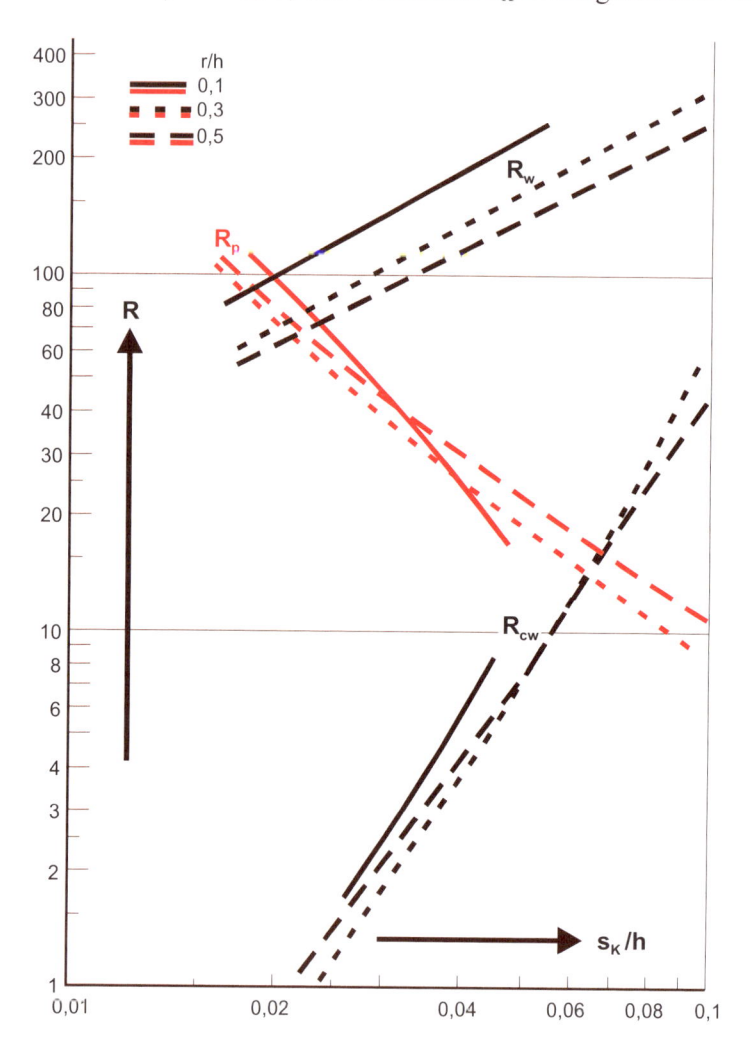

Abb. 9-9 c: Rechenstützwerte R über s_K/h zur Spannungsbestimmung in einwandigen Balgkompensatoren nach AD-Merkblatt B13 [1] für verschiedene höhenbezogene Krempenradien r/h. Durchmesser-Höhen-Verhältnis d/h = 30

höhenbezogene Krempenradien r/h. Die Abb. 9-9 a gilt für d /h = 3, die Abb. 9-9 b für d /h = 10 und die 9-9 c für d /h = 30. d ist darin der mittlere Innendurchmesser eines Kompensators in [mm] (bei Apparaten = $D_{G\,m}$), h die Kompensatorhöhe und r der Krempenradius, beide nach der folgenden Abb. 9-10.

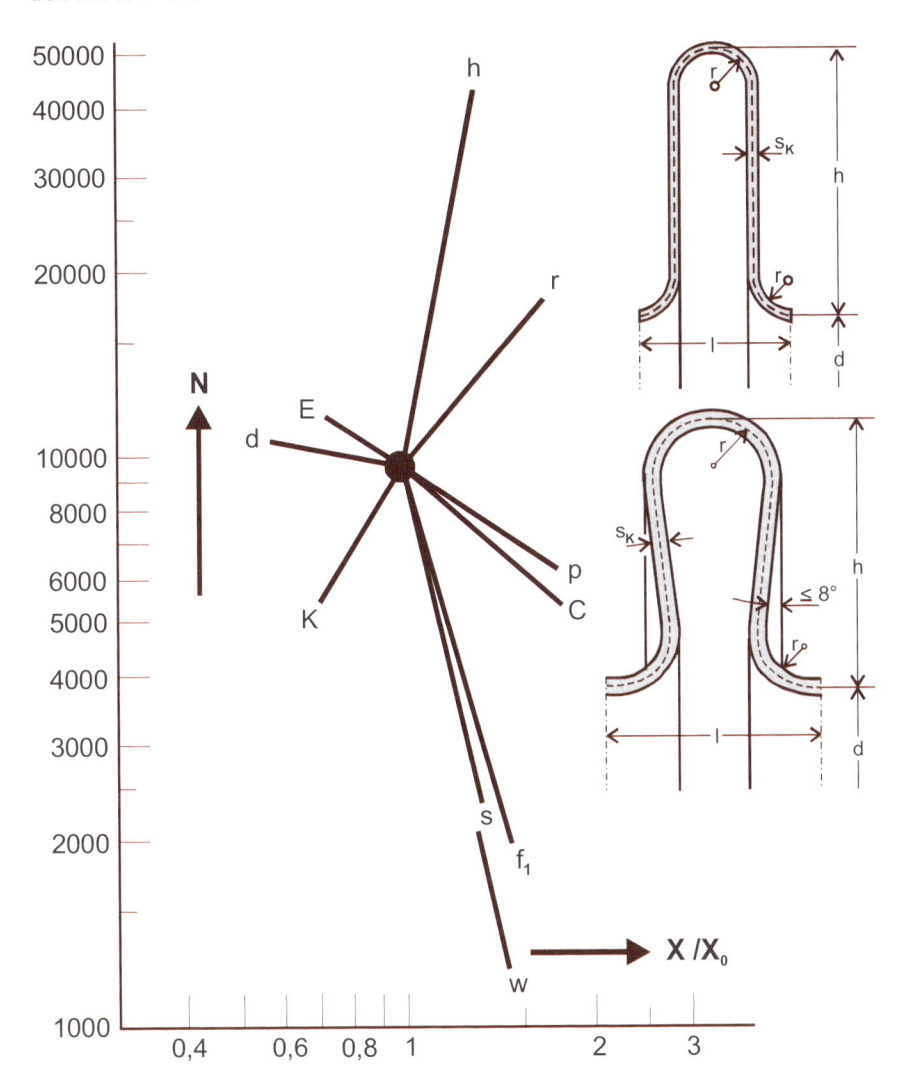

Abb. 9-10: Bruchlastspielzahl N über der partiellen Änderung X/X_0 der Haupteinflussgrößen unter Zugrundelegen der Standardwerte X_0 für einwandige Balgkompensatoren nach AD-B13. Rechts im Bild Balgkompensatoren mit parallelen und lyraförmig gebogenen Wellenflanken

9. Sonderelemente

Definition der Rechenstützwerte (die Nummern der Gleichungshinweise beziehen sich auf AD-B13):
R(p): Rechenstützwert für die größte Vergleichsspannung nach Gl.(1) bedingt durch den Innendruck p
R(w): nach Gl. (3) für Axialverschiebung w einer Balgwelle
$R(c_w)$: Rechenstützwert für die Axialfederkonstante c_w nach Gl.(4)

R(p) auch Vergleichsspannung bei 1 bar Überdruck
R(w) auch Vergleichsspannung bei 1 mm Axialweg
$R(c_w)$ auch Axialkraft je mm mittleren Umfangs bei einem Axialweg w = 1 mm

Die Abb. 9-10 enthält für einwandige Balgkompensatoren die Bruchlastspielzahl N über der partiellen Änderung X/X_0 der Haupteinflussgrößen nach der folgenden Auflistung der „Standardwerte" X_0, die aus verwendeten geometrischen Abmessungen, Werkstoffdaten und Angaben aus AD-B13 bestehen, sie bilden die Bezugsgrößen. Die eingetragenen Geradensteigungen beruhen auf Schätzungen.

In der Abbildung sind weiter eine parallele und eine lyraförmige Balgwelle mit den verwendeten Abmessungen dargestellt. Der lyraförmigen Ausführung ist der Vorzug zu geben, da sie sowohl sehr druckfest, wie auch sehr beweglich in axialer Richtung ist. Durch einfache Geometrieänderung kann sie mehr oder weniger gut den jeweiligen Anforderungen angepasst werden.

Neben einwandigen kommen auch mehrwandige Kompensatorausführungen zu Einsatz. Der Balg besteht aus mehreren Wandschichten, die sich gerade für druckbelastete Apparate und Rohrleitungen sehr gut bewährt haben. Weiterhin besteht die Möglichkeit einer ständigen Lecküberwachnung, was vor allem bei kritischen Medien von großem Vorteil ist.

Standardwerte X_0:
K = 200 N/mm²   h = l = 50 mm
E = 210000 N/mm²   r = 15 mm
p = 6 bar   w = 5 mm
s = 3 mm f_1 = 1
d = 1500 mm   C = 0,085 (Beiwert für Axialverschiebung)

Die Darstellung verdeutlicht die Auswirkung der genannten Haupteinflussgrößen auf die Lastspielzahl N bzw. N_{zul}. Eine drastische Verlängerung der Lebensdauer ergibt sich durch eine größere Kompensatorhöhe h, eine drastische Verkürzung durch Vergrößerung von Federweg w, Wanddicke s_K oder den Wechselfestigkeitsbeiwert f_1 für Rundnähte am Balg.

Demonstrations**beispiel** für einen Rechengang nach AD-B13:

Aufgabenstellung:
Durch Anwendung der Berechnungsgleichungen aus AD-B13 ist das Ergebnis aus Abb. 9-10 für das Zentrum der Abhängigkeitsstudie (•) zu belegen. Als Berechnungsdaten gelten die zu Abb. 9-10 angegebenen „Standardwerte" X_0

Lösungsweg:
Für d /h = 30, r /h = 0,3 und s /h = 0,06 kann man aus Tafel 10 in AD-B13 die Rechenstützwerte R_p = 15,73, R_w = 200,5 und R_{cw} = 13,48 ablesen.
Zur Ermittlung der Balgbeanspruchung durch inneren Überdruck p_i dient Gl.(1):

$$\sigma_{v(p)} = R_p \cdot p_i = 15{,}73 \cdot 6 = 94{,}4 \text{ N/mm}^2$$

Diese Spannung muss kleiner sein als die nach Gl.(14) vorgegebene, maximal zulässige Vergleichsspannung bei einer ruhenden Beanspruchung durch inneren Überdruck (Stützziffer n = 1,55, Sicherheit $S_{v\,p}$ = 1,2) :

$$\sigma_{vp} \leq \frac{n}{S_{vp}} \cdot K = \frac{1{,}55}{1{,}2} \cdot 200 = 258 \text{ N/mm}^2 \text{, was die Bedingung zu Gl.(1)}$$

erfüllt.
Nun wird die Beanspruchung durch die Axialverschiebung w nach Gl.(3) berechnet:

$$\sigma_{vw} = 2{,}4 \cdot 10^{-4} \cdot \frac{R_w}{h} \cdot E \cdot w = 2{,}4 \cdot 10^{-4} \cdot \frac{200{,}5}{50} \cdot 210000 \cdot 5$$

$= 1010 \text{ N/mm}^2$
Jetzt ist zu überprüfen, ob die mittlere Umfangsspannung hinreichend gering ist. Hierzu dient die Gl.(16):

$$\sigma_{um} = \frac{2{,}5 \cdot 10^{-2} \cdot (d+h) \cdot l \cdot p}{s \cdot (1{,}14 \cdot r + h) \cdot v} = \frac{0{,}025 \cdot 1550 \cdot 50 \cdot 6}{3 \cdot (1{,}14 \cdot 15 + 50) \cdot 0{,}85} = 68 \text{ N/mm}^2$$

Die Bedingung $\sigma_{um} \leq K/S_{um}$ = 200/1,5 = 133 N/mm² ist erfüllt
Zur Berechnung der Bruchlastspielzahl N nach Gl.(22) müssen die bezogene Spannung B und der Kennwert f_2 für eine teilplastische Verformung, sowie die effektive Gesamtdehnungsschwingbreite 2 · $\varepsilon_{a\,ges.}$ bestimmt werden. Mit Gl.(20_a) wird $B = \dfrac{S_{vp} \cdot \sigma_{vp}}{n \cdot K} = \dfrac{1{,}2 \cdot 94{,}4}{1{,}55 \cdot 200} = 0{,}365$

Aber $B \geq \dfrac{S_{um} \cdot \sigma_{um}}{K} = \dfrac{1{,}5 \cdot 67{,}94}{200} = 0{,}51$ Forderung ist nicht erfüllt. 0,51 wird aber in die Gleichung für f_2 eingesetzt, da der größere Wert von B maßgebend ist.

Gl.(20):
$$f_2 = 1 + C \cdot \left(\dfrac{1}{K} \cdot \Delta\sigma_{v\,ges} - 2\right) + 0{,}1 \cdot B$$
$$= 1 + 0{,}085 \cdot \left(\dfrac{94{,}4 + 1010{,}5}{200} - 2\right) + 0{,}051 = 1{,}35$$

mit C = 0,085 für warm umgeformten Austenit nach Tafel 1. Mit der effektiven Gesamtdehnungsschwingbreite nach Gl.(18):

$$2 \cdot \varepsilon_{a\,ges} = \dfrac{100}{E} \cdot \Delta\sigma_{v\,ges} \cdot f_1 \cdot f_2 = \dfrac{94{,}4 + 1010{,}5}{2100} \cdot 1{,}0 \cdot 1{,}35 = 0{,}71\%$$

mit $f_1 = 1$, d.h. keine Rundnaht in der Innenkrempe
Hiermit ergibt sich abschließend nach den Gln. (22) und (23) die Lastspielzahl

$$N = \left(\dfrac{10}{2 \cdot \varepsilon_{a\,ges}}\right)^{3{,}45} = \left(\dfrac{10}{0{,}71}\right)^{3{,}45} = 9200 \quad \text{Lastwechsel, wie auch mit}$$

EDV-Programm für die Abb. 9-10 und 9-11 berechnet.

Wenn durch repräsentative Lebensdauerversuche nachgewiesen ist, dass eine Bruchlastspielzahl N für mindestens 95% der Kompensatoren erreicht wird, so gilt als Sicherheitsfaktor für die Lebensdauer $S_L = 2$. Ohne diese Versuche ist $S_L = 5$ anzusetzen.

Die zulässige Lastspielzahl ist definiert zu $N_{zul} \leq N / S_L$. Damit ergibt sich für das Beispiel entweder $N_{zul} = 9200 / 2 = 4600$ mit $S_L = 2$ oder $N_{zul} = 9200 / 5 = 1840$.

Wird die Axialverschiebung einer Balgwelle durch eine Vorspannung zum Beispiel auf w = 2,5 mm halbiert, so erhält man N = $S_L \cdot N_{zul.}$ = 70000 Lastwechsel.

Abschließend folgt die Ermittlung der Kraft F, durch welche ja erst die Axialverschiebung w hervorgerufen wird, nach Gl.(3):

$$F = c_w \cdot w = 0{,}15 \cdot 10^{-4} \cdot R_{cw} \cdot (d + h) \cdot E \cdot w$$
$$= 0{,}15 \cdot 10^{-4} \cdot 13{,}48 \cdot 1550 \cdot 210000 \cdot 5 = 329080 \text{ N} = 33{,}6 \text{ to}$$

Durch diese 33,6 to Axialkraft wird der Wärmetauschermantel bei einer Wanddicke s = 5 mm mit einer Axialspannung $\sigma_a = 14{,}3$ N/mm² beaufschlagt. Für eine Vorspannung müsste axial mit ca. 15 to gearbeitet werden, um den entsprechenden Mantelbereich zur Verschweißung an den Rohrbodenflansch zu drücken.

Bei der Fertigung ist darauf zu achten, dass der Kompensator nicht zusätzlich auf Biegung beansprucht wird. Bei Nichtbeachtung würde ein Biegewinkel α an einer Balgwelle entstehen. Dieser Winkel α kann in eine äquivalente Axialverschiebung w umgerechnet werden nach Gl.(5):

$$w = (d + 2 \cdot h) \cdot \frac{\pi}{360} \cdot \alpha° \qquad (9.15)$$

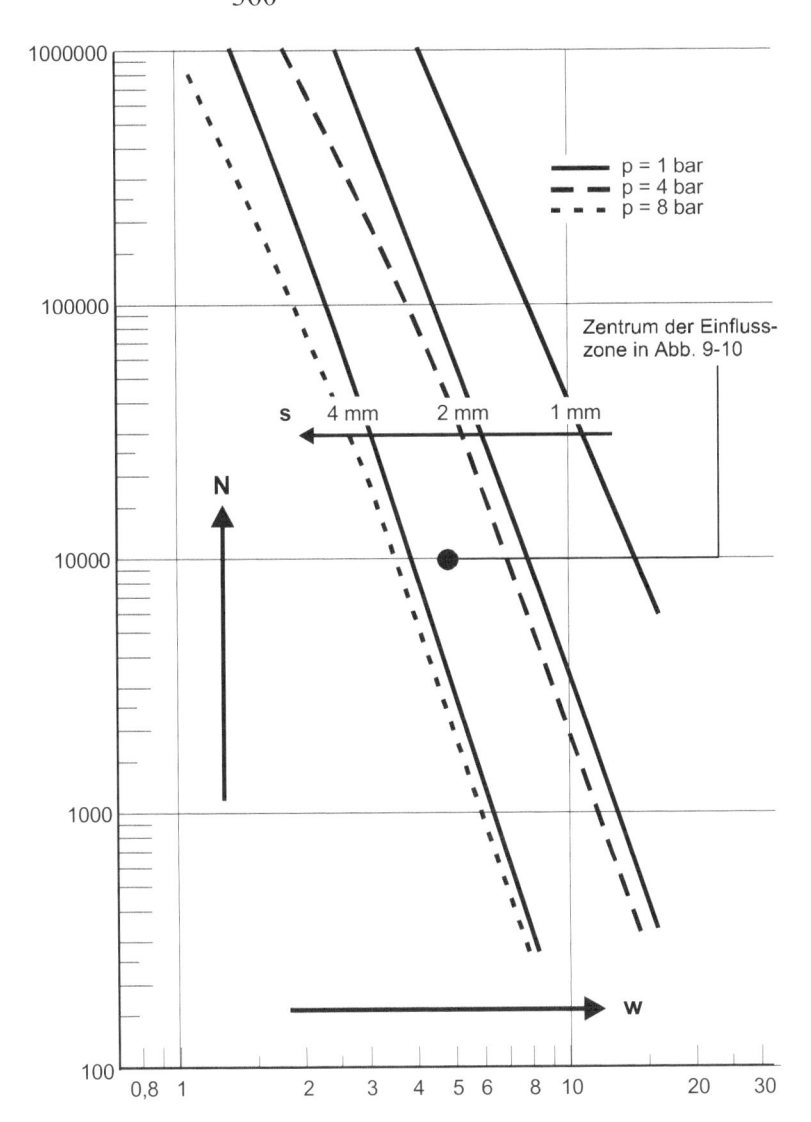

Abb. 9-11: Bruchlastspielzahl N als Ordinate über der Axialverschiebung w einer Balgwelle für verschiedene Kompensatorwanddicken s_K und Innendrücke p_i

Für das hier durchgerechnete Beispiel würde ein Biegewinkel α von beispielsweise nur 1° einer Axialverschiebung

$$w = (1500 + 2 \cdot 50) \cdot \frac{\pi}{360} = 14 \text{ mm}$$

entsprechen, was – wie bereits erwähnt – eine drastische Abminderung der zulässigen Lastspielzahl zur Folge hätte. Bei der Bau- und Druckprüfung von Wärmetauschern ist daher auch die exakte Einbauweise des Kompensators durch entsprechende Vermessung der Abstände zu den Flanschen sicherzustellen. Dasselbe gilt für den „heißen" Betriebszustand, bei dem durch geeignete Axialführungen eine Verkantung des Kompensators zuverlässig zu verhindern ist. Zur Vertiefung siehe [65].

In der Abb. 9-11 ist die Bruchlastspielzahl $N = N_{zul} \cdot S_L$ als Ordinate über der Axialverschiebung w einer Balgwelle für verschiedene Wanddicken s des Kompensators und Innendrücke p_i aufgetragen. Zugrundegelegt wurden wieder die Standarddaten X_0.

Diese Abbildung verdeutlicht nochmals den Vorteil kleiner Wanddicken s_K der Kompensatorbalgwelle. Bei mehrlagigen Kompensatoren darf der Druck p_i in erster Näherung durch die Lagenzahl geteilt werden.

Folgender Hinweis verdient Beachtung:

Gegen Schmutzablagerungen sollten Kompensatoren mit innenliegenden Schutzrohren versehen werden. In Rohrleitungen können dadurch auch Strömungsdruckverluste verhindert werden.

9.3 Plattierungen

Plattierungen aus höherwertigem Material sollen einen wirksamen, aber auch wirtschaftlichen Schutz des Grundwerkstoffs eines Apparates gegen einen Korrosionsangriff (oder – seltener – gegen Verschleiß) bieten.
Als im chemischen Apparatebau überwiegend verwendete Verfahren bieten sich an:

- Schweißplattieren nach verschiedenen Methoden
- Walzplattieren
- Sprengplattieren
- Pressen und Strangpressen

Erwähnt werden muss an dieser Stelle, dass neben metallischen Plattierungen auch Beschichtungen aus Kunststoffen, Gummierungen, Emaillierungen u.ä. als Korrosionsschutz verwendet werden. Diese Beschichtungen sollen jedoch nicht Gegenstand des vorliegenden Abschnitts sein.

Bei einer Plattierung werden Werkstoffe mit meist unterschiedlichen Wärmeausdehnungskoeffizienten zusammengefügt Damit ist die Problematik schon klar: Bei Temperaturänderungen entstehen zusätzliche Spannungen im Verbund, die sich dann den normalen Betriebsspannungen überlagern.

Zur Erläuterung soll folgendes **Beispiel** dienen:

Aufgabenstellung:
Zu beurteilen sind die Spannungen in der austenitischen Plattierung bei Beanspruchung durch Innendruck und temperaturbedingte unterschiedliche Ausdehnungen von ferritischem Grundwerkstoff (Index f) und dem Austenit der Plattierungsschicht (Index a).

Daten:
$p_i = 6$ bar, $\Delta\vartheta = 130°C$, $s_f = 8$ mm, $s_a = 2$ mm, $D_i = 3000$ mm,
$E_f = 207000$ N/mm², $E_a = 190000$ N/mm², $\mu = 0,3$, $\alpha_f = 12,6 \cdot 10^{-6}$/K,
$\alpha_a = 16,6 \cdot 10^{-6}$/K

Lösung:
Als Berechnungsgleichung wird eine Ableitung aus [3] verwendet, welche für einen Zylinder um einen Druckterm in erweiterter Form ergänzt ist:

$$\sigma_a(p,\vartheta) = \frac{p_i \cdot D_i}{20 \cdot s_a \cdot \left(1 + \frac{s_f}{s_a} \cdot \frac{E_f}{E_a}\right)} - \frac{(\alpha_a - \alpha_f) \cdot \Delta\vartheta \cdot E_a}{1 - \mu_a + (1 - \mu_f) \cdot \frac{s_a}{s_f} \cdot \frac{E_a}{E_f}} = \sigma_{pa} - \sigma_{\vartheta a}$$

(9.16)

Zahlenwerte eingesetzt, ergibt sich:

$$\sigma_a = \frac{6 \cdot 3000}{20 \cdot 2 \cdot \left(1 + \frac{8}{2} \cdot \frac{207000}{190000}\right)} - \frac{4 \cdot 10^{-6} \cdot 190000 \cdot 130}{0{,}7 + 0{,}7 \cdot \frac{2}{8} \cdot \frac{190000}{207000}}$$

$|\sigma_a| = |84 - 114{,}8| = 30{,}8$ N/mm² $< K_{a\,(150\,°C)}/S = 206/1{,}5 = 137$ N/mm² (für den austenitischen Werkstoff 1.4571).

Für den ferritischen Grundwerkstoff erhält man eine ähnliche Formel, indem man die Indices vertauscht und das ±Vorzeichen des Temperaturterms berücksichtigt:

$\sigma_f = 91{,}5 + 28{,}7 = 120{,}2$ N/mm² $< K_{f\,(150°C)}/S = 222/1{,}5 = 148$ N/mm² (für Kesselblech H II).

Zur Schonung der Austenitschicht empfiehlt es sich, den Apparat zuerst mit Druck und erst anschließend mit Temperatur zu beaufschlagen, damit thermische Druckspannungen (– Vorzeichen) sich den druckbedingten Zugspannungen überlagern. Mit den Gleichungen wird gezeigt, dass dann geringere Spannungen wirken.

Obige Beziehung kann auch für einen Kugelbehälter verwendet werden, wenn man die „20" des Druckterms gegen eine „40" tauscht (siehe Kap. 3 „Theoretische Grundlagen").

Eine Nachrechnung der Festigkeit des Grundwerkstoffs ergibt für

$$s_f = \frac{p \cdot D_a}{20 \cdot \frac{K}{S} \cdot v + p} = \frac{6 \cdot 3020}{20 \cdot \frac{222}{1{,}5} \cdot 0{,}85 + 6} = 7{,}2 \text{ mm, erfüllt mit}$$

$s_f = 8$ mm und korrosionsbeständiger Plattierung, d.h. Korrosionszuschlag $c = 0$

Wegen der größeren Wärmeausdehnung der austenitischen Plattierung im Vergleich zum ferritischen Grundwerkstoff presst sich diese Innenlage an den äußeren Grundkörper an. In erster Näherung ist demnach die Plattierung wegen gegenseitiger Abstützung und Dehnungsbehinderung im Zylinder- oder Kugelbereich des Druckbehälters nicht auf Scherung beansprucht. Stutzen werden durchgesteckt und außen wie innen verschweißt.

Die Abb. 9-13 enthält die bezogenen Spannungen in der Plattierung durch eine Temperaturerhöhung $\Delta\vartheta$ über der Wanddicke $s_a/(s_a+s_f)$, und zwar für zwei verschiedene Verhältnisse der Elastizitätsmodulen E_a/E_f,

Querkontraktionszahl $\mu = 0{,}3$. Die Ordinatenwerte, hier als Y bezeichnet, sind wie folgt definiert:

$$\frac{|\sigma_{\vartheta a}|}{E_a \cdot \Delta\alpha \cdot \Delta\vartheta} = Y = \left[1 - \mu + (1-\mu) \cdot \frac{E_a}{E_f} \cdot \frac{s_a}{s_f}\right]^{-1} \qquad (9.17)$$

Diese Darstellung soll die Auswirkungen der temperaturbedingten Spannungsterme σ_{ta} bzw. σ_{tf} in Überlagerung der durch Innendruck bedingten Spannungen σ_{pa} bzw. σ_{pf} verdeutlichen. Zusatzspannungen für den ferritischen Grundwerkstoff sind vergleichsweise gering; für die austenitische

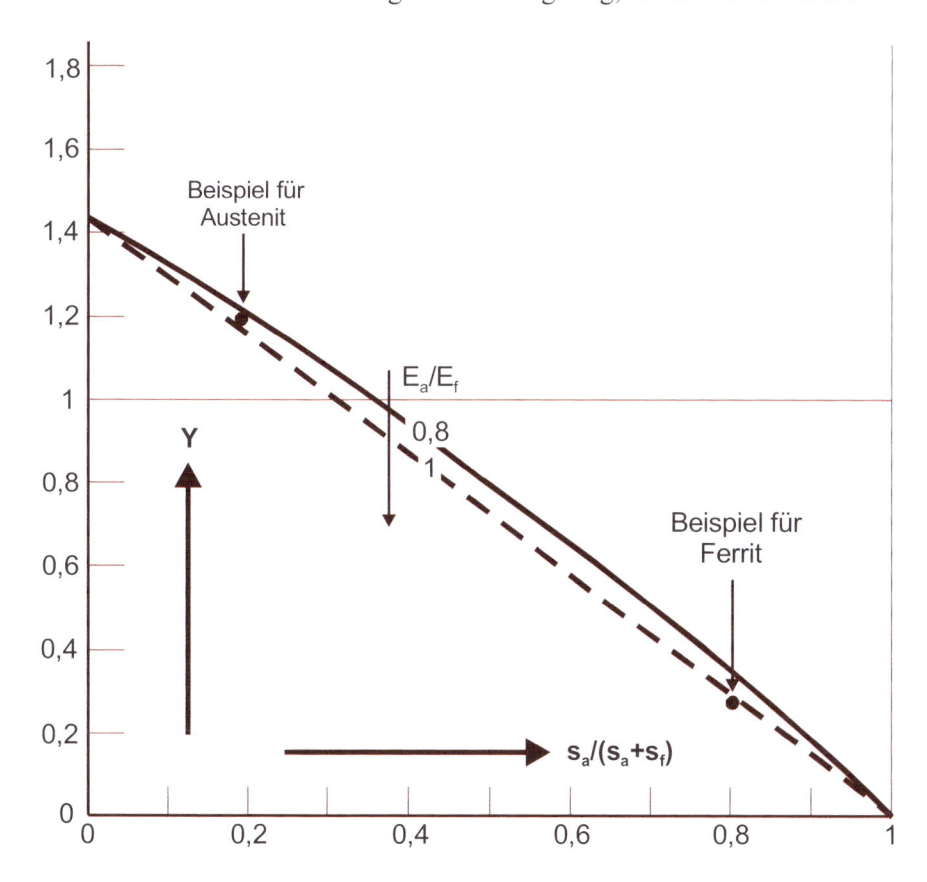

Abb. 9-13: Bezogene Spannungen Y in der Plattierung durch eine Temperaturerhöhung $\Delta\vartheta$ über dem Wanddickenverhältnis $s_a/(s_a+s_f)$ für zwei verschiedene E-Modul-Verhältnisse E_a/E_f ($\mu = 0{,}3$)

Plattierung erreicht die bezogene Spannung Y nahezu den Maximalwert $Y_0 = 1/(1 - \mu) = 1{,}43$.

Bei Schweiß- oder Walzplattierungen wird eine austenitische Plattierung nach dem Abkühlen positive Zugspannungen im Bereich der Elastizitätsgrenze K_a aufweisen. Durch Erwärmung darf die Plattierung bis zur Druck-Streckgrenze belastet werden, wodurch sich etwa doppelt so hohe zulässige Temperaturen errechnen.

10. Absicherungselemente

Ist ein Druckbehälter mit allen seinen Komponenten ausgelegt, muss im Betrieb sichergestellt werden, dass keine Überschreitung des zulässigen Drucks erfolgen kann. Zur Druckbegrenzung dienen im Allgemeinen Sicherheitsventile und Berstscheiben, oder aber eine Kombination aus beiden. Neben dieser „mechanischen" Absicherungsmethodik sind natürlich auch mess- und regeltechnische Drucküberwachungen einsetzbar, die sicherlich in Zukunft an Bedeutung gewinnen werden. Dies sei hier nur angedeutet, die Thematik wird aber im Rahmen des vorliegenden Kapitels nicht weiter verfolgt.

Unabhängig von der Art der mechanischen Absicherung sind viele strömungs- und wärmetechnischen Zusammenhänge und Grundlagen zu berücksichtigen, die in einem eigenen Unterkapitel und in einem Anhang behandelt werden.

Das **Kapitel 10** gliedert sich daher in

„**Grundlagen und Peripheriebetrachtungen**, Kapitel **10.1**",

„**Sicherheitsventile**, Kapitel **10.2**" und

„**Berstscheiben**, Kapitel **10.3**"

Das Kapitel 10.1 enthält unter anderem auch die genaue Ableitung der Ausflussfunktion ψ für ideale und eine Näherung für reale Gase. Weiterhin sind Auslassabschätzungen für verschiedene, über Dach entspannte Gase miteinander verglichen.

Sämtliche gewählten Beispiele werden an den Schluss des Hauptkapitels 10 gestellt, da manchmal eine eindeutige Zuordnung zu den Unterkapiteln nicht möglich und auch nicht beabsichtigt ist.

Entsprechend den AD-Merkblättern A1/A2 [1] (neueste Ausgabe 10, 2004) sind die Gleichungen in den Übersichten 10.2. und 10.3. meist Größengleichungen. Einflussgrößen werden in den üblichen Einheiten eingesetzt und – wie immer – unmittelbar in den Übersichten oder hinter Gleichungen angegeben. Wenn im Anschluss an Gleichungen keine Einheiten angegeben sind, so sind es physikalische Gleichungen; diese können entsprechend umgeformt und den jeweiligen Einheiten angepasst werden.

Die Übersicht 10.1. fasst die Absicherungsmaßnahmen an drucklosen und druckbeaufschlagten (rot umrandet und auch so miteinander verbunden) Behältern zusammen. Es handelt sich dabei – wie bereits oben erwähnt – jeweils um mechanische Lösungen, wie sie auch in den entsprechenden AD-Merkblättern behandelt werden.

Übersicht 10.1. Zusammenstellung der Absicherungsmaßnahmen an Behältern

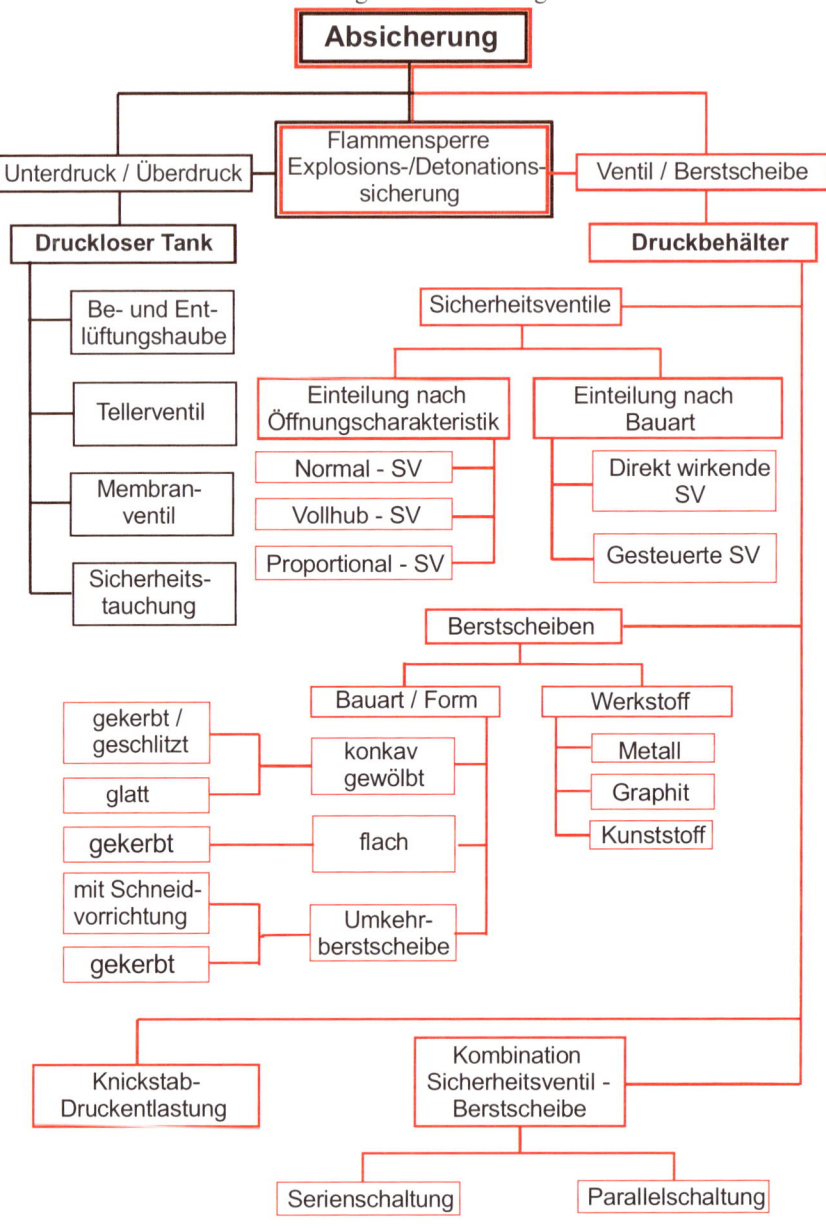

```
                                  Absicherung
                                       |
         ┌─────────────────────────────┼─────────────────────────────┐
         |                   Flammensperre                           |
  Unterdruck / Überdruck   Explosions-/Detonations-       Ventil / Berstscheibe
         |                     sicherung                             |
   Druckloser Tank                                            Druckbehälter
         |                                                           |
         ├── Be- und Ent-            Sicherheitsventile ──────────────
         |   lüftungshaube                  |
         |                     ┌────────────┴────────────┐
         ├── Tellerventil      Einteilung nach      Einteilung nach
         |                   Öffnungscharakteristik      Bauart
         |                         Normal - SV       Direkt wirkende SV
         ├── Membran-
         |   ventil               Vollhub - SV       Gesteuerte SV
         |                      Proportional - SV
         └── Sicherheits-
             tauchung              Berstscheiben
                              ┌────────┴────────┐
                          Bauart / Form      Werkstoff
   gekerbt /                                    Metall
   geschlitzt ──┐         konkav gewölbt        Graphit
   glatt ───────┤                               Kunststoff
   gekerbt ─────┤             flach
   mit Schneid-
   vorrichtung ─┤          Umkehr-
   gekerbt ─────┘          berstscheibe

                              Kombination
      Knickstab-         Sicherheitsventil -
      Druckentlastung        Berstscheibe
                         ┌────────┴────────┐
                   Serienschaltung    Parallelschaltung
```

10.1 Grundlagen und Peripheriebetrachtungen

Die Druckbehälterverordnung und die neue Betriebssicherheitsverordnung verlangen, Druckbehälter so auszulegen, dass sie den auf Grund der vorgesehenen Betriebsweise zu erwartenden mechanischen, chemischen und thermischen Beanspruchungen sicher genügen. Dies gilt insbesondere auch für die sicherheitstechnisch erforderlichen Ausrüstungsteile. In den Merkblättern der Arbeitsgemeinschaft Druckbehälter AD-A1 „Sicherheitseinrichtung gegen Drucküberschreitung – Berstscheiben" und AD-Merkblatt A2 „Sicherheitseinrichtung gegen Drucküberschreitung – Sicherheitsventile" sind die Anforderungen [1] zusammengestellt.

Die Einrichtungen müssen unter Berücksichtigung der jeweiligen Betriebsweise des Druckraums zuverlässig arbeiten und den bei Betriebsstörung auftretenden Massenstrom bei einem Behälterdruck von höchstens 10% über dem zulässigen Wert sicher abführen. Während die Auslegung eines Druckbehälters zuerst einmal die Aufgabe des Herstellers ist, wird die Dimensionierung der Sicherheitseinrichtungen vom Betreiber vorgenommen. Dabei kann davon ausgegangen werden, dass die durch die Sicherheitseinrichtungen selbst bedingten Einflussgrößen wie z.B. die Ausflussziffer α oder der zulässige Armaturendruck im Rahmen der Bauteilprüfung zuverlässig durchgecheckt sind. Nach Festlegung des zulässigen Behälterdrucks p in [bar] ist zur Auslegung hauptsächlich noch der abzuführende Massenstrom q_m in [kg/h] die abzuklärende Berechnungsgröße. Da nur der Betreiber die vielfältigen Verfahrensparameter und die Sensitivität gegenüber Prozessänderungen kennt, ist die Bestimmung des Massenstroms originäre Aufgabe des Betreibers. Der Sachverständige hat im Rahmen der Abnahmeprüfung des Druckbehälters nach TRB 513 u.a. [23] auch die Bemessung, Einstellung und Anordnung sowie die Eignung der Sicherheitseinrichtungen gegen Druck- und Temperaturüberschreitung zu prüfen. Im Folgenden werden die für eine Bemessung der Sicherheitseinrichtungen gegen Drucküberschreitung maßgebenden Mechanismen beschreiben. Die einzelnen Abschnitte sind eine Zusammenfasung seit langem bekannter Grundlagen, die in erste Linie als Erörterungsschema zur Klärung der gegebenenfalls auftretenden Massenströme dienen sollen. Die Ausführungen können auch dem Sachverständigen Hilfestellung bei der Erfüllung seines Prüfauftrags geben.

Transportmechanismen der Drucküberschreitung:

Vor einer möglichen Drucküberschreitung ist durch MSR-technische Maßnahmen wie z.b. Dosierstrom- oder Wärmeträgerdrosselung die Einhaltung des zulässigen Behälterdrucks p sicherzustellen. Die Druckentlastung von Apparaten durch Ableitung eines Massenstroms durch die Sicherheitseinrichtungen sollte nur als letzte Möglichkeit vorgesehen sein und somit ein sehr seltenes Ereignis bleiben.

Die Ableitung dieses Massenstroms aus einem Apparat heraus ist immer dann anwendbar, wenn ungefährliche Stoffe entspannt werden, deren Entsorgung keinerlei sicherheitstechnische oder ökologische Schwierigkeiten bereitet. Ebenso kann die Ableitung durchgeführt werden, wenn zwar gefährliche Stoffe entspannt werden, jedoch eine sichere Wegführung in ein Entsorgungssystem möglich ist. Die Massenstromabführung eines explosionsfähigen Stoffes in die Umgebung ist dann anwendbar, wenn gefährliche Stoffe mit einem so großen Austrittsimpuls entspannt werden, dass die Verdünnung der Freistrahlströmung mit der Umgebungsluft so rasch unter eine gefährliche Konzentration erfolgt, dass die Umgebung nicht gefährdet ist.

Für die Erörterung der Vorgänge, welche einzeln oder aber in Überlagerung einen Massenstrom q_m bewirken können, sind für die Aggregatszustände „gasförmig" und „flüssig" sowie deren Übergang „siedend" bzw. „zweiphasig" die hauptsächlichen technischen, physikalischen und chemischen Mechanismen in Gleichungen definiert und den einzelnen Transportmechanismen tabellarisch zugeordnet.

Grundgleichungen der Armaturenleistung:
Für die genannten Aggregatzuständen sind in der tabellarischen Zusammenstellung die aus AD – A1/A2 bekannten Grundgleichungen zur Berechnung des engsten Strömungsdurchmessers d_0 der Entspannungseinrichtungen aufgeführt. Die Ausflussziffer α ergibt sich aus der Bauteilprüfung von Sicherheitsventil oder Berstscheibe (Einzelheiten siehe VdTÜV-Merkblätter [82]). Für die Abführung von Flüssigkeiten werden zur Vermeidung eines Wasserschlags Proportionalventile bevorzugt; für Gase werden hauptsächlich Vollhubventile eingesetzt, es sei denn, dass eine Abgasentsorgung durch ein Proportionalventil allmählich beaufschlagt werden muss. Die Ausflussfunktion Ψ berücksichtigt die Kompressibilität des Gases und den wechselnden, strömungsbedingten Gegendruck hinter der Armatur. Ihre schwierige Ableitung ist gegen Schluss dieses Unterkapitels wiedergegeben.

Falls durch die Entspannungseinrichtungen zwei Phasen, d. h. Gas und Flüssigkeit, abgeführt werden müssen, so sind etwaige Prall- oder Drallabscheider vor den Druckentlastungsöffnungen für einen Extremfall auszulegen.
Bestimmung der Ausflussfunktion ψ (siehe dazu [66], [67], [81]):
Unter Benutzung physikalischer Einheiten – wie kg, m, s – werden vorerst nur ideale Gase betrachtet.
Die Ableitung erfolgt mit dem Energiesatz – Gl. (10.1a) – bei Abkühlung durch Strömungsbeschleunigung aus dem Ruhezustand heraus (v = 0) auf die Geschwindigkeit v_a im Querschnitt A_0 :

$$\frac{1}{2} \cdot \rho_a \cdot v_a^2 = \rho_a \cdot c_p \cdot (\vartheta_0 - \vartheta_a) \tag{10.1a}$$

daraus

$$v_a = \sqrt{2 \cdot c_p \cdot (\vartheta_0 - \vartheta_a)} \tag{10.1b}$$

Damit dann der Massenstrom

$$q_m = A_0 \cdot \rho_a \cdot v_a = A_0 \cdot \rho_a \cdot \sqrt{2 \cdot c_p \cdot \vartheta_0 \cdot \left(1 - \frac{\vartheta_a}{\vartheta_0}\right)} \tag{10.1c}$$

Für reversibel adiabate Drosselung – das heißt isentrope Druckentspannung – in der idealen, verlustfreien Düse ohne Reibung (Ausflussziffer $\alpha = 1$) gilt mit dem Druckverhältnis $q = \frac{p_a}{p_0}$:

$$\frac{\vartheta_a}{\vartheta_0} = q^{\frac{k-1}{k}} = \left(\frac{\rho_a}{\rho_0}\right)^{k-1} \tag{10.1d}$$

Nun ist

$$q_m = A_0 \cdot \rho_0 \cdot q^{\frac{1}{k}} \cdot \sqrt{2 \cdot c_p \cdot \vartheta_0 \cdot \left(1 - q^{\frac{k-1}{k}}\right)} \tag{10.1e}$$

und als Definition für ψ :

$$q_m = A_0 \cdot \psi \cdot \sqrt{2 \cdot p_0 \cdot \rho_0} \tag{10.1f}$$

Aus Gln. (10.1e, f) dann:

$$\psi = \frac{\rho_0 \cdot \sqrt{\vartheta_0}}{\sqrt{p_0 \cdot \rho_0}} \cdot q^{\frac{1}{k}} \cdot \sqrt{c_p \cdot \left(1 - q^{\frac{k-1}{k}}\right)} \tag{10.1g}$$

Der vordere Bruch der Gl. (10.1g) wird mit der Allgemeinen Gasgleichung zu $\sqrt{\dfrac{M}{R \cdot Z}}$. Aus

$$k = \left| \dfrac{\partial \ln p}{\partial \ln \dfrac{1}{\rho}} \right|_s = \dfrac{c_p}{c_v} = \dfrac{c_p}{c_p - \dfrac{R \cdot Z}{M}} \tag{10.1h}$$

(konstante Entropie s, z.B. für Luft $\rightarrow k = \dfrac{1}{1 - \dfrac{8{,}31433}{28{,}95}} = 1{,}4$) folgt

$$\dfrac{M}{R \cdot \overline{Z}} \cdot \overline{c_p} = \dfrac{k}{k-1} \quad \text{mit R = 8,31433 kJ/kmol} \cdot \text{K} \tag{10.1i}$$

Dann allgemein:

$$\psi = \sqrt{\dfrac{k}{k-1} \cdot \left(q^{\frac{2}{k}} - q^{\frac{k+1}{k}} \right)} \tag{10.1j}$$

(siehe dazu die Abb. 10-17 und 10-22)
Durch Differentiation von $\psi^2(q)$ nun die q-Bestimmung zu ψ_{max}:

$$\dfrac{d}{dq}\left(q^{\frac{2}{k}} - q^{\frac{k+1}{k}} \right) = \dfrac{2}{k} \cdot q^{\frac{2}{k}-1} - \dfrac{k+1}{k} \cdot q^{\frac{k+1}{k}-1} = 0 \tag{10.1k}$$

oder: $\dfrac{2}{k+1} = q^{\frac{k+1}{k}+1-1-\frac{2}{k}}$ und für $q(\psi_{max}) = \left(\dfrac{2}{k+1} \right)^{\frac{k}{k-1}} = \dfrac{p_k}{p_0}$ (10.1l)

Bei einer Temperatur im engsten Querschnitt $\dfrac{\vartheta_k}{\vartheta_0} = \dfrac{2}{k+1}$ siehe Gl. (10.1d)

Bei großen Druck- und Temperaturunterschieden realer Gase sollten in die Gl. (10.1h) gemittelte Stoffwerte $\overline{c_p}$ und $\overline{Z}$ zwischen Behälterzustand (p_0, ϑ_0) und kritischem Strömungszustand (p_k, ϑ_k) eingesetzt werden.

Die Gl. (l) findet man wieder im AD-Merkblatt A1 vor Gl. (2) oder in AD-A2 vor Gl. (3); sie beschreibt das sogenannte kritische Druckverhältnis mit Schallgeschwindigkeit im engsten Querschnitt A_0 bei Erreichen oder Unterschreiten der Forderung $p_a \leq p_k$. Für geringe Druckverhältnisse wurde durch Versuche festgestellt, dass die Ausflussfunktion nach ihrem Maximum nicht wieder kleiner wird. Für größere q-Werte wird ψ nach Gl. (10.1j) bestimmt, was regelmäßig für Berstscheiben erfolgen muss, äußerst selten jedoch für Sicherheitsventile, bei denen meist $\psi = \psi_{max}$ gilt. Funktionsverlauf und Zahlenwerte findet man im AD-Merkblatt A1, Bild 1 oder in AD-A2, Bild 3.

Nun mit Gl. (10.1l) in Gl. (10.1j):

$$\psi_{max} = \sqrt{\frac{k}{k-1} \cdot \left[\left(\frac{2}{k+1}\right)^{\frac{2}{k-1}} - \left(\frac{2}{k+1}\right)^{\frac{k+1}{k-1}}\right]} \quad (10.1\text{m})$$

oder

$$\psi_{max} = \sqrt{\frac{k}{k+1} \cdot \frac{k+1}{k-1} \cdot \left(\frac{2}{k+1}\right)^{\frac{2}{k-1}} \cdot \left[1 - \left(\frac{2}{k+1}\right)^{\frac{k+1}{k-1} - \frac{2}{k-1}}\right]} \quad (10.1\text{n})$$

Der Exponent in der eckigen Klammer ergibt sich mit k = 1,4 zu 1. Damit wird

$$\psi_{max} = \sqrt{\frac{k}{k+1} \cdot \left(\frac{2}{k+1}\right)^{\frac{1}{k-1}}} \cdot \sqrt{\frac{k+1}{k-1} \cdot \left(1 - \frac{2}{k+1}\right)} \quad (10.1\text{o})$$

Die rechte Wurzel wird – auch wieder mit k = 1,4 – ebenfalls zu 1.

Die beiden linken Terme entsprechen der Gl. 3 in AD-A1 oder der Gl. 4 in AD-A2.

Der Isentropenexponent k kann – streng genommen – lediglich Werte zwischen 1 für die isotherme und 5/3 = 1,667 für die isentrope Zustandsänderung einatomiger Gase annehmen. Die Begründung ergibt sich aus der Anzahl der zu möglichen Schwingungen angeregten Freiheitsgrade f und

$$c_p = \frac{f+2}{2} \cdot R \;,\; c_v = \frac{f}{2} \cdot R$$

Als erste Abschätzung nun zwei Beispiele:

1. Argon, einatomiges Gas:

f = 3 und $k = \frac{c_p}{c_v} \approx 1 + \frac{2}{f} = 1,67$

2. Wasserstoff oder Stickstoff, zweiatomig:

f = 5 und $k \approx 1 + \frac{2}{5} = 1,4$ und $\psi_{max} = 0,575 \cdot f^{-0,1036} = 0,4867$

Reale Gase würde man in erster Näherung dadurch berücksichtigen, dass man in Gl. (10.1i) die Molmasse M durch einen mittleren Realgasfaktor $\overline{Z}(p, \vartheta)$ teilt. Die Veränderliche spezifische Wärme c_p würde man für eine Mitteltemperatur zwischen ϑ_0 im Behälter und der stärksten Abkühlung bei Schallgeschwindigkeit auf den niedrigsten Wert $\dfrac{2}{k+1} \cdot \vartheta_0$ einsetzen.

Für Gemische gilt mit den Massenanteilen x_i und den Volumen- oder Molanteilen y_i :

$$\overline{M} = \sum_i M_i \cdot y_i \quad \text{und} \quad \overline{c}_p = \sum_i c_{pi} \cdot x_i \qquad (10.1\text{p, q})$$

Die reale verlustbehaftete Strömung mit Vorgeschwindigkeit wird durch Multiplikation der engsten Querschnittsfläche A_0 in Gl. (10.1f) mit der Ausflussziffer $0 < \alpha < 1$ berücksichtigt. Dies ist etwa einem Wirkungsgrad gleichzusetzen.

Wenn man pragmatisch die Fläche A_0 in [mm²], den Druck p_0 in [bar$_{abs}$] einsetzt und – absurderweise – den Massenstrom q_m immer noch in [kg/h] statt in [kg/s] berechnen möchte, gilt:

$$q_m = \psi \cdot \alpha \cdot A_0 \cdot 10^{-6} \cdot \sqrt{2 \cdot p_0 \cdot 10^5 \cdot \rho_0} \cdot 3600$$

$$= \psi \cdot \alpha \cdot A_0 \cdot 10^{-6} \cdot p_0 \cdot 10^5 \cdot \sqrt{\dfrac{2 \cdot M}{R \cdot \vartheta_0 \cdot Z_0}} \cdot 3600$$

oder mit der Allgemeinen Gaskonstante R = 8314,33 J/mol · K, wie in AD-A1 und AD/A2 angegeben [1]:

$$q_m = 1{,}61 \cdot \psi \cdot \alpha \cdot A_0 \cdot \sqrt{p_0 \cdot \rho_0} = 5{,}5835 \cdot \psi \cdot \alpha \cdot A_0 \cdot p_0 \cdot \sqrt{\dfrac{M}{\vartheta_0 \cdot Z_0}} \qquad (10.1\text{r})$$

Unterschiedliche Einflüsse auf den Massenstrom

Massenstrom q_m in [kg/h]	**Allgemeine Gleichungen**
gasförmig	$4{,}4 \cdot \psi \cdot \alpha_w \cdot d_0^2 \cdot \sqrt{\dfrac{M}{\vartheta_0 \cdot Z_0}} \cdot p_0$ $1{,}27 \cdot \psi \cdot \alpha_w \cdot d_0^2 \cdot \sqrt{p_0 \cdot \rho_0}$
flüssig	$1{,}27 \cdot \alpha \cdot d_0^2 \cdot \sqrt{(p_0 - p_a) \cdot \rho_f}$ gültig für Re > 2300
zwei Phasen	$1{,}27 \cdot \psi \cdot \alpha_w \cdot d_0^2 \cdot \sqrt{\dfrac{p_0}{\dfrac{z}{\rho_{g0}} + \dfrac{1-z}{\rho_f}}}$

10. Absicherungselemente   337

Einzusetzen ist jeweils, d.h. auch für die nachfolgenden Berechnungen, d in [mm], p in [bar$_{abs}$], ϑ in [K], ρ in [kg/m³], Z in [Massen-%]

→ **Pumpen:** Der Volumenstrom $\dot{V}_p$ von Pumpen oder Verdichtern ist vom Gegendruck p im Behälter abhängig. Die Kennlinien der Aggregate $\dot{V}_p(p)$ sind den Maschinenbeschreibungen zu entnehmen. Der Betriebspunkt einer Pumpe ergibt sich aus dem Schnittpunkt der Rohrleitungskennlinie $fp \approx \dot{V}^2$ mit der Förderkennlinie $\dot{V}_p$. Die Rohrleitungskennlinie ergibt sich aus der Auflösung der in Spalte (2) „Überströmung" aufgeführten Gleichungen nach dem Druck p. Bei Kolbendosierpumpen oder mehrstufigen Kreiselpumpen ist der Förderstrom wenig oder gar nicht vom Gegendruck des Rohrleitungs- oder Apparatesystems abhängig.

Massenstrom q_m in [kg/h]	**Pumpen**
gasförmig	$\dot{V}(p) \cdot \rho_g$
flüssig	$\dot{V}(p) \cdot \rho_f$
zwei Phasen	$\dfrac{\dot{V}(p)}{\dfrac{z}{\rho_g} + \dfrac{1-z}{\rho_f}}$
Typische Behälter	Lagertank, Rohrreaktor
Eigensicherheit	$p(\dot{V}_p = 0)$ $\leq p_{zul}$

Wenn der Druckbehälter für die größte Förderhöhe z. B. für $p(\dot{V}_p = 0)$ bei Kreiselpumpen bemessen ist, so braucht der Massenstrom bei der Auslegung der Sicherheitseinrichtungen üblicherweise nicht berücksichtigt zu werden.

→ **Überströmung:** Der Massenstrom zwischen zwei Druckbehältern kann nach der aus der Rohrleitungstechnik [66] bis [69] und [81] bekannten Druckverlustgleichung für turbulente Rohrströmung bestimmt werden. Die Rohrreibungszahl λ darf sowohl für Gasströmung als auch für Flüssigkeitsströmung als hinreichend unabhängig von der Reynoldszahl (Re >>

2300) und nur noch abhängig von der relativen Rohrrauigkeit r/d angenommen werden.

Die Druckverlustbeiwerte ζ sind einschlägigen Armaturen- und Fittingkatalogen zu entnehmen. Während die Förderaggregate auch den Druckverlust durch eine betriebsraue Rohrleitung bewältigen müssen, sind die Sicherheitseinrichtungen für den größeren Massenstrom durch ein fabrikneues glattes Rohr auszulegen. Der Druckverlustbeiwert ζ einer zur Mengenstrombegrenzung eingesetzten Drosselblende kann abgeschätzt werden mit (siehe [76]):

$$\zeta \cong \frac{2{,}7}{f^2} \cdot (1-f) \cdot (1-f^2) \tag{10.2}$$

$$v < v_S \; ; \; f = \left(\frac{b}{d}\right)^2 \quad \text{b = Blendendurchmesser}$$

Für Berstscheiben beträgt der hydraulische Durchmesser $d \cong 4 \cdot \dfrac{A_0}{U_0}$

(A_0 = Freifläche, U_0 = Umfang dieser Freifläche)
Für Blenden mit Schallgeschwindigkeit v_S gilt:

$$\alpha \approx 0{,}59 + 0{,}41 \cdot f^{1{,}97} \leq 1$$

Eine andere – allerdings recht seltene – Absicherungsaufgabe kann bei Überströmung durch u.U. versagende Reduzierstationen entstehen. Diese werden bei Gasen zur Drosselung von hohem auf niedrigeres Druckniveau verwendet. Hierfür müssen dann spezielle Sicherheitsventile eingesetzt werden, welche bei Einbau in Rohrleitungen zuverlässig ohne zu „hämmern" oder zu „flattern" ansprechen.

Massenstrom q_m in [kg/h] **Überströmung** (siehe auch Abb. 10-1)		
gasförmig	$1{,}27 \cdot d^2 \cdot \sqrt{\dfrac{\Delta p \cdot \rho_0 \cdot \left(1 - \dfrac{\Delta p}{2 \cdot p_0}\right)}{\lambda \cdot \dfrac{L}{d} + \Sigma \zeta - \dfrac{1}{k} \cdot \ln\left(1 - \dfrac{\Delta p}{p_0}\right)^2}}$	$v < v_S$
flüssig	$1{,}27 \cdot d^2 \cdot \sqrt{\dfrac{\Delta p \cdot \rho_f}{\lambda \cdot \dfrac{L}{d} + \Sigma \zeta}}$	

zwei Phasen	$\dfrac{1{,}27 \cdot d^2}{\sqrt{\lambda \cdot \dfrac{L}{d} + \Sigma\zeta}} \cdot \sqrt{\dfrac{\Delta p \cdot \rho_f}{1-z} - \dfrac{z \cdot p_0 \cdot \rho_f}{(1-z)^2 \cdot q} \cdot \ln \dfrac{1-z+\dfrac{z}{q}}{(1-z) \cdot \left(1 - \dfrac{\Delta p}{p_0}\right) + \dfrac{z}{q}}}$ $z = \text{const.}, a = 0, v < v_K$ homogene Gleichgewichtsströmung
Typische Behälter	Verbund von Behältern mit Gaspolster
Eigensicherheit	$p_{zul} \geq p_0$

→ **Wärmetransport:** Die Absicherung beispielsweise von Wärmetauschern oder Rektifikationskolonnen muss für eine Wärmeübertragung günstigen Bedingungen Rechnung tragen [20]. Der Betreiber muss jedoch darauf Wert legen, dass der erforderliche Gesamtwärmestrom (ohne Verschmutzung) $\dot{Q} = k \cdot \Delta\vartheta(p) \cdot F$ auch bei betriebsmäßigen Verschmutzungen erfolgt. Weiterhin kann der Wärmeübergang in starkem Maße von der Art der Durchströmung, z. B. freie oder erzwungene Konvektion, Blasenverdampfung abhängen und gesteigert werden. Um auch in nachgeschalteten Apparaten noch vertretbar dimensionierte Sicherheitseinrichtungen zu erhalten, kann der Wärmetransport durch eine Begrenzung des maximal möglichen Warmeträgerstromes eingeschränkt werden. Dies kann z. B. durch eine geeignete Begrenzungsblende oder hinreichend enge Regelungsarmaturen erfolgen. Auch mögliche Rohrreißer sind zu bedenken, deren Auswirkung dann geringer bleibt, wenn der Nachbarraum ausreichend fest gestaltet wird. Hier darf über eine Abminderung des Sicherheitsfaktors von S = 1,3 auf z.B. S = 1 für die Festigkeitsberechnung nachgedacht werden.
Massenströme können nach den Gleichungen für Überströmung abgeschätzt werden.

Massenstrom q_m in [kg/h]	**Wärmedurchgang**
gasförmig	$\dfrac{k \cdot F \cdot \Delta\vartheta}{c_g \cdot \vartheta}$
flüssig	$\dfrac{k \cdot F \cdot \Delta\vartheta}{c_f} \cdot \gamma_f$
Verdampfung	$\dfrac{k \cdot F \cdot \Delta\vartheta}{h_v} \hat{=} \dot{m}_D \cdot \dfrac{h_{vD}}{h_v}$

Typische Behälter	Wärmetauscher, Kolonnen
Eigensicherheit	$p''(\vartheta) < p_{zul}$ $\Delta\vartheta(p_{zul}) \to 0$

→ **Sonne und Regen**: Die Witterungseinflüsse müssen bei einer Apparateaufstellung im Freien berücksichtigt werden. Während witterungsbedingte Massenströme der flüssigen Phase immer klein sind gegenüber den üblichen Pumpenförderströmen, können die Gasströme bei heftiger Regenkühlung eines voll aufgeheizten Behälters dieselbe Größenordnung wie die durch Pumpen bewirkten Ströme erreichen. Zur Vertiefung siehe [84].

Massenstrom q_m in [kg/h]	**Sonne / Regen**
gasförmig	$\underline{S}$: $< 0{,}1 \cdot V$ $\underline{R}$: $< 2{,}4 \cdot V^{0,7}$
flüssig	$\underline{S}$: $< 4000 \cdot D \cdot H \cdot \dfrac{\gamma_f}{c_f}$ $\underline{R}$: $< 0{,}3 \cdot D \cdot H \cdot \dfrac{\Delta\vartheta \cdot \gamma_f}{c_f} \cdot \rho$
Verdampfung	$\underline{S}$: $< \dfrac{4000 \cdot D \cdot H}{h_v}$
Typische Behälter	Lagerbehälter
Eigensicherheit	Sonnendach, Wärmedämmung

→ **Chemische Reaktion**: Die äußerst vielfältigen Mechanismen von chemischen Reaktionen machen erfahrungsgemäß bei der Auslegung von Sicherheitseinrichtungen die meisten Schwierigkeiten. Wenn man sich ein Schadensbild vergegenwärtigt, so ist festzustellen, dass bei exothermen Reaktionen mit Temperaturbeschleunigung bei heftiger Gasentwicklung und/oder Verdampfungsvorgängen der Flüssigphase Sicherheitseinrichtungen oft nicht ausreichend dimensioniert waren. Dies führt dann zu einer Überbeanspruchung des Druckbehälters, unter Umständen bis zu seinem Zerknall.

Die maximale zeitliche Konzentrationsänderung dc/dt entspricht der maximalen Reaktionsrate $r(\vartheta)$ = dc/dt und ist proportional dem steilsten zeitlichen Druckanstieg dp/dt im Behälter oder dem steilsten Temperaturanstieg $d\vartheta$/dt. Die Plausibilität der vielfältigen Wechselbeziehungen im Zuge einer chemischen Reaktion kann umso eher nachvollzogen werden, je besser die Denkweisen der Reaktionskinetik vertraut sind. Zur Erläuterung der Grundprinzipien und der Literatur zu diesen Einführungen siehe [72].

Massenstrom q_m in [kg/h]	**Chemische Reaktion**
gasförmig	$V \cdot r \cdot \left(\dfrac{q_r}{c_g \cdot \vartheta} + M_g \cdot \dfrac{\Delta n}{n_0} \right)$ $\mathrel{\hat=} V \cdot \rho_g \cdot \dfrac{dp}{p \cdot dt} \cdot (1-\varphi)$
flüssig	$V \cdot r \cdot \left(\dfrac{q_f}{c_f} \cdot \gamma_f + M_g + M_f \cdot \dfrac{\Delta \rho}{\rho_0} \right) \cdot \varphi$ $\mathrel{\hat=} V \cdot (1-\varphi) \cdot \rho_g \cdot \dfrac{dp}{p \cdot dt}$; $z > 0{,}9$
zwei Phasen	$V \cdot r \cdot \left(\dfrac{q_r}{h_v} + M_g \right) \cdot \varphi = V \cdot \dfrac{\rho_f \cdot c_f}{h_v} \cdot \dfrac{d\vartheta}{dt} \cdot \varphi$ $r(\vartheta, c) = \dfrac{dc}{dt}$ siedend → $z > 0{,}9$
Typische Behälter	Rührreaktor für Chargenbetrieb, Rohrreaktor
Eigensicherheit	$p_{max} \leq p_{zul}$, Flüssigkeitsabscheider

→ **Brand:** Eine spezielle Absicherung von Druckbehältern für den Brandfall wird von deutschen Regelwerken nicht verlangt. Statt dessen sind bauliche und organisatorische Maßnahmen zur Verhinderung von Schäden vorzusehen. Eine zusätzliche Absicherung von Druckbehältern gegen einen Brandfall liegt also im Ermessen des Betreibers.

Ein zu erwartender Wärmeeintrag $\dot{Q}$ kann aufgrund von umfangreichen Messungen des Amerikanischen Petroleuminstitutes API [77] abgeschätzt werden, welche bei gutem Wärmeübergang von der Behälterwand in siedendes Wasser durchgeführt wurden. Ein geringerer Wärmeeintrag in die Gasphase des Behälters kann auf etwa ein Drittel des Übergangs in die Flüssigkeit abgemindert werden. Ebenso bewirken Wärmedämmungen eine starke Abminderung des Wärmeeintrags durch einen Brand. Wenn der Behälterwerkstoff unter einer Brandfackel hinter der Abblaseöffnung nicht mit Flüssigkeit gekühlt wird, kann es zu einem Festigkeitsabfall der Wandung kommen. Dies wird durch die Montage eines ausreichend großen Strahlungsschutzes um den Bereich der Freistrahlflamme verhindert oder ausreichende Ausblasehöhe nach [83].

Massenstrom q_m in [kg/h]	**Brand,** auch **Unterfeuerung**
gasförmig	$\dfrac{50000 \cdot A^{0,82}}{(1+C) \cdot c_g \cdot \vartheta} \cdot m$
flüssig	$\dfrac{150000 \cdot A^{0,82}}{c_f} \cdot \gamma_f \cdot m$
	A mit H ≤ 8 m ≥ D/2
Verdampfung	$\dfrac{150000 \cdot A^{0,82}}{h_v} \cdot m$
Typische Behälter	nach Ermessen des Betreibers, z.B. Druckbehälter für Flüssiggas
Eigensicherheit	Abschirmung der Sicherheitsventile, Wärmedämmung, Berieselung

Der Exponent 0,82 anstelle von 1 mag dadurch erklärt werden, dass bei großen Flammenflächen der Lufteintrag aus der Umgebung in das Feuerzentrum hinein durch aufsteigende Rauchgase behindert wird.

Man kann bei $\Delta\vartheta$ ca. 1000 K eine mittlere Wärmeübergangszahl $\alpha \approx 150 \cdot A^{-0,18}$ in [kJ /m² · h · K] und als Abminderung

$$m = \dfrac{1}{1 + \alpha \cdot \dfrac{s_{WD}}{\lambda_{WD}}}$$ annehmen und zwar mit

s_{WD} = Dämmdicke in [m] auf Fläche A in [m²] bis 7,6 m über Flammengrund und λ_{WD} = Wärmeleitfähigkeit in [kJ /m · h].

Nach TRB 610, Anlagen [23] kann für eine Feuerlache der Grundfläche $\dfrac{\pi}{4} \cdot d_f^2$ mit ähnlichen Brenneigenschaften wie für Dieselöl die Wärmestromdichte der Flamme abgeschätzt werden zu
$q_f \approx 100$ kW/m² = 360000 kJ/m² · h

Nach [83] kann man die Wärmestromdichte in die Schattenfläche D · H eines Behälters hinein bei einem Nachbarschaftsbrand mit Abstand a abschätzen zu $\quad q_s \approx \dfrac{q_f}{1 + 4 \cdot \left(\dfrac{a}{d_f}\right)^{1,7}}$

Der Exponent 1,7 kann nach TRB 610 zu 2 vereinfacht werden.

Mit unter Umständen unterschiedlichen Abständen a einzelner Flächenelemente eines Behälterschattens wird verhindert, dass ein Behälter – insbesonders bei geringem Abstand großer Behälter zu kleinen Feuern – mehr Wärme aufnimmt als das Feuer überhaupt abgibt.

Adiabate Ausblasung:

Bei adiabat durch Druckdifferenz beschleunigter Strömung muss eine Geschwindigkeitserhöhung eine Temperaturabsenkung bedingen. Nach Ableitungen in [81] gilt beim Erreichen der Schallgeschwindigkeit v_S:

$$\frac{\vartheta_S}{\vartheta_0} \cong \frac{2}{k+1} \triangleq 1 - \frac{\Delta \vartheta_S}{\vartheta_0} \triangleq 1 - \frac{\rho_S \cdot v_S^2}{2 \cdot \rho_0 \cdot c_g \cdot \vartheta_0}$$

Zum Beispiel ergibt sich mit k = 1,4:

$$\vartheta_S \cong 273 \cdot \frac{2}{1,4+1} = 228\,K \triangleq -45\,°C = \Delta \vartheta_S$$

Das soll verdeutlichen, dass mit erheblichen Temperaturabsenkungen $\Delta \vartheta \approx v^2$ gerechnet werden muss. Diese wären messbar, aber nur mit einem „mitfliegenden" Thermometer ohne Staudruckerwärmung.

Das Beispiel soll aber auch zeigen, dass man insbesondere bei Hochdruckentspannungen erhebliche Temperaturabsenkungen erreichen kann, welche durch gelegentliche Reifbildung an den Notentspannungsleitungen augenfällig in Erscheinung tritt. In der Abblaseleitung kann unter Umständen die Tieflage der Kerbschlagzähigkeit des Rohrwerkstoffs erreicht werden, zumal wenn die Abkühlung aufgrund adiabater Geschwindigkeitserhöhung noch durch Joule-Thomson- oder andere Drosseleffekte verstärkt wird. Impuls- und Schrumpfkräfte können die Ausblaseleitung durchaus brechen lassen. Eine dann bezüglich der Ausblaserichtung unkontrollierte Entspannung hat schon zu Schadensfällen beträchtlichen Ausmaßes geführt. Wenn die niedrigste Rohrtemperatur unter den Bedingungen der Notentspannung mit den klassischen Methoden der Thermodynamik nicht hinreichend abgeschätzt werden kann, so muss die Temperatur durch Entspannungsversuche ermittelt werden. Die oben genannte Abkühlung mit einem $\Delta \vartheta \approx v^2$ und dem Grenzwert $\Delta \vartheta_S$ kann in der geschlossenen Integration zur Abschätzung des Gegendrucks p_a hinter Sicherheitsventil oder Berstscheibe nur mit erheblichem mathematischen Aufwand berücksichtigt werden. Durch eine derartige Berücksichtigung wird jedoch ein Effekt mit einbezogen, der unter den Ungenauigkeiten der Rohrleitungsparameter liegt. Viel wichtiger kann die Berücksichtigung des Realgasfaktors Z sein.

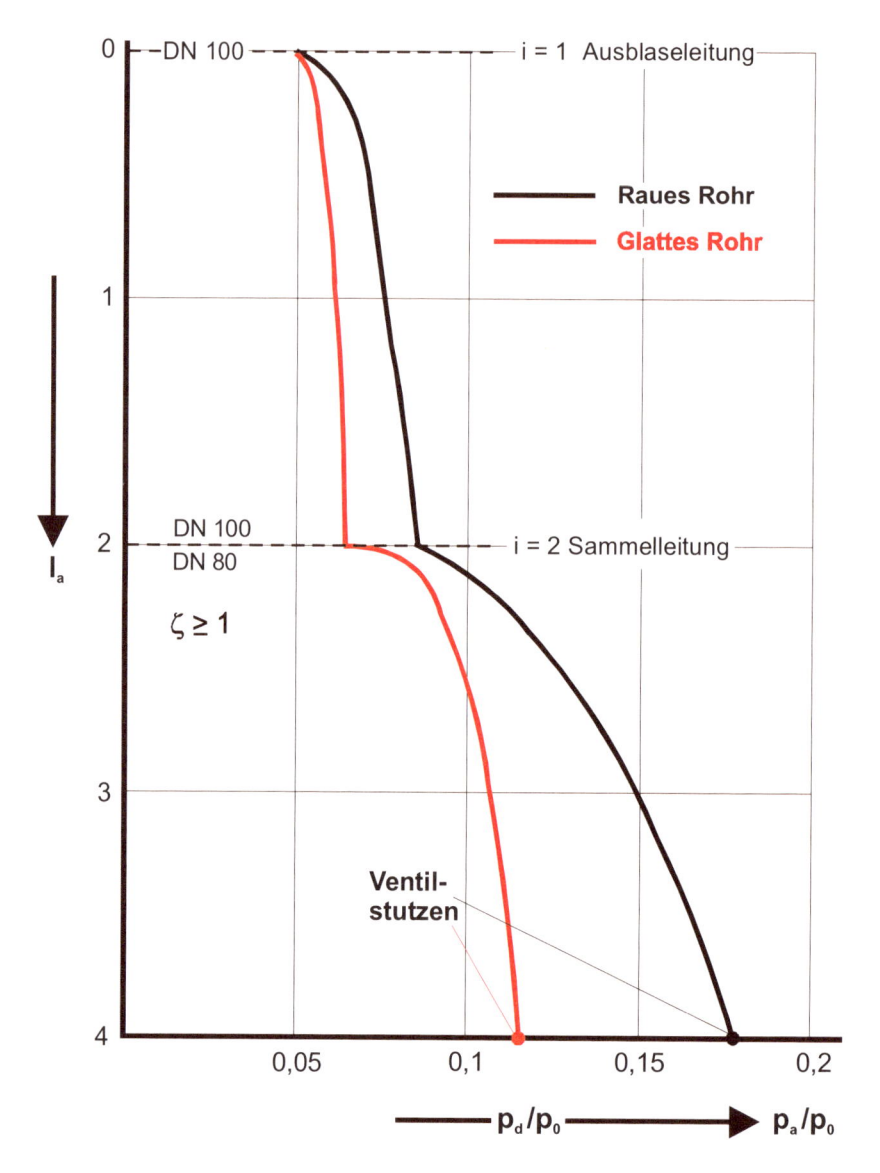

Abb. 10-1: Anwendungsbeispiel für konsekutive Berechnung des Gegendrucks p_a hinter einem Sicherheitsventil mit Gleichungen nach Übersicht 10.3. für gasförmige Notentspannung. Druckverhältnis p/p_0 in der Ausblaseleitung eines Sicherheitsventils mit zwei verschiedenen Nennweiten und unterschiedlichen Rohrreibungszahlen $\lambda = 0{,}01$ (glatt) bzw. $\lambda = 0{,}05$ (rau); λ inclusive ζ – Einfluss

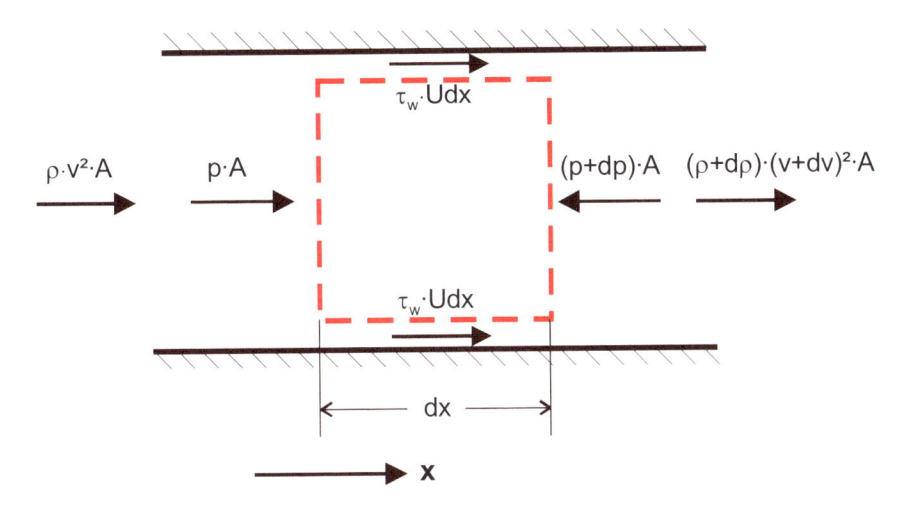

Abb. 10-2: Wegdifferential für Kräftebilanz aus [81], Dimensionen: kg, m, s, K

Zur Vertiefung folgt nun die aufwändige thermodynamisch-strömungstechnische Ableitung des Druckverlusts eines idealen Gases [81], wobei die Abb. 10-2 zum Verständnis des darin angeführten Impulssatzes dienen soll:

Massenerhalt:

$$\rho \cdot v = \text{const} \quad ; \quad \frac{d\rho}{\rho} = -\frac{dv}{v} \quad ; \quad v^2 \leq v_S^2 = k \cdot \frac{p}{\rho} = k \cdot R \cdot \vartheta \quad (10.3\text{a, b, c})$$

Energiesatz:

$$d\vartheta = -\frac{v^2}{c_p} \cdot \frac{dv}{v} \rightarrow \Delta\vartheta = \frac{v_1^2 - v_2^2}{2 \cdot c_p} \quad (10.3\text{d})$$

Differentielle Gasgleichung:

$$\frac{dp}{\rho} = R \cdot \vartheta \cdot \frac{d\rho}{\rho} + R \cdot d\vartheta \quad ; \quad R = c_p \cdot \frac{k-1}{k} = \frac{\text{Gaskonstante}}{\text{Molmasse}} \quad (10.3\text{e, f})$$

Schubspannungssatz:

$$\tau = -\frac{\lambda}{8} \cdot \rho \cdot v^2 \quad ; \quad \frac{U}{A} = \frac{\pi \cdot d}{\frac{\pi}{4} \cdot d^2} = \frac{4}{d} \quad (10.3\text{g})$$

Impulssatz (Newtonsches Grundgesetz):

$$\rho \cdot v \cdot dv = -dp + \tau \cdot \frac{U}{A} \cdot dx \quad (10.3\text{h})$$

Das heißt: Massenbeschleunigung = Differenzdruck + Schubspannungswirkung

Division durch ρ, Nutzung von Gl. (10.3g)

$$v \cdot dv + \frac{dp}{\rho} = -\frac{\lambda}{8} \cdot v^2 \cdot \frac{4}{d} \cdot dx \tag{10.3i}$$

mit Gln. (10.3e, a)

$$v \cdot dv - R \cdot \vartheta \cdot \frac{dv}{v} + R \cdot d\vartheta = -\frac{\lambda \cdot v^2}{2 \cdot d} \cdot dx \tag{10.3j}$$

adiabat, nun mit Gln. (!0.3c, d, f)

$$v^2 \cdot \frac{dv}{v} - \frac{v_s^2}{k} \cdot \frac{dv}{v} - \frac{c_p \cdot (k-1)}{k} \cdot \frac{v^2}{c_p} \cdot \frac{dv}{v} = -\frac{\lambda \cdot v^2}{2 \cdot d} \cdot dx$$

Kürzung und Streichung:

$$-\frac{v_s^2}{k} \cdot \frac{dv}{v} + \frac{v^2}{k} \cdot \frac{dv}{v} = -\frac{\lambda \cdot v^2}{2 \cdot d} \cdot dx$$

dimensionslos mit Mach-Zahlen:

$$\left(\frac{1}{Ma^2} - 1\right) \cdot \frac{dv}{v} = \left(\frac{1}{Ma^2} - 1\right) \cdot \frac{dMa^*}{Ma^*} = \frac{k \cdot \lambda}{2 \cdot d} \cdot dx \tag{10.3k}$$

Die Umformung für eine nicht mehr variable Schallgeschwindigkeit v_s^* aus Daten des Ruhezustands, jedoch bei Abkühlung im Schallzustand, hat im Nachfolgenden sehr große Berechnungsvorteile:

$$v_s^* = \sqrt{\frac{2 \cdot k}{k+1} \cdot R \cdot \vartheta_0} = \sqrt{\frac{2 \cdot k}{k+1} \cdot \frac{p_0}{\rho_0}}$$

und

$$Ma^* = \frac{v}{v_s^*} \quad : \quad Ma = \frac{\sqrt{2} \cdot Ma^*}{\sqrt{k+1-(k-1) \cdot Ma^{*2}}}$$

aus Gl. (10.3k)

$$\left(\frac{k+1-(k-1) \cdot Ma^{*2}}{2 \cdot Ma^*} - 1\right) \cdot \frac{dMa^*}{Ma^*} = \frac{k}{2} \cdot \frac{\lambda}{d} \cdot dx$$

vereinfacht zu

$$\int_a^n \left(\frac{1}{Ma^{*2}} - 1\right) \cdot \frac{dMa^*}{Ma^*} = \frac{k}{k+1} \cdot \frac{\lambda}{d} \cdot \int_a^n dx$$

Die Integration ergibt mit $L = x_1 - x_a$ und analoger Ergänzung $\Sigma \zeta_i$:

$$\zeta = \lambda \cdot \frac{L_a}{d_a} + \sum_a \zeta_i = \frac{k+1}{2 \cdot k} \cdot \left(M_a^{-2} - M_n^{-2} - 2 \cdot \ln \frac{M_n}{M_a} \right) \qquad (10.4)$$

für eine Ausblaseleitung mit der Länge L_a, Vereinfachung $Ma^* = M$.

Als Gleichungsabfolge zur Berechnung aus Ventildaten für Abb. 10-16:

$$p_{nS} = \frac{2 \cdot \psi \cdot \alpha \cdot p_0}{\sqrt{k \cdot (k+1)}} \cdot \left(\frac{d_0}{d_a}\right)^2 \cdot \sqrt{\frac{Z_n}{Z_0}} \; ; \; f_a = \frac{1}{1{,}1 \cdot \alpha_W} \cdot \left(\frac{d_a}{d_0}\right)^2 \cdot \sqrt{\frac{Z_0}{Z_n}}$$

$$M_n = \sqrt{\frac{k+1}{k-1} + C_n^2} - C_n \le 1 \; ; \; C_n = \frac{1}{k-1} \cdot \frac{p_u}{p_{nS}}$$

$$M_a = \sqrt{\frac{k+1}{k-1} + C_a^2} - C_a \le M_n \; ; \; C_a = \frac{k+1}{k-1} \cdot \frac{1}{2 \cdot M_n} \cdot \frac{p_a}{p_n} \cdot \left(1 - \frac{k-1}{k+1} \cdot M_n^2\right)$$

$p_n = p_{nS}$ bzw. p_u

Für die Einlaufleitung kann $d\vartheta \sim 0$ angesetzt werden, woraus man ζ nach Übersicht 10.3., Gl. (10.35) gewinnt.

Polytrope Behälterentspannung

Insbesondere bei der Entspannung hoher Behälterdrücke kann es zu einer polytropen Entspannungskühlung der expandierenden Behältergase

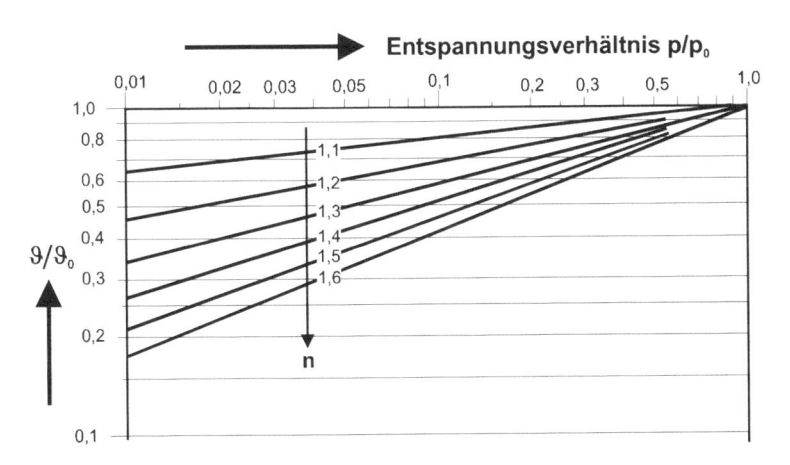

Abb. 10-3: Temperaturabsenkung ϑ/ϑ_0 einer polytropen Entspannung über dem Druckverhältnis p/p_0 für verschiedene Polytropenexponenten k. Polytrope Temperaturabsenkung nach Gl. (10.5)

kommen. Zur Beschreibung dieses weitgehend strömungslosen Vorgangs im Behälter ist aus der Thermodynamik die nachfolgende Gleichung bekannt:

$$\frac{\vartheta}{\vartheta_0} = \left(\frac{p}{p_0}\right)^{\frac{n-1}{n}} \tag{10.5}$$

n = k für isentrope, n = 1 für isotherme Entspannung

Die Abb. 10-3 verdeutlicht, welche Temperaturabsenkungen ϑ/ϑ_0 in Abhängigkeit vom Isentropenexponenten $1 \leq n \leq k$ für eine Druckabsenkung im Behälter zu erwarten ist. Durch Eintragung gemessener Temperaturverläufe $\vartheta(p)$ in Abb. 10-3 kann bei Berücksichtigung auch von Wärmeübergängen auf einen Exponenten n geschlossen werden.

Durch einen Entspannungsversuch mit dem zu beurteilenden Rohrleitungssystem kann eine insgesamt wirksame Summe der Druckverlustbeiwerte bestimmt werden. Den polytropen Druck- und Temperaturabfall ordnet man einem Massenstrom zu und verknüpft diesen entweder mit der allgemeinen Gleichung in „Transportmechanismen der Drucküberschreitung" (Unterkapitel 10.1) oder mit derjenigen für Überströmung ($v < v_S$) ohne lokale Schallgeschwindigkeit. Es gilt dann zum Beispiel:

$$q_m = V \cdot \rho_0 \cdot \frac{dp}{p_0 \cdot dt} \cdot \left(1 - \frac{n-1}{n}\right) \triangleq 1{,}27 \cdot d^2 \cdot \sqrt{\frac{\Delta p \cdot \rho_0 \cdot \left(1 - \frac{\Delta p}{2 \cdot p_0}\right)}{\lambda \cdot \frac{L}{d} + \sum \zeta - \frac{1}{k} \cdot \ln\left(1 - \frac{\Delta p}{p_0}\right)}} \tag{10.6}$$

Medium z.B. Luft, Stickstoff; q_m in kg/h, p in bar$_{abs}$, d in mm, ρ in kg/m³

Bei starken Verschmutzungen oder einer durch Korrosion aufgerauten Innenfläche kann ein Entspannungsversuch Auskunft über geänderte Druckverluste geben. Mit der Druckabfallgeschwindigkeit sollte gegebenenfalls der Gegendruck p_a hinter dem Sicherheitsventil bzw. der Berstscheibe protokolliert werden, auch wenn bei höheren Behälterdrücken wegen möglicher Schallgeschwindigkeiten am Leitungsende in d_n bzw. in der Leitung am Ende einzelner Nennweitenabschnitte ein anderes Gegendruckverhältnis p_a/p_0 zustande kommt. Mit Gl. (10.30) und (10.32) aus Übersicht 10.3. kann auf andere Notentspannungsbedingungen geschlossen werden. Bei einer Abblaseleitung aus Längen L_a verschiedener Nennweiten DN mit Innendurchmesser d_i ist dabei zu berücksichtigen, dass nur bei Unterschallgeschwindigkeit bzw. unterkritischer Strömung gilt:

$$\lambda \cdot \frac{L}{d} + \sum \zeta = \sum_i \left(\lambda \cdot \frac{L}{d_i} + \sum \zeta\right)_i \cdot \left(\frac{d_a}{d_i}\right)^4 \tag{10.7}$$

Die Einzelanteile für die verschiedenen Nennweitenlängen sind im Verhältnis der Summanden von Gl. (10.7) durch Aufteilung des Gesamtwerts nach Gl. (10.6) zu bestimmen.

Abblasen von Sicherheitseinrichtungen

Neben den Ursachen, die zum Abblasen von Sicherheitseinrichtungen an Druckbehältern führen können, ist naturgemäß auch die Frage wichtig, was mit den austretenden Massenströmen passiert, d.h. wie sich der Austrittsstrahl in der Umgebungsluft verhält, wie groß das Gefährdungspotential ist und welche Auswirkungen zu erwarten sind.

Die Druckentlastung ist die letzte Notmaßnahme in einer Kette von Sicherheitsschritten zum Vermeiden des Berstens eines Druckbehälters. Sie wird also nur in den seltensten Fällen eintreten. Es ist deshalb statthaft, das Entspannungsmedium ins Freie abzuleiten, sofern dort keine Gefahr oder unzumutbare Belästigung eintritt. Zur Beurteilung siehe [77], [78] und [84] bis [88]. Eine erste grobe Abschätzung mag nach Abb. 10-7 erfolgen.

Zündfähige Höhe des Ausblasefreistrahls und Kulminationskonzentration

Beim Entspannen von schweren Gasen ist die Situation am ungünstigsten, wenn bei Windstille der Strahl kulminiert. Die Konzentration $C_k(H_k)$ im Kulminationspunkt muss dann möglichst kleiner sein als die relevante Grenzkonzentration, z. B. die Untere Explosionsgrenze (UEG).

$$C_k \cong \frac{0{,}01}{M_g} \cdot \frac{\sqrt{\left[1 - \frac{\rho_u}{\rho_{nu}}\right]}}{\sqrt[4]{\rho_u}} \cdot \frac{q_m^{1,5}}{R_g^{1,25}} \cong \frac{0{,}014}{M_g} \cdot \frac{\sqrt{\left[1 - \frac{\rho_u}{\rho_{nu}}\right]}}{\sqrt[4]{\rho_u}} \cdot \frac{\left(\psi \cdot \alpha \cdot d_0^2 \cdot \sqrt{p_0 \cdot \rho_0}\right)^{1,5}}{R_g^{1,25}} \quad (10.8)$$

Die Abb. 10-4 zeigt den Einfluss der Austrittsgeschwindigkeit v auf den zündfähigen Bereich eines senkrechten Freistrahls nach [78]. Die Darstellung verdeutlicht die Vorteile einer „schallschnellen" Notentspannung, wie sie z. B. durch Vollhubventile mit ausgeprägter Schließdruckdifferenz $\Delta p_S \geq 0{,}05 \cdot p_e$, auch bei deren Überdimensionierung und daher „pumpendem" Abblasen eher gegeben ist als bei Proportionalventilen. Darauf wird im Kapitel 10.2 näher eingegangen.

Je größer die Reaktionskraft R_g, die dem Strahlimpuls entspricht, – siehe hierzu Abb. 10-10 – desto unbedenklicher wird die Kulminationskonzentration C_k. Für die Höhe H*, bis zu welcher das notentspannte Gas im

Freistrahlbereich zündfähig ist, erhält man:

$$H^* = \frac{1{,}7 \cdot q_m}{UEG \cdot M_g \cdot \sqrt{\rho_u \cdot R_g}} = \frac{2{,}2}{UEG \cdot M_g} \cdot \sqrt{\frac{\rho_0 \cdot p_0}{\rho_u \cdot R_g}} \cdot \psi \cdot \alpha \cdot d_0^2 \quad (10.9)$$

d in mm, q_m in kg/h, p in bar$_{abs}$, ρ in kg/m³, UEG in Vol.-%, S = 1, R_g in kp, M in kg/kmol, ρ_{nu} = Gasdichte bei p_u, ϑ_n.
Bei Querwind kann die Keule bis zu einem Radius r ≈ 0,6 · H* abdriften.

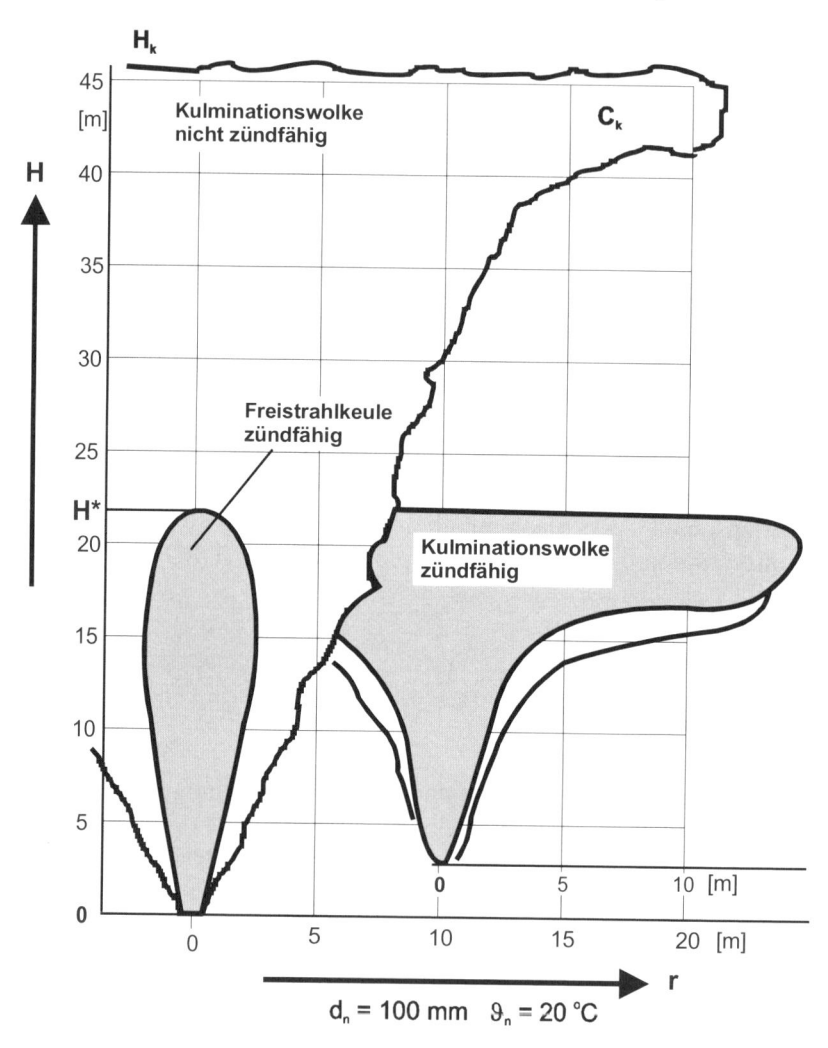

Abb. 10-4: Einfluss der Austrittsgeschwindigkeit v_n auf den zündfähigen Bereich eines senkrechten Freistrahls nach [78]. Medium Dimethylether. $v_u = 0$ → Windstille, links: $v_n = 150$ m/s, rechts: $v_n = 50$ m/s (v_n = Geschwindigkeit im Auslass)

Entsprechend ergibt sich die Kulminationshöhe zu

$$H_k = \frac{180 \cdot R_g^{0,75}}{\sqrt[4]{\rho_u} \cdot \sqrt{\left(1 - \dfrac{\rho_u}{\rho_{nu}}\right) \cdot \sqrt{q_m}}} \tag{10.10}$$

(Einheiten wie vor)

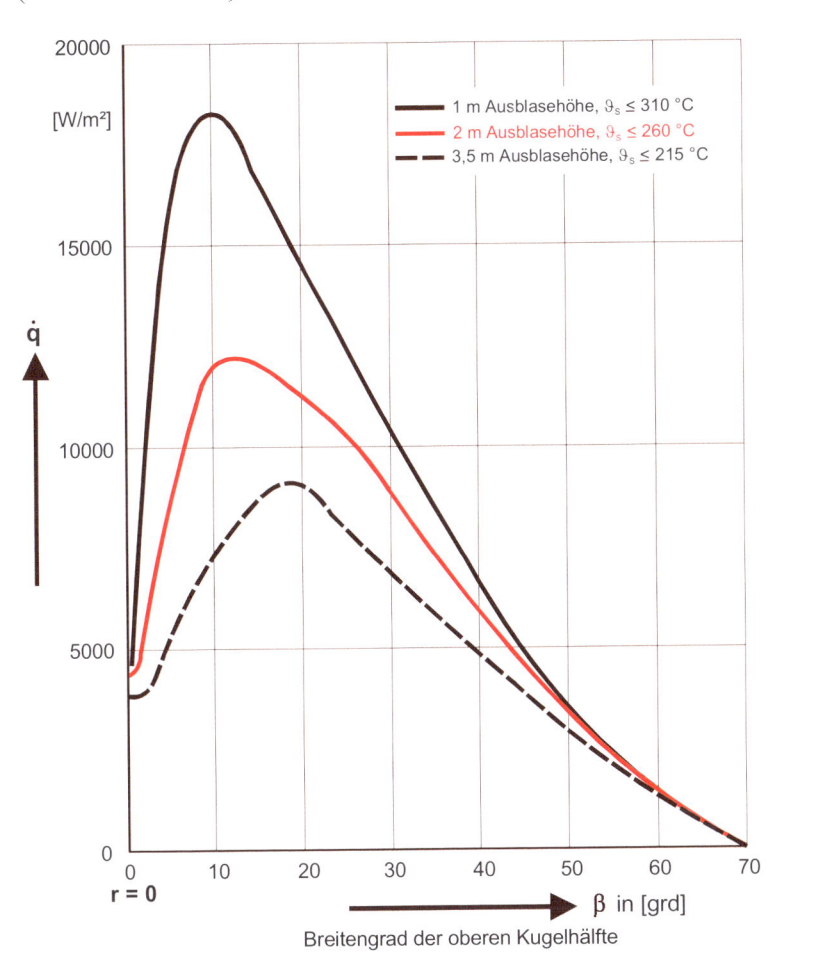

Abb. 10-5: Strahlungswärme auf einen Kugelbehälter als Funktion des Breitengrades nach Ableitungen in [83]. Ausblasung von $q_m = 33000$ kg/h Propylen über der Kugel mit D = 18 m ohne Wärmedämmung.

Für die Höhen H* und H_k gilt wie schon für die Konzentration C_k, dass bei großen Reaktionskräften sich unbedenklichere Höhen H ergeben. Zur

Maximierung der Reaktionskraft R_g siehe Abb. 10-10:

Bei Verringerung des Flächenverhältnisses f_n der Ausblaseöffnung zur Umgebung erhöht man den Strahlimpuls der Ausblasung – d. h. die Reaktionskraft R_g –, Beschränkungen bezüglich des zulässigen Gegendruckes P_a (siehe Übersicht 10.3., Gl. (10.32)) sind dabei entsprechend zu berücksichtigen.

Bei Zündung der Freistrahlkeule nach Abb. 10-4 kann die Strahlungswärme auf Umgebungsbauteile nach [83] abgeschätzt werden. Hierzu dient die Abb. 10-5, in der die Abminderung der Strahlungswärme mit der Ausblasehöhe über einem Kugelbehälter gezeigt wird.

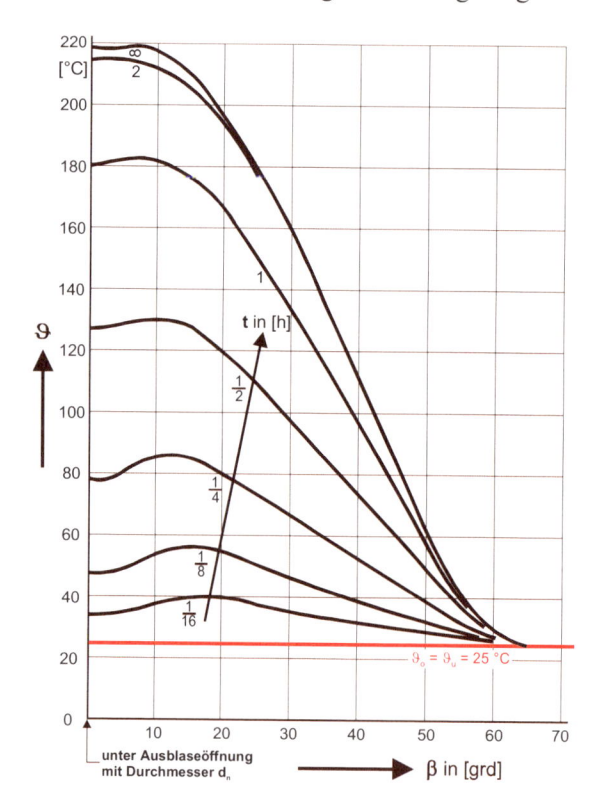

Abb. 10-6: Zeitlicher Verlauf der örtlichen Temperaturverteilung $\vartheta(\beta, t)$ unter der Freistrahlflamme einer gezündeten Ausblase-Wolke aus einem Sicherheitsventil. Ausblashöhe H = 3,5 m über dem Scheitel einer Kugel mit D = 18 m, s = 30 mm, Feinkornbaustahl, q_m = 33 to/h Propylen, ohne Wärmedämmung, ϑ_u = 25 °C, Wärmeleitung berücksichtigt

Der zeitliche Verlauf der Wandtemperatur ϑ_s bis hin zur Gleichgewichtstemperatur ist in Abb. 10-6 dargestellt. Man erkennt, dass auch ohne

Wärmedämmung unter der Ausblaseöffnung bei entsprechender Ausblasehöhe die Behälterwandung nicht kritisch – beispielsweise $\vartheta_s < 250\ °C$ – erhitzt wird.

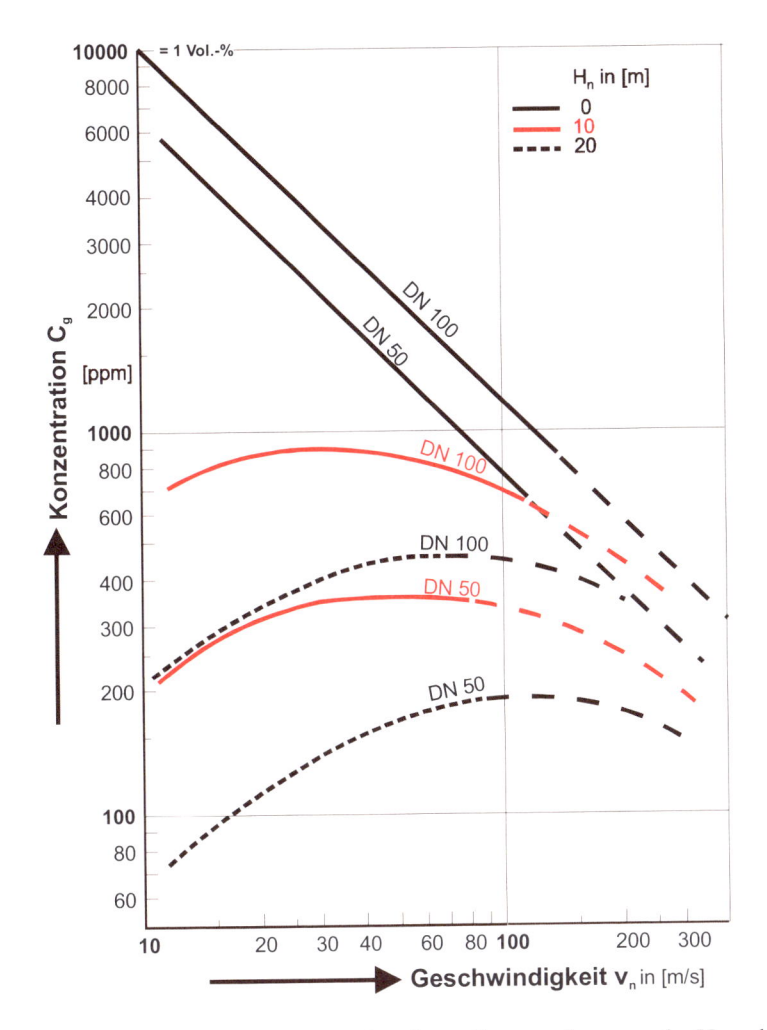

Abb. 10-7: Konzentration C_g eines Gases schwerer als Umgebungsluft auf Grundhöhe nach senkrechter Ausblasung in Höhe H_n über Grund für Öffnungsweiten $d_n \cong DN\ 50$ und $DN\ 100$ über der Geschwindigkeit v_n als Abszisse. Querwind z.B. mit $v_u = 3$ m/s. $\rho_n \cong 1{,}8$ kg/m³. Erste grobe Abschätzung nach HMP-Methode aus [85]. Vergleich mit Messungen siehe [86]

Stoffe, die aus Sicherheitsventilen oder Berstscheiben abgeblasen werden, dürfen die Personen im Umfeld nicht gefährden. Hierzu siehe Technische Regeln zur Druckbehälterverordnung, TRB 404: „Ausrüstung der Druckbehälter – Ausrüstungsteile", Absatz 6: „Einrichtungen zum gefahrlosen Ableiten austretender Stoffe" [23]. Für eine erste qualitative, konservative Beurteilung der seltenen Notentspannung eines Gases schwerer als Umgebungsluft – nicht in Abgasentsorgungen durch z. B. Fackeln oder Wascher – wird bis auf weiteres vorgeschlagen, den impulsbehafteten senkrechten Freistrahl mit anfangs gewissen Geschwindigkeitsunterschieden zur Umgebung nach [85] abzuschätzen (siehe hierzu Abb. 10-7). Bei geringen Dichteunterschieden um die Kulminationshöhe H_k kann eine Beurteilung nach der VDI-Richtlinie 3783 „Ausbreitung von störfallbedingten Freisetzungen" erfolgen [78] – z.B. bei $\Delta\rho_k/\rho_a < 0,06$ –, woraus sich deutlich geringere Konzentrationen C_g in der Größenordnung von 20 bis 30 % ergeben können.

Die Abb. 10-4 bis 10-7 verdeutlichen, wie kritische Notentspannungen letztlich nur in Zusammenarbeit mit verschiedenen spezialisierten Fachstellen einwandfrei beherrscht werden können. Zur Vertiefung siehe auch [70] bis [72], [78], [80] und Beispiel 7.

Auslassabschätzung für turbulente Freistrahlen
Im Folgenden sollen die unterschiedlichen Ergebnisse nach US- und deutschen Richtlinien und Formeln basierend auf Messergebnissen dargestellt werden. Zur Demonstration sollen die Abb. 10-8 und 10-9 dienen. Nach API (American Petroleum Institute) [78]:

Für das meistens vorkommende sogenannte „Leichtgas" mit einer Kulminationsdichte von $\rho_k \approx \rho_u$ gilt für die Konzentration am Auftreffpunkt der Gasfahne:

$$C_g \approx \frac{10^7}{3600} \cdot \frac{q_m \cdot X_n}{v_u \cdot H^2 \cdot \overline{M}}$$

$$= 0{,}33 \cdot \frac{v_n}{v_u} \cdot \left(\frac{d_n}{H_n + H_k}\right)^2 \cdot \frac{\vartheta_n}{\vartheta_u} \cdot X_n \leq 10^6 \text{ Vol.-ppm}$$

(10.11a, b)

Nach deutscher VDI-Richtlinie 3783 [78] (mittlere Ausbreitungssituation) gilt analog:

$$C_g \approx 0{,}41 \cdot \frac{v_n}{v_u} \cdot \frac{d_n^2 \cdot X_n}{(H_n + H_k)^{2,3}} \cdot \frac{\vartheta_n}{\vartheta_u} \leq 10^6 \text{ ppm} \qquad (10.11c)$$

bei $r_g \approx 1{,}7 \cdot (H_n + H_k)^{1,27}$ in [m] \qquad (10.11d)

als Entfernung zwischen dem Fußpunkt H_n, d_n und dem Konzentrationsmaximum C_g.

Strahl:	
Durchmesser	54,5 mm
Austrittshöhe	40 m
Austrittswinkel	90°
Strahltemperatur	293 K
Strahldichte	1,8 kg/m³
Austrittsgeschwindigkeit	100 m/s
Massenstrom	1500 kg/h
Umgebung:	
Wind in Austrittshöhe	3 m/s
Temperatur in Austrittshöhe	293 K
Dichte	1,2 kg/m³

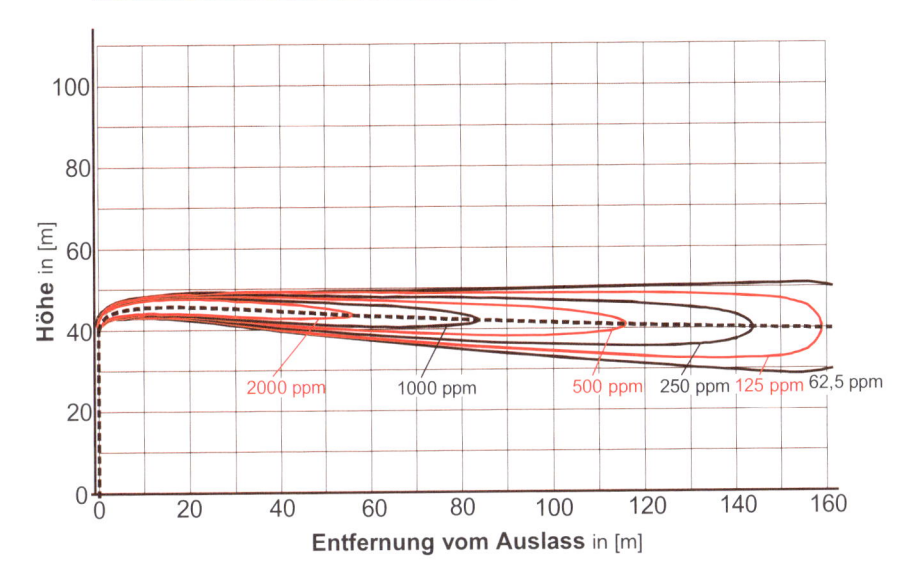

Abb. 10-8: Freistrahlausbreitung: Auslass DN 50, Gasdichte 1,8 kg/m³, Austrittsgeschwindigkeit 100 m/s [87]

Abschätzung der Kulminationshöhe H_k in [m] nach [88] (die dort angeführten Messungen werden über einen weiten Bereich hinweg extrapoliert):

$$H_k \approx 0{,}095 \cdot \sqrt{d_n} \cdot \left(\frac{v_n}{v_u}\right)^{0{,}75} \cdot \sin\delta \leq H_{k0} \approx 0{,}016 \cdot v_n \cdot \rho_n^{0{,}75} \cdot \sqrt{\frac{d_n}{\Delta\rho_n}} \quad (10.11e, f)$$

($\Delta\rho_n \geq 0$)

Die Gl. (10.11f) entspricht der Gl. (10.10), wenn die Schallgeschwindigkeit nicht erreicht wird.

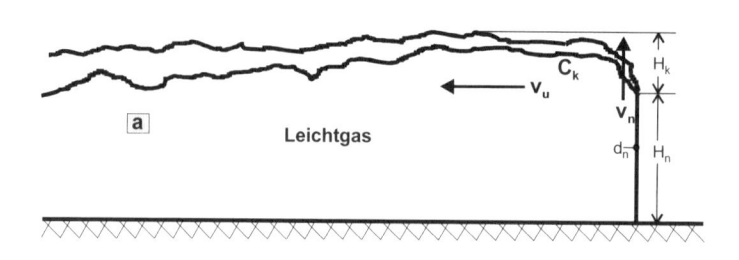

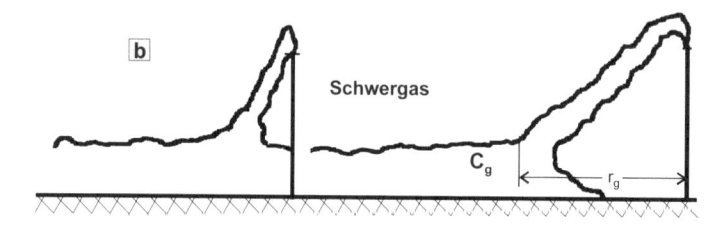

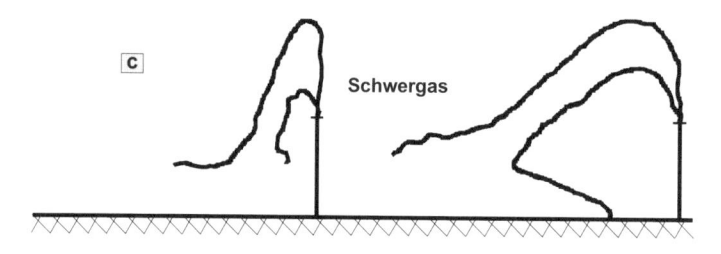

Abb. 10-9: Nachgezeichnete Schlierenränder in Fotografien von Ausbreitungsfahnen [88]. Querwind v_u = 1,34 m/s, Ausblasung aus d_n = 610 mm in Höhe H_n = 30,5 m für a und b, sowie H = 18,3 m für c
a: $\rho_n/\rho_u = 1$
b und c: linke Darstellung ρ_n/ρ_u = 5,17, rechte Darstellung ρ_n/ρ_u = 1,52
a und b: v_n = 6,1 m/s
c: v_n = 24,4 m/s

Für „Leichtgas" kann $H_k \to \infty$ bei schwachem Wind oder Windstille über Schornsteinen mit heißem Rauchgas beobachtet werden, auch – besonders im Winter – mit dem Nebelaerosol des Wasserdampfanteils.

Zündfähiger Halbkugelradius mit

$$H_0^* \leq 0,6 \cdot \frac{d_n}{\text{UEG} \cdot \sqrt{\rho_n}} \text{ in [m]} \tag{10.11g}$$

UEG ist die untere Explosionsgrenze.

Die Gl. (10.11g) entspricht der Gl. (10.9), wenn wiederum die Schallgeschwindigkeit nicht erreicht wird.

Zum besseren Verständnis kann eine kleine Berechnung dienen mit d_n in DN 80, $H_n = 10$ m, $\delta = 90°$, M = 44 kg/kmol, $q_m = 5626$ kg/h, $v_n = 250$ m/s, $v_u = 3$ m/s, $\vartheta_n = 457$ K, $\vartheta_u = 293$ K.

Zur Anwendung kommen die Gln. (10.11e, a, b):

$$H_k \approx 0{,}095 \cdot \sqrt{82{,}5} \cdot \left(\frac{250}{3}\right)^{0{,}75} = 23{,}8 \text{ m,}$$

$$C_g \approx \frac{10^7}{3600} \cdot \frac{5626}{3 \cdot (10 + 23{,}8)^2 \cdot 44} = 104 \text{ ppm} \quad \text{oder}$$

$$C_g \approx 0{,}33 \cdot \frac{250}{3} \cdot \left(\frac{82{,}5}{10 + 23{,}8}\right)^2 \cdot \frac{293}{457} = 105 \text{ ppm} \leq C_{zul}$$

Nach VDI-Richtlinie unter Verwendung der Gln. (10.11c, d):

$$C_g \approx 0{,}41 \cdot \frac{250}{3} \cdot \frac{82{,}5^2}{33{,}8^{2{,}3}} \frac{300}{457} = 47 \text{ ppm} \quad \text{bei} \quad r_g \approx 1{,}7 \cdot 33{,}8^{1{,}27} = 149 \text{ m}$$

Der große Unterschied zwischen API und VDI könnte mit den Schwierigkeiten bei Messungen und Auswertungen zusammenhängen. Bemerkenswert ist aber trotzdem der weitgehend ähnliche Aufbau der Gleichungen.

Für selten vorkommendes, sogenanntes „Schwergas" mit

$$\Delta \rho_k = \rho_k - \rho_u > 0 \tag{10.11h}$$

wird der Vorfaktor B ≈ 0,33 der API-Formel als sichere Obergrenze nach [85] bis auf Weiteres zu

$$B \approx 0{,}33 + 200 \cdot \Delta \rho_k \leq 1{,}1 \tag{10.11i}$$

In [85] wird der Höchstwert für „Schwergas" mit B ≤ 1,1 angegeben. Nach der genannten VDI-Richtlinie [78] dürfte man bis zu einer Kulminationsdichte von 16 % über dem Umgebungswert mit den „Leichtgas-Formeln" weiterrechnen, was jedoch wegen des starken Widerspruchs zu [85] nicht empfohlen werden kann. Erste Abschätzung der Kulminationskonzentration C_{kl} nach der sogenannten HMP-Methode [85] erfolgt für „Schwergas" mit $\Delta \rho_n = \rho_n - \rho_u > 0{,}1$ kg/m³ (in weiterer Extrapolation der Messungen, jedoch zur sicheren Seite hin).

Bei noch geringeren Dichteunterschieden wird bis auf Weiteres empfohlen, die Konzentrationen C_g über der Auslassdichte ρ_n aufzutragen, sodann vom Leichtgasergebnis beginnend eine Tangente an die steil mit dem Dichteunterschied abfallenden HMP-Werte zu legen und anschließend grafisch zu interpolieren.

Die HMP-Methode – als gebräuchliche Bezeichnung in Veröffentlichungen dreier Autoren – gilt als eine Standardmethode zur Ermittlung von Freistrahlausbreitungen.

Die Kulminationskonzentration wird nach der folgenden Gl. (10.11k) abgeschätzt:

$$C_{kl} \approx 4 \cdot \frac{v_n}{v_u} \cdot \left(\frac{d_n}{H_n + H_{kl}}\right)^{1,85} \cdot \frac{\vartheta_u}{\vartheta_n} \leq C_{k0} = 50 \cdot \frac{\sqrt{\Delta\rho_n \cdot d_n}}{\rho_n^{1,25} \cdot v_n} \cdot 10^4 \quad (10.11\text{j, k})$$

und $\leq 10^6$ Vol.-ppm

$$\rho_k \leq \frac{C_{kl}}{10^6} \cdot \rho_n + \left(1 - \frac{C_{kl}}{10^6}\right) \cdot \rho_u \quad (10.11\text{l})$$

Die Gl. (10.11k) entspricht der Gl. (10.8) auch wieder dann, wenn die Schallgeschwindigkeit nicht erreicht wird. Die Kulminationshöhe ergibt sich mit
$\delta = 90°$ zu:

$$H_{kl} \approx 0,0058 \cdot v_n \cdot \sqrt[3]{\frac{d_n^2 \cdot \rho_n^2}{v_u \cdot \Delta\rho_n}} \quad \text{in [m]} \quad (10.11\text{m})$$

Alternativ zu Gln. (10.11b, c) kann angesetzt werden:

$$C_{gl} \approx 4 \cdot \frac{v_n}{v_u} \cdot \left(\frac{d_n}{H_n + 2 \cdot H_{kl}}\right)^{1,95} \cdot \frac{\vartheta_u}{\vartheta_n} \cdot X_n \quad (10.11\text{n})$$

Die Abb. 10-7 stellt eine Parameterstudie dieser Gleichung dar. Die Entfernung zwischen Auslassöffnung und maximaler Konzentration in Bodennähe beträgt:

$$r_{gl} \approx 0,1 \cdot \frac{v_n \cdot v_u \cdot \rho_n}{\Delta\rho_n} + 196 \cdot \sqrt{\left(\frac{H_{kl}}{d_n}\right)^3 \cdot \left[\left(\frac{H_n}{H_{kl}} + 2\right)^3 - 1\right] \cdot \frac{v_u^3 \cdot d_n}{v_n \cdot \Delta\rho_n}} \leq 300 \text{ m} \quad (10.11\text{o})$$

Die Freilanduntersuchungen in [88] lassen sich mit der Gl. (10.11o), die aus Windkanalergebnissen gewonnen wurde, hinreichend genau wiedergeben.

Zur Erläuterung der Gln. (10.11m, j, n, o) mag (siehe auch Abb. 10-4) eine kleine Berechnung für Dimethylether mit d_n in DN 100, $H_n = 10$ m, $v_n = 150$ m/s, $v_u = 3$ m/s, $\rho_n = 1,91$ kg/m³ und $\vartheta_n = \vartheta_u$ dienen:

$$H_{kl} \approx 0,0058 \cdot 150 \cdot \sqrt[3]{\frac{107,1^2 \cdot 1,91^2}{3 \cdot 0,71}} = 23,5 \text{ m}$$

$$C_{kl} \approx 4 \cdot \frac{150}{3} \cdot \left(\frac{107,1}{23,5}\right)^{1,85} = 3309 \text{ ppm} \quad , \quad C_{gl} \approx 4 \cdot \frac{150}{3} \cdot \left(\frac{107,1}{57}\right)^{1,95} = 685 \text{ ppm}$$

$$r_{gl} \approx 0{,}1 \cdot \frac{150 \cdot 3 \cdot 1{,}91}{0{,}71} + 196 \cdot \sqrt{\left(\frac{23{,}5}{107{,}1}\right)^3 \cdot \left[\left(\frac{10}{23{,}5}+2\right)^3 - 1\right] \cdot \frac{27 \cdot 107{,}1}{150 \cdot 0{,}71}}$$

$$= 121 + 382 = 503 \text{ m}$$

Eine Interpolationsrechnung für Mischgas in der Kulmination ergibt mit den Gln. (10.11l, i):

$$\Delta \rho_k \leq \frac{3309}{10^6} \cdot 1{,}91 + \left(1 - \frac{3309}{10^6}\right) \cdot 1{,}2 - 1{,}2 = 0{,}00235,$$

B ≤ 0,33 + 200 · 0,00235 = 0,8

Nach Gln. (10.11e, b) ergibt sich wegen starker Verdünnung in der Kulmination

$$H_k \approx 0{,}095 \cdot \sqrt{107{,}1} \cdot \left(\frac{150}{3}\right)^{0{,}75} = 18{,}5 \text{ m} \quad \text{und}$$

$$C_g \approx 0{,}8 \cdot \frac{150}{3} \cdot \left(\frac{107{,}1}{28{,}5}\right)^2 = 565 \text{ ppm}$$

in Anlehnung an API [77], [88]. Dies ist eine recht passable Übereinstimmung mit dem HMP-Ergebnis.
Nach VDI-Richtlinie, siehe Gln. (10.11c, d), wird

$$C_g \approx 0{,}41 \cdot \frac{150}{3} \cdot \frac{107{,}1^2}{28{,}5^{2{,}3}} = 106 \text{ ppm} \quad \text{und} \quad r_g \approx 1{,}7 \cdot 28{,}5^{1{,}27} = 120 \text{ m}$$

Dieser niedrige Konzentrationswert ist ein Hinweis darauf, dass die VDI-Richtlinie für Schwergas besser nicht verwendet werden sollte.
In beiden Fällen aber ist C_g < 1900 ppm, dem kurzfristig gerade noch zulässigen Wert.

Rohrleitungskräfte

Dass sich auch die Rohrleitungskräfte mit zumutbarem rechnerischen Aufwand – in ähnlicher Weise wie die Strömungsdruckverluste – durch wenige Stoff- und Armaturendaten ausdrücken lassen, soll aus dem nachfolgenden Abschnitt deutlich werden.
Die Rohrleitungen zur Massenstromabführung und ihre Halterungen müssen alle auftretenden Druck-, Beschleunigungs- und Impulskräfte sowie deren Biegemomente auch noch bis zu einem drohenden Behälterbruch ohne Abknicken und damit verbundener Massenstromdrosselung zuverlässig aufnehmen können. Von besonderer Bedeutung ist dabei eine etwaige stationäre Reaktionskraft R am Auslass des Massenstroms q_m zur

Umgebung. Nach den Grundlagen der Strömungslehre [69] gilt für R (siehe auch Abb. 10-13):

$$R = \frac{q_m}{36000} \cdot v_n + \frac{\pi}{400} \cdot d_n^2 \cdot (p_n - p_u) \quad \text{in [kp]} \qquad (10.12)$$

mit d in [mm] und p in [bar]
($\hat{=}$ Impulssatz zuzüglich Druckterm)

Die Kräfte zwischen Behälter und Ausblaseöffnung liegen in der gleichen Größenordnung.

Die Reaktionskraft R ist in Abb. 10-10 über dem Flächenverhältnis f_n wiedergegeben und in Übersicht 10.2. wiederum für die Aggregatzustände gasförmig, flüssig und zweiphasig gleichungsmäßig zusammengestellt. Für die Übersichten 10.2. und 10.3. gilt, dass unmittelbar nur die Sicherheitsventil- oder Berstscheibendaten in die Gleichung ohne weitere Umformung eingesetzt werden können. Letztlich erscheint dies eine zuverlässigere Berechnungsmethodik als mit den entsprechenden leichter überschaubaren Ausgangsgleichungen. Ein Zahlenbeispiel soll die Anwendung der Übersicht 10.2. erläutern. Hierbei wird für den Sicherheitsfaktor S der Zahlenwert „4" vorgeschlagen, damit auch noch bei Überschreitungen des zulässigen Behälterdruckes kein Versagen durch knickende Rohrleitungen zu erwarten ist und instationäre Beschleunigungskräfte miterfasst sind. An zwei typischen Ausblasebeispielen soll verdeutlicht werden, was bezüglich der stabilen Verrohrung bedacht werden muß:

Elastische Knickung eines senkrechten Ausblaserohrs mit entsprechendem Schutz gegen Vereisung im Winter und anschließend eine um 90° nach Südosten zeigende Ausblaseöffnung ohne Biegemomentausgleich.

Die Eulersche Knickkraft [74] für eine Abstützung der Länge L_a wird mit dem E-Modul des Werkstoffs und dem Trägheitsmoment I des Rohrleitungsquerschnitts bestimmt zu (elastische Knickung vor plastischer Stauchung):

$$K_e = \pi^2 \cdot \frac{E \cdot I}{40 \cdot l_a^2} \cong \frac{\pi^3}{320} \cdot \frac{s \cdot d_a^3}{l_a^2} \cdot E \geq R \quad \text{in [kp]} \qquad (10.13)$$

(dünnwandiges Rohr als Abstützung)

Es bleibt – ähnlich wie bei der Behälterbeulung – zu überprüfen, ob man mit elastischem Ausknicken bis zum kritischen Schlankheitsgrad κ_e zu rechnen hat, oder ob man entsprechend den Tetmajerschen Ansätzen [74] plastische Verformung der durch die Reaktionskraft R gestauchten Abstützung anzunehmen hat.

Übersicht 10.2.: Abschätzung der Kräfte an der Ausblaseleitung von Sicherheitsventilen bzw. Berstscheiben für die Aggregatzustände gasförmig, flüssig und zweiphasig

---

Stationäre Reaktionskraft R in [kp] in einer Ausblaseleitung mit d_n in [mm], p in [bar$_{abs}$], d_0 in [mm], v_n in [m/s]

Gasförmig, isotherm:

$$R_g = \frac{\pi}{400} \cdot \psi \cdot \alpha \cdot d_0^2 \cdot p_{zul} \cdot S \cdot \sqrt{\frac{Z_n}{Z_0}} \cdot \left(\sqrt{2 \cdot k} + \sqrt{\frac{2}{k}} \right) - \frac{\pi}{400} \cdot d_n^2 \cdot p_u \cdot S \quad (10.14)$$

wenn $v_n = v_s$ (d.h. $p_n > p_u$) und $\vartheta_n = \vartheta_0$ ist

$$R_g = \frac{\pi}{200} \cdot \psi^2 \cdot \alpha^2 \cdot \frac{d_0^4}{d_n^2} \cdot p_{zul}^2 \cdot \frac{S}{Z_0} \quad (10.14a)$$

wenn $v_n \leq v_s$ und $p_n = p_u$ ist. Die Gleichung gilt für instationäre Kräfte bei $t = 0$

Zum Beispiel kann sein $S = \dfrac{p^*}{p_{zul}} \cong 4 \quad (10.14b)$

In allen Fällen gilt:

$$R_g \leq \frac{\pi}{400} \cdot d_e^2 \cdot S \cdot (p_{zul} - p_u) \quad (10.14c)$$

flüssig:

$$R_f \cong \frac{\pi}{200} \cdot \alpha^2 \cdot \frac{d_0^4}{d_n^2} \cdot (p_{zul} - p_u) \cdot S \quad (10.15)$$

zweiphasig:
Über Ausgangsgleichung für maximalen Massenstrom q_m:

$$R_z = \frac{\pi}{400} \cdot d_n^2 \cdot (\rho_{nz} \cdot v_n^2 \cdot 10^{-5} + p_n - p_u) \cdot S \quad (10.16)$$

Die allgemeine Thermokraft $K_t \leq E \cdot \Delta \vartheta \cdot \pi \cdot d \cdot s \cdot \dfrac{\alpha'}{10} \quad (10.17)$

muss durch Umwegverlegung der Rohrleitung ausgeglichen werden! Die Halterung des Sicherheitsventils oder der Berstscheibe zur Aufnahme von R ist gegen Querkraft auszulegen!

Für den kritischen Schlankheitsgrad κ_e gilt:

$$\kappa_e = 2 \cdot l_a \cdot \sqrt{\frac{A}{I}} \cong 2 \cdot l_a \cdot \sqrt{8 \cdot \frac{\pi \cdot s \cdot d_a}{\pi \cdot s \cdot d_a^3}} = 2 \cdot \frac{l_a}{d_a} \cdot \sqrt{8} \geq \pi \cdot \sqrt{\frac{E}{K}} \quad (10.18)$$

Hierin ist A der Querschnitt des Ausblaserohrs.

$$Y = \frac{R}{\frac{\pi}{400} \cdot 1{,}1 \cdot \alpha_W \cdot d_0^2 \cdot p_e} \cdot \frac{1}{S} \quad \text{mit } d_0 \text{ in [mm], } p_e \text{ in [bar}_{\text{Überdruck}}\text{], R in [kp]}$$

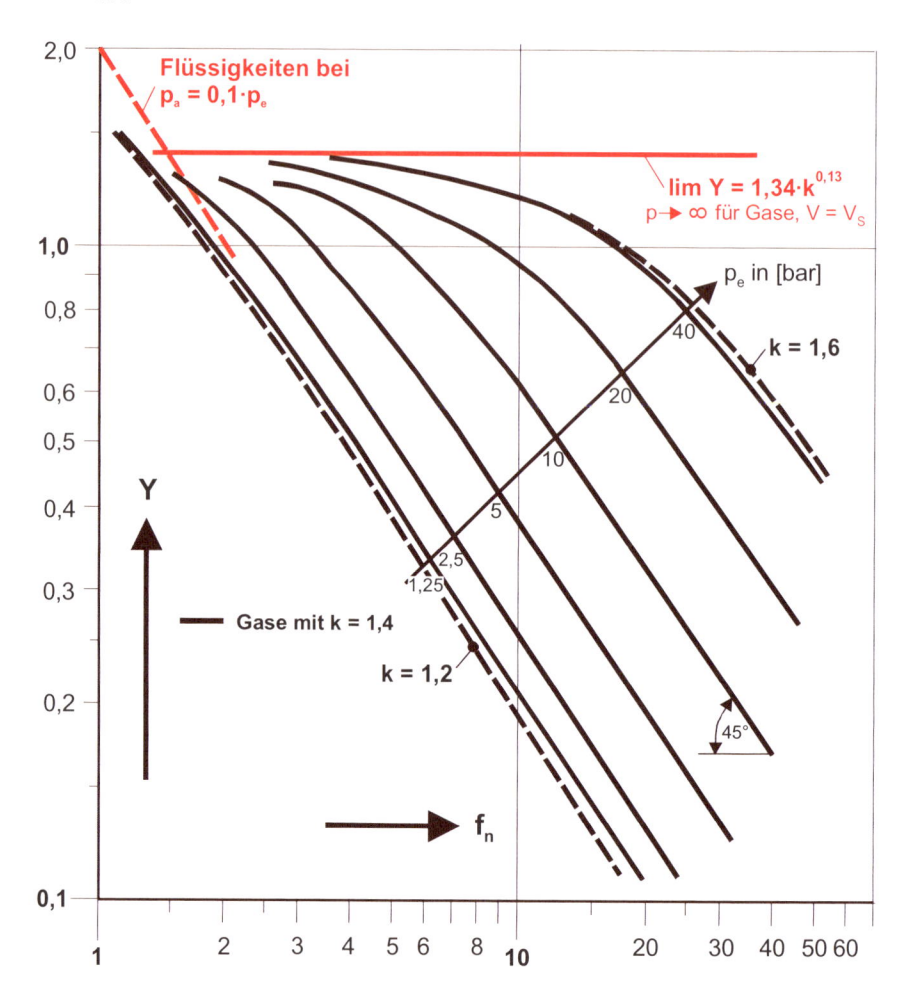

Flüssigkeiten bei $p_a = 0{,}1 \cdot p_e$

$\lim Y = 1{,}34 \cdot k^{0{,}13}$
$p \rightarrow \infty$ für Gase, $V = V_S$

p_e in [bar]

k = 1,6

Gase mit k = 1,4

k = 1,2

45°

Y

f_n

Abb. 10-10: Bezogene Reaktionskraft R in einer Ausblaseleitung mit der Länge L_a über dem Flächenverhältnis f_n der Ausblaseöffnung für verschiedene Ansprechdrücke p_e in [bar$_{\text{Überdruck}}$] nach [81] bei adiabater Ausströmung

Zur Wiederholung noch einmal:

Wenn der Schlankheitsgrad κ des Ausblaserohrs größer ist als die ganz rechte Seite von Gl. (10.18), dann gilt die Beziehung (10.13) für elastische Knickung. Weiterhin wird vorausgesetzt, dass ein Sicherheitsfaktor S = 4 als Berechnungsvorschlag in R enthalten ist. Bei einem 90°-Krümmer am

Ausblaseende wird die Zulässigkeit des letzten freien Rohrleitungsabschnitts nach der auftretenden Biegespannung σ_b bestimmt:

$$\sigma_b = \frac{10 \cdot R \cdot l_a}{W} \cong \frac{R \cdot l_a \cdot 40}{\pi \cdot s \cdot d_a^2} = \frac{40}{\pi} \cdot R \cdot \frac{l_a}{s \cdot d_a^2} \leq K \tag{10.19}$$

Messungen der Reaktionskräfte durch Firma Leser in Hamburg bestätigen die Gl. (10.12) mit guter Genauigkeit.

Bei Ausblasung in beispielsweise zwei entgegengesetzte 90°-Richtungen wird die Wirkung der Reaktionskraft R aufgehoben. In diesem Fall ist jedoch besonderes Augenmerk darauf zu richten, dass die Notentspannung unbedenklich horizontal abgeführt werden darf.

10.2 Sicherheitsventile

Bei den meisten Druckbehältern erfolgt die Absicherung gegen Überdruck heute noch durch ein oder mehrere Sicherheitsventile, durch Berstscheiben (siehe dazu Kapitel 7.3) oder durch eine Kombination aus beiden. Die Abb. 10-11 zeigt ein federbelastetes Sicherheitsventil, das als Vollhub- oder Proportionalventil ausgeführt werden kann.

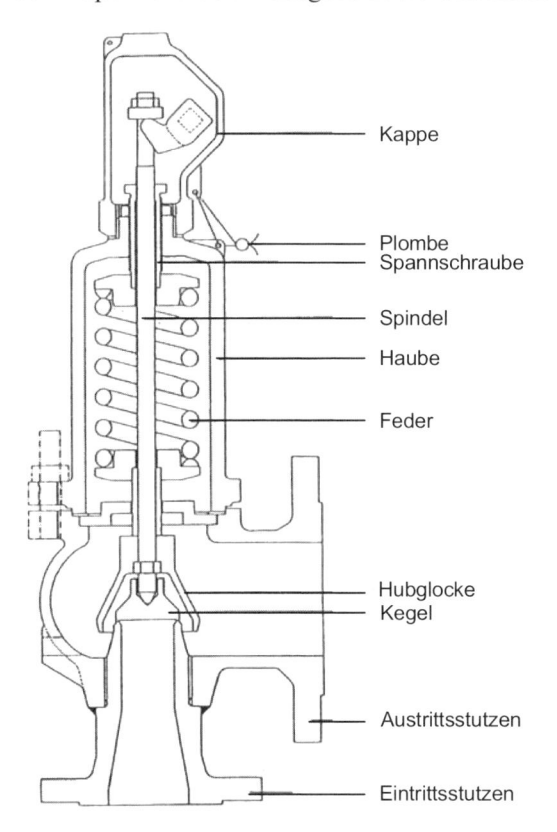

Kappe

Plombe
Spannschraube

Spindel
Haube

Feder

Hubglocke
Kegel

Austrittsstutzen

Eintrittsstutzen

Abb. 10-11: Federbelastetes Sicherheitsventil, einsetzbar als Vollhub- oder Proportionalventil. Hersteller Fa. Bopp & Reuther, Mannheim oder ähnliche Ausführung durch Fa. Leser, Hamburg

Ein derartig rein mechanisch wirkendes Sicherheitsventil stellt eine im Vergleich zu Mess- und Regelgeräten mit Sicherheitsfunktion einfache, kostengünstige und zuverlässige Armatur dar. Einstellmöglichkeiten für den Abblasedruck sind im Allgemeinen vorgesehen. Nach Einstellung oder

Überprüfung müssen Sicherheitsventile aus verständlichen Gründen plombiert werden.

Unterschiedliche Wirkungsweise
Man unterscheidet hinsichtlich ihrer Wirkungsweise bzw. Öffnungscha-

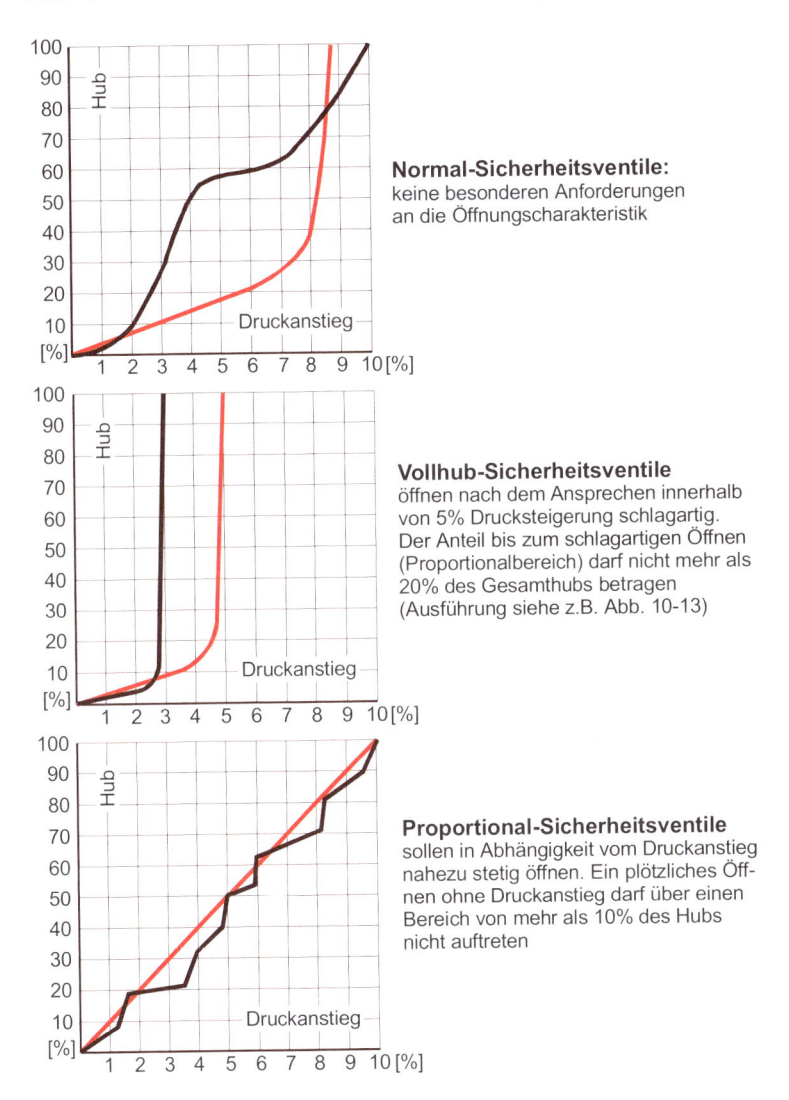

Normal-Sicherheitsventile:
keine besonderen Anforderungen an die Öffnungscharakteristik

Vollhub-Sicherheitsventile
öffnen nach dem Ansprechen innerhalb von 5% Drucksteigerung schlagartig. Der Anteil bis zum schlagartigen Öffnen (Proportionalbereich) darf nicht mehr als 20% des Gesamthubs betragen (Ausführung siehe z.B. Abb. 10-13)

Proportional-Sicherheitsventile
sollen in Abhängigkeit vom Druckanstieg nahezu stetig öffnen. Ein plötzliches Öffnen ohne Druckanstieg darf über einen Bereich von mehr als 10% des Hubs nicht auftreten

Abb. 10-12: Öffnungscharakteristiken von Sicherheitsventilen (Ausführungen siehe Herstellerkataloge)
Rote und schwarze Kurven sind mögliche Kennlinien, welche die jeweiligen Anforderungen nach AD-Merkblatt A2 erfüllen

rakteristik Normal-, Vollhub- und Proportionalventile. Die verschiedenen Auslasscharakteristiken sind in der Abb. 10-12 dargestellt.

Bei Ausblasung in die Umgebung sollten bevorzugt Vollhubventile eingesetzt werden, um einen etwa gleichbleibend hohen Strahlimpuls zu

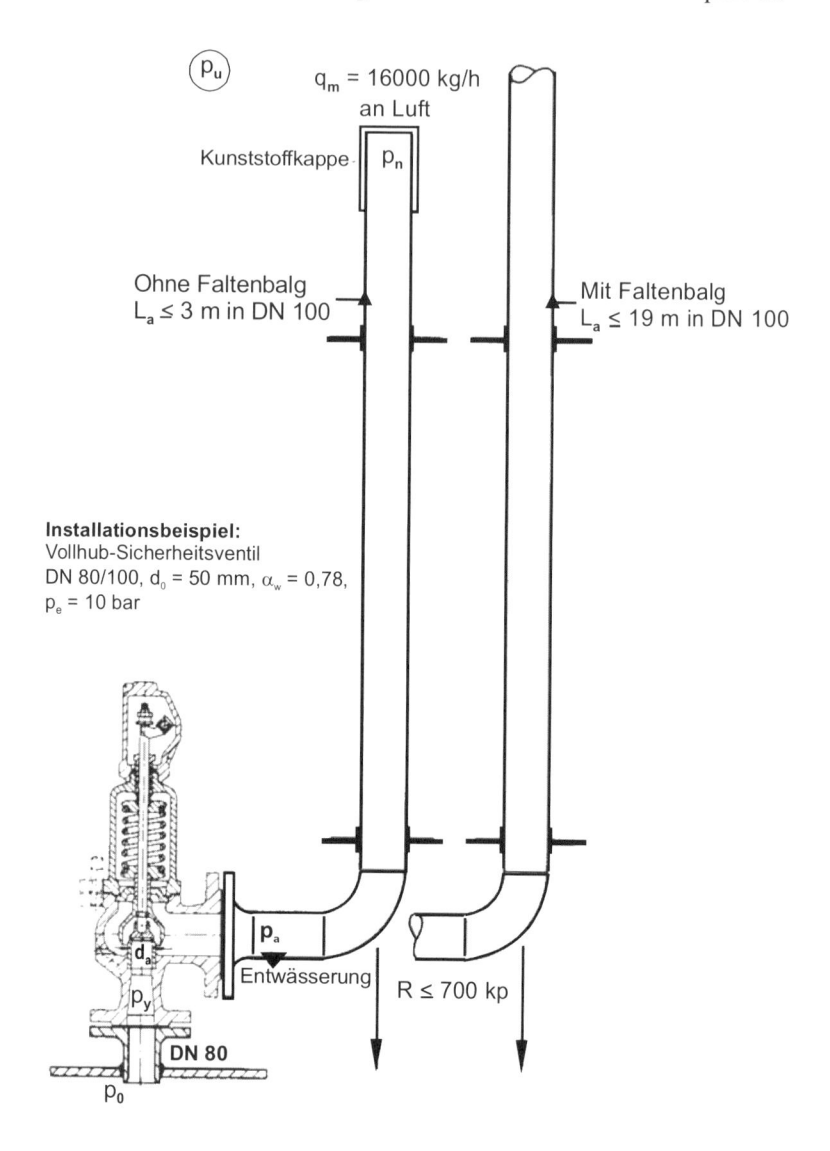

Abb. 10-13: Verrohrung eines Vollhub-Sicherheitsventils ohne und mit Faltenbalg. Drücke p_0, p_y, p_a, p_n und p_u sind entsprechend den örtlichen Gegebenheiten eingetragen. Der zulässige Überdruck des Behälters beträgt 12 bar (= p_0)

erzielen (α ca. 0,8, die Ausblasenennweite der Armatur ist größer als die Zulaufnennweite). Eine typische Konstruktion zeigt die Abb. 10-13.

Bei Ausblasungen in Entsorgungseinrichtungen hingegen sollten eher Proportionalventile Verwendung finden, um diese Einrichtungen entsprechend einem Massenstromangebot allmählich zu beaufschlagen (α bis ca 0,35). Die Ausblasenennweite ist hier meist gleich der Zulaufnennweite, was eine optimale, gleichmäßige Armaturenbeanspruchung zur Folge hat. Auch bei Flüssigkeitsbeaufschlagung sind die dann entstehenden Druckstöße nach Ansprechen des Sicherheitsventils beherrschbarer als bei Vollhubventilen oder gar Berstscheiben. Die Ventilspindel muss bei erforderlichem Ausgleich eines eventuell zu hohen Gegendrucks von einem Faltenbalg umgeben sein. Ein Faltenbalg ist auch notwendig bei verklebenden Medien oder Medien mit hohem Erstarrungspunkt, da sonst die Spindelführung diese zäher werdenden Produkte durchlässt, das dann die Ventilfedern bei unvollkommener Gehäusebeheizung blockieren kann.

Sicherheitsventile können auch über Fremdmedium oder mit Eigenmedium über separate Impulsleitungen gesteuert werden. Derartige Ventile sind jedoch erheblich aufwändiger und kostenintensiver, erlauben jedoch eine volle Ausnutzung des zulässigen Behälterdrucks sowie Überschreitung der für ungesteuerte Ventile gültigen Druckverlustmargen in den peripheren Rohrleitungen.

Begrenzung der Strömungsdruckverluste
Für den sicheren Abblasezustand von Sicherheitsventilen oder Berstscheiben sind in den Merkblättern der Arbeitsgemeinschaft Druckbehälter AD-A1/A2 [1] „Sicherheitseinrichtungen gegen Drucküberschreitung" bestimmte Randbedingungen bezüglich der Druckverhältnisse während der Notentspannung festgelegt: Nach dem Ansprechen der Armaturen beim Einstelldruck p_e darf der Behälterdruck p_0 höchstens 10% über den zulässigen Behälterdruck $p_{zul.}$ ansteigen.

$p_0 \leq 1{,}1 \cdot p_{zul}$; $p_e \leq p_{zul}$, aber auch $p_0 \approx (1{,}1 + a) \cdot p_e$ (hier p als Überdruck)

Der Druckverlust der Eingangsleitung $\Delta p_e = p_0 - p_y$ als Differenz von Behälterdruck p_0 und Staudruck p_y in der voll geöffneten Sicherheitseinrichtung darf bei größtem abzuführenden Massenstrom q_m 3% des Ansprechdrucks $p_e = p_0/1{,}1$ nicht überschreiten, um ein zulauferregtes „Flattern" des Sicherheitsventils zu vermeiden. Diese Anregung des Feder-Masse-Systems in kritischer Eigenfrequenz muss verhindert werden, weil dadurch die Armatur zerstört werden kann oder Verschraubungen sich „losrattern" und damit Flanschverbindungen lösen oder gar Schweißnähte reißen; Folgeschäden, z. B. durch Brand, können dann verheerend sein. Zudem führt

Ventilflattern zu einer Einbuße der Ausblaseleistung; z. B. kann die Ausflussziffer α auf den halben Wert abfallen. Eine entsprechende Druckerhöhung von p_0 zum Abführen des erforderlichen Massenstroms q_m überschreitet den zulässigen Behälterdruck unter Umständen bis zum Berstdruck. Zur Erläuterung zeigt Abb. 10-14 über dem Hub h des Ventiltellers erste grobe Tendenzen der Ausflussziffer α.

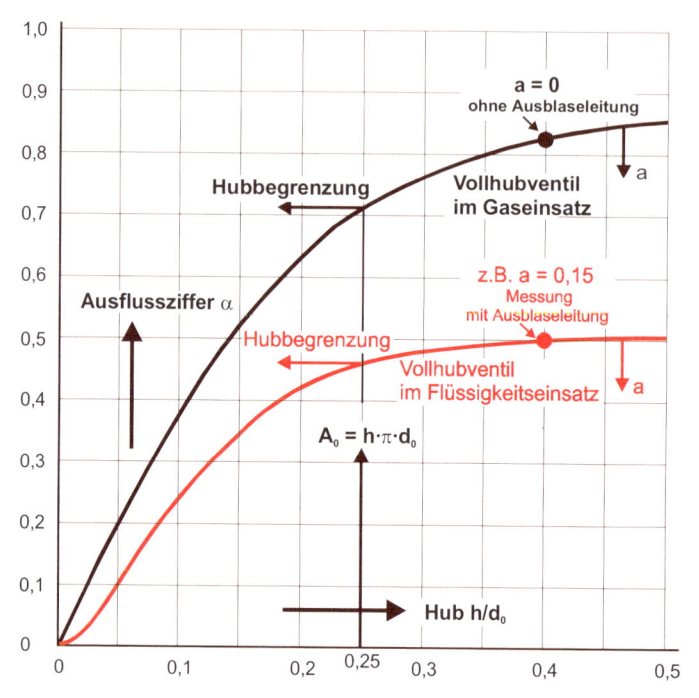

Abb. 10-14: Qualitative Darstellung der Ausflussziffer α eines Vollhubventils über dem bezogenen Hub h/d_0 für Flüssigkeits- und Gaseinsatz.

Als Berechnungsgleichung ergibt sich somit für den Strömungsdruckverlust Δp_e der Eingangsleitung unter Berücksichtigung eines Gegendrucks p_a hinter dem Sicherheitsventil

$$e = \frac{\Delta p_e}{p_e - p_a} = \frac{p_0 - p_v}{\frac{p_0}{1{,}1} - p_a} \leq 0{,}03 \tag{10.20}$$

(mit Schwingungstilger z. B. ≤ 0,06) oder

$$\frac{p_0}{p_y} \leq \frac{1}{1 - \frac{e}{1{,}1} \cdot (1-a) \cdot \left(1 - \frac{1}{p_0}\right)} \tag{10.21}$$

mit p in bar$_{abs}$ (e = 0,03)

Voraussetzung für eine ungestörte Funktion bei diesem Druckverhältnis p_o/p_y ist, dass die Schließdruckdifferenz Δp_s mindestens 5% ($\hat{=}$ s = 0,05) des Einstelldrucks p_e beträgt. Bei kleineren Werten muss der Unterschied zwischen Druckverlust in der Zuleitung und der Schließdruckdifferenz Δp_s mindestens 2% des Ansprechdrucks betragen [1]:

$$\Delta p_s - \Delta p_e \geq 0,02 \cdot p_e \qquad (10.22)$$

Zur Erfüllung dieser Anforderung – Gl. (10.21) – ist es von Vorteil, unnötigen Druckverlust im Zulaufstutzen zum Sicherheitsventil zu vermeiden. Der Stutzen darf nur selten durchgesteckt werden. Er sollte zumindest strömungsgünstig angeschrägt werden oder, als günstigste Lösung, mit einem Konus auf den Behälter geschweißt werden. Hierdurch werden auch Kräfte günstiger in den Behälter eingeleitet. Weitere Dimensionierungsgrundsätze zur optimalen Erfüllung von Gl. (10.21) sind in [75] abgeleitet.

Für die Abführungsleitung gilt, dass der Gegendruck p_a direkt hinter dem Sicherheitsventil die Summe aus bezogener Schließdruckdifferenz s und Öffnungsdruckdifferenz c nicht überschreiten darf, um Ventilflattern ausschließen zu können. Zum Beispiel gilt für alle drei Arten von Sicherheitsventilen

a = s + c $\cong$ 0,1 bis 0,15

mit Faltenbalg:

s + c ≤ 0,3   (0,5)

Genauere Zahlenwerte sind den Herstellerangaben zu entnehmen. Als Berechnungsgleichung ergibt sich dann (Abhängigkeit α(e, a) ist ggf. zu beachten!):

$$\frac{p_a - p_u}{p_e - p_u} \leq s + c = a \qquad (10.22)$$

$$\frac{p_a}{p_0} \leq \frac{s+c}{1,1} \cdot \left(1 - \frac{p_u}{p_0}\right) + \frac{p_u}{p_0} \qquad (10.23)$$

p in bar$_{abs}$

Inwieweit in diesen Forderungen anstelle des Umgebungsdrucks p_u auch ein Fremdgegendruck eines Ausblasesystems oder eines Auffangbehälters eingesetzt werden darf, ist mit dem Armaturenhersteller abzustimmen. Falls die Forderung aus Gl. (10.22) bzw. (10.23) nicht eingehalten werden kann, so kann das Sicherheitsventil beispielsweise mit einem Faltenbalg ausgestattet werden. Dann sind bis zu 0,3 an Gegendruckverhältnis (10.22) möglich. In Sonderfällen, vor allem bei Flüssigkeiten, mögen auch bis zu 0,5 gewährleistet werden können. Bei einem zu hohen Zulaufdruckverlust entsprechend der Forderung aus den Gln. (10.20) und (10.21) kann ein sogenannter Schwingungstilger, ausgeführt als Reibungsbremse oder Viskosedämpfer, ein Ventilflattern verhüten.

Inwieweit diese Sonderkonstruktionen ohne Faltenbalg einsetzbar sind und auch bei zu hohem Gegendruck wirken, ist mit den einschlägigen Armaturenherstellern zu klären. Dasselbe gilt für einen Abfall der Ausflussziffer α mit zunehmendem Gegendruck p_a oder Zulaufdruckverlust Δp_e.

Die Abb. 10-14 zeigt die qualitative Darstellung der Ausflussziffer α über dem bezogenen Hub h/d_0 eines Vollhubventils im Flüssigkeits- und im Gaseinsatz. Bei $h/d_0 \leq 0{,}25$ herrscht Schallgeschwindigkeit v_S in der Spaltfläche $A_0 = h \cdot \pi \cdot d_0$, bei $h/d_0 > 0{,}25$ Schallgeschwindigkeit im engsten Querschnitt bei d_0 (gültig für Gaseinsatz mit $p_0 \geq p_k$). Im Folgenden wird die im Rahmen der Bauteilprüfung gemessene Ausflussziffer $\alpha = 1{,}1 \cdot \alpha_w$ verwendet, die unabhängig vom Verrohrungsumfeld mit zulässigen Strömungsdruckverlusten Gültigkeit haben sollte.

Rohrleitungsparameter

Die bereits behandelte Abb. 10-13 zeigt schematisch ein Sicherheitsventil mit Zuführungsleitung des Durchmessers d_e und der Länge L_e sowie Ausblaseleitung des Durchmessers d_a und der Länge L_a.

Der zur Bestimmung des engsten Durchmessers d_0 von Sicherheitsventil oder Berstscheibe erforderliche Massenstrom q_m muss entsprechend den Mechanismen der Druckerhöhung im Behälter bestimmt werden. Der Massenstrom kann z. B. durch Pumpen, Wärmedurchgang oder chemische Reaktion bewirkt werden.

Arbeitsgleichungen zur Abschätzung des Massenstroms sind in „Transportmechanismen der Drucküberschreitung" (Unterkapitel 10.1) zusammengestellt. Durch Auflösung der Massenstrombeziehung aufgrund des Überströmmechanismus infolge eines Differenzdrucks zwischen zwei Behältern lassen sich erste Überschlagswerte für auftretende Druckverluste abschätzen.

Zur Beurteilung der Druckverhältnisse p (l) in diesen Rohrleitungsabschnitten werden weiterhin die Rohrreibungszahl λ und die Druckverlustbeiwerte ς benötigt. Die Rohrreibungszahl λ darf sowohl für Gasströmung als auch für Flüssigkeitsströmung als hinreichend unabhängig von der Reynolds-Zahl $R_e = \dfrac{v \cdot d}{v} \geq 10000$ und nur noch abhängig von der relativen Rohrrauigkeit r/d angenommen werden. In [1] wird als erste Abschätzung $\lambda = 0{,}02$ für normal raue Rohre genannt. Als weitergehende Abschätzung kann die folgende Beziehung gewählt werden (siehe auch [69]):

$$\lambda \cong \left[2 \cdot \log \frac{d}{r} + 1{,}14 \right]^{-2} \tag{10.24}$$

Zahlenbeispiel dazu: DN 80 $\hat{=}$ d = 82,5 mm; r = 0,1 mm; damit wird

$$\lambda \cong \left[2 \cdot \log \frac{82{,}5}{0{,}1} + 1{,}14 \right]^{-2} = 0{,}0206$$

Als Druckverlustbeiwerte ζ sind Werte für den Zulaufstutzen und für Rohrleitungskrümmer von besonderer Bedeutung. Für den durchgesteckten Zulaufstutzen müssen Werte $\zeta \leq 1$ berücksichtigt werden, während man für den aufgesetzten Konus mit gebrochener Kante lediglich $\zeta \leq 0{,}1$ ansetzen muss. Bei scharfkantigen, weit durchgesteckten Stutzen muss mit ζ bis zu 3 gerechnet werden, weswegen Kanten gut anzuschrägen oder zu runden sind. Für aufgesetzte, gut entgratete Stutzen kann $\zeta \leq 0{,}5$ gesetzt werden. Für eingeschweißte Rohrbogen werden ebenfalls Werte $\zeta \leq 0{,}5$ angegeben. Druckrückgewinn in strömungsgünstig gestalteten Erweiterungen kann bei der Berechnung berücksichtigt werden (siehe [81]).

Häufig wird aus meist Wartungsgründen ein Wechselventil mit zwei Sicherheitsventilen am Behälter vorgesehen, das bei der Druckverlustbetrachtung eine markante Rolle spielt (ζ ca. 2).

Abschätzung der Druckverhältnisse

Für die verschiedenen Aggregatzustände gasförmig, flüssig sowie zweiphasig sind in Übersicht 10.3. entsprechend einem weitgehend iterationslosen Berechnungsgang der Enddruck p_n in der Ausblaseöffnung zur Umgebung, bzw. p_{ni} am Ende von Abschnitten gleicher Nennweite der Ausblaseleitung, der Gegendruck p_a hinter der Sicherheitsarmatur, sowie der Behälterdruck p_0 als dimensionslose Quotienten p_n/p_0, p_a/p_0 bzw. p_0/p_y zusammengestellt.

Die Arbeitsgleichungen ergeben sich durch eine Integration der vereinfachten Differentialgleichung für den Druckverlust in einer Rohrleitung zu

$$\int_p dp = \int_L \frac{\rho}{2} \cdot v^2 \cdot \frac{\lambda}{d} \cdot dl \tag{10.25}$$

Durch Integration kann eine über die Länge L veränderte Dichte ρ berücksichtigt werden, wie dies für Gas- oder Zwei-Phasen-Entspannung, nicht jedoch für Flüssigkeiten erforderlich ist. Für eine zügige Anwendung von Arbeitsgleichungen ist die Strömungsgeschwindigkeit v in Größen der Sicherheitsventilberechnung auszudrücken. Mit der Berechnungsgleichung für den engsten Durchmesser d_0 (Gl. (2) in AD-A2 [1]) erhält man für die Gasphase ($p_y \cong p_0$):

$$\frac{\pi}{4} \cdot d^2 \cdot v \cdot \rho = \dot{m} = \psi \cdot \alpha \cdot \frac{\pi}{4} \cdot d_0^2 \cdot \sqrt{2 \cdot p_y \cdot \rho_y} \qquad (10.26)$$

Mit der örtlichen Strömungsgeschwindigkeit v aus Gl. (10.26), welche man in (10.25) einsetzt, wird:

$$dp = \frac{1}{2} \cdot \rho \cdot \left[\frac{\psi \cdot \alpha \cdot \frac{\pi}{4} \cdot d_0^2 \cdot \sqrt{2 \cdot p_y \cdot \rho_y}}{\frac{\pi}{4} \cdot d^2 \cdot \rho} \right]^2 \cdot \lambda \cdot \frac{dl}{d} \qquad (10.27)$$

Mit Berücksichtigung der Druckabhängigkeit der Dichte ρ(p) nach der allgemeinen Gasgleichung und Kürzung erhält man die dimensionslose Differentialgleichung:

$$\frac{p}{p_y} \cdot \frac{dp}{p_y} = \psi^2 \cdot \alpha^2 \cdot \left(\frac{d_0}{d}\right)^4 \cdot \lambda \cdot \frac{dl}{d} \qquad (10.28)$$

Wählt man nun die Integrationsgrenzen der Zulaufleitung mit der Länge L_e und dem Durchmesser d_e sowie einem Anfangsdruck p_0 und dem Ruhedruck p_y im Sicherheitsventil, dann erhält man nach Durchführung der Integration die Arbeitsgleichung für das Zulaufdruckverhältnis.

$$\frac{1}{2} \cdot \left[\left(\frac{p_0}{p_y}\right)^2 - 1 \right] = \psi^2 \cdot \alpha^2 \cdot \left(\frac{d_0}{d_e}\right)^4 \cdot \left(\lambda \cdot \frac{L_e}{d_e} + \Sigma \zeta_e + 2 \cdot \ln \frac{p_0}{p_y} \right) \qquad (10.29)$$

Der Zusatzterm $\Sigma \zeta_e$ wurde in der Rechnung nicht mit durchgezogen; er ist die offensichtliche Ergänzung von Gl. (10.29) für zusätzliche Druckverlustbeiwerte ζ von Stutzen oder z. B. Wechselventilen. Der logarithmische Beschleunigungsterm $2 \cdot \ln p_0/p_y$ für die exakte isotherme Lösung ist für die Zuführungsleitung meist ohne Bedeutung, für die Ausblaseleitung muss er jedoch berücksichtigt werden. Er ergibt sich aus den für die adiabat beschleunigte Rohrströmung, welche ihre Geschwindigkeitsenergie aus der Gasabkühlung bezieht [81], siehe auch Gl. (10.4).Die Abb. 10-15 zeigt als doppelt logarithmische Gerade das Ergebnis von Gl. (10.29), das der Sachverständige bereits aus den vielfältigen Anwendungen von Bild 1 in AD-A2 her kennt. Dargestellt ist der zulässige Widerstandsbeiwert ζ_Z der Einlass- und Ausblaseleitung eines Sicherheitsventils über den jeweiligen Flächenverhältnissen f_E bzw. f_A für verschiedene Ansprechüberdrücke p_e und Isentropenkoeffizienten k.

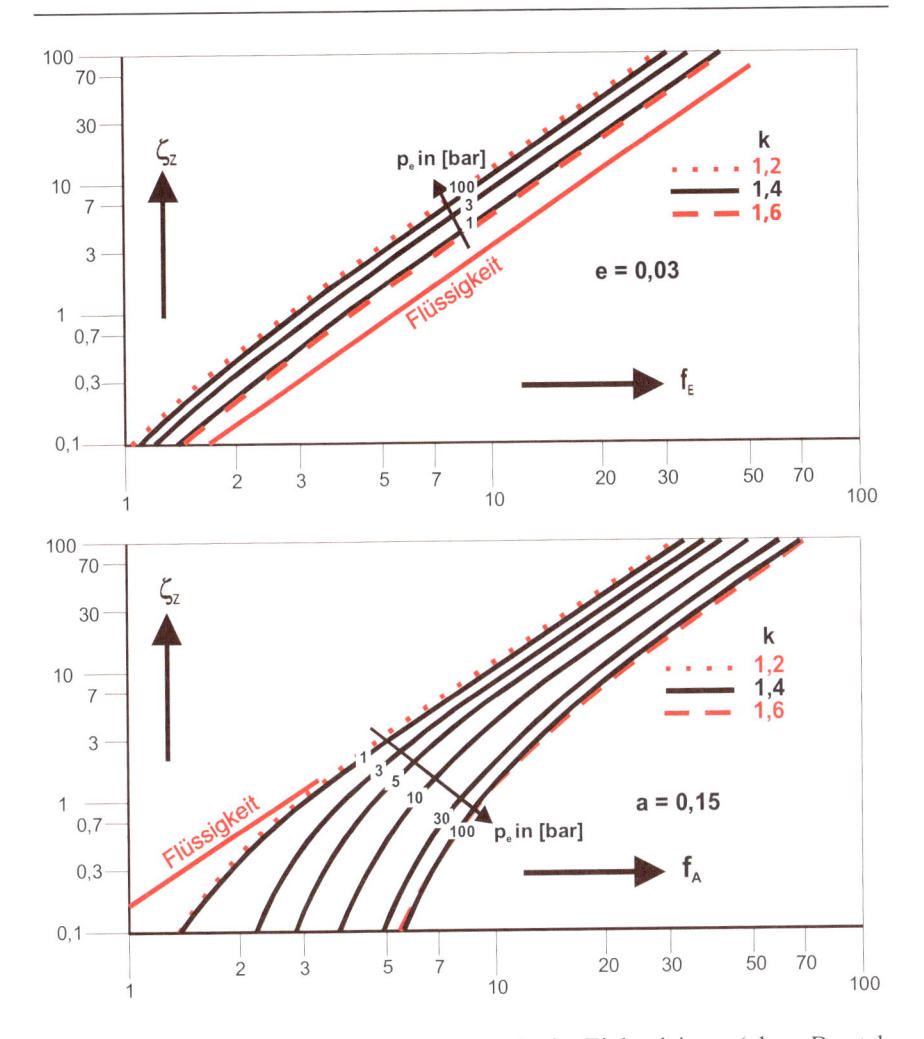

Abb. 10-15: Zulässiger Widerstandsbeiwert ζ_Z der Einlassleitung (obere Darstellung) und der Ausblaseleitung (unten) eines Sicherheitsventils über dem Flächenverhältnis f_E bzw. f_A für verschiedene Ansprechüberdrücke p_e und verschiedene Isentropenkoeffizienten k

$$f_E = \frac{1}{1{,}1 \cdot \alpha_W} \cdot \left(\frac{d_e}{d_0}\right)^2 \quad ; \quad f_A = \frac{1}{1{,}1 \cdot \alpha_W} \cdot \left(\frac{d_a}{d_0}\right)^2$$

Die Abbildungen 10-15 und 10-16 enthalten das Ergebnis der Auswertung nach [81]. Dargestellt sind der zulässige Widerstandsbeiwert ζ_Z der Ausblaseleitung eines Sicherheitsventils mit Faltenbalg und der Ausblaseleitung für gerade noch kritischen Druck p_k hinter einer Berstscheibe über dem jeweiligen Flächenverhältnis f_A. Als Parameter dienen verschiedene

Ansprechüberdrücke für das Sicherheitsventil bzw. Berstdrücke für die Berstscheibe p_e und Isentropenexponenten k.

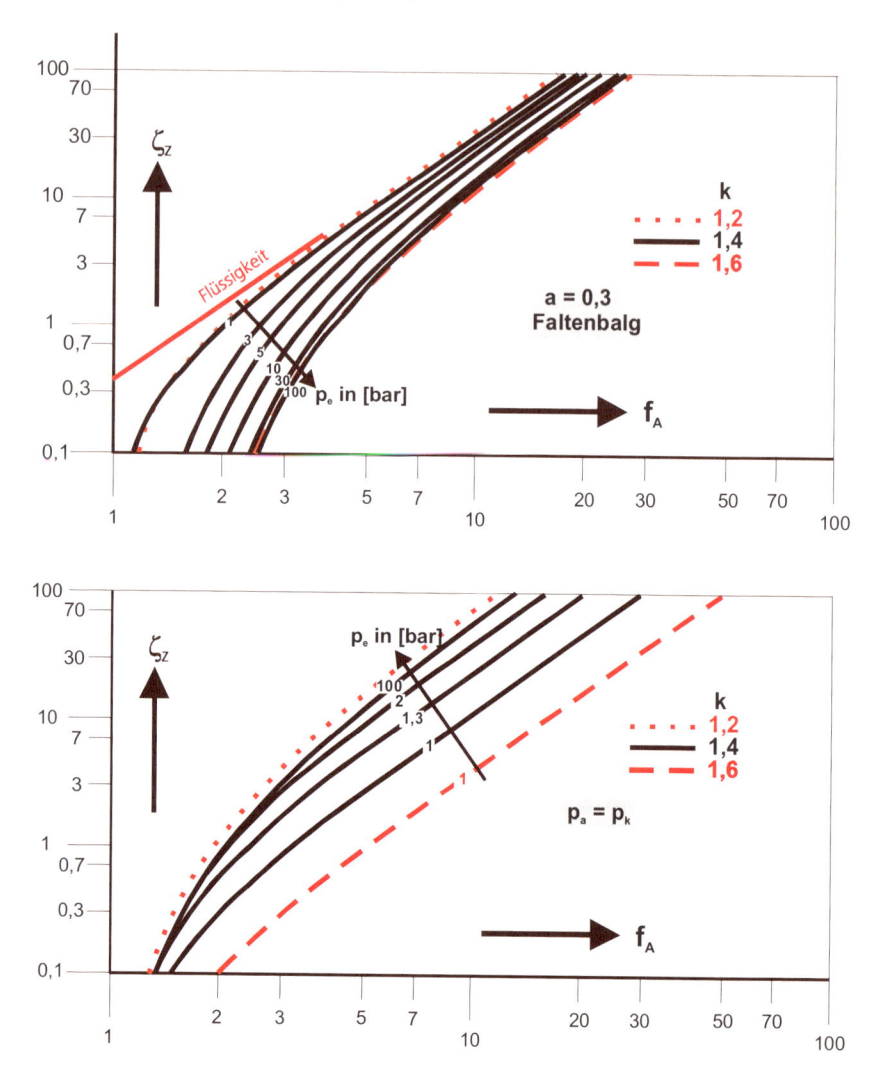

Abb. 10-16: Zulässiger Widerstandsbeiwert ζ_Z der Ausblaseleitung eines Sicherheitsventils (oben) und der Ausblaseleitung für gerade noch kritischen Druck p_k hinter einer Berstscheibe (untere Darstellung), jeweils über dem Flächenverhältnis f_A für verschiedene Ansprechüberdrücke für das Sicherheitsventil bzw. Berstüberdrücke (Berstscheibe) p_e sowie für die Isentropenexponenten k

Auf ähnliche Weise kann auch das Gegendruckverhältnis p_a/p_0 gleichungsmäßig bestimmt werden (siehe Übersicht 10.3., Gl. (10.35)). In die-

ser Beziehung muss insbesondere bei Hochdruckentspannungen ein Realgasfaktor $Z \neq 1$ berücksichtigt werden.
Durch die Wahl dieser speziellen Nomenklatur kann man unmittelbar aus den Kenngrößen von Sicherheitsventil oder Berstscheibe, d.h. der Ausflussfunktion ψ, der Ausflussziffer α und dem engsten Durchmesser d_0, in Verknüpfung mit den Rohrleitungsdaten auf die Druckverhältnisse p_n/p_0, p_a/p_0 und p_0/p_y schließen. Zudem werden auch nicht zu vermeidende Überdimensionierungen berücksichtigt, die nur zu einem zeitweisen Ansprechen, d. h. „pumpen", von Sicherheitsventilen führen. Man errechnet sofort die zum eigentlichen Ansprechvorgang der Sicherheitseinrichtungen gehörenden Höchstwerte und nicht einen ggf. zu niedrigen Mittelwert, was auch bei den Reaktionskräften (siehe Übersicht 10.2.) zu Unterdimensionierungen führen kann. Die Ableitung der Ausflussfunktion ψ wurde bereits früher vorgenommen (siehe Seite 333 ff), sie ist in Abb. 10-17 für verschiedene Isotropexponenten k von Gasen über dem Gegendruckverhältnis p_a/p_0 dargestellt.

Übersicht 10.3.: Enddruck p_n in der Ausblaseöffnung hinter Sicherheitsventil oder Berstscheibe, Gegendruck p_a und Behälterdruck p_0 in Abhängigkeit von Rohrleitungsparametern und Stoffwerten für die drei verschiedenen Aggregatzustände gasförmig, flüssig und zweiphasig mit Entspannungsverdampfung

Enddruck p_n der Ausblaseöffnung	
gasförmig, $p_u \leq p_n$:	
$\dfrac{p_u}{p_0} \leq \dfrac{p_n}{p_0} \cong \psi \cdot \alpha \cdot \left(\dfrac{d_0}{d_{ni}}\right)^2 \cdot \dfrac{2}{\sqrt{k \cdot (k+1)}} \cdot \sqrt{\dfrac{Z_n}{Z_0}}$	(10.30)
mit $v_{ni} \leq v_s \leq \sqrt{k \cdot \dfrac{p}{\rho}} \cdot 10^{2,5}$	(10.30a)
am Ende einer Nennweite durchmesserabhängige, abschnittsweise Nachrechnung notwendig	
flüssig, $p_u = p_n$:	
p in [bar$_{abs}$], d, L, H in [mm], v in [m/s], ρ in [kg/m³], ϑ in [K], z in (Gew.-Anteil Gas]	
zwei Phasen, Entspannungsverdampfung, $p_u \leq p_n$:	
$\dfrac{p_u}{p_0} \leq \dfrac{p_n}{p_0} \cong \psi \cdot \alpha \cdot \left(\dfrac{d_0}{d_{ni}}\right)^2 \cdot \sqrt{2 \cdot \omega}$	(10.31)

Übersicht 10.3. (Fortsetzung)

Gegendruck p_a hinter der Armatur (gegebenenfalls durchmesserabhängige, abschnittsweise Berechnung)
gasförmig: $$\frac{p_a}{p_0} = \sqrt{\left(\frac{p_n}{p_0}\right)^2 + 2 \cdot \left(\lambda \cdot \frac{L_a}{d_a} + \sum_a \zeta + \frac{2}{k} \cdot \ln \frac{p_a}{p_n}\right) \cdot \psi^2 \cdot \alpha^2 \cdot \left(\frac{d_0}{d_a}\right)^4 \cdot \frac{Z_a}{Z_0}} \quad (10.32)$$ $$\frac{p_a}{p_0} \leq (s+c) \cdot \left(\frac{1}{1{,}1} - \frac{p_u}{p_0}\right) + \frac{p_u}{p_0} \; ; \; s+c = 0{,}15 \quad (10.32\text{a})$$ wenn nicht erfüllt, dann z.B. Faltenbalg oder Schwingungstilger. Bei Einsatz eines Faltenbalgs $s + c = 0{,}3$ (bis u.U. $= 0{,}5$) Begrenzung der Entspannungsschallleistung: $$\frac{p_a}{p_0} \geq e^{-\frac{154000 \cdot \sqrt{\rho_0}}{\psi \cdot \alpha \cdot d_0^2 \cdot p_0^{1{,}5}}} \quad \text{wenn nicht erfüllt, dann den Gegendruck } p_a \text{ erhöhen!}$$
flüssig: $$\frac{p_a}{p_0} \cong \frac{\dfrac{p_n}{p_0} + \left(\lambda \cdot \dfrac{L_a}{d_a} + \sum_a \zeta\right) \cdot \alpha^2 \cdot \left(\dfrac{d_0}{d_a}\right)^4 + \dfrac{p_s}{p_0}}{1 + \left(\lambda \cdot \dfrac{L_a}{d_a} + \sum_a \zeta\right) \cdot \alpha^2 \cdot \left(\dfrac{d_0}{d_a}\right)^4} \quad (10.33)$$ $$p_s = \rho_f \cdot \Delta H \cdot g \cdot 10^{-8} \quad (10.33\text{a})$$
zwei Phasen mit Entspannungsverdampfung: $$\left\{\lambda \cdot \frac{L_a}{d_a} + \sum_a \zeta + 2 \cdot \ln\left[\frac{\omega - (\omega-1) \cdot \dfrac{p_n}{p_0}}{\omega - (\omega-1) \cdot \dfrac{p_a}{p_0}} \cdot \frac{p_a}{p_n}\right]\right\} \cdot \psi^2 \cdot \alpha^2 \cdot \left(\frac{d_0}{d_a}\right)^4$$ $$\cong \frac{\omega}{(\omega-1)^2} \cdot \ln\left[\frac{\omega - (\omega-1) \cdot \dfrac{p_n}{p_0}}{\omega - (\omega-1) \cdot \dfrac{p_a}{p_0}}\right] - \frac{\dfrac{p_a}{p_0} - \dfrac{p_n}{p_0}}{\omega - 1} \quad (10.34)$$ $$\psi = (0{,}428 + 0{,}096 \cdot \ln \omega - 0{,}0093 \cdot \ln^2 \omega) \cdot \frac{1}{\sqrt{\omega}} \quad \text{für } \omega > 4$$ $$\psi = \frac{0{,}467}{\omega^{0{,}39}} \quad \text{für } \omega \leq 4; \; p_a \leq p_k \quad (\text{siehe Abb. } 10\text{-}19) \quad (10.34\text{a, b})$$

Übersicht 10.3. (Fortsetzung)

Behälterdruck p_0 bezogen auf den Ruhedruck p_y in der Armatur
gasförmig:
$$\frac{p_0}{p_y} = \sqrt{1 + 2 \cdot \left(\lambda \cdot \frac{L_e}{d_e} + \sum_e \zeta + 2 \cdot \ln \frac{p_0}{p_y} \right) \cdot \psi^2 \cdot \alpha^2 \cdot \left(\frac{d_0}{d_e} \right)^4} \quad (10.35)$$
$$1{,}1 \cdot p_{zul} \geq p_0 \; ; \; \frac{p_0}{p_y} \leq \frac{1}{1 - \dfrac{e}{1{,}1} \cdot (1-a) \cdot \left(1 - \dfrac{1}{p_0}\right)} \quad (10.35\text{a, b})$$
$e = 0{,}03 \; ; \; a = s + c$
Zur Vermeidung von Zulaufresonanzen:
$$L_e \leq \frac{22400 \cdot ZF}{\sqrt{\rho_0} \cdot \psi \cdot \alpha} \cdot \left(\frac{d_e}{d_0} \right)^2 \cdot \sqrt{1 - \frac{p_u}{p_0}} \quad (10.35\text{c})$$
wenn nicht erfüllt, dann zum Beispiel Schwingungstilger anbringen
flüssig:
$$\frac{p_0}{p_y} = 1 + \left(\lambda \cdot \frac{L_e}{d_e} + \sum_e \zeta \right) \cdot \alpha^2 \cdot \left(\frac{d_0}{d} \right)^4 \cdot \left(1 - \frac{p_a}{p_0} \right) \text{, wenn } p_h \text{ ohne Einfluss} \quad (10.36)$$
Zur Vermeidung von Zulaufresonanzen:
$$L_e \leq \frac{41000 \cdot ZF}{\sqrt{\rho_f} \cdot \alpha} \cdot \left(\frac{d_e}{d_0} \right)^2 \quad (10.36\text{a})$$
Zur Vermeidung von Flüssigkeitsschlägen:
$$PN_y \geq p_0 + 10^{-5} \cdot \alpha \cdot \left(\frac{d_0}{d_e} \right)^2 \cdot \sqrt{(p_0 - p_a) \cdot p_0 \cdot \rho_f} \cdot \frac{L_e}{ZF} \quad (10.36\text{b})$$
Gegebenenfalls zusätzlich statische Druckterme $\pm p_s$ berücksichtigen
zwei Phasen mit Entspannungsverdampfung:
$$\left\{ \lambda \cdot \frac{L_e}{d_e} + \sum_e \zeta + 2 \cdot \ln \left[\frac{1}{\omega - (\omega - 1) \cdot \dfrac{p_0}{p_y}} \cdot \frac{p_0}{p_y} \right] \right\} \cdot \psi^2 \cdot \alpha^2 \cdot \left(\frac{d_0}{d_e} \right)^4 \quad (10.37)$$
$$\cong \frac{\omega}{(\omega-1)^2} \cdot \ln \left[\frac{1}{\omega - (\omega - 1) \cdot \dfrac{p_0}{p_y}} \right] - \frac{\dfrac{p_0}{p_y} - 1}{\omega - 1}$$
$\omega = \dfrac{z \cdot (1-q) + a \cdot (1-q)^2 \cdot (1-z)}{z + q \cdot (1-z)}$ mit $z = z_0$ $\quad (10.37\text{a})$
$q = \dfrac{\rho_{g0}}{\rho_f} \; ; \; a = 100 \cdot \dfrac{c_f \cdot \vartheta_0 \cdot p_0}{h_v^2 \cdot \rho_{g0}} = \dfrac{c_f \cdot \vartheta_0^2 \cdot Z_0 \cdot R}{h_v^2 \cdot M} \quad (10.37\text{b, c})$

Durch die Berechnungsbeispiele am Schluss des Kapitels wird die Anwendung der Arbeitsgleichungen veranschaulicht.

k	1,2	1,4	1,6	1,8
ψ_{max}	0,459	0,484	0,507	0,527

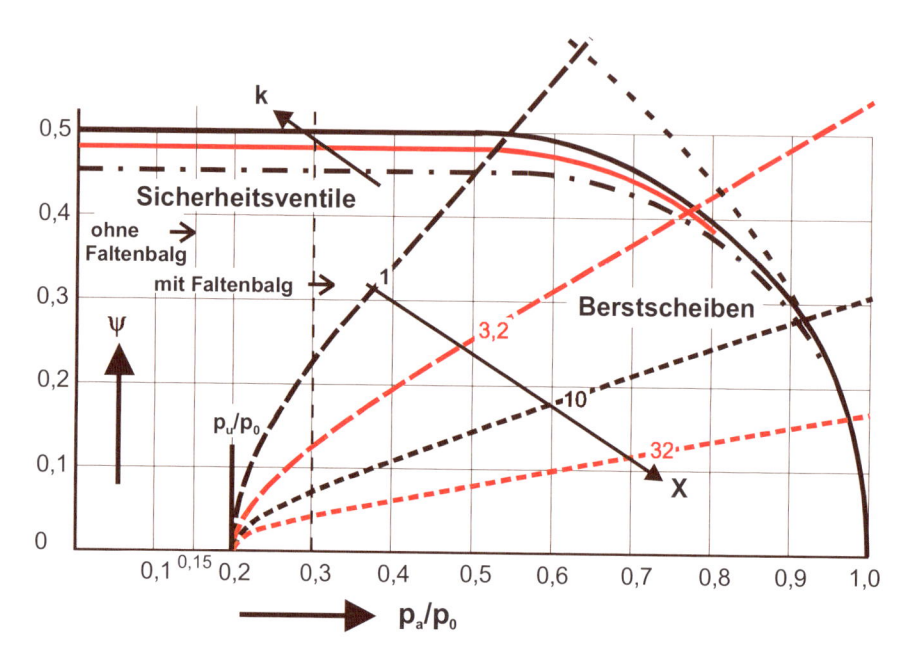

Abb. 10-17: Ausflussfunktion ψ über dem Gegendruckverhältnis p_a/p_0 hinter Sicherheitsventilen oder Berstscheiben für verschiedene Isentropenexponenten k von Gasen. Außerdem Rohrleitungskennlinien (Gl. (10.32) aus Übersicht 10.3.) als $p_a(\psi)/p_0$ eingezeichnet. Die Darstellung gibt die grafische Bestimmung der Ausflussfunktion ψ bei unterkritischer Notentspannung, d.h. $p_a > p_k$ bzw. $v_0 < v_S$. $\vartheta_a = \vartheta_n$ wieder.

$$X = 2 \cdot \left(\lambda \cdot \frac{L_a}{d_a} + \sum_a \zeta + \frac{2}{k} \cdot \ln \frac{p_a}{p_n} \right) \cdot \alpha^2 \cdot \left(\frac{d_0}{d_a} \right)^4$$

$$\psi = \psi_{max} = \sqrt{\frac{k}{k+1} \cdot \left(\frac{2}{k+1} \right)^{\frac{1}{k-1}}}, \text{ wenn } \frac{p_a}{p_0} \leq \left(\frac{2}{k+1} \right)^{\frac{k}{k-1}} = \frac{p_k}{p_0}$$

(10.38, 10.39)

$$\psi_{\max} > \psi = \sqrt{\frac{k}{k-1}} \cdot \sqrt{\left(\frac{p_a}{p_0}\right)^{\frac{2}{k}} \cdot \left(\frac{p_a}{p_0}\right)^{\frac{k+1}{k}}}, \text{ wenn } p_a > p_k \text{ [1]} \quad (10.40)$$

mit $k = \dfrac{c_p}{c_v} \cong \dfrac{c_p}{c_p - \dfrac{R}{M}}$

Wird der Gegendruck p_a hinter der Entspannungseinrichtung größer als der kritische Druck p_k, so herrscht im Durchmesser d_0 keine Schallgeschwindigkeit v_s mehr; der ψ - Wert nach Gl. (10.40) wird bei $p_a/p_0 = 1$ zu Null. Der Wert der Ausflussfunktion $\psi(p_a)$ kann dann grafisch oder numerisch iterativ als Schnittpunkt mit der Rohrleitungskennlinie (Gl. (10.32) in Übersicht 10.3.) ermittelt werden, wie es Abb. 10-17 für verschiedene Parameterkombinationen X der Rohrleitungskennlinien zeigt. Ausdrücklich muss darauf hingewiesen werden, dass auch die Ausflussziffer α ab einem bestimmten Gegendruckverhältnis von z. B. $p_a/p_0 = 0,3$ oder weniger nicht mehr konstant bleibt, sondern mit diesem Verhältnis unterschiedlich stark abfällt. Einzelheiten dazu sind den einschlägigen Herstellerkatalogen zu entnehmen. Zu den Gleichungen in Übersicht 10.3. siehe [67] und [68] für Zweiphasenströmung.

Bei zum Sicherheitsventil hin kleiner werdenden Durchmessern d_{ai} für Rohrleitungsabschnitte L_{ai} gestaffelter Nennweite kann es zu Drucksprüngen nach Gl. (10.30) in Übersicht 10.3. innerhalb des Rohrleitungssystems kommen. Vor einer Rohrleitungserweiterung herrscht dann die maximal mögliche Strömungsgeschwindigkeit, nämlich Schallgeschwindigkeit

$$v_s \cong \sqrt{k \cdot \frac{p}{\rho}} \cong \sqrt{k \cdot \frac{R}{M_g} \cdot \vartheta \cdot Z} \quad (10.41)$$

Gln. (10.38), (10.39), (10.40) siehe Abb. 10-17.

Da die Geschwindigkeit nicht weiter erhöht werden kann, muss der Massenstrom durch erhöhte Dichte ρ bei erhöhtem Druck p_{ni} durch die Engstelle gepresst werden, für welchen der höhere Wert nach Gl. (10.30) der Übersicht 10.3. zu berücksichtigen ist.

Aus Gründen der Rohrstabilität ist dieser schwingungsträchtige Schallgeschwindigkeitszustand jedoch nach Möglichkeit zu vermeiden.

Bei einer Verrohrung aus Längen verschiedener Nennweiten DN mit Innendurchmesser d_i kann dann eine gewichtete Aufsummierung der einzelnen Längen vorgenommen werden:

$$\lambda \cdot \frac{L}{d} + \Sigma \varsigma = \sum_i \left(\lambda \cdot \frac{L_i}{d_i} + \Sigma \varsigma \right)_i \cdot \left(\frac{d}{d_i} \right)^4 \qquad (10.42)$$

Der Durchmesser d ist hierin der Bezugsdurchmesser d_e für die Zulaufleitung oder aber, wenn es keine Drucksprünge stromauf gibt, der Bezugsdurchmesser d_a der Ausblaseleitung. Ein Druckgewinn in strömungsgünstigen Erweiterungen kann in negativen ζ-Werten bis „– 1" berücksichtigt werden und ebenso der Druckabfall in Querschnittsverengungen.

Bei mehreren gleichzeitig durch einen Rohrleitungsabschnitt abströmenden Notentspannungen muss in der abschnittsweisen Hochrechnung des Gegendrucks p_a der dimensionslose Massenstromterm der einzelnen Armatur durch die entsprechende Aufsummierung ersetzt werden:

$$\psi \cdot \alpha \cdot \left(\frac{d_0}{d_a} \right)^2 \triangleq \sum_i \psi_i \cdot \alpha_i \cdot \left(\frac{d_{0i}}{d_a} \right)^2 \qquad (10.43)$$

Das Quadrat der linken Seite von Gl. (10.43) entspricht dem Quadrat der gesamten Summe der rechten Seite über die fraglichen Abströmungen von verschiedenen Druckentlastungseinrichtungen. Der Einstelldruck der Ventile muss aber ggf. um den größtmöglichen Gegendruck, durch andere Ausblasungen bedingt, herabgesetzt werden! Die Abb. 10-16 eignet sich bedingt auch für eine aus unterschiedlichen Nennweiten zusammengesetzte Rohrleitung. Das Flächenverhältnis f_a – also die Abszisse der genannten Abbildung – und die ggf. gewichteten Leitungslängen müssen dann konsequent mit jedem Ausblasedurchmesser d_a gebildet werden. Leitungslängen sind mit der 4. Potenz des Quotienten d_n/d_i zu modifizieren (Gl. (10.42)). Auf diese Weise kann auch das Ergebnis von Abb. 10-1 in die Darstellung von Abb. 10-16 eingetragen werden. Dort ist ein sich von der Ausblaseöffnung mit d_n (i = 1) $\triangleq$ DN 100 aufbauendes Gegendruckverhältnis p/p_0 mit Unstetigkeitsstelle bzw. Drucksprungstelle in einer Reduzierung von DN 100 auf DN 80 skizziert (i = 2). Die Berechnung nach Gleichungen in Übersicht 10.3. oder nach [81] erfolgt entgegen der Strömungsrichtung von der Ausblaseöffnung her (i = 1) über die Reduzierung (i = 2) bis hin zum Sicherheitsventil. Der Druckverlauf p (l) hat für die Rohrreibungszahl $\lambda = 0{,}01$ (glattes Rohr) in der Reduzierung einen Drucksprung, da wegen Schallgeschwindigkeit der Massenstrom q_m nur mit druckbedingter Dichteerhöhung durch die Engstelle gepresst werden kann. Bei betriebsrauem Rohr mit $\lambda > 0{,}02$ erhält man nur einen Knick im Druckverlauf, da wegen der hohen Ausströmungsdruckverluste in der Reduzierung keine Schallgeschwindigkeit mehr auftritt, um den Massenstrom abzuführen.

Können mehrere Auslässe von Sicherheitsventilen durch eine Sammelleitung verbunden werden, so sind zur Vermeidung von Flüssigkeitsrückfluss die einzelnen Ableitungen von oben her auf diese Leitung zu führen.

Zwei-Phasen-Strömung

In Übersicht 10.2. für die Rohrleitungs- und Reaktionskräfte und Übersicht 10.3. für die Druckverhältnisse sind auch die aufwändigen Berech-

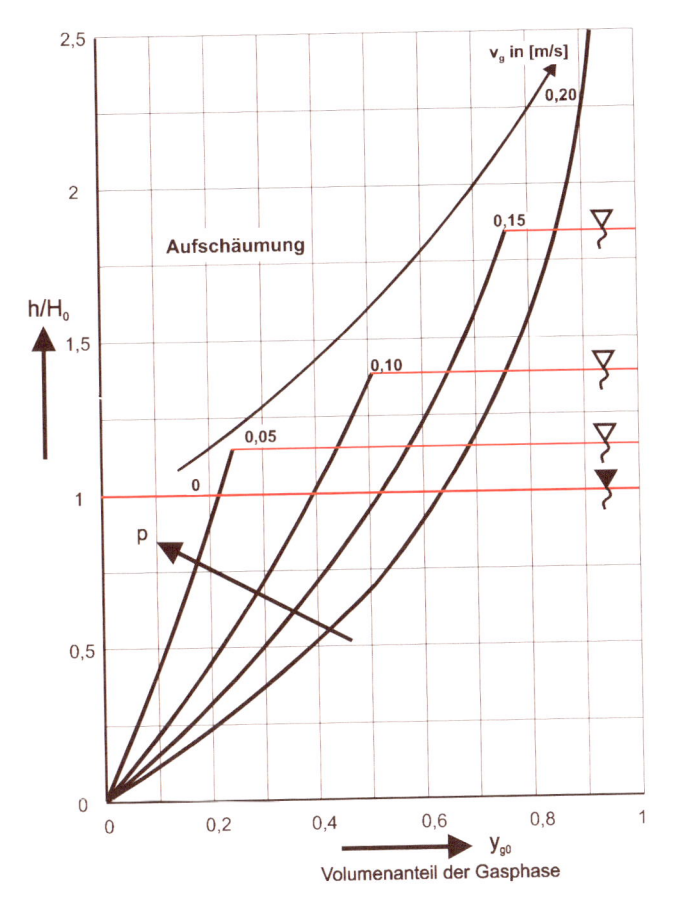

Abb. 10-18: Aufschäumung des Inhalts eines Chemiereaktors für verschiedene Reaktionsgeschwindigkeiten dc/dt in der Flüssigphase, gleichbedeutend mit den Gasgeschwindigkeiten v_g über den Flüssigkeitsspiegeln im Reaktor-Leerraum. Grob qualitative Tendenzaufzeigung für konstant angenommene Blasenaufstiegsgeschwindigkeit in der Flüssigphase mit einer Viskosität v_f deutlich unter derjenigen für siedendes Wasser. Siehe auch [80]

nungsgleichungen für Zwei-Phasen-Strömung mit Entspannungsverdampfung aufgeführt worden. Erfahrungsgemäß bereitet die Festlegung eines Gas- bzw. Flüssiganteils der Notentspannung erhebliche Schwierigkeiten. Zur Erläuterung ist daher in Abb. 10-18 über dem volumetrischen Gasanteil y_g eine zugehörige Aufschäumungshöhe h in einem Chemiereaktor mit Gasbildungsreaktion unterschiedlicher Kinetik dargestellt.

Als Faustregel mag angesetzt werden, dass bei wässrigen Viskositäten unter zum Beispiel $v_f < 0{,}3 \cdot 10^{-6}$ m^2/s und einem ausreichend großen Leervolumen bei Gasgeschwindigkeiten unter $v_g \leq 0{,}05$ bis $0{,}20$ m/s ein Flüssigkeitsmitriss im Reaktor ausgeschlossen werden kann. Die Notentspannungseinrichtung kann für die Gasphase mit Gewichtsanteilen an Gas von $z_0 > 0{,}7$ ausgelegt werden. Bei einem zu hohen Aufschäumen in dem abzusichernden Apparat kann der Flüssigkeitsmitriss so groß sein, dass der

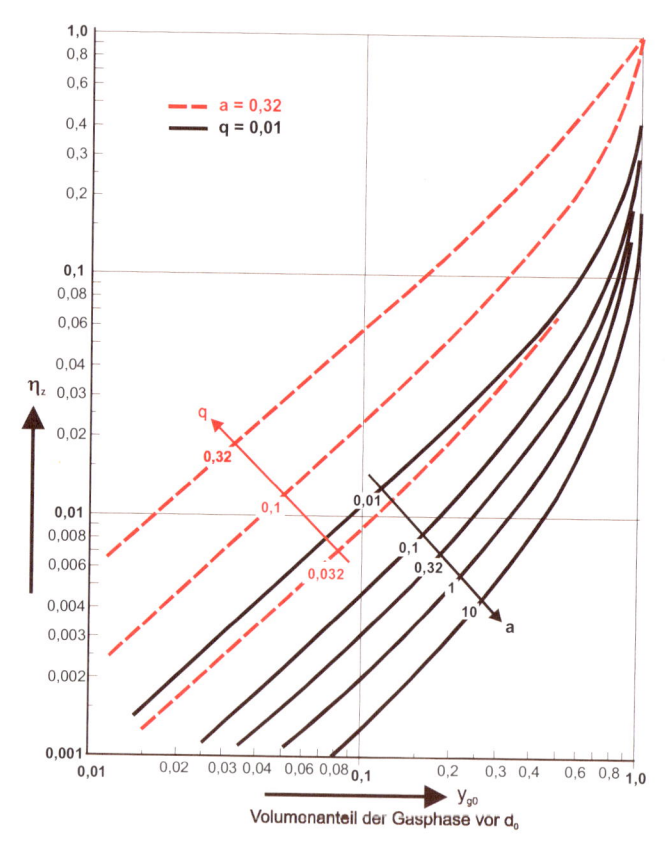

Abb. 10-19: Wirkungsgrad η_z (d.h. Gasentlastung behindert durch Flüssigkeitsmitriss 1− z zu Gasmassenstrom bei z = 1 ohne Flüssigkeitsmitriss) über dem Volumenanteil an Gas vor der Armatur y_{g0} [70]

Massenanteil der Gasphase zu Null wird. Der erforderliche Entlastungsdurchmesser zur sicheren Notentspannung kann dann durchaus eine Größenordnung weiter ausfallen, als es bei reiner Gasphasenabführung nötig wäre. Auch ist die sichere Abführung und Entsorgung des Flüssigkeitsmitrisses an sich schon schwierig.

Allein diese erforderlichen Betrachtungsweisen lassen es schon geboten erscheinen, einen Drallabscheider oder Auffangbehälter vor das Sicherheitsventil oder die Berstscheibe zu setzen.

Für eine Zwei-Phasen-Strömung mit einem Gewichtsanteil z an Gas kann für die erste überschlägige Auslegung eines Sicherheitsventils bzw. einer Berstscheibe die nachfolgende Gleichung verwendet werden:

Engste Querschnittsfläche

$$A_{0z} \cong A_{0g} \cdot \sqrt{z_a + (1-z_a) \cdot \left(\frac{A_{0f}}{A_{0g}}\right)^2} \triangleq \frac{\pi}{4} \cdot d_0^2 \quad (10.44)$$

Hierfür gibt es hinreichende Bestätigung für Luft, Wasser und Dampf durch die TU Hamburg-Harburg.

Der Gewichtsanteil z hinter der Armatur wird nach Ansatz für isenthalpe Entspannungsverdampfung ohne Siedeverzug abgeschätzt zu:

$$z_a \leq z_0 + [z_0 \cdot c_g + c_f \cdot (1-z_0)] \cdot \frac{\vartheta_0 - \vartheta_a(p_a)}{h_v} \leq 1 \quad (10.45)$$

Der Abkühlung des notentspannten Massenstroms aufgrund der Druckabsenkung ist bezüglich eines auch bei tiefen Temperaturen ϑ ($p^{"} = p_a$) noch zähen Rohrleitungswerkstoffs Rechnung zu tragen. Ein Sprödbruch der durch Schrumpfspannungen und Biegemomente beanspruchten Ausblaseleitung muss ausgeschlossen werden können.

Aufgrund von Ableitungen in [70], [71] lassen sich Schätzwerte nach Gln. (10.44)/(10.45) gegebenenfalls weiter modifizieren.

In Abb. 10-19 ist der Wirkungsgrad η_z über dem Volumenanteil y_{g0} an Gas vor der Armatur für verschiedene Parameter dargestellt; nur die mögliche Gasentlastung ist ja für den Druckabbau im Behälter relevant:

$$\eta_z = \frac{q_{mg}(z)}{q_{mg}(z=1)} = \frac{\psi_z}{\psi_g} \cdot \frac{z}{\sqrt{z+(1-z)/q}}$$

Man erkennt, dass für Flüssigkeitsmitriss $1 - y \triangleq 1 - z$ der Wirkungsgrad drastisch abfällt. Entspannungsverdampfung mit Verdampfungsparameter $a \geq 0$ bewirkt eine weitere Abminderung.

Der Verlauf dieser in Abb. 10-19 dargestellten Kurvenscharen wurde mit Hilfe folgender Gleichungen ermittelt: $z = \dfrac{y}{y+(1-y)/q}$

$$q = \frac{\rho_{g0}}{\rho_f} \quad a = \frac{c_f \cdot \vartheta_0 \cdot p_0}{h_v^2 \cdot \rho_{g0}} = \frac{c_f \cdot \vartheta_0^2 \cdot Z_0 \cdot R}{h_v^2 \cdot M} \quad \omega = \frac{z \cdot (1-q) + a \cdot (1-q)^2 \cdot (1-z)}{z + q \cdot (1-z)}$$

$$\psi_z = (0{,}428 + 0{,}096 \cdot \ln\omega - 0{,}0093 \cdot \ln^2 \omega) \cdot \frac{1}{\sqrt{\omega}} \quad \omega > 4$$

$$0{,}5 \leq \psi_z = \frac{0{,}46}{\omega^{0{,}39}} \quad \omega < 4$$

$$p_k / p_0 = 0{,}55 + 0{,}217 \cdot \ln\omega - 0{,}046 \cdot \ln^2 \omega + 0{,}004 \cdot \ln^3 \omega$$

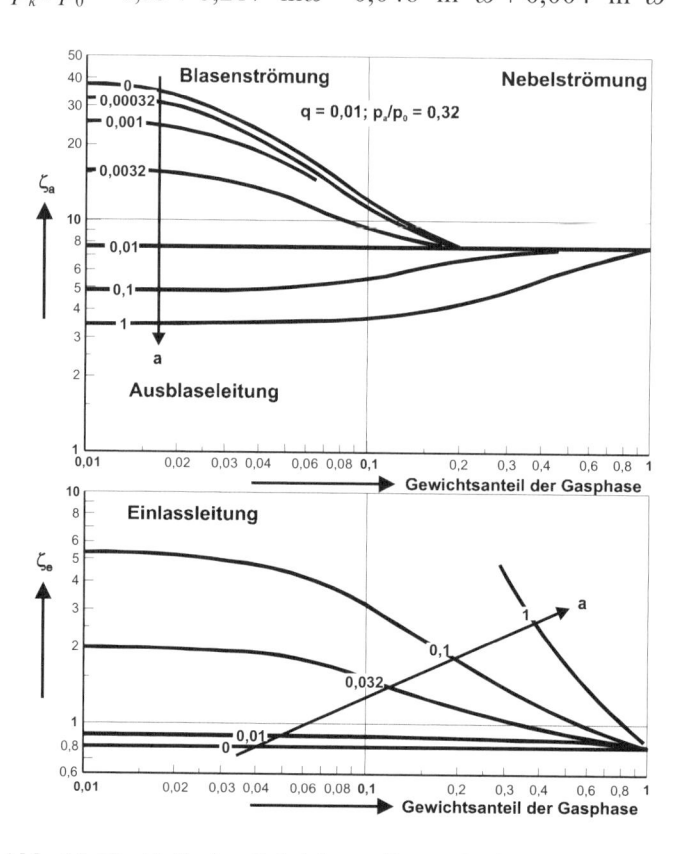

Abb. 10-20: Zulässige Rohrleitungslängen L als Gesamtdruckverlustbeiwerte ζ_{zul} für Ausblaseleitung und Einlassleitung über dem Gewichtsanteil der Gasphase $\sqrt{z_0}$ für verschiedene Verdampfungsparameter a. Zweiphasenströmung als homogene Gleichgewichtsströmung ohne Siedeverzug nach [62]. Flächenverhältnisse f_e und f_a für typisches Vollhubsicherheitsventil
oben: $f_A = 7$, $p_n / p_0 = 0{,}1$ unten: $f_E = 3{,}4$, e = 0,03 (Definition f_A und f_E siehe Abb. 10-15). Sonderausrüstung: Schwingungstilger gegen Flüssigkeitsschläge, Faltenbalg. Nachverdampfung z.B. durch Erhöhung von α ist zu berücksichtigen!

Der Vollständigkeit halber wurden auch die aufwändigen Gleichungen der Druckverhältnisse p/p₀ bei Zweiphasenströmung in die Übersicht 10.3. aufgenommen. Für einen Verdampfungsparameter a = 0 kann die Differentialgleichung (10.25) entsprechend einer isothermen Expansion unmittelbar integriert werden. Man erhält die in „Transportmechanismen der Drucküberschreitung" (Unterkapitel 10.1) aufgeführte Gleichung für Überströmung, welche dieselben Ergebnisse erbringt wie Gl. (10.34) in Übersicht 10.3. Inwieweit letztere mit einer numerischen Integration von Gl. (10.25) bei isenthalper Entspannungsverdampfung übereinstimmt, muss eine Rechnung mit finiten Differenzen zeigen.

Nach [70] ergibt sich für die dort erwähnten Substanzen eine gute Übereinstimmung zwischen Gl. (10.34) in Übersicht 10.3. und einer numerischen Rechnung. Ungenauigkeiten der Berechnung sind zumeist unbedeutend gegenüber der Schwierigkeit, die beiden Zweiphasenparameter a und q sowie den Massenanteil z_0 für eine ausgeführte Apparategeometrie und bestimmte Stoffdaten festzulegen.

Abb. 10-20 zeigt die Änderung der zulässigen Verrohrungslängen $\zeta_{zul} = \lambda \cdot \frac{L}{d} + \sum \zeta$ mit dem Anteil an Gasphase, hier als Wurzel des Gewichtsanteils $\sqrt{z_0}$ vor der Einlaufleitung mit Länge L_e. Ohne Verdampfung (a = 0) ist die Einlaufleitung unabhängig von z, während die Ausblaseleitung wie auch nach Abb. 10-16 für Flüssigkeit (z = 0) erheblich länger ausgeführt werden darf. Mit zunehmendem Verdampfungsparameter a verringert sich die zulässige Ausblaselänge wegen der Entspannungsverdampfung in L_a. Diese Verdampfung im engsten Querschnitt d_0 des Sicherheitsventiles bedingt eine Massenstromdrosselung durch die Ausflussfunktionen ψ der Zweiphasenströmung, demzufolge kann L_e wieder länger ausgeführt werden. Für die praktische Verrohrung wird vorgeschlagen, den für reine Gasphase zulässigen Wert nicht zu überschreiten; das Sicherheitsventil sollte zudem zur Dämpfung von Flüssigkeitsschlägen mit Schwingungstilger und Faltenbalg ausgestattet sein.

In den Abb. 10-19 und 10-20 entspricht z = 0 einer siedenden Flüssigkeit. Siedeverzug kann durch Abminderung von a – z. B. zu a/2 für Siedewasser – berücksichtigt werden. Die Formeln sind bei geeigneter Mittelwertbildung auch für Gemische geeignet.
Zur weiteren Vertiefung siehe [80].

Zulaufresonanzen
Durch die hohe Beschleunigung des Entspannungsprodukts im Augenblick des Öffnens eines Sicherheitsventils wird in der Zuleitung eine

Druckwelle, genauer gesagt eine Verdünnungswelle, erzeugt, welche mit Schallgeschwindigkeit stromaufwärts läuft. Die Welle wird spätestens am Ende der Rohrleitung reflektiert, kehrt zum Sicherheitsventil zurück und kann die Ventilfunktion durch Anregungen zum Flattern beeinflussen. Die wandernden Wellenzüge machen sich als schnelle Druckschwankungen mit hoher Amplitude bemerkbar. Sie heißen nach ihrem Entdecker auch „Joukowski-Stöße". Die Zeit, welche der Wellenkopf vom Moment des Öffnungsbeginns bis zum Reflektionsort Sicherheitsventil benötigt, ist somit die doppelte Schallwellenlaufzeit. In [73] wird abgeleitet, wie die maximale Zulauflänge L_e nach diesem Kriterium bestimmt werden kann. In Übersicht 10.3. ist lediglich die Arbeitsgleichung aufgeführt. Als Begrenzung der Zulauflänge L_e gilt demnach (Gl. (10.35c)):

$$L_e \leq \frac{22400 \cdot ZF}{\psi \cdot \alpha \cdot \sqrt{\rho_0}} \cdot \left(\frac{d_e}{d_0}\right)^2 \cdot \sqrt{1 - \frac{p_u}{p_0}} \qquad (10.46)$$

L und d in mm; ρ_0 in kg/m³; Zeitfaktor ZF nach Herstellerangaben. Für Flüssigkeiten gilt analog die Gl. (10.36a) in Übersicht 10.3.

In dieser Beziehung mag der sogenannte Zeitfaktor ZF als Anteil der Schwingungsdauer $\pi \cdot \sqrt{m/c}$ des Feder-Masse-Systems im Sicherheitsventil gedeutet werden. Einflussgrößen erkennt man aus einem Ansatz für die Zeit t_y zum Öffnen des Ringspalts im Ventil mit dem Hub $h = \frac{1}{2} \cdot b \cdot t_y^2$. Hieraus folgt:

$$t_y = \sqrt{\frac{2 \cdot h}{b}} \approx \sqrt{\frac{2 \cdot h \cdot m}{\frac{\pi}{4} \cdot d_0^2 \cdot (1 - c \cdot f') \cdot p_0}} \approx \frac{ZF}{\sqrt{p_0}} \text{ in [s],} \qquad (10.47)$$

wenn ZF in [s · $\sqrt{bar}$]

Die Dimension von ZF ist zwar recht ungewöhnlich, findet sich aber in Herstellerkatalogen und wird daher auch hier verwendet.

<u>Hinweis</u>: Die Gln. (10.48) und (10.49) finden sich im Beispiel 3 am Schluss des Kapitels.

10.3 Berstscheiben

Im Gegensatz zu Sicherheitsventilen mit Feder wird bei Berstscheiben die Elastizität des Scheibenwerkstoffs der Druckkraft entgegengestellt.

Die Abb. 10-21 zeigt den Einbau und die Beanspruchung ausgewählter Berstscheiben. Normale, vorgewölbte Berstscheiben sind in Druckrichtung als Segment einer Kugelmembran geformt, welche bei Überschreitung der Bruchmembranspannung birst. Knickberstscheiben – auch als Umkehrberstscheiben bezeichnet – haben eine Wölbung entgegen der Druckrichtung und versagen bei Überschreiten der Beulfestigkeit des Kugelsegments, die nicht von der Zugfestigkeit sondern vom Elastizitätsmodul E bestimmt wird. Deswegen sind Letztere auch dauerhaltbarer, da sie von Lastwechseln – hervorgerufen durch Druckschwankungen – nicht beeinflusst werden.

Knickberstscheibe, Arbeitsdruck auf konvexe Seite

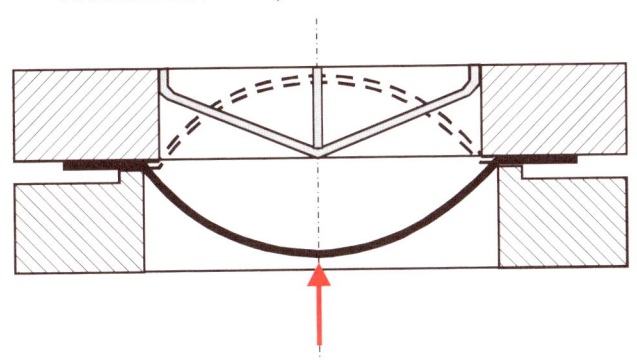

Vorgewölbte Berstscheibe, Arbeitsdruck auf konkave Seite

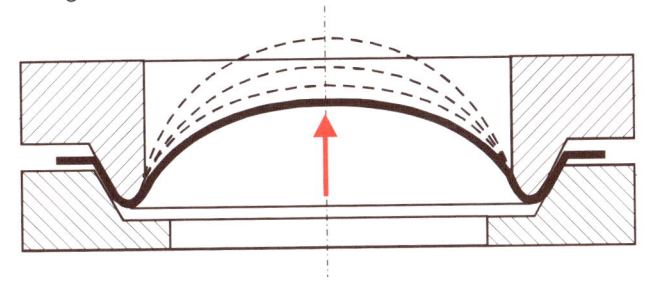

Abb. 10-21: Einbau und Beanspruchung von ausgewählten Berstscheiben

Bei beiden Typen ist die Einbauweise sorgfältig zu beachten. Normalberstscheiben, falsch eingebaut, bersten bei kleinerem Druck, Umkehrberstscheiben u. U. erst bei wesentlich größerem Druck als vorgegeben.

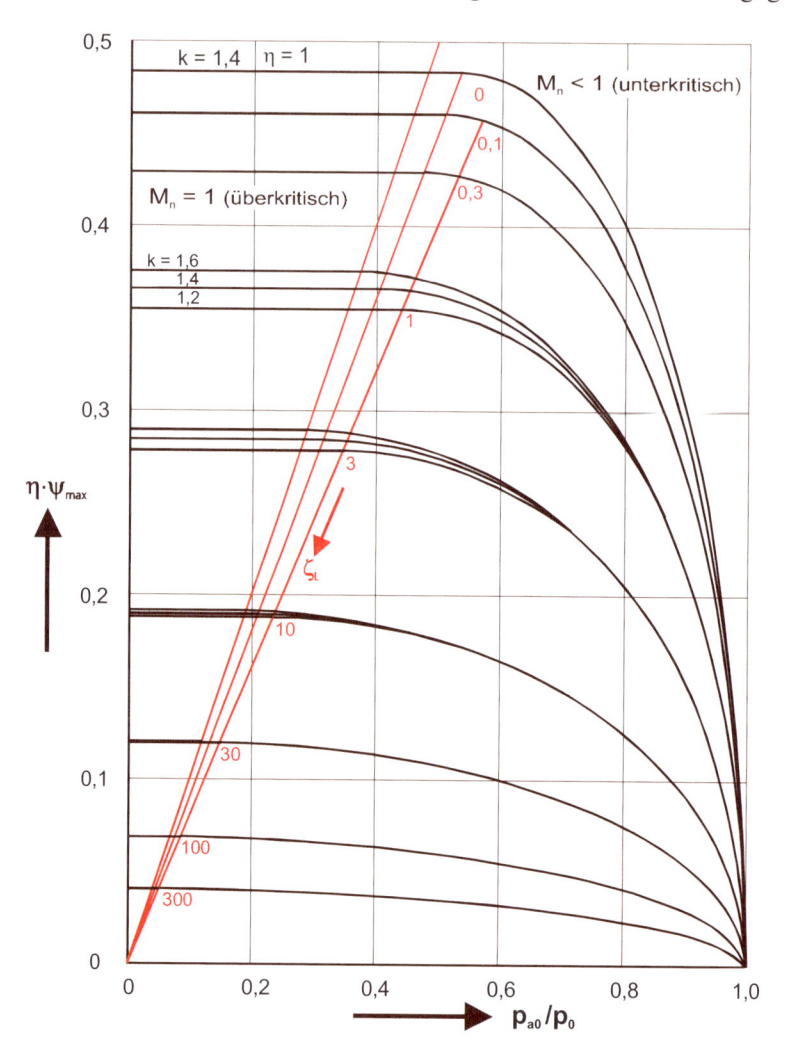

Abb. 10-22: Produkt aus Wirkungsgrad η einer Berstscheibe und Auslassfunktion ψ_{max} in einer Rohrleitung mit dem Gesamtwiderstandsbeiwert ζ_L über dem Druckverhältnis p_{a0}/p_0 für verschiedene Isentropenkoeffizienten k nach [1] und [81]. Der Gesamtwiderstandsbeiwert ζ_L versteht sich inclusive Berstscheibe vom Druckbehälter bis zur Ausblaseöffnung. Siehe dazu auch Abb. 10-17.

$\alpha \cdot \psi \cdot A_0 \rightarrow \eta \cdot \psi_{max} \cdot A_L$, siehe Beispiel 5, dort auch Gleichungen zur Berechnung von η

10. Absicherungselemente

Ebene Berstscheiben brechen durch Biegebeanspruchung der Platte. Wegen eventuell angeordneter Vakuumstützen ist auch hier die Einbaurichtung von Bedeutung.

Messungen der Ausflussziffer α von Berstscheiben können große Unterschiede zu den Werten von Bild 2 in AD-A2 aufweisen. Berstscheiben sind, was die Funktionssicherheit anbelangt, im Allgemeinen unempfindlich bezüglich der Druckverluste der peripheren Rohrleitungen. Abminderung der Ausflussleistung entsprechend Druckverlust der Zuleitung und entsprechend der Ausflussfunktion ψ bei Gegendruck $p_a > p_k$ sind jedoch von Bedeutung, siehe Abb. 10-22 und Beispiel 5. Auf adäquate Halterung möglicher Reaktionskräfte ist zu achten.

Bei Bruch der Berstscheibe kommt es zu einer Totalentspannung des zu schützenden Druckbehälters. Mit geringem Druck am Ende der Entspannung wird auch der Strahlimpuls gering, so dass der Nahbereich des Scheibenauslasses hohen Konzentrationen ausgesetzt sein kann. Durch Temperatur werden Zugfestigkeit und Elastizitätsmodul herabgesetzt. Ein kalt bestimmter Berstdruck kann daher mit Temperatur unter Umständen derart abfallen, dass der Betriebsdruck erreicht wird. Berstscheiben können nicht einfach zwischen Flansche geklemmt werden; falls vom Hersteller für Gewährleistung verlangt, sind entsprechende Halterungen zu verwenden. Zum Schutz von Sicherheitsventilen werden Berstscheiben davor gesetzt.

Hinweise:
- der Zwischenraum muss drucküberwacht werden
- die Berstscheibe muss bruchstückfrei aufbrechen
- der Druckverlustbeiwert, ζ z. B. ≤ 1,5, muss insbesondere vor Vollhubventilen bekannt sein, damit deren Zulaufdruckverlust < 3% des Ansprechdrucks ist
- Berstscheiben für Flüssigeinsatz: Eignung hinsichtlich ausreichender Öffnung für alle Massenströme muss vom Hersteller bestätigt sein

Zur weiteren Erläuterung wird auf den Abschnitt 5.2.4. in AD-A1 [1] „Schneller Druckanstieg" verwiesen

Abschließend zeigt die Abb. 10-23 die Kombinationsmöglichkeiten Sicherheitsventil – Berstscheibe. Die Anordnung kann je nach Bedarf in Parallel- oder Serienschaltung vorgenommen werden. Die nähere Erläuterung dazu kann dem AD-Merkblatt A1, Abschnitt 5.4 [1] entnommen werden, in dem auch die Anforderungen an eine derartige Kombination festgelegt sind.

Für eine angemessene Vertiefung des gesamten Kapitels 10 siehe vor allem die entsprechenden AD-Merkblätter [1], Ausgabe 2004

390   10. Absicherungselemente

Serienschaltung

Berstdruck Scheibe
= Ansprechdruck Sicherheitsventil

Parallelschaltung

Berstdruck Scheibe
> Ansprechdruck Sicherheitsventil

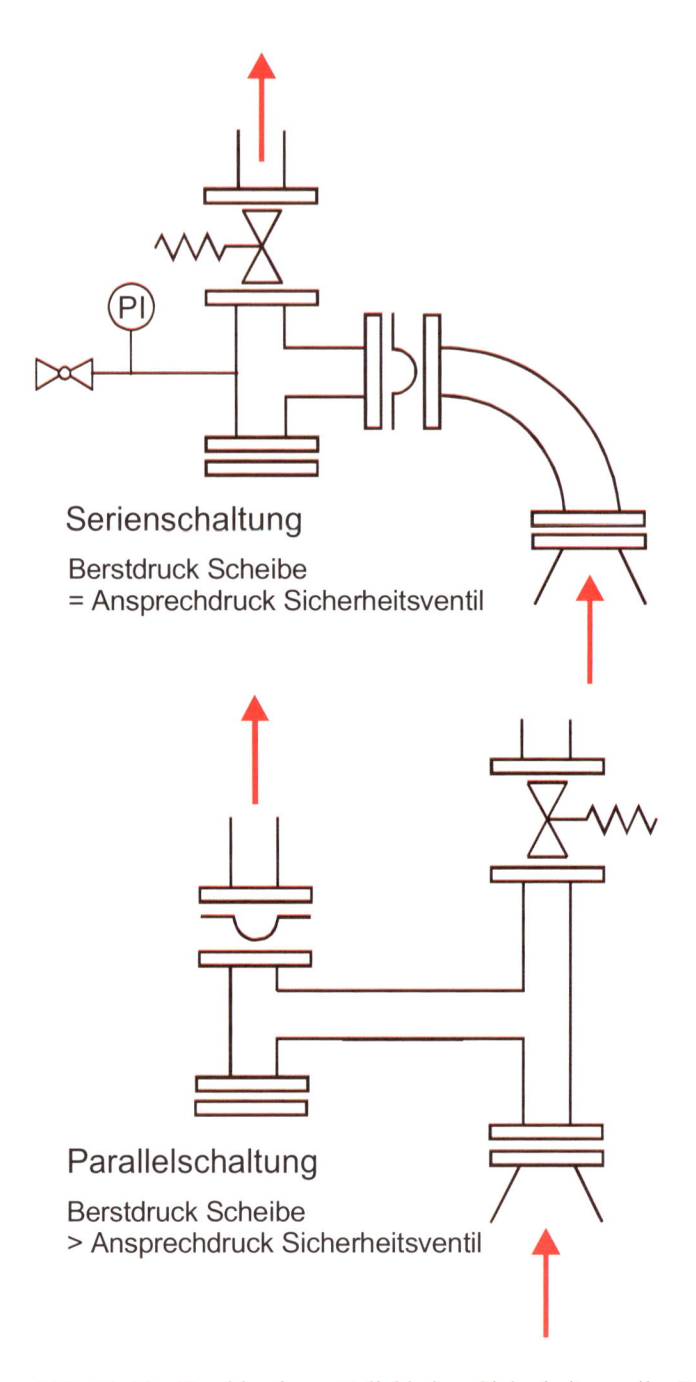

Abb. 10-23: Kombinationsmöglichkeiten Sicherheitsventil – Berstscheibe

Beispiele

Beispiel 1 (Rechenbeispiel):

Aufgabenstellung:
Mit Hilfe der Gleichungen in „Transportmechanismen der Drucküberschreitung" (Unterkapitel 10.1), Abschnitt „Chemische Reaktion", sollen die Massenströme ermittelt werden.

Daten:
Die erforderlichen Daten sind in den jeweiligen Gleichungen enthalten; sie werden daher hier nicht wiederholt.

Lösungsweg:
Eventuell heikle Differential-Thermoanalysen der chemischen Reaktion sind mit der Raum-Zeit-Ausbeute r umzusetzen in Massenströme aufgrund von Gasbildungsreaktion:

$$q_m = V \cdot \varphi \cdot r \cdot M_g = V \cdot (1-\varphi) \cdot \frac{dp}{dt} \cdot \frac{\rho_0}{p_0},$$

zum Beispiel:

$$q_m = 10\,[\text{m}^3] \cdot (1-0{,}7) \cdot 1800\left[\frac{\text{bar}}{\text{h}}\right] \cdot 1{,}2 \cdot \frac{44}{29} \cdot \frac{300}{473}\left[\frac{\text{kg}}{\text{m}^3}\right] = 6236\left[\frac{\text{kg}}{\text{h}}\right]$$

Verdampfung aufgrund der Wärmetönung q_r:

$$q_m = V \cdot \varphi \cdot r \cdot \frac{q_r}{h_v} = V \cdot \varphi \cdot \frac{\rho_f \cdot c_f}{h_v} \cdot \frac{d\vartheta}{dt},$$

zum Beispiel:

$$q_m = 10\,[\text{m}^3] \cdot 0{,}7 \cdot \frac{850\left[\frac{\text{kg}}{\text{m}^3}\right] \cdot 2\left[\frac{\text{kJ}}{\text{kg}\cdot\text{K}}\right]}{450\left[\frac{\text{kJ}}{\text{kg}}\right]} \cdot 600\left[\frac{\text{K}}{\text{h}}\right] = 15867\left[\frac{\text{kg}}{\text{h}}\right]$$

Auf diese Weise gelingt das Berechnen der chemischen Umsetzung besser als durch Druck- oder Temperaturanstiegsgeschwindigkeit mit den Arrhenius-Gesetzen [72]. Hiermit sind auch „Alarmtemperaturen" einfach abschätzbar. Adiabate „Alarmzeiten" werden mit dem Exponentialintegral ermittelt.

Gasförmiger Massenstrom durch eine gegebene Berstscheibe DN 80:

$$q_m = 4{,}39 \cdot \psi \cdot \eta(\zeta) \cdot d_L^2 \cdot p_0 \cdot \sqrt{\frac{M}{Z \cdot r_0}} \quad \text{nach AD-Merkblatt A1,}$$

zum Beispiel:

$$q_m = 4{,}39 \cdot 0{,}445 \cdot 0{,}3 \cdot 82{,}5^2 \cdot 12 \cdot \sqrt{\frac{44}{473}} = 14600 \left[\frac{kg}{h}\right]$$

Gasförmiger Massenstrom durch ein gegebenes Sicherheitsventil DN 80 ($d_0 = 50$ mm):

$$q_m = 4{,}39 \cdot \psi \cdot \alpha \cdot d_0^2 \cdot p_0 \cdot \sqrt{\frac{M}{Z \cdot r_0}} \quad \text{nach AD-Merkblatt A2,}$$

zum Beispiel:

$$q_m = 4{,}39 \cdot 0{,}445 \cdot 0{,}32 \cdot 50^2 \cdot 12 \cdot \sqrt{\frac{44}{473}} = 5720 \left[\frac{kg}{h}\right]$$

Die Berstscheibe wäre einigermaßen groß genug dimensioniert, das Sicherheitsventil benötigt jedoch eine Vollhubcharakteristik mit $\alpha \cong 0{,}9$.

Beispiel 2 (Rechenbeispiel):

Aufgabenstellung:
Bestimmung der Druckverlustbeiwerte einer Ausblaseleitung

Daten:
V = 12 m³; ρ_0 = 2 kg/m³; d_a = 82,5 mm; p_0 = 2 bar$_{abs}$; $p_n = p_u$ = 1 bar$_{abs}$; dp/dt = 5 bar/min ohne Ventil; k = 1,4 (Luft)

Lösungsweg:
Aus Verlauf $\vartheta(p)$ nach Abb. 10-3 n = 1,3, Gl. (10.6)

$$q_m = 12 \cdot 2 \cdot \frac{5}{2} \cdot 60 \cdot \left(1 - \frac{0{,}3}{1{,}3}\right) = 2769 \text{ kg/h}$$

$$= 1{,}27 \cdot 82{,}5^2 \cdot \sqrt{\frac{1 \cdot 2 \cdot (1 - 0{,}25)}{\lambda \cdot \frac{L}{d} + \sum \zeta + \frac{2}{k} \cdot \ln 2}}$$

daraus dann

$$\lambda \cdot \frac{L}{d} + \sum \zeta = \left(\frac{10587}{2769}\right)^2 - \frac{2}{k} \cdot \ln 2 = 13{,}6$$

Sicherheitsventil ausgebaut, Versuche bei p_{zul}, wenn z.B. Schalldämpfer in der Ausblaseöffnung.

Bei starken Verschmutzungen oder einer durch Korrosion aufgerauten Innenfläche kann ein Entspannungsversuch Auskunft über geänderte Druckverluste geben. Mit der Druckabfallgeschwindigkeit sollte gegebenfalls der Gegendruck p_a hinter dem Sicherheitsventil bzw. der Berstscheibe protokolliert werden, auch wenn bei höheren Behälterdrücken wegen möglicher Schallgeschwindigkeiten am Leitungsende in d_n bzw. in der Leitung am Ende einzelner Nennweitenabschnitte ein anderes Gegendruckverhältnis p_a/p_0 zustande kommt. Mit Gln. (10.30) und (10.32) aus Übersicht 10.3. kann auf andere Notentspannungsbedingungen geschlossen werden.

Beispiel 3 (Rechenbeispiel):

Aufgabenstellung:
Die Anwendung der Übersicht 10.3. soll anhand eines gegebenen Sicherheitsventils demonstriert werden

Daten des Sicherheitsventils:
Vollhub mit $\alpha = 0{,}86$; $p_0 = 20$ bar abs.; $d_0 = 40$ mm.
Stoffwerte: $k = 1{,}3$; $\psi_{max} = 0{,}47$; $Z = 1$, $\vartheta_n \leq \vartheta_0$; $q_m \cong 15$ t/h. „Transportmechanismen der Drucküberschreitung" (Unterkapitel 10.1)
Ausblaseleitung: $L_a = 25000$ mm $\mathrel{\hat{=}} \Delta H$; $d_a = 82{,}5$ mm $\mathrel{\hat{=}}$ DN 80; $\lambda = 0{,}02$; $\Sigma\zeta = 1{,}2$

Lösungsweg:
Gl. (10.30) aus Übersicht 10.3. für den Ausblasedruck p_n in der Endöffnung:

$$\frac{p_n}{p_0} = \psi \cdot \alpha \cdot \left(\frac{d_0}{d_n}\right)^2 \cdot \frac{2}{\sqrt{k \cdot (k+1)}}$$

$$= 0{,}47 \cdot 0{,}86 \cdot \left(\frac{40}{82{,}5}\right)^2 \cdot \frac{2}{\sqrt{1{,}3 \cdot 2{,}3}} = 0{,}11 \mathrel{\hat{=}} 2{,}2 \text{ bar}_{abs.}$$

für p_n, d.h. Schallgeschwindigkeit in $d_n = d_a$, mit $v_n = v_s = \sqrt{k \cdot \frac{p}{\rho}} \cdot 10^{2,5}$

bei $p_n > p_u$.

Gl. (10.32) aus Übersicht 10.3. für den Gegendruck p_a unmittelbar hinter der Armatur

$$\frac{p_a}{p_0} \cong \left[\left(\frac{p_n}{p_0}\right)^2 + 2\cdot\left(\lambda\cdot\frac{L_a}{d_a} + \sum_L \zeta + \frac{2}{k}\cdot\ln\frac{p_a}{p_n}\right)\cdot\psi^2\cdot\alpha^2\cdot\left(\frac{d_0}{d_a}\right)^4\cdot\frac{\overline{Z}_a}{Z_0}\right]^{1/2}$$

$$= \left[0{,}11^2 + 2\cdot\left(0{,}02\cdot\frac{25000}{82{,}5} + 4\right)\cdot 0{,}47^2\cdot 0{,}86^2\cdot\left(\frac{40}{82{,}5}\right)^4\cdot 1\right]^{1/2} = 0{,}44$$

$\hat{=}$ $p_a = 8{,}8$ bar $\leq p_k$; $\psi = \psi_{max}$ noch eingehalten.

Durch Interpolation p_a (ζ_a) der Werte aus Abb. 10-16 erhält man ein ähnliches Ergebnis, ebenso mit Gl. (10.4).

Um eine Armaturenschädigung durch Flattern zu vermeiden, werden hier Faltenbalg und Schwingungstilger als Zusatzausrüstung eingesetzt. Eine Rohrreibungszahl $\lambda > 0{,}02$ soll durch Ausblaseversuche im Anschluss an innere Prüfungen ausgeschlossen werden, um eine Neuverlegung der Ausblaseleitung in DN 100 zu vermeiden. Dann $p_n \approx 1{,}4$ bar$_{abs}$ und $p_a \approx 4{,}9$ bar$_{abs}$.

Die Berücksichtigung der Entspannungsschallleistung – Gl. (10.32b) in Übersicht 10.3. – ergibt wegen geringen Drucks p_0 keine zusätzlichen Einschränkungen.

Fortsetzung des **Beispiels**:
Dieselbe Leitung zum Ableiten von Flüssigkeit möge durch die nachfolgenden Größen bestimmt sein:
$\alpha = 0{,}43$; $p_S = 2{,}5$ bar, Gl. (10.33a) – durch Höhe 25 m wegen Abscheider auf dem Anlagendach;
$\rho_f = 1000$ kg/m³

Gl. (10.33) aus Übersicht 10.3.:

$$\frac{p_a}{p_0} \cong \frac{\dfrac{p_u}{p_0} + \left(\lambda\cdot\dfrac{L_a}{d_a} + \sum_L \zeta\right)\cdot\alpha^2\cdot\left(\dfrac{d_0}{d_a}\right)^4 + \dfrac{p_S}{p_0}}{1 + \left(\lambda\cdot\dfrac{L_a}{d_a} + \sum_L \zeta\right)\cdot\alpha^2\cdot\left(\dfrac{d_0}{d_a}\right)^4}$$

$$= \frac{0{,}05 + \left(0{,}02\cdot\dfrac{25000}{82{,}5} + 1{,}2\right)\cdot 0{,}43^2\cdot\left(\dfrac{40}{82{,}5}\right)^4 + \dfrac{2{,}5}{20}}{1 + 0{,}074} = 0{,}23$$

Dies entspricht einem Gegendruck $p_a = 4{,}6$ bar$_{abs}$, der durch den Einsatz eines Faltenbalgs ausgeglichen werden kann. Erst mit Kenntnis des Gegendrucks lässt sich nach „Transportmechanismen der Drucküberschreitung" (Unterkapitel 10.1) der Massenstrom $q_m \cong 108000$ kg/h bestimmen, welcher in einem Abscheidebehälter auf dem $\Delta H = 25$ m höheren Anlagendach aufgefangen wird. Nach dem Ansprechen muß eine Entwässerung erfolgen, damit kein hydrostatischer Druck p_S den Ansprechdruck verfälscht!

Beispiel 4 (Rechenbeispiel):

Aufgabenstellung:
Anwendung der Gl. (10.46) oder der Gl. (10.35c) aus Übersicht 10.3.

Daten:
Sicherheitsventil mit $\alpha = 0{,}86$; $d_o = 40$ mm; $ZF = 0{,}05$ aus Diagramm in Armaturenkatolog bzw. Herstellerangaben. Zuführungsleitung in DN 50; $\dot{m} \leq 12000$ kg/h; Stoffwerte: $k = 1{,}3$; $\psi = 0{,}47$; $\rho_0 = 18$ kg/m^3 bei $p_0 = 12$ bar$_{abs}$.

Lösungsweg:

$$L_e \leq \frac{22400 \cdot ZF}{\psi \cdot \alpha \cdot \sqrt{\rho_0}} \cdot \left(\frac{d_e}{d_0}\right)^2 \cdot \sqrt{1 - \frac{p_u}{p_0}}$$

$$= \frac{22400 \cdot 0{,}05}{0{,}47 \cdot 0{,}86 \cdot \sqrt{18}} \cdot \left(\frac{54{,}5}{40}\right)^2 \cdot \sqrt{1 - \frac{1}{12}} = 1161 \text{ mm}$$

maximale Zulauflänge $L_e = 1000$ mm gewählt.

Die meist schärfere Begrenzung, dass nur 3% des Einstelldrucks p_e in der Zulaufleitung als Druckverlust $p_0 - p_y$ auftreten dürfen, Gl. (10.35) in Übersicht 10.3. kann für $L_e < 1000$ mm in DN 50 nur bei strömungsgünstig gestaltetem Zulaufstutzen und sauberer Leitung eingehalten werden. Als Anwendung von Gl. (10.35) in Übersicht 10.3. folgt:

$$\frac{p_0}{p_y} = \left[1 + 2 \cdot \left(\lambda \cdot \frac{L_e}{d_e} + \sum_e \zeta + \frac{2}{k} \cdot \ln \frac{p_0}{p_y}\right) \cdot \psi^2 \cdot \alpha^2 \cdot \left(\frac{d_0}{d_e}\right)^4\right]^{\frac{1}{2}} \quad (10.48)$$

In Zahlen:

$$\frac{p_0}{p_y} \cong \left[1 + 2 \cdot \left(0{,}02 \cdot \frac{1000}{54{,}5} + 0{,}3\right) \cdot 0{,}47^2 \cdot 0{,}86^2 \cdot \left(\frac{40}{54{,}5}\right)^4\right]^{\frac{1}{2}} = 1{,}02$$

Das Druckverhältnis p_0/p_y wird durch Gl. (10.35a) begrenzt.

Wegen der Unsicherheit bezüglich der Verschmutzung wird jedoch vorgeschlagen, die Zulaufleitung in DN 65 oder DN 80 auszuführen, um zulauferregtes „Flattern" zu vermeiden.

Flüssigkeitsstöße nach dem Prinzip des „hydraulischen Widders" [74] und entsprechende Druckspitzen können nach Gl. (10.36a) in Übersicht 10.3. abgeschätzt werden.

$$p_e \leq PN_y \geq p_0 + 10^{-5} \cdot \alpha \cdot \left(\frac{d_0}{d_e}\right)^2 \cdot \sqrt{(p_0 - p_a) \cdot p_0 \cdot \rho_f} \cdot \frac{L_e}{ZF} \qquad (10.49)$$

Für eine Fortführung der Beispiels 3 benötigt man zusätzlich:
$\alpha = 0{,}47$; $p_a = 2\ \text{bar}_{abs}$ nach Gl. (10.33) in Übersicht 10.3.;
$\rho_f = 1000\ \text{kg/m}^3$.

Der Nenndruck PN_y des Sicherheitsventils muss dann größer sein als

$$PN_y \geq 12 + 10^{-5} \cdot 0{,}47 \cdot \left(\frac{40}{54{,}5}\right)^2 \cdot \sqrt{(12-2) \cdot 12 \cdot 1000} \cdot \frac{1000}{0{,}05}$$

$$= 12 + 17{,}5 = 29{,}5\ \text{bar}_{abs}$$

erfüllt mit Nenndruck $PN_y = 40$ bar. Für den Zulaufdruckverlust der Flüssigkeitsströmung bzw. für das Druckverhältnis p_0/p erhält man nach Gl. (10.36) in Übersicht 10.3. ein zulässiges Ergebnis von $p_0/p_y = 1{,}02$ bei einem Massenstrom von $q_m \leq 95000$ kg/h („Transportmechanismen der Drucküberschreitung" (Unterkapitel 10.1)).

Beispiel 5 (Rechenbeispiel):

Aufgabenstellung:
Berechnung von Berstscheiben und Sicherheitsventilen, Beispiele zur Verrohrung

1. Berstscheibenberechnung

nach der α-Methode des alten AD-Merkblatts A1 (Ausgabe 1998). Es wird gezeigt, wie obsolet diese Methode ist, da $\psi < \psi_{max}$ meist nicht bedacht wird.

10. Absicherungselemente

Daten:
Zulässiger Behälterdruck p = 6 bar (= Berstdruck p_e); Vorhanden 1 Stutzen, scharfkantig, durchgesteckt und eine Abblaseleitung DN 50 von L_a = 48000 mm Länge, 3 geschweißte Krümmer mit 1,5 · D und ζ_k = 0,4, keine nach innen durchhängenden Dichtungen oder Wurzeln von Schweißnähten; Z = 1; spezifische Wärme c_p = 0,891 $\frac{kJ}{kg \cdot K}$; Berstscheibe mit ζ_{BS} = 1; d_0 = 50 mm; Rauigkeit r = 59 µm; ϑ = 400 K; M = 56 kg/kmol; R = 8314,3 J/mol

Lösungsweg (Rechengang):

$$k = \frac{c_p}{c_p - \dfrac{R \cdot Z}{1000 \cdot M}} = \frac{0,891}{0,891 - \dfrac{8,3143}{56}} = 1,2$$

Aus Abb. 10-17 folgt ψ_{max} = 0,459
$p_0 = p_e \cdot 1,1 + 1 = 6 \cdot 1,1 + 1 = 7,6 \, bar_{abs}$;

Ermittlung des Gesamtwiderstands des Systems Stutzen – Berstscheibe – Krümmer – Leitung:

$$\zeta = \lambda \cdot \frac{L}{D_L} + \sum \zeta_i + \zeta_{BS} = 0,02 \cdot \frac{48000}{54,5} + 0,5 + 3 \cdot 0,4 + 1 = 20,3$$

als Parameter für Abb. 10-22 mit $\dfrac{p_{a0}}{p_0} = \dfrac{1}{7,6} = 0,132$ als Abszisse, dann Wirkungsgrad $\eta \cdot \psi_{max}$ = 0,141.

Bei einer Halbierung der Leitungslänge erhielte man lediglich eine Erhöhung auf $\eta \cdot \psi_{max}$ = 0,185. Es folgt die korrekte Nutzung der Gl. (6) aus AD-Merkblatt A1 für den Massenstrom:

$$q_m = \frac{A_L}{0,1791} \cdot (\eta \cdot \psi_{max}) \cdot p_0 \cdot \sqrt{\frac{M}{\vartheta \cdot Z}}$$

$$= \frac{\frac{\pi}{4} \cdot 54,5^2}{0,1791} \cdot 0{,}141 \cdot 7{,}6 \cdot \sqrt{\frac{56}{400 \cdot 1}} = 5165 \, \frac{kg}{h} \quad (=100\%)$$

398 10. Absicherungselemente

Alternativ zu Linientafel in Abb. 10-22 wird analog Gl. (10.4):

$$M_e = \left(\frac{2 \cdot k}{k+1} \cdot \zeta_L + \frac{1}{M_n^2} + 2 \cdot \ln \frac{M_n}{M_e} \right)^{-\frac{1}{2}}$$

$$= \left(\frac{2{,}4}{2{,}2} \cdot 20{,}3 + 1 + 2 \cdot \ln \frac{1}{0{,}1946} \right)^{-\frac{1}{2}} = 0{,}1946$$

Nun nach [81]:

$$\eta \cdot \psi_{max} = \sqrt{\frac{k}{k+1}} \cdot M_e \cdot \left(1 - \frac{k-1}{k+1} \cdot M_e^2 \right)^{\frac{1}{k-1}}$$

$$= \sqrt{\frac{1{,}2}{2{,}2}} \cdot 0{,}1946 \cdot \left(1 - \frac{0{,}2}{2{,}2} \cdot 0{,}1946^2 \right)^{\frac{1}{0{,}2}} = 0{,}141$$

Für $M_e = 1$ konvergiert diese Gleichung zu $\psi_{max} = 0{,}459$

Zur Bestimmung der Reaktionskraft wird die Abb. 10-10 benutzt:

Hierfür gilt $\eta = \dfrac{\eta \cdot \psi_{max}}{\psi_{max}} = \dfrac{0{,}141}{0{,}459} = 0{,}31$, $f_n = \dfrac{1}{\eta} = 3{,}26$ als Abszisse und Scheibenberstdruck $p_e = 6$ bar$_{Überdruck}$ als Parameter.

Als Reaktionskraft ergibt sich dann:

$$R = \frac{Y}{10} \cdot \eta \cdot A_L \cdot p_e = \frac{1}{10} \cdot 0{,}31 \cdot \frac{\pi}{4} \cdot 54{,}5^2 \cdot 6 = 434 \text{ N} \quad (S_R = 1)$$

Mit einem Sicherheitsfaktor $S_R = 4$ gegen Behälterbersten wird die Halterung für $R = 4 \cdot 44 = 176$ kp ausgelegt.

Nun zurück zur Massenstromberechnung:
Nach Gl. (6) aus altem AD-Merkblatt A1 mit fälschlicherweise viel zu großem ψ_{max} ergibt sich ein um 88 % höherer Wert für den Massenstrom q_m, wie die folgende Berechnung zeigt:

$$q_m = \frac{A_0}{0{,}1791} \cdot \alpha \cdot \psi_{max} \cdot p_0 \cdot \sqrt{\frac{M}{\vartheta \cdot Z}}$$

$$= \frac{\frac{\pi}{4} \cdot 50^2}{0{,}1791} \cdot 0{,}68 \cdot 0{,}459 \cdot 7{,}6 \cdot \sqrt{\frac{56}{400 \cdot 1}} = 9730 \frac{\text{kg}}{\text{h}} \quad (=188\%)$$

Nach der Abb. 10-16 dürfte hierfür lediglich ein Widerstandsbeiwert der Ausblaseleitung $\zeta_Z = 0{,}4$ zugelassen werden, was zu einem geraden Leitungsstück von nur ca. 1100 mm Länge führt. $\alpha \cdot \psi_{max} = 0{,}68 \cdot 0{,}459$ ergibt nach Abb. 10-1 einen Gesamtwert ζ_L von 3,7.

Für 100 % Durchsatz $q_m = 5165$ kg/h gilt mit folgenden Daten:
$p_a = 0{,}935 \cdot 7{,}6 = 7{,}106$ bar$_{abs}$; $\psi = 0{,}2452$; $p = p_n = 1{,}2338$ bar$_{abs}$;
$C_a = 19{,}2$; $M_a = 0{,}1986$; $\zeta_Z = 18{,}7$ (vorhanden 18,8) der Rechengang mit der Faustformel (Gl. (10.32) in Übersicht 10.3.):

$$\zeta_Z \approx \frac{1}{2} \cdot \left[\left(\frac{p_a}{p_0} \right)^2 - \left(\frac{p_n}{p_0} \right)^2 \right] \cdot \left(\frac{f_a}{\psi} \right)^2 - \frac{2}{k} \cdot \ln \frac{p_a}{p_n}$$

$$\zeta_Z \approx \frac{1}{2} \cdot \left[0{,}935^2 - \left(\frac{1{,}2338}{7{,}6} \right)^2 \right] \cdot \left[\frac{\frac{1}{0{,}68} \cdot \left(\frac{54{,}5}{50} \right)^2}{0{,}2452} \right]^2 - \frac{2}{1{,}2} \cdot \ln \frac{0{,}935 \cdot 7{,}6}{1{,}2338}$$

$= 21{,}53 - 2{,}92 = 18{,}6$

Zur Entlastung der Armatur erweitert man nach erst einer elastischen Länge in DN 80 zur Aufnahme der Wärmedehnung auf DN 100. Die ζ-Berechnung für verschiedene Nennweiten erfolgt nach Gl. (10.7). Die Reaktionskraft beträgt dann mit

$$f_n = \frac{1}{\alpha} \cdot \left(\frac{D_a}{d_0} \right)^2 = \frac{1}{0{,}68} \cdot \left(\frac{107{,}1}{50} \right)^2 = 6{,}75 \text{ als Abszisse für Abb. 10-10:}$$

$$R = \frac{Y}{10} \cdot \alpha \cdot A_0 \cdot p_e \cdot S_R = \frac{0{,}6}{10} \cdot 0{,}68 \cdot \frac{\pi}{4} \cdot 50^2 \cdot 6 \cdot 4 = 1923 \text{ N} = 200 \text{ kp}$$

2.) Proportional/Normal-Sicherheitsventil
mit $\alpha_W = 0{,}25$; $d_0 = 32$ mm; ψ_{max} ist hier richtig angesetzt. Nach Gl. (7) aus AD-Merkblatt A2 (analog Gl. (6) aus altem AD-Merkblatt A1) ergibt sich nun:

$q_m = 1465 \dfrac{\text{kg}}{\text{h}}$ (≙ 28 %)

3.) Vollhubsicherheitsventil mit $\alpha_W = 0{,}78$; $d_0 = 25$ mm (DN 40/50)

$q_m = 2790 \dfrac{\text{kg}}{\text{h}}$ (≙ 53 %)

4.) Verrohrung der Berstscheiben bzw. Ventile
Zulässige Druckverhältnisse e und a (siehe Gln. 10.20, 10.22) und Einhaltung der Öffnungsdruckdifferenz von maximal 10 % wurden durch entsprechende Prüfstandsversuche für diese Anwendungen bestätigt.
Einlass- und Auslassleitung in DN 50, Stutzenkante ausnahmsweise mit Radius r = s gerundet.
Nutzung von Abb. 10-15:
Standard-Vollhubventil mit e = 0,03, a = 0,15: $\zeta_Z = 3 + 2 = 5 < 20$
Nach Abb. 10-15 gilt:

$$f_E = \frac{1}{1,1 \cdot 0,78} \cdot \left(\frac{54,5}{25}\right)^2 = 5,54 = f_A(D_1) \text{ als Abszissen.}$$

Unter besonderer Beachtung des Wärmeschubs ist L_A in DN 65/80 neu zu verrohren.
Rechnung mit Gleichungen aus Übersicht 10.3.:

$$\qquad\qquad\qquad\text{Expansionsterme} \qquad \text{Beschleunigungsterme}$$

Gl. (10.35): $\qquad\qquad\qquad\downarrow\qquad\qquad\qquad\downarrow$

$$\zeta_z = \frac{1}{2} \cdot \left[\left(\frac{7,6}{7,42}\right)^2 - 1\right] \cdot \left(\frac{5,54}{0,459}\right)^2 - 2 \cdot \ln\frac{7,6}{7,42} = 3,5 \quad \text{für } L_E$$

Gl. (10.32):

$$\zeta_Z = \frac{1}{2} \cdot \left[\left(\frac{1,9}{7,6}\right)^2 - \left(\frac{1}{7,6}\right)^2\right] \cdot \left(\frac{5,54}{0,459}\right)^2 - \frac{2}{1,2} \cdot \ln\frac{1,9}{1} = 2,2 \quad \text{für } L_A$$

Bemerkenswert ist der analoge Aufbau beider Gleichungen.

Nach AD-Merkblatt A2 erhält man für L_E ein $\zeta_Z = 3,93$. Die Herkunft der aufwändigen Berechnung ist nach wie vor ungeklärt. Mit einer ebenfalls sehr aufwändigen, aber exakten Gleichungsabfolge ergibt sich ein $\zeta_Z = 3,5$.
Es folgt die für alle Bereiche gültige Beurteilung von L_A mit den Gln. (10.4 ff):

$$p_{nS} = \frac{2 \cdot 7,6}{\sqrt{1,2 \cdot 2,2}} \cdot \frac{0,459}{5,54} = 0,7743, \text{ somit } p_n = p_u = 1\,\text{bar}_{abs}$$

$$C_n = \frac{1}{0,2} \cdot \frac{1}{0,7751} = 6,451, \text{ mit Gl.(6.1) in AD-A2, Ausgabe 2004:}$$

$$M_n = \sqrt{\frac{2,2}{0,2} + 6,451^2} - 6,451 = 0,8027$$

10. Absicherungselemente   401

$$C_a = \frac{2,2}{0,2} \cdot \frac{1}{2 \cdot 0,8027} \cdot \frac{0,15 \cdot 6 + 1}{1} \cdot \left(1 - \frac{0,2}{2,2} \cdot 0,8027^2\right) = 12,26 \text{, mit Gl. (6.3)}$$

in AD - A2, Ausgabe 2004:

$M_a = 0,4408$

$$\zeta_z \cong \frac{2,2}{2,4} \cdot \left(\frac{1}{0,4408^2} - \frac{1}{0,8027^2} - 2 \cdot \ln\frac{0,8027}{0,4408}\right) = 2,2$$

für die Ausblaseleitung nach Gl. (10.4)

Ebenso könnte man natürlich auch mit der Berstscheiben-Überströmmethodik rechnen:

Aus [81] wurde ein Ruhedruck berechnet zu $p_0 = 2,122$ bar$_{abs}$ bei $p_a = 1,9$ bar$_{abs}$; $\psi_L = 0,2976$ aus $M_a = 0,4404$ und Abb. 10-1; A_L in [mm²], dann wird:

$$q_m = 5,54 \cdot \psi_L \cdot A_L \cdot p_0 \cdot \sqrt{\frac{M}{\vartheta_0}} \cdot \frac{1}{1,1}$$

$$= \frac{5,54}{1,1} \cdot 0,2976 \cdot \frac{\pi}{4} \cdot 54,5^2 \cdot 2,122 \cdot \sqrt{\frac{56}{400}} = 2776 \frac{\text{kg}}{\text{h}}$$

Die geringe Abweichung zu vorher 2790 kg/h erklärt sich aus Rundungsfehlern beider Berechnungen. Isotherm würde man abschätzen $\zeta > 2,01$.

Auch die Einlassbedingung $\zeta = 3,5$ ist aus Abb. 10-15 abschätzbar. Hierzu gehört als Ordinate

$$\psi_L \cong \frac{\psi}{f_e} \cdot \frac{p_y}{p_0} = \frac{0,459}{5,54} \cdot \frac{7,42}{7,6} = 0,0809 \text{ und Abszisse } \frac{p_y}{p_0} = \frac{7,42}{7,6} = 0,976.$$

Abschließend folgt noch die Ermittlung der Reaktionskraft nach Gl. (10.12):

$$R = \frac{2790}{3600} \cdot 0,8027 \cdot \sqrt{\frac{2,4}{2,2} \cdot \frac{8314,3}{56} \cdot 400 \cdot 1,1} = 174 \text{ N}$$

oder mit Abb. 10-10:

$$Y \approx 0,7 \text{ und } R = 0,7 \cdot 0,11 \cdot 0,78 \cdot \frac{\pi}{4} \cdot 25^2 \cdot 6 = 177 \text{ N}$$

Die Halterung wird aber aus Fertigungs- und Sicherheitsgründen für ca. 100 kp bemessen.

Nach diesen Rechnungen erkennt man die hinreichende Genauigkeit der Linientafeln in Abb. 10-15 und 10-16, die nachfolgend wieder abgelesen werden sollen:

Vollhubsicherheitsventil
mit Faltenbalg: e = 0,03; a = 0,3: ζ_Z = 3 + 6 = 9 < 20

Einlass Auslass
↓ ↓

L_A zum Teil neu in DN 65!

Mit zusätzlichem Schwingungstilger:
e = 0,05; a = 0,5: ζ_Z = 6 + 14 = 20
(Bestätigung durch Hersteller) L_A in DN 50 belassbar!

Proportional/Normal-Ventil ohne
Faltenbalg   e = 0,03; a = 0,15 ζ_Z = 11 + 10 = 21

L_A in DN 50 belassbar!

Für dieses Ventil gilt:

$$f_E = f_A = \frac{1}{1,1 \cdot 0,25} \cdot \left(\frac{54,5}{32}\right)^2 = 10,55$$

Beispiel 6 (Rechenbeispiel):

Aufgabenstellung:
Die Gleichungen aus Übersicht 10.2. sollen genutzt werden, um Reaktionskräfte zu ermitteln.

Daten:
Sicherheitsventildaten wie von vorherigen Beispielen bekannt:
α = 0,86; d_0 = 40 mm; p_{zul} = 20 bar$_{abs}$; S = 4; k = 1,3; ψ = 0,47; m ≅ 20 t/h; d_n = 82,5 mm wegen Ausblaseleitung in DN 80; $Z_n = Z_0 = 1$.

Lösungsweg:
isotherm

$$R_g = \frac{\pi}{400} \cdot \psi \cdot \alpha \cdot d_0^2 \cdot p_{zul.} \cdot S \cdot \sqrt{\frac{Z_n}{Z_0}} \cdot \left(\sqrt{2 \cdot k} + \sqrt{\frac{2}{k}}\right) - \frac{\pi}{400} \cdot d_n^2 \cdot p_u \cdot S$$

(entspricht Gl. (10.14) in Übersicht 10.2.), wenn $v_n = v_S$, d.h. $p_n > p_u$, isotherme Strömung mit $\vartheta_n = \vartheta_0$

$$R_g = \frac{\pi}{400} \cdot 0,47 \cdot 0,86 \cdot 40^2 \cdot 20 \cdot 4 \cdot 2,85 - \frac{\pi}{400} \cdot 82,5^2 \cdot 4$$

$$= 1158 - 214 = 944 \text{ kp}$$

Für diese Reaktionskraft müssten die Rohrleitungshalterungen ausgeführt sein. Eulersche Knicklängen von Leitungsabschnitten oder -enden sind in [74] abgeleitet.

Beispiel 7 (Rechenbeispiel):

Aufgabenstellung:
Die Versuchsergebnisse von Abb. 10-4 sollen zur Auslassbeurteilung des Nahbereichs (< ca.100 m) nachgerechnet werden.

Daten:
siehe Abb. 10-4

Lösungsweg:

$$q_m = \frac{\pi}{4} \cdot d_n^2 \cdot v_n \cdot \rho_g = \frac{\pi}{4} \cdot 0{,}1^2 \cdot 150 \cdot 1{,}75 \cdot 3600 = 7429 \text{ kg/h}$$

mit $S = 1$

$$R = q_m \cdot v_n = 7429 \cdot \frac{150}{3600 \cdot 10} = 31 \text{ kp, da } v_n < v_S \text{ bzw. } p_n = p_u$$

Für die Höhe H*, bis zu welcher der Freistrahl zündfähig ist, erhält man mit Gl. (10.9):

$$H^* \cong \frac{1{,}7 \cdot 7429}{2 \cdot 46{,}1 \cdot \sqrt{1{,}1 \cdot 31}} = 23{,}5 \text{ m},$$

wie etwa auch gemessen.

Die rechte Seite von Gl. (10.9) verdeutlicht den Einfluß der Armaturendaten. Im Unterschallbereich wird für d_n die Höhe H* geschwindigkeitsunabhängig.

Für die Konzentration C_k in der Kulminationshöhe H_k wird nach Gl. (10.8):

$$C_k = \frac{0{,}01}{46{,}1} \cdot \frac{\sqrt{1 - \frac{1{,}1}{1{,}75}}}{\sqrt[4]{1{,}1}} \cdot \frac{7429^{1{,}5}}{31^{1{,}25}} = 1{,}13 \text{ Vol.-\%} \leq \text{UEG} = 2\,\%$$

Bei nur 50 m/s Austrittsgeschwindigkeit v_n, also einem Drittel von 150 m/s, erhält man die dreifache Kulminationskonzentration C_k und erreicht dann die Untere Explosionsgrenze (UEG) = 2 Vol.-%.

Entsprechend ergibt sich die Kulminationshöhe nach Gl. (10.10) zu

$$H_k = \frac{180 \cdot R_g^{0,75}}{\sqrt[4]{\rho_u} \cdot \sqrt{\left(1 - \frac{\rho_u}{\rho_{nu}}\right) \cdot \sqrt{q_m}}}$$

(Einheiten wie vor)
und für das Beispiel $H_u \simeq 44$ m; gemessen nach Abb. 10-4: 46 m.

Falls dieser Abblasezustand umgangen werden muß, so bietet sich ein zusätzliches Abblasen von Wasserdampf als „Stützdampf" an.

Schlussbemerkung

Das vorliegende Buch kann und soll kein Lehrbuch im herkömmlich didaktischen Sinne sein. Die Autoren bemühten sich aufgrund ihrer langjährigen Praxiserfahrungen durch detaillierte Betrachtungen, Versuchsschilderungen und durchgerechnete Beispiele Interesse bei dem Personenkreis zu wecken, der sich theoretisch oder praktisch mit Druckbehältern befassen muss.

In diesem Betreben wurde auch auf Ungereimtheiten im AD-Regelwerk hingewiesen und Vorschläge zur Verbesserung gemacht. Als Beispiel mag dienen, dass es nach Meinung der Verfasser sinnvoller wäre, anstelle von Außen- und Innendurchmessern generell die mittleren Durchmesser D_m der Apparate zu verwenden oder aber für den Term K/S die zulässige Spannung σ_{zul} einzuführen. Die sogenannte „Kesselformel" erhielte dann für zylindrische Druckbehälter die elegantere Form

$$s = \frac{p \cdot D_m}{20 \cdot \sigma_{zul} \cdot v}$$

Besonderer Wert wurde auf Problemfälle gelegt, die zum Nachdenken anregen sollen, aber auch Hilfestellung bei der Lösung eigener Probleme geben können. Überhaupt sollte bei schematischen Berechnungen, die ja heutzutage mit Hilfe der EDV und entsprechenden Programmen leicht und schnell durchführbar sind, die kritische Betrachtung des Ergebnisses nicht fehlen, d. h. die Plausibilität muss überprüft werden.

Allgemein bekannte physikalische und technische Grundlagen wurden nur dann aufgeführt, wenn sie in unmittelbarem Zusammenhang mit einem entsprechenden Text stehen. ...

Das vorliegende Buch beschäftigt sich vorzugsweise mit ausgesprochenen Druckbehälter-Elementen, wie schon die enge Zuordnung zum AD-Regelwerk zeigt. Das heißt, dass die Behälter im Allgemeinen einem signifikanten Innen- oder Außendruck unterliegen, der statische Druck durch die Füllung jedoch von meist untergeordneter Bedeutung ist. Einige Male werden aber auch Probleme mit drucklosen Lagertanks erwähnt, die vor allem bei Außendruckbeanspruchungen eine Rolle spielen können.

Sogenannte drucklose Lagertanks, die vorzugsweise auf ihre Stabilität hin zu untersuchen sind, hätten bei detaillierter Betrachtung den selbstgesteckten Rahmen gesprengt. Diese sollten in einer geplanten Publikation über Tanklagertechnik entsprechend abgehandelt werden.

Die Verfasser würden es begrüßen, wenn zum einen oder anderen kritisierten Punkt des AD-Regelwerks eine Diskussion unter Fachleuten stattfindet.

Dass es sich bei dieser Veröffentlichung nicht um ein Lehrbuch handelt, das an einem roten Faden entlang didaktisch zu einem Lernerfolg führt, zeigt schon die beim ersten Hinsehen etwas willkürlich erscheinende Aneinanderreihung von Problemfällen und Beispielen.

In die Endphase der Arbeiten an diesem Buch fiel im Jahr 2004 der zweihundertste Todestag des Philosophen Immanuel Kant. Daher sei es erlaubt, folgendes Zitat aus der „Kritik der reinen Vernunft" zu verwenden, welches Sinn und Ziel des vorliegenden Buches hervorragend beschreibt:

Aufklärung ist der Ausgang des Menschen aus seiner selbst verschuldeten Unmündigkeit. Unmündigkeit ist das Unvermögen, sich seines Verstandes ohne eines anderen zu bedienen. Selbstverschuldet ist die Unmündigkeit, wenn dieselbe nicht aus einem Mangel des Verstandes, sondern der Entschließung und des Muts liegt, sich seiner ohne Anleitung eines anderen zu bedienen. Sapere aude! Habe Mut, dich deines eigenen Verstandes zu bedienen ist also der Wahlspruch der Aufklärung.

Abschließend danken die Verfasser der BASF-Aktiengesellschaft, Ludwigshafen am Rhein sowie anderen im Text erwähnten Firmen für verständnisvolle Kooperation.

Literaturverzeichnis

1. Vereinigung der Technischen Überwachungs-Vereine e.V., Essen, als Herausgeber: AD - Merkblätter, Arbeitsgemeinschaft - Druckbehälter - Merkblätter (2000/2001), Heymanns Verlag KG Köln, Beuth Verlag GmbH Berlin
2. Schwaigerer S (1978) Festigkeitsberechnung im Dampfkessel-, Behälter- und Rohrleitungsbau. 3.Auflage, Springer Verlag, Berlin / Heidelberg / New York
3. Lewin G, Lässig G, Woywode N (1990) Apparate und Behälter - Grundlagen, Festigkeitsberechnung. VEB Verlag Technik, Berlin
4. Zemann JL (1992) Repetitorium Apparatebau – Grundlagen der Festigkeitsberechnung. R. Oldenbourg Verlag, Wien, München
5. Podhorsky M, Krips H (1999) Wärmetauscher – aktuelle Probleme der Konstruktion und Berechnung. (FDBR-Fachbuchreihe, Band5), Vulkan-Verlag, Essen
6. Wagner W (1984) 2. Auflage Apparate- und Rohrleitungsbau – Festigkeitsberechnungen. Kamprath-Reihe Technik, Vogel-Buchverlag, Würzburg
7. Neugebauer G u.a. (1988) Apparatetechnik I und Aufgabensammlung II. VEB Deutscher Verlag für Grundstoffindustrie, Leipzig
8. Titze H, Wilke H-P (1992) Elemente des Apparatebaus, Springer-Verlag
9. BASF-Symposium (1981) Technische Eigenüberwachung in der Chemie. Verlag Wissenschaft und Politik, Bibliothek Technik und Gesellschaft, Köln
10. DIN 28136, Beiblatt 1 zu Teil 4 (1987) Rührbehälter - Wanddicken für Rührbehälter aus unlegiertem und nichtrostendem Stahl - Berechnungsbeispiele. Beuth Verlag GmbH, Berlin
11. DIN 3840 (1982) Armaturengehäuse - Festigkeitsberechnung gegen Innendruck. Beuth Verlag GmbH, Berlin
12. Arnold S u.a. (1979) Richtlinienkatalog - Festigkeitsberechnungen - Behälter und Apparate; Teil 1 bis 4.VEB Komplette Chemieanlagen, Dresden

13. Weiß E, Lietzmann A, Rudolph J (1995) Arbeitsgruppe Chemieapparatebau des Fachbereichs Chemietechnik an der Universität Dortmund: Festigkeitsanalyse und Beanspruchungsbewertung für Komponenten des Druckbehälterbaus. Technische Überwachung, Band 36, Nr. 11/12, S. 424 - 430
14. Gerlach H-D, Höhne K-J u.a. (1996) Berechnung von Druckbehältern. VdTÜV-Seminar, Bonn, zusammengestellt vom Verband der Technischen Überwachungsvereine e.V., Essen
15. Weiss E, Joost H, Rudolph J (1996) Apparatefestigkeit - eine bestimmende Größe im Sicherheitskonzept von Chemieanlagen. Zeitschrift Chemie Ingenieur Technik (68), 11/96 VCH Verlagsgesellschaft mbH, Weinheim/Bergstraße
16. Wegener E (2002) Festigkeitsberechnung Verfahrenstechnischer Apparate. Wiley-VCH Verlag, Weinheim
17. Harvey J (1985) Theory and Design of Pressure Vessels. Van Nostrand Reinhold Company, New York
18. Brownell L E, Young E H (1959) PROCESS EQUIPMENT DESIGN – Vessel Design. J.Wiley & Sons Inc., New York and London
19. Weiss E, Joost H, Galle M (1996) Sicherheitsreserven bei numerischer Traglastbestimmung. Zeitschrift 3R international 35 Heft 5
20. VDI-Wärmeatlas (2003). 9.Auflage und ältere Ausgaben, VDI-Verlag, Düsseldorf
21. Klapp E (1980) Apparate- und Anlagentechnik. Springer-Verlag Berlin / Heidelberg / New York
22. Roark R, Young W (1975) Formulas for Stress and Strain, McGraw–Hill, New York
23. TRB Technische Regeln Druckbehälter (2004). Heymanns-Verlag, Köln
24. TRR 100 Technische Regeln Rohrleitungen - Bauvorschriften (1993). Heymanns-Verlag, Köln
25. von Mises R (1914) Der kritische Außendruck zylindrischer Rohre. Zeitschrift des Vereins Deutscher Ingenieure, S. 750-755
26. Meincke H (1959) Berechnung und Konstruktion zylindrischer Behälter unter Außendruck. Zeitschrift Konstruktion, Nov. 59, Heft 4, S. 131-138
27. Kantorowitsch S B (1955) Die Festigkeit der Apparate und Maschinen für die chemische Industrie. VEB Verlag Technik, Berlin
28. Mang F (1995) Großvolumige Stahlbehälter für druckverflüssigte Gase. VDI-Berichte 1202 "Großbehälterbau", VDI Verlag Düsseldorf, September 95

29. Buchter H (1967) Apparate und Armaturen der Chemischen Hochdrucktechnik. Springer Verlag Berlin, Heidelberg
30. Reckling K-A (1967) Plastizitätstheorie und ihre Anwendung auf Festigkeitsprobleme. Springer Verlag Berlin, Heidelberg
31. Vilhelmsen T (2000) Reference stress solutions of flat end to cylindrical shell connection and comparison with design stresses predicted by codes. International Journal of Pressure Vessels and Piping, Volume 77, Pages 35 – 39
32. Keller H P (1990) Bruchmechanik druckbeanspruchter Bauteile. Carl Hanser Verlag / Verlag TÜV Rheinland, Köln
33. TGL 32903/24 Zylinderschalen und Böden von Hochdruckapparaten, Festigkeitsberechnung. (TGL Techn. Güteleitlinien der DDR)
34. Siebel E, Schwaigerer S (1952) Beanspruchungsverhältnisse gewickelter Behälter. Chemie-Ing.-Technik Nr. 24
35. Kunz A (1981) Formelsammlung. VGB Technische Vereinigung der Großkraftwerksbetreiber, Essen
36. Sanal Z - Linde AG, Höllriegelskreuth - (2000) Nonlinear Analysis of Pressure Vessels: Some Examples. Int. J. Pressure Vessels and Piping Nr. 77, S. 705 bis 709
37. Winn L (1963) Berechnung von Behältern unter statischem Innendruck. Zeitschrift KONSTRUKTION, 15. Jahrgang, Heft 7, S. 263 bis 270
38. Ringelstein K H, Bußhaus L (1983) Rechnerische Untersuchung der Beanspruchungsverhältnisse in gewölbten Böden mit Stutzen im Krempenbereich. Zeitschrift TÜ 24 Nr.12, S. 495 bis 497
39. Weiß E, Lietzmann A, Rudolph J (1995) Elastische und elastisch-plastische Festigkeitsanalysen gewölbter Böden mit und ohne Stutzen im Krempenbereich. Zeitschrift VGB Kraftwerkstechnik 75, Heft 6, S. 549 bis 553
40. Arbeitskreis Druckbehälterberechnung im VdTÜV (1976) Entwurf VdTÜV-Merkblatt Druckbehälter 367-76/3 Berücksichtigung von rohrförmigen Ausschnittsverstärkungen bei Klöpperböden im Bereich zwischen $0,6 \cdot D_a$ und $0,89 \cdot D_a$. Essen, Ausgabe Juni 1976 als Anhang zu AD-Merkblatt B3.
41. Bauer R (1986) Schwingungsschäden an Wärmetauschern. Zeitschrift Chemie-Technik 15, S. 36 – 42, Hüthig Verlag, Heidelberg
42. Strohmeier K und Rümmer P (1990) Berechnung und Auslegung von Wärmetauschern. Aus Handbuch "Apparate", Seite 33 ff., Vulkan Verlag, Essen

43. TRD - Technische Regeln für Dampfkessel (1988), hier insbesondere TRD 301 Zylinderschalen unter innerem Überdruck. Heymanns Verlag, Köln / Beuth Verlag, Berlin
44. Varga L (1981) Untersuchung von Flanschkonstruktionen, Zeitschrift Konstruktion, Heft 9, S. 361–365, Springer-Verlag
45. Weiß E, Rudolph J, Lietzmann A (1995) Komplexe Festigkeitsanalyse von Komponenten des Druckbehälter- und Dampfkesselbaus am Beispiel der Kugel-Stutzen-Verbindung. VGB-Kraftwerkstechnik 75, Heft 9, S. 824
46. Dekker C J and Stikvoort W J (1997) Pressure stress intensity at nozzles on cylindrical vessels: a comparison of calculation methods. International Journal for Pressure Vessels and Piping Nr. 74, S. 121 bis 128
47. Weiß E, Heinrichsmeyer J (1994) Vergleichende Festigkeits- und Dichtheitsuntersuchungen. Zeitschrift Technische Überwachung TÜ Band 35 Nr.3, S. 104 bis 114, VDI-Verlag, Düsseldorf
48. Blume D, Illgner K H (1989) Schrauben-Vademecum (Firmenkatalog mit Berechnungsteil). 7.Auflage, Fa. Bauer & Schaurte Karcher GmbH, Neuss
49. NN (1991) Wissenswertes über Edelstahlschrauben (Firmenkatalog mit Berechnungsteil). Neuauflage, Fa. Gebr. Grohmann, Löhne
50. VDI-Richtlinie 2230 (1974) Systematische Berechnung hochbeanspruchter Schraubenverbindungen. Beuth-Verlag, Berlin
51. Schwarz M, Schuler G (1988) Schwingungsbruch an einer großen Kammprofildichtung aus Chrom-Nickel-Stahl - Reproduktion im Labor und Abhilfemaßnahmen. Zeitschrift 3R international, 27. Jahrgang, Heft 4, Vulkan-Verlag, Essen
52. Bierl A (1978) Untersuchung der Leckraten von Gummi-Asbest-Dichtungen in Flanschverbindungen. Dissertation Ruhr-Universität Bochum, (Durchführung in der BASF AG, Ludwigshafen)
53. Kämpkes W (1984) Zur Berechenbarkeit des Emissionsverhaltens von Rohrleitungs-Flanschverbindungen mit Flachdichtungen. Zeitschrift Chemie-Ingenieur-Technik 56, Nr. 10, Verlag Chemie, Weinheim an der Bergstraße
54. Kockelmann H (1996) Leckageraten von Dichtungen für Flanschverbindungen: Einflussgrößen, Anforderungen, messtechnische Erfassung und leckageratenbezogene Dichtungskennwerte. Chemie-Ingenieur- Technik 68, S. 219 – 227, Verlag Chemie, Weinheim
55. Tückmantel H-J (1996) Über die Sicherheit von Flachdichtungen in Bezug auf diffuse Leckage und spontanes Bersten. Zeitschrift 3R international, Heft 5, S. 252 bis 256

56. Rothenhöfer H, Schulz A (1998) Dichtere Flanschverbindungen durch neue Dichtungskennwerte. TÜ Band 39, Nr.4, S. 17 bis 21
57. Bierl A u.a. (1977) Leckraten von Dichtelementen. Zeitschrift Chemie-Ingenieur-Technik, Heft 2, Verlag Chemie, Weinheim
58. Ringelstein K (1983) Berücksichtigung von Zusatzkräften in Druckbehälterwandungen. Zeitschrift Technische Überwachung TÜ, Band 24, Nr.6, S. 245 bis 249
59. Ong L S (1995) Stress Reduction Factor Associated with Saddle Support with Extended Top Plate. International Journal for Pressure Vessels and Piping Nr. 62, S. 205 bis 208
60. del Gaizo R I (1995) Schalendicke und Beanspruchungen liegender Behälter auf Sattellagern. Zeitschrift Stahlbau Nr. 65, Heft 9, S. 312 bis 315
61. Wrobel J, Berger P (1992) Herstellung und Prüfung von Kompensatoren. Zeitschrift Technische Überwachung TÜ, Band 33, Nr. 6, S. 214 bis 219
62. Weyl R (1995)) Berechnungsansätze für Rohrleitungen bei Beanspruchung durch Temperatur und Druck. 3.Auflage, VDI-Verlag GmbH, Düsseldorf
63. Mershon J, Mokhtarian K, Ranjan G, Rodabaugh E (1984) Local Stresses in Cylindrical Shells Due to External Loadings on Nozzles. Welding Research Council, WRC-Bulletin No. 299, United Engineering Center, New York. *Mit umfangreichen, nachvollziehbaren Berechnungsbeispielen*
64. Joost H (1999) Nachweis der Tragfähigkeit von Behälter-Stutzen-Verbindungen unter Einwirkung von Innendruck und Rohrleitungslasten. Dissertation an der Universität Dortmund, ISBN 3-8265-4877-9, Shaker-Verlag
65. Weiß E, Joost H (1996) Beurteilung des Schweißanschlusses von einwandigen Balgkompensatoren. Zeitschrift 3R international, Heft 12, Vulkan-Verlag, Essen
66. Zierep J (1979) Grundzüge der Strömungslehre. Verlag Wissenschaft und Technik G. Braun, Karlsruhe
67. Shapiro A (1953) The Dynamics and Thermodynamics of Compressible Fluid Flow. The Ronald Press Company, New York
68. Wagner W (1999) Sicherheitsarmaturen. Kamprath-Reihe, Vogel Fachbuchverlag, Würzburg
69. Lenzing T, Friedel L (2000) Modelle für den über Vollhubsicherheitsventile abführbaren Massenstrom bei Einphasen- und Zweiphasenströmung, Zeitschrift Techn. Überwachung, Bd. 41, Nr. 7/8
70. Leung JC (1986) A Generalized Correlation for One-component Homogeneous Equilibrium Flashing Choked Flow. AIChE-Journal, Vol. 32, No.10

71. Leung JC, Grolmes MA (1987) The Discharge of Two-Phase Flashing Flow in a Horizontal Duct. AIChE-Journal, Vol.33, No.3
72. Müller E, Goßlau W, Weyl R (1987/1988) Auslegung von Sicherheitseinrichtungen für temperaturbeschleunigte chemische Reaktionen. TÜ 28 Nr.11 und 12 / TÜ 29 Nr.1
73. Goßlau W, Weyl R (1995) Auslegung von Sicherheitsventilen und Berstscheiben.Sonderdruck aus Zeitschrift Technische Überwachung TÜ, 4. Auflage, VDI-Verlag, Düsseldorf
74. Szabó I (1963) Einführung in die Technische Mechanik. Springer Verlag, Berlin / Heidelberg
75. Cremers J, Friedel L (1999) Schwingungsverhalten von Vollhubsicherheitsventilen mit Zu- und Abblaseleitung bei kompressibler Gasströmung, Zeitschrift Technische Überwachung TÜ 7/8/99
76. Bird P, Stewart E, Lightfoot N (1970) Transport Phenomena. J.Wiley + Sons, New York, London, Sydney
77. Autorentcam des Amerikanischen Petroleum-Instituts API (1982) Guide for Pressure- Relieving and Depressuring Systems. API RP 521, Washington/USA
78. Seifert H, Giesbrecht H, Leuckel W (1983) Überdachentspannung von schweren Gasen sowie ein- und zweiphasigen Dämpfen. VDI-Berichte Nr. 505, VDI-Verlag, Düsseldorf
79. Bozoki G (1986) Überdruckabsicherungen für Behälter und Rohrleitungen. Verlag TÜV Rheinland, Köln
80. Mayinger F (1981) Stand der thermodynamischen Kenntnisse bei Druckentlastungsvorgängen. Zeitschrift Chemie-Ingenieur-Technik, Verlag Chemie, Weinheim
81. Naue G u.a. (1988) Technische Strömungsmechanik I. VEB - Deutscher Verlag für Grundstoffindustrie, Leipzig
82. Brödemann K. (1982) Bauteilprüfung von Sicherheitsventilen. Zeitschrift Technische Überwachung TÜ 23 Nr.10, S. 388 ff.
83. Becker R, Huth W, Müller E (1991) Lagerung brennbarer Stoffe – Berechnung von erforderlichen Abständen zu möglichen Brandlasten. Zeitschrift Technische Überwachung TÜ 32 Nr.4, S. 142 ff.
84. Goßlau W, Müller E, Weyl R (1985/1986) Tanklagertechnik - Festigkeit und Beatmung. Zeitschrift Technische Überwachung TÜ 1/85 und 5-9/86
85. Hanna S, Strimaitis D (1989) Workbook of Test Cases for Vapor Cloud Dispersion Models Center for Chemical Process Safety. American Institute of Chemical Engineers, 345 East 47th Street, New York 10017

86. Schatzmann M, Snyder W, Lawson R (1993) Experiments with Heavy Gas Jets in Laminar and Turbulent Cross-Flows. Zeitschrift Atmospheric Environment, Vol.27A, No.7, S. 1105-1116, Pergamon Press Ltd., UK
87. Schatzmann M (1976) Auftriebsstrahlen in natürlichen Strömungen – Entwicklung eines mathematischen Modells. Abschlussbericht des Sonderforschungsbereichs 80 der Deutschen Forschungsgemeinschaft (SFB 80 der DFG/T/86), Ausbreitungs- und Transportvorgänge in Strömungen, Universität Karlsruhe
88. Bodurtha F (1961) The Behavior of Dense Stack Gases. Journal of the Air Pollution Control Association, Volume 11, No. 9

Zeitschriften:
- Technische Überwachung TÜ im VDI-Verlag Düsseldorf
- Journal of Pressure Vessel Technology, American Society of Mechanical Engineers, 345 East 47.Street, NY10017 New York
- The International Journal of Pressure Vessels and Piping, Elsevier Applied Science, Belfast/Nordirland, Großbritannien

Sachverzeichnis

Abblasedruck 364
Abblaseleitung 343, 348, 397
Abblasezustand 367, 404
Abklingbreite 200, 202
Abklinglänge 119, 199, 313
Abschlusselemente 117
Absicherungselemente 329
Absicherungsmaßnahmen 329, 330
AD-Merkblätter 5
Ankerschrauben 270
Ansprechdruck 367, 389, 395
Anziehdrehmoment 248, 250, 252
Armaturenleistung 332
ASME-Code 2
Auffangbehälter 369, 383
Auflagerkraft 291, 292
Aufschäumung 381, 382
Aufschweißbund 223
Aufschweißflansch 223
Ausblasedurchmesser 380
Ausblasefreistrahl 349
Ausblasenennweite 367
Ausblaseöffnung 352, 362
Ausblasesystem 369
Ausfluss
 -funktion 333
 -ziffer 336
Auskragung 291
Auslass
 -abschätzung 329, 354
 -beurteilung 403
Auslegungsdruck 127, 199
Ausschnitte 193
Ausschnittsbeiwert 156, 166, 182, 184
Außendruck 44
Außenmantel 81, 99
Austenit 13, 14, 15, 24, 25
Austragskegel 117
Austrittsgeschwindigkeit 349, 350, 355
Autofrettage 96, 97, 99
Axial
 -kompensatoren 315
 -kraft 313, 314, 320, 322
 -spannung 10
 -verschiebung 317, 320, 322, 323, 324
Balg
 -höhe 318
 -kompensatoren 315
 -wellen 315, 320
Baurecht 1, 32
Bauteilprüfung 5, 331, 370
Behälterentspannung 347
Berstdruck 36
Berstscheiben 387
Berstversuch 132
Beschichtung 325
Beschleunigungskräfte 360
Betriebszustand 13, 14, 95, 224
Beuldruck 44
Beulfestigkeit 74, 137, 387
Beulwellen 19, 44
Biegebalken 167, 187, 318
Biegebeanspruchung 130
Biegemoment 18, 48, 60
Biegespannung 18, 117, 130
Biegewinkel 323, 324
Blende 338, 339
Blockflansch 214, 215, 244
Boden
 -, eben 156
 -, gewölbt 128
Bodenecke 60, 169, 170
Bordhöhe 130, 131
Brand 28, 34, 341
Breite, mittragend 65, 134, 197
Bruchlastspielzahl 319
Chemiereaktor 381
Chemische Reaktion 340, 370, 391
Dämmdicke 342
Dehngrenze, 0,2%, 1% 13, 14, 24, 96
Dehngrenzenverhältnis 132
Dehnschrauben 244, 245, 263
Dehnungsausgleich 315
Dehnungsbehinderung 36, 73, 193, 326
Dehnungsmessung 3, 19, 122, 144
Dichtleiste 248
Dichtungen 244
Dichtungsbreite 235, 242, 260
Dichtungshöhe 260
Dichtungskennwerte 256, 263
Dichtungspressung 244, 258

Dichtungswerkstoff 235, 253, 257
Dickwandigkeitsgrad 125, 162
Doppelmantel 81, 165, 180, 267
Drallabscheider 333, 383
Drehmoment 233, 248, 265
Drosselung 332, 338, 359, 385
Druck
 -abfall 348, 380, 393
 -begrenzung 329
 -entspannung 333, 343, 375
 -fläche 194, 196, 202, 216
 -kraft 183, 244, 387
 -spannung 48, 128, 258, 272, 301, 326
 -verhältnis 333, 347, 367, 388
 -verlust 324, 337, 359, 367, 381
 -verlustbeiwert 338, 348, 370, 384, 392
 -welle 386
Durchbiegung 163, 181, 300
Durchmesserverhältnis 11, 101, 122, 166, 210
Durchstecklänge 136, 202
Eigenfrequenz 367
Eigengewicht 168, 273, 291
Einbauzustand 224, 234, 243, 257
Einstelldruck 367, 380, 395
Eisenbahnkesselwagen 23, 60, 64, 70 ff., 132, 245, 249, 288
Energiesatz 333, 345
Entsorgungseinrichtung 367
Entspannungsverdampfung 375, 382
Erddruck 35, 85, 89
Explosionsdruckfestigkeit 35, 132
Faltenbalg 366ff., 384, 394, 402
Feder
 -konstante 317, 320
 -Masse-System 367, 386
 -weg 315, 316, 320
Feinkornbaustahl 219, 352
Ferrit 13 ff., 24, 25, 194, 247, 248, 325 ff.
Festigkeitshypothesen 11, 17, 93, 94
Festigkeitskennwerte 14, 15, 24, 119, 167
Festigkeitsklasse 233, 237, 247 ff., 264
Festlager 291
Flächenpressung 223, 233 ff., 244, 253 ff.
Flächenvergleichsverfahren
Flansch 223
 -blatt 223, 231 ff., 242

 -höhe 223, 230, 233, 242
 -schrauben 182, 224, 225
 -verbindung 223, 244, 263, 367
 -widerstand 224 ff., 230 ff., 238, 242
Flattern 188, 338, 367 ff., 386, 394
Flüssiggas 33, 34, 115, 274, 342
Flüssigkeitsmitriss 382, 383
Förderhöhe 337
Förderkennlinie 337
Formänderung 49, 117, 235
Formzahl 18, 132, 153, 281
Freistrahl 342, 349 ff., 403
 -ausbreitung 355, 358
 -keule 352
 -strömung 332
Füllgewicht 273, 292
Füllungsgrad 30 ff., 43
Fundament 146, 168, 267, 273
Füße 269
Fuß
 -kennzahl 157, 271
 -kraft 269, 270
Gas
 -dichte 350, 355
 -gemische 359
 -gleichung 31, 333, 345, 372
 -konstante 336
Gefahrgutverordnung 30
Gegendruck 332 ff.
 -verhältnis 348, 369, 374 ff., 393
Gehäusebeheizung 367
Gesamtgewicht 273, 276, 291, 293
Gesamtwärmestrom 189, 339
Geschwindigkeitsenergie 372
Gleichgewichtsströmung 339, 384
Halbkugelboden 98, 128
Halbschalenheizung 81, 164
Hauptspannung 10, 11, 34, 90, 96, 104, 128
Hebekonsole 267
Hebeöse 267
Heizrohrbündel 170, 172, 184
Herstellkosten 79, 143, 147
Hochdruckentspannung 343, 375
Impuls 332, 343, 349 ff., 366, 389
 -leitung 367
 -satz 345, 360
Isentropenexponent 335, 348, 374, 378
Isentropenkoeffizient 372, 373, 388
Joukowski-Stoß 386
Katalysator 90

Kerbwirkung 180, 246
Kern (Schrauben)
 -durchmesser 248, 250, 264, 265
 -querschnitt 249, 264
Kessel
 -blech 24, 36, 48, 80, 179, 281, 326
 -formel 12, 17, 19, 36, 45, 53, 60
 -stein 304, 305
Klöpperboden 128 ff., 280, 292
Knickberstscheibe 387
Knickung 38, 177, 185, 301, 360
Knickstab 44, 46, 57, 77
Kompensator 315
Kompressibilität 32, 332
Korbbogenboden 128, 133 ff.
Korrosion 9, 13 ff., 40, 179, 231, 303, 326, 348, 393
Korrosionsangriff 14, 34, 219, 291, 325
Korrosionsmulde 179, 219, 220
Korrosionsschutz 325
Kräftegleichgewicht 9, 17, 119, 300
Kraftlinie 193
Kreisplatten 156
Kreisringplatten 156
Krempe 18, 20, 40, 119 ff.., 153 ff.., 192, 270, 319
Krümmer 178, 230, 311, 362, 371
Kugelkalotte 128
Kugelsegment 387
Kühlwasser 190, 303, 305
Kulminationshöhe 351 ff.., 403
Kulminationskonzentration 349, 357, 358, 403
Kurzzeitfestigkeit 14, 15
Länge, mittragend 83, 197, 202, 217
Längsspannung 10, 24, 41, 96, 103
Langzeitfestigkeit 15
Last
 -aufnahme 202, 276, 277
 -spielzahl 20, 207, 218, 319 ff.
 -wechsel 212, 291, 311, 313, 387
Lebensdauer 320, 322
Leckage 75, 168, 179, 225, 255 ff.
Leckrate 223, 248, 253 ff.
Leckstrom 259, 261, 262
Leichtgas 354, 356, 357
Linienlast 176, 177, 293
Losflansch 223
Loslager 291
Mantelheizung 81, 164
Maschinenelemente 1, 244

Massenbeschleuningung 346
Massenstrom 331 ff.,348, 359, 367 ff., 379 ff.
Mehrkammerbehälter 142
Mehrlagenbauweise 91
Membranspannung 17 ff.
Mischgas 359
Molmasse 335
Notentspannung 343, 348, 354, 367, 378 ff.
Öffnungscharakteristik 365
Öffnungsdruckdifferenz 369, 400
Plastisches Gelenk 162, 163, 243
Platten 156
Plattierung 325
Porenspaltweite 260
Pratzen 275
 -höhe 275, 276
 -kennzahl 157, 275
 -moment 269, 276
Proportional-Sicherheitsventil 364
Pumpen 313, 337, 340, 370
Querkraft 361
Querwind 350, 353, 356
Radialspannung 11, 96, 313
Randmoment 41, 156, 161, 180 ff.
Randrohre 186, 187, 301
Reaktionsgeschwindigkeit 381
Reaktionskraft 349, 352, 359 ff.,398 ff.
Reaktor 80, 119, 179, 337, 381
Realgasfaktor 335, 344, 375
Reibungszahl 250 ff., 337, 344, 370, 380, 394
Restentleerung 144, 181
Reynoldszahl 337
Ringspalt 386
Ringträger 285
Rippen 79, 137, 144, 155, 174 ff.
 -knickung 177
Rissbildung 43, 127
Rohr
 -boden 37, 170, 174, 184 ff. 300 ff., 322
 -bogen 179, 371
 -bündel 170 ff., 184, 300, 301, 315
 -rauigkeit 338, 370
 -reibungszahl 337, 344, 370, 380, 394
 -stabilität 379
 -wand, Temperaturverlauf 303
Rohrleitungskennlinie 337, 378, 379
Rohrleitungsquerschnitt 305, 360

Rückfederung 193, 194, 261
Ruhedruck 372, 377, 401
Rührbehälter 163, 164
Rührsystem 274
Sattel 288
-breite 292, 293
-horn 19, 36, 290 ff., 296
-kennzahl 291
Schaftschrauben 244, 251, 252
Schalenbauweise 100
Schall
-dämpfer 393
-geschwindigkeit 48, 334 ff., 355 ff., 370, 379 ff., 393
-leistung 376, 394
-wellenlaufzeit 386
Scherspannung 159
Schlankheitsgrad 46 ff., 59 ff., 360 ff.
Schließdruckdifferenz 349, 369
Schnittkraft 279, 280
Schnittmoment 269
Schrauben 244
-anzug 156, 163, 183, 233, 263
-kraft 183, 225, 228, 233 ff., 248 ff.
Schraubverbindung 244, 246, 261, 265
Schrumpfkonstruktion 99
Schweißnaht
-faktor 12, 14, 36, 192, 200, 202
-fehler 26, 27
Schwellbeanspruchung 313
Schwergas 357, 359
Schwerpunkt 83, 305, 306
Schwingungserregung 172, 335
Schwingungstilger 368 ff., 384 ff.,
Sekundärspannung 19, 130, 186, 204, 314
Sicherheitsbeiwert 13, 14, 46, 73, 96, 248
Sicherheitsventil 364
Siedeverzug 383 ff.
Silo 117, 119, 126
Sonderelemente 299
Sonneneinstrahlung 28, 41, 274
Spannungs-Dehnungs-Diagramm 133, 135, 194, 250
Spannungserhöhungsfaktor 18, 122, 132, 210 ff.
Spannungsnachweis 187, 270, 273
Spannungsprofil 18, 193, 302, 312
Spannungsrisskorrosion 16, 244, 303

Spannungsspitzen 18, 119, 126, 143, 193, 240, 271, 291
Spannungsfläche 194, 196, 202, 216
Spezifische Wärme 335, 397
Sprödbruch 383
Standzarge 278
Störspannung 120 ff., 269
Strahlimpuls 349, 352, 366, 389
Streckgrenze 13
Strömung 188 ff., 313, 332 ff., 370, 379 ff.
Strömungsbeschleunigung 333, 343
Strömungsdruckverluste 324, 345, 359, 362, 368, 381
Strömungsgeschwindigkeit 371, 379
Stufenkörperverfahren 119, 122
Stützen 28, 274, 285
-last 287
-zahl 286, 287
Stützmomente 293, 294
Stützwirkung 58, 273
Stutzen 193
-einfluss 135, 137, 199
Tangentialstutzen 206, 208, 220, 222
Temperaturabfall 348
Temperatureinfluss 167
Torsionsmoment 251, 252
Tragelemente 267
Trägerrost 168
Tragfähigkeitsnachweis 292
Trägheitsmoment 64, 68, 83, 360
Traglastfaktor 308, 314
Tragleiste 288
Tragring 285
Tragsättel 288
Transportbehälter 39, 64, 75, 79, 154
Transportmechanismen 332, 348, 370
Turbulente Freistrahlen 354
Überströmmechanismus 370
Überströmung 337 ff. 348, 385
Umfangsspannung 9, 10, 24, 96, 128, 202, 316, 321
Umgebungsdruck 37, 369
Umkehrberstscheibe 387
Umschlingungswinkel 290, 291, 294
Unrundheit 45 ff., 69, 76 ff.
Untere Explosionsgrenze (UEG) 349, 356, 403
Unterfeuerung 342
Unterfütterung 269, 273, 276, 277
Unterschallbereich 403

Unterschallgeschwindigkeit 348
Ventil 364
 -flattern 368 ff.
 -spindel 367
 -teller 368
Verankerung 5, 169
Verdampfungsparameter 383 ff.
Verformung 15, 18 ff.
Vergleichsspannung 11, 38, 39, 93,
 105 ff.
Verrohrung 305, 306, 360 ff., 380, 385,
 400
Verschmutzung 339, 348, 393, 396
Verschwächungsbeiwert 58, 136,
 179 ff.
Verstärkungsblech 127, 267, 270,
 289 ff., 296
Versteifung 19, 35, 46, 60 ff., 137, 289
Viskosität 253, 260, 381, 382
Vollhub-Sicherheitsventil 364
Vollwandbehälter 96 ff.
Volumenstrom 337
Vorschweißbund 223
Vorschweißflansch 223
Vorverformung 75 ff., 224, 234 ff.,
 243, 248 ff.
Wärme
 -ausdehnungskoeffizient 24, 187, 325
 -dehnung 180, 291, 302, 312 ff., 399
 -durchgang 303, 339, 370
 -durchgangszahl 189, 304
 -fluss 105, 108, 305
 -leitfähigkeit 24, 115, 189, 342
 -schub 166, 167, 400
 -spannung 7, 23, 104, 185, 189, 315
 -stromdichte 109 ff., 342
 -tauscher 36, 37, 46, 170 ff., 185 ff.,
  300 ff., 340
 -tönung 301
 -transport 339
 -übergangszahl 72, 189, 304, 305, 342
Wechselfestigkeit 320
Wechselventil 371, 372
Wickelbehälter 101
Widerstandsbeiwert 372 ff., 388, 399
Widerstandsmoment 18, 62 ff., 139,
 177, 224 ff., 318
Windmoment 279
Wirkungsgrad 286, 336, 382, 383, 397
Zarge 278
Zeitfaktor ZF 386, 395

Zugfestigkeit 48, 247, 248, 387, 389
Zugspannung 156, 272, 308, 326, 328
Zulauf
 -druckverhältnis 372
 -druckverlust 369, 370, 389, 396
 -länge 386, 395
 -nennweite 367
 -resonanz 377, 385
Zündfähige Höhe 349
Zusatzkräfte 18, 169, 312
Zustandsänderung 335
Zwei-Phasen-Strömung 381 ff.

Druck: Krips bv, Meppel
Verarbeitung: Stürtz, Würzburg